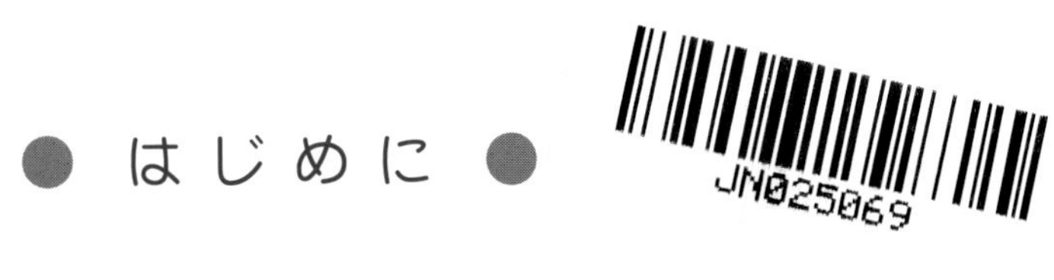

● はじめに ●

本書は、1987年の発売以来数々の改良を重ね、建築分野でのベストセラーCADとなった「DRA-CAD2」の優れた操作性と多彩な編集機能を継承した「DRA-CAD18」・「DRA-CAD18 LE」の独習書(記載された手順にしたがって実際に操作しながら学べる)として２次元・３次元の２巻で構成されています。

２次元編は、今までCADを使ったことがない方を対象に、「DRA-CAD18」・「DRA-CAD18 LE」の基本操作から平面図の作成・印刷、プレゼンテーション用図面の作成までを解説しています。

本書(３次元編)では、「DRA-CAD18」の３次元に関する基本操作、建物のモデル作成方法、そのモデルに光やテクスチャを設定して透視図を作成する(レンダリング)手順と日影図・天空図の基本的な描き方について解説しています。
すでに図面を CAD で描いておられる方を対象としていますので、２次元に関するコマンドの機能概要や基本操作などについては、「こんなに簡単！DRA-CAD18 ２次元編」をご覧ください。

また、プログラムをお持ちでない方のために、本書のホームページより体験版をダウンロードすることができます。体験版は製品版の機能を限定していますが、本書で説明している例題の作成には支障がありません。

本書の使い方

1 本書の構成

本書では Windows 10 上で使用しているものとして、操作方法について説明しています（Windows の操作方法についての詳細は、それぞれのマニュアルを参照してください。）。
また、メニューは「リボンメニュー」、操作体系は「図形選択優先」、描画方法は「GDI」で説明しています。
本書は、Part1 から Part6 までの章で構成されています。

Part1 … DRA-CAD の概要について説明しています。
Part2 … DRA-CAD の３次元の概要とモデリングについて説明しています。練習問題とテキストの解説でわかりやすく、簡単に操作ができるように説明しています。

●Part1・Part2の本書の使い方

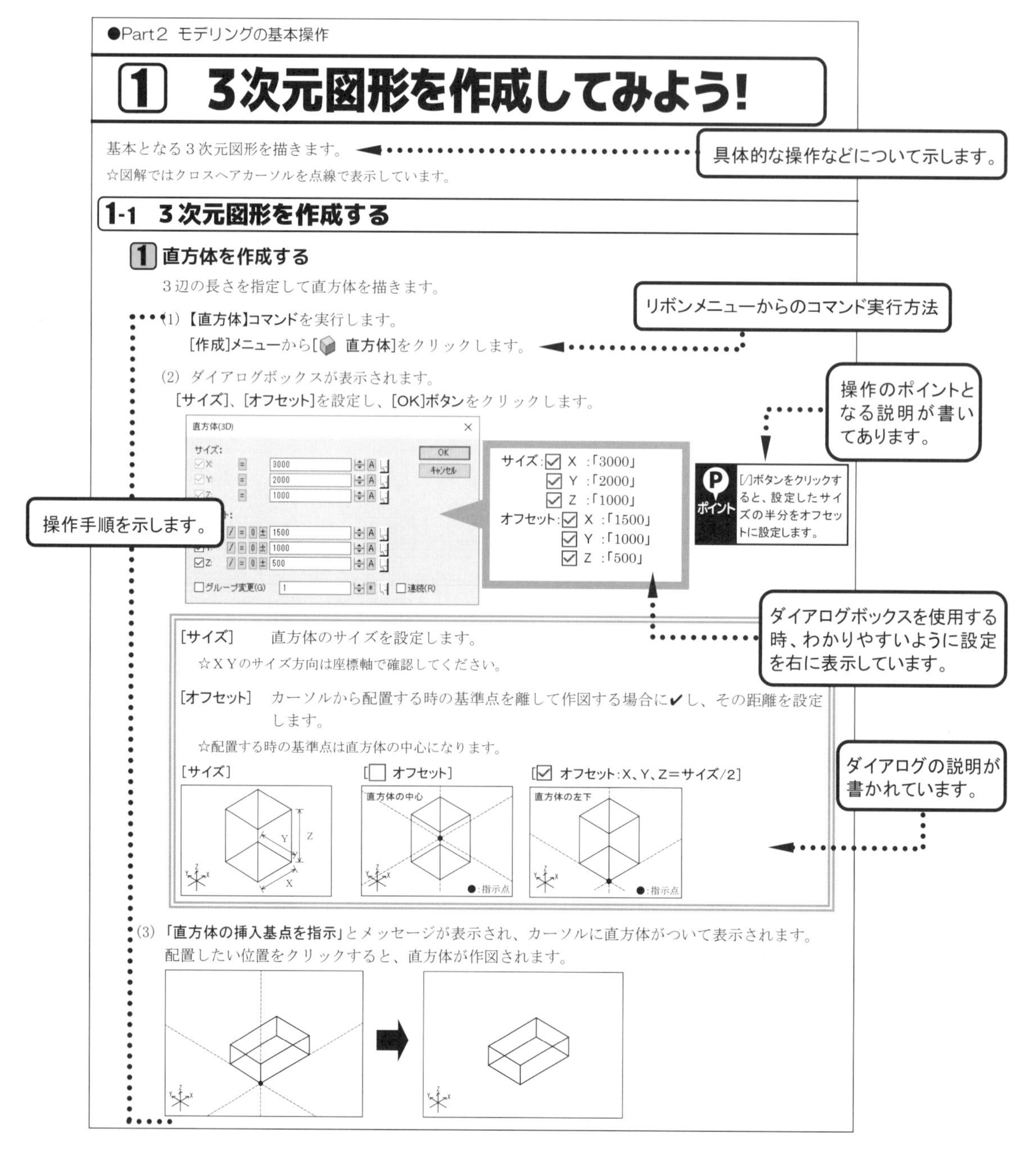

Part3･･･　住宅モデルの作成方法を掲載しています。
Part4･･･　レンダリングについて練習問題とテキストの解説でわかりやすく、簡単に操作ができるように説明しています。Part3 で作成した住宅モデルのレンダリング方法を掲載しています。
Part5･･･　DRA-CAD の日影図の概要の説明と日影図の作成方法を掲載しています。
Part6･･･　DRA-CAD の天空図の概要の説明と天空図の作成方法を掲載しています。

本書でのキー表記については、それぞれ枠で囲んで説明しています(例：Ctrl キー)。ただし、キーボードの種類により、キーの表面に書かれている文字が異なる場合があります。

●Part３～Part６の本書の使い方

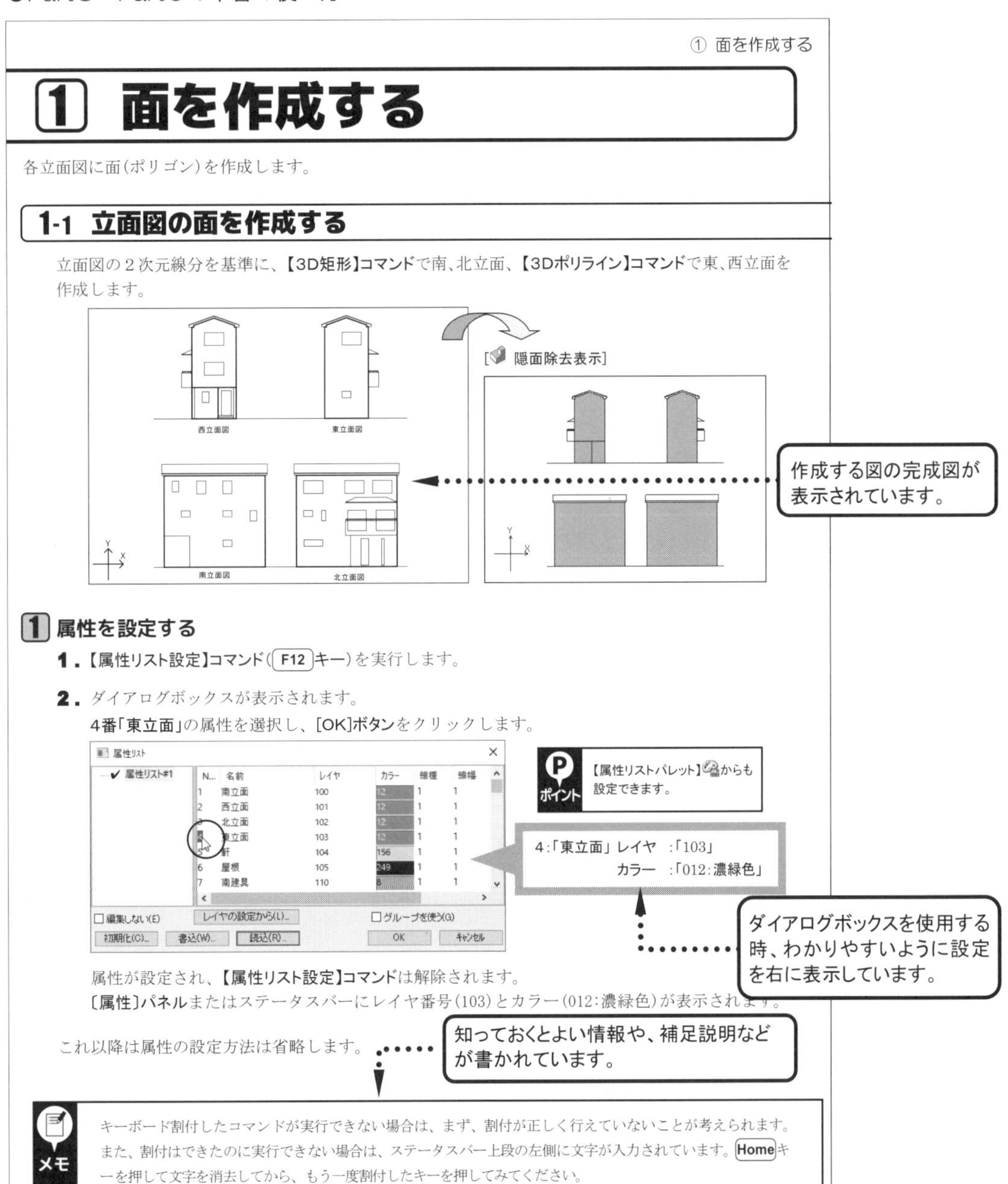

2 練習用データのダウンロード

本書では練習用データを使用して、操作方法などについて説明しています。
次の URL に本書で練習に使用するデータのダウンロードについての説明があります。

https://support.kozo.co.jp/download/file_view.php?p3=2361

練習を始める前に「こんなに簡単！ DRA-CAD18 3 次元編 練習用データ」フォルダをお使いのコンピュータのハードディスクにダウンロードしてください。

◉練習用データの内容一覧

名前	サイズ	種類	更新日時
Texture		ファイル フォルダー	2018/01/25 9:48
完成図		ファイル フォルダー	2018/01/25 9:48
添景		ファイル フォルダー	2018/02/23 16:41
部品		ファイル フォルダー	2018/02/23 16:44
課題属性リスト1.txt	9 KB	テキスト ドキュメント	2018/02/23 16:45
課題属性リスト2.txt	9 KB	テキスト ドキュメント	2018/02/23 16:45
建具の立面図.mps	7 KB	DRAWIN Security...	2018/02/23 16:36
日影ポイント.mps	22 KB	DRAWIN Security...	2018/02/23 16:36
配置図.mps	12 KB	DRAWIN Security...	2018/02/23 16:36
敷地.mps	23 KB	DRAWIN Security...	2018/02/23 16:37
平面図・立面図.mps	12 KB	DRAWIN Security...	2018/02/23 16:37
練習 1.mps	10 KB	DRAWIN Security...	2018/02/23 16:37
練習 2.mps	36 KB	DRAWIN Security...	2018/02/23 16:37
練習 3.mps	86 KB	DRAWIN Security...	2018/02/23 16:37
練習 4.mps	35 KB	DRAWIN Security...	2018/02/23 16:37

3 本書の表記

本書でのマウス操作の表記については次のとおりです。

クリック
マウスの左ボタンを
１回押して、すぐに
離すこと

右クリック
マウスの右ボタンを
１回押して、すぐに
離すこと

ダブルクリック
マウスの左ボタンを
すばやく２回押して、
離すこと

ドラッグ
マウスの左ボタンを押したまま
移動すること

ドラッグ＆ドロップ
マウスの左ボタンを押したまま
移動し、目的の位置でマウスの
ボタンを離すこと

ホイールクリック
ホイールを１回押し
てすぐに離すこと

ホイール回転
ホイールを前後に
回すこと

ホイールドラッグ
ホイールを押したまま
移動すること

目 次

Part 4 レンダリング

Part 5 日影図の作成

Part 6 天空図の作成

付 録

1 DRA-CADの概要

1 DRA-CADを起動しよう

1-1 DRA-CADの起動と終了

1 DRA-CAD を起動する

プログラムの起動方法はいくつかありますが、ここでは Windows のスタートメニューからの起動方法を説明します。

(1) Windows の (スタート)ボタンをクリックします。
すべてのアプリの中から[DRA-CAD18]→[DRA-CAD18]をクリックします。
☆体験版は[DRA-CAD18 体験版]→[DRA-CAD18 体験版]をクリックします。

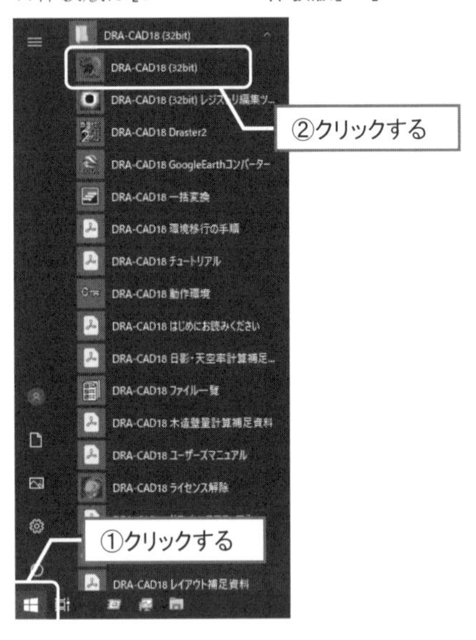

(2) プログラムが起動し、画面上にメインウィンドウが開きます。
ワンポイントが表示されますので、[閉じる]ボタンをクリックします。
☆起動時にワンポイントが表示されます。表示したくない場合は「起動時にワンポイントを表示」の✔をはずしてください(ワンポイントは、【ワンポイント】コマンドでいつでも表示させることができます)。

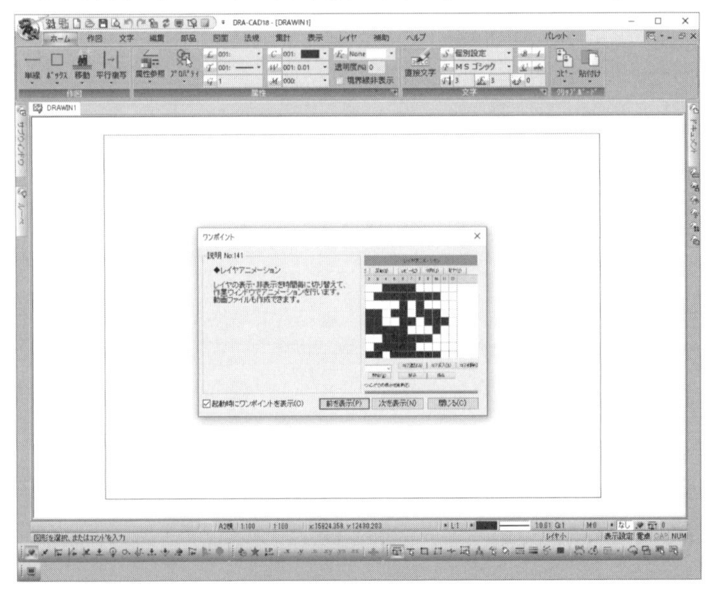

2 DRA-CADを終了する

プログラムは次のいずれかの方法で終了します。

①**メニュー**から[**終了**]をクリックする。
②メインウィンドウの **×** **ボタン**をクリックする。
③ポップアップメニュー５ページの**【終了】コマンド**をクリックする。
④タイトルバーを右クリックし、メニューから[**閉じる**]をクリックする。

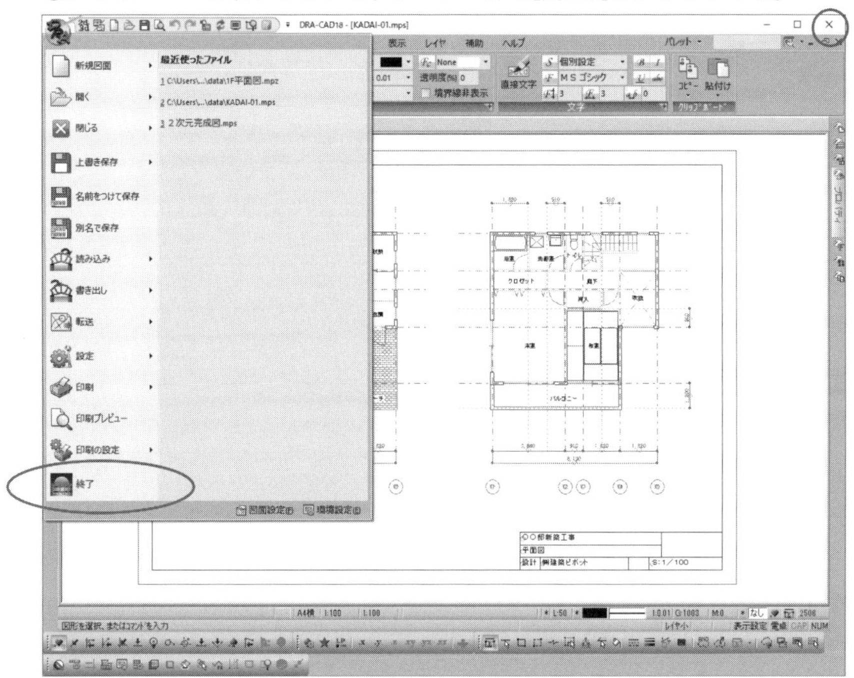

ただし、データの入力や編集などを行ったあと、データを保存せずにプログラムを終了しようとすると、メッセージダイアログが表示されます。

変更内容を保存してプログラムを終了する場合は、[**はい**]**ボタン**をクリックします。
[**いいえ**]**ボタン**をクリックすると、保存しないでプログラムを終了しますので変更内容は失われます。
また、[**キャンセル**]**ボタン**をクリックすると、作図画面に戻りプログラムを終了しません。

1-2 3次元編集モード

初期起動直後は、２次元編集画面になっています。

【2次元/3次元切替】コマンドを実行すると、３次元編集モードの切り替えと同時に使用できるコマンドが自動的に切り替わります。

クイックアクセスツールバーから[2次元/3次元切替]をクリックすると、３次元編集画面になります。

☆再度、【2次元/3次元切替】コマンドを実行すると、２次元編集画面に戻ります。

その他、以下の方法で切り替えることができます。

①ツールバーの【2次元/3次元切替】コマンドをクリックする。

②キーボードの Ctrl キーを押しながら E キーを押します。

☆プルダウンメニューでは、[ファイル]メニューから[2次元/3次元切替]をクリックします。

1-3 画面構成

３次元編集画面は、次のように構成されています。

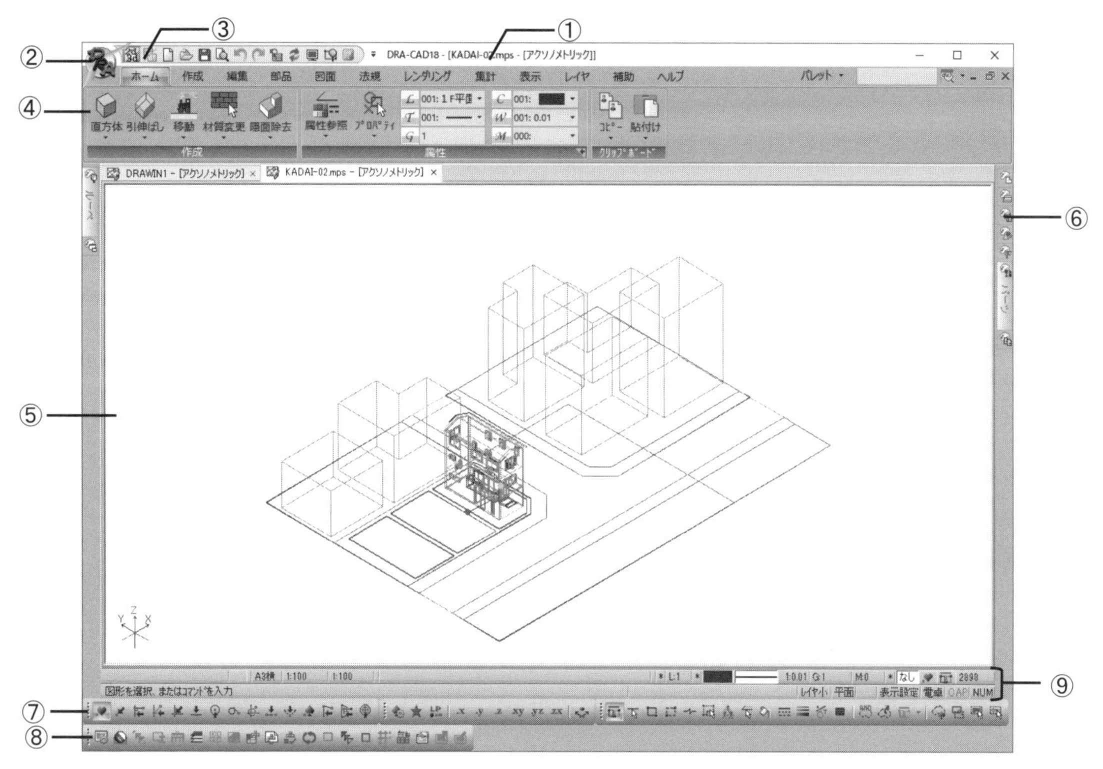

①タイトルバー

アプリケーション名と現在開いているファイル名が表示されます。

②ＤＲＡ-ＣＡＤメニュー

ボタンをクリックすると右のメニューが表示され、新規作成やファイルを開くなどのファイルの操作が行えます。**[最近使ったファイル]**では、最近使用したファイルの一覧を表示します。開きたいファイルをクリックし、直接作業ウィンドウに表示することができます。

▶がついている項目では､さらにメニューが表示されます。

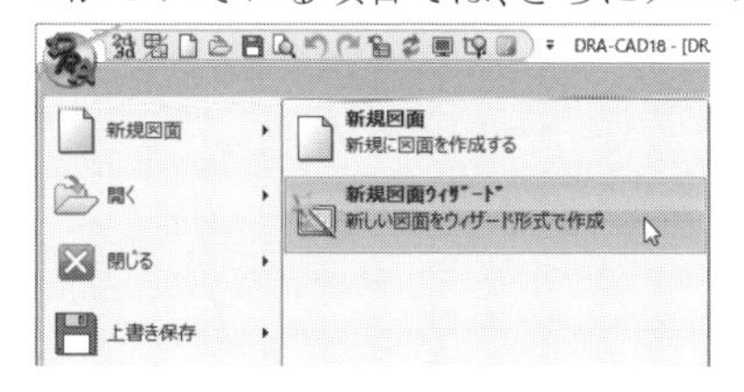

③クイックアクセスツールバー

新規作成やファイルを開くなどのよく使うコマンドがアイコンとして用意されています。アイコンをクリックするとそれぞれのコマンドを実行します。それぞれのアイコンの上にマウスポインタを移動すると、割り付けられているコマンド名が表示されます。

クイックアクセスツールバーの**ボタン**をクリックすると、クイックアクセスツールバーのカスタマイズ

メニューが表示され、クイックアクセスツールバーのカスタマイズを行うことができます。
表示するコマンドをクリックし、✔すると表示されます。✔をはずすと、非表示になります。

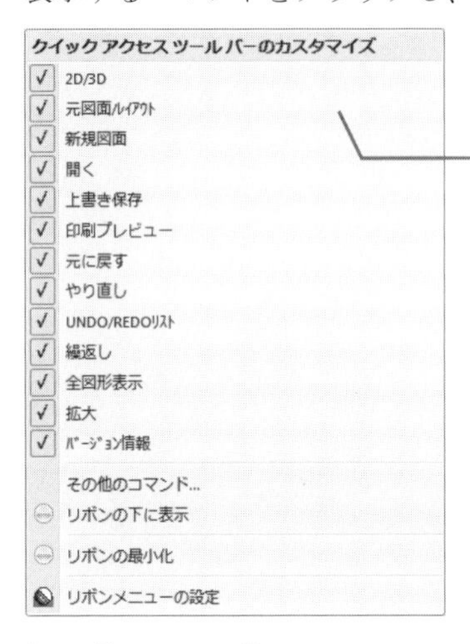

表示したいコマンドを✔します。
✔をはずすと、非表示になります。

[その他のコマンド]　：カスタマイズダイアログを表示し、クイックアクセスツールバーにコマンドを追加したり、削除することができます。

[リボンの下に表示]　：リボンの下に配置することができます。ただし、リボンの下に配置すると、作業領域が狭くなります。

([リボンの上に表示])：**ボタン**の横に配置され、最大限の作業領域を確保することができます。

[リボンの上に表示]

[リボンの下に表示]

☆クイックアクセスツールバーについての詳細は『**PDF マニュアル**』を参照してください。

④メニューバー

コマンドを選択するメニューを表示します。セットアップで選択した「メニュー」により次のように表示されます(詳細は「**付録　1-2　インストール方法**」(P309)を参照)。
本書では、**[リボンメニュー]**を表示して操作します。

☆**【環境設定】**コマンドの**〔その他〕タブ**の「メニュー」で変更することができます。

[リボンメニュー]　：各メニューをクリックすると、コマンドを選択するパネルを表示します(詳細は「**1-4　リボンメニュー**」(P10)を参照)。

[プルダウンメニュー]：各メニューをクリックすると、コマンドを選択するプルダウンメニューを表示します(詳細は『**PDF マニュアル**』を参照)。

⑤作業ウィンドウ

図面を描き込む作業エリアです。作業ウィンドウ内のグレーの枠は用紙範囲を表しています(詳細は「**1-5　作業ウィンドウ**」(P11)を参照)。

⑥パレット

作業に必要な属性の設定や情報を表示します。パレットはダイアログと違い、コマンド実行中も常に表示することができます。

パレットは、[**ドキュメントパレット**]、[**レイヤパレット**]、[**属性リストパレット**]、[**プロパティパレット**]、[**パーツパレット**]、[**クリップパレット**]、[**サブウィンドウパレット**]、[**ルーペパレット**]、[**テキストパレット**]があります。

アイコンをクリックすると、パレットを表示します。作業ウィンドウ上をクリックすると、パレットが非表示になります。

また、**ボタン**をクリックすると常に表示となり、残りのパレットはタブ表示になります。**ボタン**をクリックするとアイコンに戻ります。

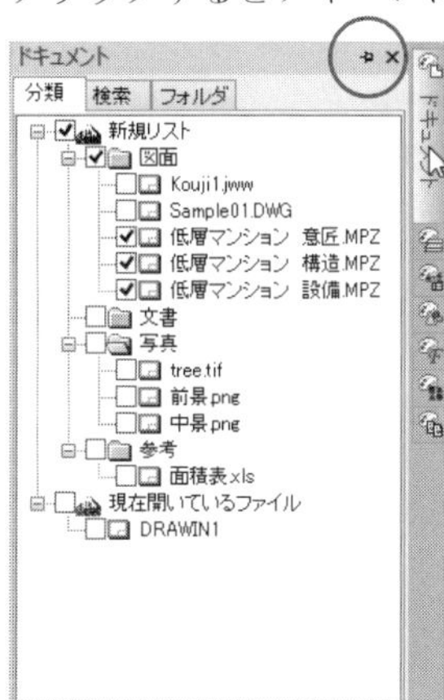

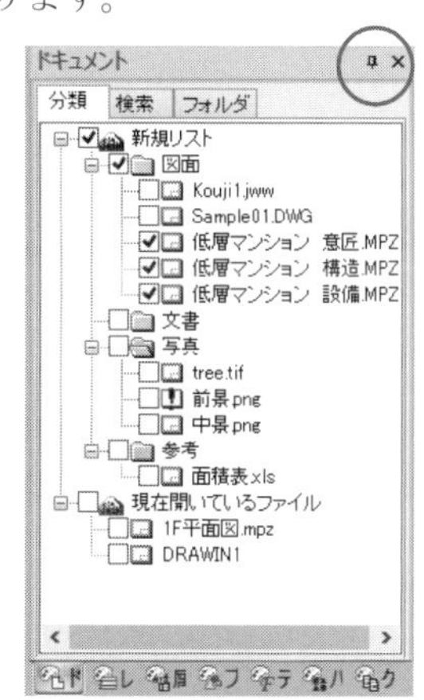

メニューバーの[**パレット**]**メニュー**から表示するパレットをクリックし、✔すると表示されます。✔をはずすと、非表示になります。

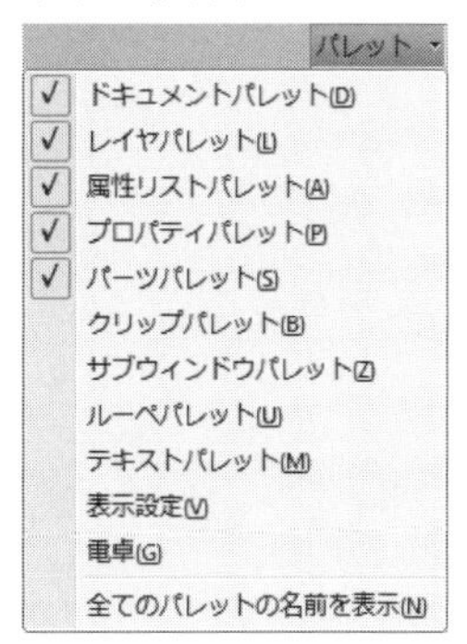

パレットのほかに[**表示設定**]、[**電卓**]があり、パレットと同様にコマンド実行中も常に表示することができます。

また、パレットが折りたたまれてアイコン表示となっている場合に、[**全てのパレットの名前を表示**]をクリックすると、アイコンに名前が表示されます。

☆パレットについての詳細は『**PDF マニュアル**』を参照してください。

⑦ツールバー

コマンドの機能がアイコンに割り付けられています。アイコンにカーソルを合わせ、クリックするとコマンドを実行します。それぞれのアイコンの上にマウスポインタを移動すると、割り付けられているコマンド名が表示されます。各編集画面で使用できないコマンドはグレーで表示されます。
【ツールバーの設定】コマンドで、ツールバーの表示・非表示の設定、任意のコマンドの追加・削除、位置の変更などをすることができます。
本書では、**「3次元表示」ツールバー**を✔し、表示して操作します。

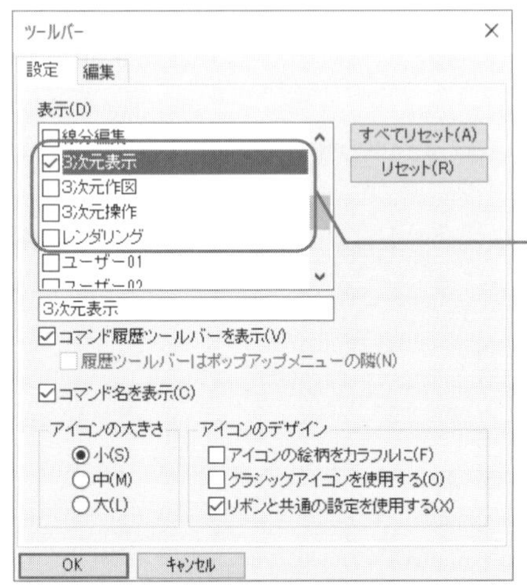

3次元に関するツールバーは4つあります。
表示したいツールバーを✔ します。

☆ツールバーについての詳細は『PDF マニュアル』を参照してください。

メモ

ウィンドウの使い方

Windows の標準的な操作と同様です。

〔ウィンドウのボタンについて〕

ウィンドウ右上のボタンをクリックすると、次のことができます。

ーボタン　：ウィンドウを最小化します。
□ボタン　：ウィンドウを最大化します(**❐ボタン**に変わります)。
❐ボタン　：最大化しているウィンドウを元のサイズに戻します(**□ボタン**に変わります)。
✕ボタン　：ウィンドウを閉じます(メインウィンドウで実行すると、プログラムは終了します)。

〔ウィンドウを移動する〕

ウィンドウのタイトルバーにカーソルを合わせます。左ボタンを押し続けた状態にするとウィンドウがドラッグしますので、移動先で左ボタンを離します。

〔ウィンドウのサイズを変える〕

カーソルをウィンドウの境界上に置くと、カーソルの形状が変わります（⤡⤢↕⟺）。左ボタンを押したまま動かすと境界がドラッグしますので、任意の形状・サイズに変更します。
↕⟺ ：カーソルをウィンドウの端に置くと表示します。上下左右の任意にドラッグします。
⤡⤢ ：カーソルをウィンドウの枠に置くと表示します。水平または垂直方向のみドラッグします。

〔ウィンドウを切り替える〕

方法 1. ：アクティブにするウィンドウ内をクリックします。
方法 2. ：タスクバーからウィンドウをクリックします。

⑧コマンド履歴ツールバー

使用したコマンドのアイコンをツールバーに順次表示します。最大で 20 コマンドを表示できますので、前回実行されたコマンドだけでなく、2回前や5回前のコマンドをすぐに実行することができます。

☆**【ツールバーの設定】コマンド**の「コマンド履歴ツールバーを表示」でコマンド履歴ツールバーの表示・非表示の設定ができます。

⑨ステータスバー

以下のような情報が配置されています。項目によっては、ステータスバー上で設定を変更できます。

① コマンドライン	② 修正アシスト	③ 用紙	④ 図面縮尺
⑤ 記入縮尺	⑥ 座標値	⑦ レイヤ	⑧ カラー
⑨ 線種	⑩ 線幅	⑪ グループ	⑫ 材質
⑬ 塗カラー	⑭ スナップモード	⑮ 選択モード	⑯ データ数
⑰ メッセージエリア	⑱ コマンド名	⑲ 描画順	

⑳ **作業平面方向**

現在の作業平面の方向が表示されます。クリックするごとに[**平面**]→[**東面**]→[**南面**]→[**西面**]→[**北面**]→[**自由**]の順に変更します。

㉑ **スナップ拘束**

現在のスナップ拘束モードが表示されます(拘束されている場合は背景色が変更されて表示されます)。クリックするごとに[.-]→[.x]→[.y]→[.z]→[.xy]→[.yz]→[.zx]の順に変更します。

㉒ **表示設定** ㉓ **電卓**

☆詳細は『**PDF マニュアル**』を参照してください。

DRA-CAD では、表示されているメニューのほかに、作業領域のどこにでも移動できるポップアップメニューがあります。詳細は『**PDF マニュアル**』を参照してください。

1 全画面表示モード

【全画面表示】コマンドまたはキーボードの F11 キーを押すと、リボンなどが非表示となり、作業ウィンドウが画面全体に表示されます。

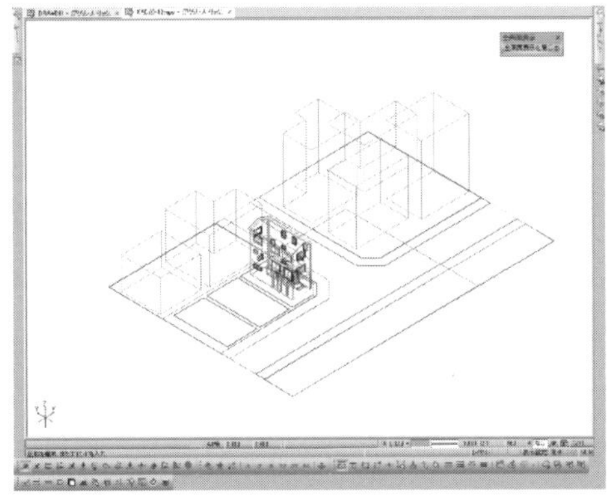

次の方法のいずれかで通常の表示に戻ります。

①[**全画面表示を閉じる**]**ボタン**をクリックする。

②右クリックメニューの[**全画面表示をやめる**]をクリックする。

③キーボードから F11 キーを押す。

☆**【右クリックメニューの設定】コマンド**で、**【全画面表示】コマンド**を設定している場合は、全画面表示中は[**全画面表示**]が[**全画面表示をやめる**]に切り替わります。

1-4 リボンメニュー

メニュー名にカーソルをあわせてクリックすると、関連する項目ごとのパネルにアイコンが配置されて表示されます。それぞれのアイコンの上にマウスポインタを移動すると、割り付けられているコマンド名とコマンドの説明が表示されます。

☆リボンメニューについての詳細は『PDF マニュアル』を参照してください。

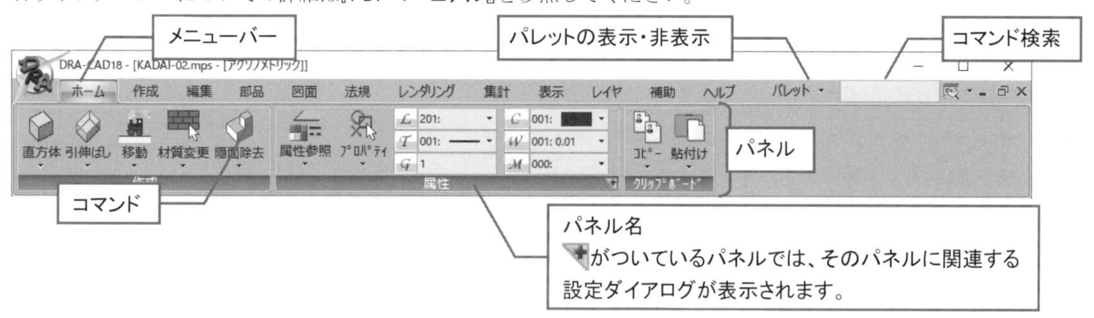

３次元編集画面では３次元のコマンドが表示されます。

コマンドを選択するリボンメニューは以下のように変更されます。また、同じメニューでも表示されるコマンドの内容が変更されているものもあります。

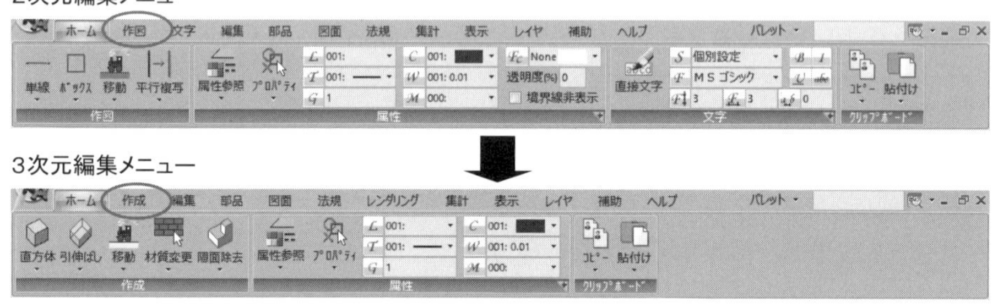

アイコンにカーソルを合わせ、クリックすることによりコマンドを実行します。

▼がついているコマンドでは、▼をクリックすると、さらにメニューが表示されます。コマンドを実行すると、パネルに表示されます。

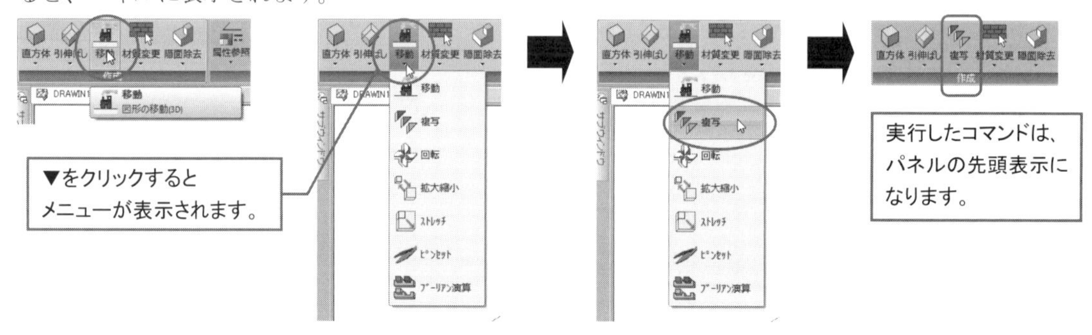

また、リボンの上で右クリックするとメニューが表示されます。

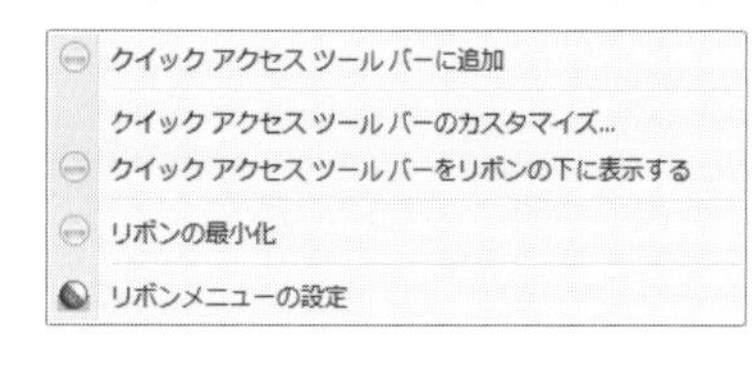

[クイックアクセスツールバーに追加(削除)]：
　リボンのコマンドをクイックアクセスツールバーに登録することができます。

[リボンの最小化]：
　パネルが常に非表示になります。再度、[リボンの最小化]をクリックし、✔ をはずすとパネルが常に表示されるようになります。

[リボンメニューの設定]：リボンメニューの設定ダイアログを表示します。

☆【リボンメニューの設定】コマンドを実行しても、リボンメニューの設定ダイアログが表示されます。

1-5 作業ウィンドウ

図面を描き込む作業エリアです。初期画面では南西アクソメ図で表示されます。また、作業ウィンドウの左下に座標軸が表示されます。

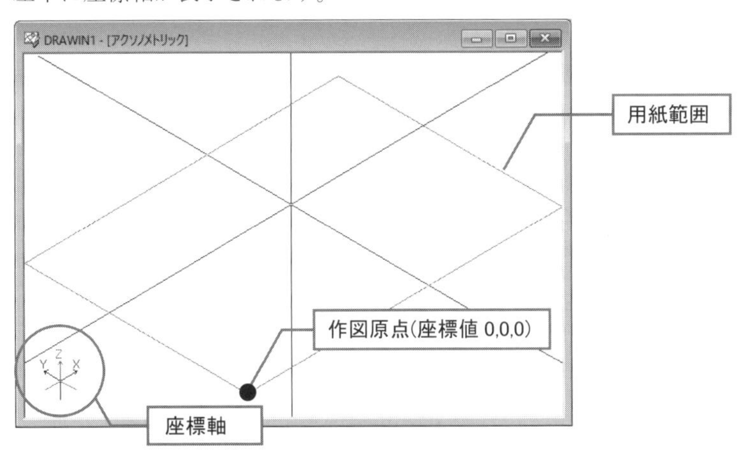

1 座標軸と方位

3次元にはX、Y、Zの3つの座標軸があり、DRA-CAD ではそれぞれ以下のように定義されています。

・X軸の正の方向　：東
　　　負の方向　：西
・Y軸の正の方向　：北
　　　負の方向　：南
・Z軸の正の方向　：上
　　　負の方向　：下

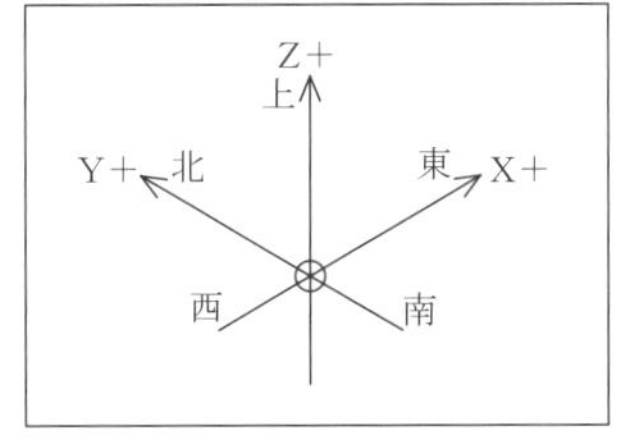

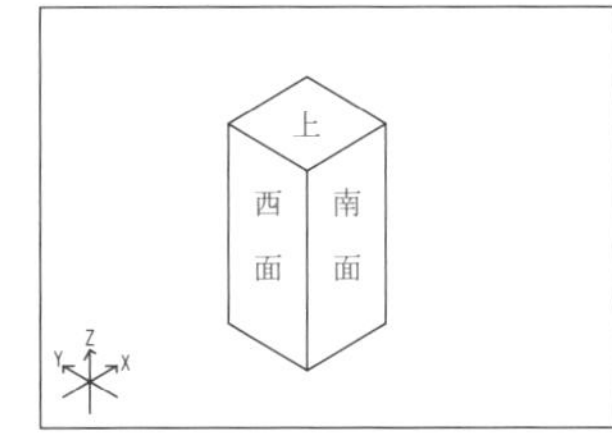

2 カーソルとマウス

◉カーソル

マウスポインタが、現在どこを指しているかを表示しているのが「カーソル」です。状況に応じて形状が変わります。

[矢印カーソル]　　：最も基本的なカーソルで、コマンドを実行していない状態の時に表示され、図形の選択やコマンドの指定、設定項目の指定を行います。

[クロスヘアカーソル]　：X・Y・Z方向の3本のカーソルで、コマンド実行後のポイントの指定や線分、図形の作図を行います。

[クロスカーソル]　　：コマンド実行後の図形の選択や範囲指定を行います。

☆カーソルの詳細については『PDF マニュアル』を参照してください。

◉マウス

マウスのボタンには左右それぞれ機能があります。

ホイール
右ボタン
左ボタン
第4、5ボタン
※第4、5ボタンはマウスによって位置が異なります。

左ボタン　：処理の進行、コマンドの実行、プリミティブ(図形や線分など)の選択などに使用します。

右ボタン　：基本的に処理のキャンセル、コマンドの解除などに使用します。

☆**【環境設定】コマンド**で、設定した「右クリック」により基本的な操作の他にポップアップメニューの移動や編集メニューを表示することができます(詳細は『PDF マニュアル』を参照)。

マウスにホイールがある場合や第4、5ボタンがある場合は、**【環境設定】コマンド**で、画面表示やレイヤ表示などの機能を割り付けることができます(詳細は『PDF マニュアル』を参照)。

3 ウィンドウタブ

作業ウィンドウを最大表示にすると、タブが表示されます。
複数のファイルを表示している場合は、タブをクリックすると作業ウィンドウに表示するファイルを切り替えることができます。

☆◀▶ボタンをクリックすると表示されていないタブを表示することができます。
☆ウィンドウタブについての詳細は『PDF マニュアル』を参照してください。

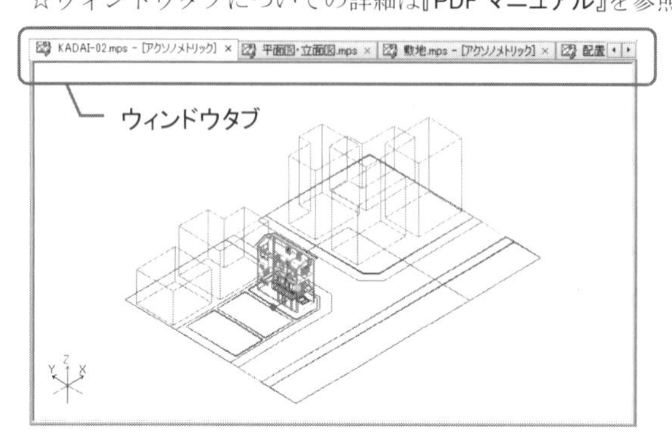

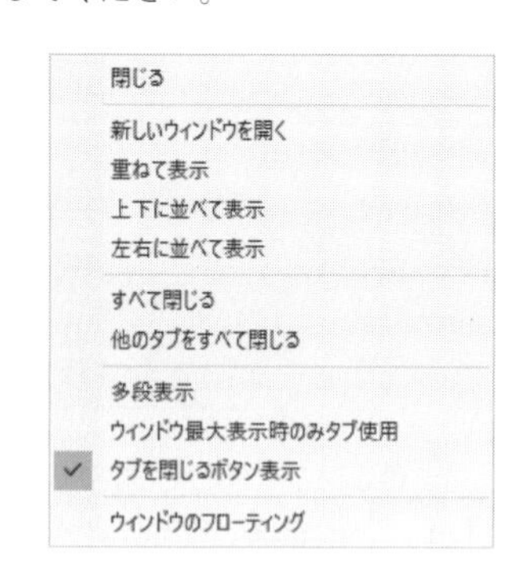

4 プロパティチップ

[補助]メニューの[プロパティチップ]を✔すると、マウス位置にある図形の情報をツールチップで表示します。
また、〔チップ〕パネルのをクリックすると、チップの設定ダイアログが表示され、プロパティチップに関する設定を変更することができます(詳細は『PDF マニュアル』を参照)。

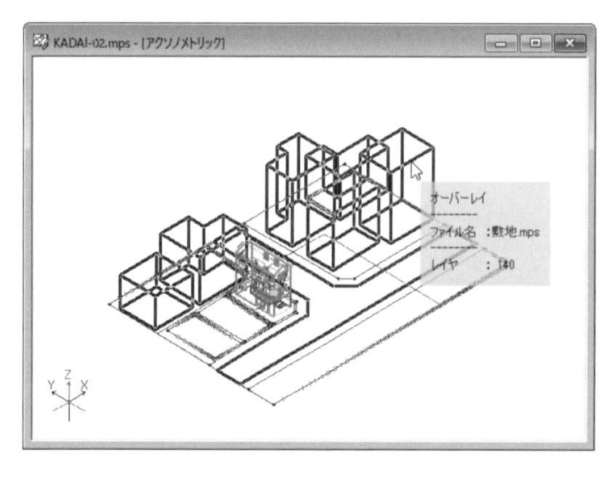

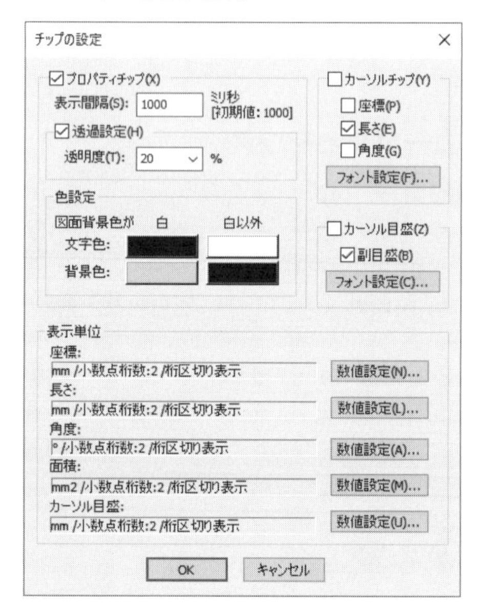

② コマンドを実行するには？

３次元の操作をする前に基本操作の確認と３次元編集モードで追加される項目について説明します。

☆詳細については『PDF マニュアル』を参照してください。

2-1 コマンドの実行と解除

1 実行方法

コマンドを実行するには方法はいくつかありますが、ここでは次の方法を説明します。

☆その他の方法については『PDF マニュアル』を参照してください。

方法 1） リボンメニューからコマンド名を指定する。

コマンド名にカーソルを合わせ、クリックすることにより実行します。

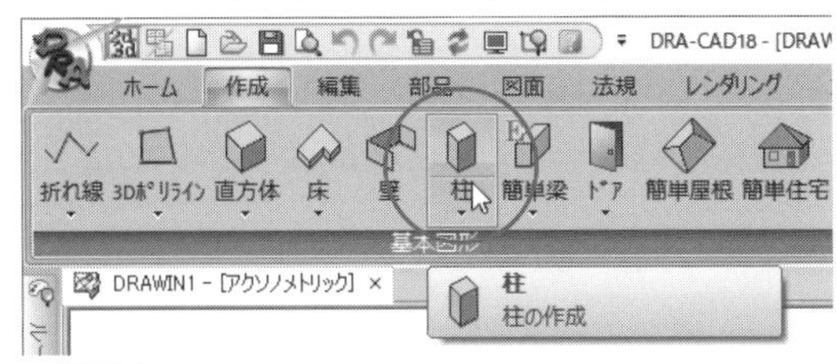

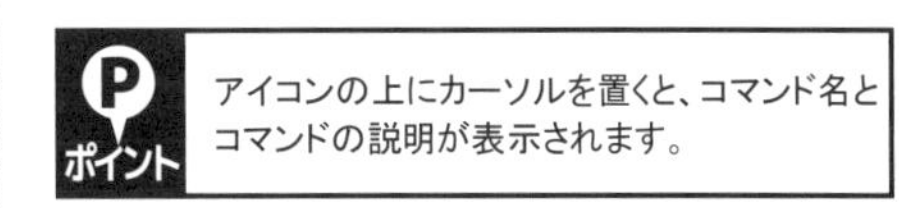

☆ Alt キーを押すと、メニューにアルファベットが表示され、表示されているキーを入力しても指定できます。

方法 2） ツールバーのアイコンを指定する。

アイコンにカーソルを合わせ、クリックすることにより実行します。

方法 3） ステータスバーから情報が表示されている場所を指定する。

それぞれの情報が表示されている場所にカーソルを合わせ、クリックすることにより実行します。

☆記入縮尺、レイヤ、カラー、線種、線幅、材質、塗りカラー、スナップモード、選択モードが実行できます。また、右クリックすると、設定コマンドなどが実行できます。

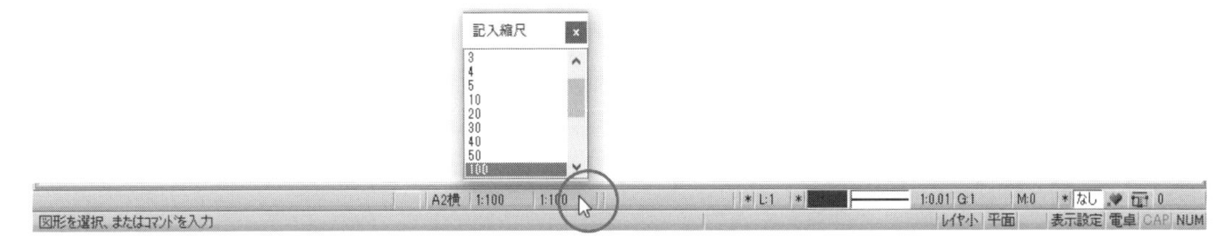

- それぞれの方法で実行すると、コマンドによってはダイアログボックスが表示されます。
- コマンドを実行すると、ステータスバーのメッセージエリアにメッセージを表示します。コマンド実行中はメッセージの指示にしたがって作業を進めていきます。
- DRA-CAD では、ほかに作業領域のどこにでも移動できるポップアップメニューから実行することができます（詳細は『PDF マニュアル』を参照）。
- **【環境設定】** コマンドの **〔その他〕タブ** で、リボンメニューではなくプルダウンメニューを指定した場合は、プルダウンメニューからコマンド名を指定します（詳細は『PDF マニュアル』を参照）。

2 解除方法

コマンドには、操作終了と同時に自動的に解除されるものと、解除操作の必要なものがあります。
コマンドが解除されると、**「図形を選択、またはコマンドを入力」**と画面左下にメッセージが表示されます。

☆**【環境設定】**コマンドの**〔操作〕タブ**で操作体系を「線描画」とした場合は、「線分の始点、またはコマンドを入力」と画面左下にメッセージが表示されます。

コマンドを解除するには、次の方法があります。

方法 1） ステータスバーの左下にコマンドのメッセージが表示されている状態で右クリックすると、1つずつメッセージが戻り、コマンドが解除されます。

方法 2） ステータスバーの左下にコマンドのメッセージが表示されている状態で Esc キーを押すと、コマンドが解除されます。

☆**【環境設定】**コマンドの**〔操作〕タブ**で「コマンド実行中の ESC キー」で「ひとつ戻る」を指定した場合は、1つずつメッセージが戻り、コマンドが解除されます。

方法 3） ダイアログボックスが表示されるコマンドは、ダイアログボックスの**[キャンセル]**または**[×]ボタン**をクリックして解除します。

☆**【環境設定】コマンド**の**〔操作〕タブ**で「ダイアログ外クリックでOK」に✔がある場合、ダイアログボックスからカーソルをはずしてクリックするとコマンドを実行、右クリックするとコマンドを終了することができます。

解除直後に スペース キーを押すと、直前に実行したコマンドを再度実行することができます。

3 特殊キーによるコマンドの実行

DRA-CAD では、ある特殊キーに、機能を割り付けています。これをステータスバーのコマンドラインにキーボードから入力し、コマンドを実行します。

例：【移動】コマンド

move ↵

入力した内容は、ウィンドウ左下のコマンドラインに表示され、**【移動】コマンド**が指定されます。

☆**【キーボード割付】コマンド**でキーボードのキーに実行するコマンドを割り付けることができます。
また、キータイプ名称とコマンドコードはコマンド名をクリックすると、表示されます。

３次元編集画面では、以下のような機能があります。

キーの種類	機　能
Ctrl ＋ E	２次元/３次元編集モードの切替え（**【2次元/3次元切替】コマンド**の実行）
Ctrl ＋ T	隠面除去表示の ON/OFF 切替え（**【隠面除去表示】コマンド**の実行）
Ctrl ＋ ← → ↓ ↑	視点位置の回転
Shift ＋ ↓ ↑	視点位置の前進・後退（パース表示）
MM ↵	作業平面表示の ON/OFF 切替え（**【グリッド】コマンド**の実行）
Ctrl ＋W	

4 キー＋マウスによる操作

特殊キーを押しながらマウスを使って、以下のような機能が実行できます。

３次元編集画面では、以下のような機能があります。

項　目	機　能
Ctrl ＋ホイールドラッグ	パンニング（３次元編集画面では視点変更）

2-2 ダイアログボックスの使い方

1 ダイアログボックスの基本設定

DRA-CAD ではコマンドによって、条件を設定するために以下のようなダイアログボックスが表示されます。
コマンドによって項目はさまざまですが、使い方は共通です。
項目の設定ができたら、[OK]ボタンをクリックしてコマンドを実行します。

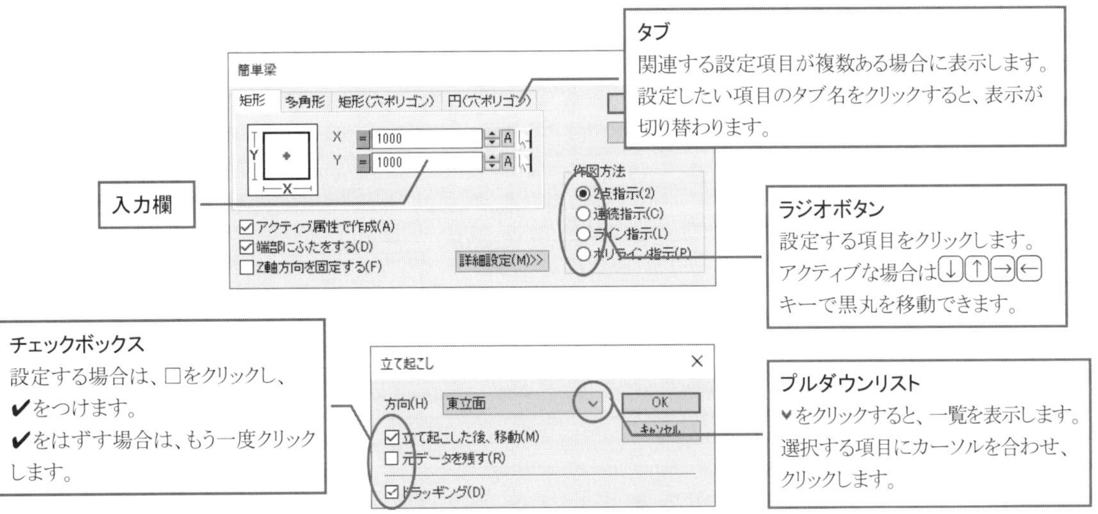

[キーボードからの入力]

入力欄のある項目には、設定する数値または文字をキーボードから直接入力します。
また、Aボタンのついている入力欄では、算術計算した結果が入力されます。算術の優先順位を決定する括弧（ ）、＋、－、×(*)、÷(/)などの四則演算、sin や cos などの三角関数を使用して、入力することができます。たとえば、入力欄に(10+20)*3 A、または(10+20)*3＝↵キーと入力すると 90 と計算結果が入力されます。

[使用できる算術計算]

+,-,*,/,&,^,sin,cos,tan,acos,asin,atan,log,log10,abs,exp,sqr,deg,rad,pai

[数値、項目の選択]

入力欄横にボタンがあるときは、ドロップダウンコンボを表示します。
選択する項目、数値などにカーソルを合わせクリックします。
☆ドロップダウンコンボにない数値はキーボードから直接入力することができます。

[入力欄について]

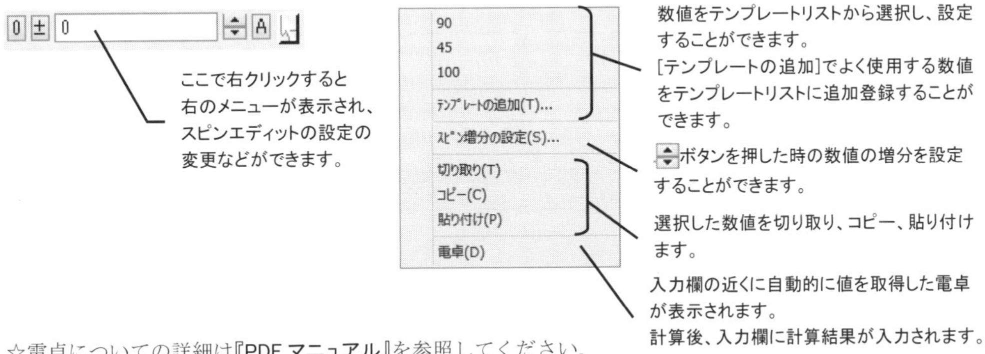

☆電卓についての詳細は『PDF マニュアル』を参照してください。

2 ボタンについて

次のボタンが一般によく表示されます。

ボタン	機　能
図面から(Z)	図面上のプリミティブ(図形や線分など)を指示して、設定条件を参照します。また、長さや角度などを図面から取得できます。 ☆角度の取得はをクリックすると「3点指定」、Ctrl＋をクリックすると「2点指定」になります。 [長さ]　[角度(3点指定)]　[角度(2点指定)] 取得長さ ① ②　中心 取得角度(+角度) ① ②　中心 取得角度(−角度) ① ②　① ② 取得角度 取得角度 ① ②
*	レイヤ・グループ番号などの属性で、ダイアログボックスに表示している番号以降で未使用の最小番号を検索して設定します。
/	設定したサイズや厚さなどの半分の数値を設定します。
0、1、2	数値をそれぞれ 0､1､2 にします。
±	数値の正負を逆にします。
	[スピン増分の設定]で設定した間隔で数値を増減します。
=	関連する項目と同じ値にします。
A	入力欄に入力した数式を計算します。Ctrl＋Aをクリックすると自動的に値を取得した電卓ダイアログが表示されます。
R	設定した半径の数値を設定します。
P	カラーパレットが表示され、カラーを設定することができます。
	属性リストからレイヤ･カラー・線種・線幅などを取得し、設定します。
詳細設定(M)>>	詳細を設定するダイアログボックスを追加表示します(標準設定(M)>>ボタンに切り替わります。)。
標準設定(M)>>	標準設定のダイアログボックスを表示します(詳細設定(M)>>ボタンに切り替わります)。
OK	コマンドを実行し、次の処理に進みます。
キャンセル	コマンドを終了します。
閉じる	ダイアログボックスを閉じます。

・【環境設定】コマンドの〔操作〕タブで「ダイアログ外クリックでOK」に✔がある場合、ダイアログボックスからカーソルをはずして作業ウィンドウ上でクリックするとコマンドを実行、右ボタンをクリックするとコマンドを終了することができます。
・ダイアログボックスの項目などがすべて表示されていない場合は、カーソルをダイアログボックスの境界上に置き、ドラッグしてダイアログボックスのサイズを変更してください。

2-3 本書での操作環境

1 環境設定

DRA-CAD の操作方法や表示に関する設定は、**【環境設定】コマンド**で設定します（詳細は**『PDF マニュアル』**を参照）。
本書では、以下の設定内容で操作します。

(1) **【環境設定】コマンド**を実行します。
メニューから[**環境設定**]をクリックします。

(2) ダイアログボックスが表示されます。
〔**操作**〕**タブ**で[**操作体系**]を「図形選択」、[**図形選択**]を「単一選択」、[**右クリック**]を「ポップアップ移動又は編集メニュー表示」に指定します。

(3) 〔**表示**〕**タブ**をクリックして表示します。
[**描画方法**]を「GDI」に指定し、[**点を印刷サイズで表示**]を✔し、[**ポリラインの頂点にマーカー表示**]の✔をはずします。

〔**操作**〕**タブ**　操作に関する基本的な項目の設定

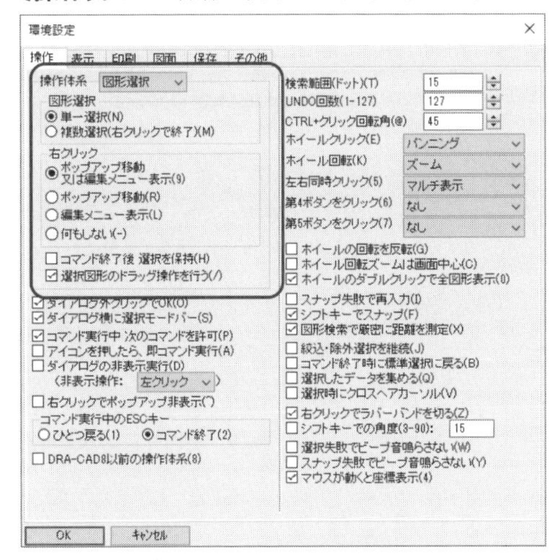

〔**表示**〕**タブ**　画面の表示に関する項目の設定

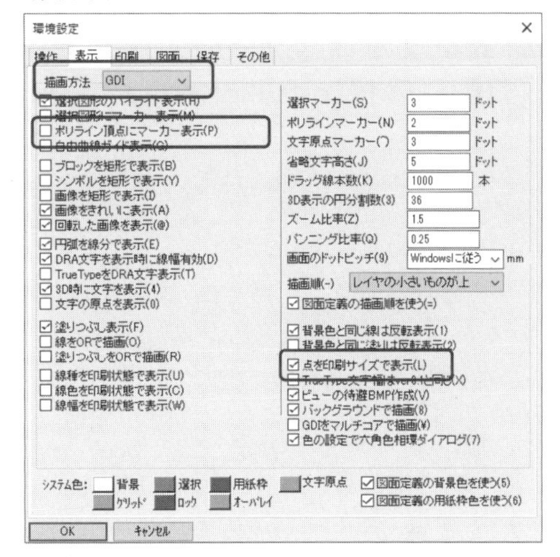

(4) 〔**印刷**〕〔**図面**〕〔**保存**〕〔**その他**〕**タブ**は、すべて初期設定のままで操作します。

〔**印刷**〕**タブ**　印刷に関する項目の設定

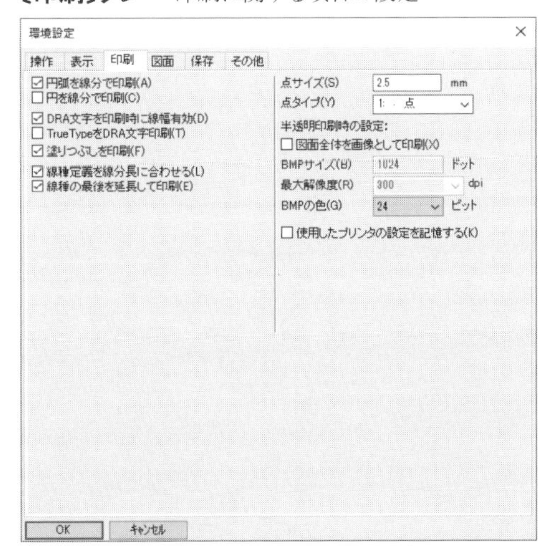

〔**図面**〕**タブ**　図面枠とレイアウトに関する項目の設定

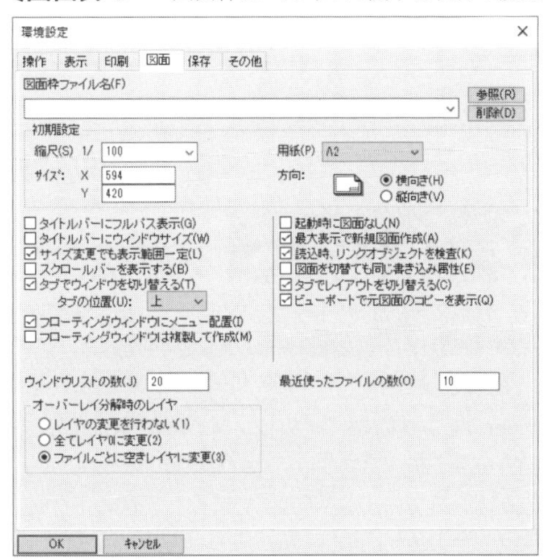

〔保存〕タブ　読込み、保存に関する項目の設定

環境設定
操作　表示　印刷　図面　保存　その他
DRA-CADが使用するファイルの場所:
フォルダ(F)　C:¥Users¥AAAAAAAA¥Documents¥archi pivot¥DRA-CAD18　開く(1)　参照(X)
保存時のバックアップ:
□バックアップする(B)　付加名(D) Backup~　個数(Z) 1
フォルダ(U)　開く(2)　参照(I)
自動保存:
☑時間がきたら自動保存(T)　MPS　1 個　30 分
□コマンド実行前に自動保存(C)　MPS　1 個
フォルダ(L)　C:¥Users¥AAAAAAAA¥Documents¥archi pivot¥DRA-CAD18¥Auto　開く(3)　参照(Q)
作業中のデータ保護:
フォルダ(W)　C:¥Users¥AAAAAAAA¥Documents¥archi pivot¥DRA-CAD18¥Crash　開く(4)　参照(Y)
保存時のバージョン(V):　指定しない
名前をつけて保存時のファイル種類(A):　指定しない
□開いたファイルのバージョンで保存する(S)
□保存ダイアログでMPZを優先的に使用する(E)
OK　ｷｬﾝｾﾙ

〔その他〕タブ　操作の詳細について設定

環境設定
操作　表示　印刷　図面　保存　その他
□印刷時の設定でメタファイル作成(P)
□すべて黒でメタファイル作成(B)
☑クリップボードにコピーで基点指示(C)
☑文字スタイルを図面ごとに保持(A)
同名スタイル読込時のオプション
◉随時、問い合わせる(1)
○重複しない名前を自動で割当(2)
○同じ名前をそのまま使う(3)
☑ダイアログを表示(E)
□文字修正で寸法の数値編集可能(M)
□ハイパーリンクでダイアログ表示(J)
☑寸法線 図面方向優先で作図(D)
☑IME自動切り替え(I)
☑ダイアログ消去でIME自動オフ(O)
☑ダイアログで線種を定義通り表示(U)
□旧 引出線コマンドを使う(4)
□旧 通り心コマンドを使う(5)
□旧 寸法線コマンドを使う(6)
最近使ったフォントの表示数(F)　4
☑起動時に最新版の確認を行う(9)
テーマ(9)　アクア
メニュー
○プルダウンメニュー(W)
◉リボンメニュー(Z)
外部参照ファイルの更新
○更新しない(N)
○時間で更新(T)
◉再描画のたびに更新(R)
更新間隔(V):　10 分
☑[F1]でダイアログヘルプ(H)
□[Shift]/[Ctrl]と前画面で次画面(G)
□円、楕円でダイアログに戻る(K)
☑表示色変更で印刷色も変更(Y)
□線上点で円の角度指定(Q)　15
スプラインの初期分割数(X)　10
環境の読み書き:
書き出し(L)...　読み込み(S)...
□図面から値取得で数値を丸める(0)
◉全体の桁数(7)　12
○小数点以下桁数(8)　8
OK　ｷｬﾝｾﾙ

(5) **[OK]ボタン**をクリックし、設定します。

2 表示設定

【環境設定】コマンドの**〔表示〕タブ**で設定されている項目は、**【表示設定】コマンド**で変更することができます。

☆パレットメニューまたはステータスバーから表示/非表示を切替ることができます。

アドバイス

【環境移行】コマンドを実行すると、環境移行ダイアログが表示され、DRA-CAD18 より前のバージョンが同じパソコンにインストールされている場合に動作環境を DRA-CAD18 に移行することができます。

☆ver.3.1 より前のバージョンは形式が違う部分があり、そのまま移行することができませんので対象外になります。

読み込む環境の DRA-CAD を選択し、**[OK]ボタン**をクリックすると、選択した DRA-CAD の動作環境が DRA-CAD18 に反映されます。

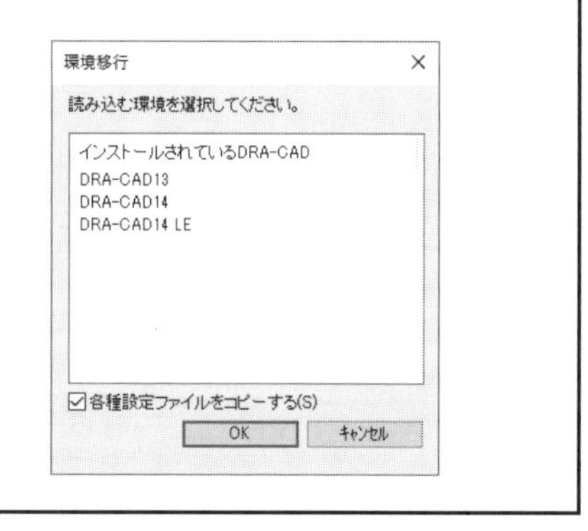

3 新規作成とデータファイルの管理

3-1 新規図面を作成する

1 新規ファイルの作成

プログラム起動直後は新規の作業ウィンドウが表示され、作図ができる状態になっています。
データの編集中やファイルを開いている場合は、**【新規図面】**コマンドで新規に作業ウィンドウを表示します。

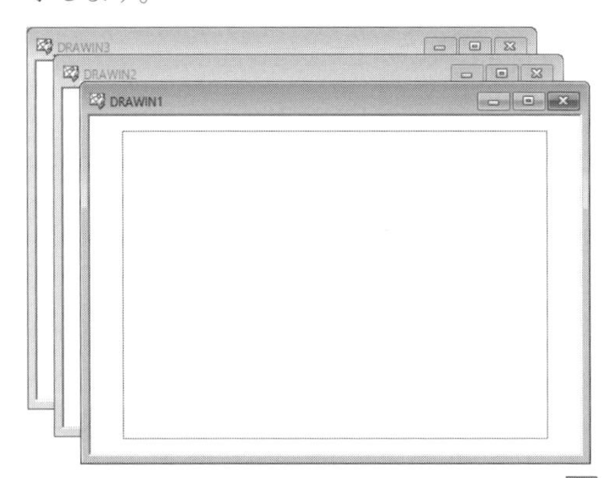

【環境設定】コマンドの〔図面〕タブで、起動時に常に最大表示、または新規図面を開かないように設定することができます。
また、「図面枠ファイル名」であらかじめ保存してある図面枠ファイルを指定しておくと、起動時や新規図面の表示の時に保存してある図面枠を呼び出すことができます。

☆**【新規図面】コマンド**を実行すると、**【環境設定】**コマンドの**〔図面〕タブ**の「初期設定」で設定されている用紙・縮尺の作業ウィンドウが、メモリが許す限り何枚でも表示されます。

2 用紙枠について

初期値では、A2 用紙、縮尺 1/100 に設定されています。
DRA-CAD には、図面縮尺と記入縮尺があります。記入縮尺を変えることで、1つの図面内に複数の縮尺で描くことができます。
この図面縮尺や用紙サイズなどは、**【図面設定】**コマンドで変更することができます。
☆**【環境設定】**コマンドの**〔図面〕タブ**で、初期値を変更することもできます。

〔全般〕タブ 図面縮尺や用紙サイズの変更

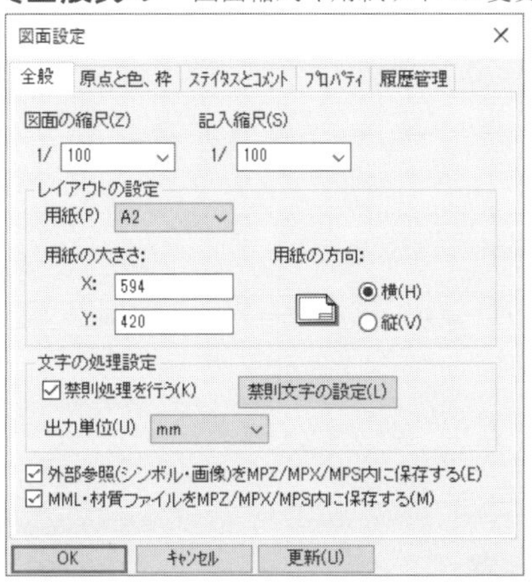

[図面の縮尺]は出力時の縮尺で、その縮尺で設定された用紙枠が矩形で作業ウィンドウに表示されます。
[記入縮尺]は、現在作図中または編集中の図形や文字にのみ対象となる縮尺で、1つの図面に異縮尺の図面を描くときに設定します。

〔原点と色、枠〕タブ 作図原点や用紙枠の変更

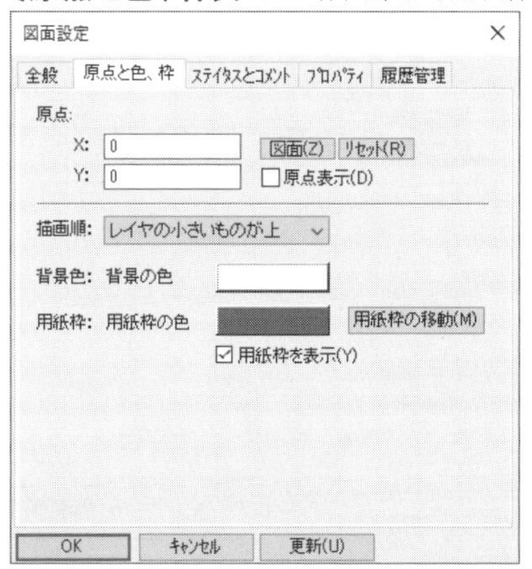

作図原点は座標入力をする時の原点位置になります。
初期設定では用紙枠の左下にあります。

3-2 データの保存と呼び出し

1 データを保存する

入力したデータを保存します。データの保存には、[名前を付けて保存][上書き保存]の 2 種類の方法があります。

☆詳細については『PDF マニュアル』を参照してください。

◉上書き保存

【上書き保存】コマンドは、ファイル名を変更しない場合に選択する保存方法で、読み込んだデータを編集し、同じファイル名で保存します。

☆複数のファイルが開いている場合には、【すべて上書き保存】コマンドで編集したファイルをすべて上書き保存することができます。

◉名前をつけて保存

【名前をつけて保存】コマンドは、作成したデータを新規に保存する場合、または編集中のデータのファイル名を変更して、別のファイル名をつけて保存する方法です。
[ファイルの種類]を選択すると、MPS 以外の形式で保存することができます。

☆MPZ/MPX/MPS 以外のファイルを保存する場合は、それぞれの設定ダイアログが表示され、変換方法を設定することができます。
また、【DWG 形式で保存】、【DXF 形式で保存】、【JWW 形式で保存】、【JWC 形式で保存】、【P21 形式で保存】、【SFC 形式で保存】コマンドで直接、設定ダイアログを表示して保存することもできます。

(1) 【名前をつけて保存】コマンドを実行します。
メニューから[名前をつけて保存]をクリックします。

(2) ダイアログボックスが表示されます。
保存先のドライブ、フォルダを変更する場合は、[フォルダの参照]ボタンをクリックし、データを保存するドライブ、フォルダを指定します。

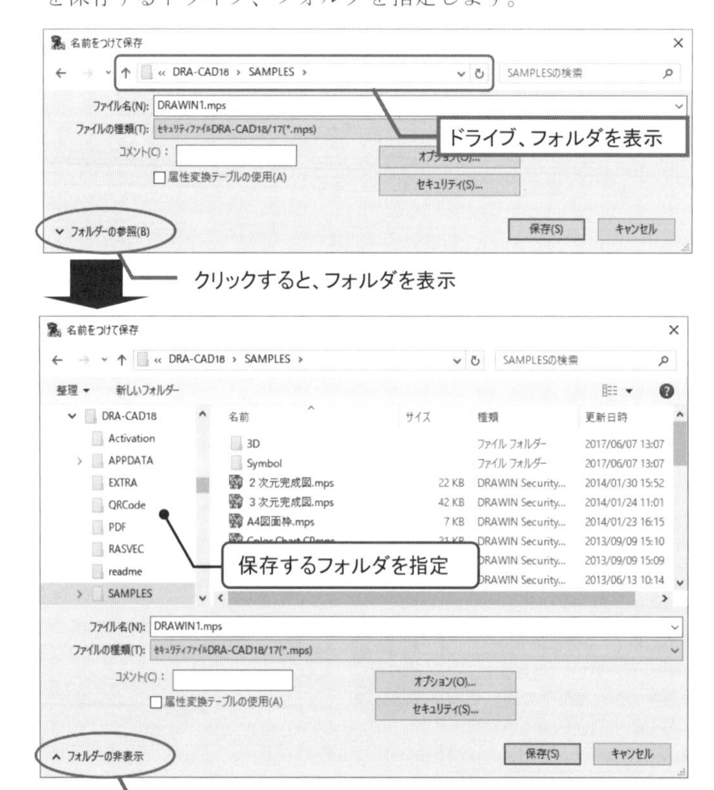

(3) ファイル名を入力し、ファイルの種類を選択します。

(4) **[保存]ボタン**をクリックすると、データが保存されます。
【名前をつけて保存】コマンドは解除され、作図画面に戻ります。

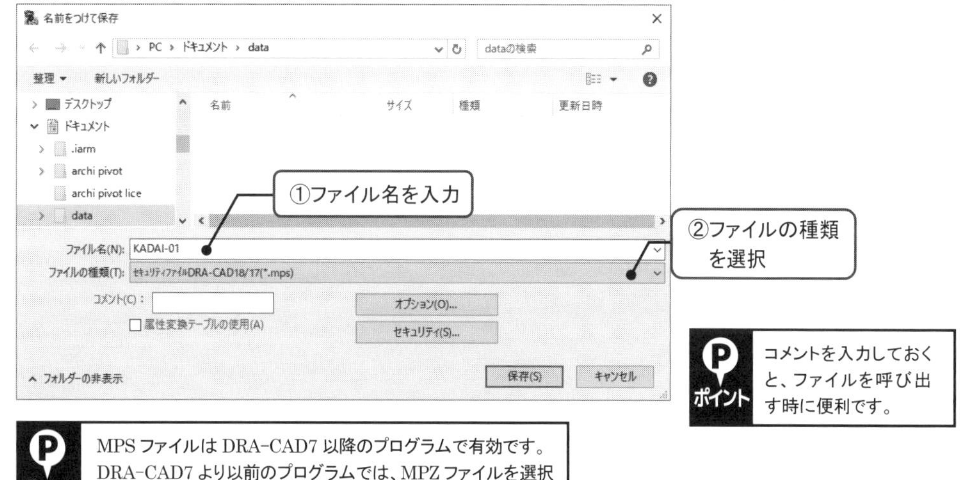

ポイント
コメントを入力しておくと、ファイルを呼び出す時に便利です。

ポイント
MPS ファイルは DRA-CAD7 以降のプログラムで有効です。DRA-CAD7 より以前のプログラムでは、MPZ ファイルを選択してください。

メモ

オプションについて

[オプション]ボタンをクリックすると、保存のオプションダイアログが表示されます。

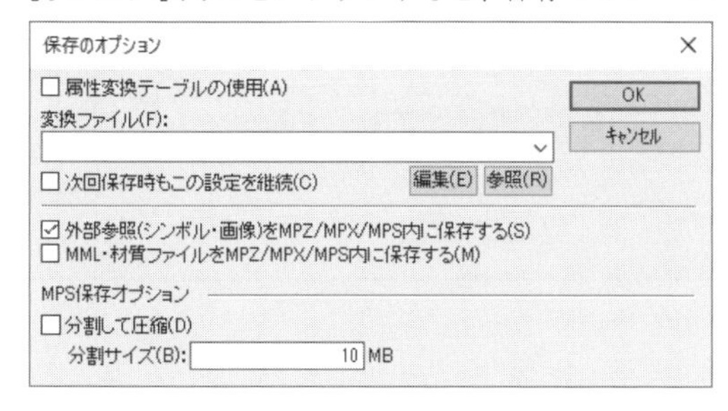

「外部参照(シンボル・画像)を MPZ/MPX/MPS 内に保存する」を✔すると、**【シンボル挿入】**や**【画像挿入】コマンド**で挿入したシンボルや画像を図面と一緒に保存します。ただし、別ファイルになっているシンボルや画像を一緒に保存するので、ファイル容量が大きくなります。

✔しない場合は、挿入したシンボルや画像が保存されていない別のパソコンでファイルを開いた時に、シンボルや画像が見えない状態になります。図面作成時と違う環境でファイルを開いたり、挿入したシンボルや画像を削除する可能性がある場合は、✔して保存してください。

「MML・材質ファイルを MPZ/MPX/MPS 内に保存する」を✔すると、レンダリング時に使用するライトや材質に使用した画像ファイルなどを図面と一緒に保存します。
✔しない場合は、ライトや材質などの設定が、MML という拡張子の別ファイルとして同じフォルダに自動的に保存されます。ライトや材質の設定を MML として別ファイルにした時に、図面のファイル名を変更して MML のファイル名を一緒に変更していない場合、あるいはファイルの移動や複写などで、MML ファイルが同じフォルダ内に存在していない場合は、正しくレンダリングされません。

☆**【図面設定】コマンド**の**〔全般〕タブ**にも**「外部参照(シンボル・画像)を MPZ/MPX/MPS 内に保存する」**、**「MML・材質ファイルを MPZ/MPX/MPS 内に保存する」**の項目があります。

2 データを呼び出す

保存されているデータを呼び出します。

【開く】コマンドは、新しいウィンドウを開いて選択した図面を読み込みます。また、圧縮されたファイルを読み込むこともできます。

☆MPZ/MPX/MPS 以外のファイルを開く場合は、それぞれの設定ダイアログが表示され、変換方法を設定することができます。

また、**【DWG/DXF 形式の読み込み】**、**【JWW 形式の読み込み】**、**【JWC 形式の読み込み】**、**【SXF 形式の読み込み】コマンド**で直接、設定ダイアログを表示して読み込むこともできます。

(1) **【開く】コマンド**を実行します。
メニューから[**開く**]をクリックします。

(2) ダイアログボックスが表示されます。
「フォルダ」で呼び出したいデータのあるドライブとフォルダを指定します。

(3) ファイルの種類を選択し、開きたいファイル名を指定します。

(4) **[開く]ボタン**をクリックします。
新しいウィンドウを開いて指定したデータが開き、**【開く】コマンド**は解除されます。

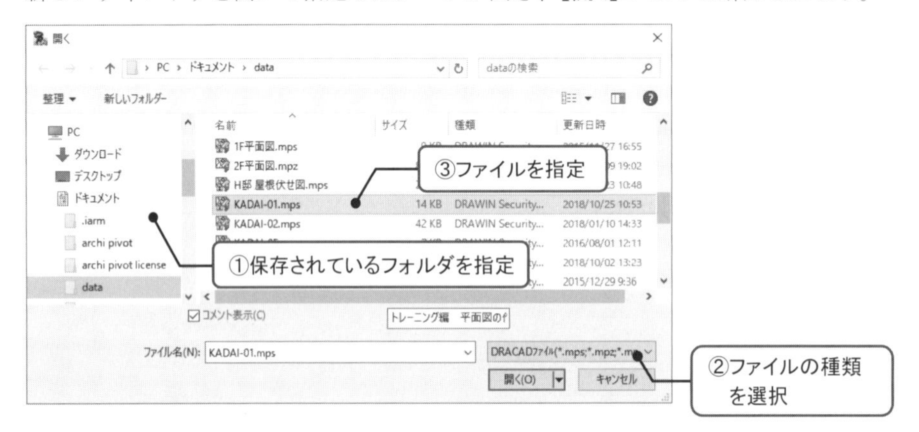

アドバイス

DRA-CAD では下記のファイルを呼び出し・保存することができます。

DRACAD セキュリティファイル(*.MPS)　：パスワードで保護できる DRA-CAD の圧縮ファイル
DRA Win ファイル(*.MPZ)　：DRA-CAD のファイル
DRA Win Flat ファイル(*.MPX)　：OLE 以外の DRA-CAD ファイル
DRA-CAD α (*.MPW)　：DRA-CAD α のファイル
DRA-CAD2 (*.MPP)　：DRA-CAD2 V2 のファイル
ARM-M(*.MDL)　：ARM-M のファイル
AutoCAD DWG(*.DWG)　：AutoCAD のファイル
AutoCAD DXF(*.DXF)　：AutoCAD または他の CAD との交換用データ
JW_CAD(*.JWC)　：JW_CAD のファイル
Jw_cad for Windows(*.JWW)　：Jw_cad for Windows のファイル
SXF ファイル(*.SFC、*.P21)　：図面の電子納品のために作成された CAD データ
書庫(圧縮)ファイル(*.ZIP)　：圧縮ファイル

☆MPS ファイルは DRA-CAD18/17、16、15、14、13、12、DRA-CAD10/11、DRA-CAD9 と DRA-CAD7/8 のファイル、MPZ ファイルは DRA-CAD18/17、16、15、14、13、12、DRA-CAD10/11、DRA-CAD9、DRA-CAD6/7/8、DRA-CAD5、DRA-CAD4 と DRA Win3.1 以前のファイル、MPX ファイルは DRA-CAD18、17、16、15、14、13、12、DRA-CAD10/11、DRA-CAD9、DRA-CAD6/7/8 のファイルで保存することができます。

3 その他の保存/呼び出し方法

その他の保存方法

【別名で保存】

現在編集中の図面を新しい名前をつけて保存します。

☆現在編集中の図面名は変わりません。

【画像で保存】

解像度を指定して、図面を画像ファイル(BMP/JPG/TIFF/PNG 形式)で保存します。

【圧縮して保存】

現在編集中の図面または開いているすべての図面を圧縮(ZIP 形式)して保存します。

【クラウドへ保存】

インターネットを介して利用できるクラウド上のディスクドライブに図面を保存します。

保存されたファイルは、DRA Viewer で閲覧することができます。

☆DRA Viewer は、iPhone・iPad で利用可能なアプリです。

その他の呼び出し方法

【読み取り専用で開く】

図面ファイルを読み取り専用で開きます。ファイルを読み込むと、タイトルバーと作業ウィンドウのファイルのタブに「読み取り専用」と表示されます。

編集はできますが、保存時にはメッセージが表示され、上書き保存はできません。

【クラウドから開く】

インターネットを介して利用できるクラウド上のディスクドライブにある図面ファイルを読み込むことができます。

4 書き出しと読み込み

書き出し

【XML 形式で保存】、**【SVG 形式で保存】**、**【WMF/BMF 形式で保存】**、**【PDF 形式で保存】**☆1、**【HTML 形式で保存】**☆2コマンドで、図面をそれぞれの表示形式で保存することができます。

☆1 PDF ファイルへは、用紙サイズの範囲で、色、線種、線幅は印刷時の状態で保存されます。

☆2 図面にある画像や OLE 図形は書き出せません。また文字列はすべて DRA-CAD フォントで表示されます。

３次元データは、**【STL 形式で保存】**、**【OBJ 形式で保存】**、**【3DS 形式で保存】コマンド**で、モデルをそれぞれの表示形式で保存することができます。

読み込み

【XML 形式の読み込み】、**【PDF 形式の読み込み】コマンド**で、ダイアログボックスからファイル名を選択すると、それぞれの表示形式のファイルを読み込むことができます。

☆**【XML形式の読み込み】コマンド**では全ページ、**【PDF 形式の読み込み】コマンド**では設定したページが読み込まれ、作成される図面の縮尺は 1/1 となります。

【SKP 形式の読み込み】コマンドで、３次元データのファイルを読み込むことができます。

また、**【IFC形式の読み込み】コマンド**は、BIM の IFC 形式データを「Model Assist」(モデルアシスト)が起動して３次元モデルや各階プラン、各立面図を任意に選択して読み込むことができます(詳細は、Model Assist のヘルプ?を参照)。

4 画面の表示について

画面上での作業をスムーズに、正確に行うために、画面に対しての拡大・縮小、表示する範囲の移動(パンニング)などの機能があります。

☆画面表示の詳細については『PDF マニュアル』を参照してください。

4-1 画面の表示変更

1 画面表示の種類

画面を表示するコマンドは表示メニューにまとめられています。画面を表示するコマンドは、ダイアログボックスが表示されていない時はいつでも変更ができます。

アイコン	コマンド名	機　能
(青)	再表示	現在の画面の表示状態を正確に再表示します。 ☆Ctrlキーを押しながらRキーを押しても実行することができます。
(赤)	全図形表示	図形全体を作業ウィンドウに最大表示します。 ☆ホイールボタンをダブルクリック、またはCtrlキーを押しながらHomeキーを押しても実行することができます。
	すべて全図形表示	複数の作業ウィンドウを開いている場合に、現在開いているすべてのウィンドウを全図形表示にします。
(緑)	図面範囲表示	用紙枠で設定されている範囲(図面範囲)が作業ウィンドウに入るように表示します。 ☆Homeキーを押しても実行することができます。
	表示範囲呼出	サブウィンドウパレットで記憶している図面範囲で、直前に呼び出して表示した図面範囲を呼び出します。
	表示範囲切替	指定した表示範囲内にあるデータのみ表示または解除します。
	表示範囲指定	現在表示されているデータで必要な範囲を指定します。
	拡大	作業を行いやすいように、画面の一部分を拡大する時に実行します。拡大する範囲を対角にクリックして指定すると、指定した範囲が拡大表示されます。
	パンニング	画面の中心となる位置をクリックすると、表示される図形の大きさを変えずに、指定した位置が中心になるように、表示範囲を移動することができます。 ☆矢印(→←↓↑)キーを押すことにより表示範囲を一定比率で移動することもできます。
	ズームアップ	〝もう少し大きく表示したい〟という時に使用します。 画面の中心となる位置をクリックすると、指定した位置を中心に、表示範囲を一定比率で拡大します。 ☆Page Downキーでも画面の中心を基準にズームアップすることができます。
	ズームダウン	〝もう少し小さく表示したい〟という時に使用します。 画面の中心となる位置をクリックすると、指定した位置を中心に、表示範囲を一定比率で縮小します。 ☆Page Upキーでも画面の中心を基準にズームダウンすることができます。
	前画面	クリックするごとに、前の画面の表示状態を表示します。表示画面の変更が 15 以上になると、古いものから消去されます。
	次画面	**【前画面】コマンド**で戻った表示画面を 1 つ元の画面に進みます。

2 画面表示の機能

以下で、画面表示の変更について説明します。

☆図解でのカーソルの表示は、すべて点線枠で表示しています。

◉全体を表示する

【全図形表示】コマンドは作図されている図形全体を作業ウィンドウに最大表示し、**【図面範囲表示】コマンド**は用紙枠で設定されている範囲(図面範囲)が作業ウィンドウに入るように表示します。

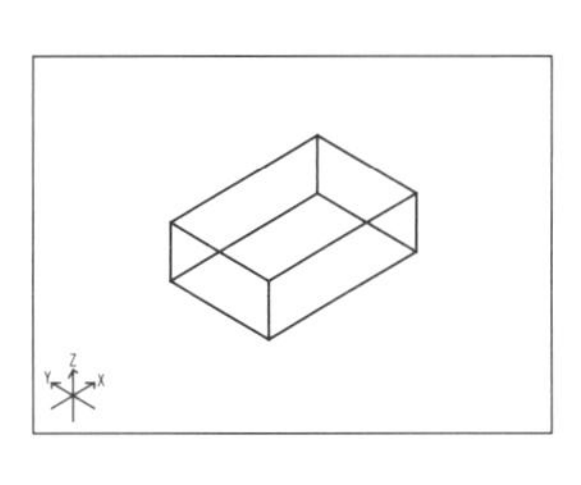

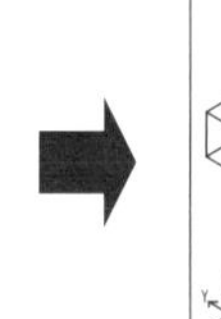

[全図形表示]

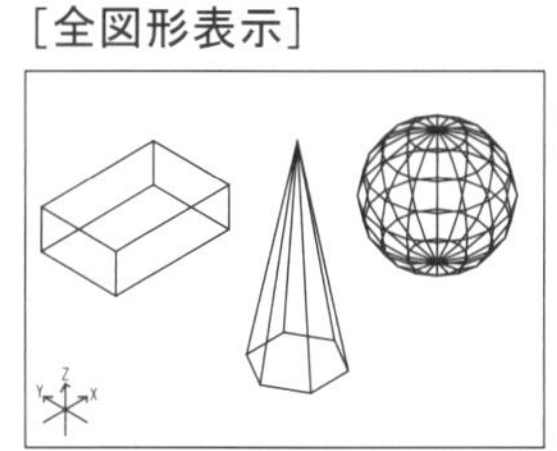

[図面範囲表示]

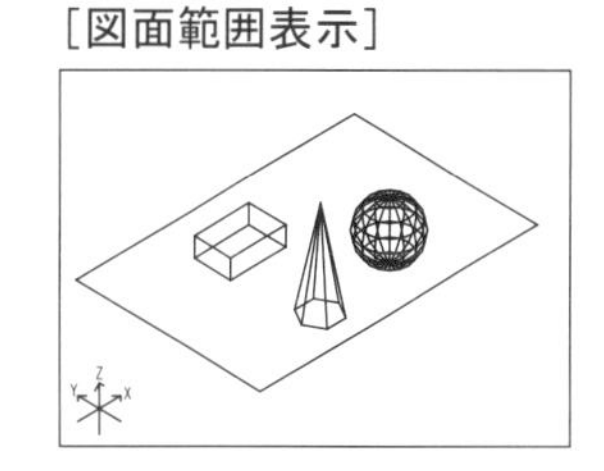

◉指定した範囲を拡大する

【拡大】コマンドは拡大する範囲を対角にクリックして指定すると、指定した範囲が拡大表示されます。

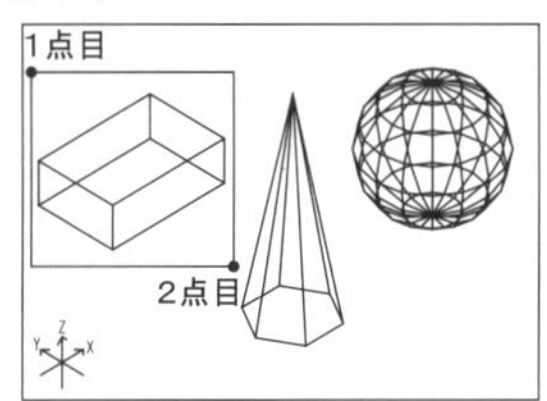

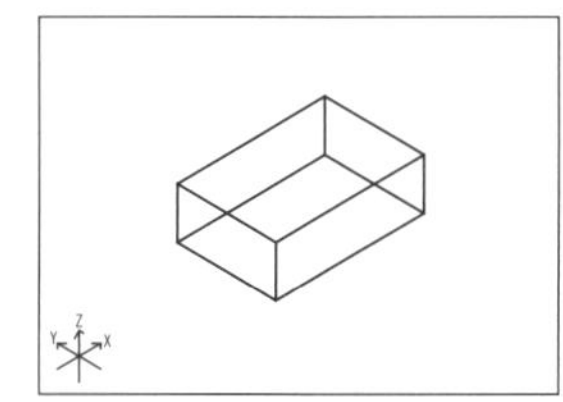

◉表示範囲を移動する

【パンニング】コマンドは画面の中心となる位置をクリックすると、表示される図形の大きさを変えずに、指定した位置が中心になるように、表示範囲を移動することができます。

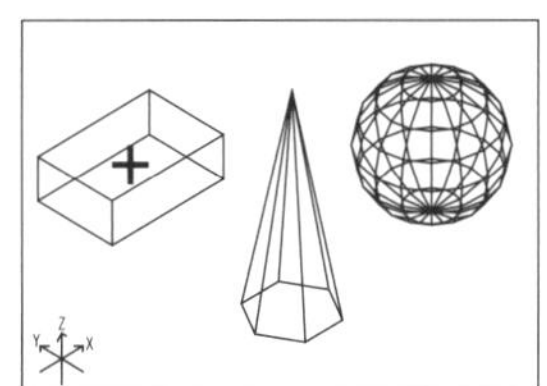

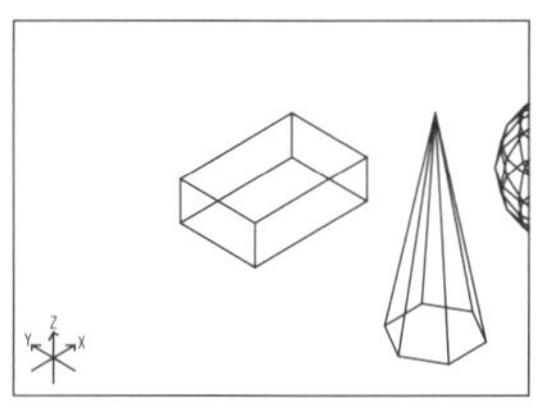

ズーム・パンニングの比率は、【環境設定】コマンドの〔表示〕タブで設定することができます。
初期値はズーム比率 1.5、パンニング比率 0.25 で設定しています。

矢印キー(→←↑↓)を押すと、矢印の方向(水平垂直)に画面が一定の比率で移動します。

◉一定の比率で拡大(縮小)する

【ズームアップ】コマンドは画面の中心となる位置をクリックすると、指定した位置を中心に、表示範囲を一定比率で拡大し、**【ズームダウン】コマンド**は縮小します。

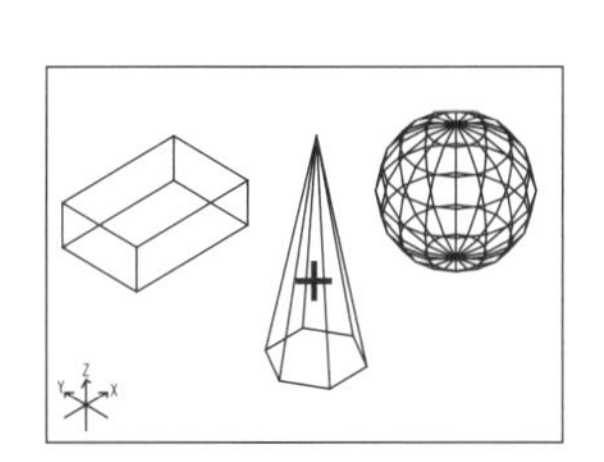

[ズームアップ]

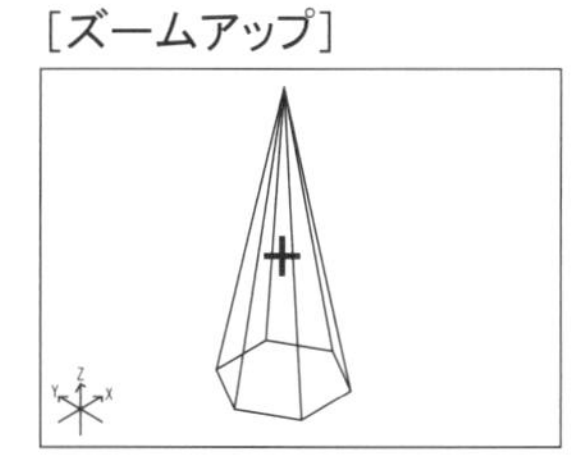

[ズームダウン]

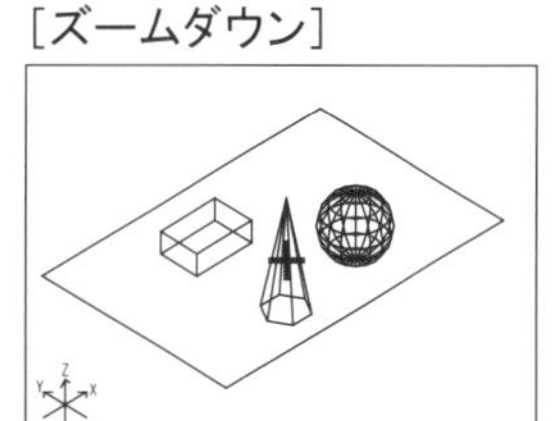

Page Down キーを押すことにより、画面中心を基準に一定の比率で拡大し、
Page Up キーを押すことにより、画面中心を基準に一定の比率で縮小することができます。

3 表示の指定

現在表示している３次元図形を必要な範囲のみ表示することができます。
【表示範囲指定】コマンドを実行し、表示範囲を指定する方向、最大値、最小値を設定します。
[表示範囲を有効にする]を✔し、**[OK]ボタン**をクリックすると、指定した表示範囲内にあるデータのみ表示します。

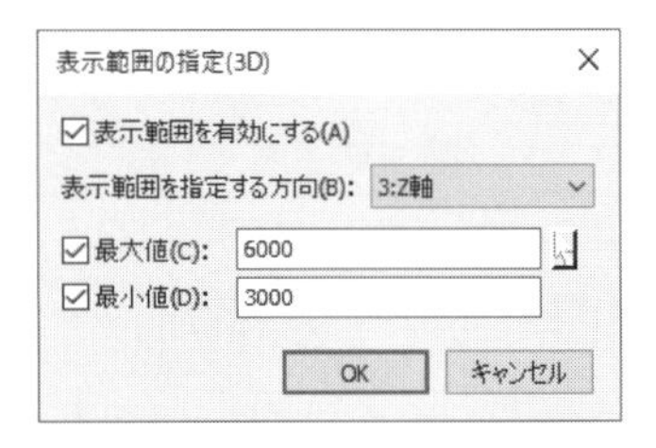

[最大値]　表示範囲の最大値を設定します。
✔しない場合は、最小値からの表示範囲となります。

[最小値]　表示範囲の最小値を設定します。
✔しない場合は、最大値からの表示範囲となります。

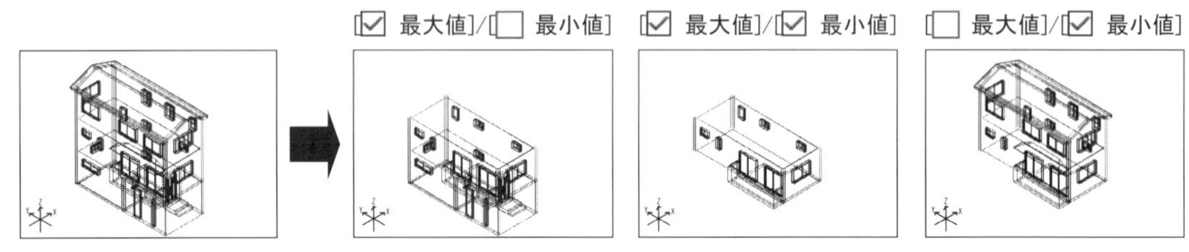

[表示範囲を有効にする]の✔をはずし、**[OK]ボタン**をクリックすると、解除されます。
【表示範囲の切り替え】コマンドで、指定した表示範囲内にあるデータのみ表示または解除することができます。

4-2 表示系パレット

1 ルーペパレット

【ルーペパレット】は、作業ウィンドウの指定した位置をルーペパレットに拡大して表示します。
作業ウィンドウの表示状態を変えずに、指定した位置を拡大表示できますので、作業ウィンドウとは別に細かい部分を確認することができます。

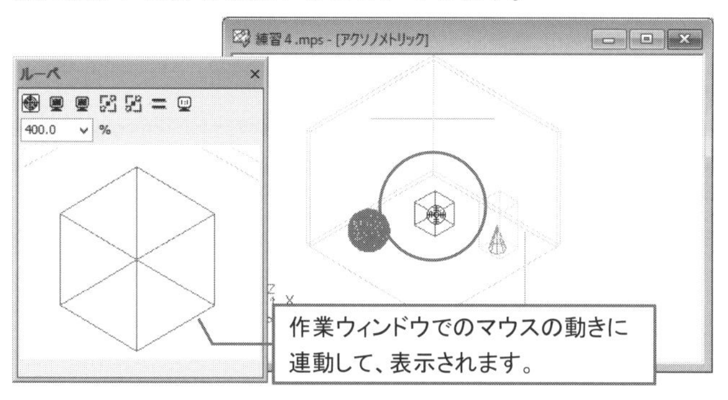

2 サブウィンドウパレット

【サブウィンドウパレット】は、作業ウィンドウを拡大表示すると、サブウィンドウパレットに拡大部分の表示枠が表示されます。
作業ウィンドウの表示範囲を変更することができますので、サブウィンドウに図形全体を表示しておくことにより容易に図面の一部を表示することができます。

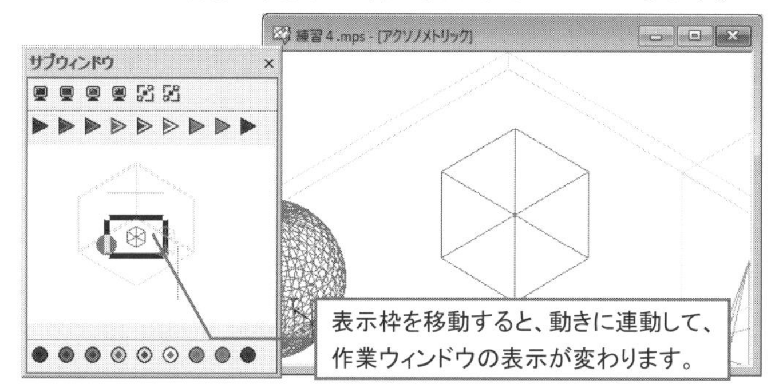

また、拡大などしてある現在の表示状態を登録、または登録した表示状態を呼び出すことができます。

[登録方法]
拡大やパンニングなどで登録したい図面範囲を表示し、
登録する色のカラーボタンをクリックすると、
現在表示されている画面が登録されます。

[呼出方法]
表示したい画面のカラーボタンをクリックすると、
画面に登録された図面範囲が表示されます。

- 2次元/3次元で図面を使っている場合、個別に登録することができます。
- コマンドを実行しなくても、キーボードから「S」+「1」～「9」の数字(色の順番と数字が対応)を入力すると登録し、「A」+「1」～「9」の数字を入力すると、呼出しができます。また、このコマンドとキーボードの登録は連動しています。
- 記憶した位置は図面ファイルに登録されます。

5 属性について

属性とは、色や線種など図形に与える情報のことで、DRA-CAD では、7種類(レイヤ、カラー、線種、線幅、グループ、塗りカラー、材質)用意しています。これらの属性を設定し、使い分けることにより、図面の編集作業などの効率アップにつながります。

☆詳細については『PDF マニュアル』を参照してください。

5-1 属性の設定、変更について

1 属性の設定

属性を設定するには、次の方法があります。

◉書き込み属性の設定方法 1

これから作図する図形の属性をダイアログボックスで設定します(参照する図形が画面上にない場合)。

(1) **[ホーム]メニュー**から**〔属性〕パネル**のをクリックします。

(2) ダイアログボックスが表示されます。
各項目を設定し、**[OK]ボタン**をクリックします。

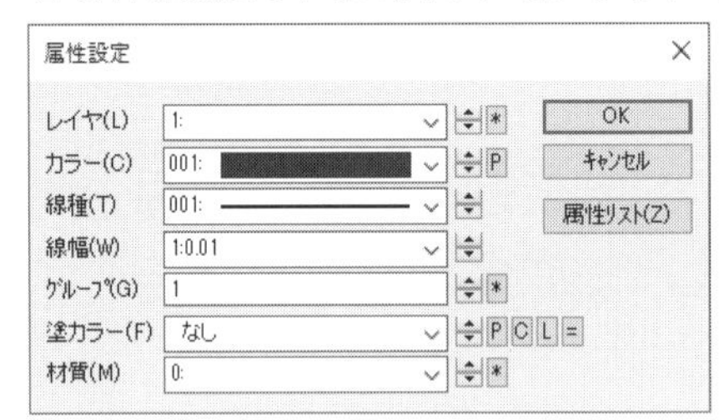

属性が設定され、**【属性設定】コマンド**は解除されます。

◉書き込み属性の設定方法 2

画面上に描かれている図形または線分を参照し、これから作図する図形の属性を設定します(参照する図形が画面上にある場合)。

(1) **[ホーム]メニュー**から**[属性参照]**をクリックします。

(2) 画面上に描かれている参照したい図形または線分を指定すると、ダイアログボックスに指定した属性が表示されます。
各項目を設定し、**[OK]ボタン**をクリックします。

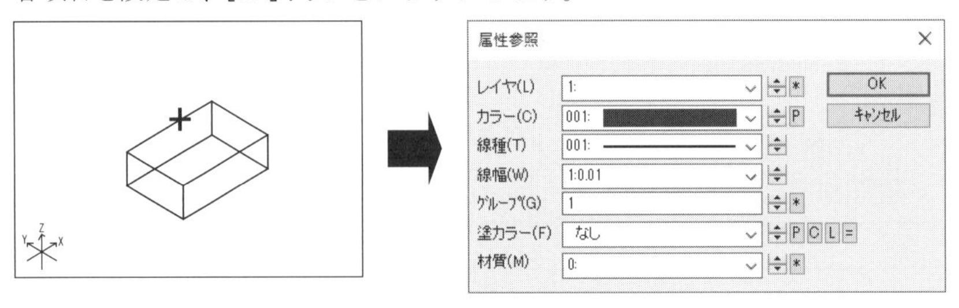

属性が設定され、**【属性参照】コマンド**は解除されます。

【属性参照】コマンドは、編集メニューから実行することもできます(編集メニューについては『PDF マニュアル』を参照)。

◉書き込み属性の設定方法３

[ホーム]メニューの**〔属性〕パネル**に設定したレイヤ、カラー、線種、線幅、グループ、材質などが表示されます。

〔属性〕パネルから各項目をクリックし、これから作図する図形のレイヤ、カラー、線種、線幅などの各属性を設定することもできます。

☆図形が選択されている場合は、選択を解除してから設定してください。

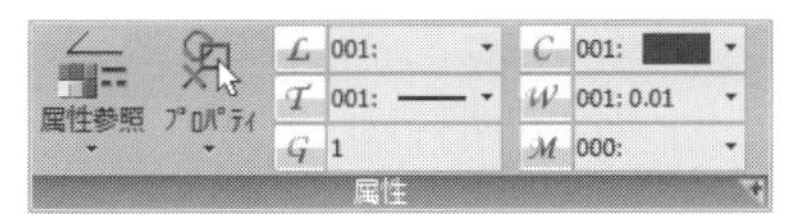

L	レイヤ	C	カラー
T	線種	W	線幅
G	グループ	M	材質

◉書き込み属性の設定方法４

コマンドラインから実行します。

ステータスバーのコマンドラインにキーボードから入力します。

L10　↵キー（レイヤ：10 番）
G50　↵キー（グループ：50 番）
C5　↵キー（カラー：５番 水色）
T2　↵キー（線種：２番 破線）
W2　↵キー（線幅：２番 0.05 ㎜）
N10　↵キー（材質番号：10 番）

☆数値の変わりに「*」を入力すると、自動的に未使用の番号を検索し、その最小番号を設定します(例:L*↵)。
　また、レイヤは F9 キー、グループは F10 キーを押しても「*」と同様に設定されます。

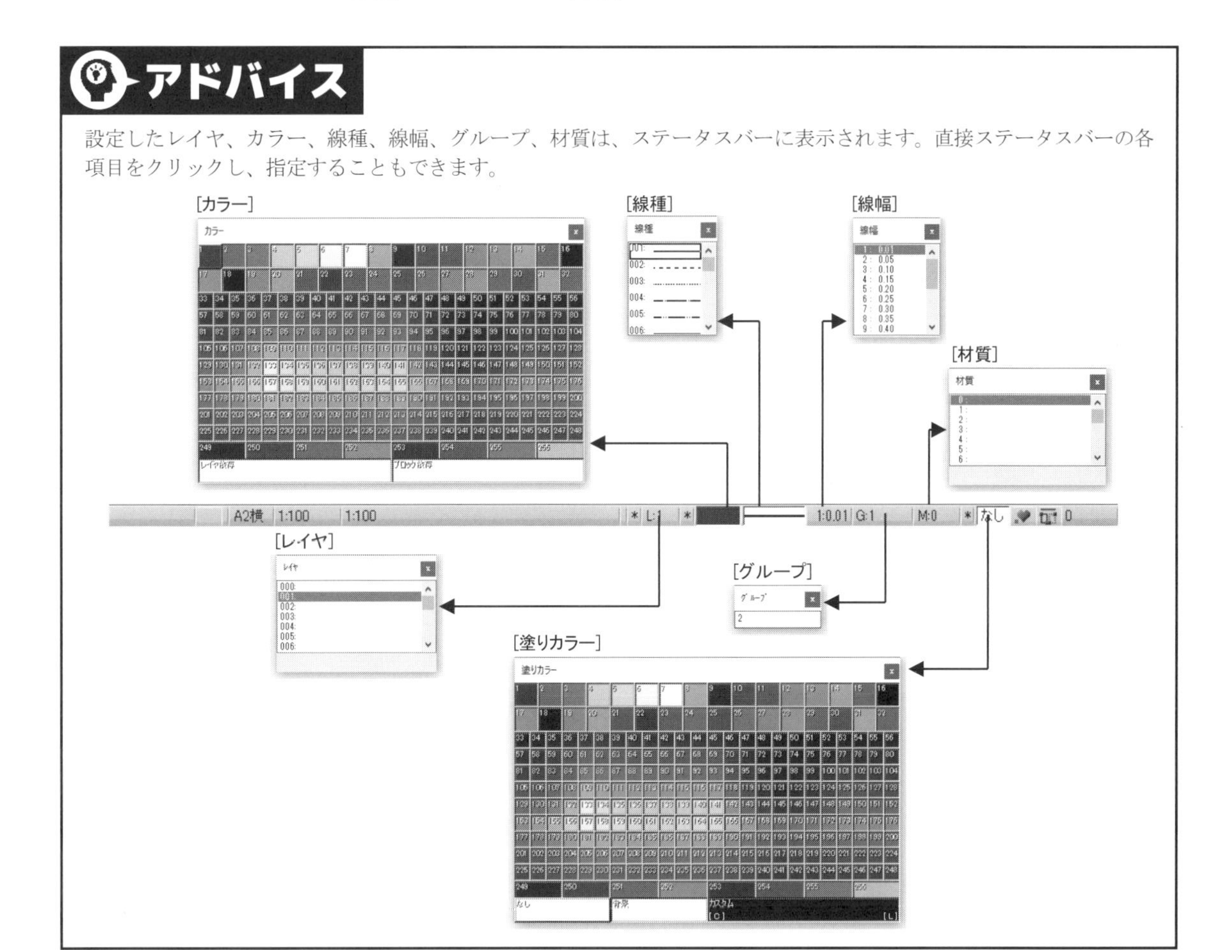

2 属性の変更

属性を変更するには、次の方法があります。

☆ここでは【標準選択】で図形を選択します(「Part2 モデリングの基本操作 **4-1** 選択モードについて」(P81)を参照)。

◉属性の変更方法1

すでに作図済の図形の属性をダイアログボックスで設定し変更します。

(1) [ホーム]メニューから[属性参照]の▼ボタンをクリックし、[属性変更]をクリックします。

(2) ダイアログボックスが表示されます。
変更する項目だけ✔し、[OK]ボタンをクリックします。

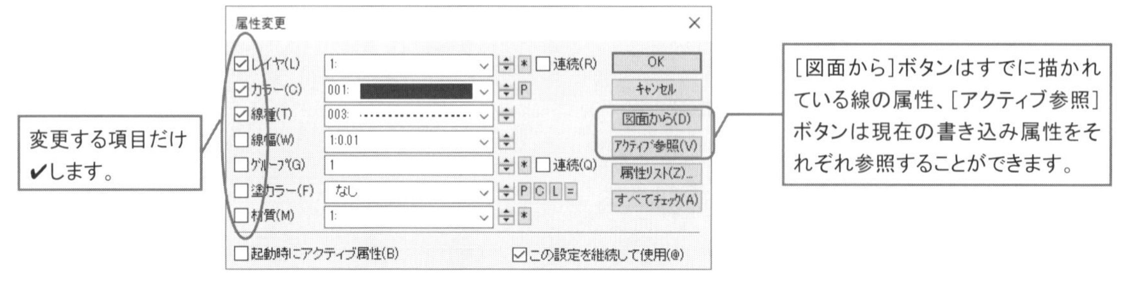

(3) 変更したい図形を選択すると、設定した属性に変わります。

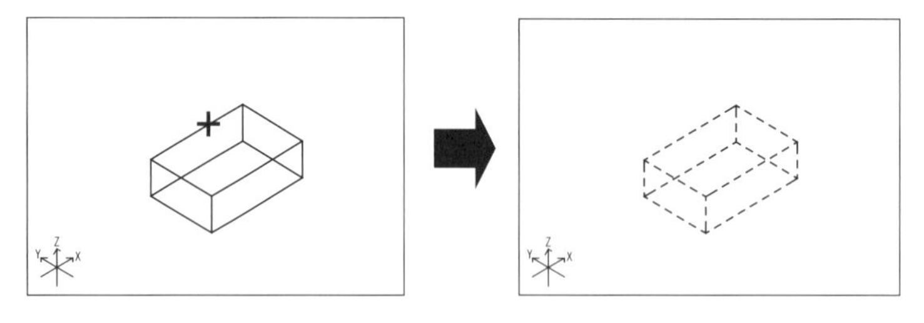

◉属性の変更方法2

画面上に描かれている図形や線分などを選択すると、[ホーム]メニューの〔属性〕パネルに選択した図形や線分などの属性が表示されます。
変更したい各項目を設定すると、選択した図形が設定した属性に変わります。

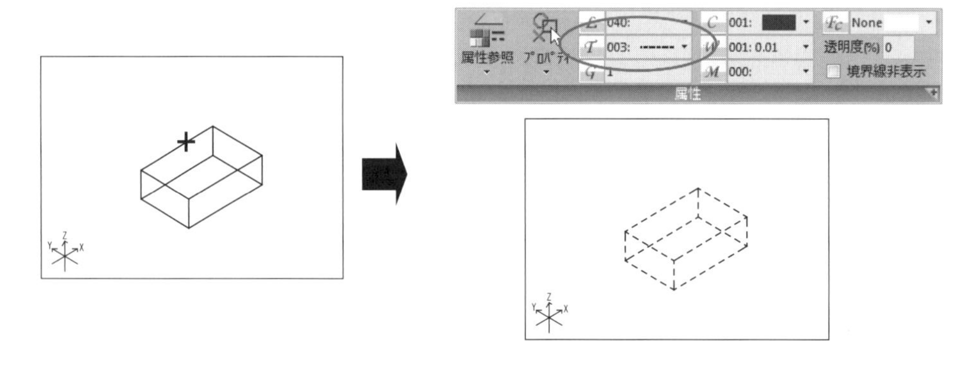

◉属性の変更方法3

画面上に描かれている図形または線分を指定し、属性を変更します。

(1) **[ホーム]メニュー**から[**プロパティ**]をクリックします。

(2) 画面上に描かれている図形を指定すると、ダイアログボックスに選択した図形の情報が表示されます。
〔属性〕タブで変更したい各項目を設定し、[OK]**ボタン**をクリックします。

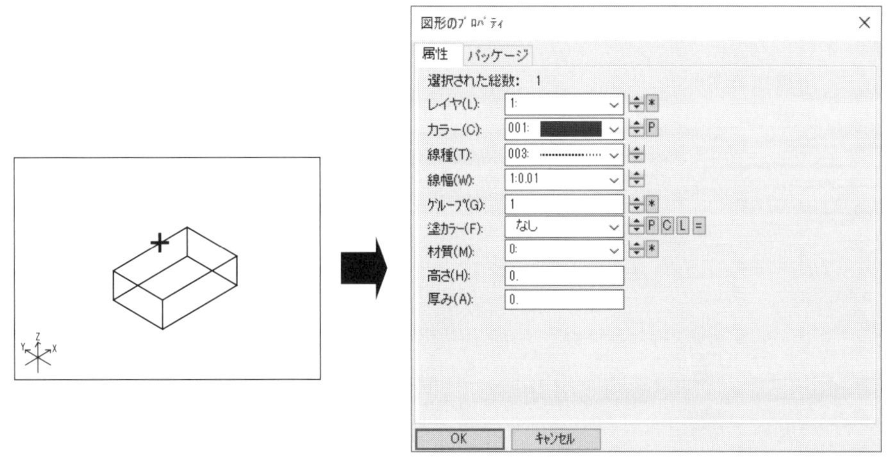

選択した図形が設定した属性に変わります。

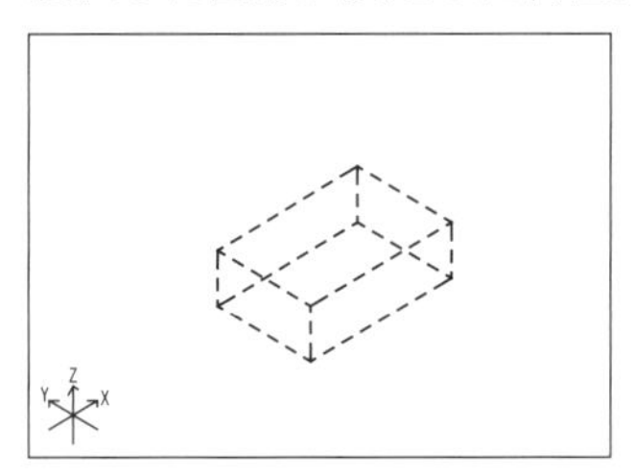

【図形のプロパティ】コマンドは、編集メニューから実行することもできます(編集メニューについては『PDF マニュアル』を参照)。
また、Alt キーを押しながら、図形を右クリックしても実行することができます。

図形のプロパティについて

図形を指定すると、図形のプロパティダイアログ(**〔属性〕タブ**とそれぞれの図形の要素の**タブ**)が表示されます。
〔属性〕タブには選択された図形の個数と属性、それぞれの**タブ**には選択された図形の情報が表示され、数値を変更することで図形のサイズや頂点の座標値などを変更することができます。
また、図形を指定すると**【プロパティパレット】**にも属性と指定した図形の要素が表示され、同様に編集することができます。

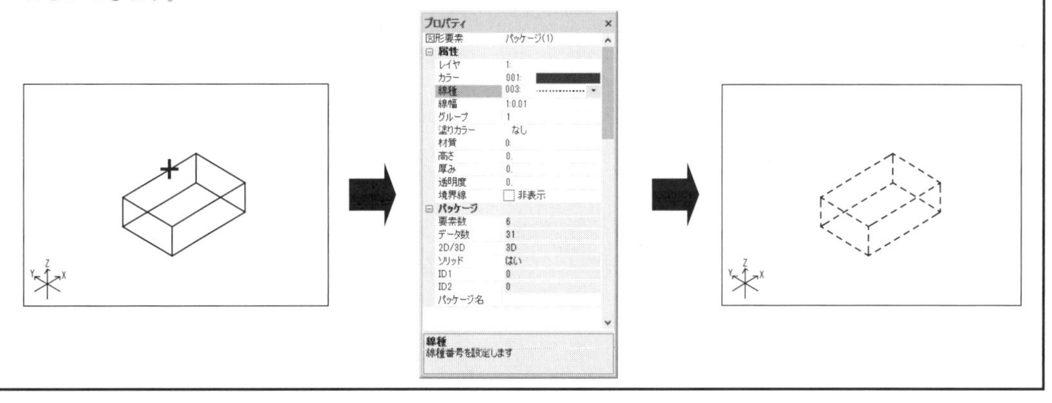

5-2 レイヤ・カラー・線種・線幅

1 レイヤ

通常 CAD にはレイヤ(画層)という概念があります。レイヤは透明なシートのようなものです。画面上では1枚の図面のように見えますが、CAD 上では複数のレイヤに描かれた図面が重なって見えています。DRA-CAD では1枚の図面に対して 257 枚(0〜256 番)の透明なシート(レイヤ)が用意されていて、描いた図形は指定されたレイヤへ書き込まれます。

◉レイヤの設定

【レイヤ設定】 コマンド、または **【レイヤパレット】** で、現在のレイヤの表示/非表示、ロック/アンロックや印刷する/しないを確認、設定、変更することができます。
また、レイヤは0〜256番の番号で指定しますが、名称を付けることもできます。名称を付けるとステータスバーのレイヤ番号の横に名称が表示されます。

☆ステータスバーからレイヤ番号を右クリックしてもレイヤの設定ダイアログが表示されます。

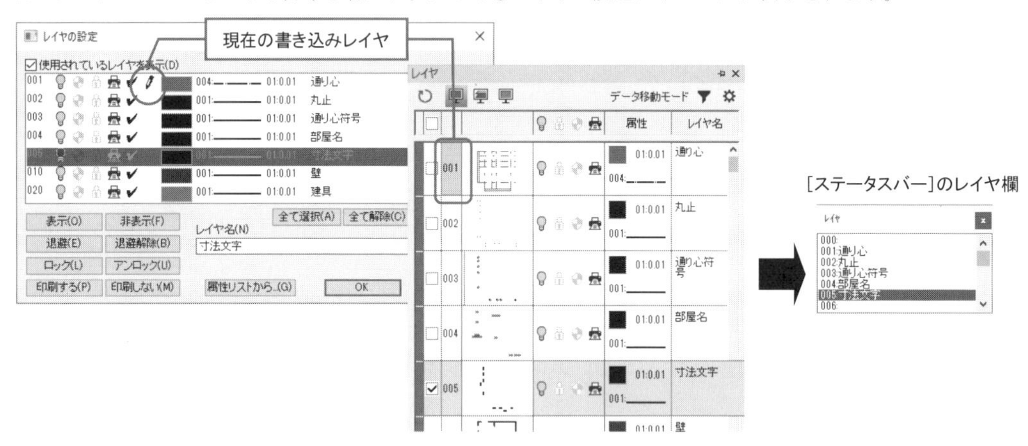

また、それぞれのレイヤごとに、カラー番号、線種番号、線幅番号を設定することもできます。
〔属性〕パネルや **【属性設定】** **コマンド**などでカラーや線種、線幅を[**レイヤ依存**]とすると、設定したレイヤ番号で決められたカラーや線種、線幅で作図されます(詳細は『**PDF マニュアル**』を参照)。

◉レイヤの表示/非表示について

DRA-CAD では表示されるレイヤを編集対象とするため、編集したくないレイヤを非表示にすることにより、表示や検索がスピードアップし、作図効率を高めることができます。

レイヤを非表示にするコマンドは次のコマンドがあります。

- **【全レイヤ非表示】**：すべてのレイヤを非表示にします。
- **【非表示レイヤ指定】**：表示しているレイヤを図面から指定して非表示にします。
- **【非表示レイヤキー入力】**：表示しているレイヤをキーボードから番号を入力して非表示にします。

レイヤを表示するコマンドは次のコマンドがあります。

- **【全レイヤ表示】**：すべてのレイヤを表示します。
- **【表示レイヤ指定】**：非表示になっているレイヤを図面から指定して表示します。
- **【表示レイヤキー入力】**：非表示になっているレイヤをキーボードから番号を入力して表示します。
- **【表示レイヤの範囲指定】**：指定した範囲のレイヤのみ表示し、それ以外のレイヤを非表示にします。

また、**【表示レイヤ反転】** **コマンド**またはキーボードの Ctrl キーを押しながら Q キーを押すと、非表示になっている裏画面と表示している表画面が切り替わります。

ロックレイヤについて

レイヤをロックすると、画面上には表示されているが、図形を編集(消去や複写・移動など)できない状態にします(ただし、表示、スナップなどは可能です)。
ロックしたレイヤの図形は、表示色が**【環境設定】コマンド**の**〔表示〕タブ**の「色：ロック」で設定した色になります。

☆**【カラー設定】コマンド**でも設定することができます。

レイヤをロック/アンロックするコマンドは次のコマンドがあります。

【ロックレイヤ指定】：指定したレイヤをロックします。
【ロックレイヤの範囲外指定】：指定した範囲外のレイヤのみロックします。指定した範囲のレイヤはロックされません。
【全ロックレイヤ解除】：すべてのレイヤのロックを解除します。

また、**【ロックレイヤ反転】コマンド**でレイヤのロック・解除を反転することができます。

退避レイヤについて

レイヤを退避(画面上から図形が非表示となり、印刷、編集できない状態)します。退避したレイヤの図形は、全レイヤ表示しても表示されません。

レイヤを退避/退避解除するコマンドは次のコマンドがあります。

【退避レイヤ指定】：指定したレイヤを退避します。
【退避レイヤ解除】：指定したレイヤの退避を解除します。退避を解除した時に、レイヤが表示状態ならば表示されます。
【全レイヤ退避解除】：すべての退避レイヤを解除します。

メモ

・レイヤは**【環境設定】コマンド**の**〔表示〕タブ**の「描画順」で設定した順番で同一レイヤ内はデータの並び順で重ねて表示されます。ただし、「DirectX」を設定した場合、同一レイヤ内は上から以下の順番で表示されます。
①点・マーカー・ライト・カメラ、②線分、③文字、④塗図形、⑤画像・OLE 図形

・**【環境設定】コマンド**の**〔操作〕タブ**で「DRA-CAD8 以前の操作体系」を✔している場合は、**【表示レイヤ指定】**、**【表示レイヤの範囲指定】**、**【非表示レイヤ指定】**、**【ロックレイヤ指定】**、**【ロックレイヤの範囲外指定】コマンド**の解除はプリミティブのないところをクリックします。右クリックすると、指定がキャンセルされます。

・**【環境設定】コマンド**の**〔操作〕タブ**の「ホイールクリック」で Microsoft IntelliMouse のホイールに機能を割り付けることができます。

・マウスに第4、第5ボタンがある場合は、**【環境設定】コマンド**の**〔操作〕タブ**で機能を割り付けることができます。

・**【表示レイヤキー入力】**、**【非表示レイヤキー入力】コマンド**は、ダイアログボックスで下記のように入力することもできます。

(使用例)

10 ↵	：10 番レイヤを表示（非表示）
10, 20, 30 ↵	：10 番、20 番、30 番レイヤを表示（非表示）
10-100 ↵	：10 番から 100 番レイヤまでを表示（非表示）
-10 ↵	：10 番レイヤを非表示（表示）

その他レイヤに関するコマンドについて

以下のコマンドは、現在表示されているレイヤの状態(表示/非表示、ロック/アンロック、退避/退避解除、印刷する/しないなど)を保存または表示することができます。

【レイヤ一覧】：レイヤを一覧表示し、レイヤの状態の確認、変更、レイヤ名の編集をすることができます。
初期状態では、現在表示中の画面状態で各レイヤが表示されます(図面枠は表示されません)。

【レイヤ状態保存】：レイヤの表示/非表示の状態を名前をつけて保存、または保存したレイヤの状態を呼び出します。

【レイヤグループ設定】：複数のレイヤをグループ化(1つの固まり)して名称をつけます。グループ化したレイヤは、レイヤの状態を一度に設定することができます。

【レイヤアニメーション】：レイヤの表示状態を設定し、設定したレイヤの表示状態を連続して表示することで動画として再生します。
また、AVI ファイルで保存することもできます。

2 カラー・線種・線幅

カラーの設定

カラーは 256 色設定できます。また、Windows のカラー設定を使用して、ユーザーオリジナルのカラーを作ることもできます。
カラーを部材ごとに設定して作図することによって図面を見やすくする、カラー印刷するなどの目的以外にも印刷時にカラーごとの線幅の設定にも利用することができます。

【カラー設定】コマンドは、使用する色を選択またはオリジナルのカラーを作成することができます。

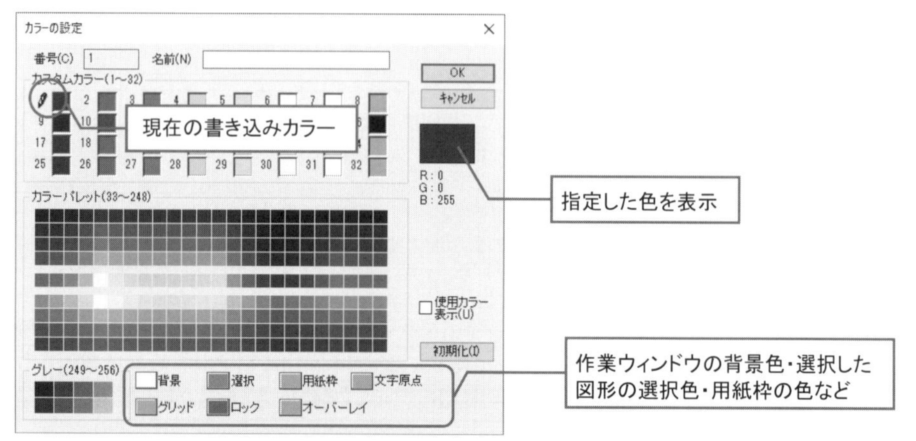

「使用カラー表示」を✔すると、使用中のカラー番号の色ボックスが赤で表示されます

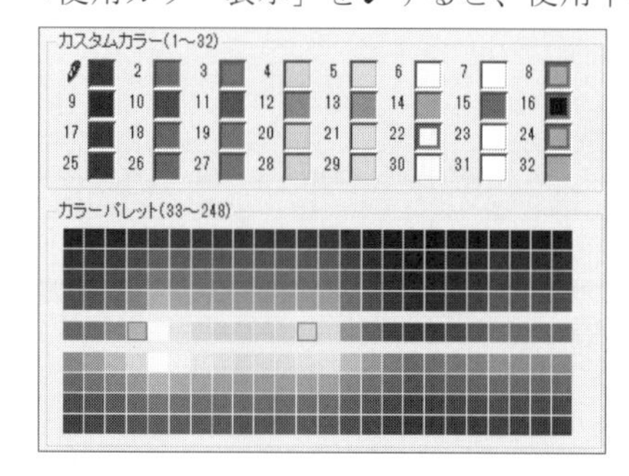

◉線種の設定

線種は標準の実線・破線・点線・一点鎖線・二点鎖線の５種類が用意されています。標準タイプの５種類の線種を元に独自の線種を作成することもでき、32 種類まで設定可能です。

【線種設定】コマンドは、使用する線種を選択または標準タイプの線種を元に、線の幅や空き間隔などを設定し、新しい線種を作成することができます。

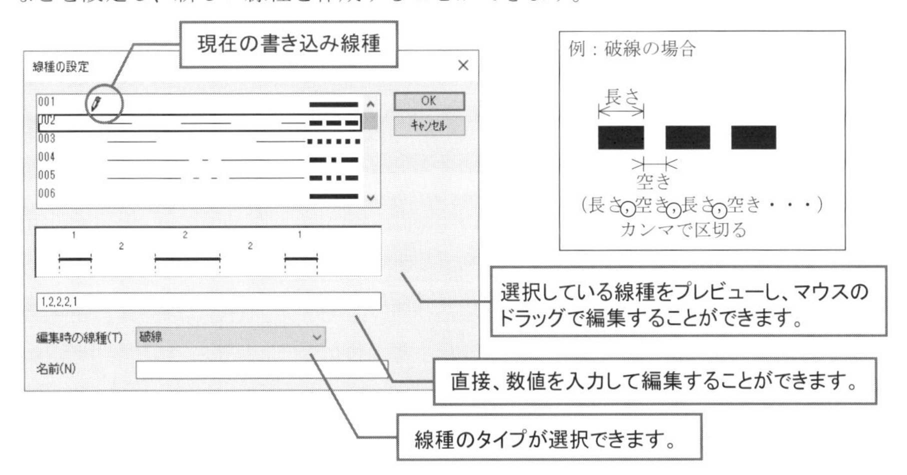

◉線幅の設定

線幅は 0.01mm から 320mm まで設定、または各番号に対する線幅を指定することができ、16 種類まで設定可能です。
部材ごとに線幅を設定して作図することで、画面上でメリハリのある図面を確認することができます。

【線幅設定】コマンドは、使用する線幅を選択または作成することができます。番号に対応する線幅を変更することができます。

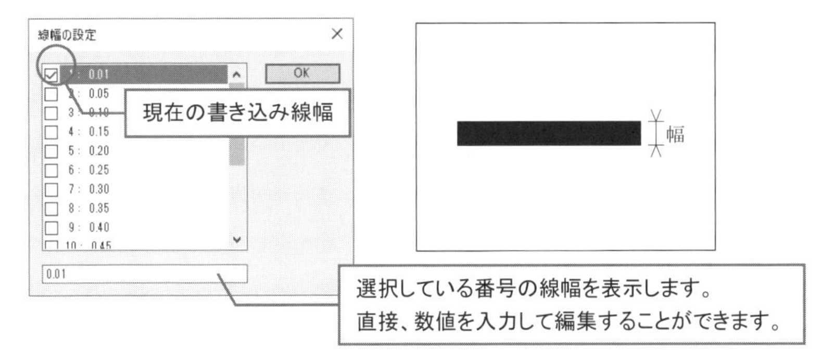

カラー・線種・線幅について

- **【環境設定】**コマンドの〔表示〕タブまたは**【表示設定】**コマンドで「線色を印刷状態で表示」、「線種を印刷状態で表示」、「線幅を印刷状態で表示」に✔すると、画面表示が出力時の状態で表示され、**〔その他〕タブ**で「ダイアログで線種を定義通り表示」に✔すると、ステータスバーやダイアログでの線種を定義通りに表示します。
- 線幅を設定しなくても**【印刷の設定】**コマンドで「線幅を色で指定する」に✔すると、[出力色と線幅の設定]でカラーごとに線幅を設定し印刷することができます。
- カラー・線種・線幅には、図形のレイヤ情報で変化する表示属性の[**レイヤ依存**]とブロックの配置属性で変化する表示属性の[**ブロック依存**]の設定があります(詳細は『**PDF マニュアル**』を参照)。

5-3 その他の属性

1 グループ

グループ番号は0から65,535番まで指定することができます。
図形ごとに1つのまとまりとしてグルーピングすることにより、選択モードを【グループ選択】と指定すると、移動、複写、削除などの編集が容易に実行でき、作図効率アップにつながります。

☆選択モードについては、「Part2 モデリングの基本操作 4-1 選択モードについて」(P81)を参照してください。

例≫部品のグループ化

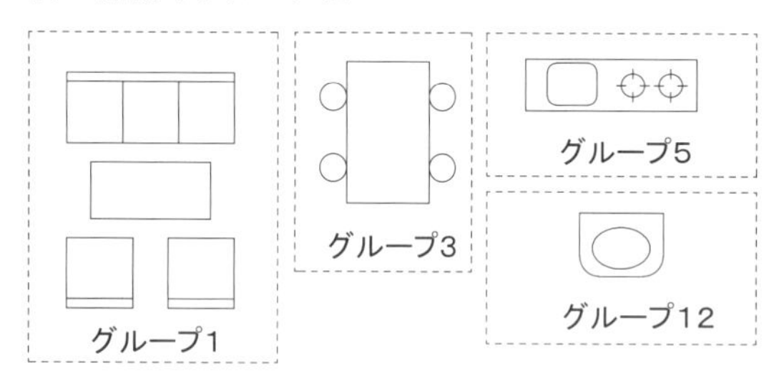

2 材質

材質は、レンダリングで使用する材質番号を設定します。標準で0から200番まで設定することができます。ただし、0番は3次元図形を作成した色を材質として設定するという特別な番号です。
ユーザーオリジナルの材質を作ることもできます(詳細は「Part4 レンダリング 1-3 材質について」(P199)を参照)。

◉材質の設定/変更

【属性変更】、【図形のプロパティ】コマンドで、材質の設定や変更、または「0」にすると作成した色の材質に変更することができます。

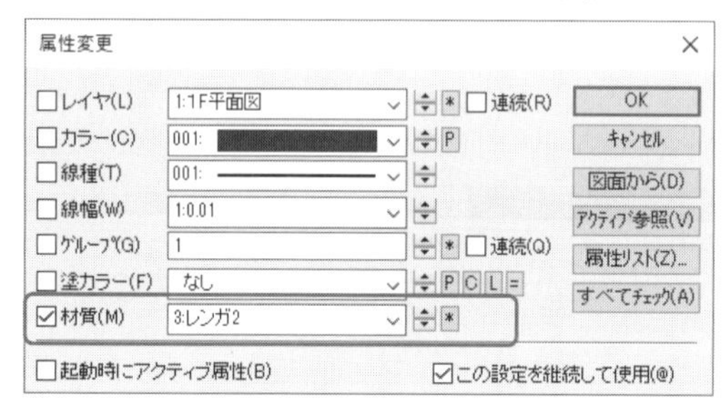

2 モデリングの基本操作

① ３次元図形を作成してみよう!

基本となる３次元図形を描きます。

☆図解ではクロスヘアカーソルを点線で表示しています。
また、コマンドの実行と解除については「Part１ DRA-CAD の概要 **2-1** コマンドの実行と解除」(P13)を参照してください。

1-1 ３次元図形を作成する

① 直方体を作成する

３辺の長さを指定して直方体を描きます。

(1) **【直方体】コマンド**を実行します。
[作成]メニューから[**直方体**]をクリックします。

(2) ダイアログボックスが表示されます。
[サイズ]、**[オフセット]**を設定し、**[OK]ボタン**をクリックします。

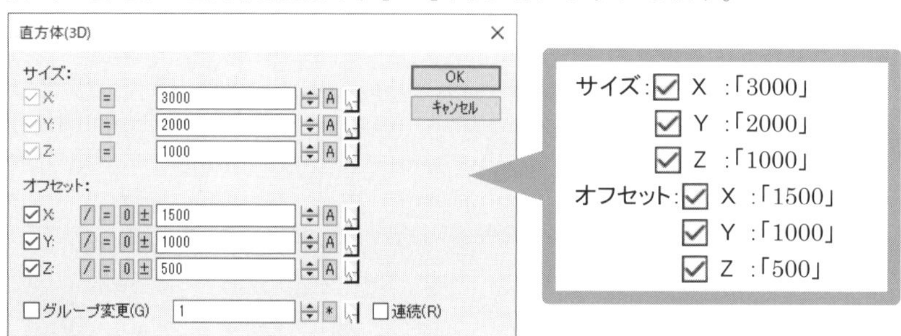

P ポイント [/]ボタンをクリックすると、設定したサイズの半分をオフセットに設定します。

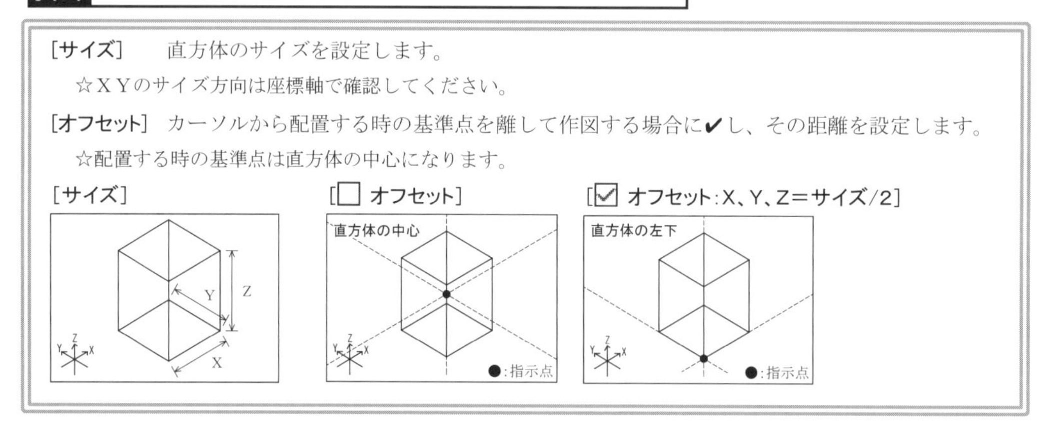

(3) **「直方体の挿入基点を指示」**とメッセージが表示され、カーソルに直方体がついて表示されます。
配置したい位置をクリックすると、直方体が作図されます。

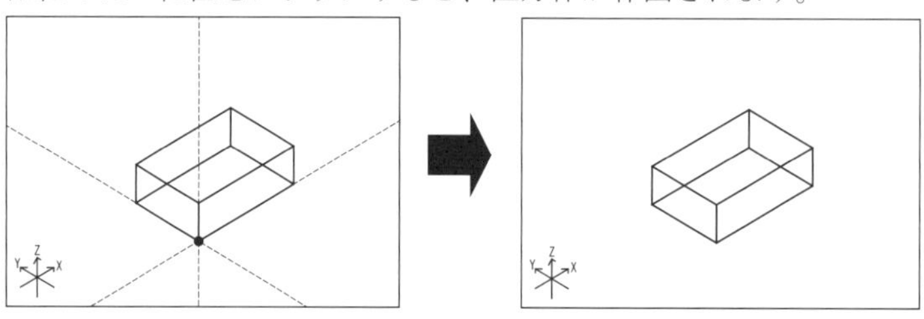

(4) **【直方体】コマンド**を解除します。

アドバイス

３次元空間に立体的な図形(モデル)を作成することをモデリングと言い、３次元図形には、**サーフェスモデル**と**ソリッドモデル**があります。

ソリッドモデルは中身の詰まったモデルで、物体の形状を粘土で作るようなイメージ、**サーフェスモデル**は物体の形状を、面をつなぎ合わせて表現するモデルのことで、厚紙を切り張りしてモデルを作るイメージです。

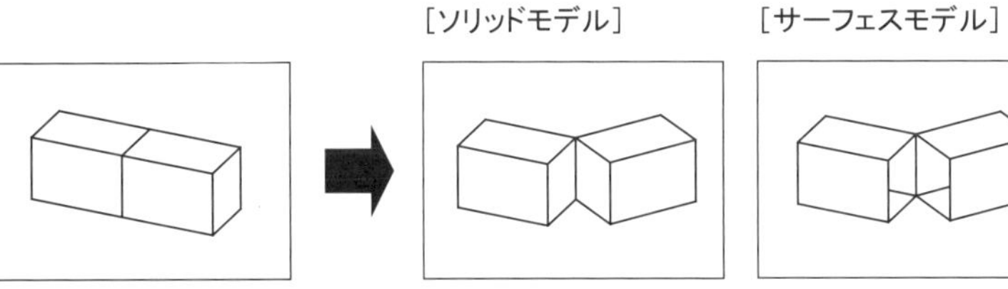

DRA-CAD で作成する３次元図形は、**サーフェスモデル**です。このサーフェスモデルは１つのパッケージになっており、**【パッケージ分解】**または**【分解】**コマンドを実行すると、各々の面になります。
下図のように直方体の場合は、４つの側面と蓋と底という６つの面で作成されます。

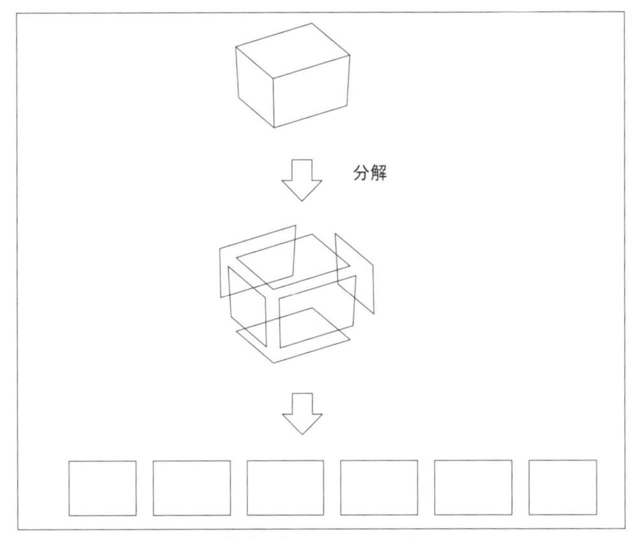

これらの面１つ１つを「**ポリゴン**」と呼びます。
つまり「**ポリゴン**」とは、モデルを構成する最小単位ということになります。

2 多角錐を作成する

多角錐を描きます。

(1) **【多角錐】コマンド**を実行します。

[作成]メニューから[**直方体**]の▼**ボタン**をクリックし、[**多角錐**]をクリックします。

(2) ダイアログボックスが表示されます。

[分割方法]、**[高さ]**、**[半径]**を設定し、**[OK]ボタン**をクリックします。

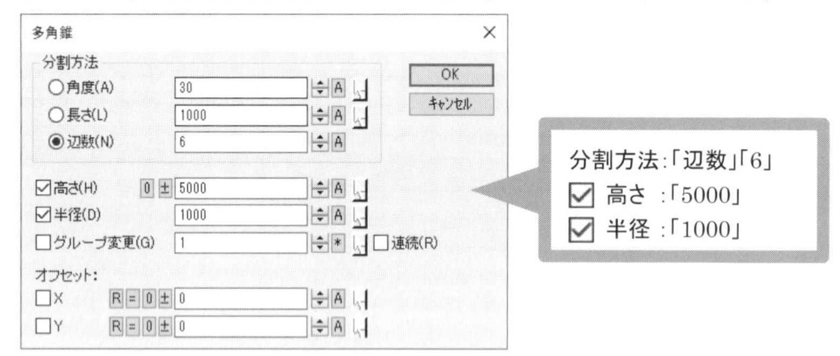

分割方法:底面の分割方法を指定します。

[角度] 中心角度を分割し、多角錐を作図します。

[長さ] 1辺の長さで底辺を分割し、多角錐を作図します。

[辺数] 辺の数で底辺を分割し、多角錐を作図します。

[角度]

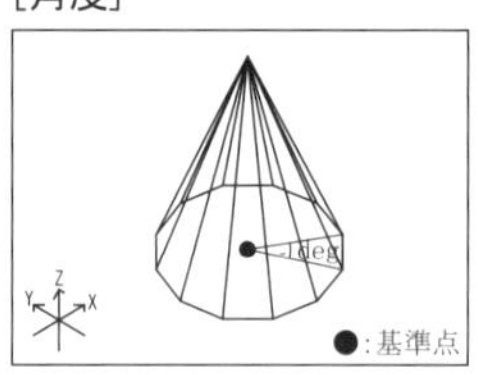

[長さ]

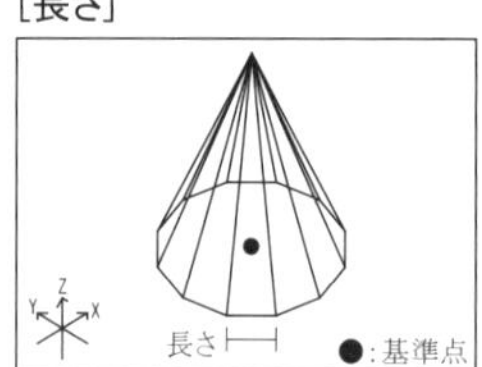

[辺数] 例:辺数=12

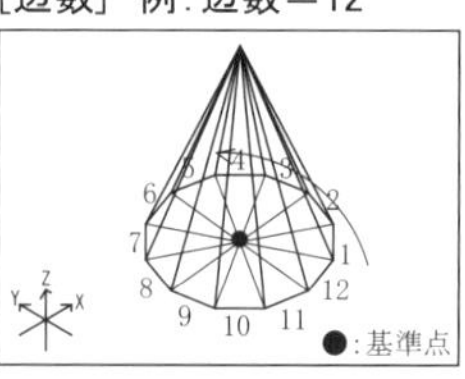

[高さ]/[半径] 高さ(半径)を設定する場合に✔し、その高さ(半径)を設定します。

☆**[高さ]/[半径]**を✔しない場合は多角錐の上端の位置(底面の中心と通過点)を図面から指定します。上端の位置(底面の中心と通過点)を指示する場合は、スナップモードを設定してから行ってください。

[☑ 高さ]/[☑ 半径]

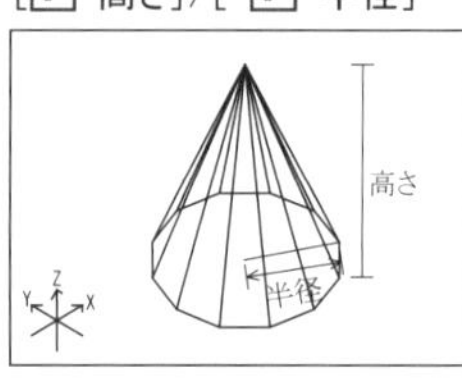

[☐ 高さ]/[☑ 半径]

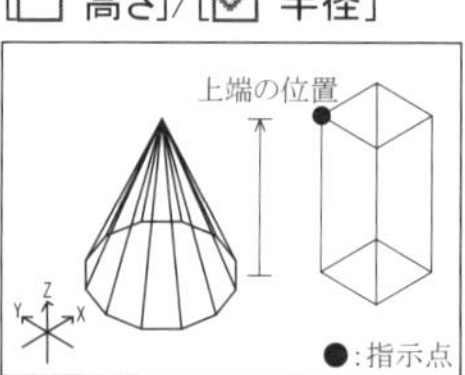

[☑ 高さ]/[☐ 半径]

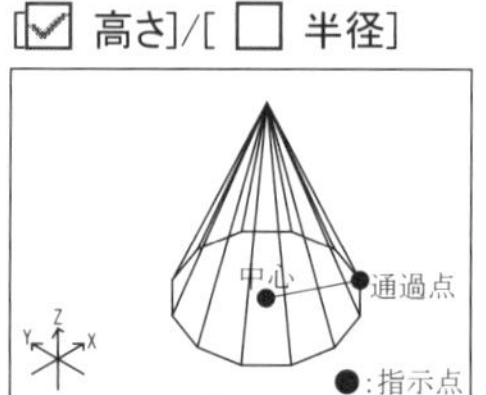

[オフセット] カーソルから配置する時の基準点を離して作図する場合に✔し、その距離を設定します。

☆配置する時の基準点は底面の中心になります。

また、**[R]ボタン**をクリックすると、半径と同じサイズをオフセットに設定します。

[☐ オフセット]

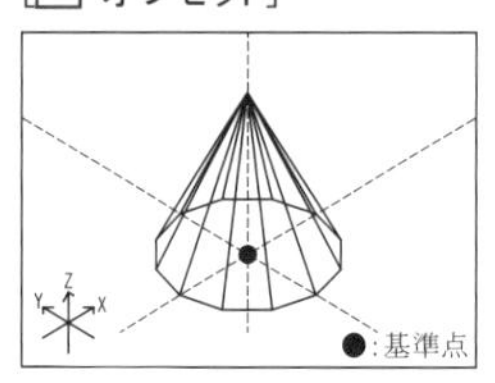

[☑ オフセットX=サイズR]

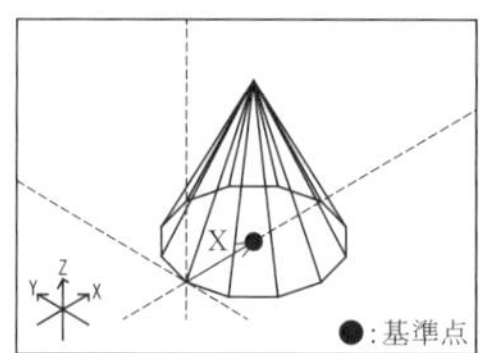

[☑ オフセットY=サイズR]

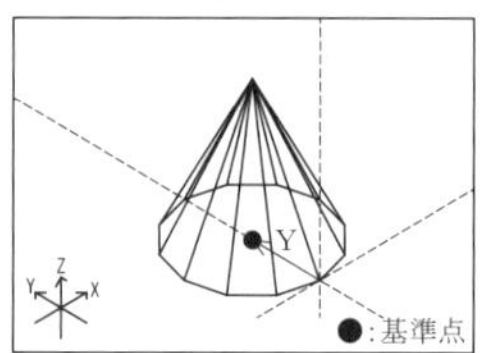

(3) **「多角錐の底面の中心を指示」**とメッセージが表示され、カーソルに多角錐がついて表示されます。
中心にしたい位置をクリックすると、多角錐が作図されます。

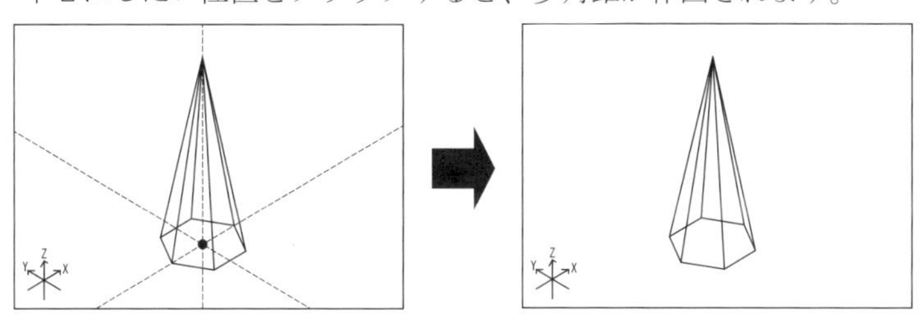

(4) **【多角錐】コマンド**を解除します。

3 球を作成する

球を描きます。

(1) **【球】コマンド**を実行します。
[作成]メニューから**[多角錐]**の**▼ボタン**をクリックし、**[球]**をクリックします。

(2) ダイアログボックスが表示されます。
[分割方法]、**[半径]**、**[オフセット]**を設定し、**[OK]ボタン**をクリックします。

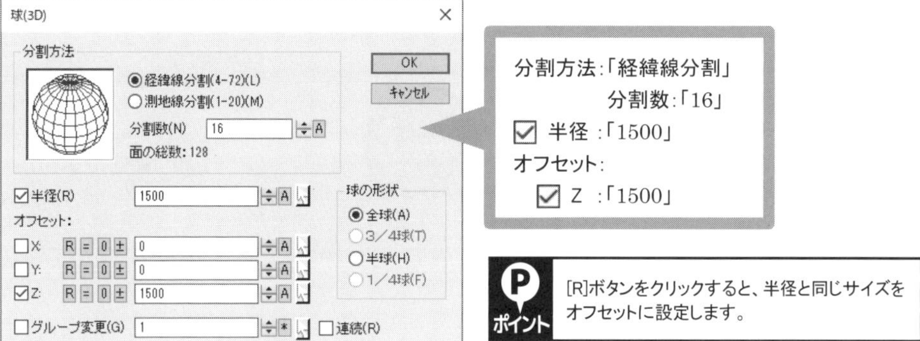

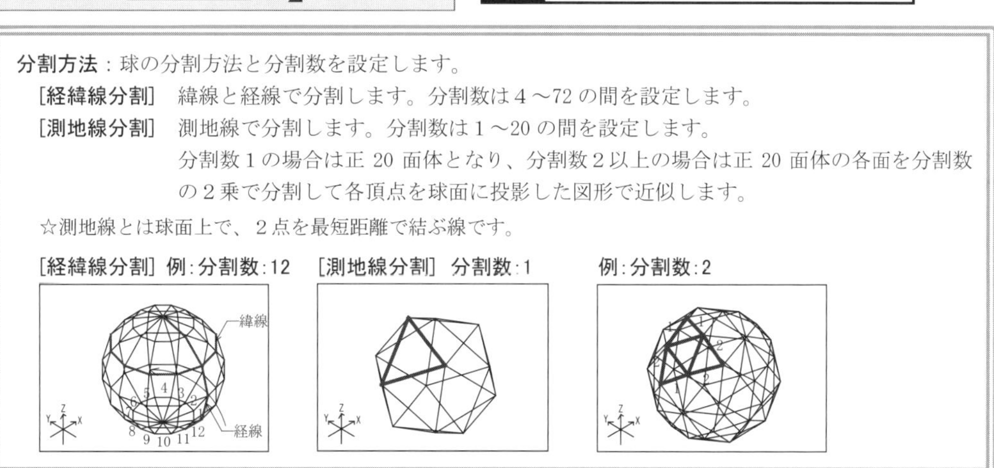

分割方法：球の分割方法と分割数を設定します。

[経緯線分割]　緯線と経線で分割します。分割数は４～72 の間を設定します。

[測地線分割]　測地線で分割します。分割数は１～20 の間を設定します。
分割数１の場合は正 20 面体となり、分割数２以上の場合は正 20 面体の各面を分割数の２乗で分割して各頂点を球面に投影した図形で近似します。

☆測地線とは球面上で、２点を最短距離で結ぶ線です。

[経緯線分割] 例:分割数:12　[測地線分割] 分割数:1　例:分割数:2

[半径]　　半径を設定する場合に✔し、半径を設定します。

☆✔しない場合は、球の中心と通過点を図面から指定します。球の中心と通過点を指示する場合は、スナップモードを設定してから行ってください。

[☑ 半径]

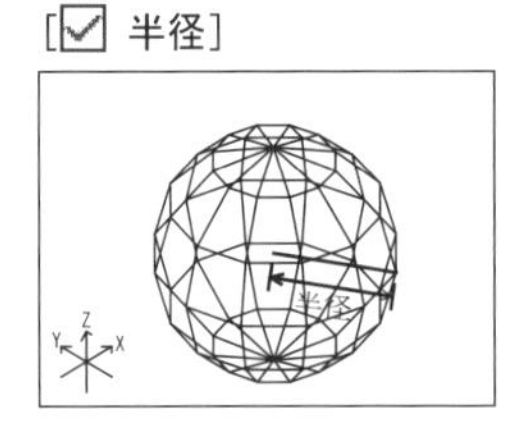

[☐ 半径]

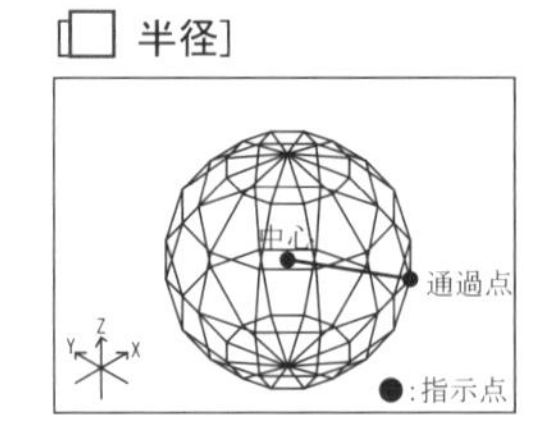

[オフセット]　カーソルから配置する時の基準点を離して作図する場合に✔し、その距離を設定します。

☆配置する時の基準点は球の中心になります。
また、[R]ボタンをクリックすると、半径と同じサイズをオフセットに設定します。

[☐ オフセット]

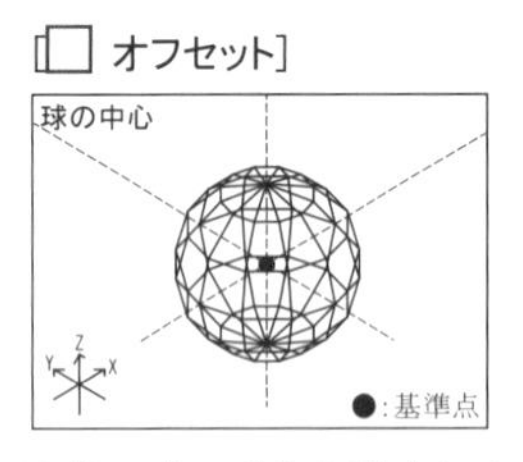

[☑ オフセットZ＝サイズR]

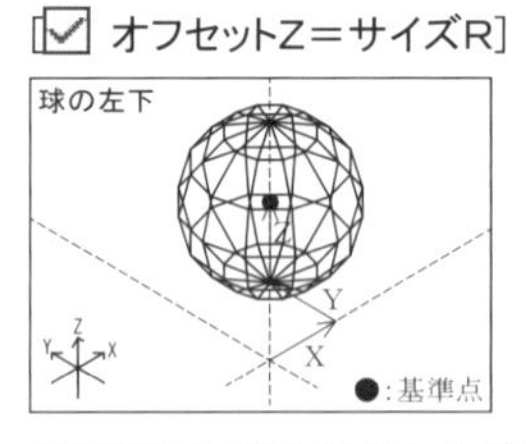

[☑ オフセットX,Y,Z＝サイズR]

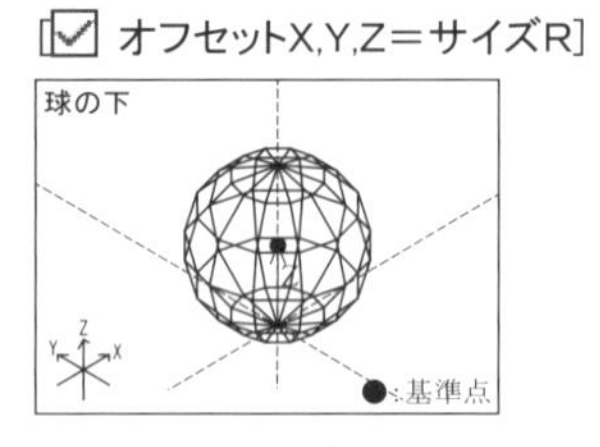

球の形状：球の形状を設定します。[経緯線分割]を選択した場合は、[全球]と[半球]のみ作成できます。
また、[測地線分割]を選択した場合は、[半球]は作成できません。

[半球]

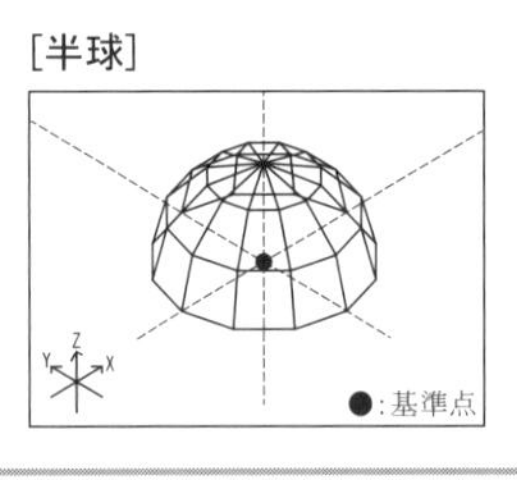

[3/4 球]

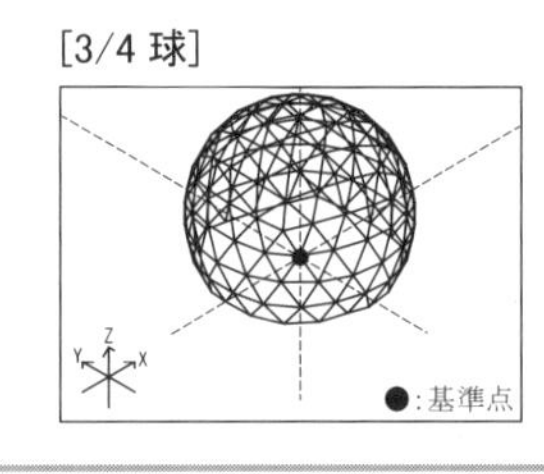

[1/4 球]

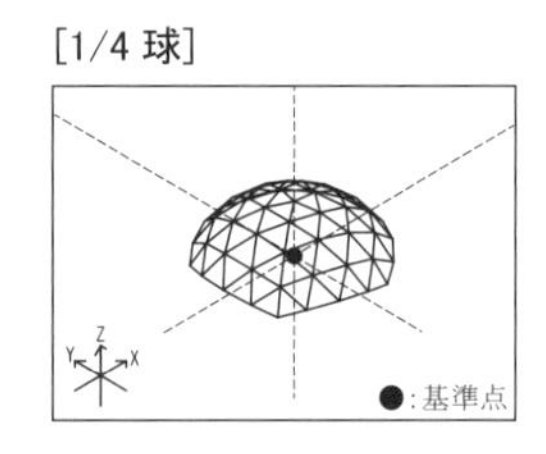

(3) 「中心を指示」とメッセージが表示され、カーソルに球がついて表示されます。
中心にしたい位置をクリックすると、球が作図されます。

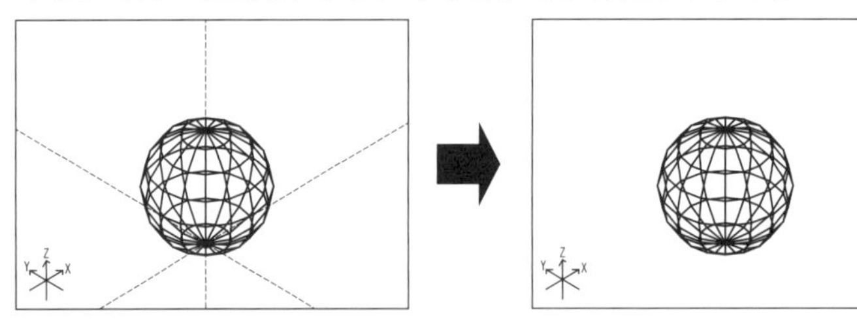

(4) 【球】コマンドを解除します。

モデリングのデータ量は面の数により決まります。
面の数が多いと、詳細なモデルができあがりますが、画面表示やレンダリングに時間がかかります。

1-2 モデルの表示

３次元図形は、通常は線分だけで表示されています。このような表示をワイヤーフレーム表示（線画表示）と言います。また、ワイヤーフレームで、実物なら見えない線を自動的に除去する処理を隠線除去と言い、隠れた面を消す処理を隠面除去と言います。

[ワイヤーフレーム表示]

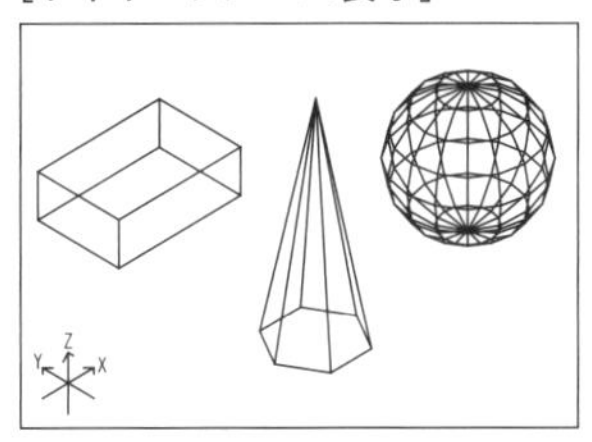

線画表示/見えない線も表示

[隠線除去表示]

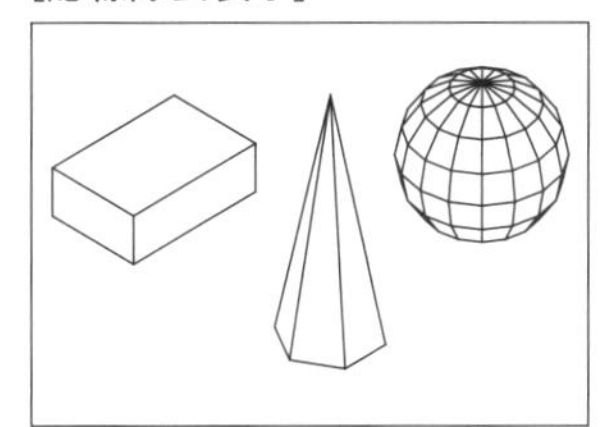

線画表示/見えない線を表示しない

[隠面除去表示]

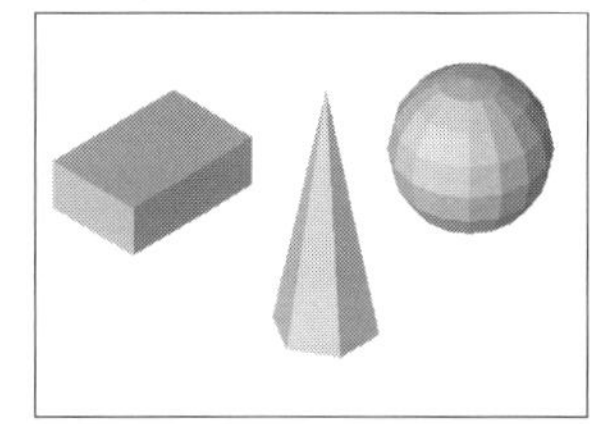

面表示/見えない部分を表示しない

1 図形を２次元図で表示する

３次元図形を２次元編集画面の新しいウィンドウに２次元の線分で作図します。

☆２次元編集画面では、文字や寸法などを作図して編集することができます。

◉隠線除去表示する

現在表示されている３次元図形を面の輪郭線（ポリゴン）や視点から見て手前の面に隠れて見えない線分を削除し、作図します。

(1) **【隠線除去】コマンド**を実行します。
[図面]メニューから[**隠線除去**]をクリックします。

(2) ダイアログボックスが表示されます。
表示方法を設定して、**[OK]ボタン**をクリックします。

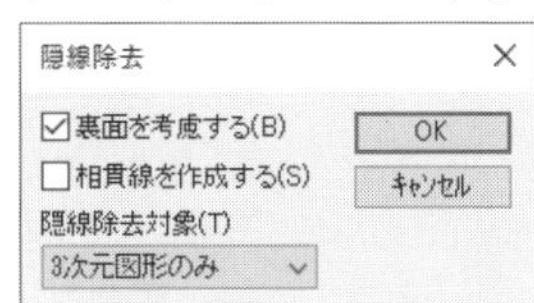

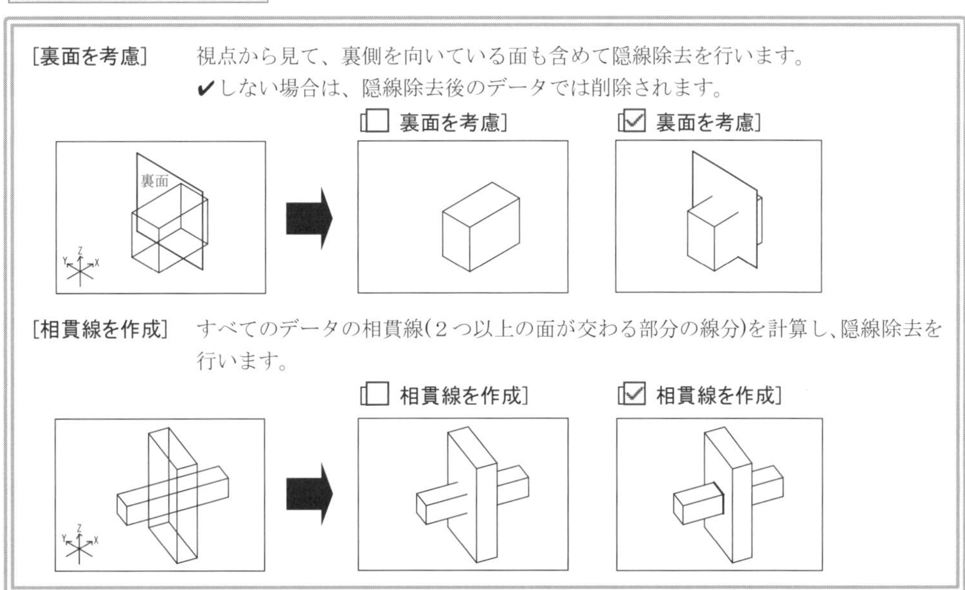

(3) 2次元編集画面の新しいウィンドウに隠線除去された図形が2次元の線分で作図され、**【隠線除去】コマンド**は解除されます。

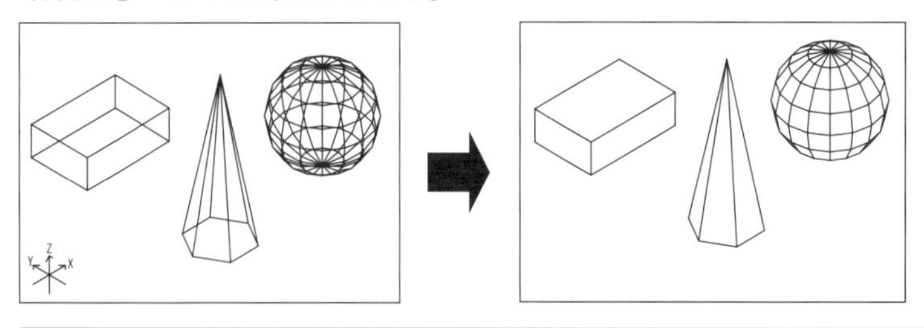

ポイント
[はい]ボタンをクリックすると、ダイアログが開き、隠線除去した図形を保存します。
[キャンセル]ボタンをクリックすると、2次元編集ウィンドウを閉じません。

(4) 2次元編集ウィンドウを閉じます。
2次元編集ウィンドウの**×ボタン**をクリックすると、メッセージダイアログが表示されます。

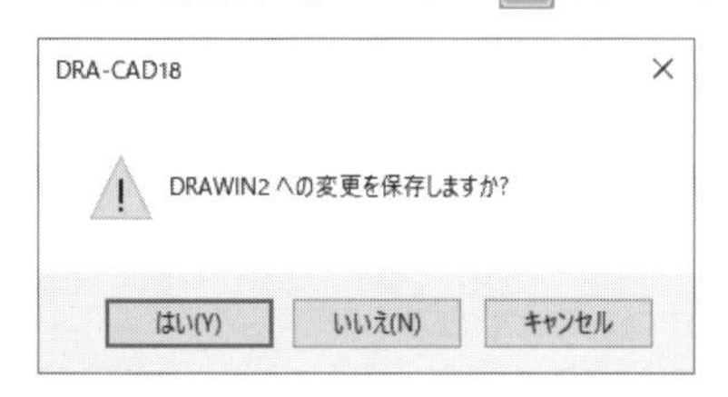

[はい]ボタンをクリックすると、ダイアログが開き、隠線除去した図形を保存します。
[キャンセル]ボタンをクリックすると、2次元編集ウィンドウを閉じません。

(5) **[いいえ]ボタン**をクリックすると、2次元編集ウィンドウを閉じて、3次元編集画面が表示されます。

◎2次元投影図で表示する

現在表示されている3次元図形をワイヤーフレーム表示で2次元の線分で作図します。ワイヤーフレーム表示なので、見えない線も作図します。

(1) **【2次元投影図】コマンド**を実行します。
[図面]メニューから**[投影図]**をクリックします。

(2) 2次元編集画面の新しいウィンドウに投影図が2次元の線分で作図され、**【2次元投影図】コマンド**は解除されます。

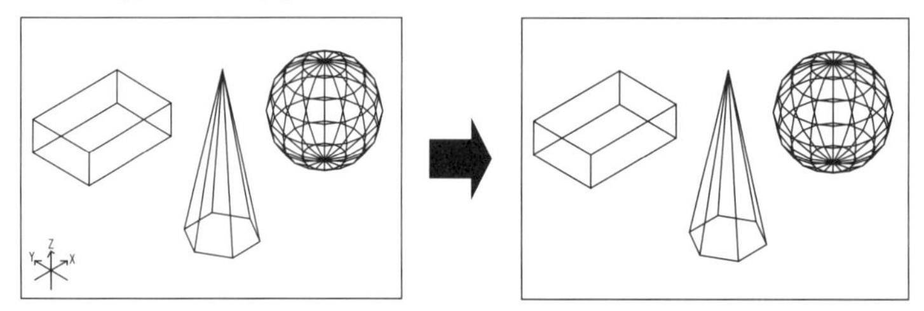

(3) 2次元編集ウィンドウを閉じます。
2次元編集ウィンドウの**×ボタン**をクリックすると、メッセージダイアログが表示されます。

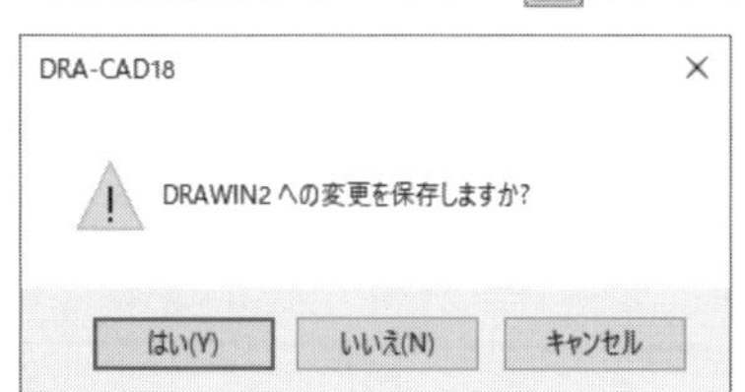

(4) **[いいえ]ボタン**をクリックすると、2次元編集ウィンドウを閉じて、3次元編集画面が表示されます。

その他の２次元化コマンド

【平面パース】コマンドで任意の高さから見た間取りを表現した平面パースを作成し、**【断面パース】**コマンドで任意の断面を一点透視法で表現した断面パースを作成することができます。

[ワイヤーフレーム表示/3次元]

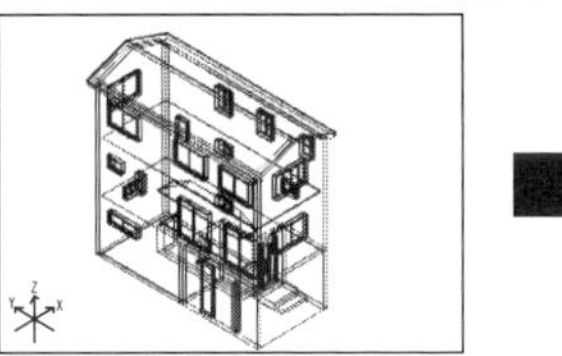

[平面パース/2次元]

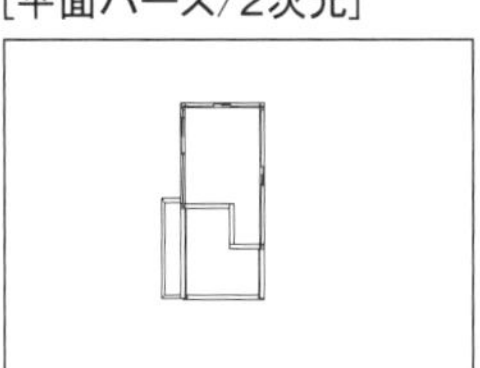

[断面パース/2次元]

平面パース
焦点距離(V) 35
☐切断面からの視点距離(D): 10000
切断する高さ(H): 3000
☑隠線除去する(I)
OK
キャンセル

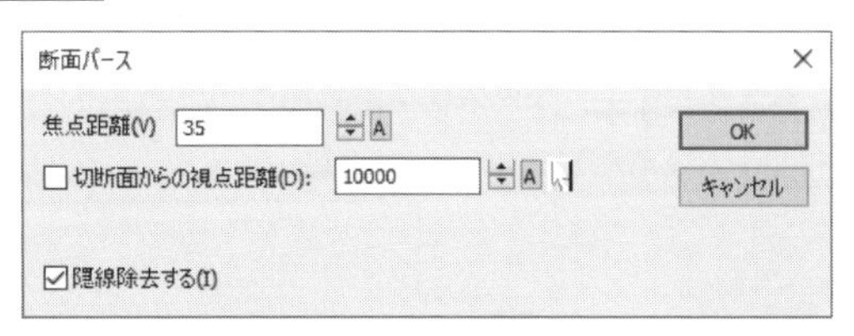

[焦点距離]　見る範囲(カメラの焦点距離と同じ)を設定します。初期値は「35」です。小さい値を入力すると広角(レンズの映す角度が広くなり広範囲を表示)、大きい値を入力すると望遠(遠くのものを大きく表示)で表示されます。

35mm （広角）

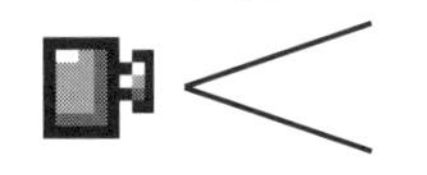

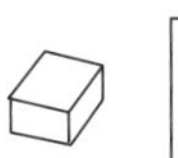

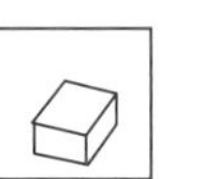

100mm（望遠）

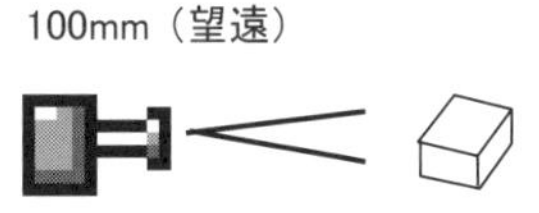

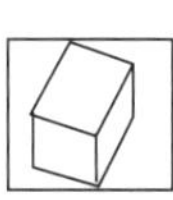

[切断面からの視点距離]
切断面(平面パースの場合は切断する高さ)からの視点距離を指定する場合に✔します。
✔しない場合は、画面に全体が入る大きさになるように自動的に距離が設定されます。

[切断する高さ]　切断する高さを設定します。指定した高さから上の物体は取り除いてパース表示します。

[隠面除去する]　パースを隠線除去して表示する場合に✔します。隠線除去すると、隠れて見えない箇所は表示しません。

【平面パース】コマンド

[OK]ボタンをクリックすると、一点透視法で上から見た切断されたパースがプレビュー表示されます。視点位置などを設定し、右クリックすると、確認のマウスが表示されます。
左クリック(YES)すると、新しいウィンドウに切断された３次元データと２次元編集画面の２次元の平面パースが作図されます。

[切断データ]

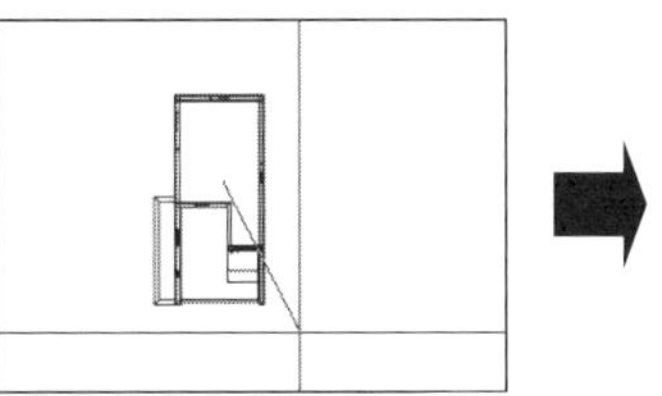

[2次元の平面パース]

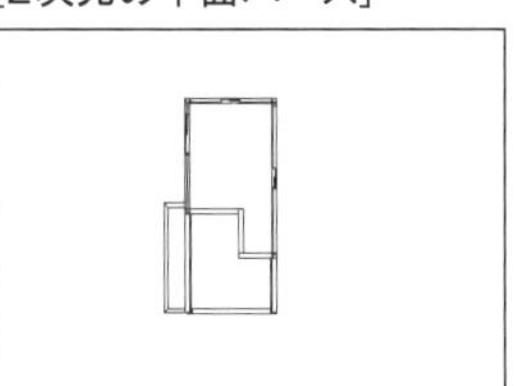

【断面パース】コマンド

[OK]ボタンをクリックし、断面位置を２点指定すると、方向を指定する確認のマウスが表示されます。

[断面位置を指定]

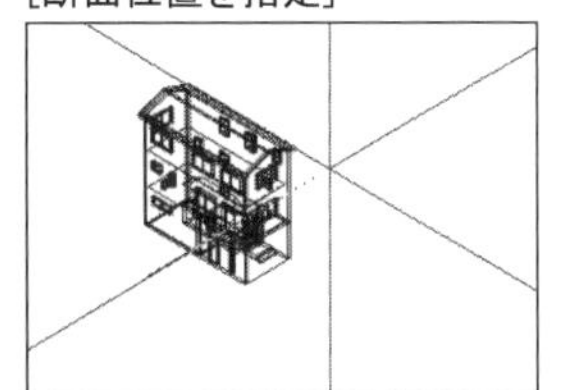

[方向を指定]

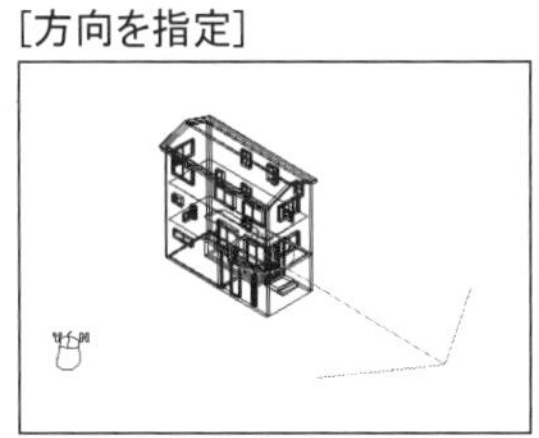

左クリック(YES)すると、一点透視法で横から見た切断されたパースがプレビュー表示されます。視点位置などを設定し、右クリックすると、確認のマウスが表示されます。
左クリック(YES)すると、新しいウィンドウに3次元データと2次元編集画面の2次元の断面パースが作図されます。

[切断データ]　[2次元の断面パース]

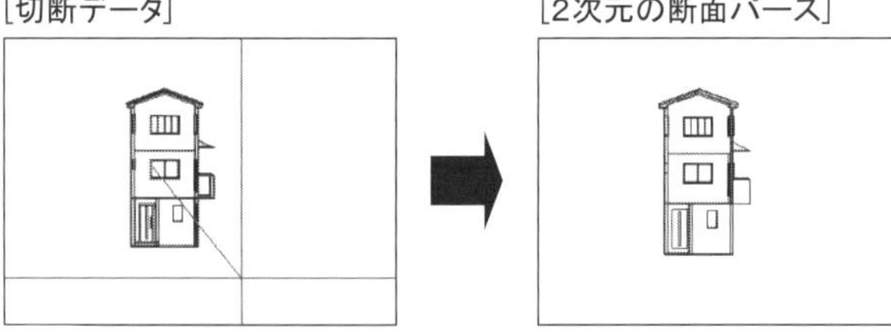

また、【立面図】コマンドで任意の方向を指定した立面図、【断面パース】コマンドと同様に指定した2点で切断した断面図を【断面図】コマンドで、展開図を【展開図】コマンドで作成することができます。

[ワイヤーフレーム表示/3次元]　[立面図/2次元]　[断面図/2次元]　[展開図/2次元]

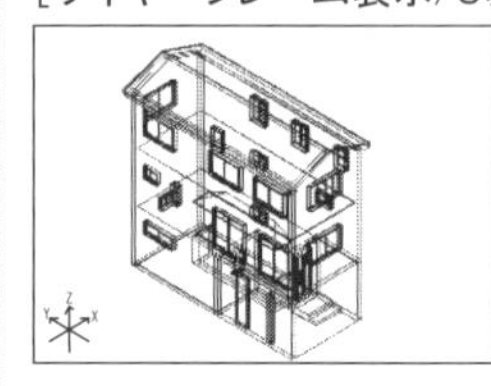
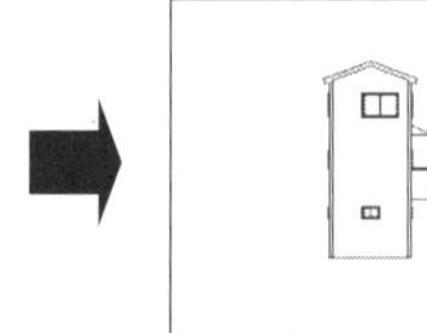
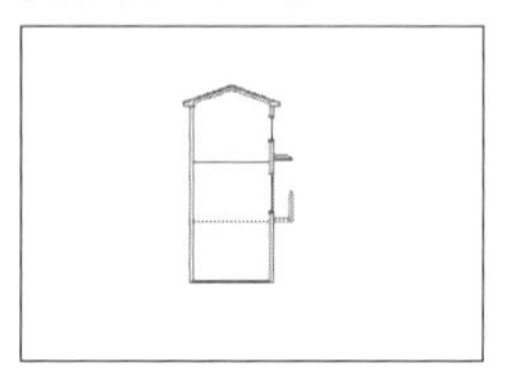
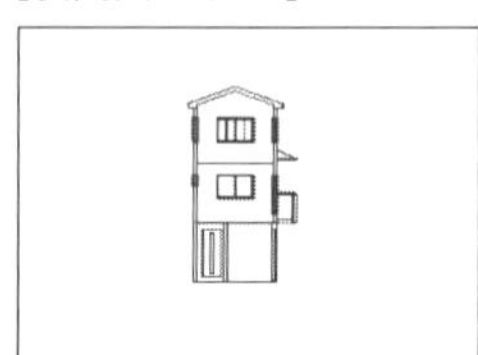

【立面図】コマンド
方向の基準となる2点を指定すると、方向を指定する確認のマウスが表示されます。
左クリック(YES)すると、新しいウィンドウに2次元編集画面の立面図が作図されます。

[方向の基準を指定]　[方向を指定]　[2次元の立面図]

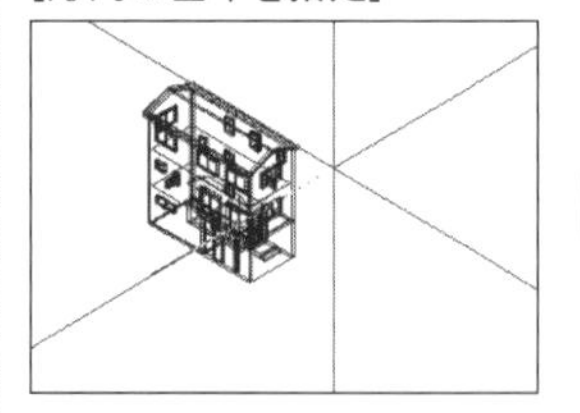
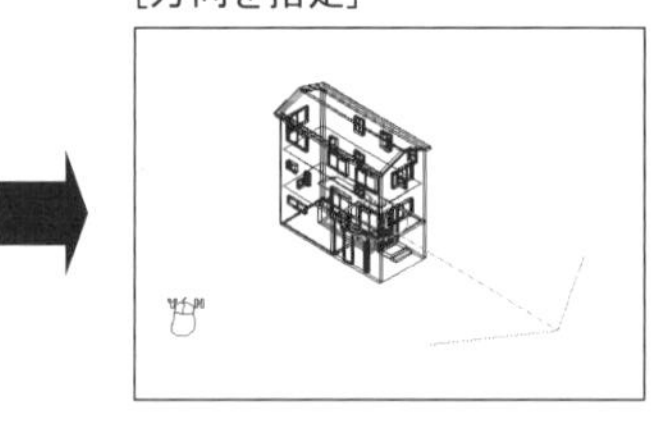
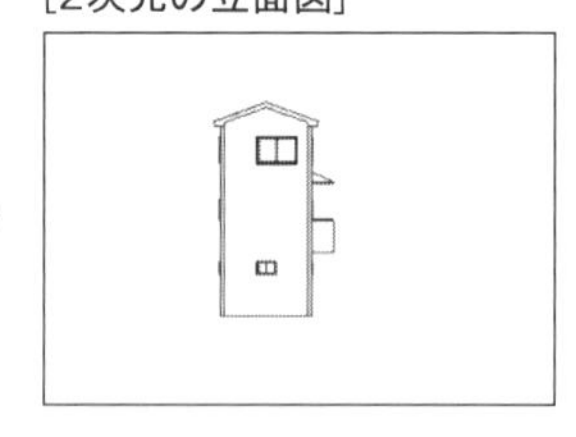

方向の基準となる2点を指定すると、方向を指定する確認のマウスが表示されます。
左クリック(YES)すると、新しいウィンドウに2次元編集画面の立面図が作図されます。

[断面位置を指定]　[方向を指定]　[2次元の断面図]

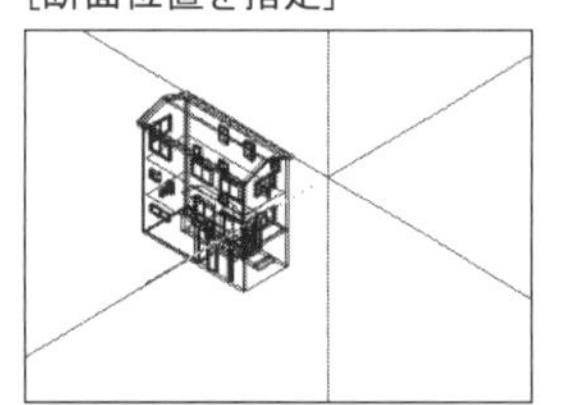
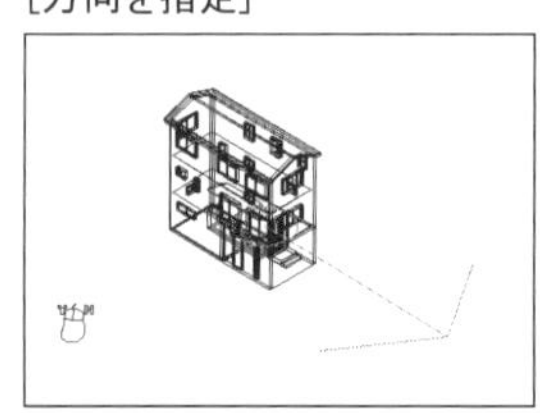
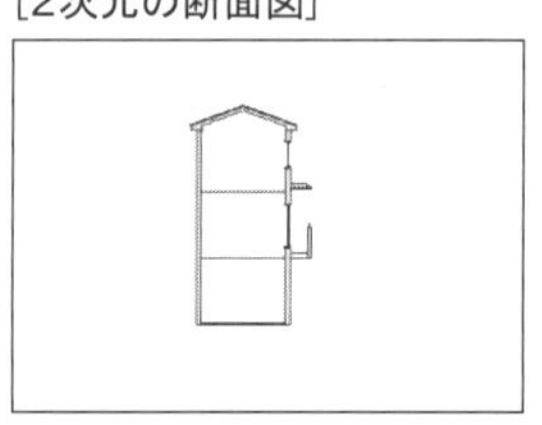

【展開図】コマンド
方向の基準となる2点を指定すると、方向を指定する確認のマウスが表示されます。
左クリック(YES)すると、新しいウィンドウに2次元編集画面の立面図が作図されます。

[断面位置を指定]　[方向を指定]　[2次元の展開図]

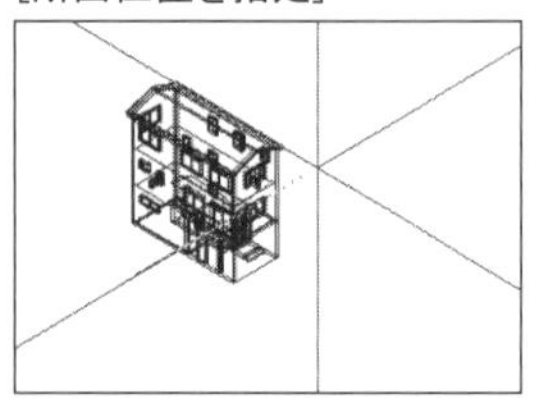

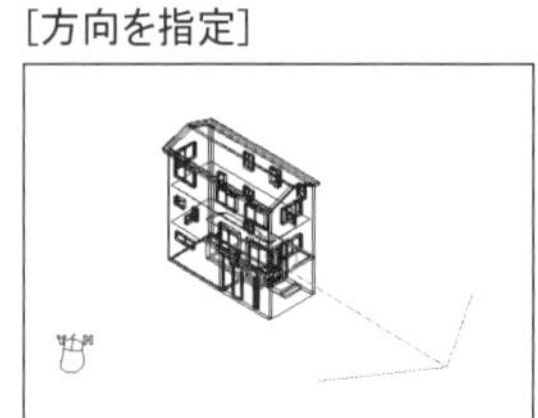

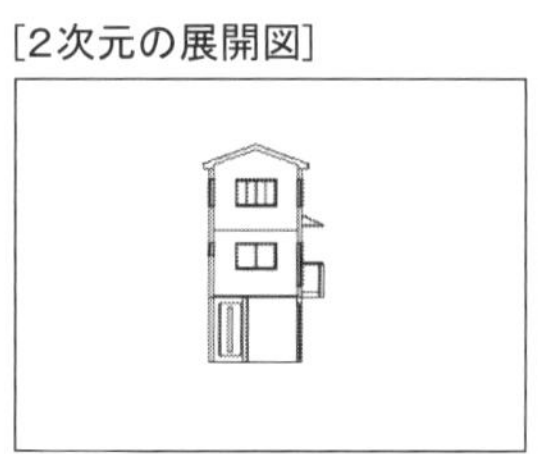

2 図形を隠面除去表示する

面を塗りつぶすことによって、視点から見て手前の面に隠れて見えなくなる後の面や線分を非表示にします。面同士の前後関係がはっきりし、ワイヤーフレームの状態より、モデルの確認が容易になります。見えない部分は表示しません。

◉隠面除去表示の設定

隠面除去表示の設定をします。

(1) **【隠面除去表示設定】コマンド**を実行します。
[表示]メニューから**〔隠面除去〕パネル**のをクリックします。

(2) ダイアログボックスが表示されます。
[Zバッファ]を指定し、**[OK]ボタン**をクリックします。

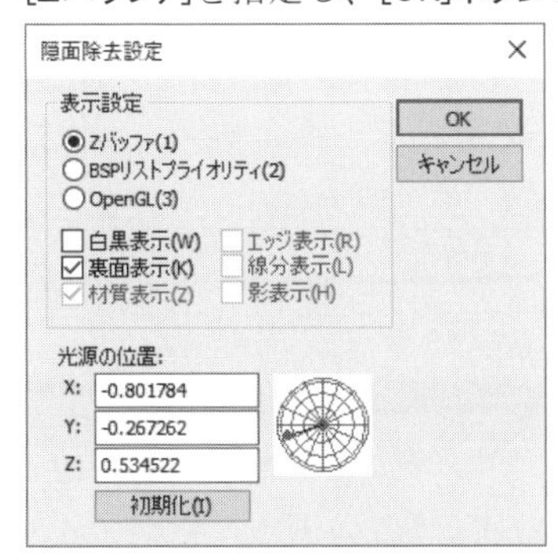

表示設定：図形を隠面除去表示する方法を指定します。

[Zバッファ]　フレームバッファ(画像を記憶するバッファ)を、ピクセルごとの色を記憶するイメージバッファと、そのピクセルのＺ方向への奥行き(視点からの距離)を記憶するＺバッファにわけて、画像を格納します。画面を塗りつぶす量(画面サイズ)に比例して処理時間が長くなります。ただし、データ数が少ない場合にはツリーを作成する時間がないので、**[BSP リストプライオリティ]**よりも高速に表示できる場合があります。

[BSP リストプライオリティ]
一度ＢＳＰツリーという内部データを作成するので、連続的に視点を変えて見たい場合に**[Zバッファ]**よりも高速に表示できます。また、ポリゴンの境界線を表現することができるので、(白黒表示なら)メリハリの効いた表現ができます。

[OpenGL]　機種やOSによらない汎用の３次元グラフィックス・ライブラリで、照明、材質の効果を表現した３次元図形を表示することができます。
また、OpenGL対応のグラフィックスカードを導入することで、高速な隠面除去表示が可能になります。ただし、ポリゴンの境界線は表現できません。

[白黒表示]　線の色に関係なく、面を白黒で表示します。

[裏面表示]　画面に対して頂点の並びが時計回りの面も表示します。

[材質表示]　**[OpenGL]**を指定した場合に、設定されている材質で表示します。

[エッジ表示]　**[BSPリストプライオリティ]**を指定した場合に、隠面除去表示に設定する面の境界線を表示します。

☆面同士が交差する場合に１つの面を複数の面に分割してしまうので、ポリゴンの境界線以外の線分も表示されて見える場合があります。

[線分表示]　**[BSPリストプライオリティ]**を指定した場合に、閉じていないポリラインや線分も表示します。

[影表示]　**[OpenGL]**を指定した場合に、影を表示します。

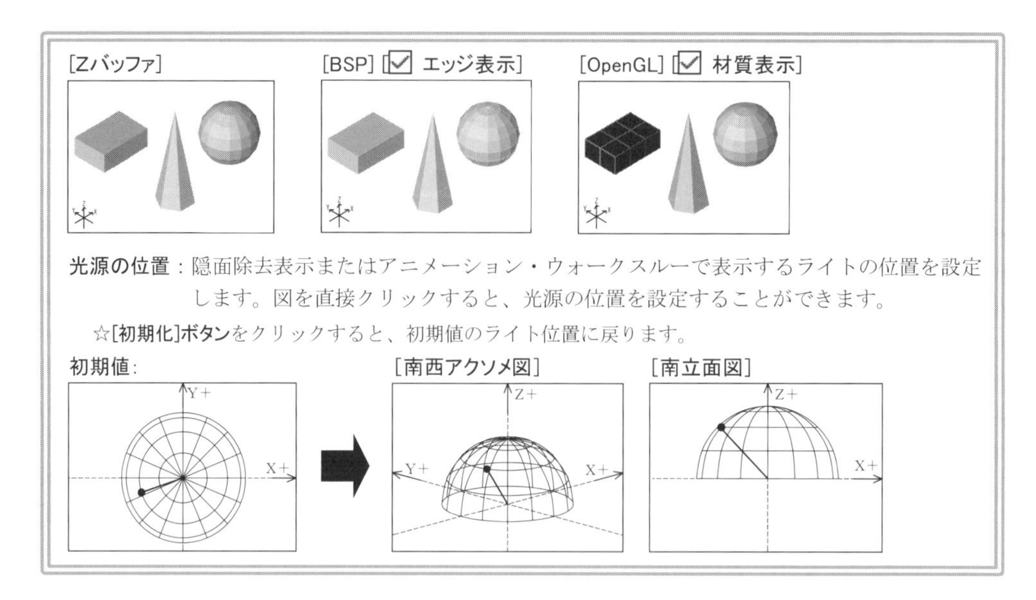

光源の位置：隠面除去表示またはアニメーション・ウォークスルーで表示するライトの位置を設定します。図を直接クリックすると、光源の位置を設定することができます。

☆**[初期化]ボタン**をクリックすると、初期値のライト位置に戻ります。

◉隠面除去表示

(1) **【隠面除去表示】コマンド**を実行します。
[表示]メニューから[**隠面除去**]をクリックします。

(2) 図形が隠面除去表示され、**【隠面除去表示】コマンド**は解除されます。

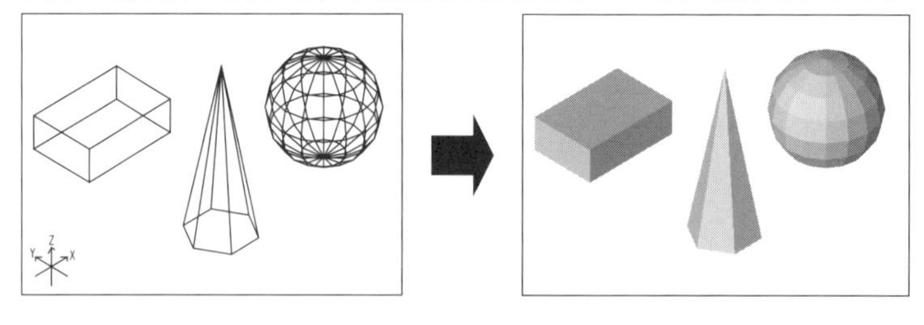

(3) もう一度、**【隠面除去表示】コマンド**を実行すると、ワイヤーフレーム表示に戻ります。

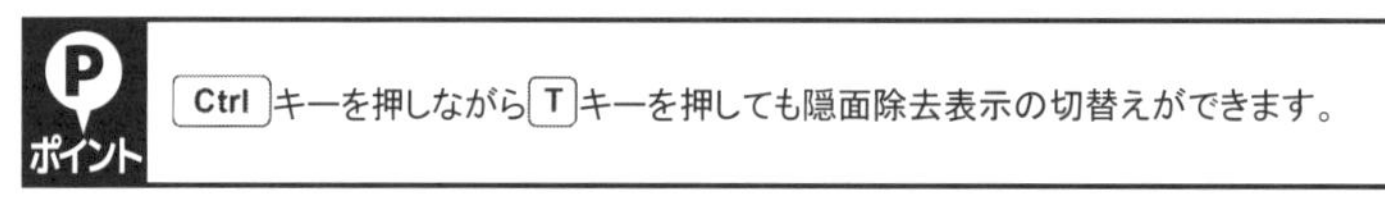

部分隠面除去表示

【部分隠面除去表示:ZBUF】 **コマンド**で範囲指定した部分のみを**[Zバッファ]**で隠面除去表示することもできます。

☆**【部分隠面除去表示:ZBUF】コマンド**は、リボンメニューの**[ヘルプ]**→**[互換メニュー]**→**[表示]**→**[部分隠面除去表示:ZBUF]**をクリックし、実行します。

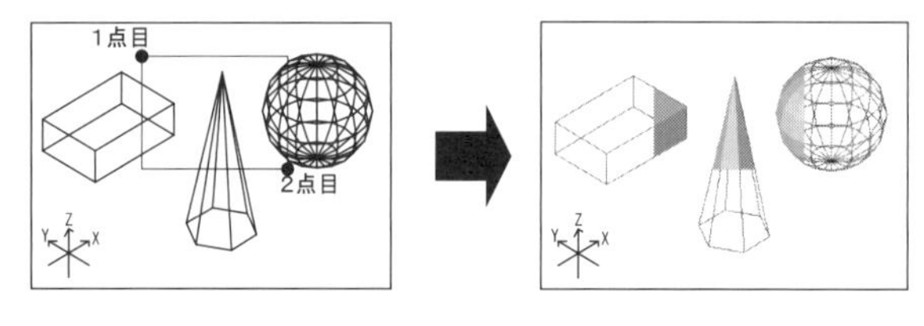

1-3 スナップモードについて

「**スナップモード**」は、図形の交点や中点などを正確に取るための機能です。正確に図面を描くためには必要・不可欠な機能です。DRA-CAD の作図では「**スナップモード**」を状況に応じて指定します。

1 スナップモードの種類

スナップモードは 15 種類、スナップ補助は 10 種類あり、ダイアログボックスが表示されていない時はいつでも変更ができます。

アイコン	名　称	機　　能
	任意点	画面上の指示した位置にスナップします。ただし、グリッドが表示されている場合は、近くのグリッドにスナップします。 ☆グリッドとは、図面上に等間隔に表示される点で作図の目安になりますが、印刷はされません。
	端点	線分、円弧、楕円弧の両端、円の 0°、90°、180°、270° の位置、楕円の右端部、文字原点、点にスナップします。
	垂直点	直前に指示した位置から指定した線分、円、円弧、楕円、楕円弧に対して垂直な位置にスナップします。
	線上点	線分上、円、円弧、楕円、楕円弧上にスナップします。
	交点	線分、円、円弧、楕円、楕円弧が交差した点にスナップします。
	中点	線分上、円、円弧、楕円、楕円弧上の中間点にスナップします。
	円中心	円、円弧、楕円、楕円弧の中心にスナップします。
	接線	直前に指示した位置から指定した円、円弧または楕円、楕円弧上に接する位置にスナップします。
	端点・交点	端点、交点にスナップします。
	二点間中央	指定した二点間(**【カスタム】スナップ**で有効になっている点)の中間点にスナップします。
	二線分交点	指定した二線分の交点にスナップします。
	カスタム	上記のスナップを複数組み合わせて、その中で最も近い点にスナップします。
	線分端点	指定した線分上の近い方の端点へスナップします。
	面垂直	直前に指示した位置から指定した面に対して垂直な位置にスナップします。
	面重心	面の重心にスナップします。
	スナップの設定	**【カスタム】スナップ**の組み合わせパターンや、**[スナップマーカー]**のサイズを設定します(『２次元編』を参照)。
	スナップマーカー表示	マウスを動かすとスナップする位置をマーカーと文字で表示します。
LP	参照点の変更	スナップした最後の点を変更します。
.x	X軸方向拘束	スナップ位置をX軸方向に拘束します。
.y	Y軸方向拘束	スナップ位置をY軸方向に拘束します。
.z	Z軸方向拘束	スナップ位置をZ方向に拘束します。
.xy	XY平面方向拘束	スナップ位置をXY平面方向に拘束します。

アイコン	名　称	機　　能
.yz	YZ平面方向拘束	スナップ位置をYZ平面方向に拘束します。
.zx	ZX平面方向拘束	スナップ位置をZX平面方向に拘束します。
	作業平面拘束	スナップ位置を作業平面上に拘束します。
	トグルスナップ	設定されたスナップを順番に表示します。

2 スナップモードの指定

スナップモードを指定するには方法はいくつかありますが、ここでは次の方法を説明します(その他の方法については『PDF マニュアル』を参照)。

☆指定したスナップモードは違うスナップモードを指定するまで有効です。

方法 1) ツールバーのアイコンを指定します。

方法 2) ファンクションキーで指定します。

F1	F2	F3	F4	F5	F6	F7	F8

3 スナップモードの機能

【単線】―コマンドを実行し、スナップを変更しながら機能を確認してみましょう。

☆**【任意点】スナップ**～**【線分端点】スナップ**/**【スナップの設定】**～**【Y軸方向拘束】**、**【トグルスナップ】**の機能、線分の作図方法については『PDF マニュアル』を参照してください。また、図解ではクロスヘアカーソルを点線にて表示しています。

◉面垂直スナップ

(1) **【端点】スナップ**を指定し、多角錐の頂点にカーソルを近づけてクリックします。

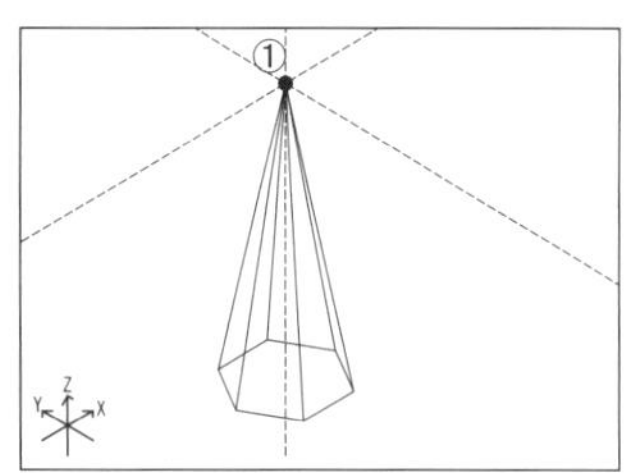

・**環境設定】コマンド**の**〔操作〕タブ**で「スナップ失敗で再入力」を✔すると、指定しているスナップモードと指示点が違う場合、スナップしないで警告音(ビープ音)がなります。操作を進めることができませんので、正しい指示点を指定してください。ただし、「スナップ失敗でビープ音鳴らさない」を✔している場合は、警告音(ビープ音)をならしません。

・設定したスナップ拘束モードはステータスバーに表示され、クリックするごとに[.–]→[.x]→[.y]→[.z]→[.xy]→[.yz]→[.zx]の順に変更することができます。
また、拘束されている場合は背景色が変更されて表示されます。

(2)【面垂直】スナップに変更し、図形の線分をクリックして底面を指定し、垂直線を描きます。

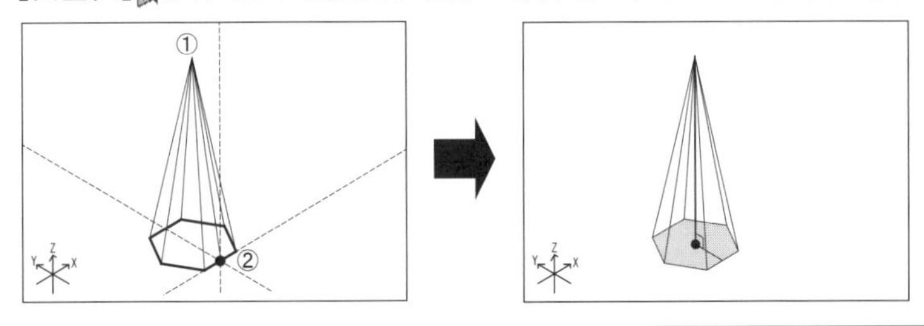

ポイント 面を指定する時に Alt キーを押しながら線分を指定すると、確認マウスが表示され、その線分を含む面を切り替えることができます。右クリックすると、次の面を確認し、Esc キーを押すと指定をキャンセルします。

面重心スナップ

(1)【面重心】スナップを指定し、図形の線分をクリックして面を指定します。

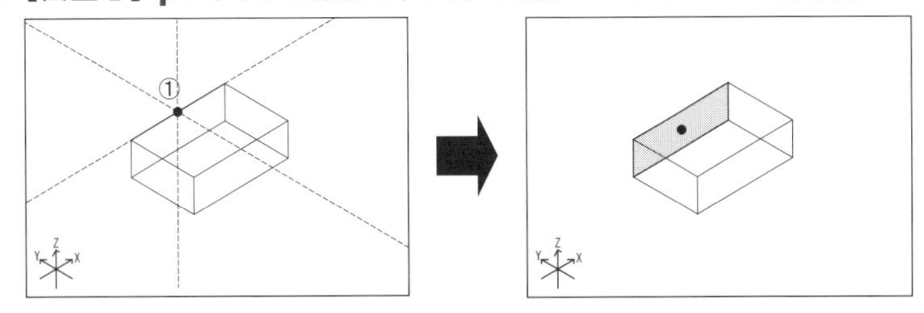

(2) 同様に、図形の線分をクリックして面を指定し、横線を描きます。

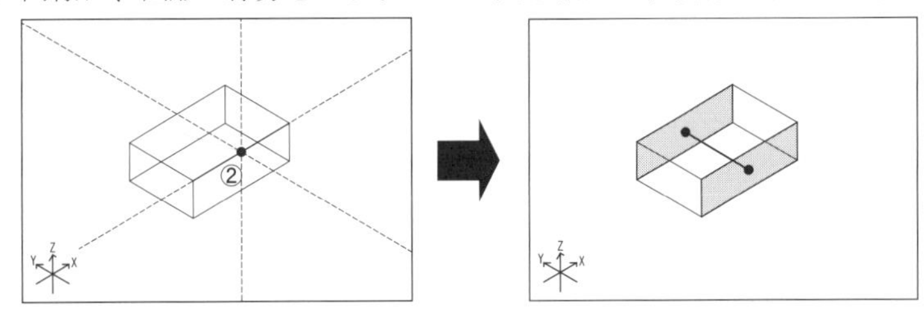

アドバイス

【Z軸方向拘束】.z は、直前に指示した位置（A点）から指定した点（B点）に対してZ軸方向に平行な点にスナップします。

例：［端点］の場合

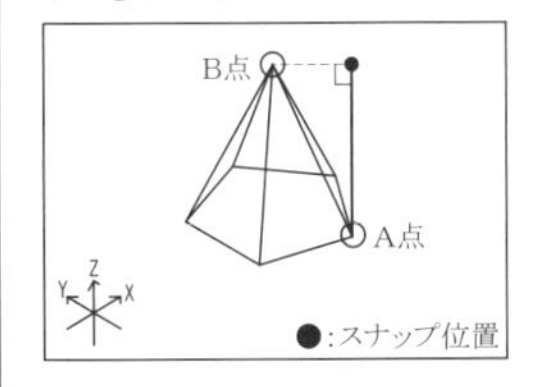

【XY平面方向拘束】.xy・【YZ平面方向拘束】.yz・【ZX平面方向拘束】.zxスナップは、直前に指示した位置（A点）から指定した点（B点）に対してXY（YZ、ZX）平面方向に平行な点にスナップします。

例：［端点］の場合

［XY平面方向拘束］

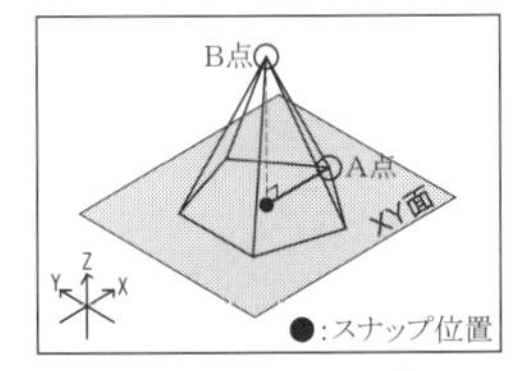

［YZ平面方向拘束］

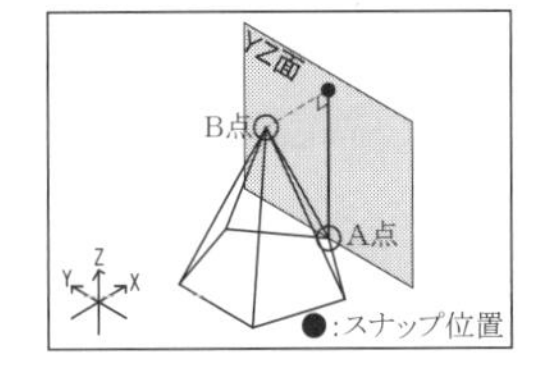

［ZX平面方向拘束］

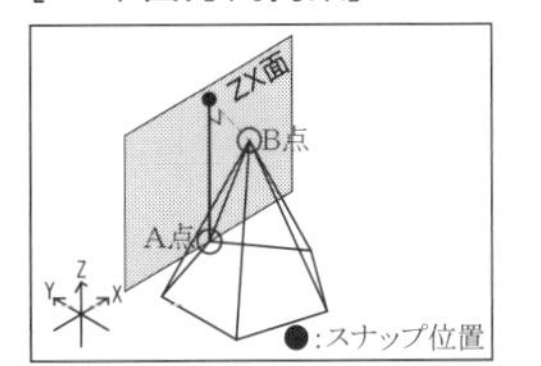

1-4 平面図形を作成する

新しい作業ウィンドウを開いて練習してみましょう。

1 面を作成する

◉ポリラインを作成する

【3Dポリライン】コマンドは、３次元のポリライン(連続した線分)を描きます。

ポリラインの終点は編集メニューで指定します。「作図終了」を選択すると３次元ポリラインが作成され、「図形を閉じる」を選択するとポリゴンとなり、面が作成されます。

継続(N)
一つ戻る(U)
やり直し(R)
図形を閉じる(C)
作図終了(X)

[3次元ポリライン]

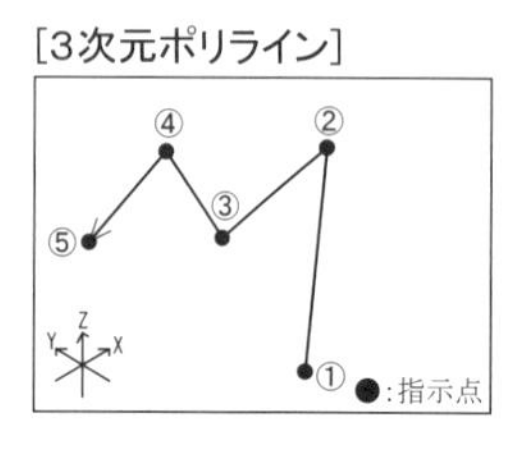

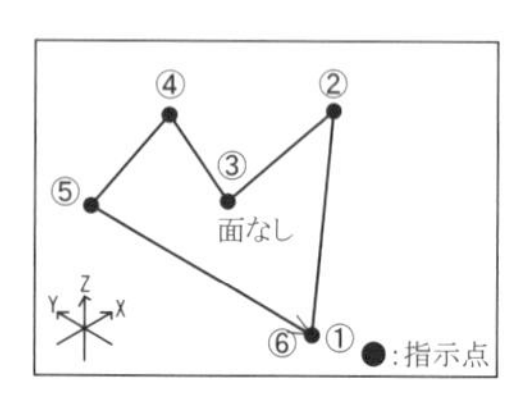

[ポリゴン]

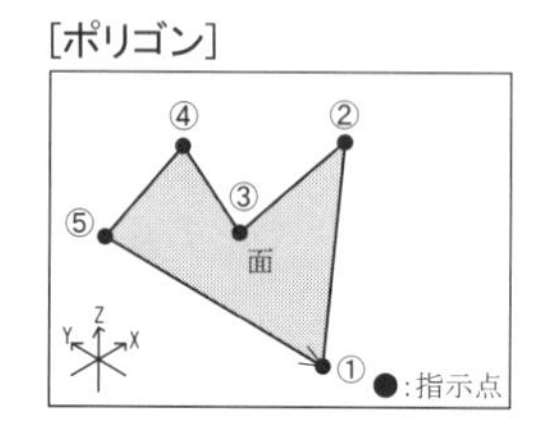

(1) **【グリッド表示】コマンド**を実行します。
[表示]メニューから**[グリッド]**をクリックします。

画面上にグリッドが表示され、**【グリッド表示】コマンド**は解除されます。

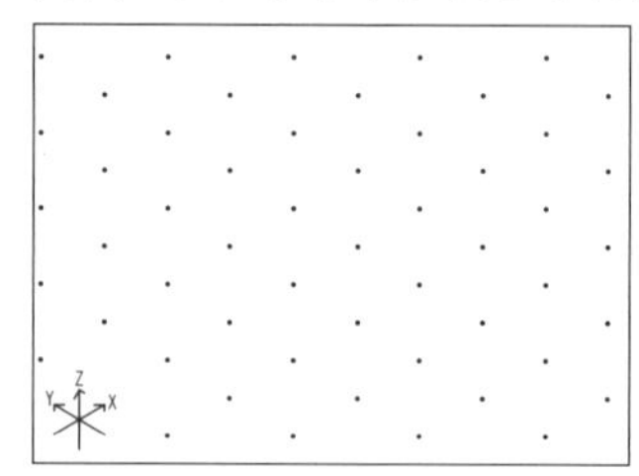

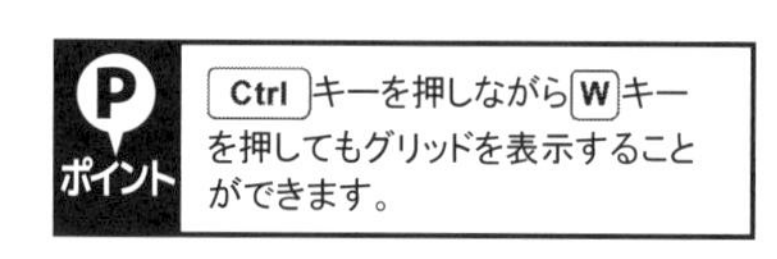

(2) **【3Dポリライン】コマンド**を実行します。
[作成]メニューから**[3Dポリライン]**をクリックします。

(3) **「ポリラインの始点」**とメッセージが表示され、クロスヘアカーソルに変わります。
【任意点】.♥**スナップ**で、グリッドにカーソルを近づけてクリックします。

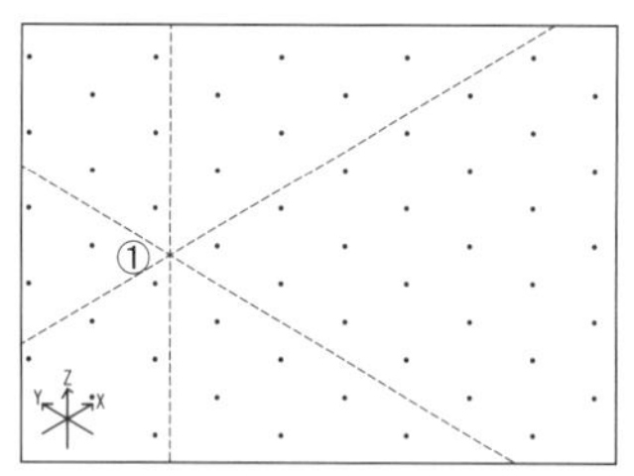

(4) **「線分の中点」**とメッセージが表示されたら、カーソルを移動させ、**反時計回り**に第２点～第５点までクリックします。

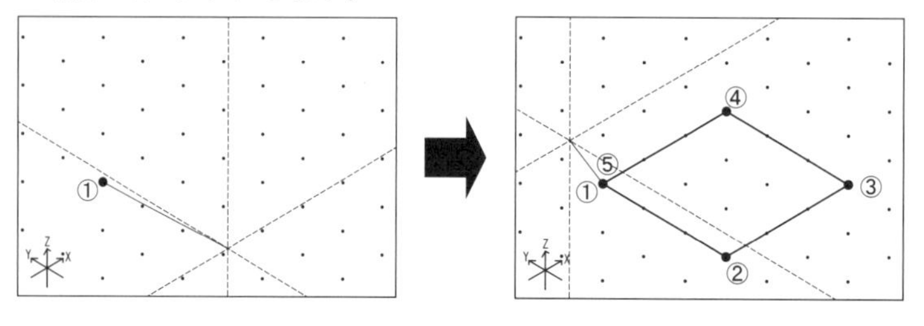

(5) 第５点まで取り終えたら、右クリックし、編集メニューを表示します。
[**作図終了**]を指定すると、ポリラインが描かれます。

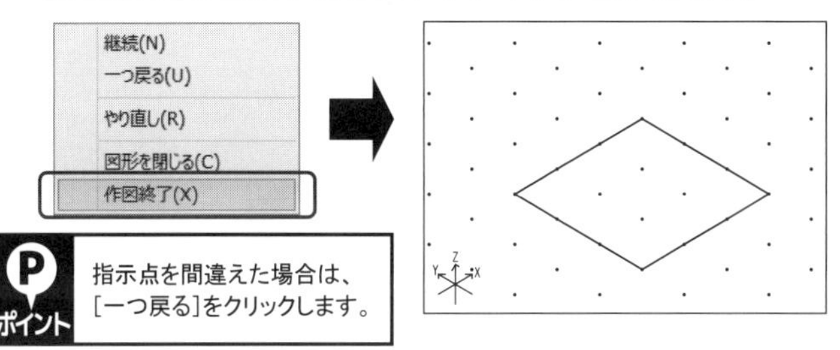

ポイント 指示点を間違えた場合は、[一つ戻る]をクリックします。

(6) 同様に、**反時計回り**に第１点～第４点までクリックします。

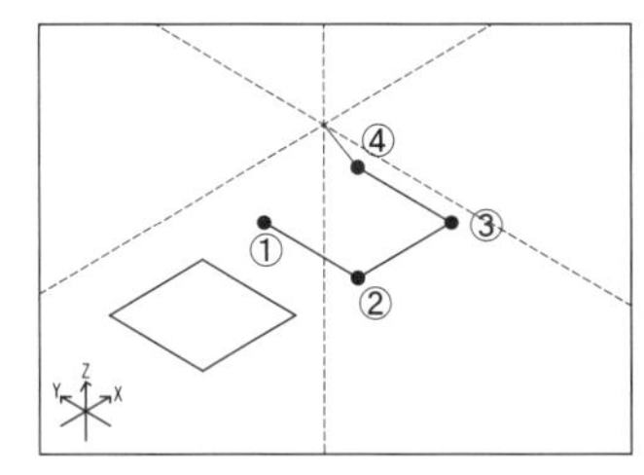

☆図解ではグリッドを省略しています。

(7) 第４点まで取り終えたら、右クリックし、編集メニューを表示します。
[**図形を閉じる**]を指定すると、ポリラインが描かれます。

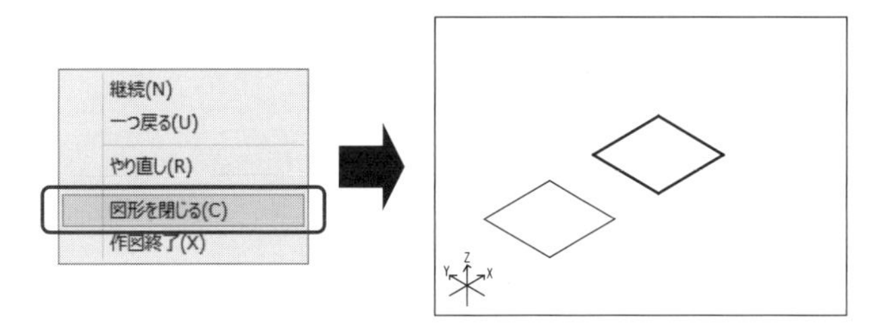

(8) 同様に、**時計回り**に第１点～第４点までクリックし、[**図形を閉じる**]を指定すると、ポリラインが描かれます。

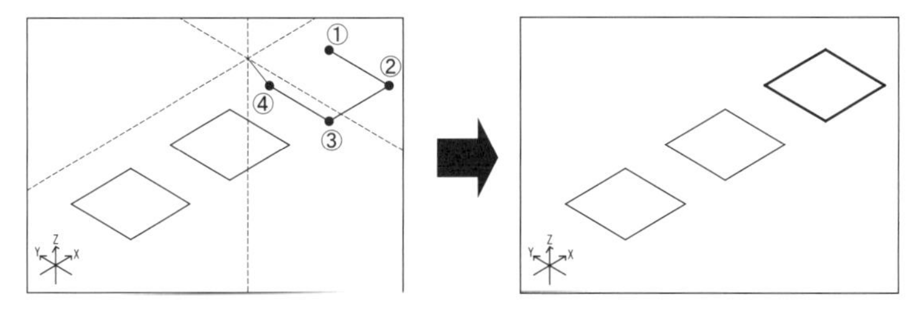

(9) **【3Dポリライン】コマンド**を解除します。

◎図形を確認する

(1) **【隠面除去表示】コマンド**を実行します。

[表示]メニューから[**隠面除去**]をクリックします。

(2) 図形が隠面除去表示され、**【隠面除去表示】コマンド**は解除されます。

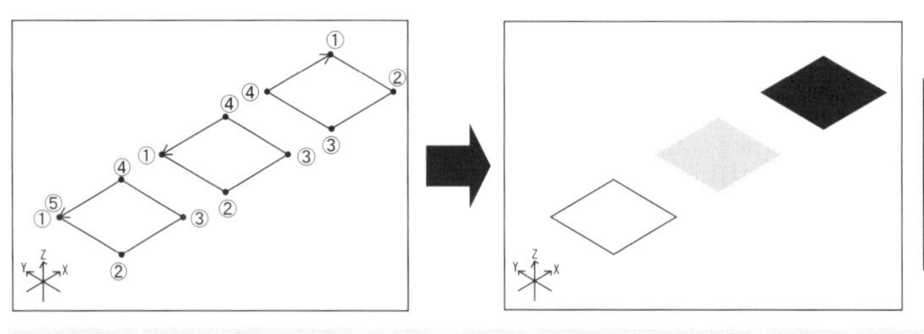

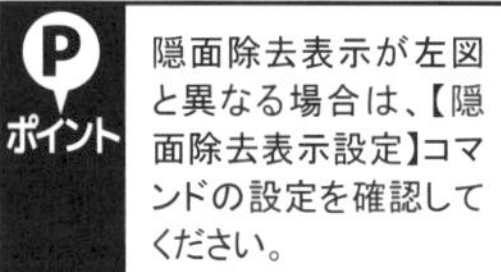

隠面除去表示が左図と異なる場合は、**【隠面除去表示設定】コマンド**の設定を確認してください。

> **[作図終了]**を指定した場合は3次元ポリラインとなり、面ではないので、隠面除去表示をしても隠面されません。
> **[図形を閉じる]**を指定した場合はポリゴンとなり、面が作成されますが、時計回りに作成すると「裏面」になり、反時計回りに作成すると「表面」になります。
> 隠面除去表示をすると、「表面」は明るく表示され、「裏面」は暗く表示されます。

(3) もう一度、**【隠面除去表示】コマンド**を実行すると、ワイヤーフレーム表示に戻ります。

線分、ポリライン、ポリゴンの違いについて

2次元図面を描く場合には、線分を入力していきますが、3次元図形を作成する場合には、ポリゴン(面)を入力していきます。

物体はすべて大きさ(厚みや高さ)を持っているので、それらをすべての面として入力します。

DRA-CAD では、3次元図形として3次元線分、3次元ポリラインがあり、閉じている(領域を持つ)3次元ポリラインを「ポリゴン」と呼びます。

3次元線分 —連続している→ 3次元ポリライン —閉じている→ ポリゴン

[2次元ポリライン]　：連続した線分、円弧から構成される。
[3次元ポリライン]　：連続した3次元線分から構成される。
[ポリゴン]　：ポリラインが閉じている状態。多角形。

2次元の線分がX、Y平面上(Z方向なし)に作図するのに対して、3次元の線分はX、Y、Zの作業平面上に作図します。つまり、X、Y、Z空間に傾いた線分を作図することができます。

【環境設定】コマンドの〔**操作**〕**タブ**で[**線描画**]を選択した場合は、作業ウィンドウ内でクリックするだけで図面上に3次元線分を描くことができますが、[**図形選択**]を選択した場合は、**【3D線分】コマンド**を実行してから図面上に線分を描きます。

また、2次元の線分は3次元化のコマンドで編集すると3次元図形に変換されます。2次元の線分のままで編集できない場合は、**【3次元変換】コマンド**で変換してから編集してください。逆に、3次元線分のままで2次元図面で編集できない場合は、**【2次元変換】コマンド**で変換してください。

アドバイス

ポリゴンは面を表現しますが、そのポリゴンの頂点は同じ平面上になくてはなりません。頂点が同一平面上にない歪んだ面を作成してしまうと、面の向きが正しく計算されないために面の色が正しく表示されません。

[正しいポリゴン]

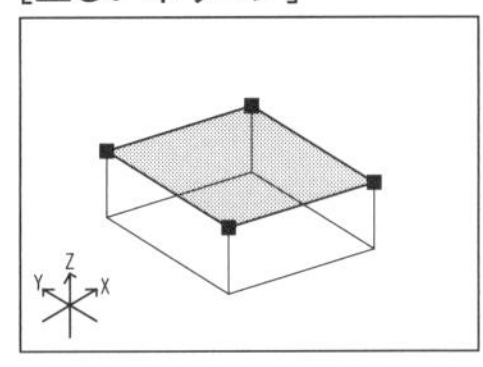

[正しくないポリゴン]

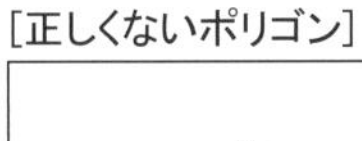

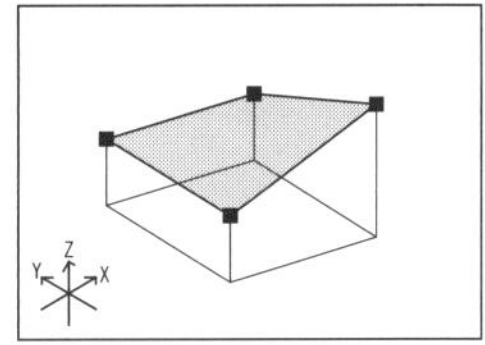

面がねじれている(歪んでいる)時には、**【不良面チェック】**コマンドで三角形に分割するなどして、歪みのない面で構成するように修正してください。

[チェックのみ]

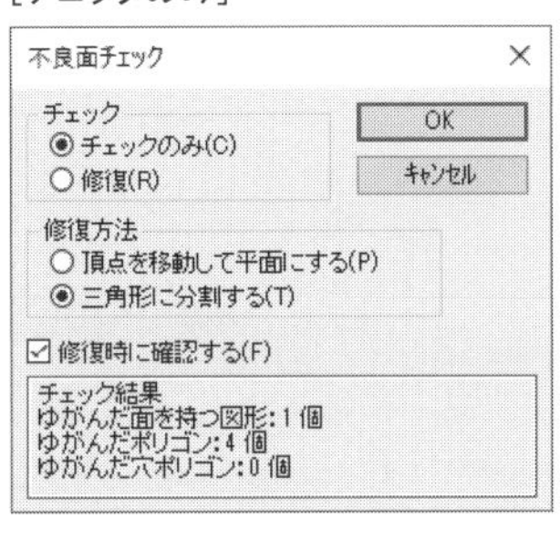

[修復]

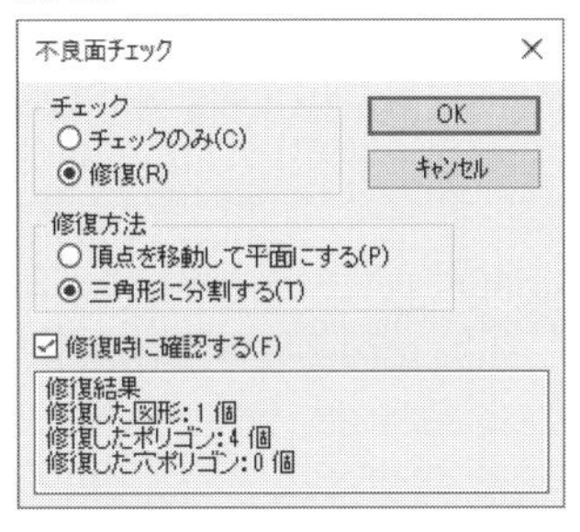

また、ポリゴンには、面の表と裏があります。面の表裏を判定するのは、面の頂点の並び順です。画面に対して頂点の並びが反時計回りになっている方が表面(おもてめん)、時計回りの面が裏面です。

[頂点が反時計回り]

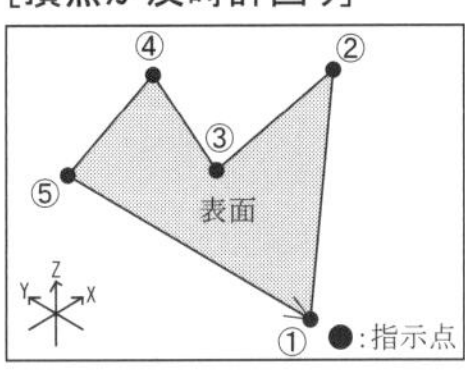

[頂点が時計回り]

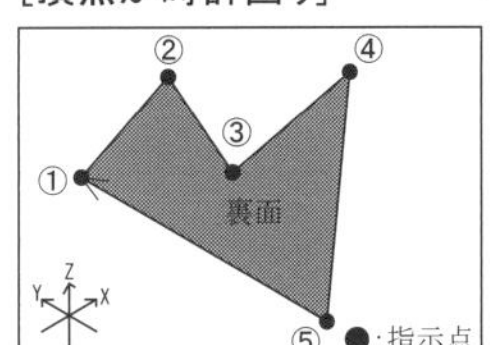

表面から裏面への変更、裏面から表面への変更は、**【反転】**コマンドで行います。
反転させる図形を指定し、その面、線の表の方向を矢印で確認することができます。

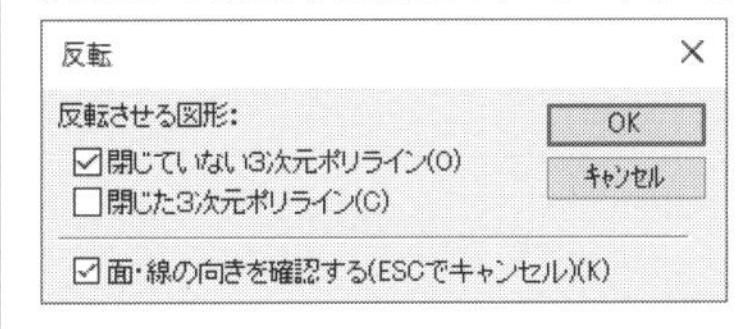

[閉じていない3次元ポリライン]

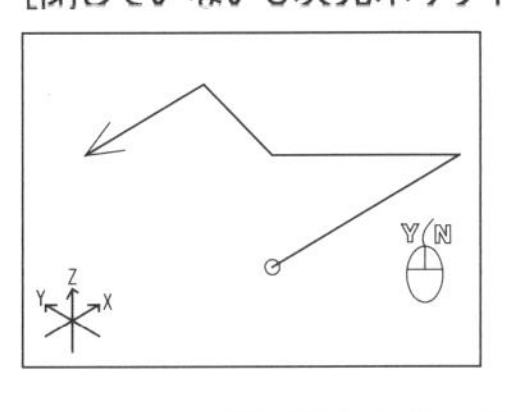

[閉じた3次元ポリライン]

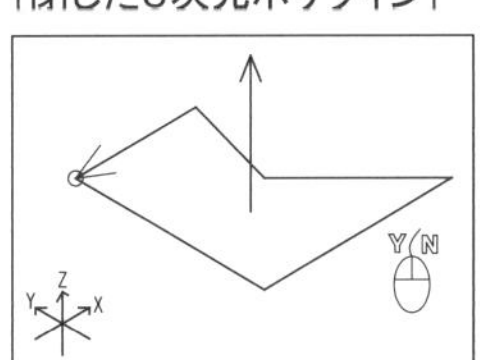

2 平面図形を作成する

平面図形はすべて３次元ポリラインとして作図されます。
２次元の図形がX、Y平面上(Z方向なし)に作図するのに対して、３次元の平面図形はX、Y、Z空間に傾いた図形を作図することができます。
平面図形を作成するには以下のコマンドがあり、２次元のコマンドと操作方法は同じです。

ポリゴン(面)を作成するコマンド　:**【3D多角形】**、**【3D矩形】**、**【3D線分円】**コマンド
ポリラインを作成するコマンド　:**【3D線分円弧】**コマンド

◉矩形を作成する

対角の２点を指定し、矩形を作図します。

(1) **【3D矩形】コマンド**を実行します。
[作成]メニューから[**3Dポリライン**]の**▼ボタン**をクリックし、[**3D矩形**]をクリックします。

(2) ダイアログボックスが表示されます。
✔がはずれていることを確認して、[**OK**]**ボタン**をクリックします。

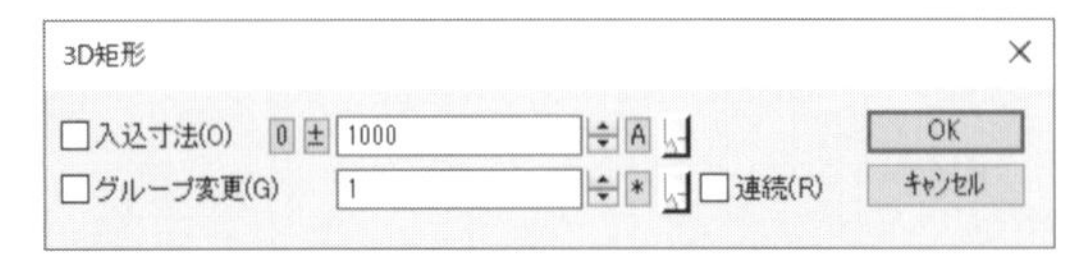

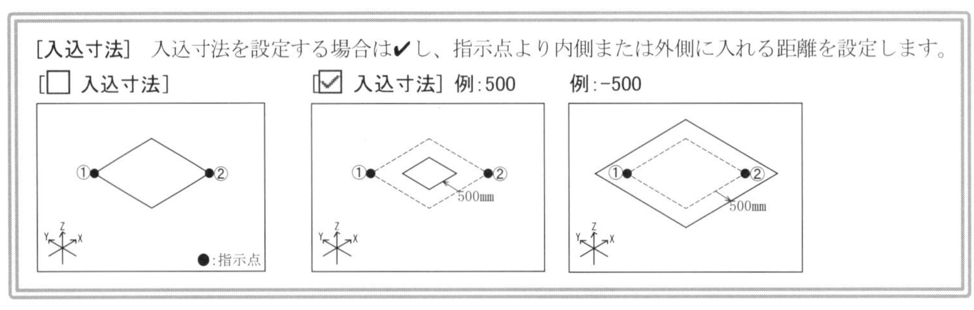

(3) **「矩形の一点目を指示」**とメッセージが表示され、クロスヘアカーソルに変わります。
【任意点】、スナップで、グリッドにカーソルを近づけてクリックします。

(4) **「矩形の二点目を指示」**とメッセージが表示されたら、対角にカーソルを移動してクリックすると、矩形が描かれます。

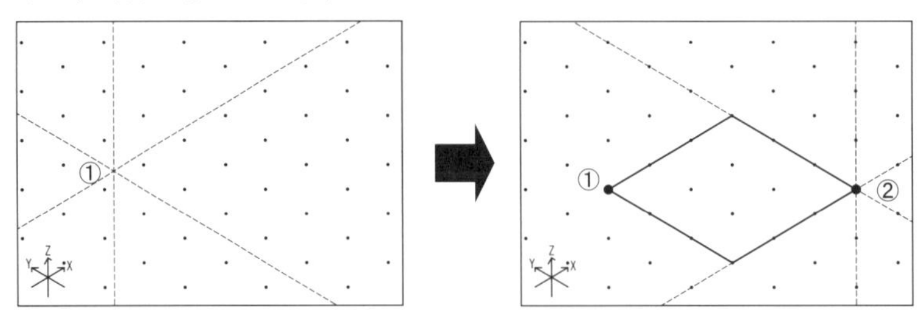

(5) **【3D矩形】コマンド**を解除します。

◉線分円を作成する

円（多角形近似）の種類（『**半径固定**』『**半径指定**』『**3点指定**』）を指定し、作図します。

(1) **【3D線分円】コマンド**を実行します。
[作成]メニューから[◇ **3D矩形**]の**▼ボタン**をクリックし、[◉ **3D線分円**]をクリックします。

(2) ダイアログボックスが表示されます。
【半径固定】を選択します。

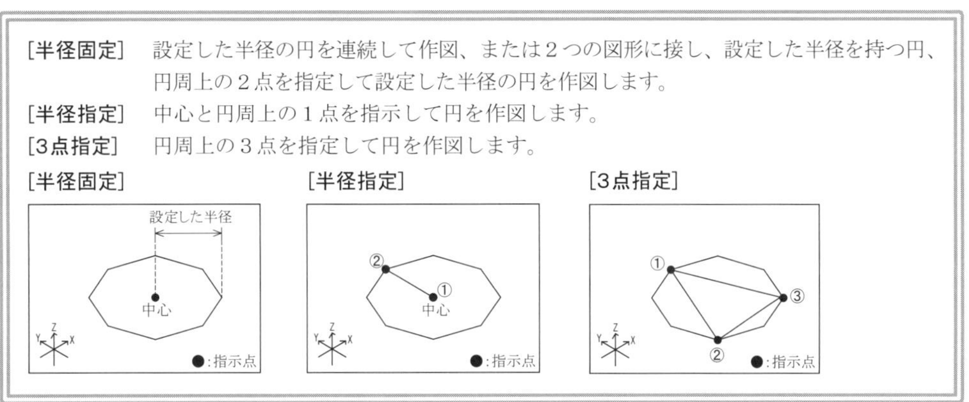

(3) ３Ｄ線分円（半径固定）ダイアログボックスが表示されます。
[半径]、**[作図方法]**を指定し、**[OK]ボタン**をクリックします。

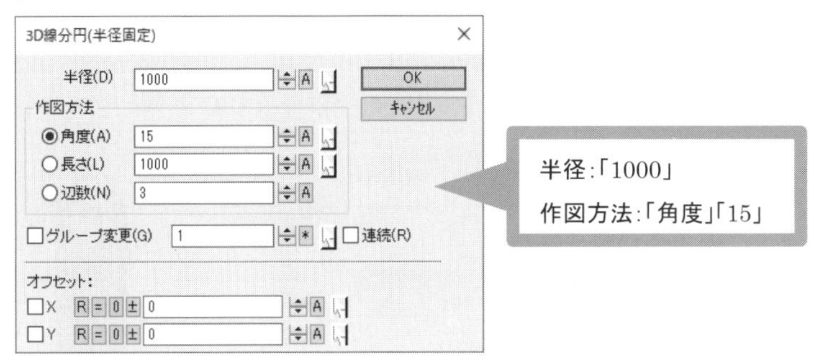

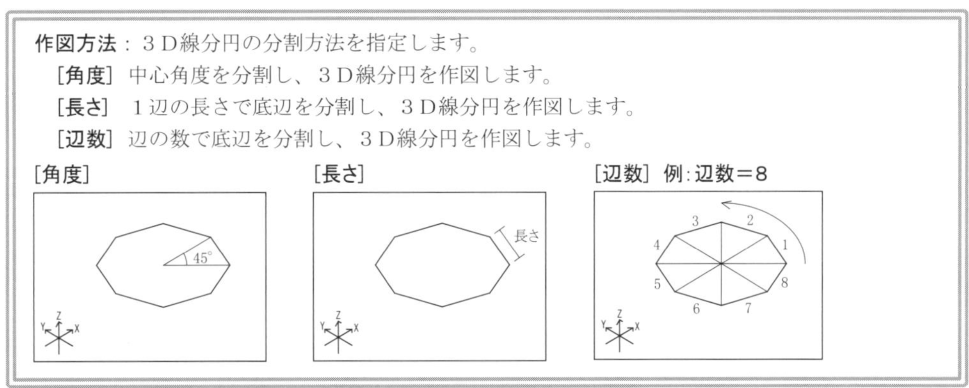

[**オフセット**] カーソルから配置する時の基準点を離して作図する場合に✔し、その距離を設定します。

☆配置する時の基準点は中心になります。
また、[R]**ボタン**をクリックすると、半径と同じサイズをオフセットに設定します。

例:X=500と設定した場合

(4) 「**線分円の中心を指示**」とメッセージが表示され、カーソルに線分円がついて表示されます。
【**任意点**】**スナップ**で、中心にしたい位置をクリックすると、設定した半径の線分円が作図されます。

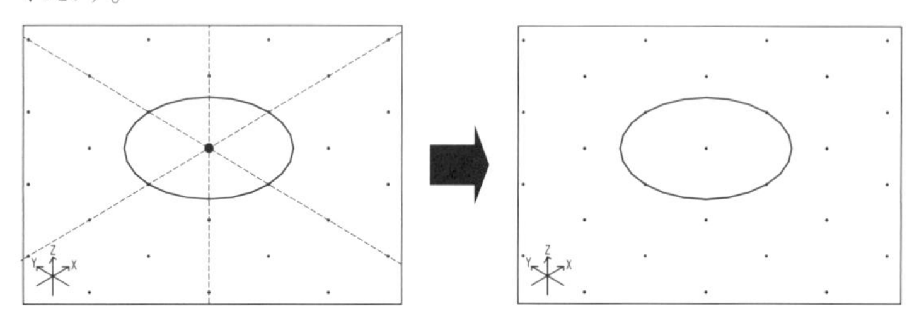

(5) 【**3D線分円**】**コマンド**を解除します。

Ctrl キーを押しながらクリックすると、【環境設定】コマンドの〔操作〕タブで設定した角度だけZ軸を中心に回転します。[オフセット]を設定した場合に有効です。

◉図形を確認する

(1) 【**隠面除去表示**】**コマンド**を実行します。
[**表示**]**メニュー**から[**隠面除去表示**]をクリックします。

図形が隠面除去表示され、【**隠面除去表示**】**コマンド**は解除されます。

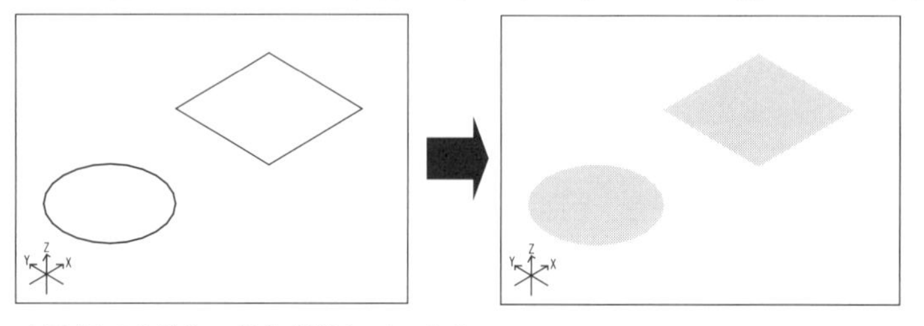

隠面除去表示が左図と異なる場合は、【隠面除去表示設定】コマンドの設定を確認してください。

☆図解ではグリッドを省略しています。

(2) もう一度、【**隠面除去表示**】**コマンド**を実行すると、ワイヤーフレーム表示に戻ります。

1-5 立体図形を作成する

「**1-4 平面図形を作成する**」で作成した平面図形に厚みや高さを設定すると、立体図形が作成できます。

【3D矩形】◆コマンド＋高さ＝【柱】コマンド
【3Dポリライン】コマンド＋厚み＝【床】コマンド
【3D線分円】コマンド＋高さ＝【多角柱】コマンド

1 立体図形を作成する

◉柱を作成する

底面の対角の２点を指定し、柱のような高さのある矩形を描きます。

(1) **【柱】コマンド**を実行します。
[作成]メニューから[**柱**]をクリックします。

(2) ダイアログボックスが表示されます。
[高さ]を設定し、**[OK]ボタン**をクリックします。

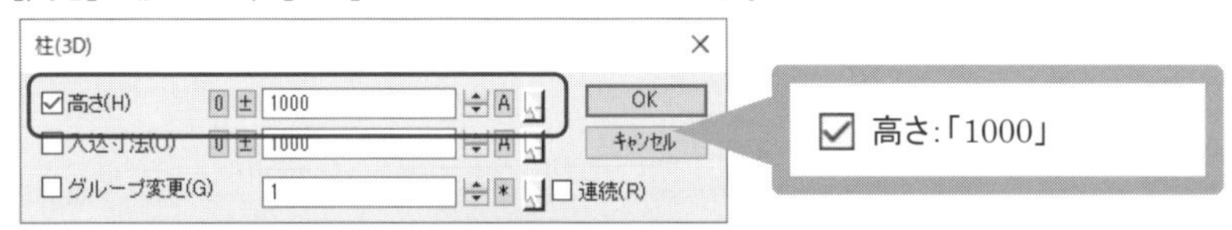

[高さ]　高さを設定する場合に✔し、その高さを設定します。－の値の時は反対方向に高さを与えて柱を描きます。

☆✔しない場合は、柱の上端の位置を図面から指定します。上端の位置を指示する場合は、スナップモードを設定してから行ってください。

[☑ 高さ]

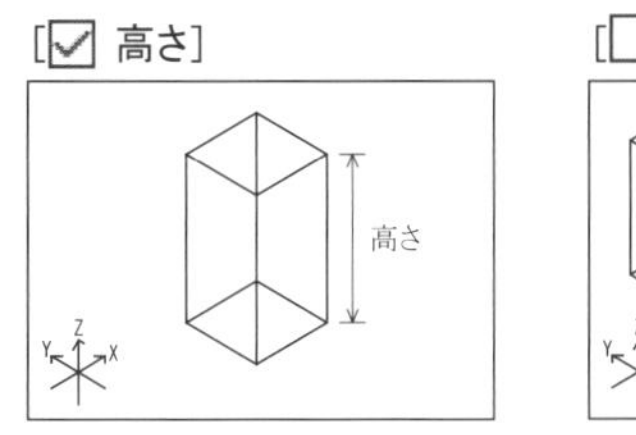

[☐ 高さ]

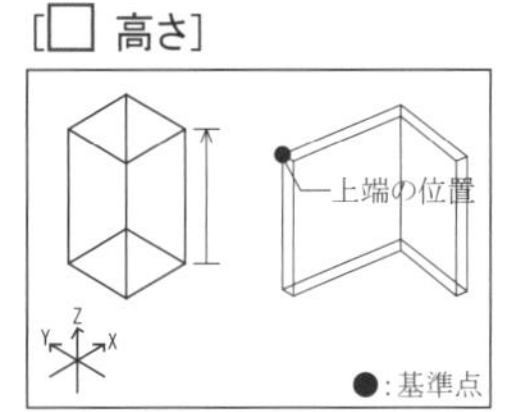

[入込寸法]　入込寸法を設定する場合に✔し、指示点より内側または外側に入れる距離を設定します。

[☐ 入込寸法]

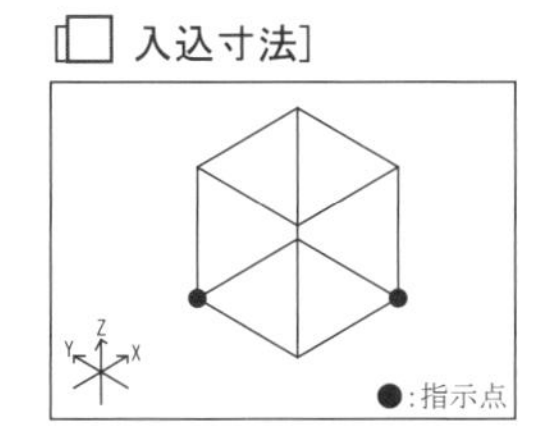

[☑ 入込寸法] 例:-1000

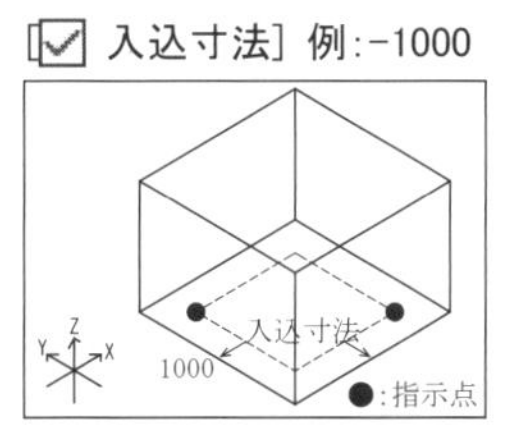

例:1000

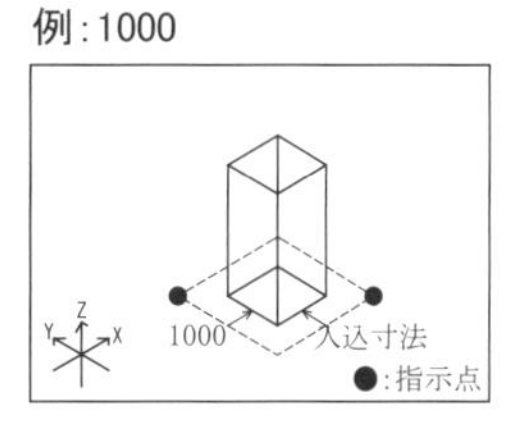

(3) **「柱の一点目を指示」**とメッセージが表示され、クロスヘアカーソルに変わります。
【任意点】スナップで、グリッドにカーソルを近づけてクリックします。

(4) **「柱の二点目を指示」**とメッセージが表示されたら、対角にカーソルを移動してクリックすると、柱が描かれます。

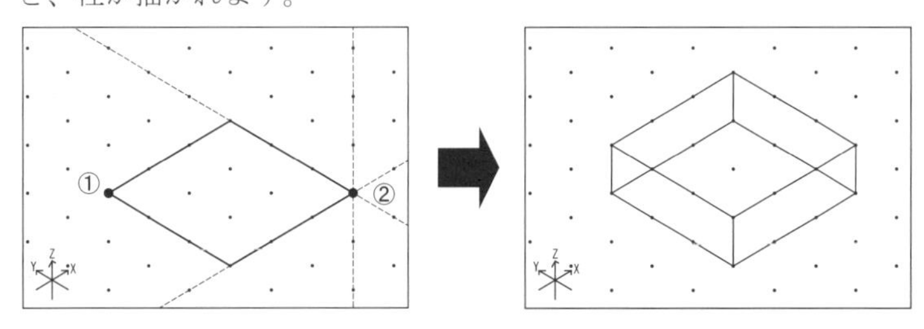

(5) **【柱】コマンド**を解除します。

◉床を作成する

底面の形状を図面から指定して、床のような厚みを持った図形を作図します。

(1) **【床】コマンド**を実行します。
[作成]メニューから[**床**]をクリックします。

(2) ダイアログボックスが表示されます。
[厚み]を設定し、**[OK]ボタン**をクリックします。

(3) **「床の一点目」**とメッセージが表示され、クロスヘアカーソルに変わります。
【任意点】.スナップで、グリッドにカーソルを近づけてクリックします。

(4) **「床の二点目」**とメッセージが表示され、指定した位置からラバーバンドが表示されます。
第2点～第6点までクリックします。

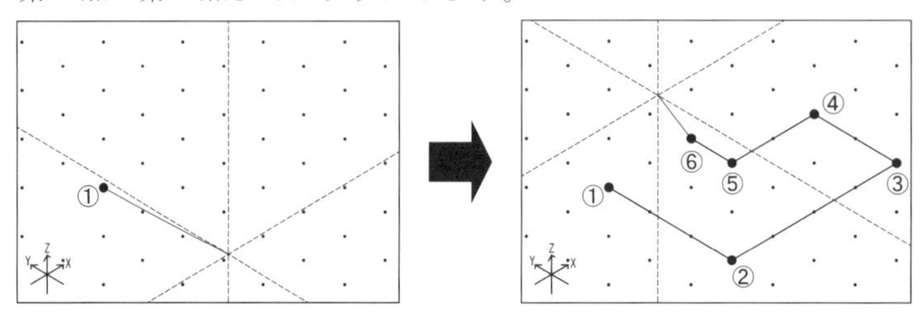

(5) 第6点まで取り終えたら、右クリックし、編集メニューを表示します。
[作図終了]を指定すると、床が描かれます。

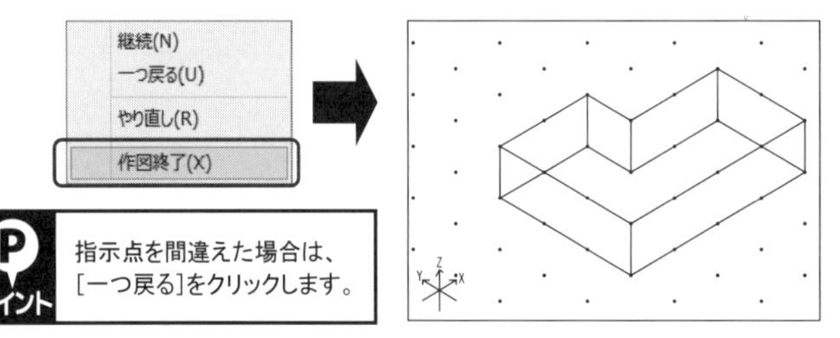

ポイント 指示点を間違えた場合は、[一つ戻る]をクリックします。

(6) **【床】コマンド**を解除します。

多角柱を作成する

多角柱のような高さのある図形を描きます。

(1) **【多角柱】コマンド**を実行します。

[作成]メニューから[**球**]の**▼ボタン**をクリックし、[**多角柱**]をクリックします。

(2) ダイアログボックスが表示されます。

[分割方法]、**[高さ]**、**[半径]**を設定し、**[OK]ボタン**をクリックします。

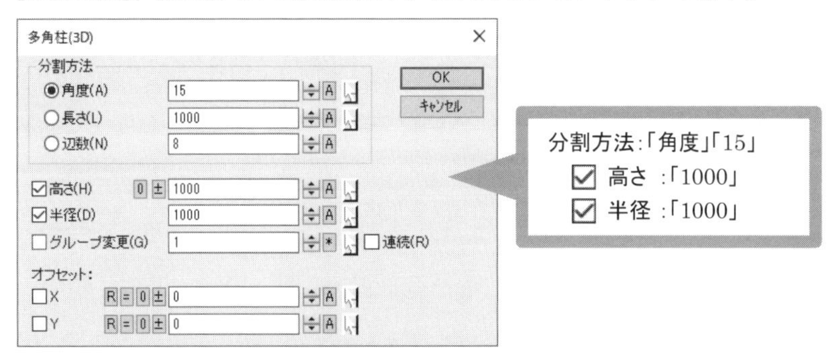

分割方法：底面の分割方法を指定します。

[角度] 中心角度を分割し、多角柱を作図します。

[長さ] 1辺の長さで底辺を分割し、多角柱を作図します。

[辺数] 辺の数で底辺を分割し、多角柱を作図します。

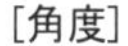

[角度]	[長さ]	[辺数] 例:辺数＝12

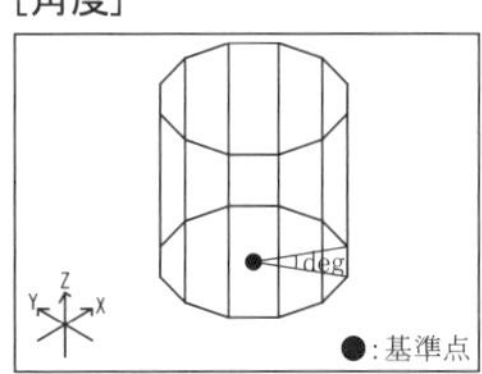

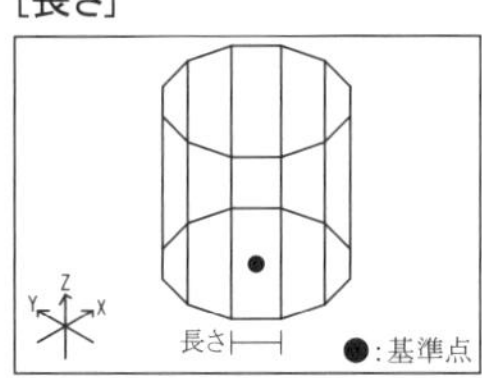

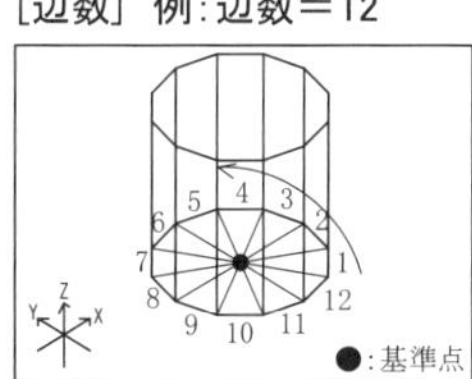

[高さ]/[半径] 高さ(半径)を設定する場合に✔し、その高さ(半径)を設定します。

☆**[高さ]/[半径]**を✔しない場合は、多角柱の上端の位置(底面の中心と通過点)を図面から指定します。
上端の位置(底面の中心と通過点)を指示する場合は、スナップモードを設定してから行ってください。

[☑ 高さ]/[☑ 半径]	[☐ 高さ]/[☑ 半径]	[☑ 高さ]/[☐ 半径]

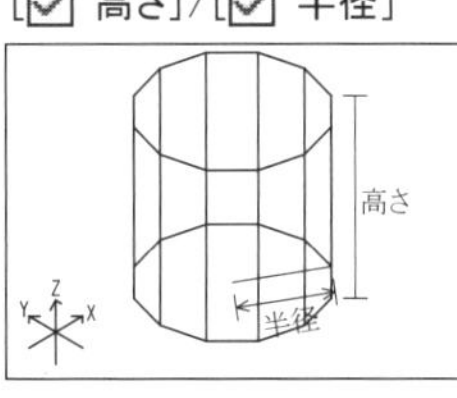

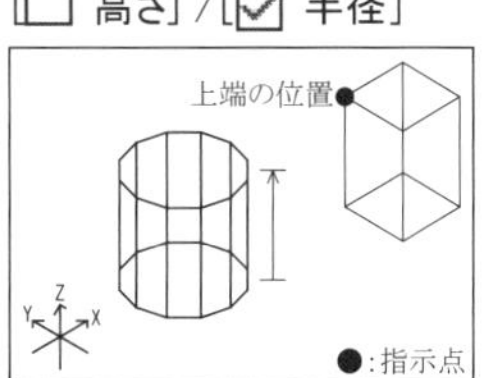

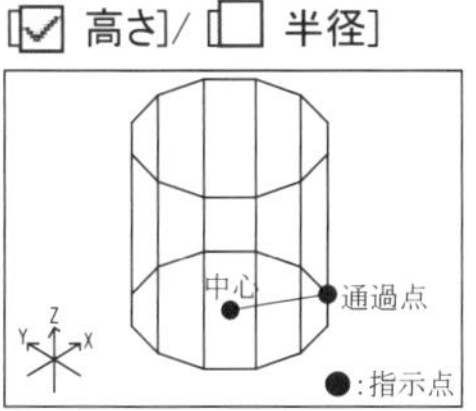

[オフセット] カーソルから配置する時の基準点を離して作図する場合に✔し、その距離を設定します。

☆配置する時の基準点は底面の中心になります。
また、**[R]ボタン**をクリックすると、半径と同じサイズをオフセットに設定します。

[☐ オフセット]	[☑ オフセットX＝サイズR]	[☑ オフセットY＝サイズR]

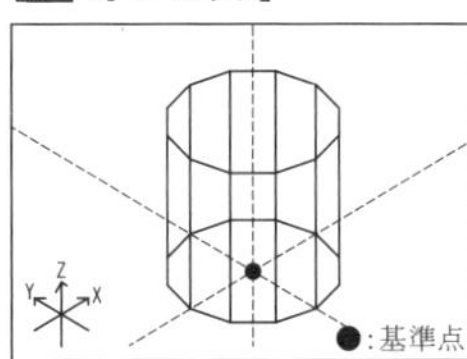

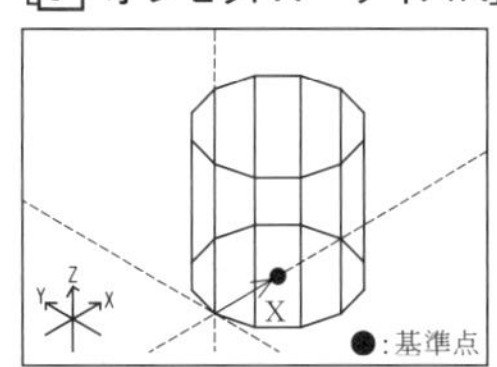

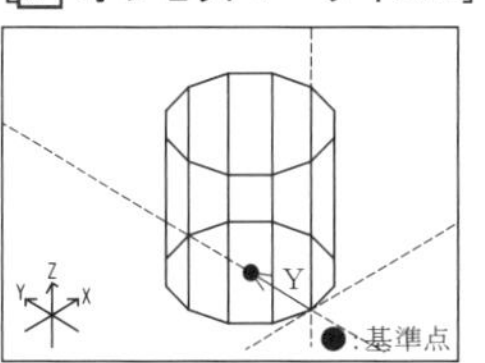

(3) **「多角柱の底面の中心を指示」**とメッセージが表示され、カーソルに線分円がついて表示されます。

【任意点】、**スナップ**で、中心にしたい位置をクリックすると、設定した半径の多角柱が作図されます。

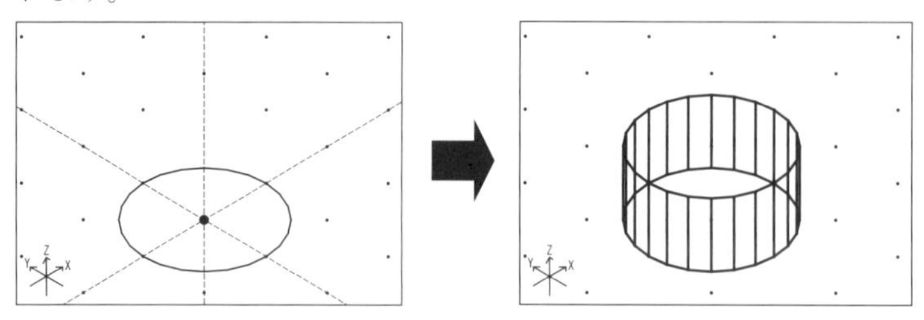

(4) **【多角柱】コマンド**を解除します。

◎図形を確認する

(1) **【隠面除去表示】コマンド**を実行します。

[表示]メニューから[**隠面除去**]をクリックします。

(2) 図形が隠面除去表示され、**【隠面除去表示】コマンド**は解除されます。

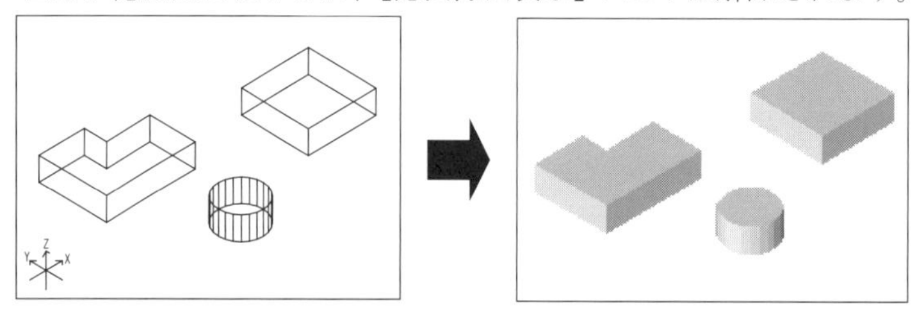

☆図解ではグリッドを省略しています。

(3) もう一度、**【隠面除去表示】コマンド**を実行すると、ワイヤーフレーム表示に戻ります。

2 画面の表示を変えてみよう!

３次元の物体を画面に表示するには２次元に投影する必要があります。３つのタイプの投影法(正投影法・軸測投影法・透視投影法)で表示することができます。

☆練習用データ「練習１.mps」を開いて練習してみましょう(**「本書の使い方　練習用データのダウンロード」**を参照)。

2-1 3次元モデルを見る

３次元モデルを見る場合には、３次元座標の任意の位置に立って３次元モデルを見ることになります。このときの目の位置を**視点**、見つめている位置を**注視点**といいます。

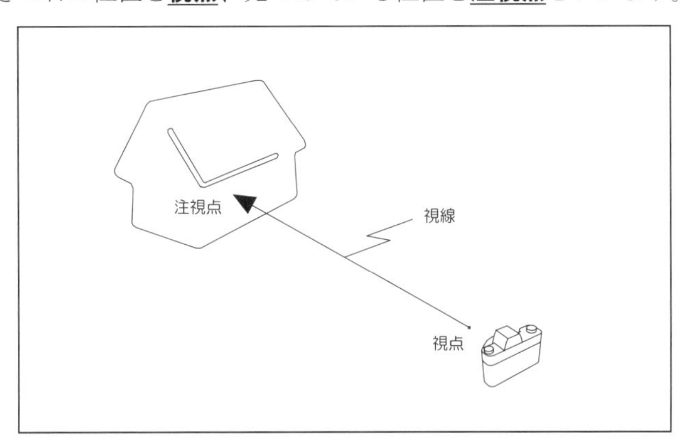

３次元モデルを作成するためには、いろいろな方向からそのモデルを見る必要があります。
DRA-CAD では、モデルを動かすのではなく、作成する人が見る位置や方向を変更しながら、モデルを作成していくことになります。

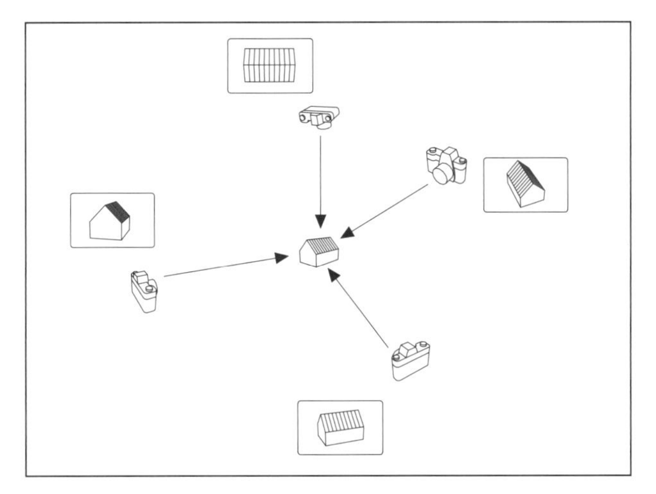

2-2 投影法で表示する

1 投影法の種類

[正投影法]

ＸＹ平面、ＹＺ平面、ＺＸ平面にそれぞれ垂直に投影したものです。

[軸測投影法]

アクソノメトリック(軸測投影法)は、視線に垂直な面にモデルを平行投影した図のことで、一定方向に伸びる線がすべて平行に表示されます。
もっとも自然に見える平行投影法です。
このうち特殊な場合がアイソメトリック図になります。

[斜投影法]

斜投影法(Oblique projection)は、傾けた平面図に高さを与えたものです。Ｘ､Ｙ､Ｚの各軸に平行な線分は実寸で描かれ、長さの比率が正しく表示されます。

[正投影法](南立面)

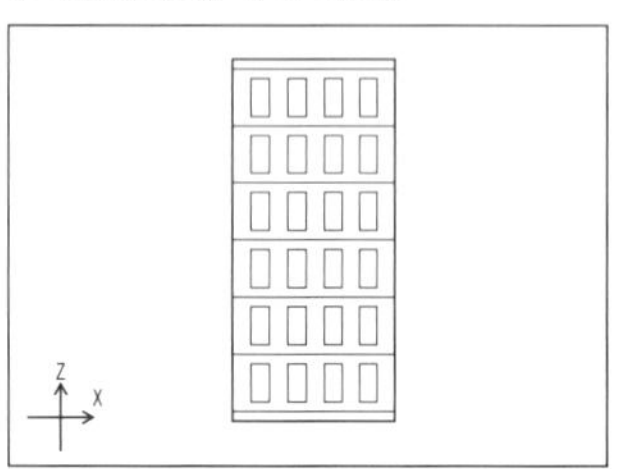

[軸測投影法](南西アクソメ)

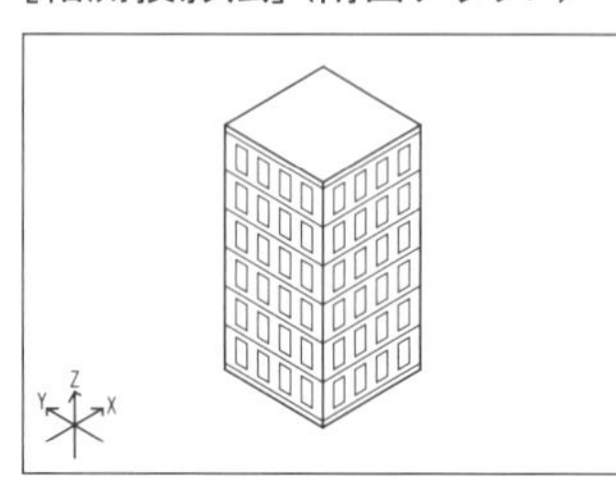

[斜投影法](南西オブリク)

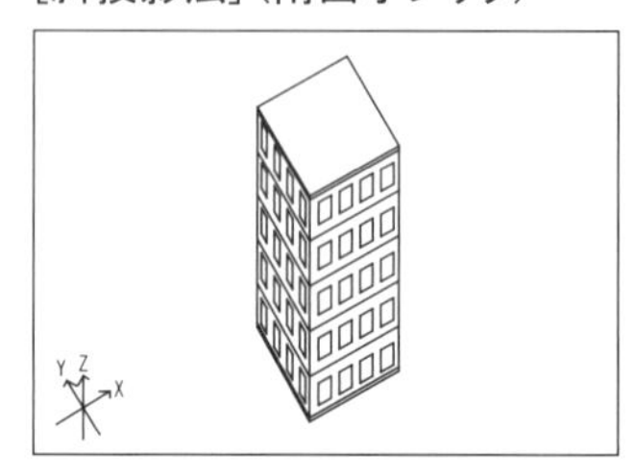

2 投影法の切り替え

投影法を切り替えるには、次の方法があります。

☆コマンドは実行と同時に解除されます。

方法 1) **[表示]メニュー**の**〔方向〕パネル**から指定します。

方法 2) 3次元表示ツールバーのアイコンを指定します。

3 投影法の表示

◎正投影法

平面図の表示には、【2次元平面図】、【上空図】コマンドの２種類があり、立面図の表示には【東立面図】、【南立面図】、【西立面図】、【北立面図】コマンドの４種類があります。

[2次元平面図]

２次元の平面図を表示します。
Ｚ軸(高さ)の方向は常に０になります。
【2次元平面図】コマンドを実行すると、３次元モデルが２次元の平面図で表示されます。

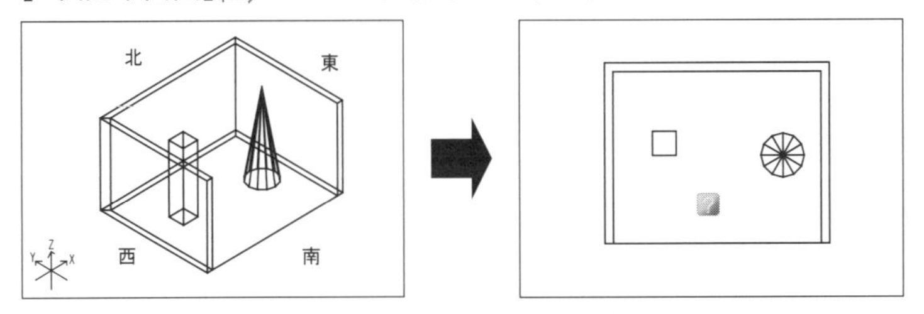

☆２次元編集モードとなり、３次元のコマンドは使用できません。

[上空図]

平面図を表示します。
Ｚ軸(高さ)の方向は有効になり、Ｙ軸の正の方向を北として表示します。
【上空図】コマンドを実行すると、３次元モデルが平面図で表示されます。

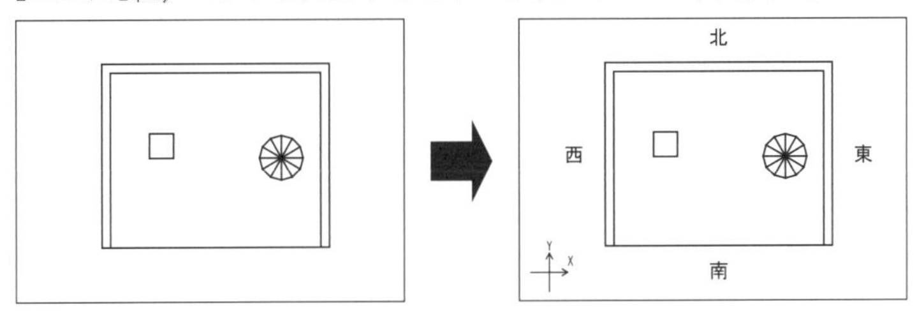

[東立面図]

Ｙ軸の正の方向が北になり、東立面図を表示します。
【東立面図】コマンドを実行すると、３次元モデルが東立面図で表示されます。

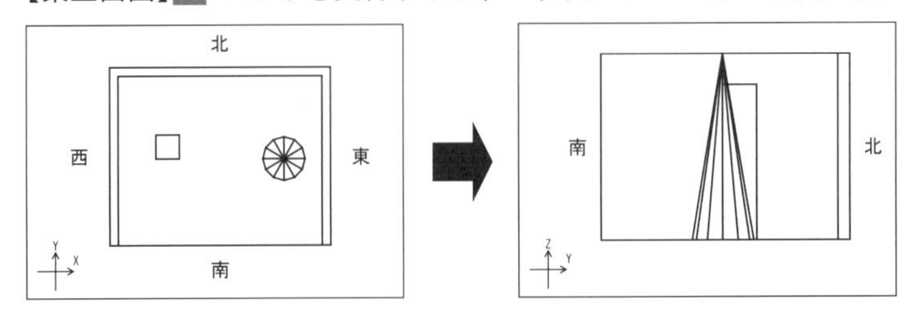

・【2次元平面図】コマンドは常に高さ(Ｚ軸)が０になり、画像・オブジェクトが表示されますが、【上空図】コマンドは高さ(Ｚ軸)が有効になり、画像・オブジェクトは表示されません。
また、【環境設定】コマンドの〔表示〕タブまたは【表示設定】コマンドで[3D時に文字を表示]を設定していない場合は、３次元編集モードで文字列は表示されません。

［南立面図］

Ｘ軸の正の方向が東になり、南立面図を表示します。

【南立面図】コマンドを実行すると、３次元モデルが南立面図で表示されます。

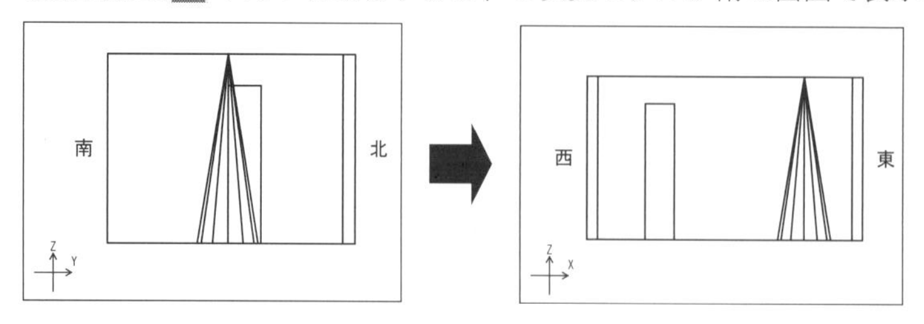

［西立面図］

Ｙ軸の正の方向が北になり、西立面図を表示します。

【西立面図】コマンドを実行すると、３次元モデルが西立面図で表示されます。

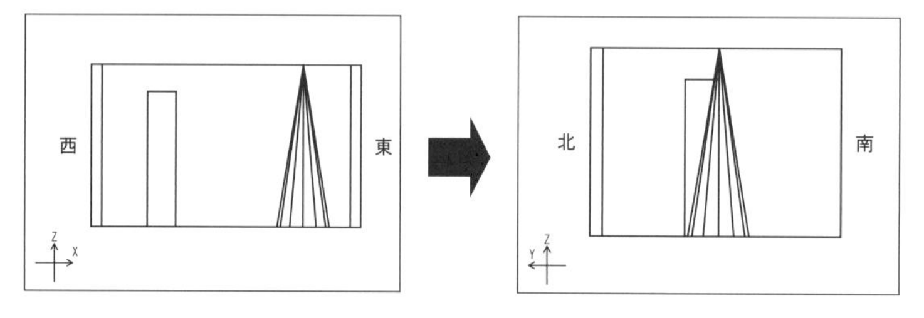

［北立面図］

Ｘ軸の正の方向が東になり、北立面図を表示します。

【北立面図】コマンドを実行すると、３次元モデルが北立面図で表示されます。

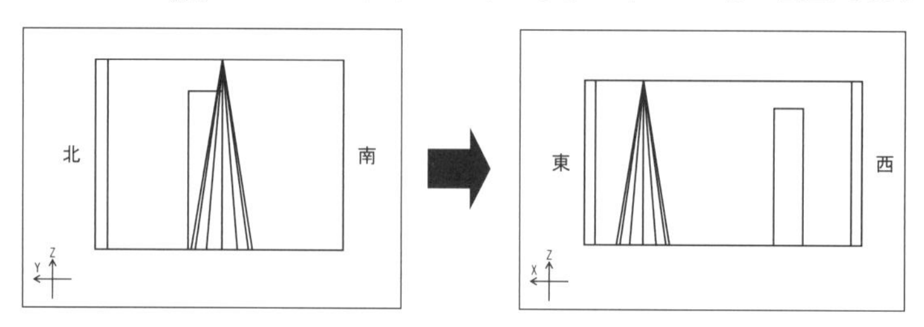

◎軸測投影法

【北西アクソメ図】、**【南西アクソメ図】**、**【北東アクソメ図】**、**【南東アクソメ図】コマンド**の４種類があります。

［南西アクソメ図］

Y軸の正の方向が北になり、南西アクソメ図を表示します。
【南西アクソメ図】コマンドを実行すると、３次元モデルが南西アクソメ図で表示されます。

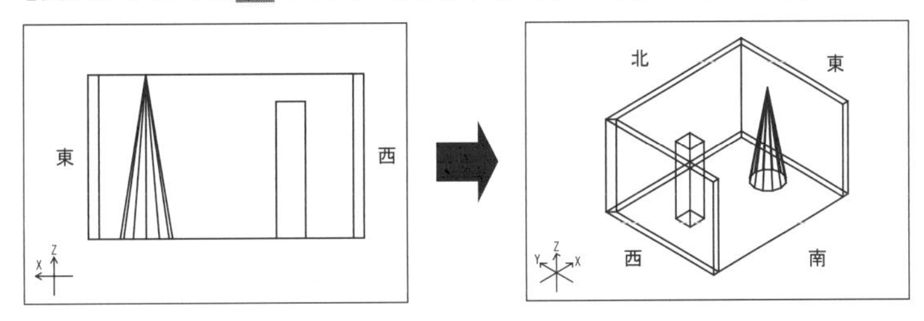

［北西アクソメ図］

Y軸の正の方向が北になり、北西アクソメ図を表示します。
【北西アクソメ図】コマンドを実行すると、３次元モデルが北西アクソメ図で表示されます。

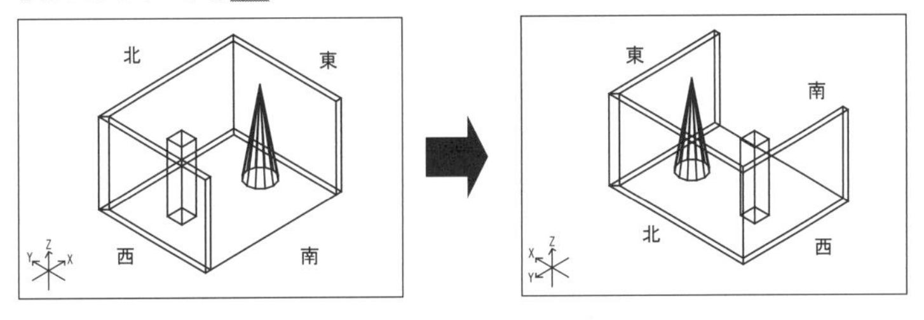

［北東アクソメ図］

Y軸の正の方向が北になり、北東アクソメ図を表示します。
【北東アクソメ図】コマンドを実行すると、３次元モデルが北東アクソメ図で表示されます。

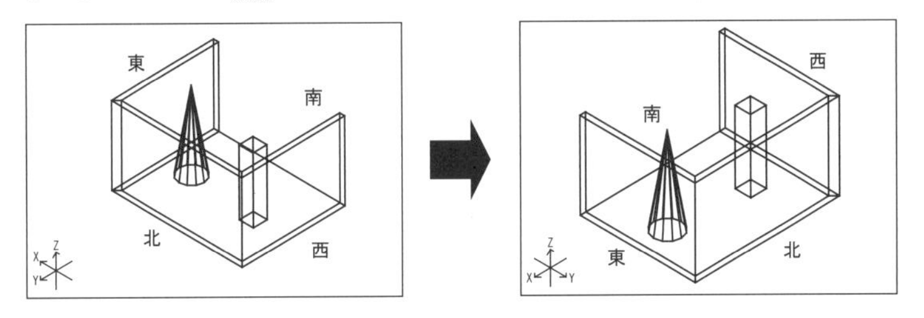

［南東アクソメ図］

Y軸の正の方向が北になり、南東アクソメ図を表示します。
【南東アクソメ図】コマンドを実行すると、３次元モデルが南東アクソメ図で表示されます。

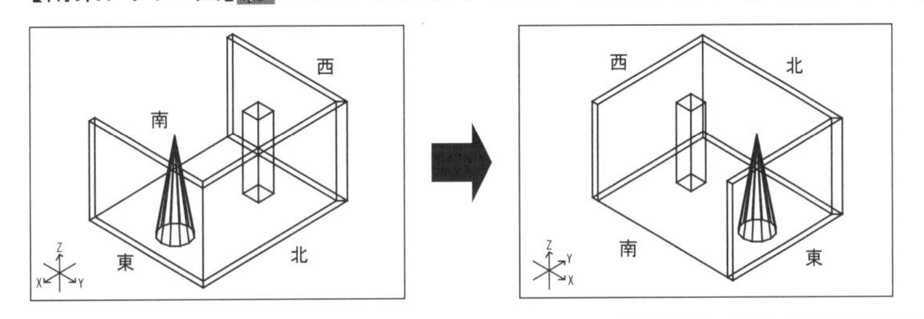

Ctrl キーを押しながらホィールマウスの回転、または Ctrl キーを押しながら矢印キー（→←↓↑）を押すと、上下左右に視点を回転します。

◎斜投影法

【北西オブリク図】、**【南西オブリク図】**、**【北東オブリク図】**、**【南東オブリク図】****コマンド**の４種類があります。

［南西オブリク図］

Ｙ軸の正の方向が北になり、南西オブリク図を表示します。

【南西オブリク図】**コマンド**を実行すると、３次元モデルが南西オブリク図で表示されます。

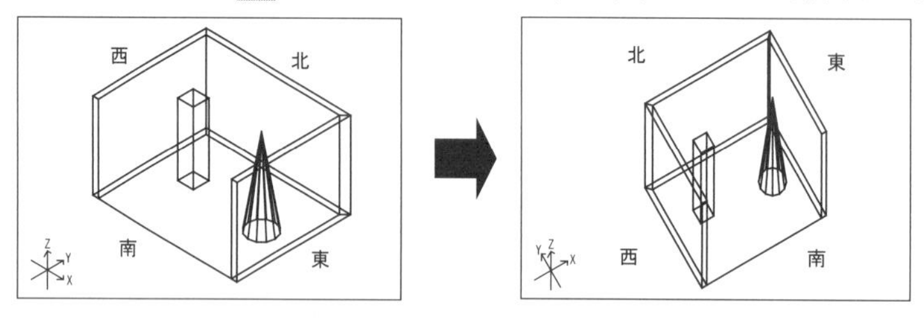

［北西オブリク図］

Ｙ軸の正の方向が北になり、北西オブリク図を表示します。

【北西オブリク図】**コマンド**を実行すると、３次元モデルが北西オブリク図で表示されます。

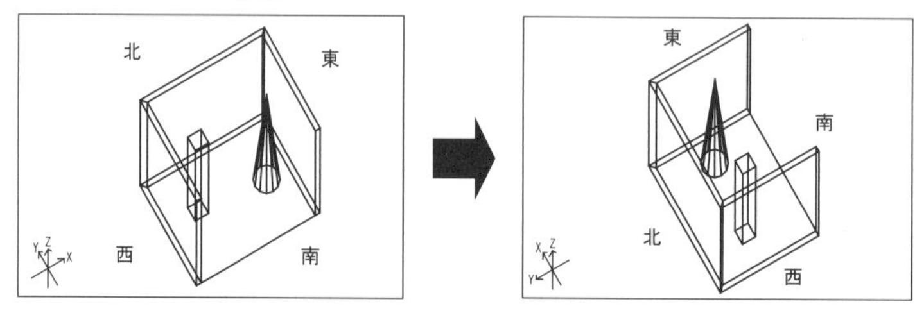

［北東オブリク図］

Ｙ軸の正の方向が北になり、北東オブリク図を表示します。

【北東オブリク図】**コマンド**を実行すると、３次元モデルが北東オブリク図で表示されます。

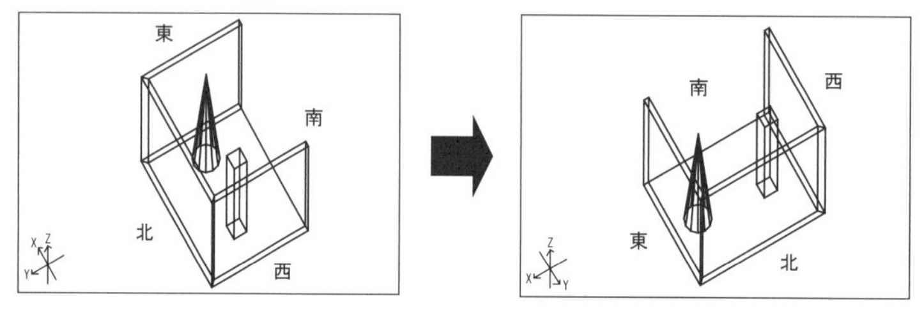

［南東オブリク図］

Ｙ軸の正の方向が北になり、南東オブリク図を表示します。

【南東アクソメ図】**コマンド**を実行すると、図形が南東オブリク図で表示されます。

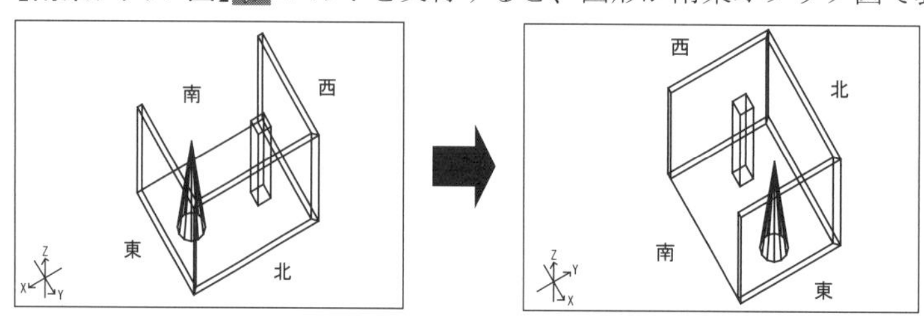

2-3 透視投影法(パース)で表示する

パース(透視投影法)は手前のものは大きく遠くに行くほど小さく表示され、実際に目で見たような遠近感で表示されます。消失点視覚的なシミュレーションを行うのに適しています。

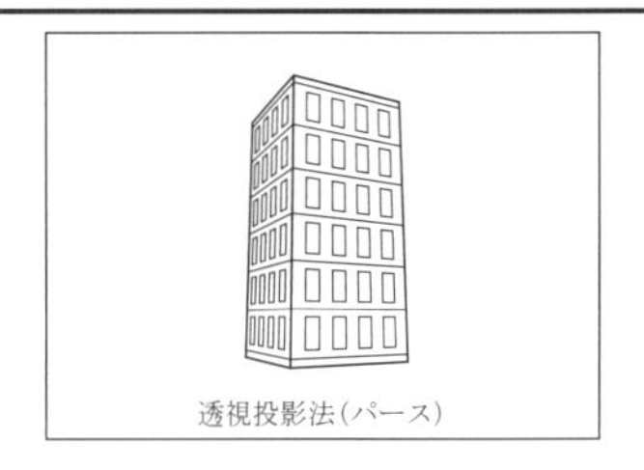
透視投影法(パース)

1 パースで表示する

【パース表示】コマンドは、３次元図形をアクソメ図から現在表示されている方向のパースで表示します。

(1) **【パース表示】コマンド**を実行します。
[表示]**メニュー**から[**パース表示**]をクリックします。

(2) ３次元図形が現在表示されている方向(下の例では南東アクソメ)のパースで表示され、**【パース表示】コマンド**は解除されます。

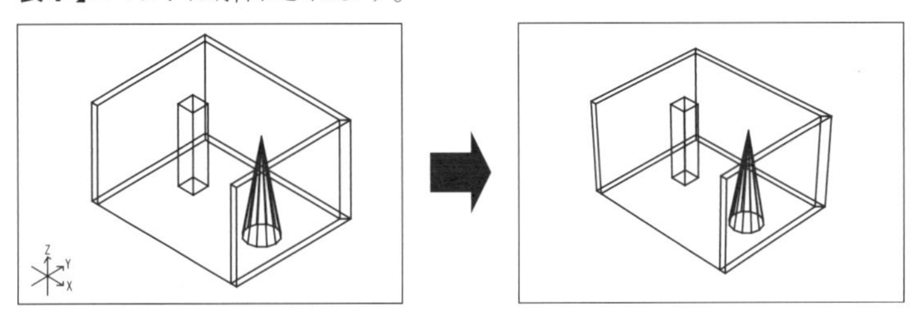

(3) もう一度、**【パース表示】コマンド**を実行すると、アクソメ図表示に戻ります。

2 パースを設定する

【パースの設定】コマンドは、平面図から視点、注視点位置をマウスでクリックして設定します。
※直接キーボードから設定することもできます。

(1) **【パースの設定】コマンド**を実行します。
[表示]**メニュー**から[**パース設定**]をクリックします。

(2) ３次元図形が平面図で表示され、ダイアログボックスが表示されます。
焦点距離を設定し、[視点]**ボタン**をクリックします。

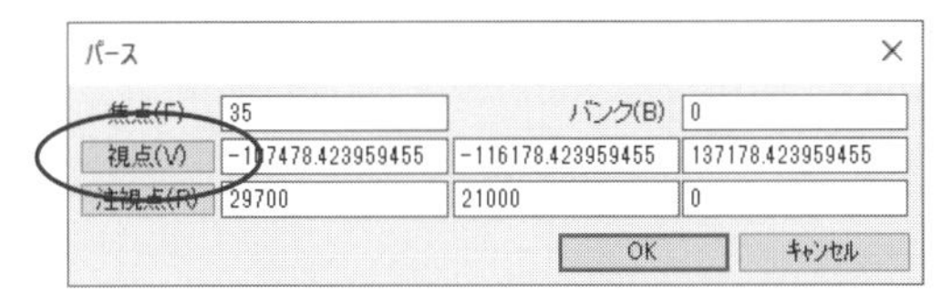

[焦点]　見る範囲(カメラの焦点距離と同じ)を設定します。初期値は「35」です。小さい値を入力すると広角(レンズの映す角度が広くなり広範囲を表示)、大きい値を入力すると望遠(遠くのものを大きく表示)で表示されます。

35mm （広角）

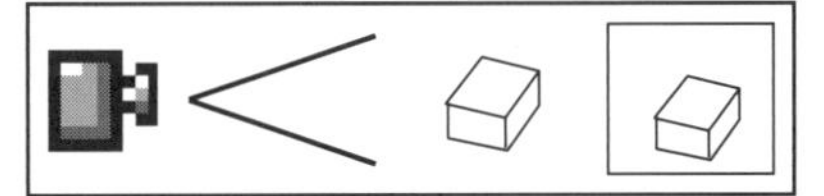

100mm（望遠）

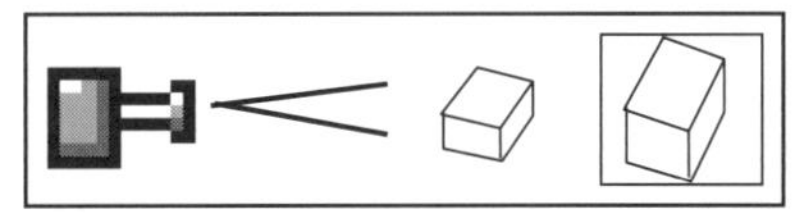

[バンク]　カメラの視線方向の傾き角度を設定します。正の値を入力すると、カメラを左に傾けた感じになります。負の値は右に傾けた感じになります。

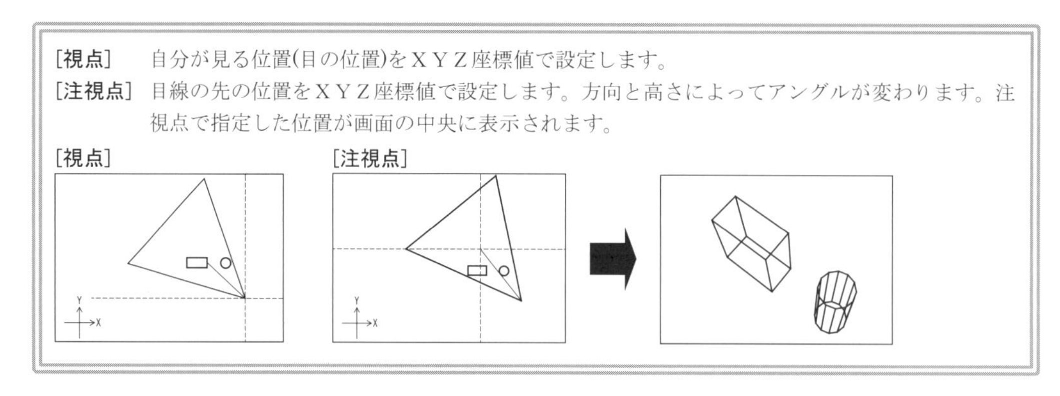

(3) 「**視点位置を指示**」とメッセージが表示され、注視点からラバーバンドが表示されます。
【任意点】.💗**スナップ**で、カーソルを任意な位置に移動させてクリックします。

(4) ダイアログボックスに指定した「**視点**」の座標値が表示されます。
視点の高さを設定し、**[注視点]ボタン**をクリックします。

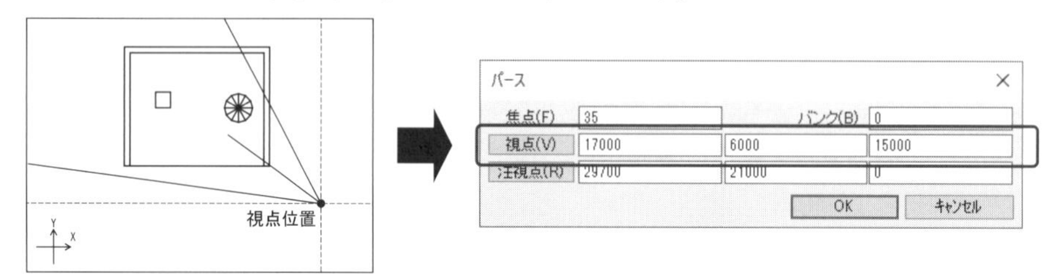

(5) 「**注視点を指示**」とメッセージが表示され、視点からラバーバンドが表示されます。
【任意点】.💗**スナップ**で、カーソルを任意な位置に移動させてクリックします。

(6) ダイアログボックスに指定した「**注視点**」の座標値が表示されます。
注視点の高さを設定し、**[OK]ボタン**をクリックします。

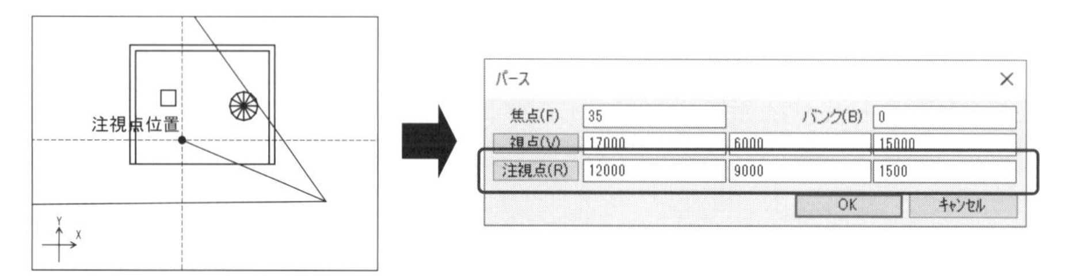

(7) 設定したパースで表示され、**【パースの設定】コマンド**は解除されます。

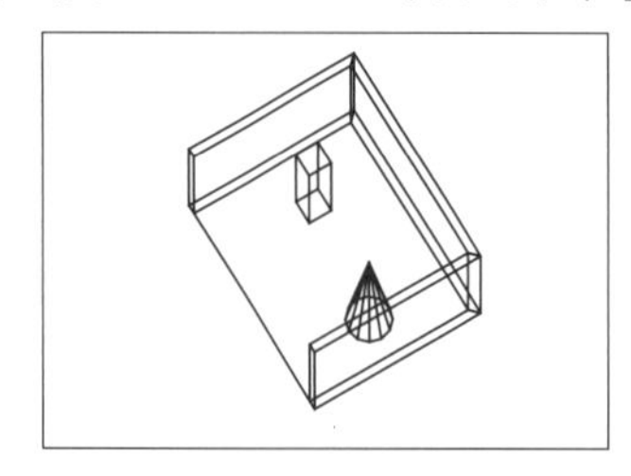

Ctrl キーを押しながらホイールマウスの回転、または Ctrl キーを押しながら矢印キー(→←↓↑)を押すと、上下左右に視点を回転します。
また、Shift キーを押しながら上下の矢印キー(↓↑)を押すと、視点位置を見ている方向に向かって、[ズームアップ]または[ズームダウン]します。

アドバイス

パースの設定は、以下のコマンドでも行うことができます。

【パース調整】コマンドでマウスのドラッグによりパースの調整を行います。画像を背景に配置することでモンタージュ合成などのための視点位置を決めることができます。

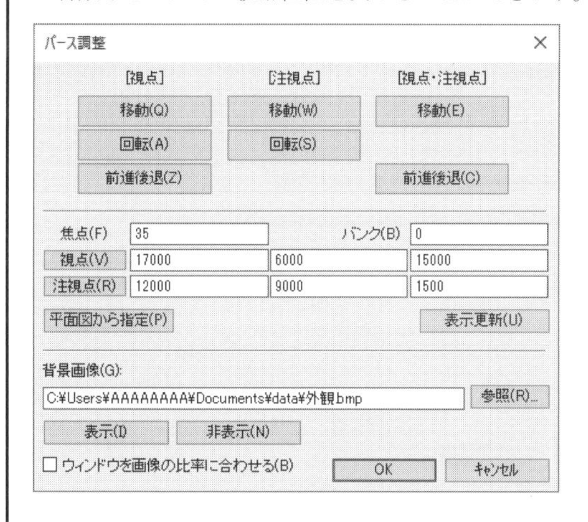

また、「視点」「注視点」の値を同じくすることで簡単に２点透視、１点透視のパース設定を行うことができます。

[1点透視]

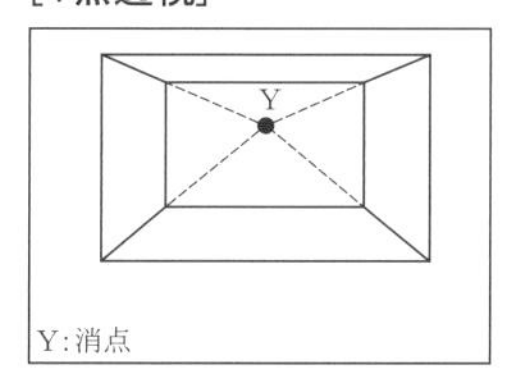

「視点」「注視点」のX、Z座標またはY、Z座標の値が同じ

[2点透視]

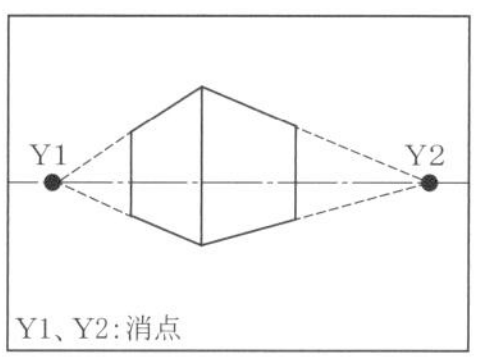

「視点」「注視点」のZ座標の値が同じ

[3点透視]

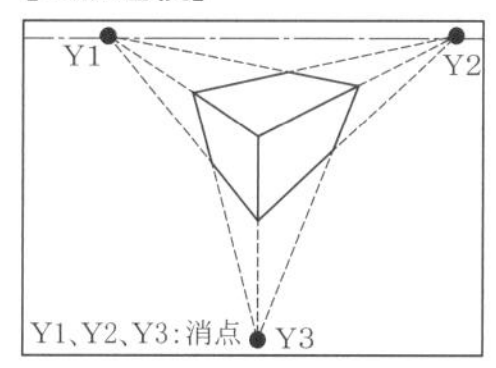

「視点」「注視点」のX、Y、Z座標の値がすべて違う

【あおり】コマンドは、パース表示されている場合に、見上げや見下ろしの３点透視のパースが２点透視のパースとして表示されます。

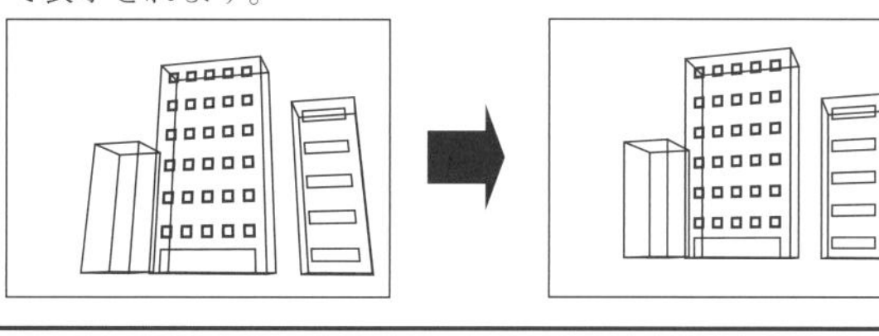

３ ３次元の作業ウィンドウについて

初期画面では、広大な作図空間の一部分が表示されています。DRA-CAD では、このような３次元空間の中でモデリングを行うことができます。

☆新しい作業ウィンドウを開いて練習してみましょう。

また、コマンドの実行と解除については「Part１ DRA-CAD の概要 **2-1 コマンドの実行と解除**」(P13)を参照してください。

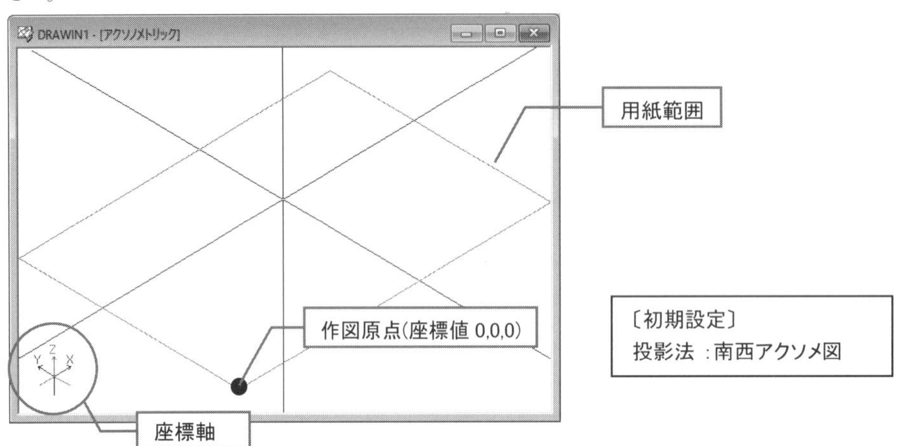

3-1 作業平面について

３次元では、Ｚ軸という高さ方向があるため、３次元の空間に直接図形を描いたり置いたりするのに、基準がないと大変操作がしにくくなります。

DRA-CAD では、３次元空間に仮想の２次元の平面を設定します。透明なガラス板を空間におき、その上で図形を扱うようなイメージです。この仮想の平面を**作業平面**と呼びます。

１ 作業平面の表示

【グリッド表示】コマンドを実行すると、作業平面がグリッドで表示されます。作業平面の表示と非表示を切替えることができます。

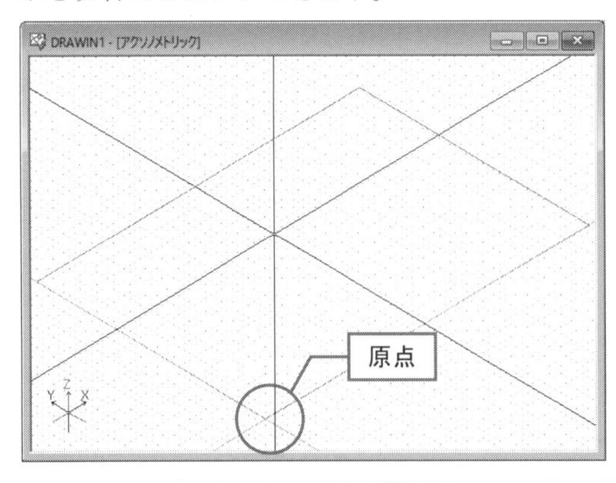

<初期値>

グリッドピッチ	:(1000,1000,1000)
方向	:平面
原点	:0,0,0

ポイント Ctrl キーを押しながら W キーを押してもグリッドを表示することができます。

2 作業平面の設定

これまでは、作業平面は地面の位置（Z＝0）でモデルを作成してきました。モデルの側面や上面に図形を作成したい場合に作業平面を変更する必要があります。
【作業平面の設定】コマンドは、作業平面の設定を変更することができます。

(1) **【作業平面の設定】コマンド**を実行します。
[表示]メニューから**〔作業平面〕パネル**のをクリックします。

(2) ダイアログボックスが表示されます。
[間隔]、**[方向]**、**[色]**などを設定し、**[OK]ボタン**をクリックします。

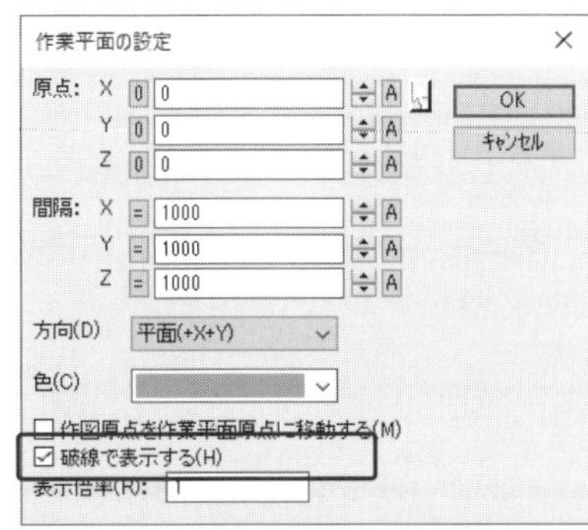

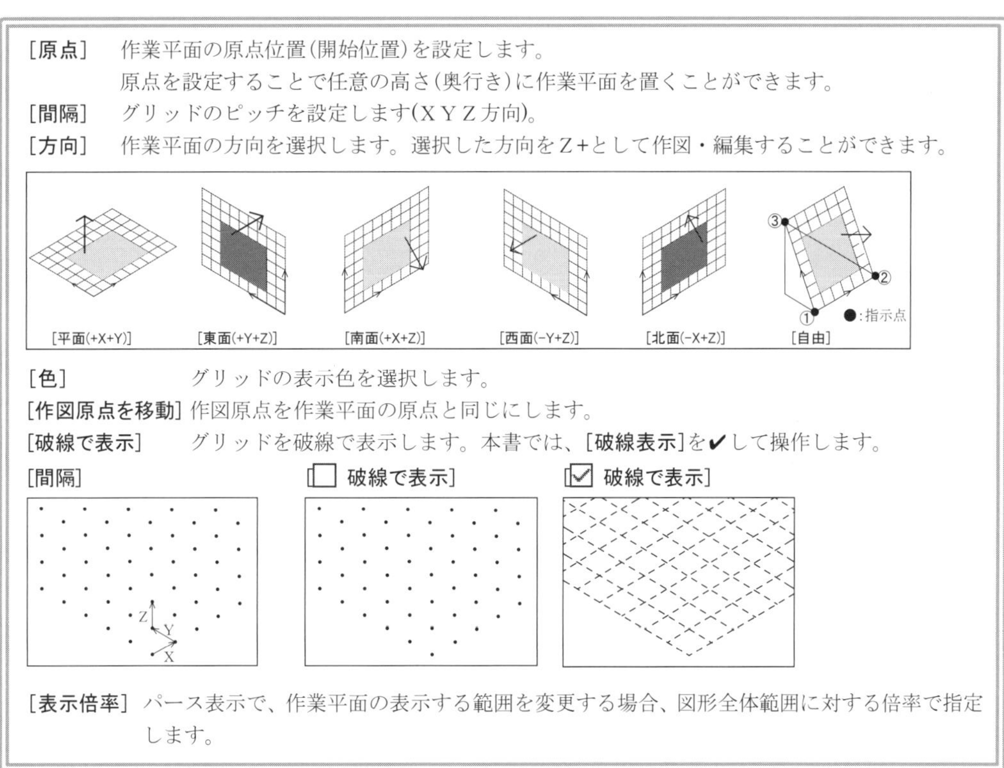
[原点] 作業平面の原点位置（開始位置）を設定します。
原点を設定することで任意の高さ（奥行き）に作業平面を置くことができます。
[間隔] グリッドのピッチを設定します（XYZ方向）。
[方向] 作業平面の方向を選択します。選択した方向をZ+として作図・編集することができます。

[色] グリッドの表示色を選択します。
[作図原点を移動] 作図原点を作業平面の原点と同じにします。
[破線で表示] グリッドを破線で表示します。本書では、**[破線表示]**を✔して操作します。

[表示倍率] パース表示で、作業平面の表示する範囲を変更する場合、図形全体範囲に対する倍率で指定します。

画面に作業平面が表示され、**【作業平面の設定】コマンド**は解除されます。

3 作業平面の確認

どのように図形が作図されるのか、多角錐を作図しながら確認をしてみましょう。
☆図解ではクロスヘアカーソルを点線で表示しています。

(1) **【多角錐】コマンド**を実行します。
[ホーム]メニューから[**多角柱**]の**▼ボタン**をクリックし、[**多角錐**]をクリックします。

(2) ダイアログボックスが表示されます。
[分割方法]、**[高さ]**、**[半径]**を設定し、**[OK]ボタン**をクリックします。

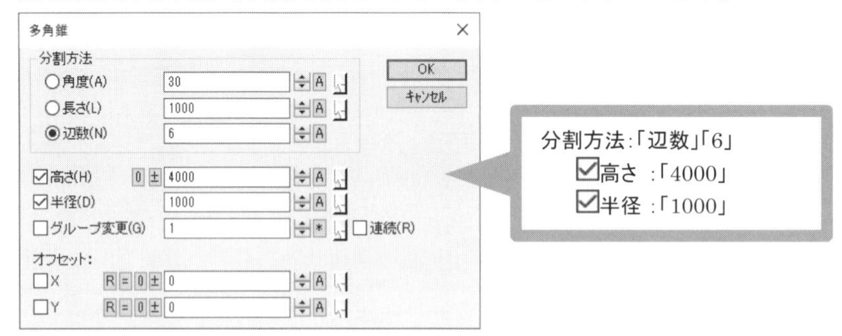

(3) **【任意点】.スナップ**で、グリッドにカーソルを近づけてクリックすると、多角錐が作図されます。

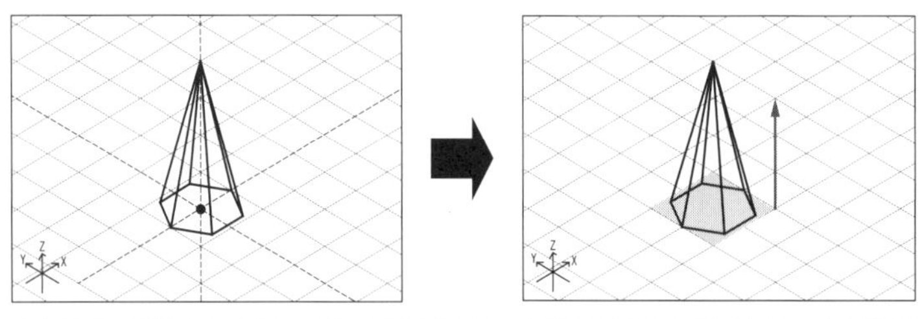

作業平面の方向が**[平面(+X+Y)]**なので、多角錐の高さ方向が上方向(+Z軸)で作図されます。

◉作業平面の高さを変更する

(1) **【作業平面の設定】コマンド**を実行します。
[表示]メニューから**〔作業平面〕パネル**のをクリックします。

(2) ダイアログボックスが表示されます。
[原点:Z]を「5000」と変更し、**[OK]ボタン**をクリックします。

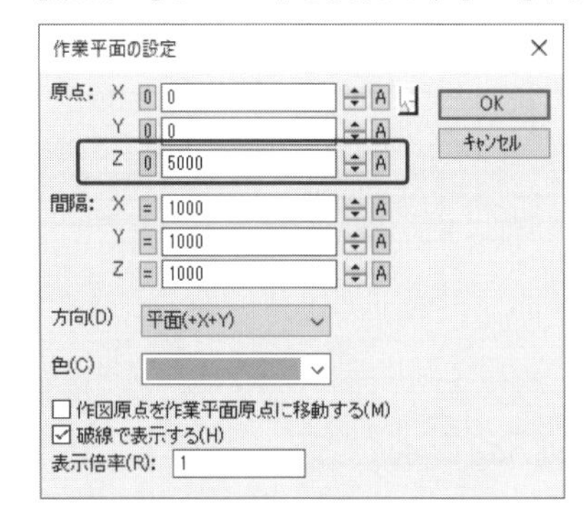

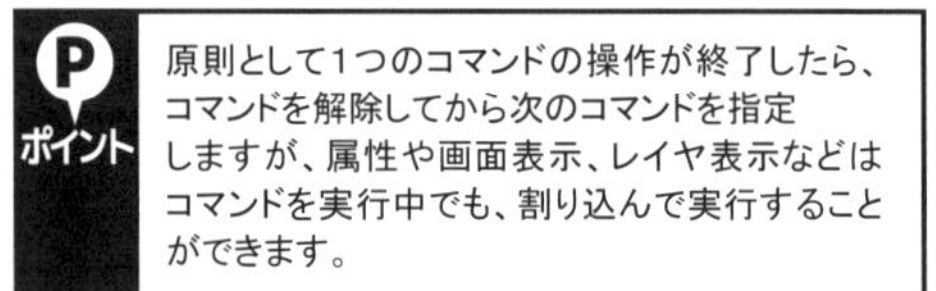

作業平面が変更され、**【作業平面の設定】コマンド**は解除されます。

(3) 線の色を「赤」に変更します。
【任意点】、**スナップ**でグリッドにカーソルを近づけてクリックすると、多角錐が作図されます。

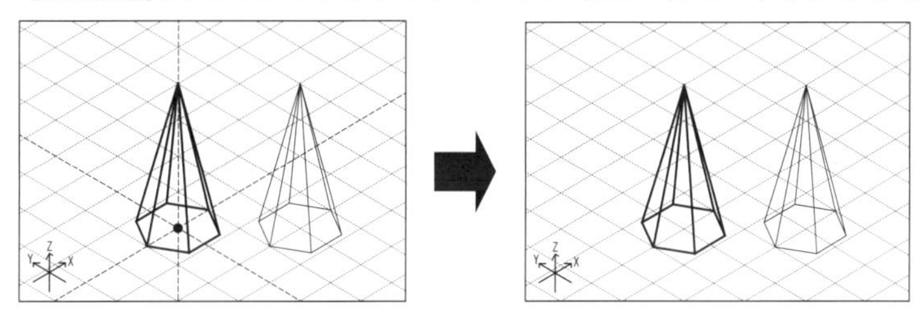

(4) **【東立面図】**を表示します。

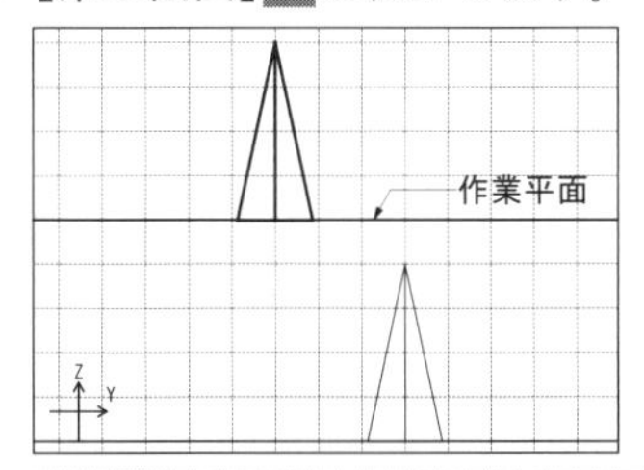

作業平面の原点:Zが「5000」なので、多角錐の底面が5000㎜上方向に作図されます。

作業平面の方向を変更する

(1) **【南西アクソメ図】**を表示します。

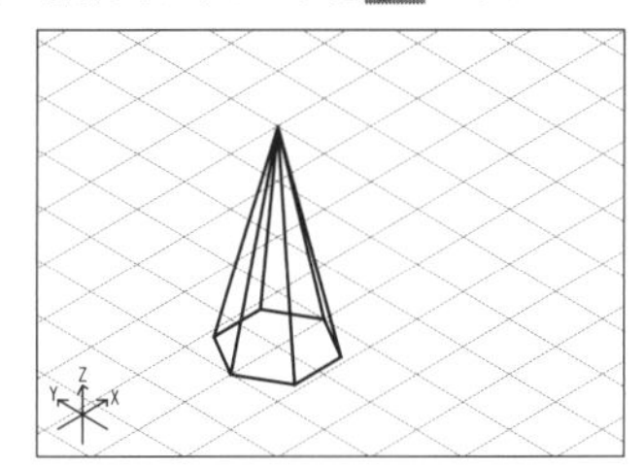

(2) **【作業平面の設定】コマンド**を実行します。
[表示]メニューから**〔作業平面〕パネル**のをクリックします。

(3) ダイアログボックスが表示されます。
[原点:Z]を「0」、**[方向]**を**[南面(+X+Z)]**に変更し、**[OK]ボタン**をクリックします。

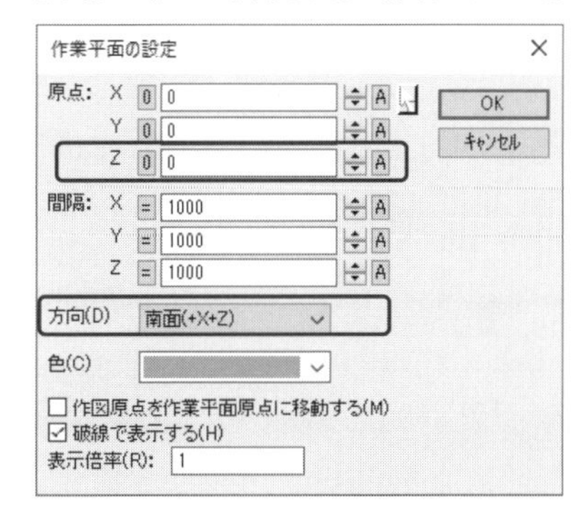

作業平面が変更され、**【作業平面の設定】コマンド**は解除されます。
☆ステータスバー下段の右側に作業平面の方向が表示されます。

(4) 線の色を「紫」に変更します。

【任意点】,❤**スナップ**で、グリッドにカーソルを近づけてクリックすると、多角錐が作図されます。

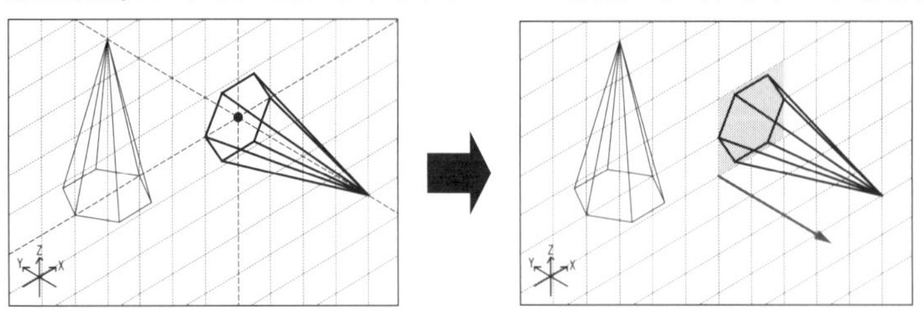

作業平面の方向が[**南面**(+X+Z)]なので、多角錐の高さ方向が南方向(－Y軸)で作図されます。

作業平面について

作図コマンドは、作業平面によって方向が決まります。

矩形、円の表(おもて)の方向
多角柱、多角錐、床、柱、壁の伸びる方向
球、半球の上方向
} 作業平面の向きで決まります。

[平面(+X+Y)]	[東面(+Y+Z)]	[南面(+X+Z)]	[西面(-Y+Z)]	[北面(-X+Z)]

屋根面など斜めの面の上に図形を作成する場合は、[**方向**]を[**自由**]に変更し、すでにある面に作業平面を合わせます。[**自由**]を選択すると、ダイアログが追加表示され、１つの座標系を設定します。

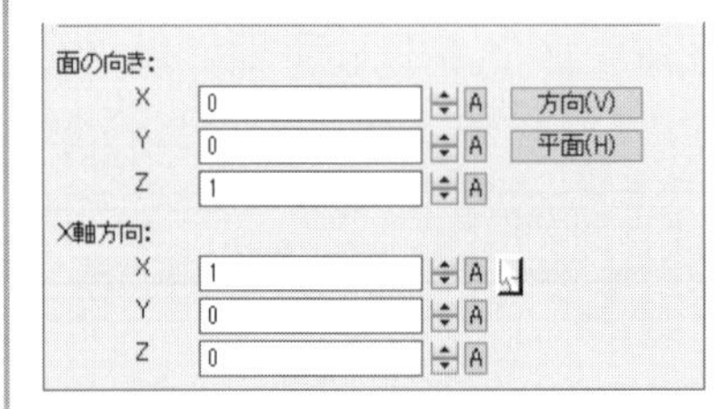

[**面の向き**] 作業平面の法線ベクトル方向が表示されます。

[**方向**] 作業平面の原点が決まっていて面の向き(作業平面に垂直な方向)をある線分と同じにしたい場合にその線分の２点を指定します。

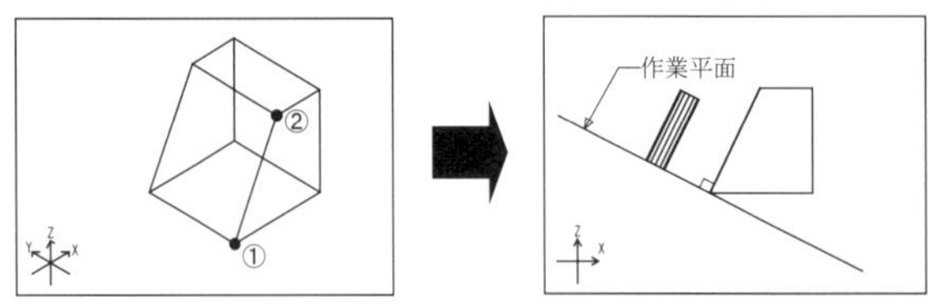

[**平面**] 作業平面を３点指定で指示します。１点目が原点、２点目がX軸の方向、３点目がY軸の方向になります。

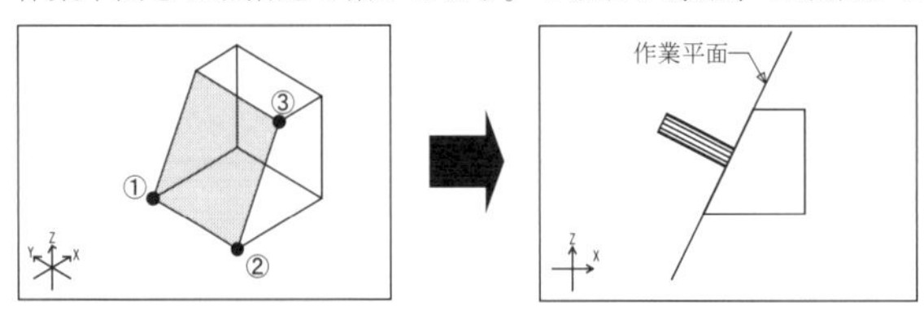

[**X軸方向**] 原点から見てX軸の正の方向のベクトルが表示されます。

(5)【多角錐】コマンドを解除します。

(6) ステータスバー下段の[作業平面の方向]を4回クリックし、方向を[平面(+X+Y)]にします。

4 作業平面拘束について

【任意点】スナップのスナップモードは作業平面が非表示になっていると、直前の作業平面の設定で作業平面上にスナップします。【任意点】スナップ以外の場合は、ツールバーの【作業平面拘束】をクリック、または[補助]メニューの[作業平面拘束]を✔すると、指定した点から作業平面に垂直に投影した点にスナップします。

【単線】コマンドを実行し、1番始めに描いた多角錐の頂点から作業平面に垂直な線分を描いて確認をしてみましょう。

☆線分の作図方法については『PDFマニュアル』を参照してください。

(1)【端点】スナップで多角錐の頂点にカーソルを合わせてクリックします。

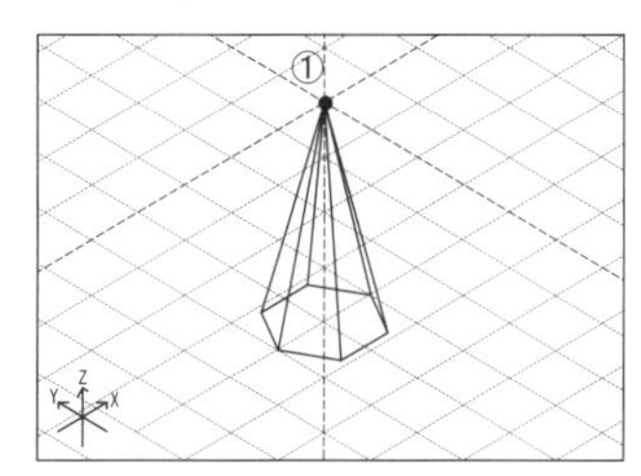

(2)【作業平面拘束】をクリックし、「ON」にします。

(3) 第1点目と同じく、多角錐の頂点をクリックすると、第1点目から垂直に下ろした作業平面上の点へスナップし、多角錐の頂点から作業平面に垂直な線が描けます。

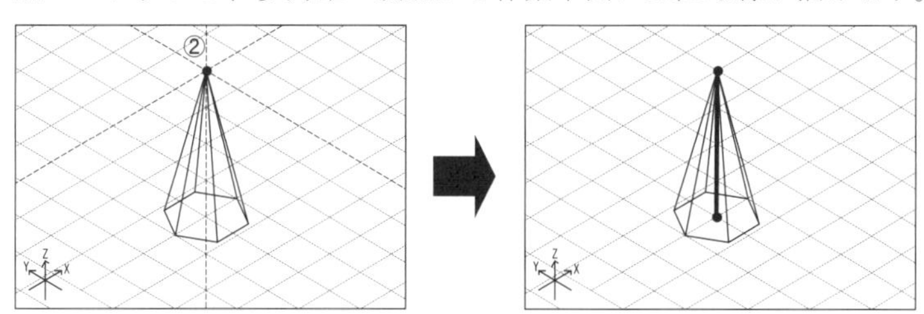

(4)【作業平面拘束】をクリックし、「OFF」にします。

(5)【グリッド表示】コマンドを解除します。

[表示]メニューから[グリッド]をクリックします。

作業平面が非表示になり、【グリッド表示】コマンドは解除されます。

・ステータスバー下段の右側に作業平面の方向が表示されます。
クリックするごとに[平面]→[東面]→[南面]→[西面]→[北面]→[自由]の順に変更します。

3-2 座標について

3次元座標は、X、Y、Zの3つの座標軸と2種類の座標系(ワールド座標系と作業平面座標系)があります。また角度指定は、各軸の正の方向に対して右回りが正の回転方向になります。

[座標の考え方]

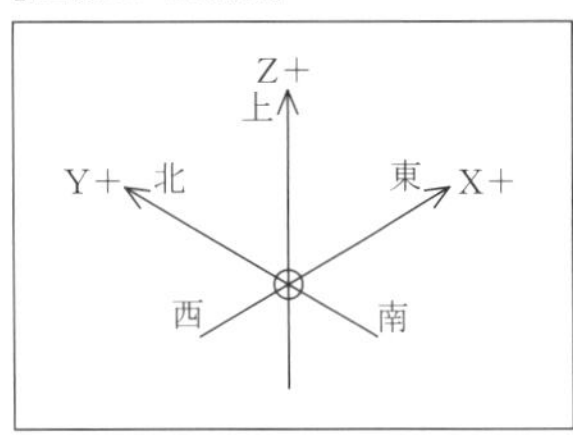

[角度の考え方]

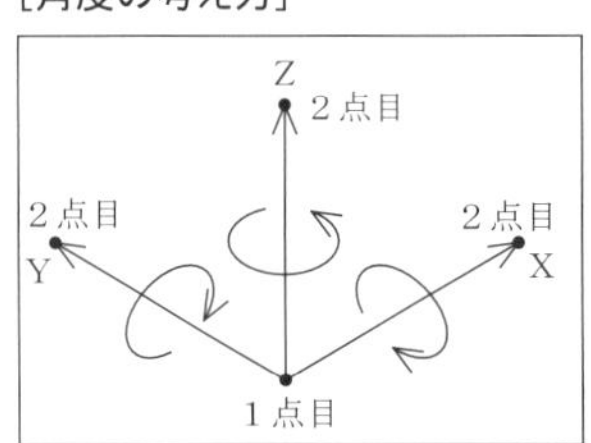

1 座標の指定

図面上の特定の点をとるには、スナップモードを用いて図面上のプリミティブ(図形や線分など)から拾う方法と、キーボードから座標値を直接入力する方法があります。
入力した文字(数値)はステータスバーのコマンドラインに表示されます。

◉ワールド座標系の入力

ワールド座標系は、2次元での座標の指定にZ軸が加わった座標系で、初期設定では用紙枠の左下が作図原点(0, 0, 0)になります。

[絶対座標での指定]

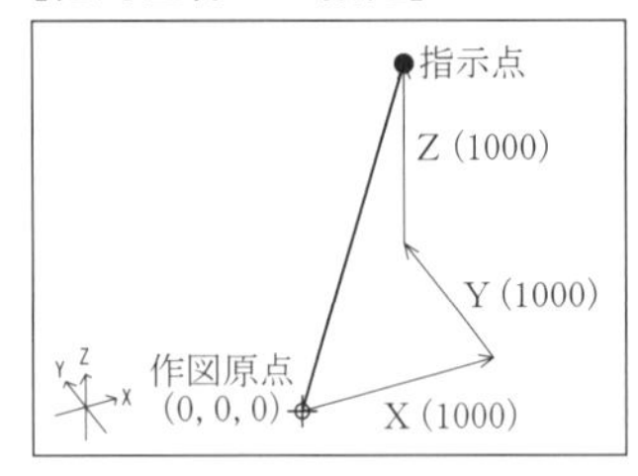

作図原点を基準とした座標です。

[*]と(X, Y, Z)距離を入力

＊1000, 1000, 1000 [↵]

[相対座標での指定]

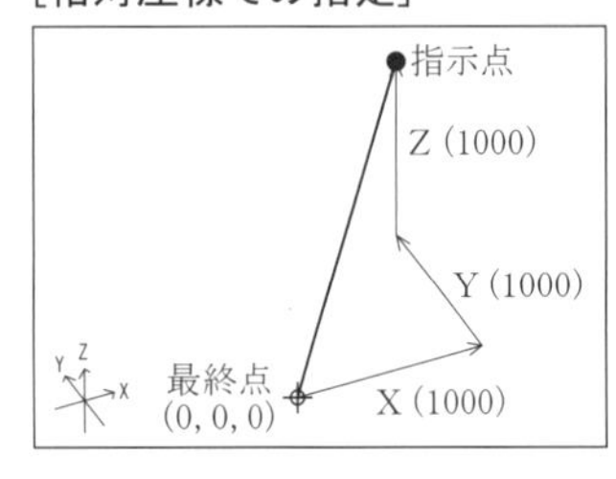

最後に指示した点を基準とした座標です。

(X, Y, Z)距離を入力

1000, 1000, 1000 [↵]

[直交座標での指定]

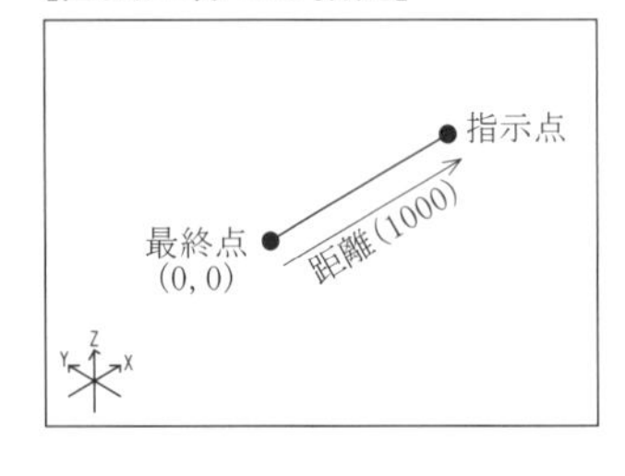

距離と方向を指定する座標です。正投影の場合は画面の表示方向、アクソメ・パースの場合はXY平面方向に入力できます。

距離を入力し、方向を矢印キー([←][→][↓][↑])で指示

1000 [→]

◉作業平面座標系の入力

作業平面座標系は、作業平面の原点(0, 0, 0)を基準とした座標系です。

例:[南面(+X+Z)]の作業平面

[絶対座標での指定]

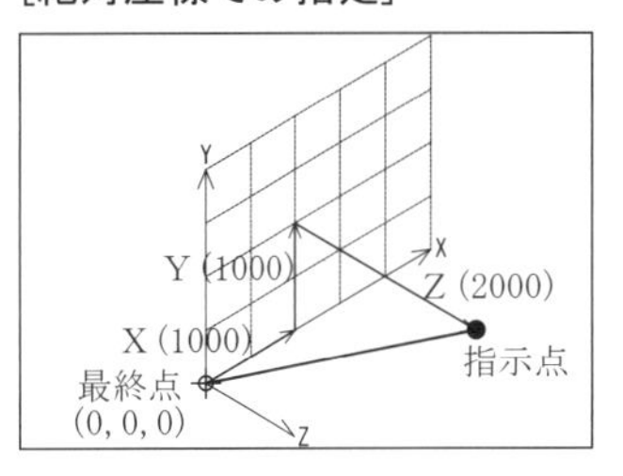

作業平面の原点を基準とした座標です。

Wと(X, Y, Z)距離を入力

W1000, 1000, 2000 ↵

[相対座標での指定]

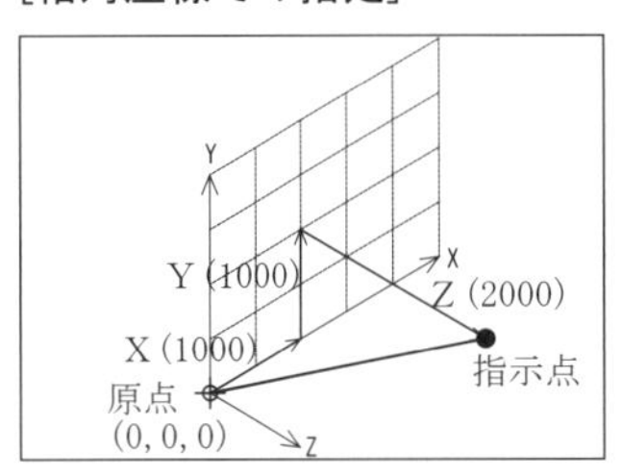

最後に指示した点を基準とした座標です。

Rと(X, Y, Z)距離を入力

R1000, 1000, 2000 ↵

2 ワールド座標系による柱の作成

ワールド座標系の座標入力を使って、幅(X)が1000 ㎜・奥行き(Y)が2000 ㎜・高さ(Z)が3000 ㎜の柱を入力します。

(1) **【柱】コマンド**を実行します。
[作成]メニューから[柱]をクリックします。

(2) ダイアログボックスが表示されます。
[高さ]を設定し、[OK]ボタンをクリックします。

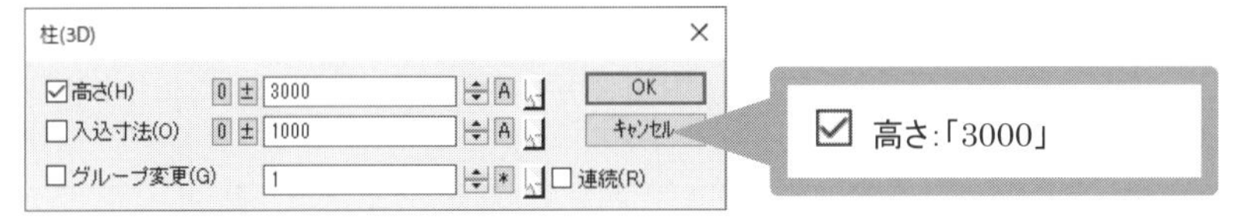

以下では各座標値入力で柱を作成します。

・[絶対座標]、[相対座標]では、値が0の場合は省略することができます。
　例: 0, 0, 1000 → , , 1000
　　1000, 0, 0 →1000, (Z値が0の場合、, 0も省略できます。)
・[直交座標]では、Shiftキーを押しながら上下の矢印キー(↓↑)を押すと、アクソメ・平面図の場合はZ方向、東・西立面図の場合はX方向、北・南立面図場合はY方向の指定ができます。

◉絶対座標値による柱の作成

(3) **「柱の一点目を指示」**とメッセージが表示され、クロスヘアカーソルに変わります。
キーボードから「*0, 0, 0」[↵]と入力します。

(4) **「柱の二点目を指示」**とメッセージが表示されたら、キーボードから「*1000, 2000, 0」[↵]と入力すると、作図原点(0, 0, 0)を手前の角とする(X, Y, Z＝1000, 2000, 3000)の柱が作図されます。

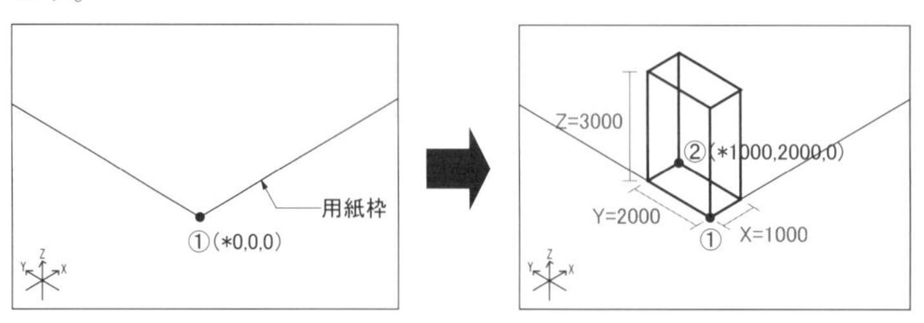

◉相対座標値による柱の作成

(5) **「柱の一点目を指示」**とメッセージが表示され、クロスヘアカーソルに変わります。
【任意点】♥**スナップ**で、任意な位置をクリックします。

(6) **「柱の二点目を指示」**とメッセージが表示されたら、キーボードから「1000, 2000, 0」[↵]と入力すると、(X,Y,Z＝1000, 2000, 3000)の柱が作図されます。

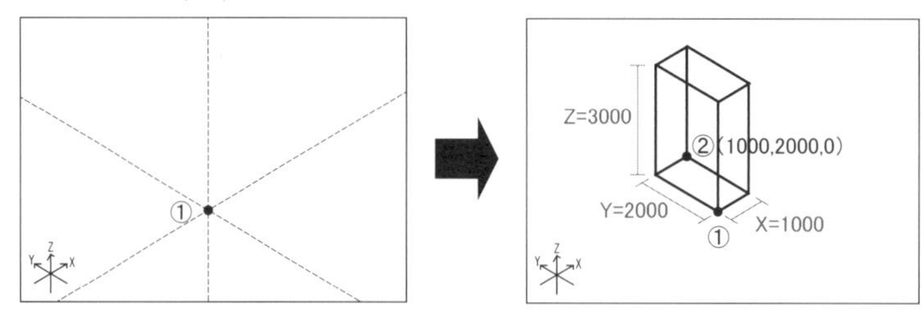

(7) **【柱】コマンド**を解除します。

アドバイス

柱の高さを設定しない場合に、座標入力で高さを設定することもできます。

(1) 柱の１点目、２点目を指示します。

(2) **「柱の上端の位置を指示」**とメッセージが表示されたら、キーボードから「0, 0, 3000」[↵]と入力すると、高さ 3000 mmの柱が作図されます。

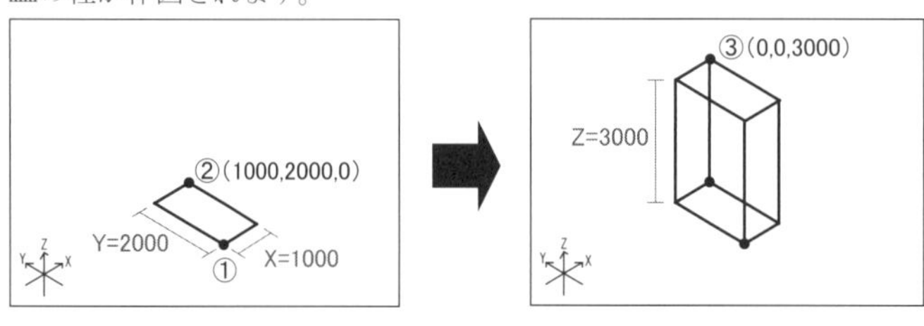

④ 編集機能を練習しよう！

4-1 選択モードについて

図形を編集(移動・複写・削除など)するには、対象とする図形を選択する必要があります。
選択方法はセットアップ時に設定した「操作方法」により次のようになります。

☆**【環境設定】**コマンドの**〔操作〕タブ**で、変更することができます。

［図形選択優先］　編集対象の図形を選択してからコマンドを実行、またはコマンドを実行してから図形を選択します。

［線描画優先］　コマンドを実行してから、図形を選択します。

1 選択モードの種類

図形を選択するモードは 19 種類あり、ダイアログボックスが表示されていない時はいつでも変更ができます。

アイコン	名　称	機　　能
	標準選択	上から下にドラッグすると**【ウィンドウ選択】**、下から上にドラッグすると**【クロス選択】**、クリックすると、**【単一選択】**となります。
	単一選択	プリミティブ(図形や線分など)を1つずつ選択します。
	ウィンドウ選択	指定した範囲に全体が入っているプリミティブを選択します。
	クロス選択	指定した範囲に一部でも含まれるプリミティブを選択します。
	クロスライン選択	指示した2点間に交わるプリミティブを選択します。
	ポリライン内選択	指定したポリライン内に完全に入っている図形を選択します。 指定した位置にポリラインがない場合は、ポリライン範囲を作成して選択します。
	グループ選択	指示した図形と同じグループ番号を持つプリミティブを選択します。
	レイヤ選択	指定した図形と同じレイヤ番号のプリミティブを選択します。
	カラー選択	指定した図形と同じカラー番号のプリミティブを選択します。
	線種選択	指定した図形と同じ線種番号のプリミティブを選択します。
	線幅選択	指定した図形と同じ線幅番号のプリミティブを選択します。
	図形種別選択	指定した図形と同じ要素(線分・文字列・円・楕円・ポリライン・点など)のプリミティブを選択します。
	材質選択	指定した図形と同じ材質番号のプリミティブを選択します。
	カスタム選択	図形選択時にのみ実行できるコマンドで、いろいろな条件をダイアログボックス上で指定し、その条件に合った図形の選択を行います。
	選択反転	選択対象を反転します。
	全選択	すべての図形が選択されます。
	前回の選択	直前に選択された図形を再度選択します。
	絞込選択	一度選択した図形の中から、絞り込んで選択します。2つの選択モードを組み合わせて使用できます。
	除外選択	一度選択した図形の中から、選択を除外するものを指定します。2つの選択モードを組み合わせて使用できます。

2 選択モードの指定

選択モードを指定するには方法はいくつかありますが、ここでは次の方法を説明します(その他の方法ついては『PDF マニュアル』を参照)。

☆指定した選択モードは違う選択モードを指定するまで有効です。

方法 1) ツールバーのアイコンを指定します。

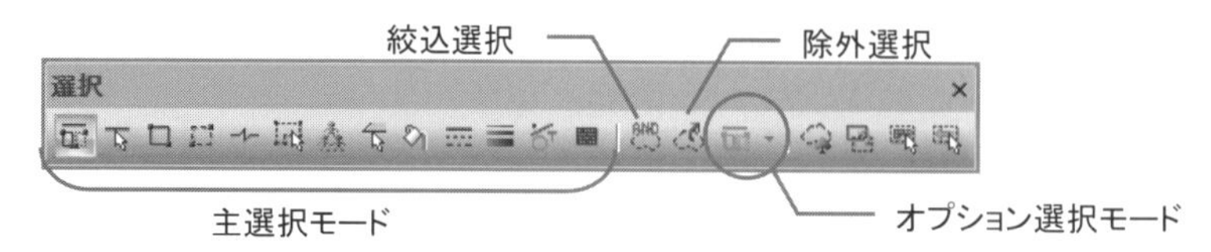

方法 2) キーボードの**Shift**キーを押しながら、ファンクションキーで指定します。

F1	F2	F3	F4	F5	F6	F7	F8	F9	F10	F11

3 選択モードの機能

どのように選択されるのか、**【削除】**コマンドを実行し、選択モードを変更しながら確認をしてみましょう。

それぞれの操作で図形を削除した後で**【元に戻す】**コマンドで、削除した図形を復活します。

以下では**【標準選択】**を指定して選択モードの機能を確認します。

☆**【単一選択】**～**【除外選択】**の機能については『PDF マニュアル』を参照してください。

(1) **【3D矩形】コマンド**を実行します。

　[作成]メニューから[3D線分円]の▼**ボタン**をクリックし、[3D矩形]をクリックします。

(2) ダイアログボックスが表示されます。

　✔がはずれていることを確認して、[OK]**ボタン**をクリックします。

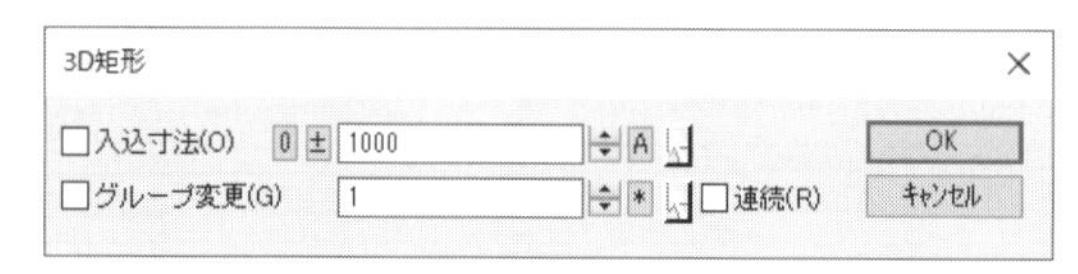

(3) 下図のように矩形を３つ作図します。

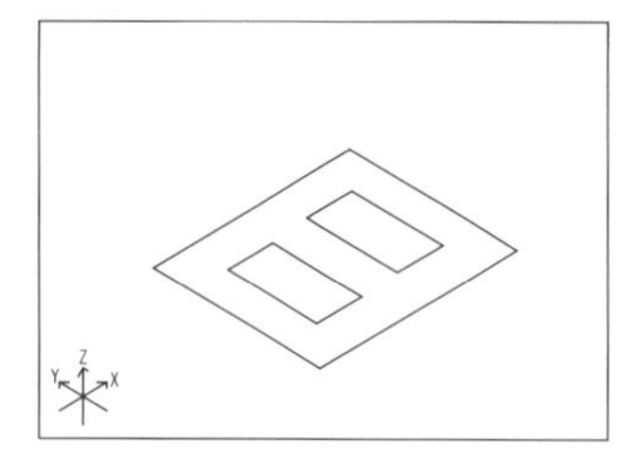

(4) **【3D矩形】コマンド**を解除します。

・**【環境設定】コマンド**の〔**表示**〕**タブ**で「選択図形のハイライト表示」を✔すると、選択されたプリミティブ(図形や線分など)を「色：選択」または**【カラー設定】**コマンドの[**選択色**]で指定した色でハイライト表示します。
また、「選択図形にマーカー表示」を✔すると、選択された図形に[**選択マーカー**]で設定されているサイズのマーカー(制御点)を表示します。

◎標準選択

【標準選択】は操作方法を変えることで、３種類の選択モードを使い分けることができる便利な機能です。

＜範囲指定1＞

【標準選択】を指定し、図形を**上から下へ**と対角にドラッグして囲みます。指定した範囲の中に両端部が入っている線分またはポリライン(面)が選択され、削除されます。

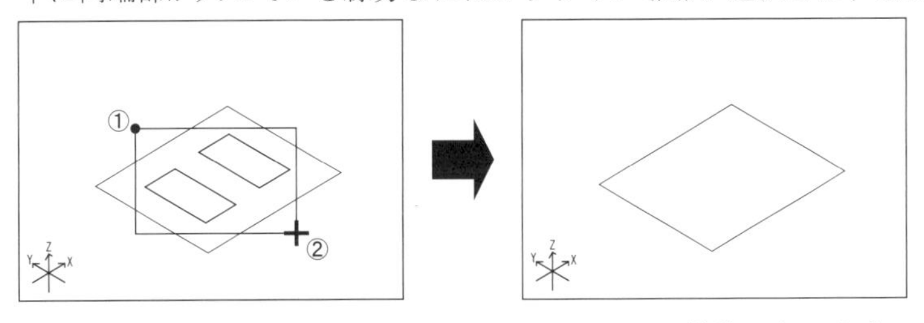

【ウィンドウ選択】も図形をクリックして囲む同じ操作になります。

＜範囲指定2＞

【標準選択】を指定し、図形を**下から上へ**と対角にドラッグして囲みます。指定した範囲の中に一部でも含まれる線分またはポリライン(面)が選択され、削除されます。

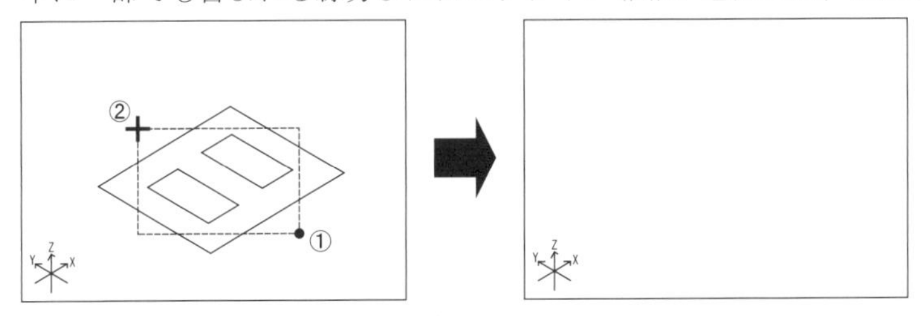

【クロス選択】も図形をクリックして囲む同じ操作になります。

＜単一指定＞

【標準選択】を指定し、線分にカーソルを合わせ、クリックします。指定した線分またはポリライン(面)のみが選択され、削除されます。

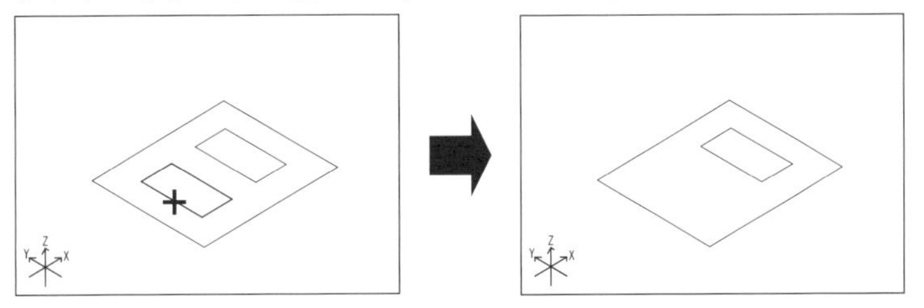

【単一選択】も同じ操作になります。

・**【標準選択】**の[単一指定]、**【単一選択】**の場合は、２本以上の線分または図形が重なっている場合に、Alt キーを押しながら選択すると確認のマウスが表示されます。
左クリック(YES)すると選択が確定され、削除されます。右クリック(NO)すると、もう一方の線分が選択されます。Esc キーを押すと、選択をキャンセルします。

・選択が正しくない場合、警告音(ビープ音)がなります。ただし、**【環境設定】コマンド**の**〔操作〕タブ**で「選択失敗でビープ音鳴らさない」を✔している場合は、警告音(ビープ音)をならしません。

4-2 図形を編集する

すでに描いてある図形を編集・修正することで作業効率を大幅にアップします。図形の編集をするためのコマンドは、[編集]メニューにまとめられています。

☆練習用データ「練習2.mps」を開いて練習してみましょう(「本書の使い方 練習用データのダウンロード」を参照)。
また、ここでは【標準選択】で図形を選択し、操作後は【隠面除去表示】コマンドで確認します。

☆図解ではクロスヘアカーソルを点線で表示しています。
また、コマンドの実行と解除については「Part1 DRA-CAD の概要 **2-1** コマンドの実行と解除」(P13)を参照してください。

1 移動する

図形を移動します。移動の方法は以下の2種類があります。

◉図面から位置を指定して移動する

図面から位置を指定して、図形を移動します。

(1) 【移動(3D)】コマンドを実行します。
[編集]メニューから[移動]をクリックします。

(2) ダイアログボックスが表示されます。
[回転角]を設定し、「ドラッギング」を✔して[OK]ボタンをクリックします。

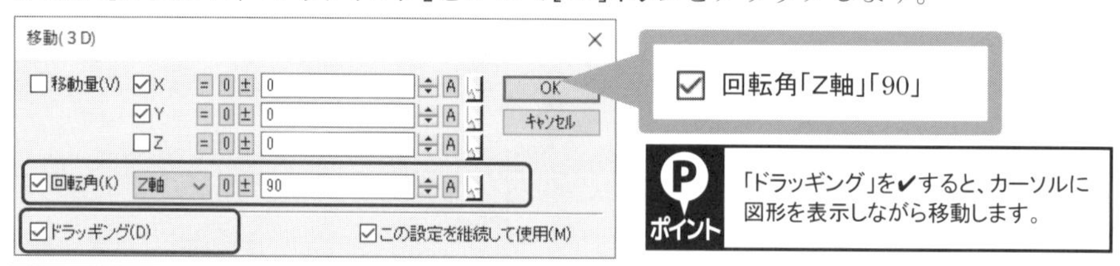

ポイント 「ドラッギング」を✔すると、カーソルに図形を表示しながら移動します。

[回転角] 回転させて移動する場合に✔します。回転軸を選択し、その角度を設定します。回転の方向は回転軸に向かって右回りが+角度です。

☆[回転角]を設定しなくても、移動先の指示のときに Ctrl キーを押しながらクリックすると【環境設定】コマンドの〔操作〕タブで設定した角度だけ回転します。

[作業平面] 現在設定されている作業平面に対して、回転します。

[X軸]

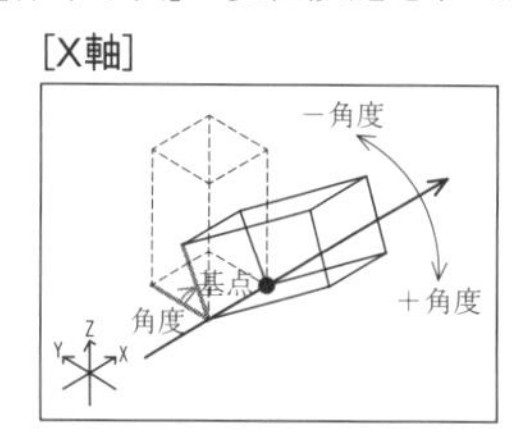

[Y軸]

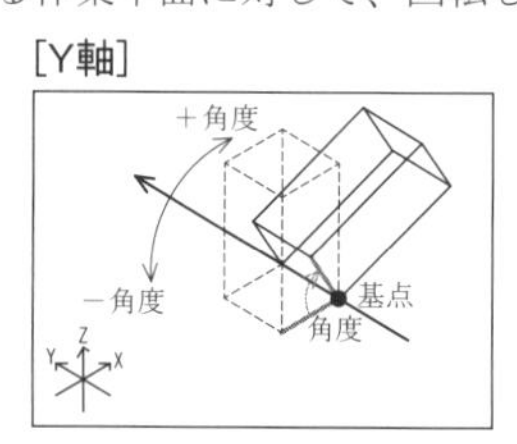

[Z軸]

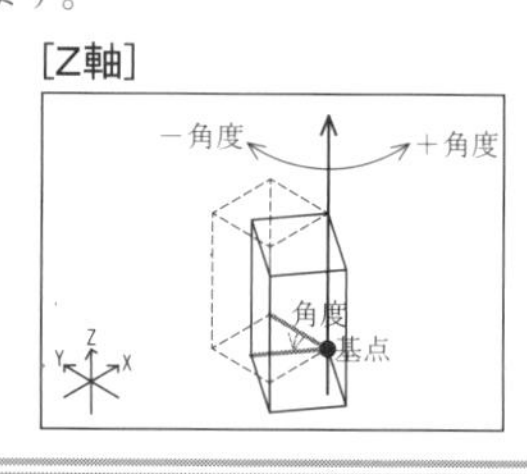

(3) 「図形を選択してください」とメッセージが表示され、クロスカーソルに変わります。
移動する壁をクリックして選択します。

(4) 「移動の基点を指示」とメッセージが表示されます。
【端点】スナップで、柱の右下端部をクリックします。

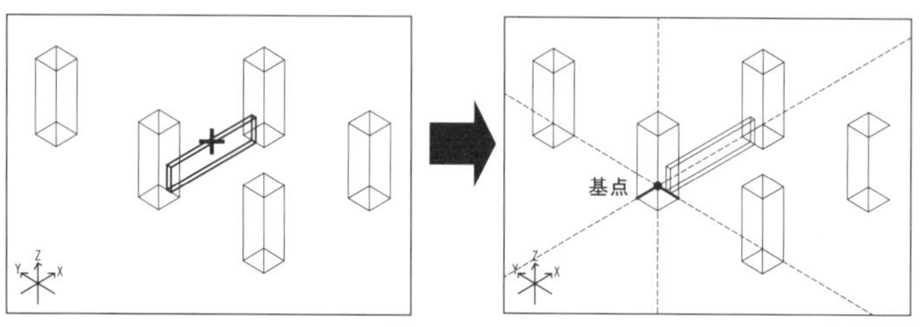

ポイント 基点・目的点を決める時にスナップモードを指定することによって、正確な位置に移動することができます。

ポイント 【環境設定】コマンドの〔表示〕タブで「選択図形のハイライト表示」を ✔すると、選択された図形はハイライト表示されます。

(5) 基点からラバーバンドが表示され、カーソルに壁が 90° 回転して表示されます。
「移動の目的点を指示」とメッセージが表示されます。
同じスナップのまま、柱の左下端部をクリックすると、壁が柱の西面に移動されます。

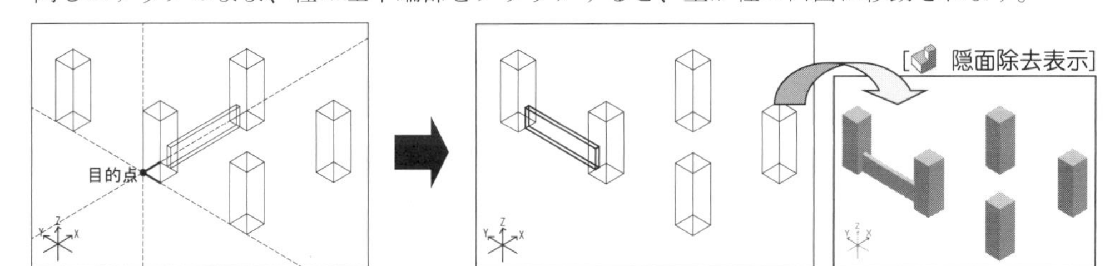

原則として1つのコマンドの操作が終了したら、コマンドを解除してから次のコマンドを指定しますが、【隠面除去表示】コマンドはコマンドを実行中でも、割り込んで実行することができます。

◉移動量を設定して移動する

移動量(X・Y・Z)を設定して図形を移動します。

(1) 右クリックすると、ダイアログボックスが表示されます。
[移動量]を設定し、**[OK]ボタン**をクリックします。

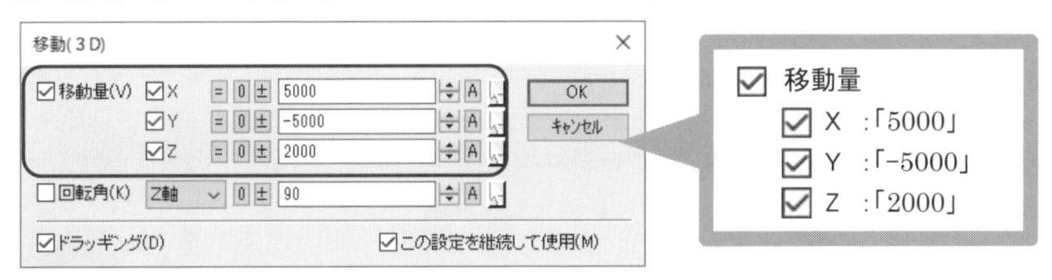

移動量の ✔ がはずれている場合は、[図面から]の移動になります。

移動量：

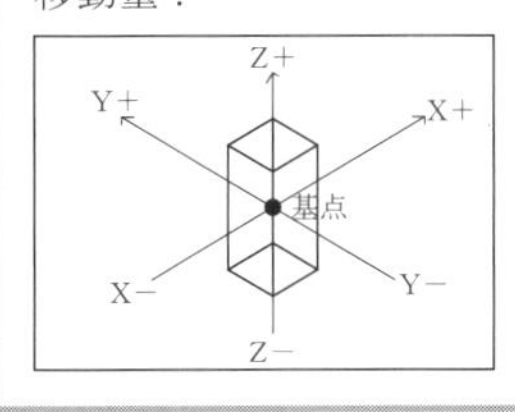

Xが＋の値＝東方向に移動 / Xが－の値＝西方向に移動
Yが＋の値＝北方向に移動 / Yが－の値＝南方向に移動
Zが＋の値＝上方向に移動 / Zが－の値＝下方向に移動
☆移動量のＸＹＺの✔をしていない方向には移動しません。

(2) **「図形を選択してください」**とメッセージが表示され、クロスカーソルに変わります。
移動する壁をクリックして選択すると、壁が移動されます。

(3) **【移動(3D)】コマンド**を解除します。

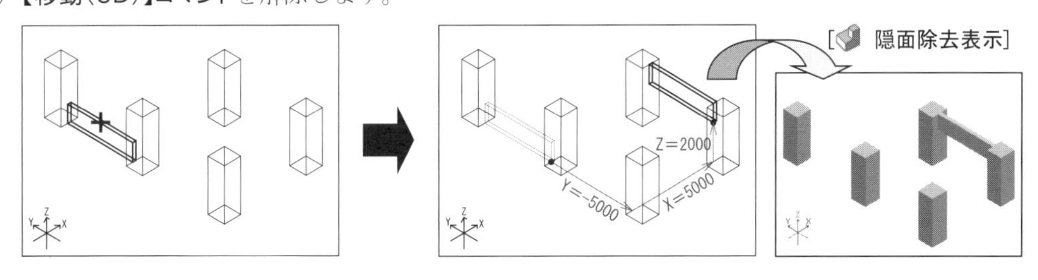

2 複写する

図形を複写します。複写の方法は4種類あり、ダイアログボックスの4つのタブによって変わります。

◉図面から位置を指定して複写する

図面から位置を指定して、図形を複写します。

(1) **【複写(3D)】コマンド**を実行します。
[編集]メニューから[**複写**]をクリックします。

(2) ダイアログボックスが表示されます。
〔マウス〕タブで「**ドラッギング**」を✔し、**[OK]ボタン**をクリックします。

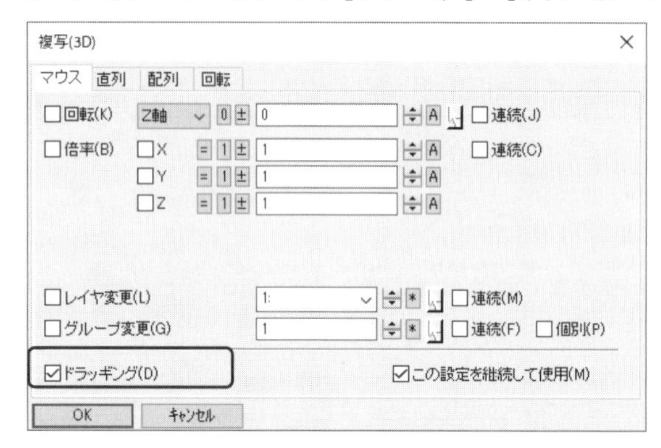

[回転] 回転させて複写する場合に✔します。回転軸を選択し、その角度を設定します。回転の方向は回転軸に向かって右回りが＋角度です。
[連続]を✔した場合は、複写するごとに図形が設定した角度で回転します。

☆**[回転]**を設定しなくても、複写先の指示のときに **Ctrl** キーを押しながらクリックすると**【環境設定】****コマンド**の**〔操作〕タブ**で設定した角度だけ回転します。

[作業平面] 現在設定されている作業平面に対して、回転します。

[X軸]

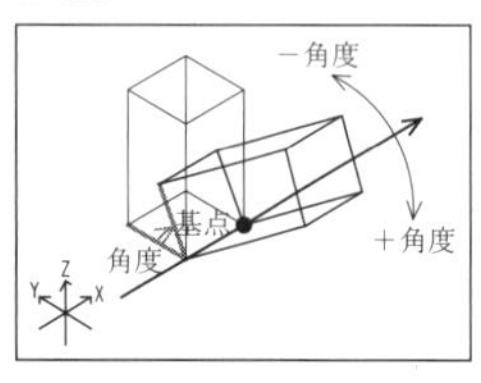

[Y軸]

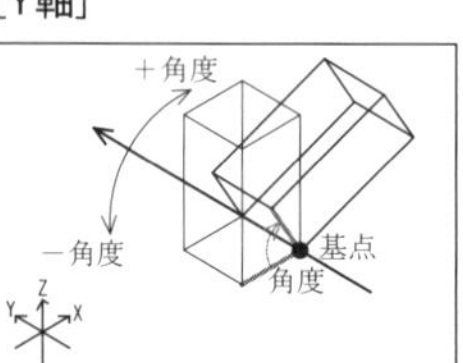

[Z軸]

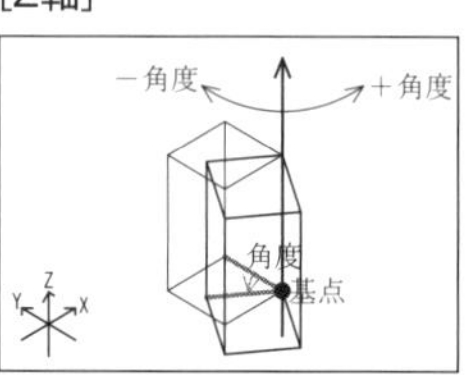

[倍率] 拡大縮小して複写する場合に✔し、複写元の図形を1とする倍率(XYZ)を設定します。
✔されていない方向には拡大・縮小されません。
[連続]を✔した場合は、複写するごとに図形が設定した倍率で拡大・縮小します。

[拡大] 例:X、Y、z＝2

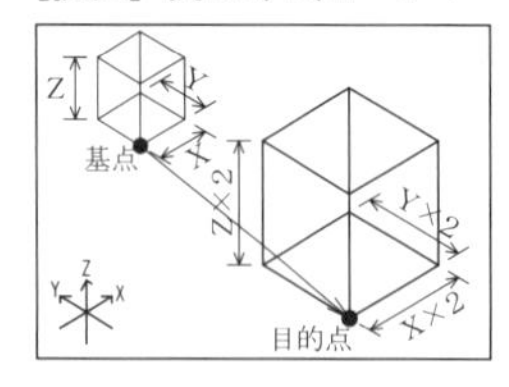

[縮小] 例:X、Y、z＝0.5

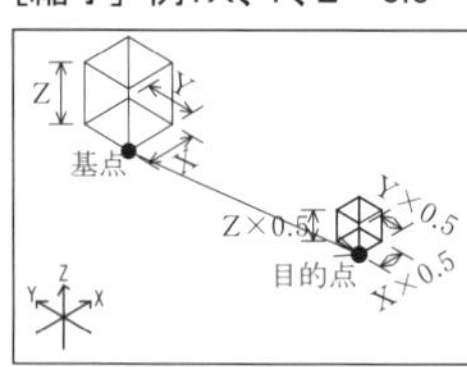

(3) **「図形を選択してください」**とメッセージが表示され、クロスカーソルに変わります。
複写する図形をクリックして選択します。

(4) **「複写の基点を指示」**とメッセージが表示されます。
【端点】スナップで、選択した図形の左下端部をクリックします。

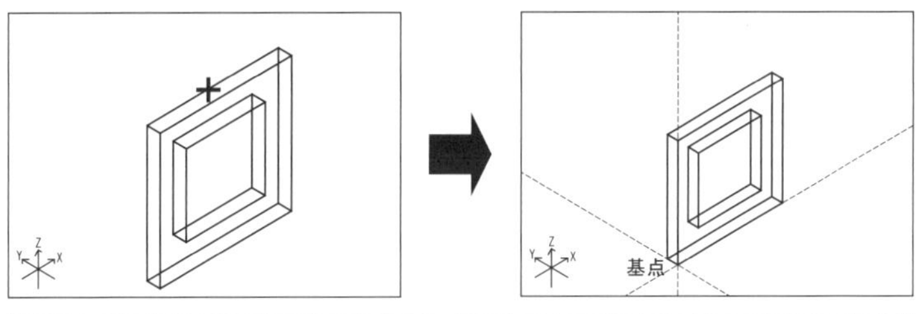

図形の選択を間違えたときは、右クリックすると図形を選択し直すことができます。
また、基点を取り間違えたときも右クリックすると、取り直すことができます。

(5) 基点からラバーバンドが表示され、カーソルに図形がついて表示されます。
「複写の目的点を指示」とメッセージが表示されます。
同じスナップのまま、選択した図形の右上端部をクリックすると、図形が右上側に複写されます。

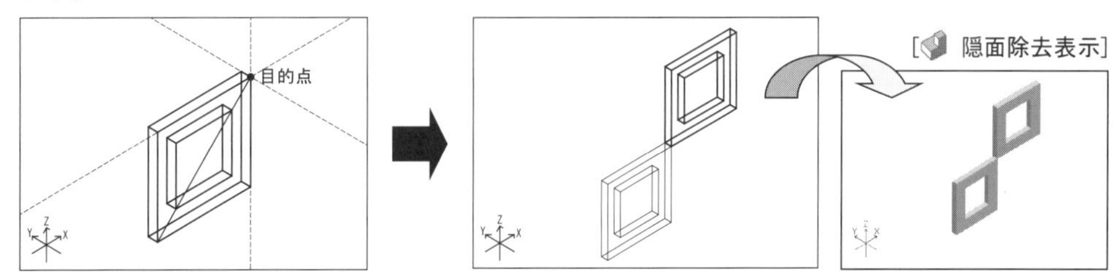

＜続けて図形を左上側に複写する場合＞

(1) 右クリックすると、**「複写の基点を指示」**のメッセージに戻ります。
同じスナップのまま、複写した図形の右下端部をクリックします。

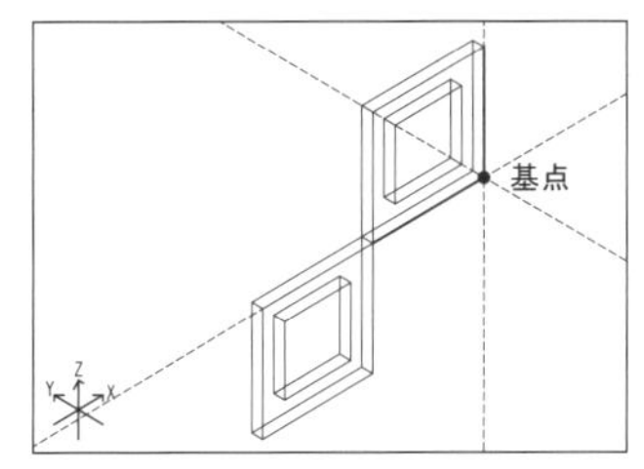

(2) 基点からラバーバンドが表示され、カーソルに図形がついて表示されます。
「複写の目的点を指示」とメッセージが表示されます。
同じスナップのまま、始めに選択した図形の左上端部をクリックすると、図形が左上側に複写されます。

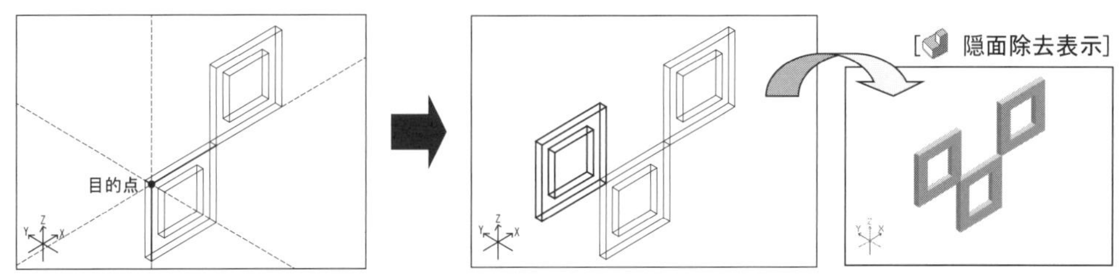

◉間隔と個数を設定して直線的に複写する

間隔(X･Y･Z)と個数を設定して図形を直線的に複写します。

(1) ３回右クリックすると、ダイアログボックスが表示されます。
〔直列〕タブをクリックします。

(2) [間隔]､[個数]を設定し、[OK]ボタンをクリックします。

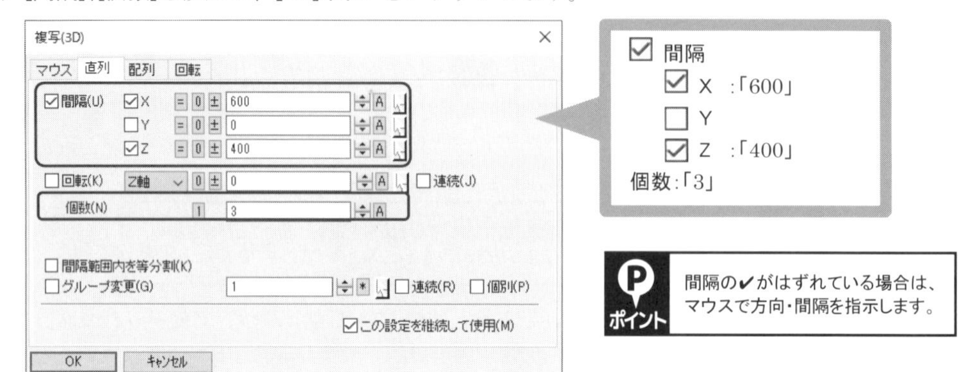

間隔：

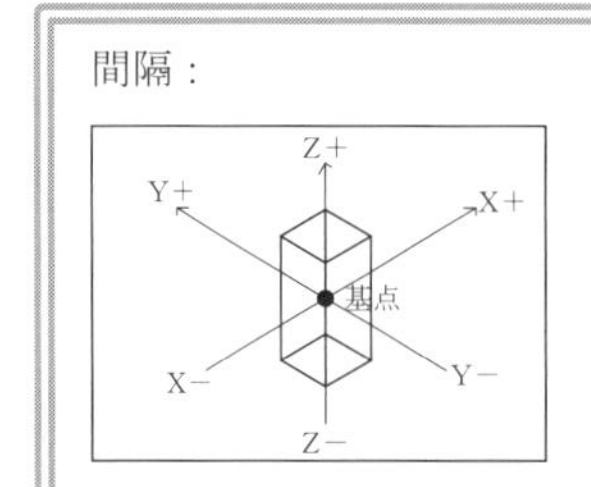

Xが＋の値＝東方向に複写 / Xが−の値＝西方向に複写
Yが＋の値＝北方向に複写 / Yが−の値＝南方向に複写
Zが＋の値＝上方向に複写 / Zが−の値＝下方向に複写
☆間隔のＸＹＺの✔をしていない方向には複写しません。

(3) 「図形を選択してください」とメッセージが表示され、クロスカーソルに変わります。
複写する円柱をクリックして選択すると、円柱が階段状に複写されます。

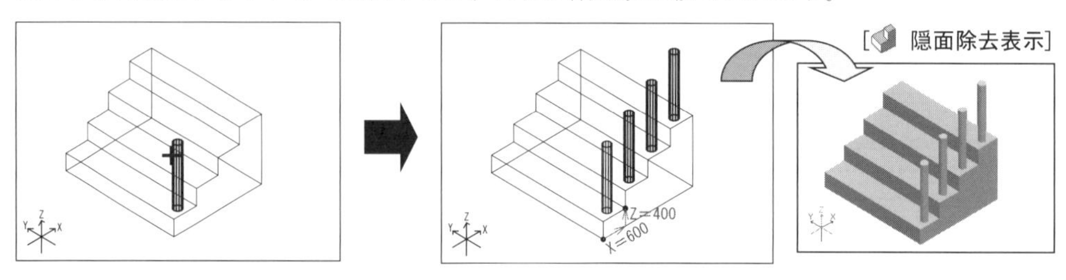

直列複写・配列複写について

[直列複写]は、一方向に複写しますが、[配列複写]は、ＸとＹ、ＸとＺ、ＹとＺ、ＸとＹとＺへ一度に複写します。

[直列複写]

Y方向　斜め方向　X方向

[配列複写]

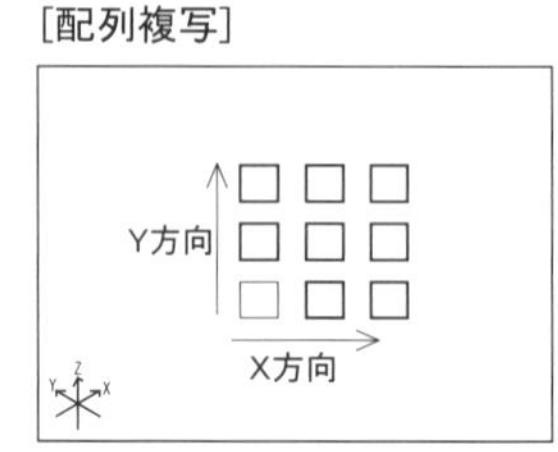

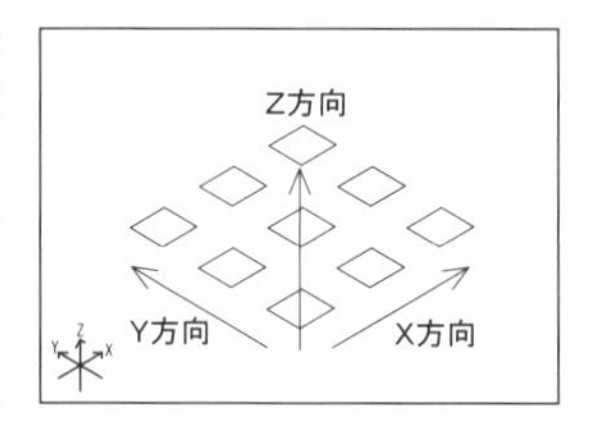

◉間隔と個数を設定して縦横上下に複写する

間隔（X・Y・Z）と個数（X・Y・Z）を設定して図形を縦横上下に複写します。

(1) 右クリックすると、ダイアログボックスが表示されます。
〔配列〕タブをクリックします。

(2) **[間隔]**、**[個数]**を設定し、**[OK]ボタン**をクリックします。

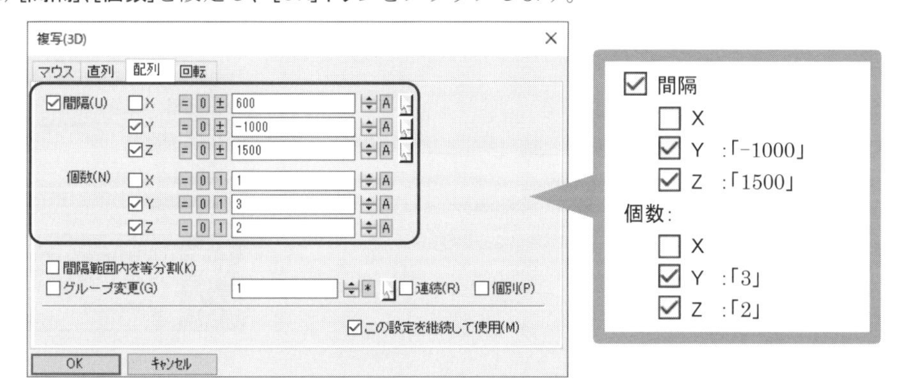

(3) **「図形を選択してください」**とメッセージが表示され、クロスカーソルに変わります。
複写する図形をクリックして選択すると、図形が複写されます。

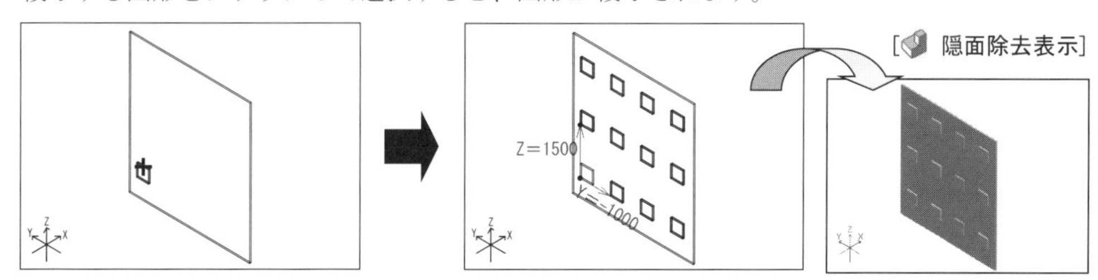

アドバイス

〔直列〕タブと〔配列〕タブの[**間隔範囲内を等分割**]を✔すると、設定した間隔を複写する個数で割った距離を間隔として複写します。

〔直列〕タブ　例：X、Y、Z=−1000、1000、1000／個数=2

[□ 間隔範囲内を等分割]　[☑ 間隔範囲内を等分割]

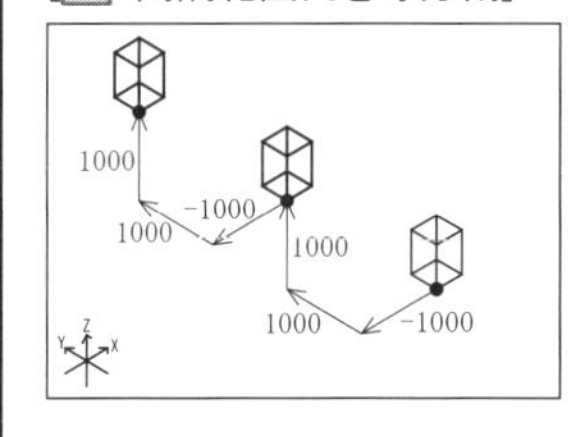

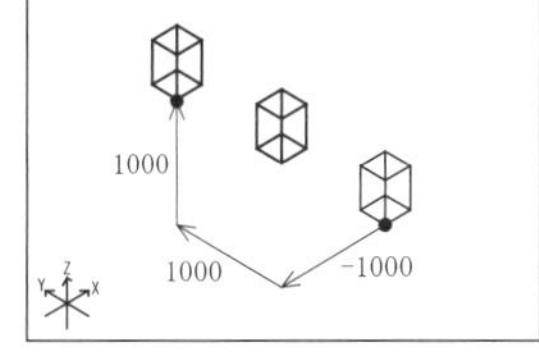

〔配列〕タブ　例：X、Y、Z=−1000、1000、1000／個数X、Y、Z=2

[□ 間隔範囲内を等分割]　[☑ 間隔範囲内を等分割]

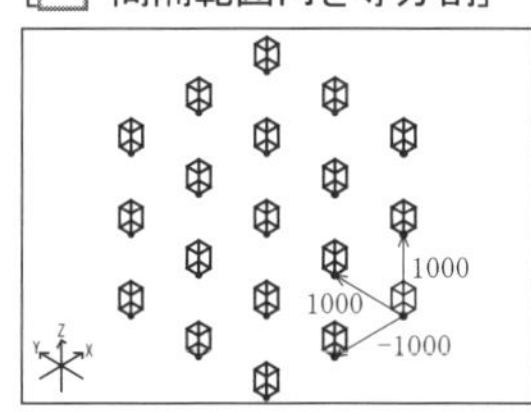

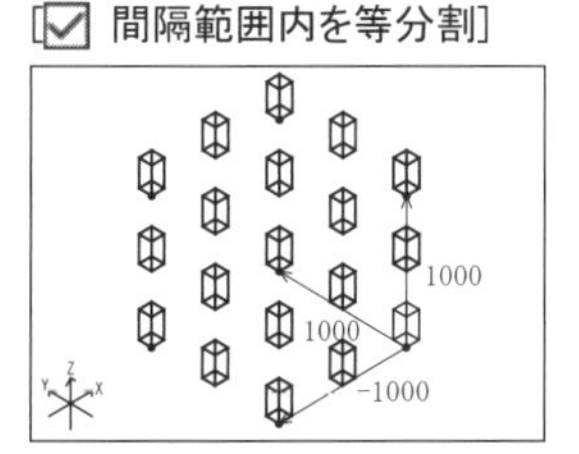

◉角度と個数を設定して円形に複写する

角度と個数を設定して図形を円形に複写します。

(1) 右クリックすると、ダイアログボックスが表示されます。
〔回転〕タブをクリックします。

(2) [回転軸]を選択し、[角度]、[個数]を設定して[OK]ボタンをクリックします。

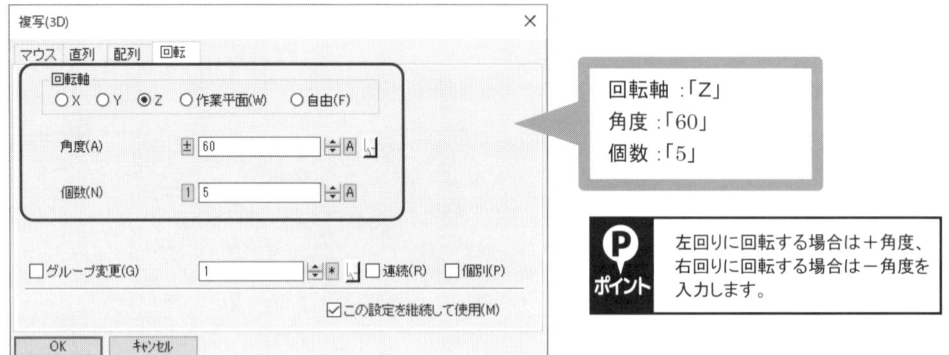

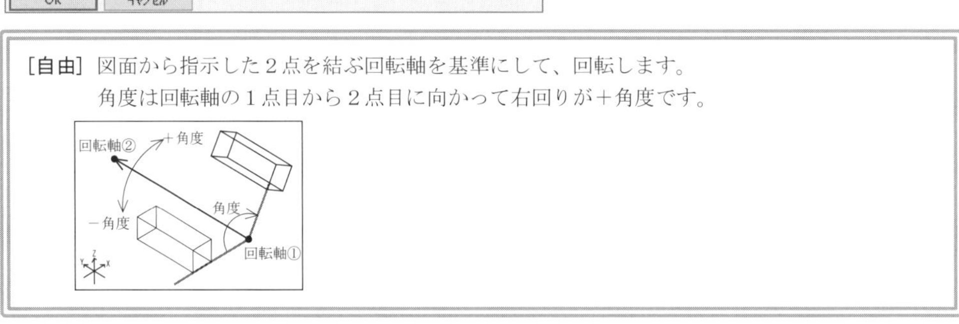

[自由] 図面から指示した２点を結ぶ回転軸を基準にして、回転します。
角度は回転軸の１点目から２点目に向かって右回りが＋角度です。

〔直列〕タブと〔回転〕タブの２つのタブで回転複写をすることができますが、２つの回転複写の違いについて説明します。

〔直列〕タブ

間隔 Z :500
回転 Z軸 :60 [☑ 連続]
個数 :5

Z 軸を中心に 60 度ずつ回転しながら Z 方向に 500 ㎜ずつ複写します。

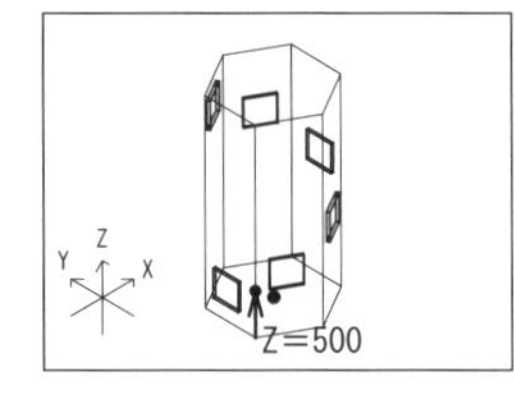

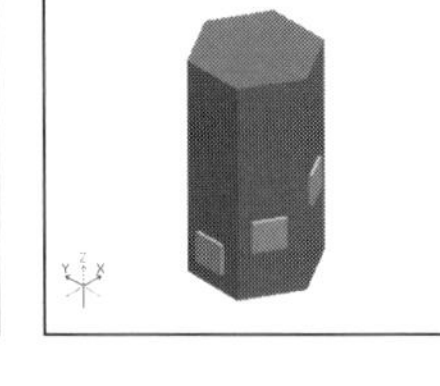

〔配列〕タブ

回転軸 :Z
角度 :60
個数 :5

Z 軸を中心に 60 度ずつ回転しながら複写します。

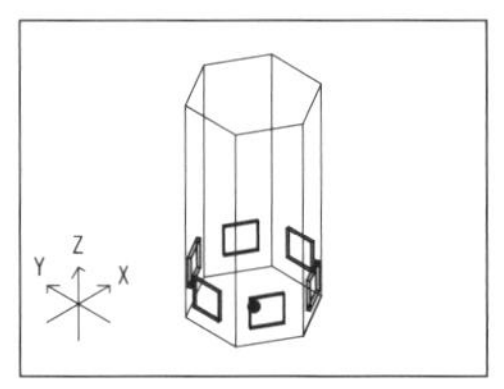

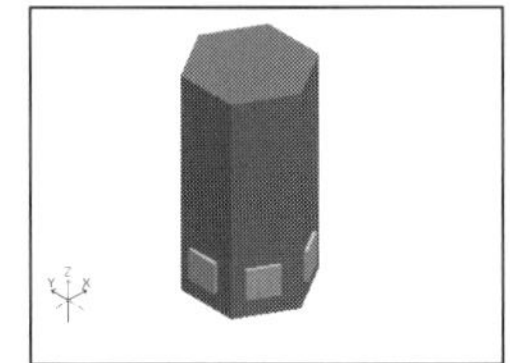

(3) **「図形を選択してください」**とメッセージが表示され、クロスカーソルに変わります。
複写する円柱をクリックして選択します。

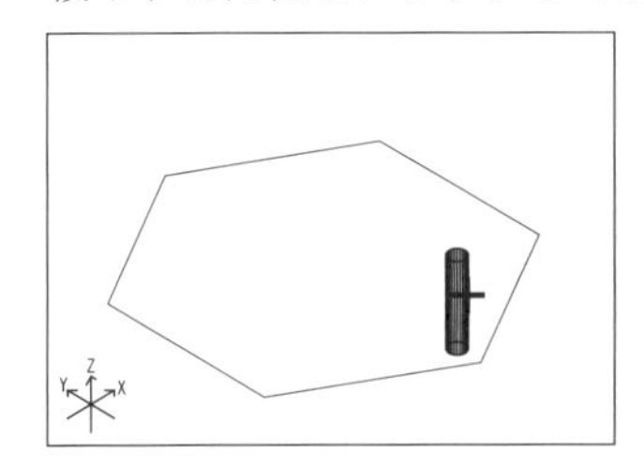

(4) **「回転の中心を指示」**とメッセージが表示されます。
【面重心】スナップで、六角形をクリックすると、円柱が六角形の重心を中心に回転して複写されます。

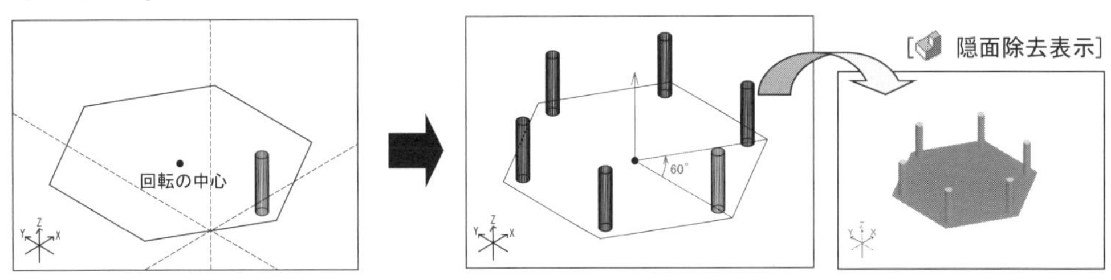

(5) **【複写(3D)】コマンド**を解除します。

3 変形する

範囲を指定して、範囲内に含まれる図形の頂点を移動して変形します。変形の方法は以下の２種類があります。

◎図面から位置を指定して変形する

図面から位置を指定して、図形の端点を移動変形します。

(1) **【ストレッチ(3D)】コマンド**を実行します。
[編集]メニューから**[ストレッチ]**をクリックします。

(2) ダイアログボックスが表示されます。
「ドラッギング」を✔し、**[OK]ボタン**をクリックします。

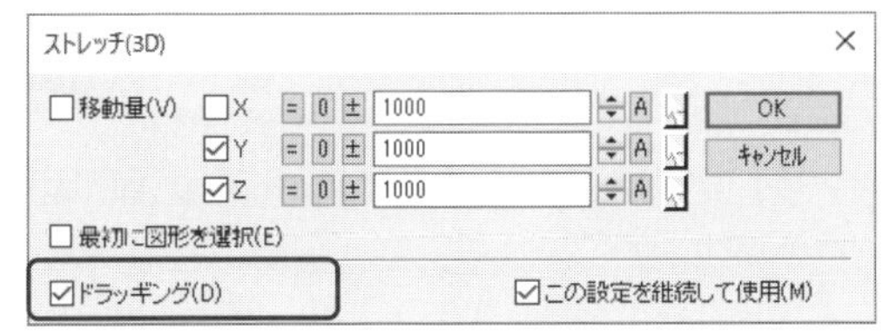

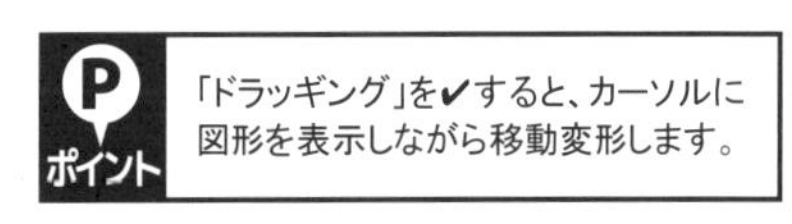

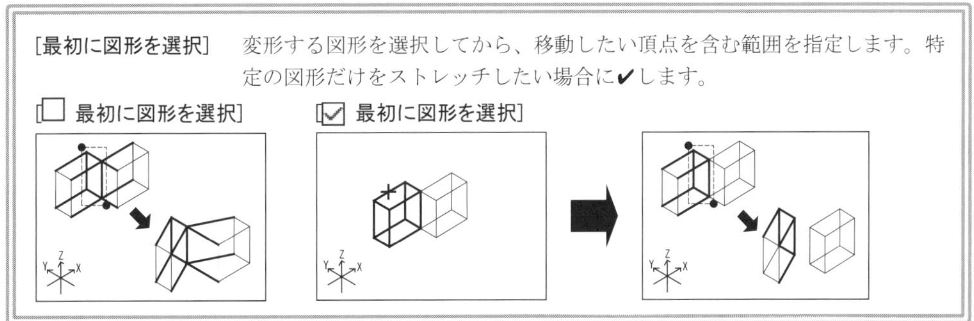

(3) **「ストレッチの範囲始点を指示」**とメッセージが表示され、クロスカーソルに変わります。
クロスカーソルで始点をクリックします。

(4) **「ストレッチの範囲終点を指示」**とメッセージが表示され、ボックスラバーバンドに変わります。
対角にカーソルを移動し、枠を広げ終点をクリックします。

(5) **「ストレッチの第1点を指示」**とメッセージが表示されます。
【端点】スナップで、直方体の左下端部をクリックします。

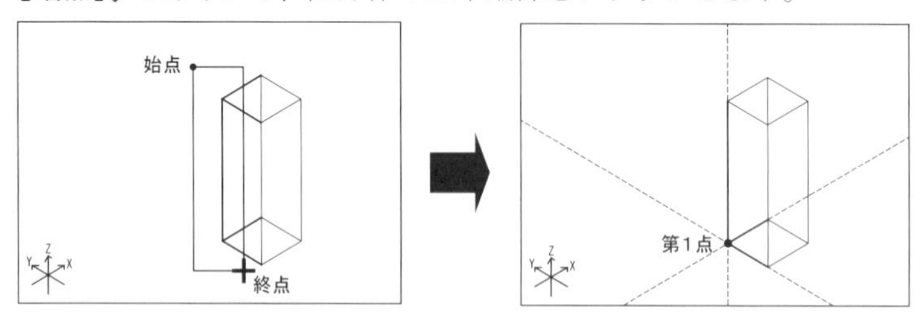

(6) 指定した位置からラバーバンドが表示され、**「ストレッチの第2点を指示」**とメッセージが表示されます。
【任意点】スナップに変更してカーソルを任意な位置に移動させ、クリックすると、直方体が変形します。

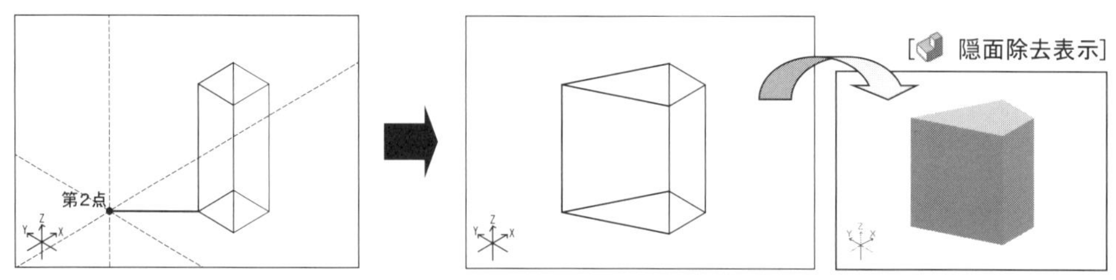

◎移動量を設定して変形する

移動量(X・Y・Z)を設定して図形の端点を移動変形します。

ポイント 移動量については【移動(3D)】コマンド(P85)を参照。

(1) 右クリックすると、ダイアログボックスが表示されます。
[移動量]を設定し、[OK]ボタンをクリックします。

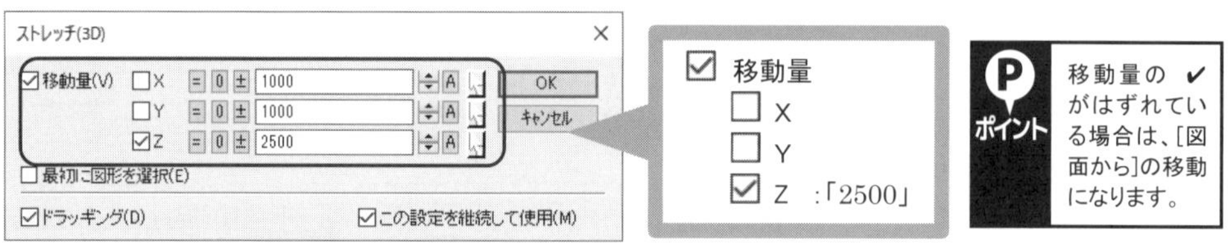

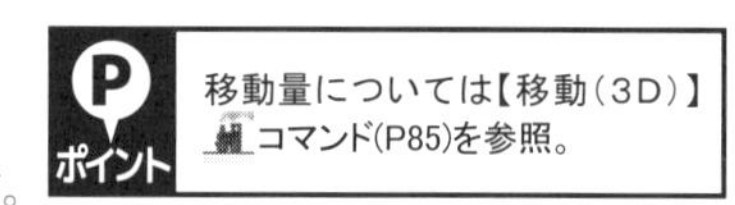

(2) **「ストレッチの範囲始点を指示」**とメッセージが表示され、クロスカーソルに変わります。
クロスカーソルで始点をクリックします。

(3) **「ストレッチの範囲終点を指示」**とメッセージが表示され、ボックスラバーバンドに変わります。
対角にカーソルを移動し、枠を広げ終点をクリックすると、4つの頂点がZ方向にストレッチされます。

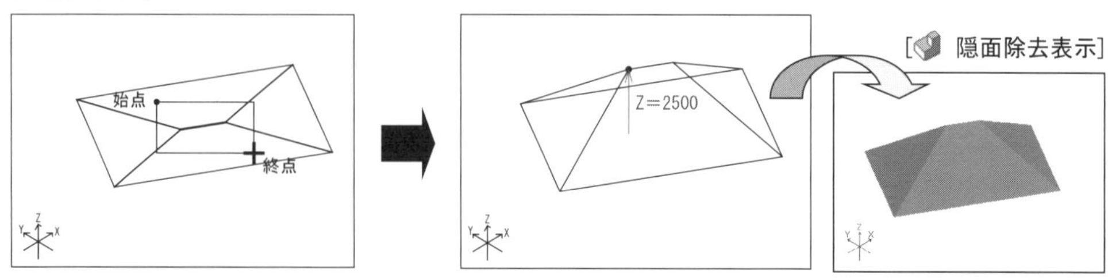

(4) **【ストレッチ(3D)】コマンド**を解除します。

アドバイス

【ストレッチパーツ(3D)】コマンドを実行すると、オリジナルのパーツデータを、サイズを変えて図面に配置できます。1つのデータを作るだけで、幅や高さ、奥行を変えて複数の部品として利用できます。

＜配置方法＞

(1)配置するパーツのサイズを設定し、[OK]ボタンをクリックします。

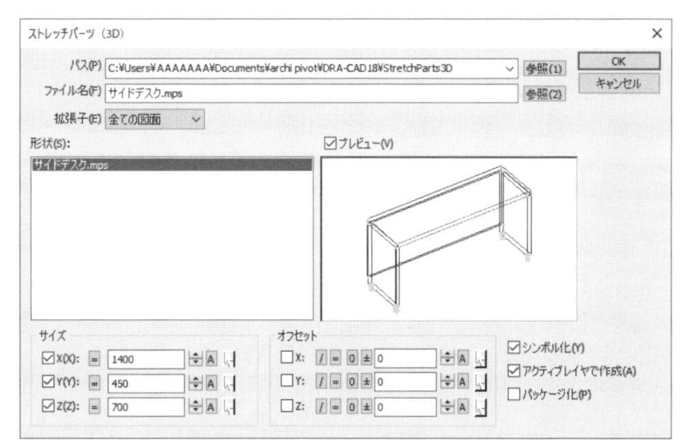

(2)配置基点、奥行方向を指定すると、指定したサイズで配置されます。

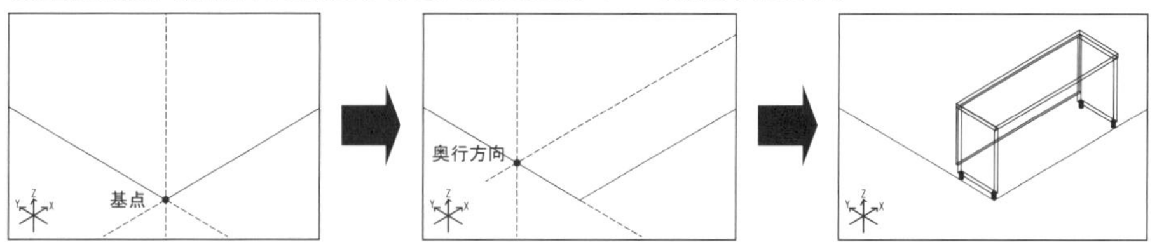

☆サイズを✔しない場合は、画面からサイズを指定します。

＜登録方法＞

登録するパーツのファイルを開き、変形する頂点の位置や最小値などを設定します。

(1)【ストレッチパーツ(3D)登録】コマンドを実行し、X方向、Y方向、Z方向に変形する頂点、パーツの最小値をそれぞれ指定します。

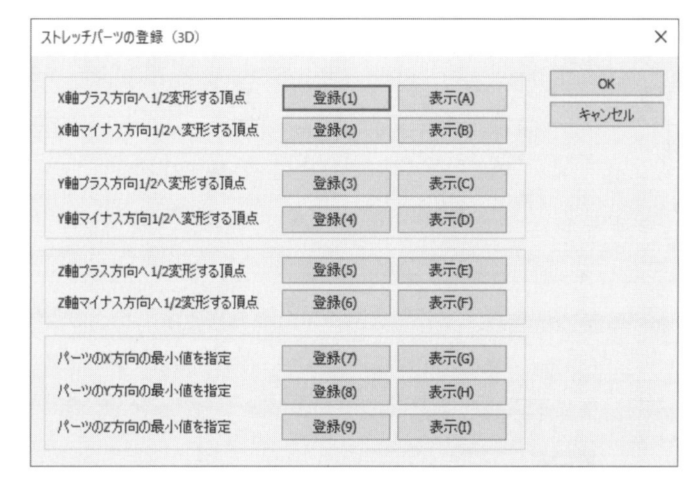

例：X軸プラス方向の頂点を指定すると、点データが作図される

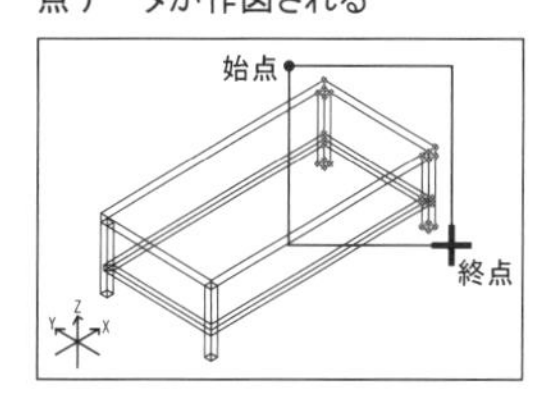

例：X方向の最小値を指定すると、線データが作図される

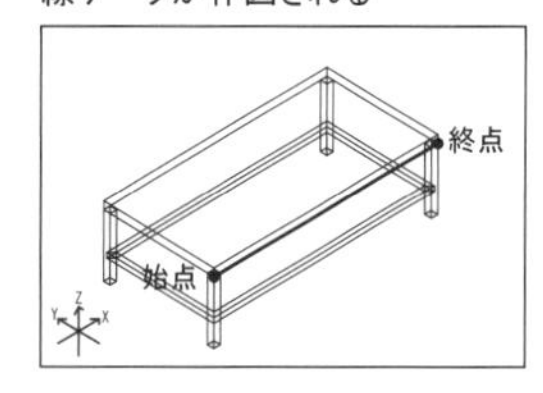

(2) [OK]ボタンをクリックすると、ストレッチパーツとして保存するファイルを指定ダイアログが表示されます。ファイル名を入力後、[保存]ボタンをクリックします。

☆保存する場所の初期値は、【環境設定】コマンドの〔保存〕タブの「DRA-CAD が使用するファイルの場所」で設定したフォルダの「StretchParts3D」フォルダに保存されます。

4 ブーリアン加工する

ブーリアンとは、重なりあった複数の図形に対して集合演算(合成・交差・切り欠き)の処理を行うことです。
【ブーリアン演算】コマンドは、重なりあった複数の図形を1つにしたり、重なった部分だけを残したり、削り取ることができます。

2つの図形を1つの図形にする

(1) **【ブーリアン演算】コマンド**を実行します。
[編集]メニューから[**ブーリアン演算**]をクリックします。

(2) ダイアログボックスが表示されます。
[和]を選択し、**[OK]ボタン**をクリックします。

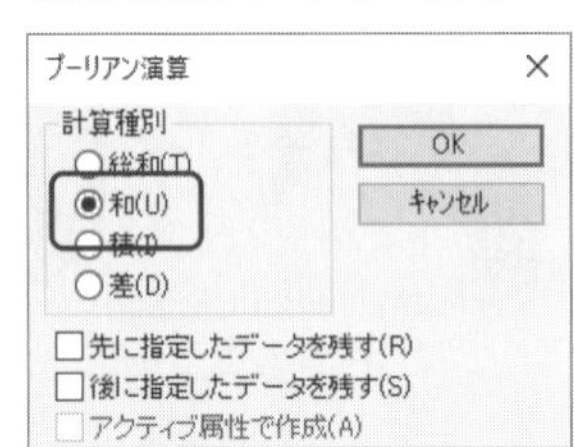

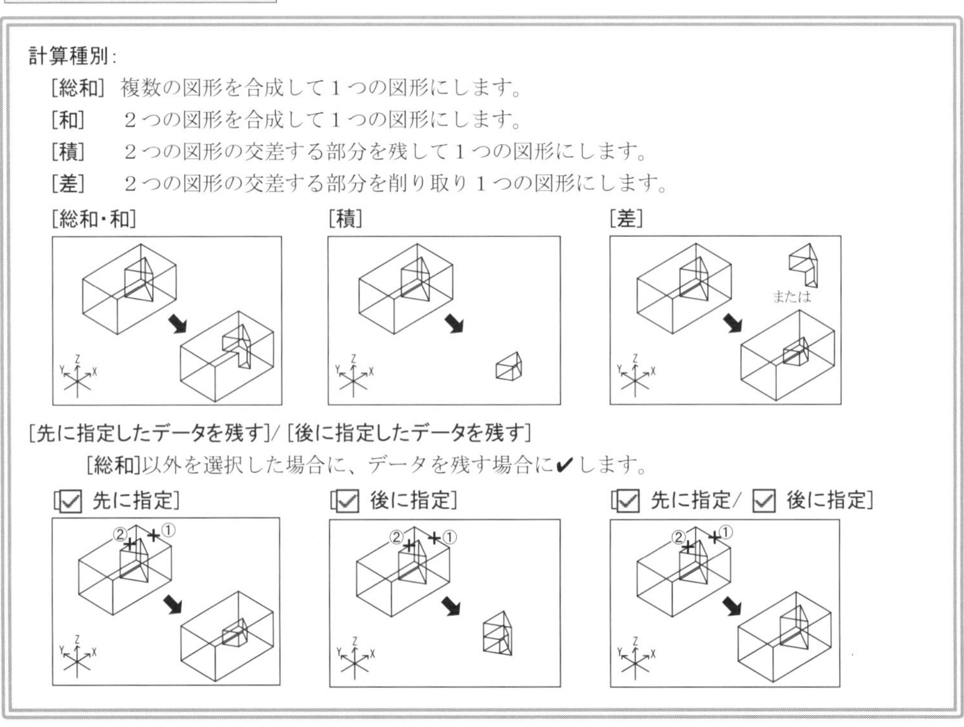

(3) **「最初の図形を指示」**とメッセージが表示され、クロスカーソルに変わります。
円柱をクリックして選択します。

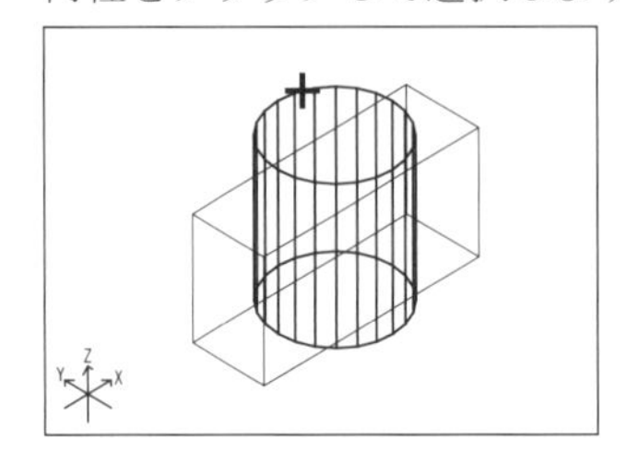

(4) **「次の図形を指示」**とメッセージが表示されます。
直方体をクリックすると、円柱と直方体が合成して１つの図形になります。

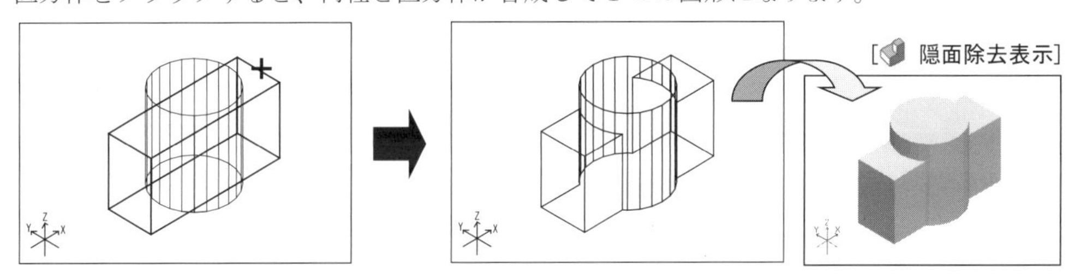

2つの図形の重なった部分だけを取り出す

(1) 右クリックすると、ダイアログボックスが表示されます。
[積]を選択し、**[OK]ボタン**をクリックします。

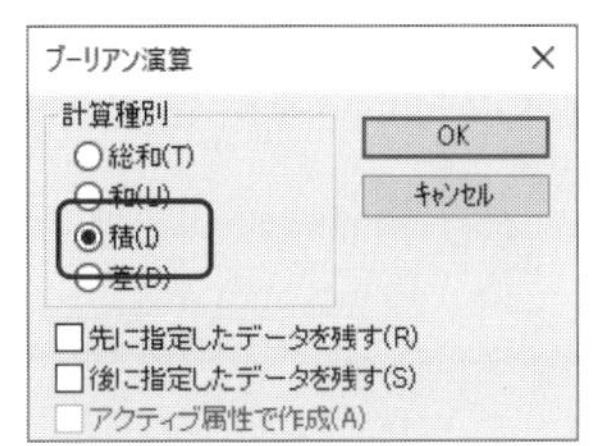

(2) **「最初の図形を指示」**とメッセージが表示され、クロスカーソルに変わります。
円柱をクリックして選択します。

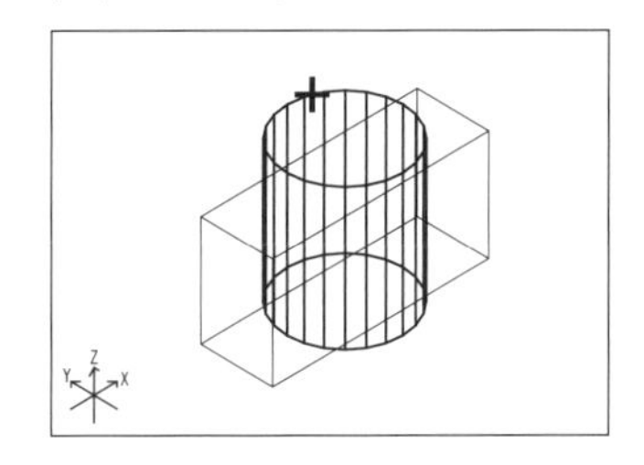

(3) **「次の図形を指示」**とメッセージが表示されます。
直方体をクリックすると、円柱と直方体の重なった部分だけが取り出されます。

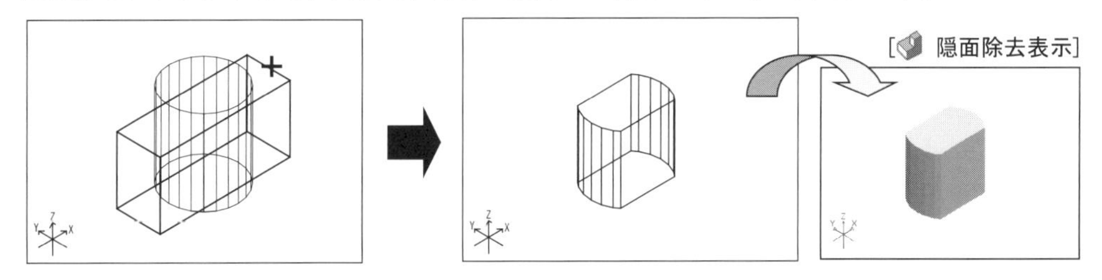

2つの図形の重なった部分を削り取る

(1) 右クリックすると、ダイアログボックスが表示されます。
[差]を選択し、**[OK]ボタン**をクリックします。

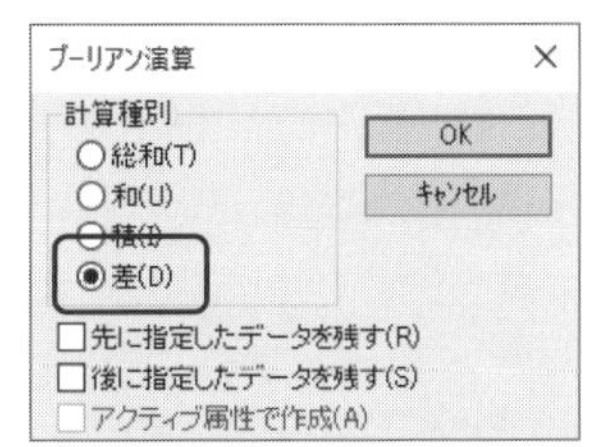

(2) **「最初の図形を指示」**とメッセージが表示され、クロスカーソルに変わります。
円柱をクリックして選択します。

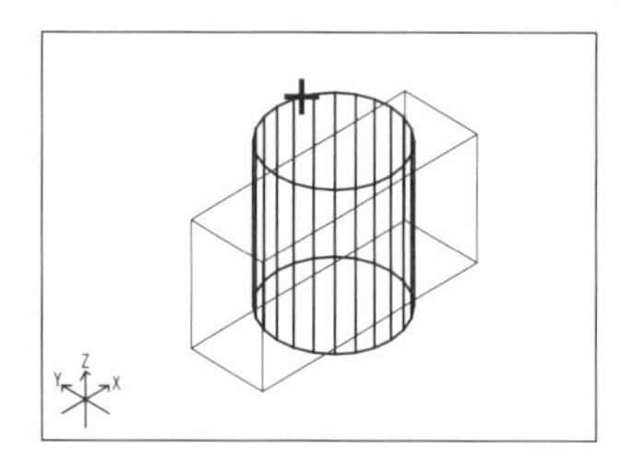

先に指示した図形が基本図形となり、
次に指示した図形が削り取る図形に
なります。

(3) **「次の図形を指示」**とメッセージが表示されます。
直方体をクリックすると、円柱から直方体部分が削り取られます。

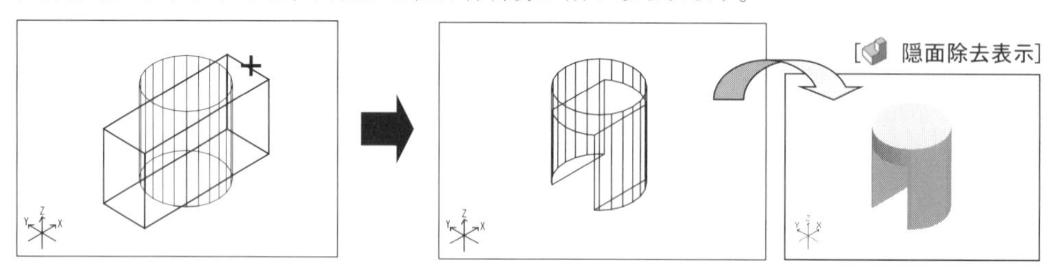

(4) **【ブーリアン演算】コマンド**を解除します。

5 図形を切断する

図形を平面で切断します。切断する通過点を正確に指示できれば思い通りの削り取りを行うことができます。

(1) **【切断】コマンド**を実行します。
[編集]メニューから[**切断**]をクリックします。

(2) ダイアログボックスが表示されます。
✔しないで、**[OK]ボタン**をクリックします。

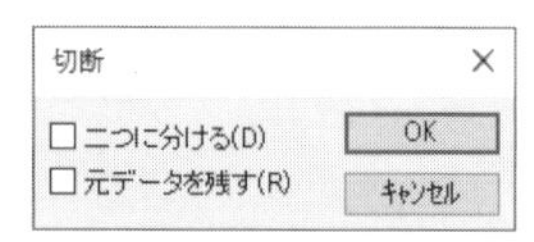

[二つに分ける] 選択した図形を切断面で２つの図形に分けます。✔しない場合は指定した方向の図形が削除されます。

[元データを残す] 切断後、選択した元の図形を残します。

[✔しない場合]　[二つに分ける]　[元データを残す]

(3) **「図形を選択してください」**とメッセージが表示され、クロスカーソルに変わります。
カットする直方体をクリックして選択します。

(4) **「切断する面の一点目」**とメッセージが表示されます。
【中点】スナップで、直方体の左上の線をクリックします。

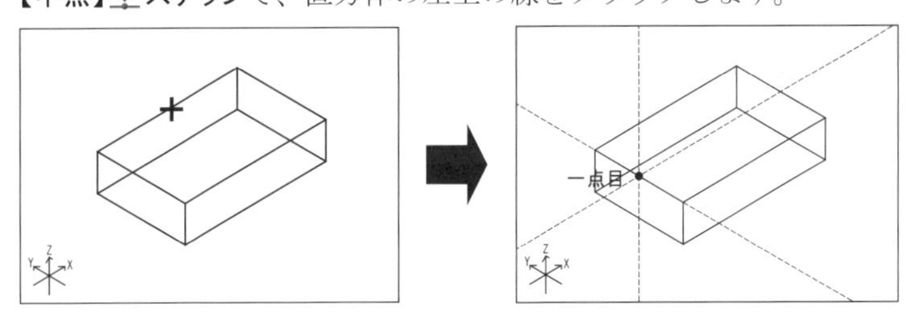

(5) 一点目からラバーバンドが表示されます。
「切断する面の二点目」とメッセージが表示されたら、同じスナップのまま、反対側の右上の線をクリックします。

(6) **「切断する面の三点目」**とメッセージが表示されたら、同じスナップのまま、直方体の右下の線をクリックします。

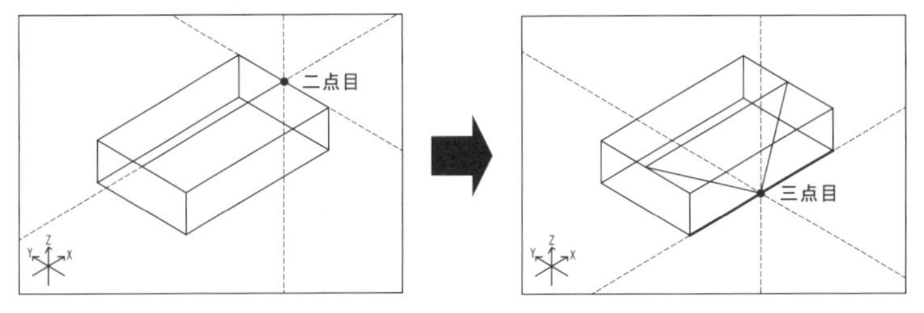

(7) **「削除する方向」**とメッセージが表示され、カットの方向の矢印と確認のマウスが表示されます。

(8) 矢印の方向を確認して、左クリック(YES)すると直方体が切断されます。

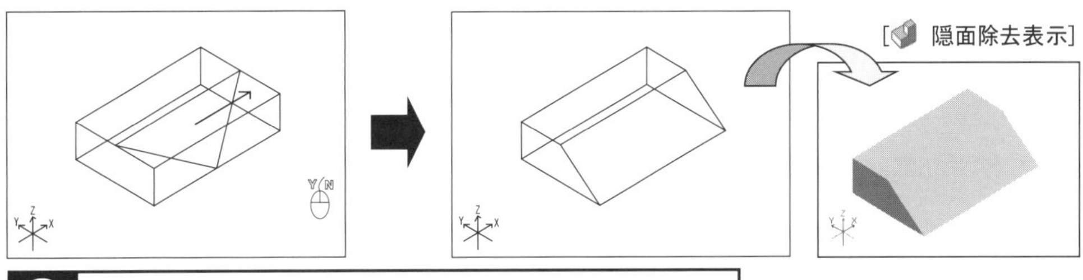

ポイント カットする方向が違う場合は、右クリック(NO)すると、反対方向を示します。

３次元図形作成コマンドで作成した立体、ポリゴンを**【引き伸ばし】コマンド**で引き伸ばした図形は、切断面がポリゴンでふさがれます。それ以外の立体や図形作成で作った立体をパッケージ解除した図形の切断面はふさがれません。

(9) **【切断】コマンド**を解除します。

アドバイス

必要な線分を削除してしまったり、誤って線分の編集をしてしまった場合には**【元に戻す】コマンド**を実行します。操作は最大127操作前まで元に戻すことができます。
また、元に戻した操作をもう一度やり直すには、**【やり直し】コマンド**を実行します。

☆画面操作やレイヤ操作のコマンド、ブロック登録・削除などで行った変更は、元に戻すことはできません。元に戻せるのは、図形に対して変更が行われる処理だけです。

4-3 平面図形を３次元化する

すでに描いてある図形を編集・修正することで作業効率を大幅にアップします。図形の編集をするためのコマンドは、[作成]メニューにまとめられています。

☆練習用データ「練習３.mps」を開いて練習してみましょう(「本書の使い方 練習用データのダウンロード」を参照)。
また、ここでは【標準選択】で図形を選択し、操作後は【隠面除去表示】コマンドで確認します。

1 穴ポリゴンを作成する

穴をあけたいポリゴンを選択するだけで、穴のあいたポリゴンを作成します。

(1) 【穴ポリゴン作成】コマンドを実行します。
[編集]メニューから[穴ポリゴン作成]をクリックします。

(2) 「図形を選択してください」とメッセージが表示され、クロスカーソルに変わります。
図形の下から上へと対角にドラッグして選択します。

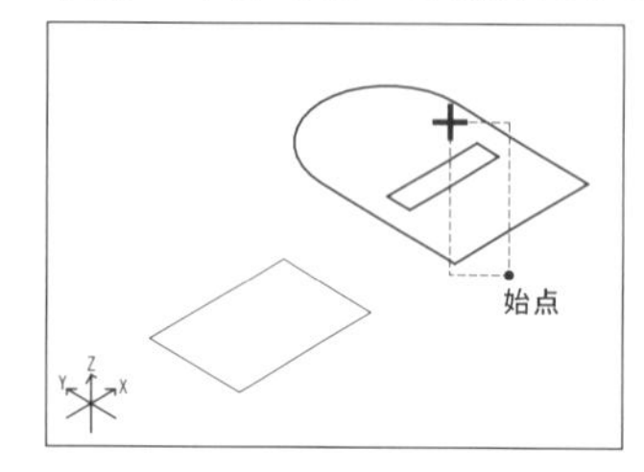

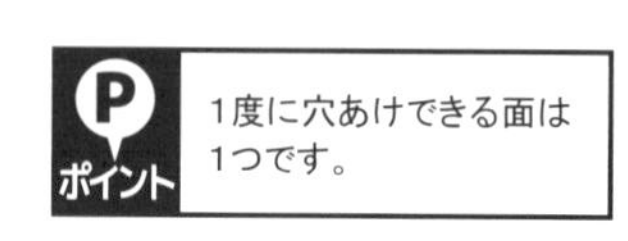

(3) 「穴ポリゴンに変換します。」とメッセージが表示され、確認のマウスが表示されます。
左クリック(YES)すると、２つのポリゴンが１つの穴ポリゴンに変換されます。

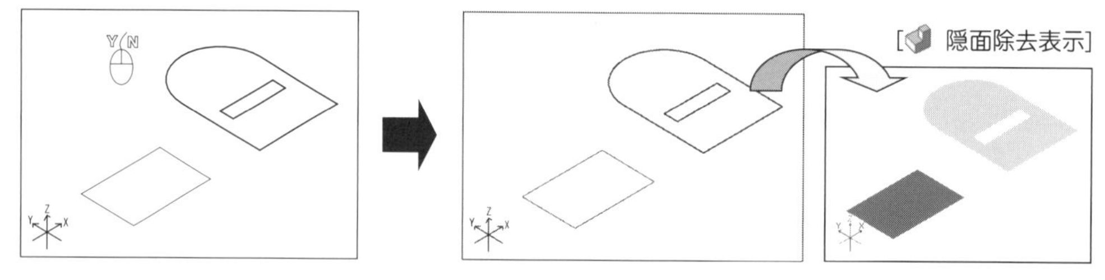

(4) 【穴ポリゴン作成】コマンドを解除します。

穴ポリゴンについて

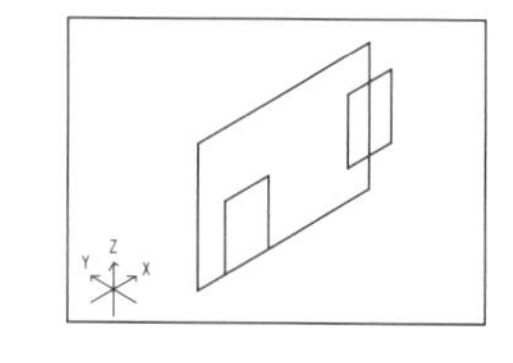

穴のあいた面を表現するためにポリゴンを拡張したものが穴ポリゴンです。
穴ポリゴンは外周と穴から構成されており、選択した図形の中から、一番面積の大きいポリゴンが外周として認識されます。
ポリラインや外周の外にあるポリゴン、外周と交差していたり、接しているポリゴン、同一平面上にないポリゴンは選択から省かれます。
【穴ポリゴン作成】コマンドで、複数のポリゴンを穴ポリゴンに変換、【穴ポリゴン分解】コマンドまたは【分解】コマンドで穴ポリゴンを元の複数のポリゴンに戻します。
厚みのある図形に穴をあける場合は、【穴あけ】、【ブーリアン演算】コマンドで穴をあけることができます。
また、【穴埋め】コマンドで穴を指定すると、穴ポリゴンの穴がなくなり、ポリゴンのみとなります。

2 平面図形を立て起こす

平面図形を立て起こして立体化します。

(1) **【立て起こし】コマンド**を実行します。
[作成]メニューから[**立起こし**]をクリックします。

(2) ダイアログボックスが表示されます。
[方向]などを設定し、**[OK]ボタン**をクリックします。

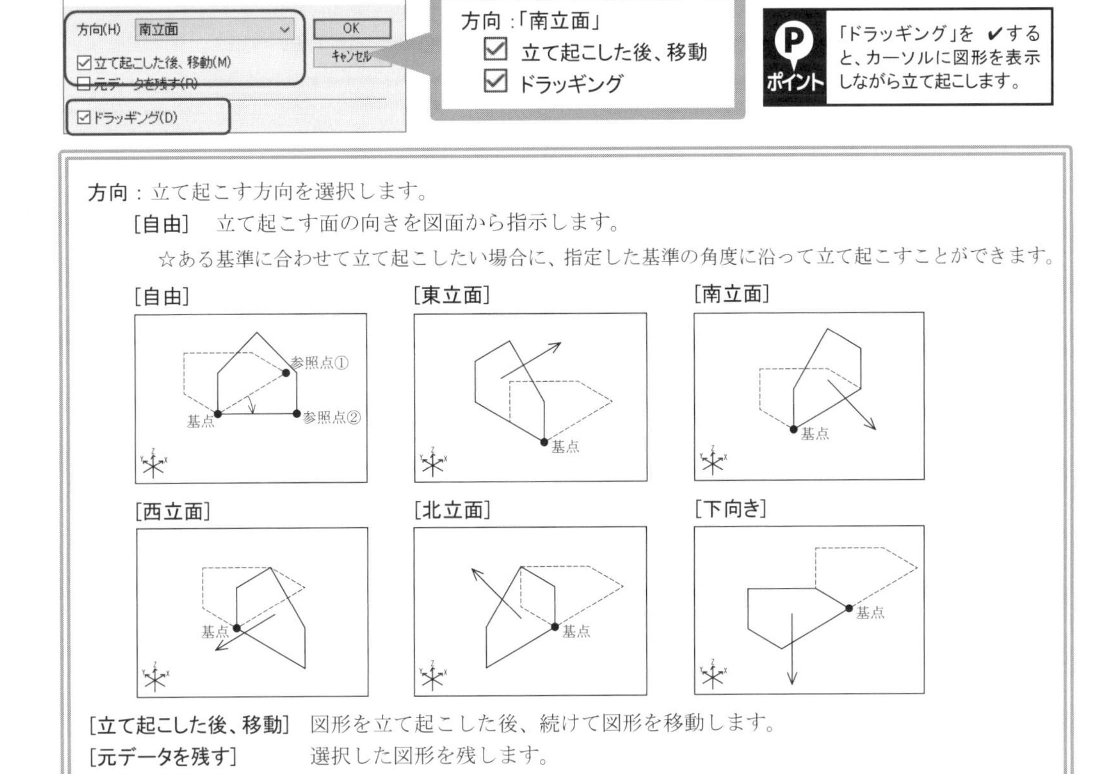

(3) **「図形を選択してください」**とメッセージが表示され、クロスカーソルに変わります。
穴ポリゴンをクリックして選択します。

(4) **「立て起こす基点を指示」**とメッセージが表示されます。
【端点】スナップで、穴ポリゴンの左下端部をクリックすると、穴ポリゴンが立て起こされます。

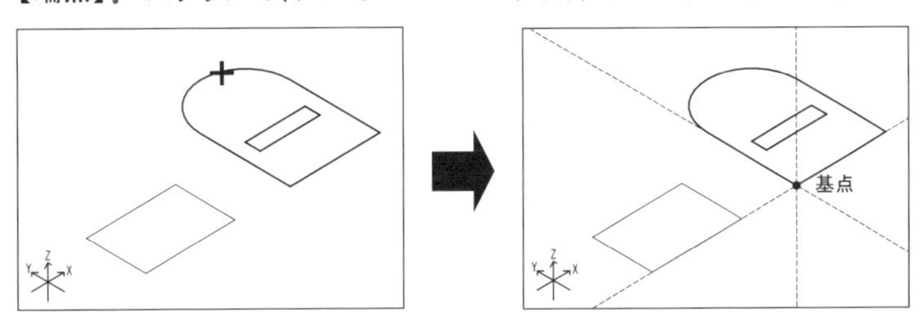

(5) 基点からラバーバンドが表示され、カーソルに図形がついて表示されます。
「移動先を指示」とメッセージが表示されます。
同じスナップのまま、矩形の左下端部をクリックすると、穴ポリゴンが矩形と組み合わされます。

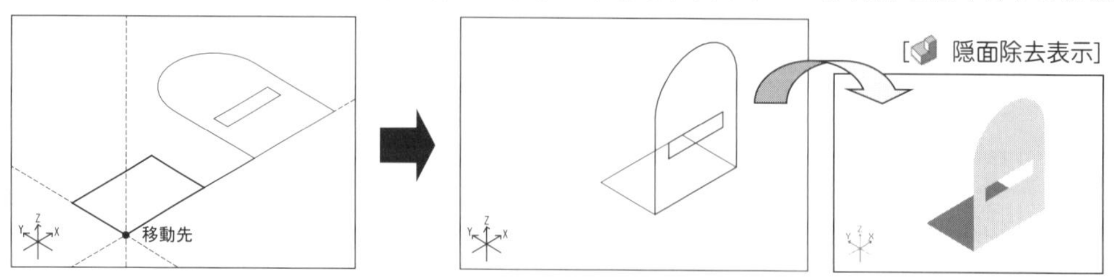

(6) 【立て起こし】コマンドを解除します。

3 平面図形を引き伸ばす

ポリゴン・ポリラインを引き伸ばし、面に厚みをつけます。

(1) 【引き伸ばし】コマンドを実行します。
[作成]メニューから[引伸ばし]をクリックします。

(2) ダイアログボックスが表示されます。
[方向]などを設定し、[OK]ボタンをクリックします。

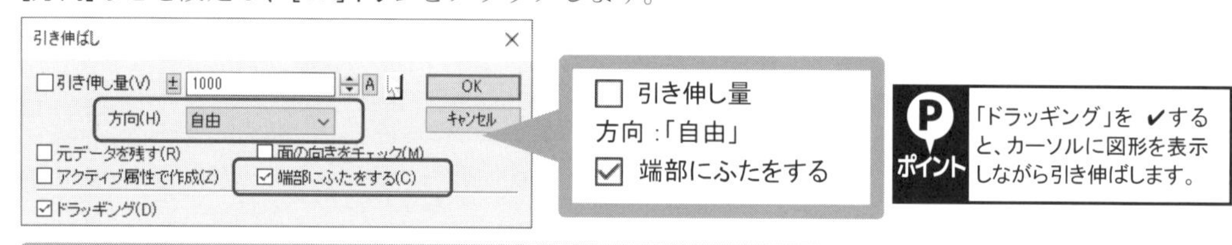

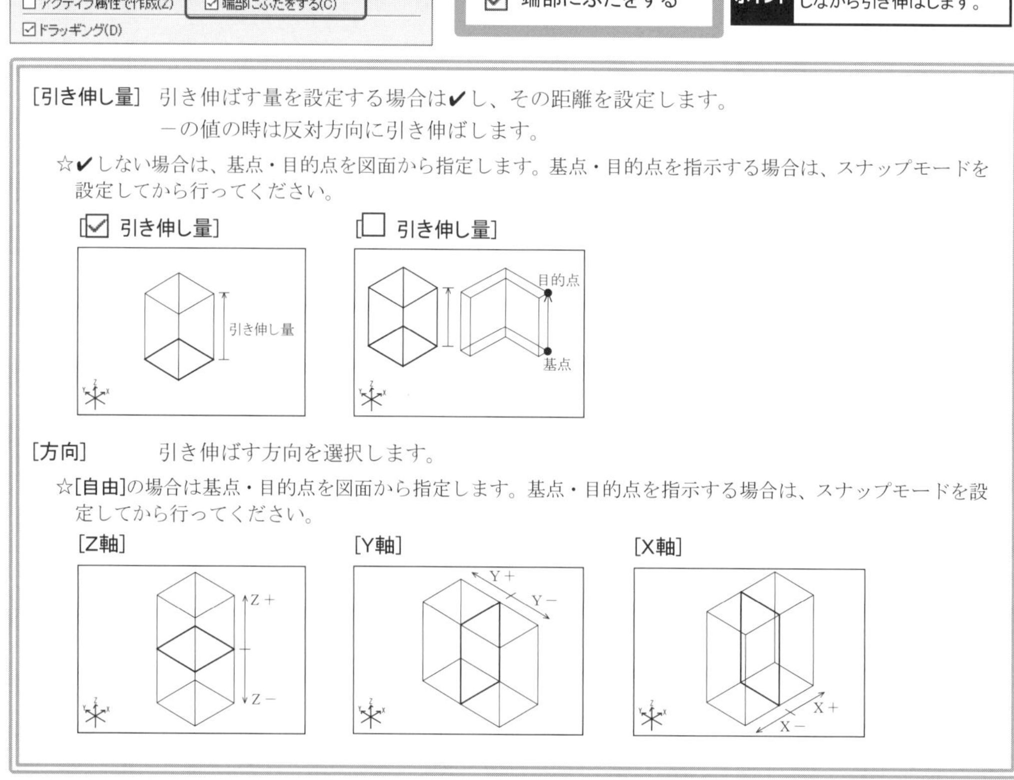

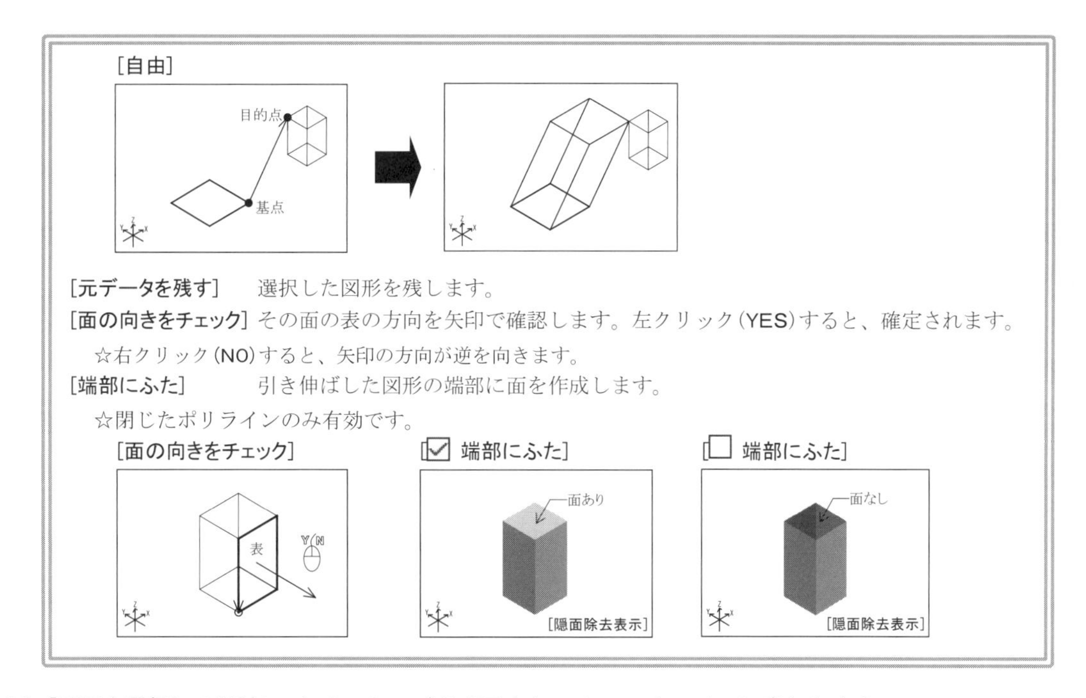

(3) **「図形を選択してください」**とメッセージが表示され、クロスカーソルに変わります。
穴ポリゴンをクリックして選択します。

(4) **「引き伸ばす基点を指示」**とメッセージが表示されます。
【端点】 **スナップ**で、穴ポリゴンの左下端部をクリックします。

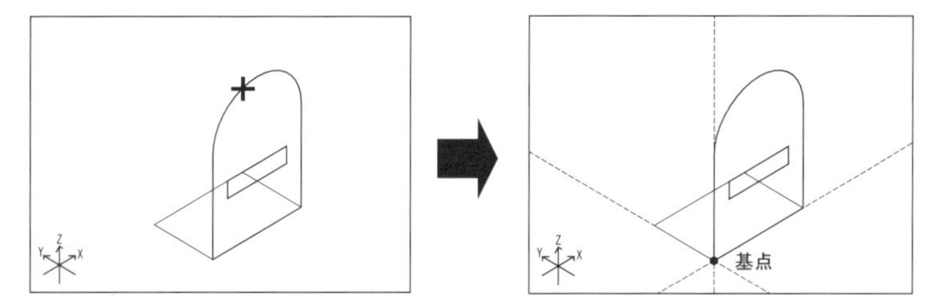

(5) 基点からラバーバンドが表示され、**「引き伸ばす目的点を指示」**とメッセージが表示されます。
同じスナップのまま、カーソルを移動させて矩形の左上端部をクリックすると、面が引き伸ばされ、穴ポリゴンに厚みがつきます。

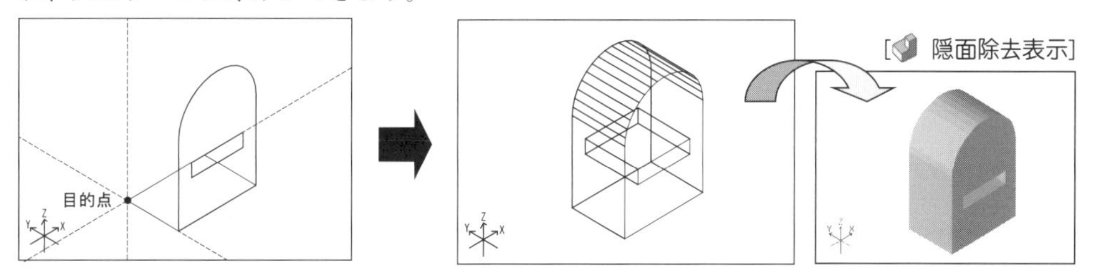

(6) **【引き伸ばし】コマンド**を解除します。

4 平面図形を回転させて図形を作成する

指定した回転軸に沿って平面図形を回転させて3次元図形を作成します。
軸対称な「コップ」や「ランプ」などを作成する時に便利です。

(1) **【回転体】コマンド**を実行します。
[作成]**メニュー**から[回転体]をクリックします。

(2) ダイアログボックスが表示されます。
[回転角]などを設定し、[OK]**ボタン**をクリックします。

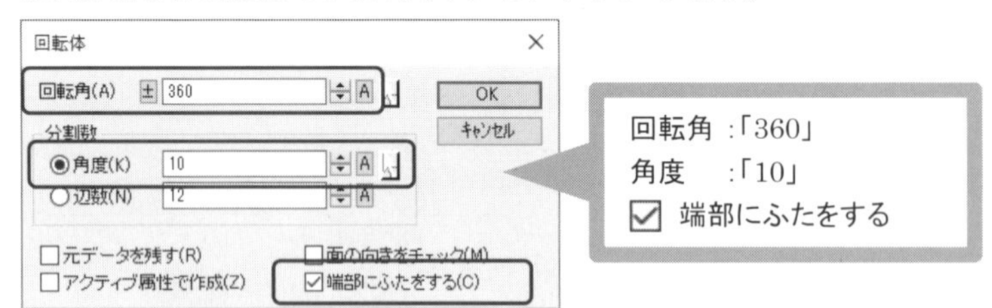

回転角：回転させる角度を指定します。
回転の方向は回転軸の1点目から2点目に向かって右回りが＋角度です。

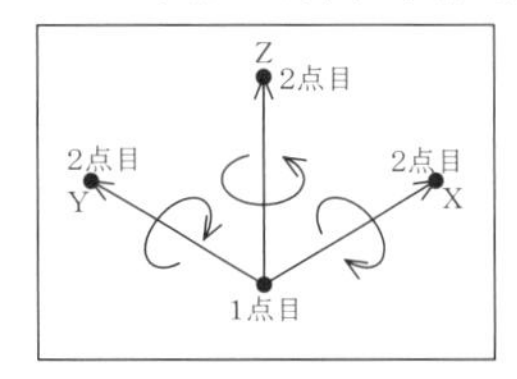

分割数：回転で作成される面の分割方法を指定します。
[角度] 中心角度を設定して回転で作成される面の数を設定します。
[辺数] 辺の数を設定して回転で作成される面の数を設定します。

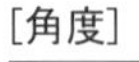

[角度]

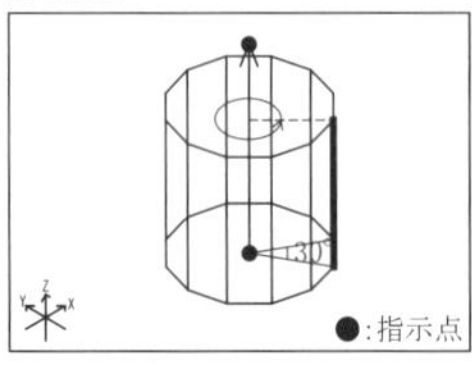

[辺数] 例:辺数＝12

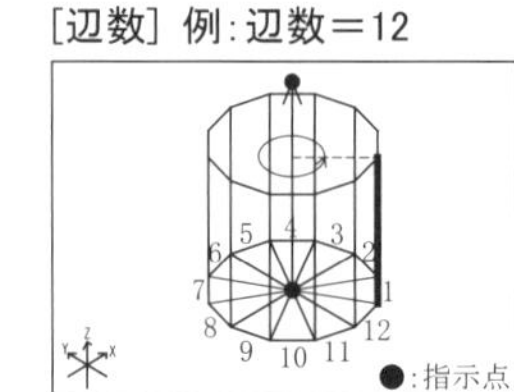

[選択されたデータを残す] 選択した図形を残します。
[面の向きをチェック] 回転して作成される面の表の方向を矢印で確認します。左クリック(YES)すると、確定されます。
[端部にふた] 閉じたポリラインの場合に、回転した図形の端部に面を作成します。

[面の向きをチェック]

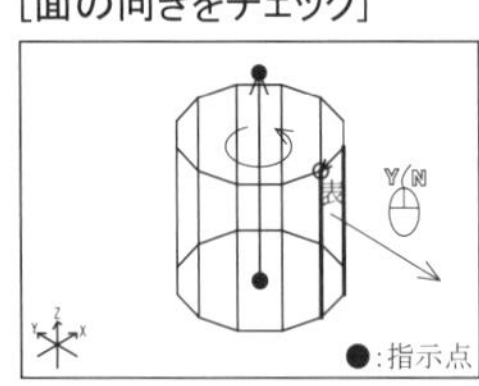

[☑ 端部にふた]

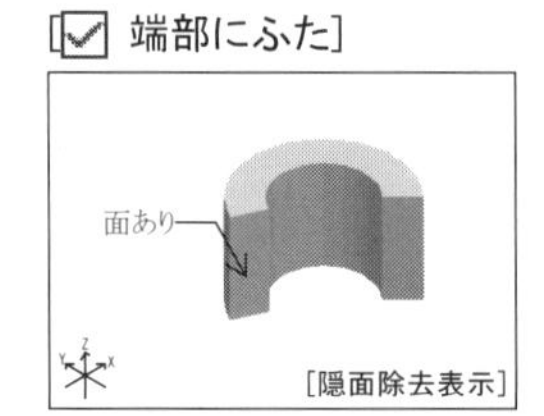

[☐ 端部にふた]

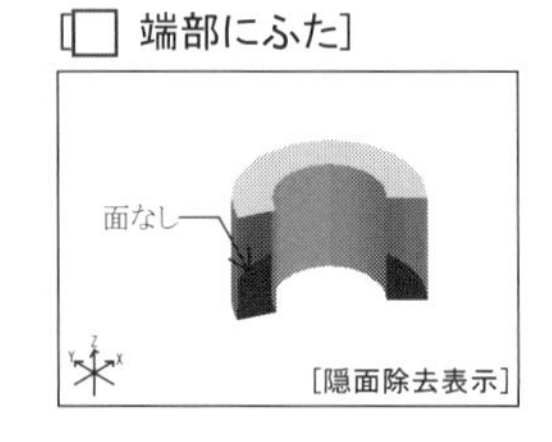

(3) **「図形を選択してください」**とメッセージが表示され、クロスカーソルに変わります。
回転したい図形の上から下へと対角にドラッグして選択します。

(4) **「回転体を作成する軸の一点目を指示」**とメッセージが表示されます。
【端点】スナップで、選択した図形の下端部をクリックします。

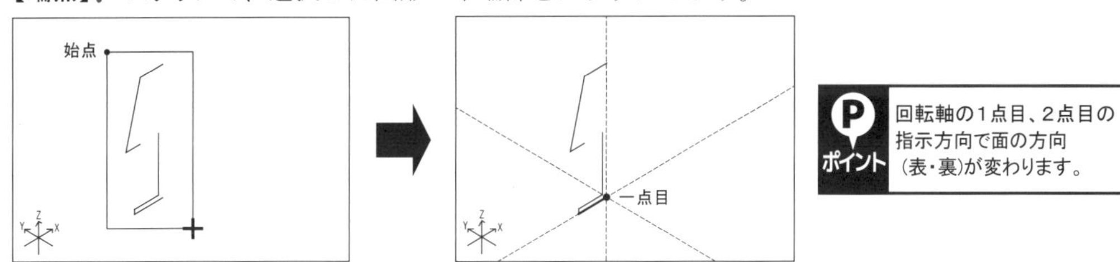

(5) 一点目からラバーバンドが表示され、**「回転体を作成する軸の二点目を指示」**とメッセージが表示されます。
同じスナップのまま、選択した図形の上端部をクリックすると、選択した図形が回転し立体化されます。

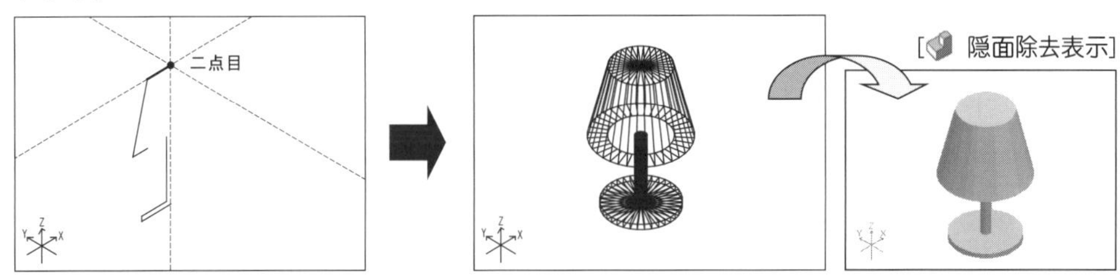

(6) **【回転体】コマンド**を解除します。

5 平面図形をポリラインに沿って引き伸ばす

すでに描いてある平面図形をポリラインに沿って引き伸ばします。引き伸ばすための図形を指定して、軌道を選択することで簡単に3次元図形を作成することができます。

(1) **【パイプ】コマンド**を実行します。
[作成]メニューから[**パイプ**]をクリックします。

(2) ダイアログボックスが表示されます。
「端部にふたをする」を✔し、**[OK]ボタン**をクリックします。

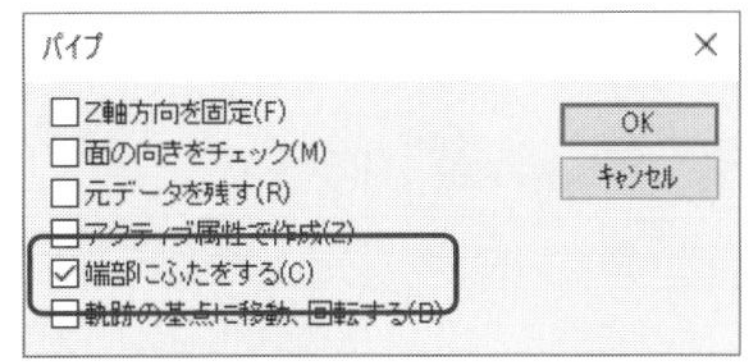

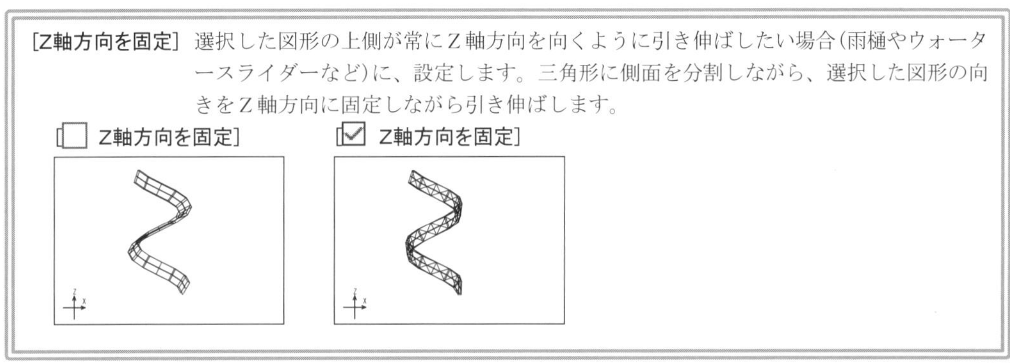

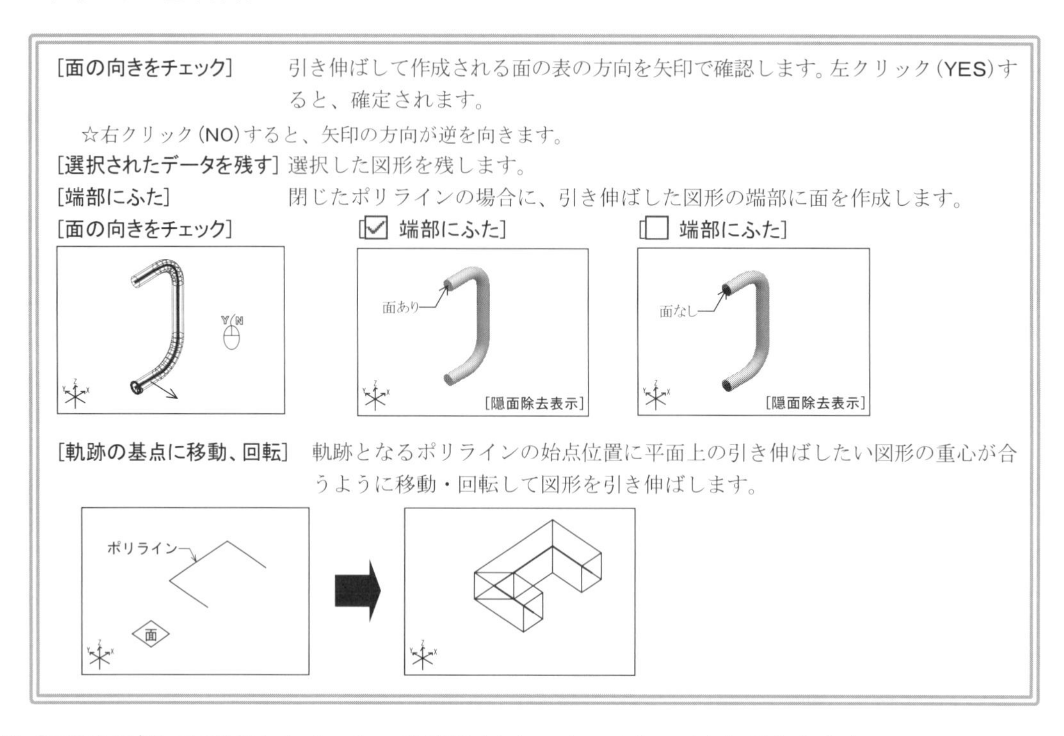

[面の向きをチェック]　引き伸ばして作成される面の表の方向を矢印で確認します。左クリック(YES)すると、確定されます。

☆右クリック(NO)すると、矢印の方向が逆を向きます。

[選択されたデータを残す] 選択した図形を残します。

[端部にふた]　閉じたポリラインの場合に、引き伸ばした図形の端部に面を作成します。

[軌跡の基点に移動、回転]　軌跡となるポリラインの始点位置に平面上の引き伸ばしたい図形の重心が合うように移動・回転して図形を引き伸ばします。

(3) **「図形を選択してください」**とメッセージが表示され、クロスカーソルに変わります。
引き伸ばす３Ｄ円をクリックして選択します。

(4) **「軌跡を表すポリラインを指示」**とメッセージが表示されます。
ポリラインをクリックします。

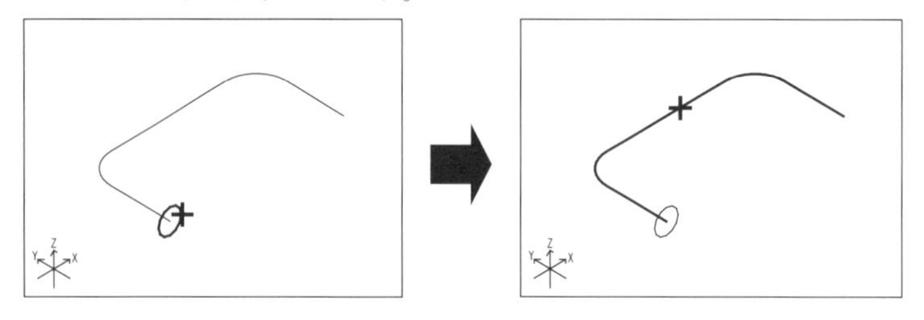

(5) **「このポリラインでいいですか？」**とメッセージが表示され、引き伸ばす方向の矢印と確認のマウスが表示されます。
左クリック(YES)すると、選択した図形がポリラインに沿って引き伸ばされます。

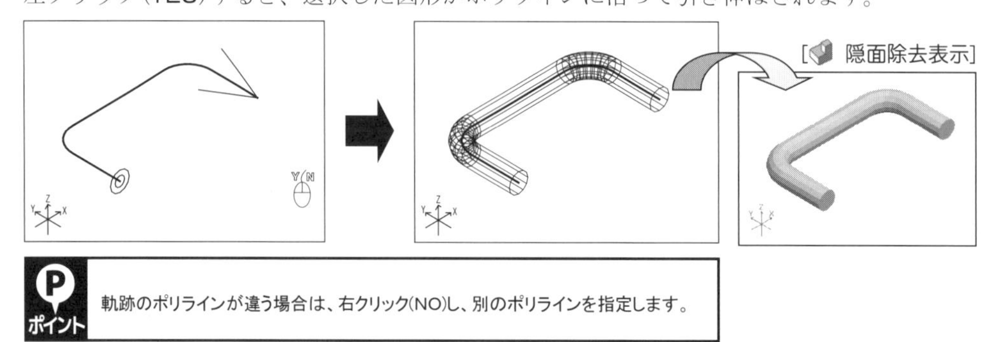

ポイント　軌跡のポリラインが違う場合は、右クリック(NO)し、別のポリラインを指定します。

引き伸ばす方向はポリラインの始点から終点になります。方向が違う場合は、コマンドを解除して**【反転】コマンド**でポリラインの始点を変更してからやり直してください。

(6) **【パイプ】コマンド**を解除します。

3 住宅モデルの作成

０ モデルを作成する前に

Part３では外観パースを作成するためのモデルを作成します。
３次元モデルを作成する方法はいくつかありますが、本書では「**こんなに簡単! DRA-CAD18 3次元編 練習用データ**」フォルダに収録されている２次元線分データ「**平面図・立面図**」を利用して、立体化していきます。
※コマンドの使用方法に重点を置いているため、例題図面の表現に設計上一般的ではない部分があります。

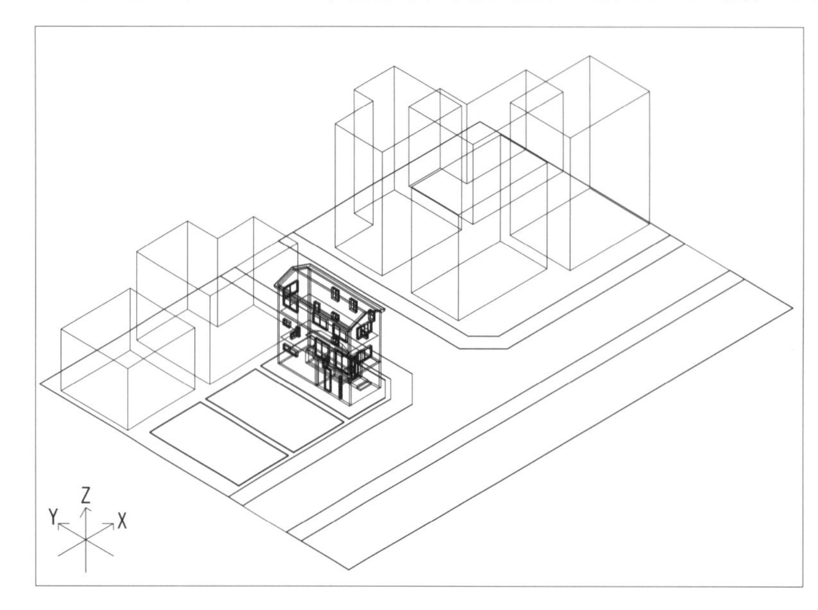

完成図

１ 作図上の注意

- Part1、２での基本的概要や操作などを、確認して頂いていることを前提としています。
- コマンドの実行と解除については「Part１ DRA-CAD の概要 **2-1 コマンドの実行と解除**」(P13)を参照してください。
- 選択モードとスナップモードは、ツールバーが初期設定で表示されていますので、ツールバーのアイコンで説明します。
  また、「**3次元表示**」**ツールバー**を✔し、表示して操作します(「Part１ DRA-CAD の概要 **1-3 画面構成**」(P5)を参照)。
- コマンドのメッセージは図解上で表示しています。
- 図解では画面すべてを記載せず、作図の説明上必要な図解を拡大して表示しています。
- **【環境設定】コマンド**の初期設定で、「3D 時に文字を表示」を✔しているため３次元編集画面でも文字が表示されますが、図解では省略します。
- クロスヘアカーソル、クロスカーソル、矢印カーソルをすべてカーソルと表現しています。
- 図解ではクロスヘアカーソルを点線で表示しています。
- 隠面除去表示は「**Zバッファ**」で表示しています(「Part２ モデリングの基本操作 **1-2 モデルの表示 ２ 図形を隠面除去表示する**」(P47)を参照)。
- 図解上で拡大してある範囲は**【拡大】**、**【パンニング】コマンド**などを実行し、表示してください。
  また拡大後は**【全図形表示】**(赤)、**【図面範囲表示】**(緑)**コマンド**などで、全体図を表示します。
- 作図の前に使用する「**こんなに簡単! DRA-CAD18 3次元編 練習用データ**」フォルダをパソコンにダウンロードしてください(「**本書の使い方 練習用データのダウンロード**」を参照)。
  また、作成したデータは、ダウンロードした「**こんなに簡単! DRA-CAD18 3次元編 練習用データ**」フォルダに保存します。

0-1 ファイルを開く

すでに作図されている平面図・立面図のファイルを開きます。

☆ファイルを開く方法は、「Part1 DRA-CAD の概要　**3-2** データの保存と呼び出し **2** データを呼び出す」(P22) を参照してください。

1. **【開く】コマンド**を実行します。

メニューから[開く]をクリックします。

2. ダイアログボックスが表示されます。

(1) **「こんなに簡単! DRA-CAD18 3次元編 練習用データ」**フォルダを指定します。

(2) **「平面図・立面図**.mps**」**ファイルを指定し、**[開く]ボタン**をクリックします。

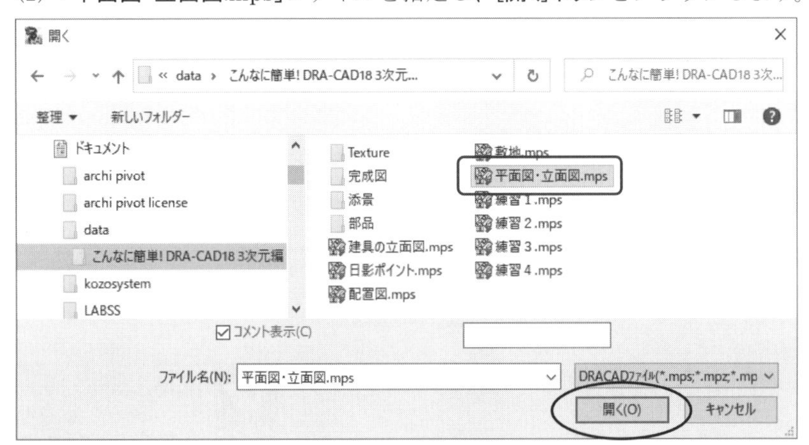

「こんなに簡単! DRA-CAD18 3次元編 練習用データ」フォルダは、ホームページからダウンロードしたデータフォルダです(「本書の使い方 練習用データのダウンロード」を参照)。

「平面図・立面図」ファイルが表示され、**【開く】コマンド**は解除されます。

3. **【全図形表示】コマンド**を実行します。

[表示]メニューから**[全図形表示]**をクリックします。

平面図・立面図が画面一杯に表示され、**【全図形表示】コマンド**は解除されます。

課題図面について

「平面図・立面図」ファイルには、1階～3階までの平面図、東西南北の立面図が作図されています。ただし、通り心、寸法などはモデリングしやすいように、消去されています。
この1階平面上に3次元モデルを作成していきます。

0-2 属性を設定する

書き込む図形に対して属性(レイヤ、カラー、線種、線幅、グループ)を**【属性リスト設定】コマンド**で設定します。ただし、グループは随時設定します。

1. **【属性リスト設定】コマンド**を実行します。
[ホーム]メニューから[**属性参照**]の**▼ボタン**をクリックし、[**属性リスト**]をクリックします。

2. ダイアログボックスが表示されます。
(1) 作成済みの属性リストを使用しますので、**[読込]ボタン**をクリックします。
(2) 開くダイアログボックスが表示されます。
以下のように設定し、**[開く]ボタン**をクリックします。

ファイルの場所	:「こんなに簡単! DRA-CAD18 3次元編 練習用データ」
ファイル名	:「課題属性リスト1」
ファイルの種類	:「テキストファイル(*.txt)」

(3) 読み込まれた属性リストが表示されます。
属性を確認し、**[OK]ボタン**をクリックします。

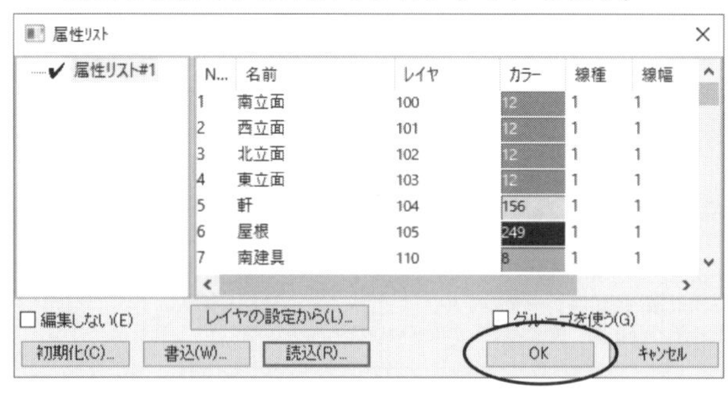

【属性リスト設定】コマンドは、属性のタイトル名と属性(レイヤ・カラー・線種・線幅・塗りカラー・材質・グループ)を設定します(詳細については『PDF マニュアル』を参照)。

属性リストが設定され、**【属性リスト設定】コマンド**は解除されます。

属性管理表

下記のように項目別に属性管理表(レイヤ・カラー・線種など)を作成し、属性リストに設定すると、属性の設定が便利です。また、特定のレイヤを画面に表示/非表示することで修正、編集・出力などの作業が効率よくできます。

項目	レイヤ	カラー	項目	レイヤ	カラー
南立面	100	012 濃緑色	バルコニーの手すり	122	003 紫
西立面	101	012 濃緑色	バルコニーの屋根	123	249 黒灰色
北立面	102	012 濃緑色	バルコニーの軒	124	156 淡黄色
東立面	103	012 濃緑色	コンクリートの壁	130	015 濃灰色
軒	104	156 淡黄色	すりガラス	131	013 濃水色
屋根	105	249 黒灰色	床	140	014 濃黄色
南建具	110	008 灰色	ポーチ	141	010 濃赤
西建具	111	008 灰色	ガレージの床	142	256 薄灰色
北建具	112	008 灰色	補助線	50	002 赤
東建具	113	008 灰色	カメラ	200	001 青
バルコニーの床	120	255 銀灰色	ライト	201	001 青
バルコニーの壁	121	214 明灰緑色			

☆線種はすべて「001 実線」、線幅はすべて「1 0.01」とします。

0-3 コマンドをキーに割り付ける

作図を進めていく上で、部材が変わるごとに属性を設定していきます。そこで、**【属性リスト設定】**コマンドをキーボードに割付します。

1. **【キーボード割付】コマンド**を実行します。
メニューから[設定]→[キーボード割付]をクリックします。

2. ダイアログボックスが表示されます。
(1) **[新しいキー割付]ボックス**をクリックし、ファンクションキーの F12 キーを押します。
(2) **[種類]**と**[コマンド]**を選択し、**[割付]ボタン**をクリックします。
(3) **[現在の割付]ボックス**にキー番号が表示されたら、**[OK]ボタン**をクリックします。

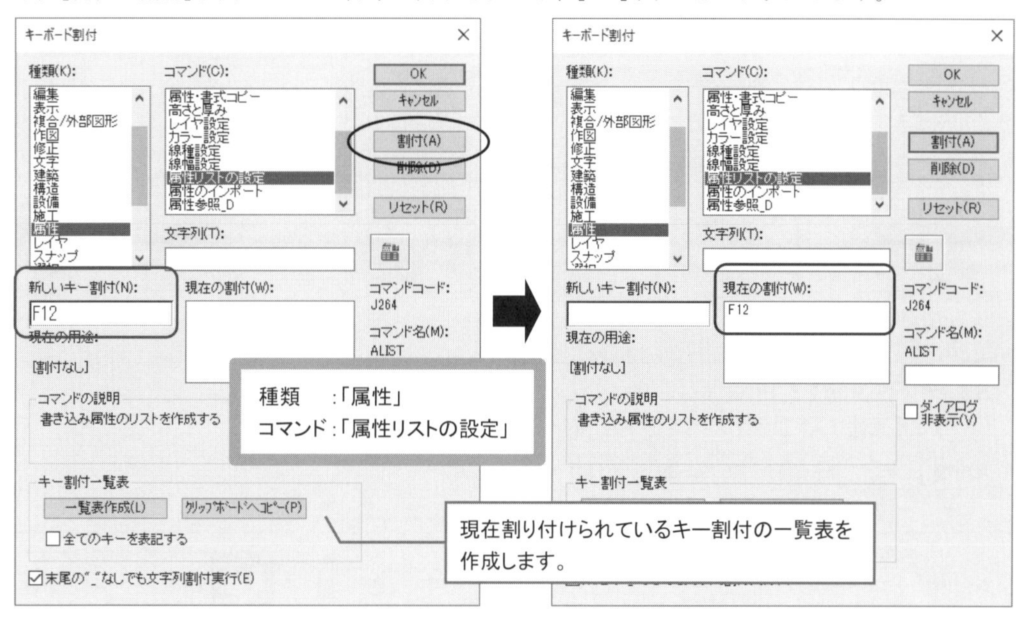

F12 キーに**【属性リスト設定】コマンド**が割り付けされ、**【キーボード割付】コマンド**は解除されます。

【キーボード割付】コマンドについて

【キーボード割付】コマンドは、各コマンドのコマンド名をキーボードに割り付けたり、文字列をキーボードに割り付けることで、キーを押すだけでコマンドを実行することができます。

<文字のキー割り付け>

① **[新しいキー割付]**欄をクリックし、割り付けたいキーボード(例:K)を押します。押したキーが表示され、現在の用途が表示されます。
② **[文字列]**欄に割り付けたい文字列（例：J25__)、コマンド名（例：ZOOMW）を入力します。(文字列の__は ↵ キーを意味しますので、必ず入力してください）
③ **[割付]ボタン**をクリックし、**[OK]ボタン**をクリックします。
キーボードにコマンドが割り付けられました(例：K キーを押すと、**【拡大】コマンド**が実行する)。

<キー割り付けの削除>

① **[新しいキー割付]**欄をクリックし、割り付けを削除したいキーボードを押します。押したキーが表示され、現在の用途が表示されます。
② **[削除]ボタン**をクリックすると、割り付けたコマンドまたは文字列が削除されます。

☆一度、割付したキーは別のコマンドを割付しない限り有効です（同じキーに割付した時は、上書きとなります)。
割付しないほうがいいキーとして、テンキー（数字キー)、アルファベットのA、Sなどがあります。
また Ctrl または Shift キーと合わせて使用することもできます。

1 面を作成する

各立面図に面(ポリゴン)を作成します。

1-1 立面図の面を作成する

立面図の２次元線分を基準に、**【3D矩形】コマンド**で南、北立面、**【3Dポリライン】コマンド**で東、西立面を作成します。

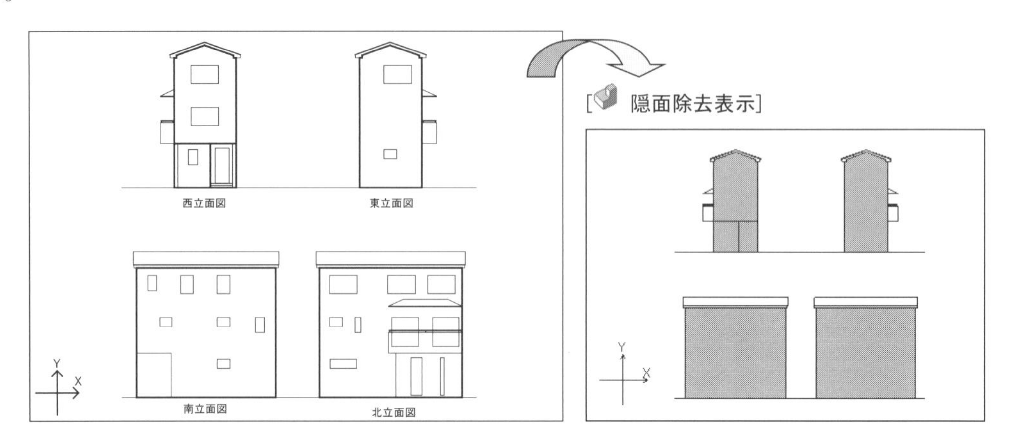

1 属性を設定する

1. **【属性リスト設定】コマンド**（F12キー）を実行します。

2. ダイアログボックスが表示されます。
4番「東立面」の属性を選択し、**[OK]ボタン**をクリックします。

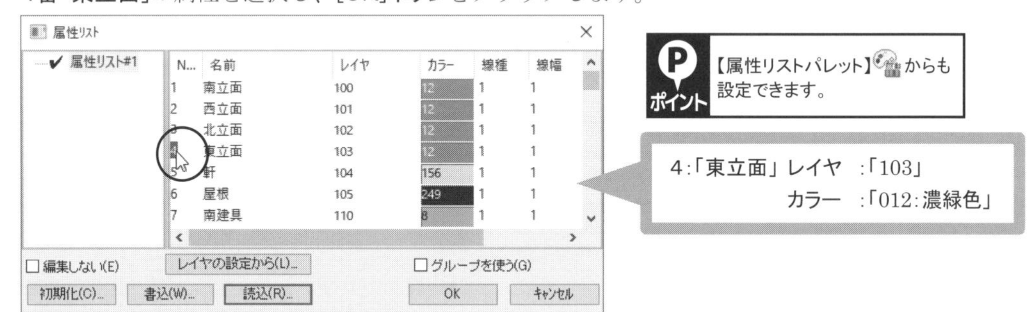

属性が設定され、**【属性リスト設定】コマンド**は解除されます。
〔属性〕パネルまたはステータスバーにレイヤ番号(103)とカラー(012:濃緑色)が表示されます。

これ以降は属性の設定方法は省略します。

キーボード割付したコマンドが実行できない場合は、まず、割付が正しくないことが考えられます。
また、割付はできたのに実行できない場合は、ステータスバー上段の左側に文字が入力されています。Escキーを押して文字を消去してから、もう一度割付したキーを押してみてください。

2 3次元編集に切り替える

1. **【2次元/3次元切替】コマンド**を実行します。

クィックアクセスツールバーから[**2次元/3次元切替**]をクリックします。

３次元編集モードに変わり、**【2次元/3次元切替】コマンド**は解除されます。

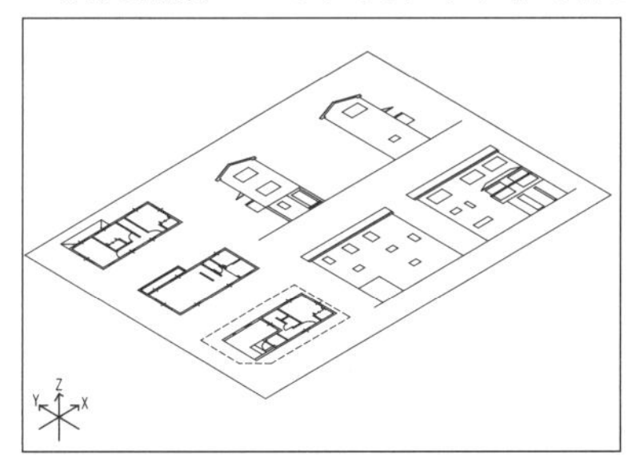

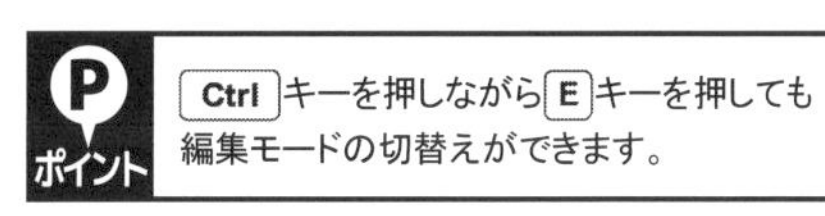

3 東立面を作成する

1. **【上空図】**を表示します。

2. **【3Dポリライン】コマンド**を実行します。

[作成]メニューから[**3Dポリライン**]をクリックします。

3. 東立面を作成します。

(1) **【端点】** **スナップ**で、東立面の左下端部をクリックします。

(2) 同じスナップのまま、**反時計回り**に東立面の第２点～第９点の端部をクリックします。

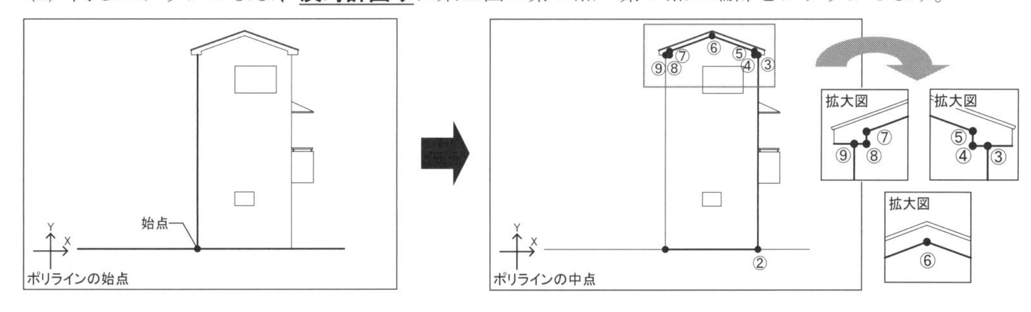

(3) 第9点まで取り終えたら、右クリックし、編集メニューを表示します。

(4) **[図形を閉じる]**を指定すると、東立面が描かれます。

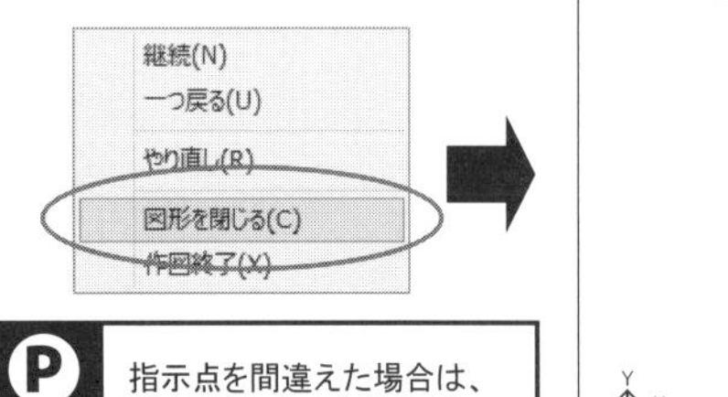

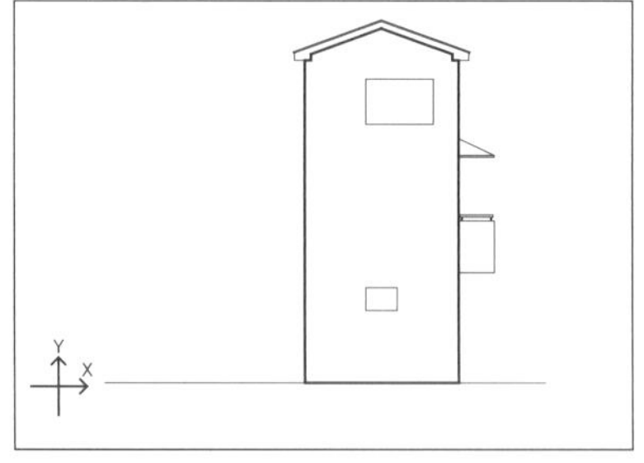

ポイント 指示点を間違えた場合は、[一つ戻る]をクリックします。

ポイント 【拡大】コマンドを割り込ませ、作業部分を拡大表示します。また、拡大表示した状態で【パンニング】コマンドを割り込ませて、画面を移動して作業します。

4 属性を設定する

1. **【属性リスト設定】コマンド**(F12キー)を実行します。
2番「西立面」を選択します。

2:「西立面」	レイヤ	:「101」
	カラー	:「012:濃緑色」

属性が設定され、**【属性リスト設定】コマンド**は解除されます。
〔属性〕パネルまたはステータスバーにレイヤ番号(101)とカラー(012:濃緑色)が表示されます。

5 西立面を作成する

1. 東立面と同様に、**【端点】スナップ**で西立面を描きます。

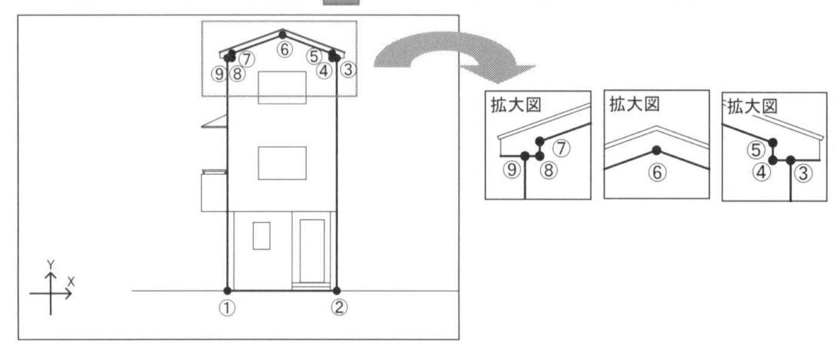

2. **【3Dポリライン】コマンド**を解除します。

6 属性を設定する

1. **【属性リスト設定】コマンド**(F12キー)を実行します。
21番「補助線」の属性を選択します。

21:「補助線」	レイヤ	:「50」
	カラー	:「002:赤」

属性が設定され、**【属性リスト設定】コマンド**は解除されます。
〔属性〕パネルまたはステータスバーにレイヤ番号(50)とカラー(002:赤)が表示されます。

7 補助線を作図する

西立面は、３枚の壁で構成されているので、分断しやすいように補助線を作図します。

1. **【単線モード】コマンド**を実行します。
[作成]メニューから[・ **点**]の**▼ボタン**をクリックし、[— **単線**]をクリックします。

2. 線分を描きます。
(1) **【端点】**スナップで、壁線の端部をクリックします。
(2) 同じスナップのまま、壁線の端部をクリックすると、線が描けます。

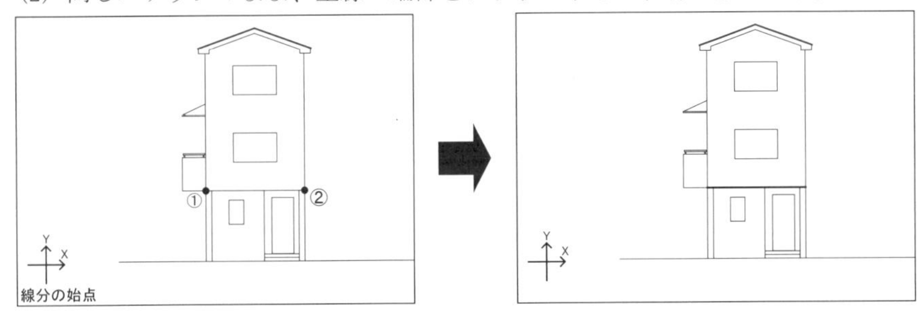

(3) 同様に、線分を描きます。

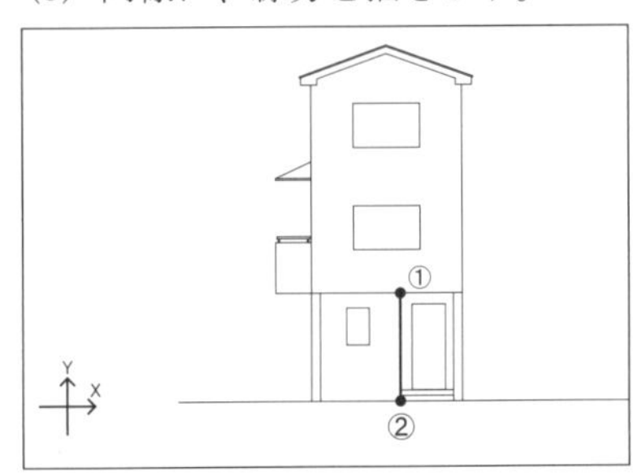

3. **【単線モード】コマンド**を解除します。

8 属性を設定する

1. **【属性リスト設定】コマンド**（F12キー）を実行します。
1番「南立面」の属性を選択します。

1:「南立面」レイヤ	:「100」
カラー	:「012:濃緑色」

属性が設定され、**【属性リスト設定】コマンド**は解除されます。
〔属性〕パネルまたはステータスバーにレイヤ番号(100)とカラー(012:濃緑色)が表示されます。

9 南立面を作成する

1. **【3D矩形】コマンド**を実行します。

[作成]メニューから[**3Dポリライン**]の**▼ボタン**をクリックし、[**3D矩形**]をクリックします。

2. ダイアログボックスが表示されます。

✔がはずれていることを確認して、**[OK]ボタン**をクリックします。

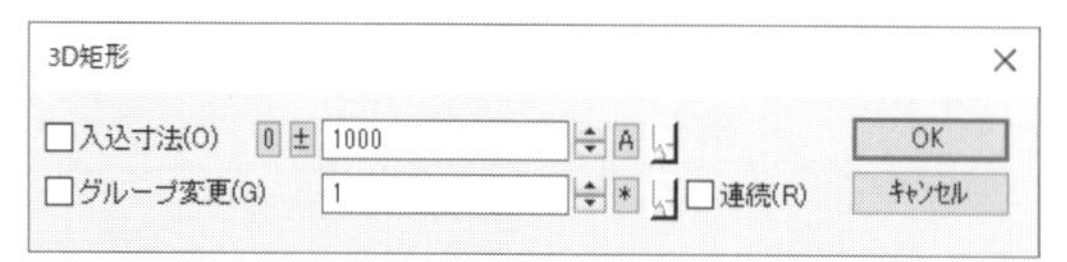

3. 南立面を作成します。

(1) **【端点】** **スナップ**で、南立面の左上端部をクリックします。

(2) 同じスナップのまま、南立面の右下端部をクリックすると、南立面が描かれます。

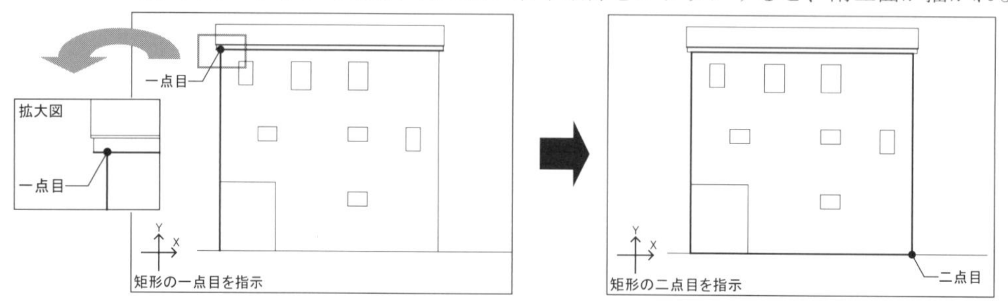

10 属性を設定する

1. **【属性リスト設定】コマンド**（F12 **キー**）を実行します。

3番「**北立面**」の属性を選択し、**[OK]ボタン**をクリックします。

3:「北立面」レイヤ :「102」
カラー :「012:濃緑色」

属性が設定され、**【属性リスト設定】コマンド**は解除されます。

〔属性〕パネルまたはステータスバーにレイヤ番号（102）とカラー（012:濃緑色）が表示されます。

11 北立面を作成する

1. 南立面と同様に、**【端点】** **スナップ**で北立面を描きます。

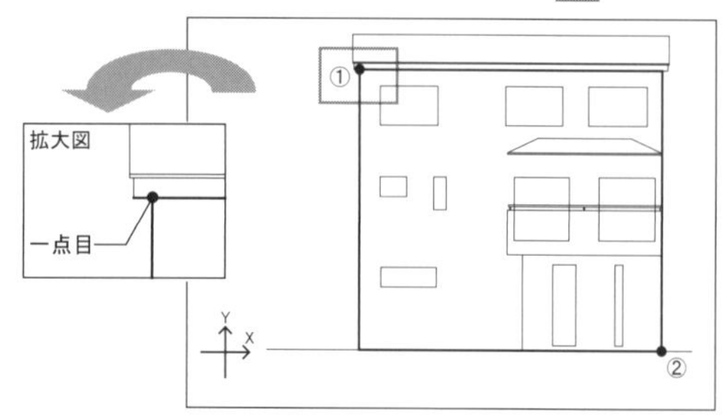

2. **【3D矩形】コマンド**を解除します。

12 面を確認する

面が作成されているかを【隠面除去表示】コマンドで確認します。

1.【隠面除去表示】コマンドを実行します。
　[表示]メニューから[隠面除去]をクリックします。

Ctrl キーを押しながら T キーを押しても隠面除去表示の切替えができます。

　図形が隠面除去表示され、【隠面除去表示】コマンドは解除されます。

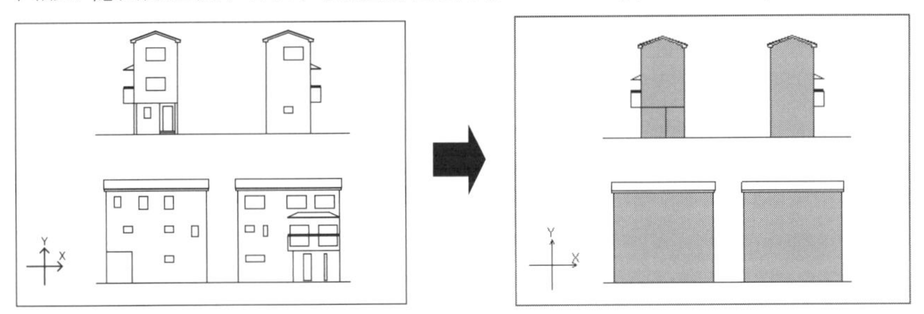

隠面除去表示の設定が「OpenGL」になっていると、補助線が表示されません。「Zバッファ」に変更し、表示してください（「Part2 モデリングの基本操作 **1-2** モデルの表示 2 図形を隠面除去表示する」(P47)を参照）。

2. もう一度、【隠面除去表示】コマンドを実行すると、ワイヤーフレーム表示に戻ります。

これ以降は作業の終わりごとに、【隠面除去表示】コマンドを実行し、図形を確認してください。

13 ファイルに保存する

作成した面のデータを保存します。
☆データの保存方法は、「Part1 DRA-CAD の概要 **3-2** データの保存と呼び出し 1 データを保存する」(P20) を参照してください。

1.【名前をつけて保存】コマンドを実行します。
　メニューから[名前をつけて保存]をクリックします。

2. ダイアログボックスが表示されます。
　(1) 保存先のドライブ、フォルダは「こんなに簡単! DRA-CAD18 3次元編 練習用データ」フォルダが表示されています。
　　☆異なるフォルダが表示されている場合は、[フォルダの参照]ボタンをクリックし、「こんなに簡単! DRA-CAD18 3次元編 練習用データ」フォルダを指定してください。
　(2) ファイル名に「KADAI-01」と入力し、[保存]ボタンをクリックします。

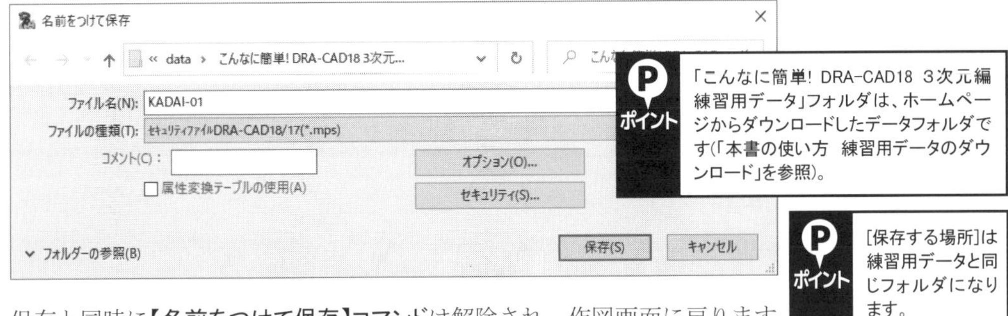

「こんなに簡単! DRA-CAD18 3次元編 練習用データ」フォルダは、ホームページからダウンロードしたデータフォルダです（「本書の使い方 練習用データのダウンロード」を参照）。

[保存する場所]は練習用データと同じフォルダになります。

　保存と同時に【名前をつけて保存】コマンドは解除され、作図画面に戻ります。

今回は、セキュリティは設定しませんが、MPZ 形式で保存するよりも MPS 形式で保存する方が、データサイズが小さくなります。

これ以降は作業の終わりごとに、【上書き保存】コマンドをクリックし、ファイルを上書き保存してください。

1-2 屋根の面を作成する

西立面に軒の面、屋根の面を【3Dポリライン】コマンドで作成します。

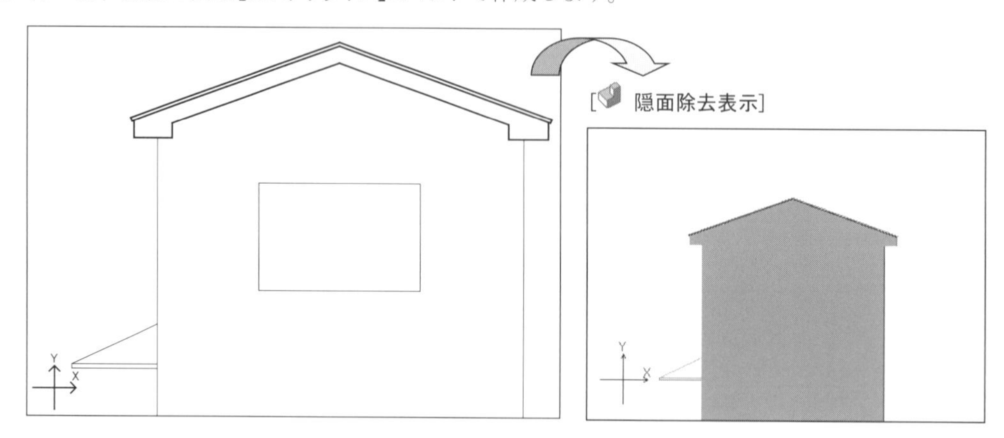

1 属性を設定する

1. 【属性リスト設定】コマンド（F12 キー）を実行します。
5番「軒」を選択します。

5:「軒」 レイヤ :「104」
カラー :「156:淡黄色」

属性が設定され、【属性リスト設定】コマンドは解除されます。
〔属性〕パネルまたはステータスバーにレイヤ番号（104）とカラー（156:淡黄色）が表示されます。

2 軒の面を作成する

1. 【3Dポリライン】コマンドを実行します。
[作成]メニューから[3D矩形]の▼ボタンをクリックし、[3Dポリライン]をクリックします。

2. 軒面を作成します。
(1) 【端点】スナップで、西立面の軒左下端部をクリックします。
(2) 同じスナップのまま、第２点〜第10点の端部をクリックします。

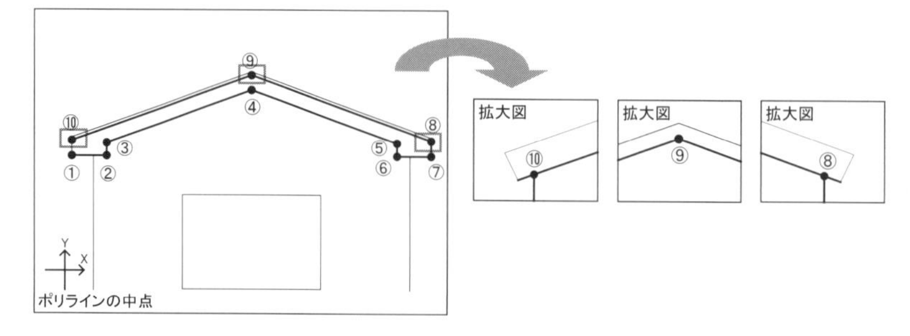

(3) 第10点まで取り終えたら、右クリックし、編集メニューを表示します。

(4) **[図形を閉じる]**を指定すると、西立面の軒面が描かれます。

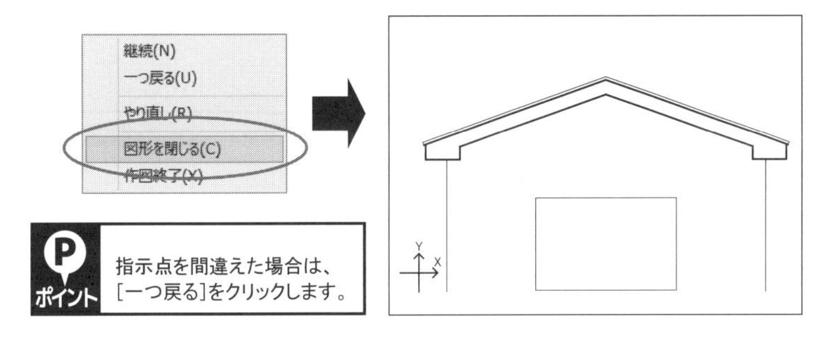

3 属性を設定する

1. **【属性リスト設定】コマンド**(F12キー)を実行します。
6番「屋根」を選択します。

6:「屋根」レイヤ:「105」
カラー:「249:黒灰色」

属性が設定され、**【属性リスト設定】コマンド**は解除されます。
〔属性〕パネルまたはステータスバーにレイヤ番号(105)とカラー(249:黒灰色)が表示されます。

4 屋根の面を作成する

1. 西立面の屋根面を作成します。

(1) **【端点】**スナップで、西立面の屋根左下端部をクリックします。

(2) 同じスナップのまま、第2点〜第6点の端部をクリックします。

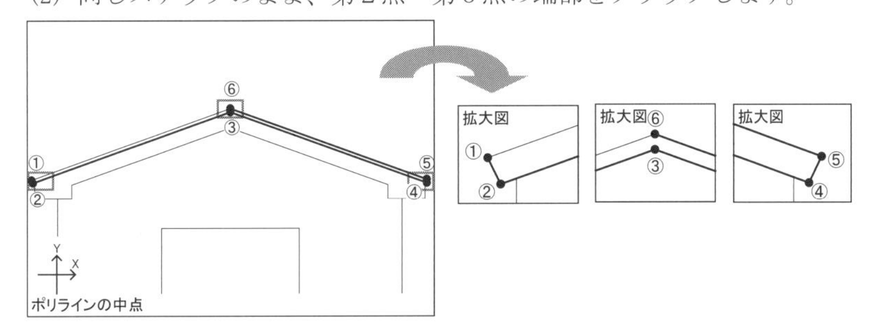

(3) 第6点まで取り終えたら、右クリックし、編集メニューを表示します。

(4) **[図形を閉じる]**を指定すると、西立面の屋根面が描かれます。

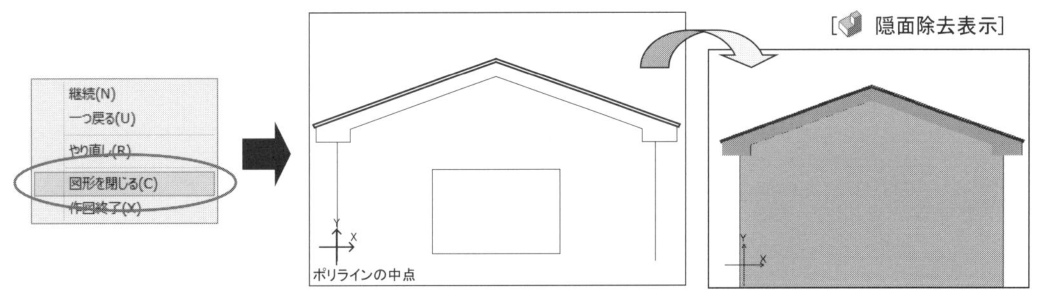

2. **【3Dポリライン】コマンド**を解除します。

1-3 窓・ドアの開口部を作成する

立面図の窓・ドアの開口部を**【ポリライン化】コマンド**で穴面に変更し、各立面に**【穴ポリゴン作成】コマンド**でそれぞれ窓・ドアの開口部を作成します。

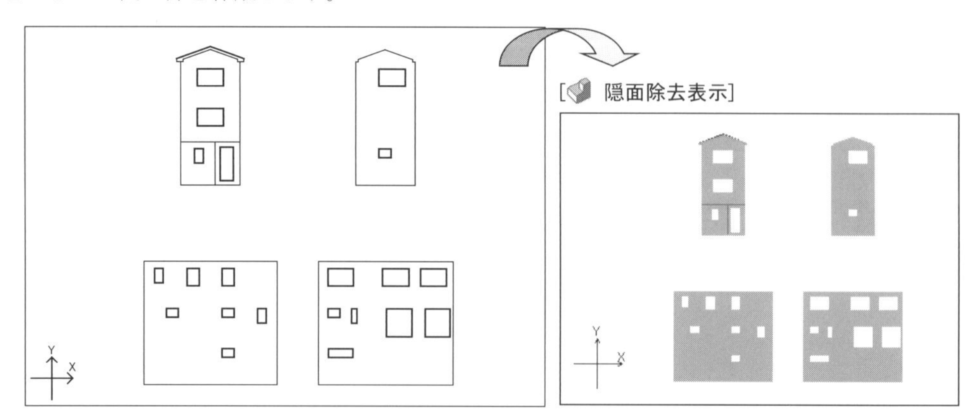

1 属性を設定する

1. **【属性リスト設定】コマンド**（F12キー）を実行します。
21番「**補助線**」の属性を選択します。

> 21:「補助線」レイヤ :「50」
> カラー :「002:赤」

属性が設定され、**【属性リスト設定】コマンド**は解除されます。
〔**属性**〕**パネル**またはステータスバーにレイヤ番号(50)とカラー(002:赤)が表示されます。

2 窓・ドアの穴面を作成する

1. **【ポリライン化】コマンド**を実行します。
[**編集**]**メニュー**から[**ポリライン化**]をクリックします。

2. ダイアログボックスが表示されます。
すべて✔し、[**OK**]**ボタン**をクリックします。

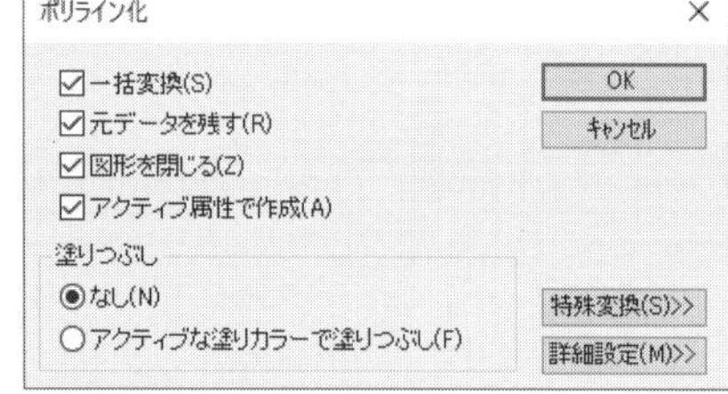

ポリライン化について

・基点として指定した線分の端部につながっている線を自動検索していくので、複数の線分が交わっていたり、端部がずれていたりすると、連続線をうまく検索できない場合があります。このような場合には、[**詳細設定**]の「検索時の比較属性」にある検索誤差や検索属性で調節してください。
・ポリライン化した図形は**【ポリライン線分化】**または**【分解】****コマンド**で線分に戻すことができます。また、ポリライン化した図形の形状は**【ポリライン編集】****コマンド**で編集することができます。
☆詳細については『**PDF マニュアル**』を参照してください。

3. 穴面を作成します。

【カラー選択】で、立面図の窓枠(濃紫の線)をクリックして選択し、ポリライン化した穴面を作成します。

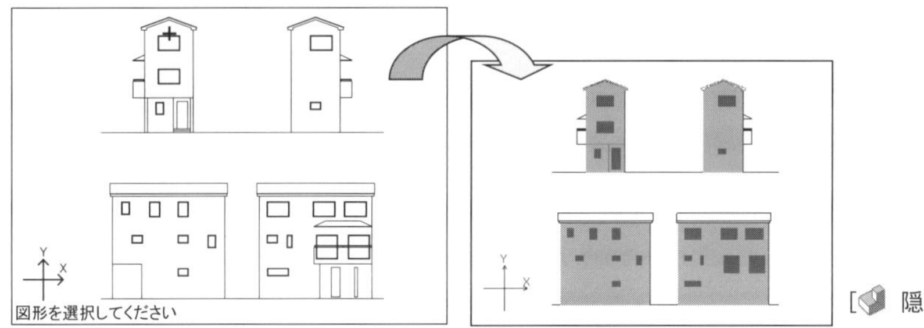

[隠面除去表示]

4. **【標準選択】**に戻します。

5. **【ポリライン化】コマンド**を解除します。

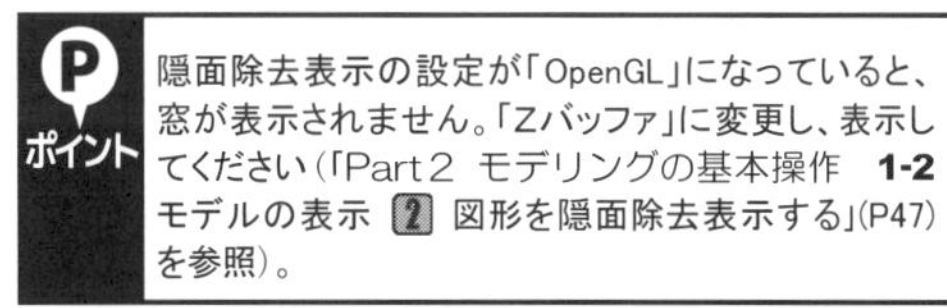

3 立面図・平面図をロック/非表示にする

住宅モデルを作成する際に必要なレイヤだけを表示/非表示しながら作業します。
また、作業中に平面図を編集対象としないようにロックします。

1. **【レイヤ設定】コマンド**を実行します。
[レイヤ]メニューから[**レイヤ設定**]をクリックします。

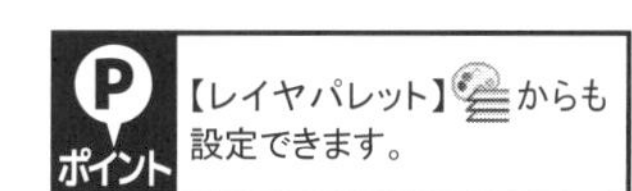

2. ダイアログボックスが表示されます。

(1) 001～010まで選択し、[**非表示]ボタン**と[**ロック]ボタン**をクリックします。

☆連続して複数のレイヤを選択するには、まず最初のレイヤ(001)をクリックし、最後のレイヤ(010)を **Shift** キーを押しながら、クリックします。

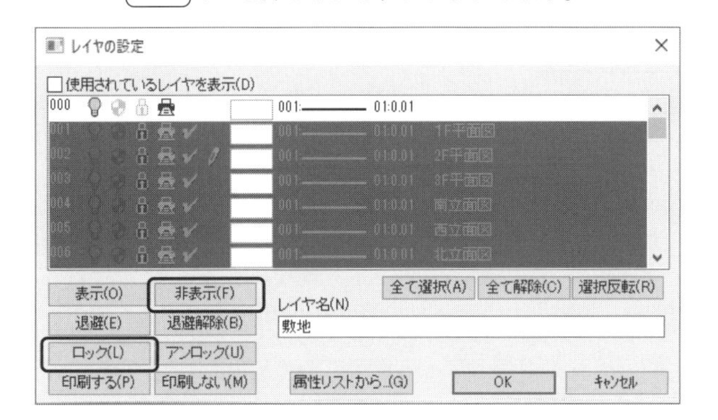

(2) [**OK]ボタン**をクリックします。
立面図・平面図のレイヤがロックされて非表示になり、**【レイヤ設定】コマンド**は解除されます。

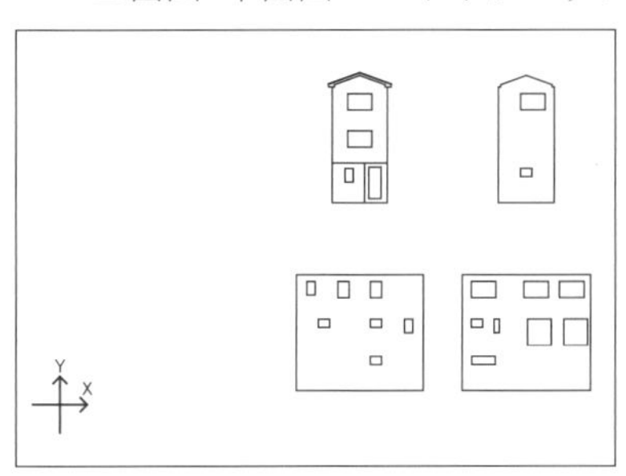

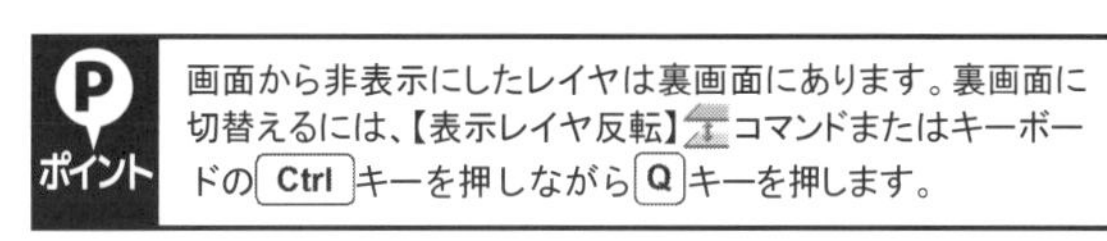

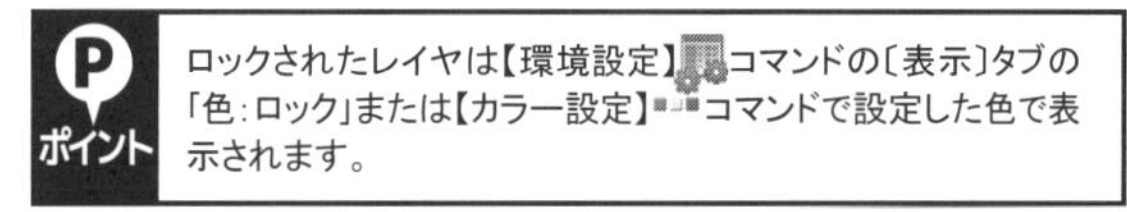

4 窓・ドアの開口部を作成する

1. **【穴ポリゴン作成】コマンド**を実行します。
[編集]メニューから[穴ポリゴン作成]をクリックします。

2. 南立面の開口部を作成します。
(1) **【標準選択】**で、南立面を上からドラッグ(ウィンドウ選択)してすべて選択します。
(2) 確認のマウスが表示されます。
左クリック(YES)すると、南立面が穴のあいた面(穴ポリゴン)に変換されます。

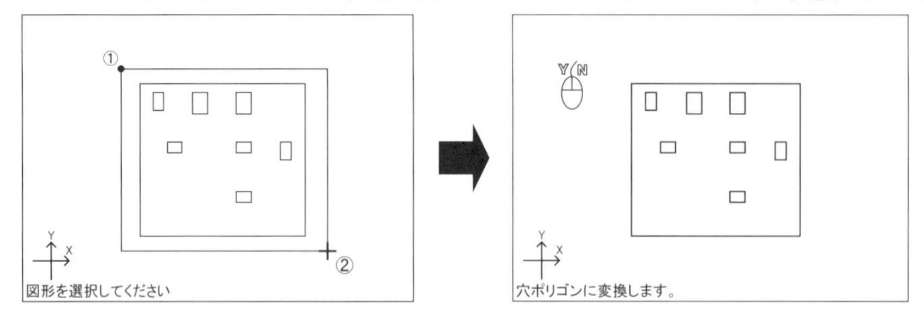

3. **2.**と同様に、それぞれの立面の開口部を作成します。

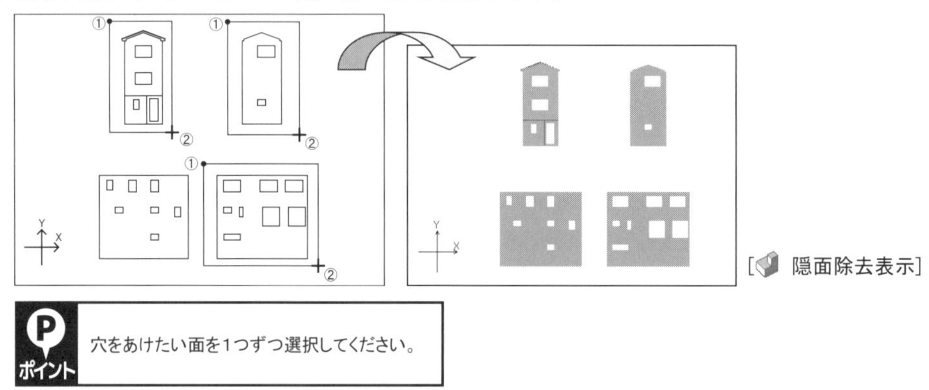

[隠面除去表示]

ポイント 穴をあけたい面を1つずつ選択してください。

4. **【穴ポリゴン作成】コマンド**を解除します。

② 壁・屋根を作成する

壁面・屋根面を各方向に立て起こして、１Ｆ平面図に移動し、壁面・屋根面を引き伸ばして、厚みを作成します。

2-1 壁・屋根を組み立てる

各立面を**【立て起こし】コマンド**で立て起こして１Ｆ平面図に移動します。

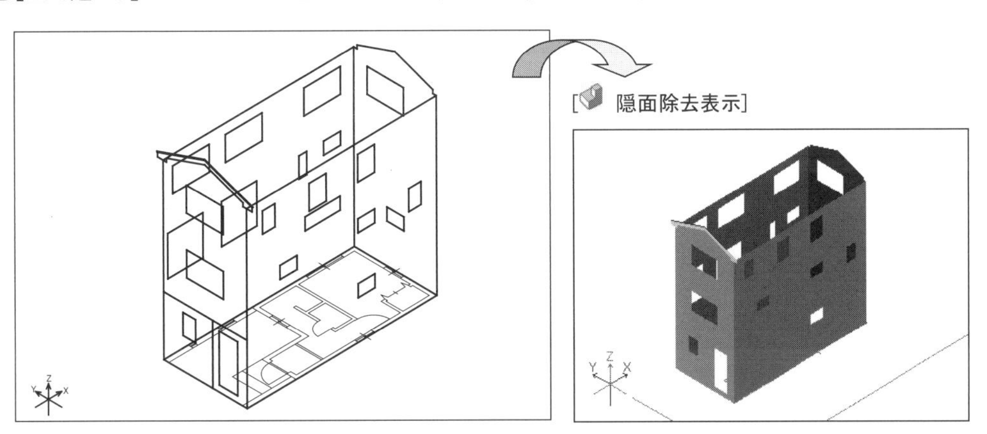

1 １Ｆ平面図のレイヤを表示する

1. **【表示レイヤキー入力】コマンド**を実行します。
[レイヤ]メニューから[**表示レイヤ指定**]の**▼ボタン**をクリックし、[**表示レイヤキー入力**]をクリックします。

2. ダイアログボックスが表示されます。
キーボードから“1 ↵”と入力します。

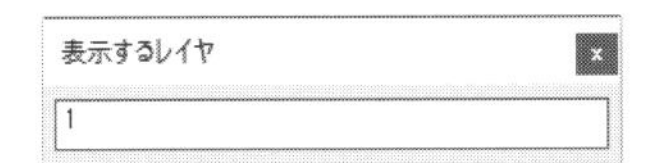

１Ｆ平面図のレイヤが表示されます。

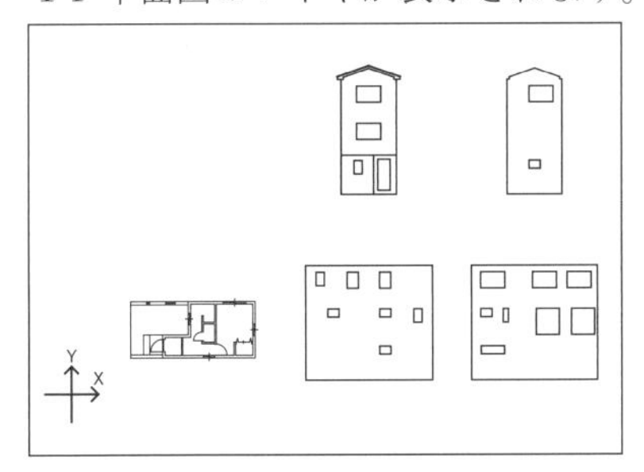

3. **【表示レイヤキー入力】コマンド**を解除します。

2 壁・屋根を組み立てる

1. **【南西アクソメ図】**を表示します。

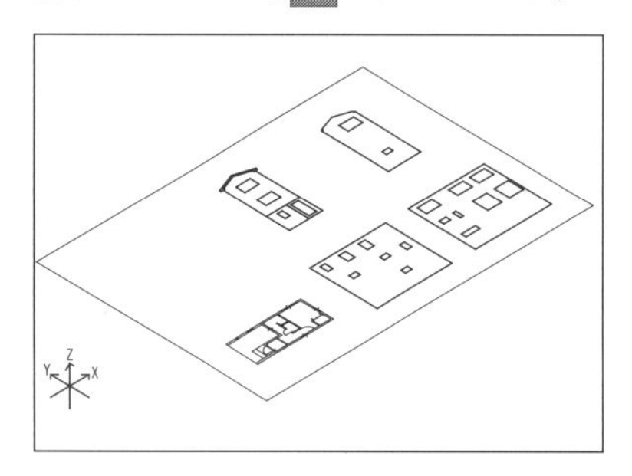

2. **【立て起こし】コマンド**を実行します。

[作成]メニューから**[立起こし]**をクリックします。

3. ダイアログボックスが表示されます。

方向などを設定し、**[OK]ボタン**をクリックします。

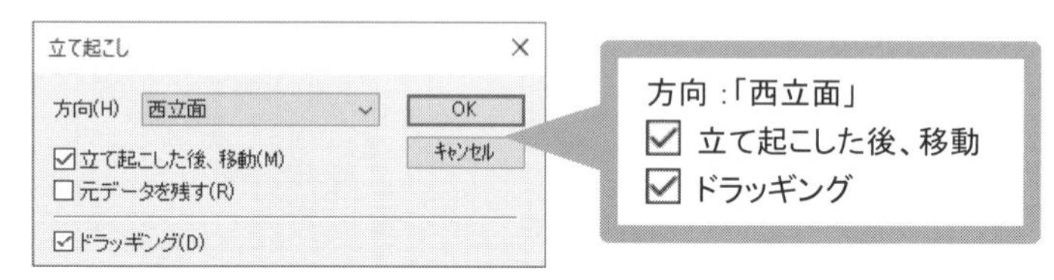

4. 西立面を立て起こします。

(1) **【標準選択】**で、西立面を上からドラッグ(ウィンドウ選択)して選択します。

(2) **【端点】スナップ**で、西立面の右下端部をクリックすると、西立面が立て起こされます。

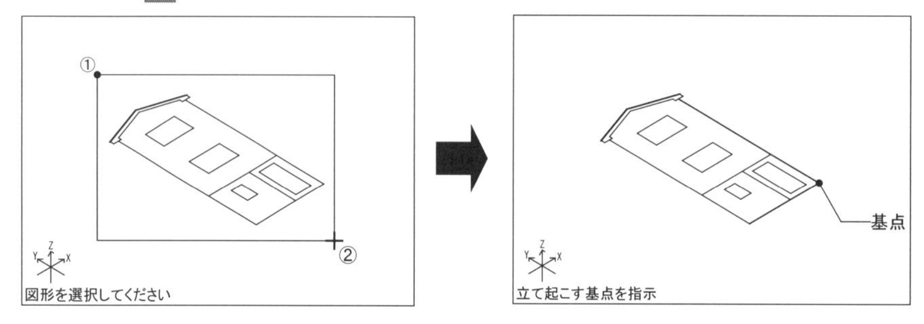

(3) 同じスナップのまま、１Ｆ平面図の右下端部をクリックし、西立面を移動します。

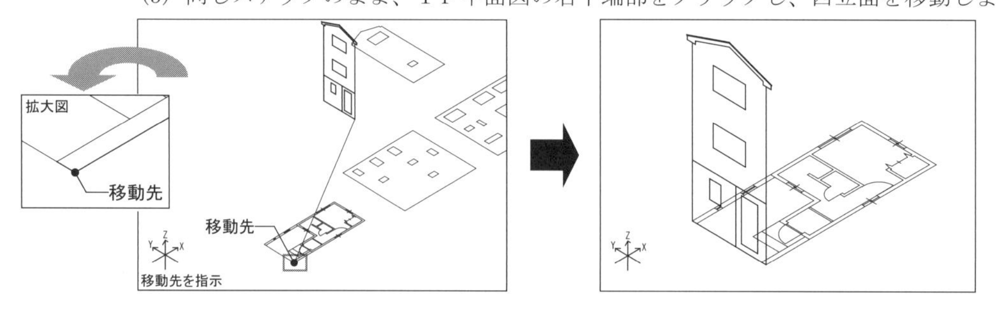

5. 方向を変更します。

右クリックして、ダイアログボックスを表示します。

以下のように設定を変更し、**[OK]ボタン**をクリックします。

方向 :「南立面」

6. 南立面を立て起こします。

(1) **【標準選択】**で、南立面をクリックして選択します。

(2) 西立面と同様に、**【端点】スナップ**で立て起こして移動します。

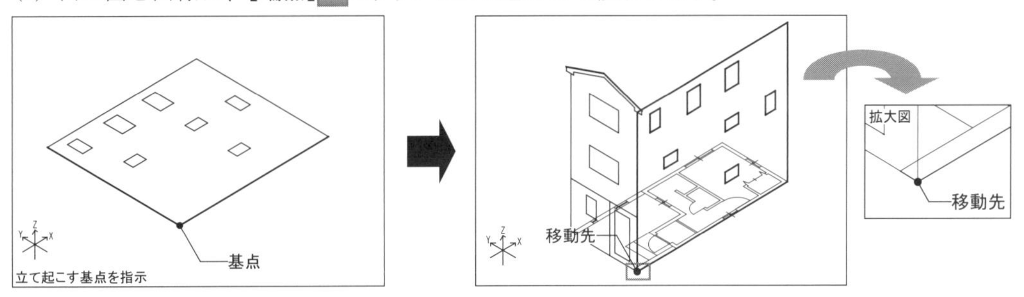

7. 同様に、「北立面」、「東立面」を立て起こして移動します。

[北立面]

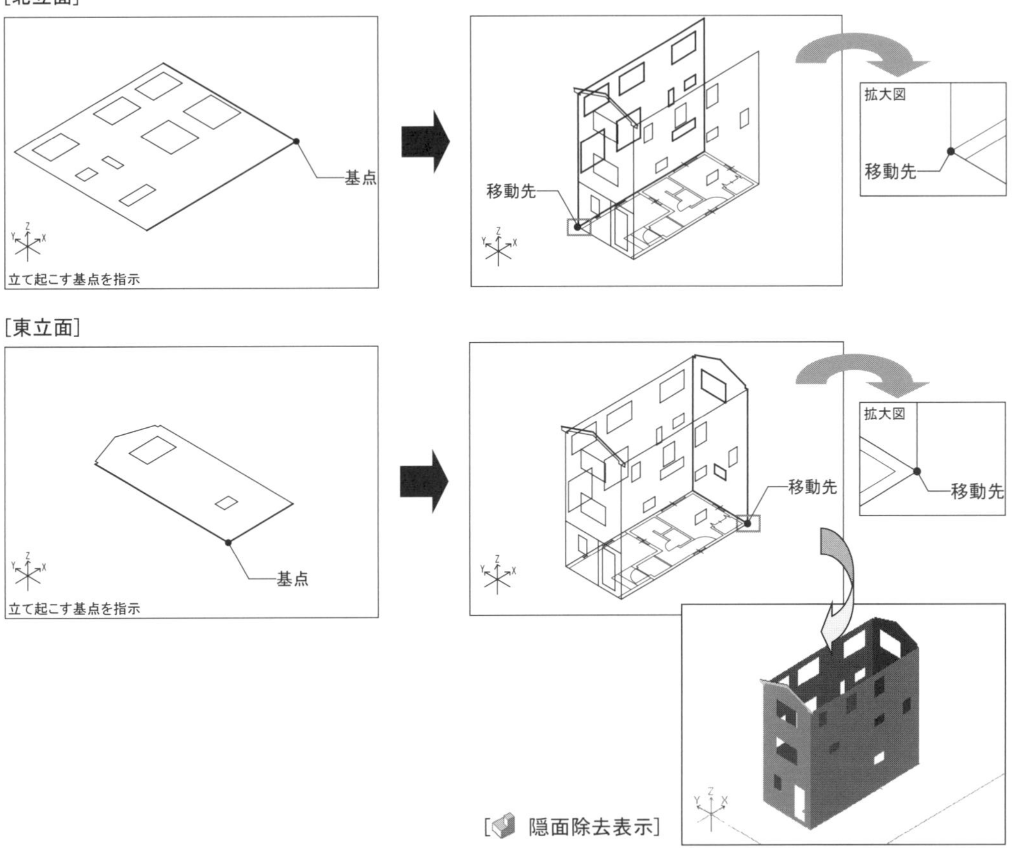

8. **【立て起こし】コマンド**を解除します。

2-2 壁に厚みをつける

各立面を**【引き伸ばし】コマンド**で壁厚分、引き伸ばします。

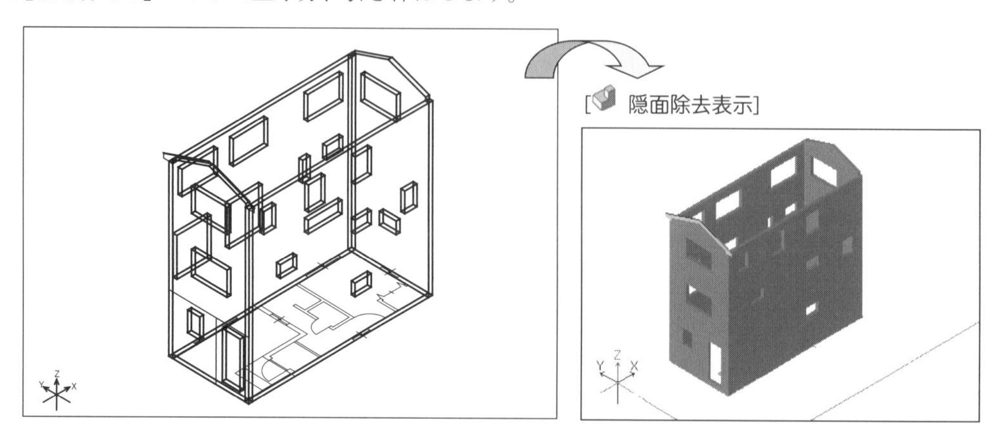

1. **【引き伸ばし】コマンド**を実行します。
[作成]メニューから[**引伸ばし]**をクリックします。

2. ダイアログボックスが表示されます。
引き伸し量などを設定し、**[OK]ボタン**をクリックします。

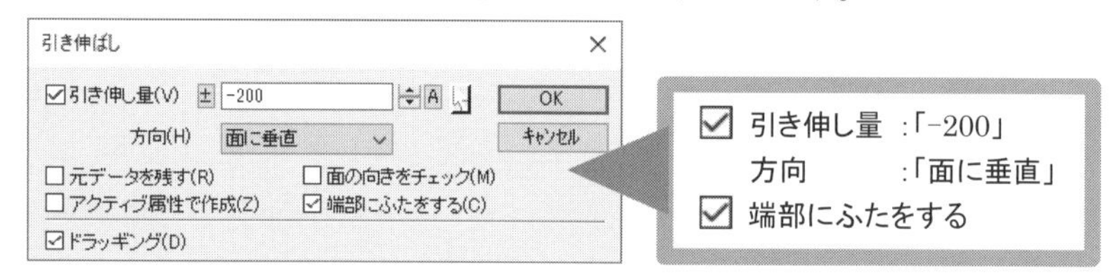

3. 立面に壁厚を作成します。
【カラー選択】で、立面(濃緑の線)をクリックして選択すると、各立面が引き伸ばされ、厚みがつきます。

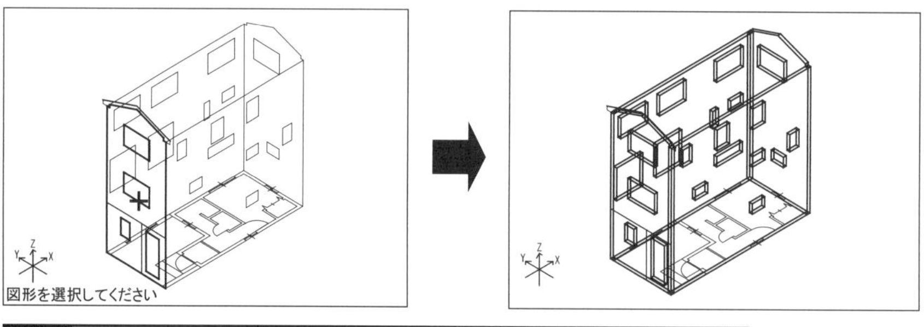

ポイント 「面に垂直」は＋の値で表面の方向、－の値で裏面の方向に引き伸ばされます。

4. **【引き伸ばし】コマンド**を解除します。

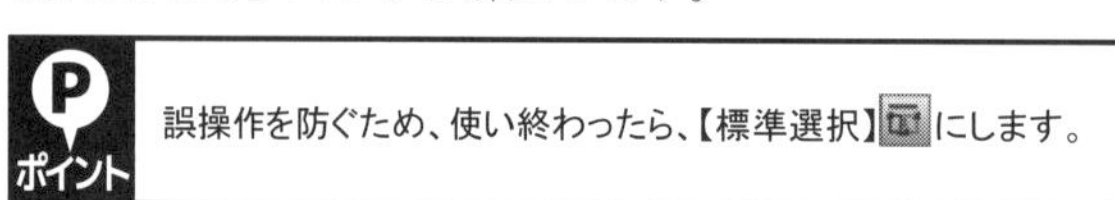

2-3 屋根を作成する

屋根・軒面をけらば・軒の出分だけ**【移動(3D)】コマンド**で移動し、**【引き伸ばし】コマンド**で引き伸ばします。
引き伸ばす距離は、北立面図で指定します。

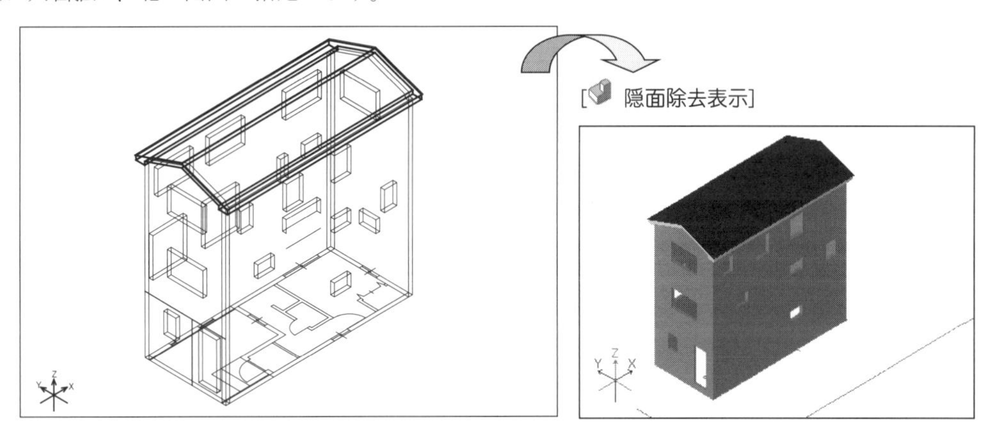

1 屋根・軒面を移動する

1. **【移動(3D)】コマンド**を実行します。
[編集]**メニュー**から[移動]をクリックします。

2. ダイアログボックスが表示されます。
以下のように設定し、[OK]**ボタン**をクリックします。

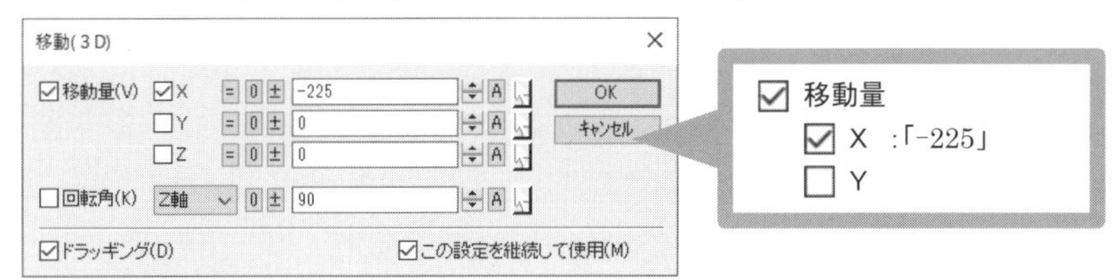

3. 屋根面を移動します。
【標準選択】で屋根面をクリックして選択すると、屋根面が移動されます。

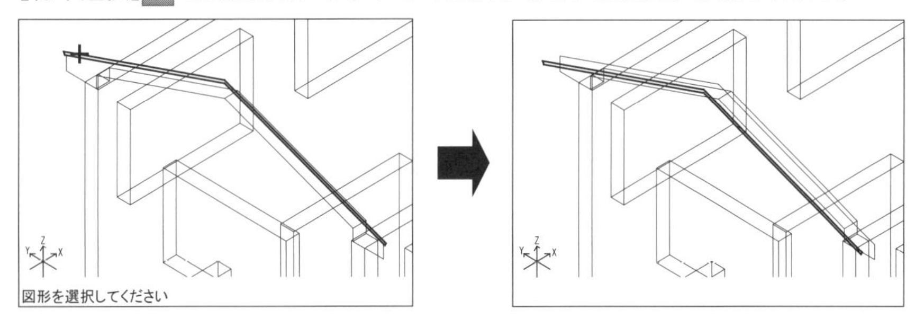

4. 移動量を変更します。
右クリックして、ダイアログボックスを表示します。
以下のように設定を変更し、[OK]**ボタン**をクリックします。

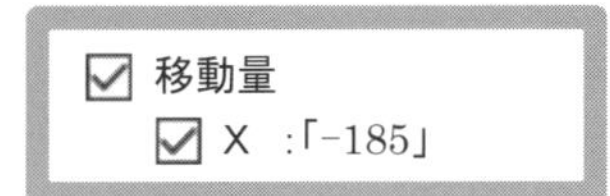

5. **3.**と同様に、軒面を移動します。

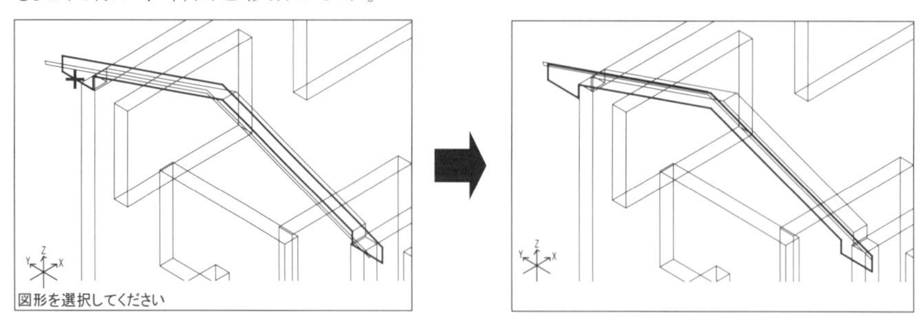

6. 【移動(3D)】コマンドを解除します。

2 北立面図のレイヤを表示する

1. 【表示レイヤキー入力】コマンドを実行します。
[レイヤ]メニューから[表示レイヤキー入力]をクリックします。

2. ダイアログボックスが表示されます。
キーボードから“6 ↵”と入力します。

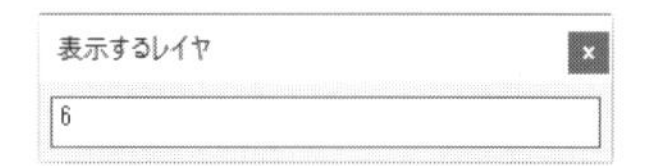

北立面図のレイヤが表示されます。

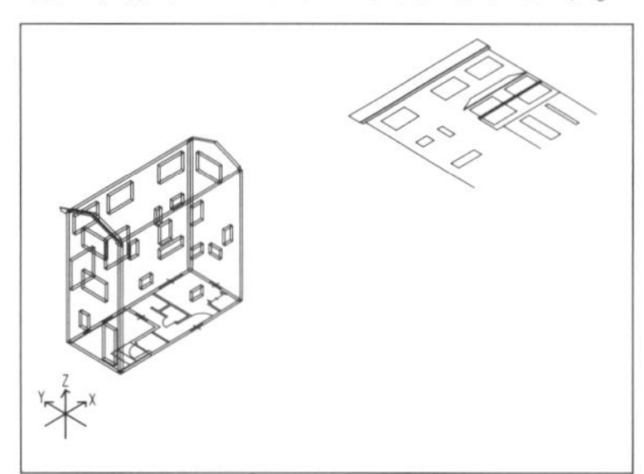

3. 【表示レイヤキー入力】コマンドを解除します。

3 屋根・軒面を引き伸ばす

1. 【引き伸ばし】コマンドを実行します。
[作成]メニューから[引伸ばし]をクリックします。

2. ダイアログボックスが表示されます。
以下のように設定し、[OK]ボタンをクリックします。

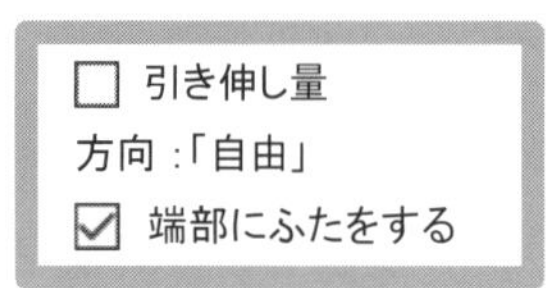

引き伸し量は、北立面図の左端部から右端部までを図面から引き伸ばします。

3. 屋根面を引き伸ばします。

(1) **【標準選択】** で、屋根面をクリックして選択します。

(2) **【端点】** **スナップ**で、北立面図の左上端部をクリックします。

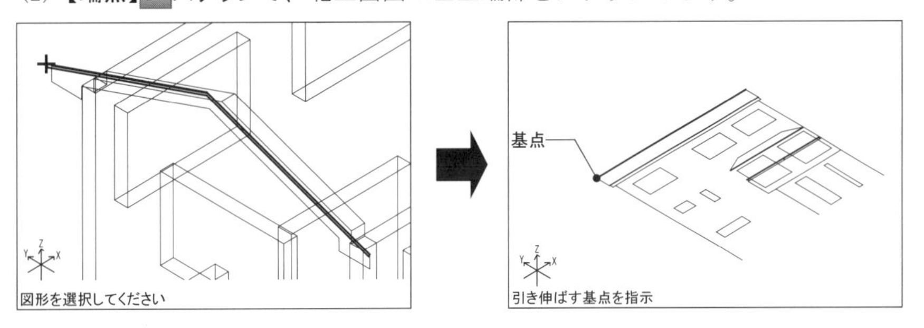

(3) 同じスナップのまま、北立面図の右上端部をすると、屋根面が引き伸ばされます。

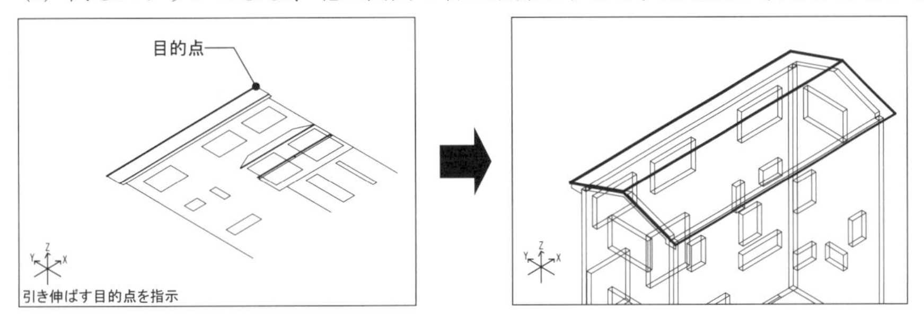

4. **3.**と同様に、軒面を引き伸ばします。

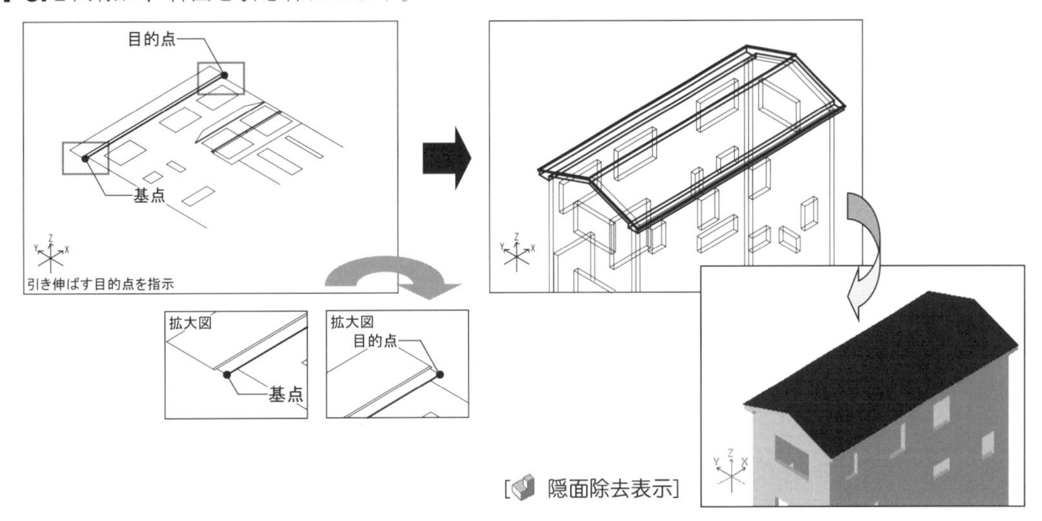

5. **【引き伸ばし】コマンド**を解除します。

アドバイス

屋根を作成する

屋根を簡単に作成するコマンドとして、**【簡単屋根】コマンド**があります。
ここでは、立面図の面を作成後、**【簡単屋根】コマンド**で切妻屋根を作成します。

［操作手順］

1. 【属性リスト設定】コマンド（F12キー）を実行します。
6番「屋根」を選択します。

6:「屋根」レイヤ:「105」
カラー:「249:黒灰色」

2. 【非表示レイヤキー入力】コマンドを実行します。

3. ダイアログボックスが表示されます。
キーボードから“101,103 ↵”と入力します。
東立面図と西立面図が非表示になります。

4. 【簡単屋根】コマンドを実行します。

5. ダイアログボックスが表示されます。
以下のように設定し、[OK]ボタンをクリックします。

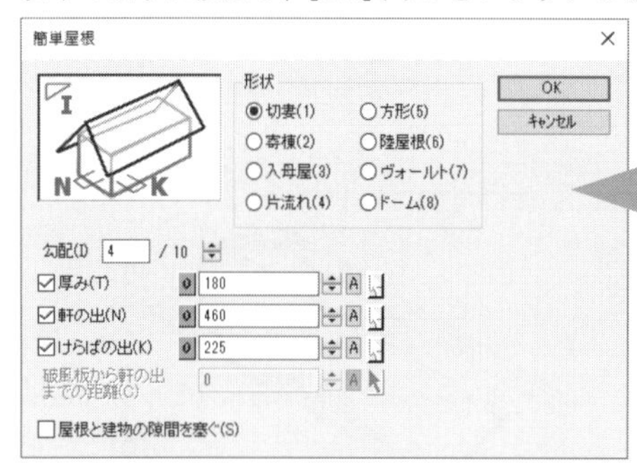

形状:「切妻」
☑ 厚み :「180」
☑ 軒の出 :「460」
☑ けらばの出 :「225」

※【簡単屋根】コマンドについては『PDF マニュアル』を参照してください。

6. 屋根を作成します。
(1) 【端点】スナップで、壁面の角①～④をクリックします。
(2) 右クリックし、編集メニューを表示します。
[作図終了]を指定すると、屋根が描かれます。

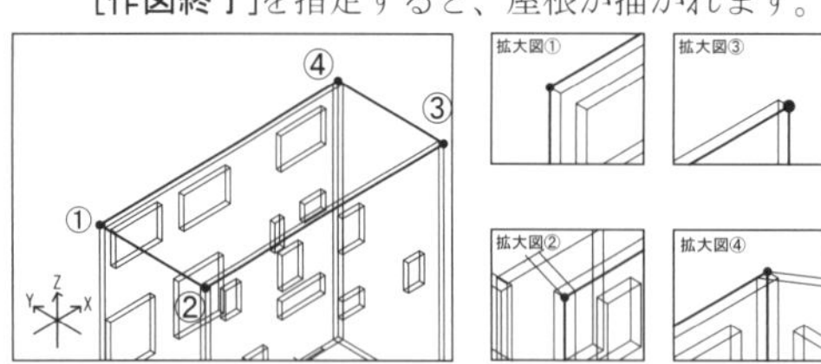

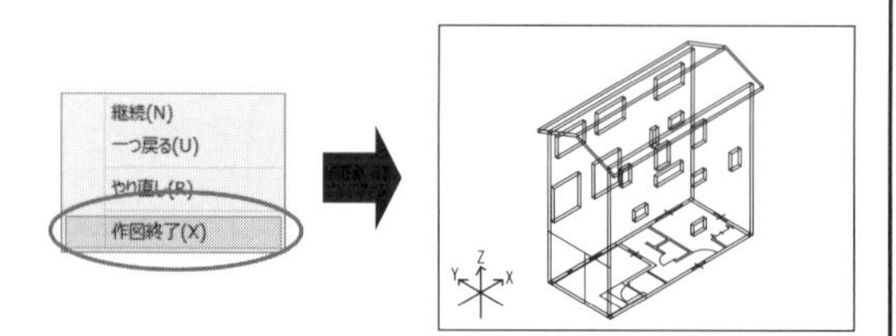

7. 【表示レイヤキー入力】コマンドを実行します。

8. ダイアログボックスが表示されます。
キーボードから“101,103 ↵”と入力します。
東立面図と西立面図が表示されます。

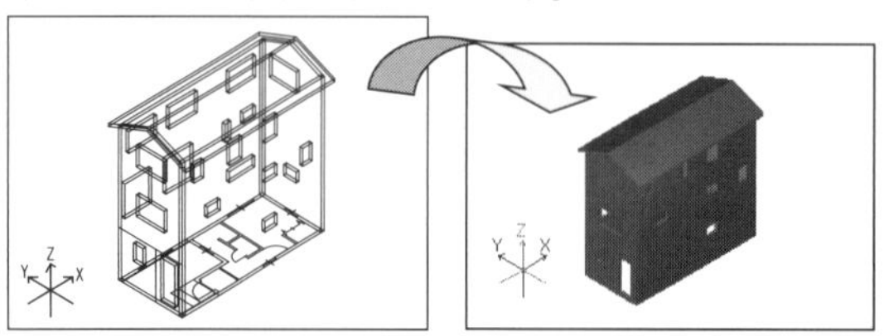

[隠面除去表示]

3 壁を編集する

北、南壁の一部をコンクリート壁に変更し、西壁の一部を移動します。

3-1 コンクリートの壁に変更する

北、南壁に１Ｆ平面図の２次元線分を基準に、**【壁】コマンド**でコンクリート壁を重ねて作成し、開口部を作成するのに用いる抜き型を**【簡単床】コマンド**で作成します。
【ブーリアン演算】コマンドで壁の一部をコンクリート壁とし、さらにコンクリート壁を開口します。

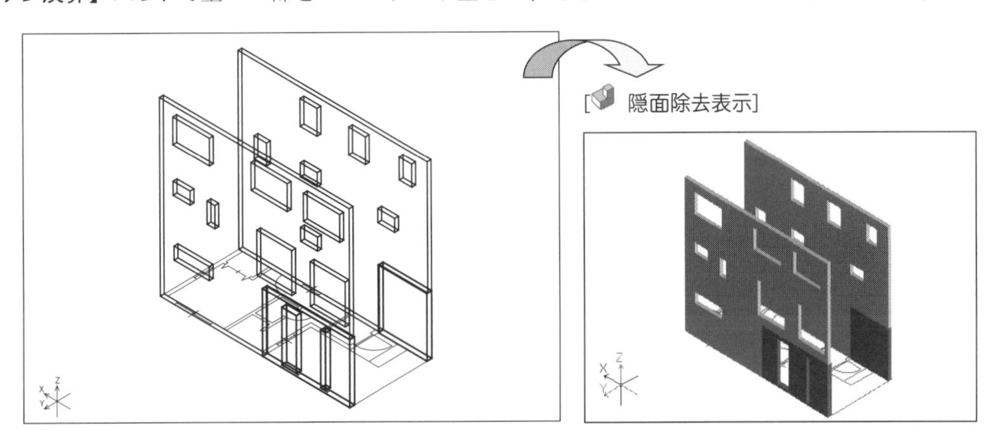

1 不要なレイヤを非表示にする

北立面図、東・西壁・軒・屋根のレイヤを非表示にします。

1. **【非表示レイヤキー入力】コマンド**を実行します。
[レイヤ]メニューから[**非表示レイヤ指定**]の**▼ボタン**をクリックし、[**非表示レイヤキー入力**]をクリックします。

2. ダイアログボックスが表示されます。
キーボードから“6, 50, 101, 103-105↵”と入力します。

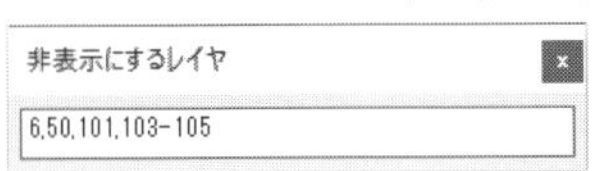

入力の時に、6, 50 と入力すると、6 番と 50 番のレイヤが非表示対象となり、103-105 と入力すると、103 番から 105 番のレイヤが非表示対象となります。

北立面図、東・西壁・補助線・軒・屋根のレイヤが非表示になります。

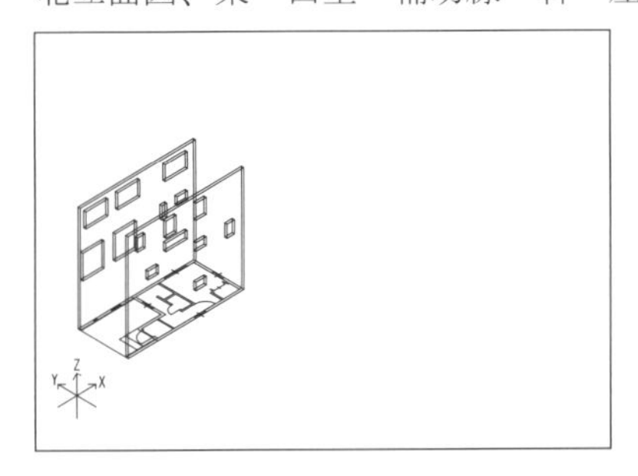

3. **【非表示レイヤキー入力】コマンド**を解除します。

2 属性を設定する

1. **【属性リスト設定】コマンド**（F12キー）を実行します。
16 番「**コンクリートの壁**」を選択します。

> 16:「コンクリートの壁」レイヤ :「130」
> カラー :「015:濃灰色」

属性が設定され、**【属性リスト設定】コマンド**は解除されます。
〔属性〕パネルまたはステータスバーにレイヤ番号（130）とカラー（015：濃灰色）が表示されます。

3 コンクリート壁を作成する

1. **【北西アクソメ図】**を表示します。

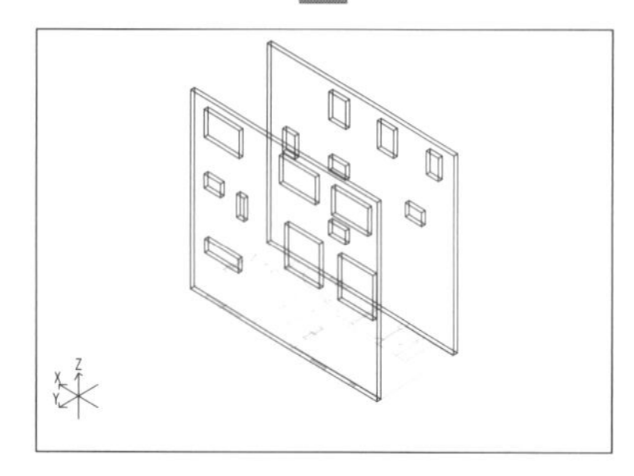

2. **【壁】コマンド**を実行します。
[作成]メニューから[壁]をクリックします。

3. ダイアログボックスが表示されます。
高さなどを設定し、**[OK]ボタン**をクリックします。

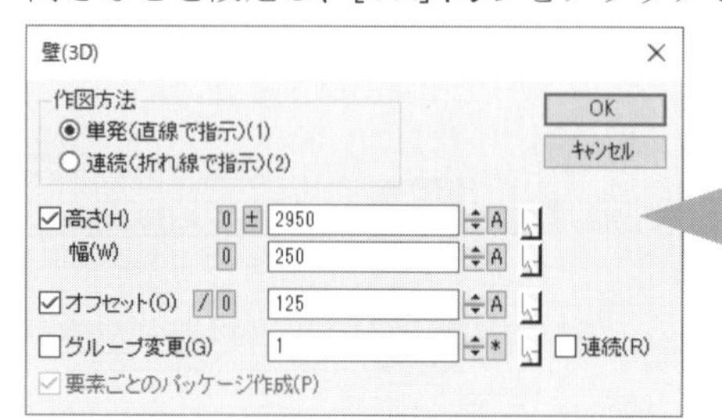

> 作図方法 :「単発」
> ☑ 高さ :「2950」
> 幅 :「250」
> ☑ オフセット :「125」

[/]ボタンをクリックすると、設定した厚さの半分をオフセットに設定します。

4. 北壁にコンクリートの壁を作成します。
(1) **【端点】スナップ**で、１Ｆ平面図の壁の左下端部をクリックします。
(2) 同じスナップのまま、１Ｆ平面図の壁の右下端部をクリックします。

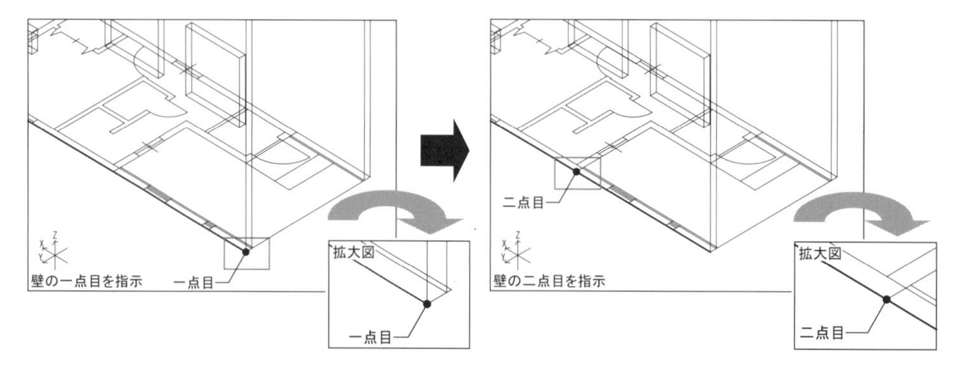

(3) オフセット方向の矢印と確認のマウスが表示されます。
左クリック(YES)すると、北壁にコンクリートの壁が描かれます。

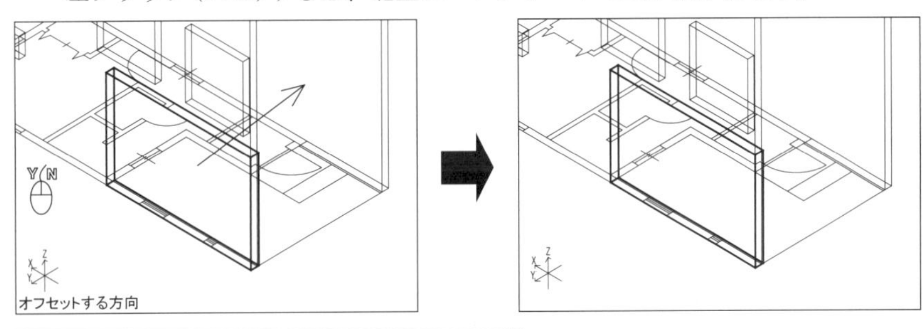

右クリック(NO)すると、方向の矢印が反転します。

【壁】コマンドについて

作図方法:

[単発] 始点・終点の指示で壁を作図します。

[連続] 連続した指示点で、壁を作図します。

[高さ] 高さを設定する場合に ✔し、その高さを設定します。－の値の時は反対方向に高さを与えて壁を描きます。

☆✔しない場合は、壁の上端の位置を図面から指定します。壁の上端の位置を指示する場合は、スナップモードを設定してから行ってください。

[☑ 高さ]

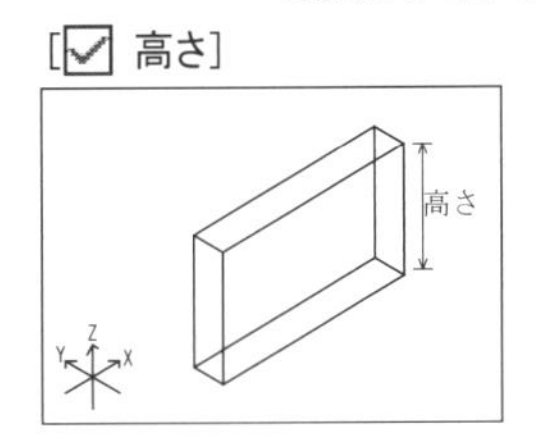

[☐ 高さ]

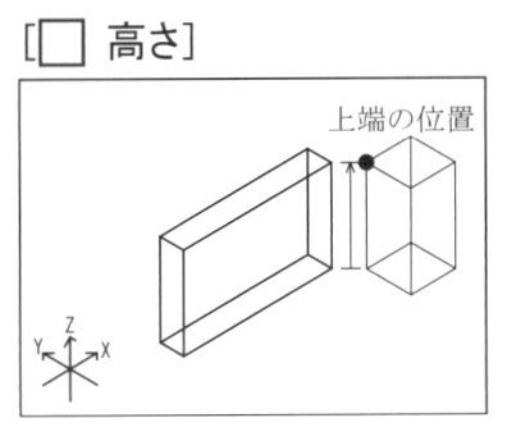

[幅] 壁の厚みを設定します。幅が0の時は厚みのない1枚ポリゴン(面)の壁を作図します。

[オフセット] 基準線から設定した距離だけ離して指示した方向に作図します。

[幅] 例:100

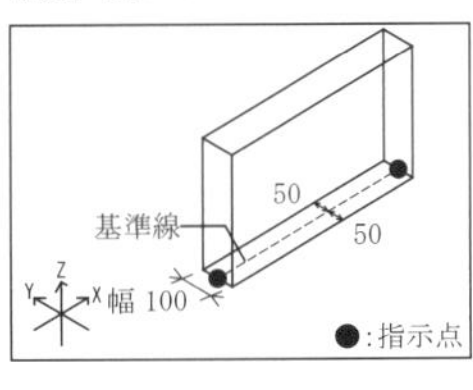

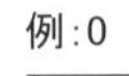
例:0

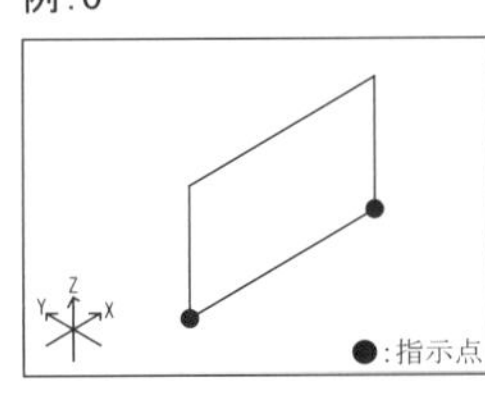

[オフセット]

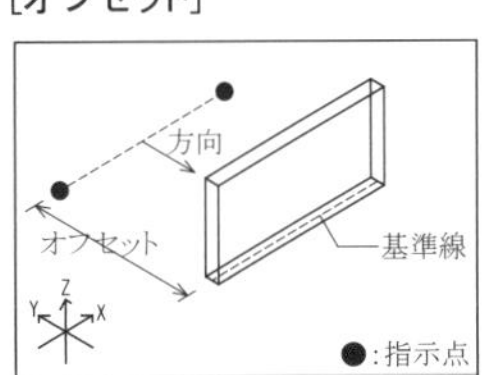

例:厚み 250/2=125

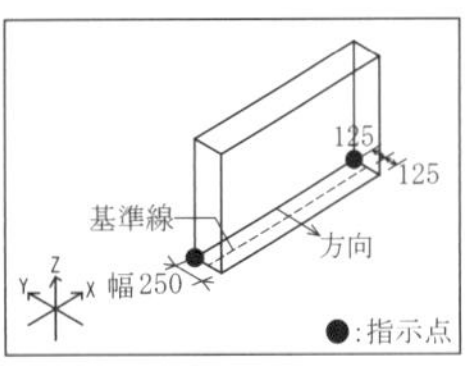

[要素ごとのパッケージ化]

[連続]で作図した場合に壁ごとにパッケージとします。✔しない場合は、ひと続きの壁全体をパッケージとします。

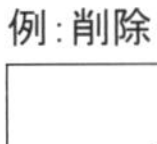
例:削除

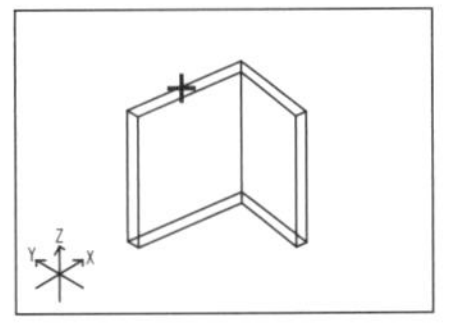

[☑ パッケージ化]

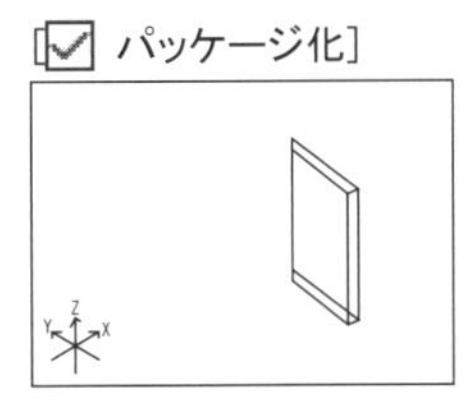

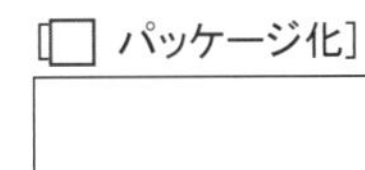
[☐ パッケージ化]

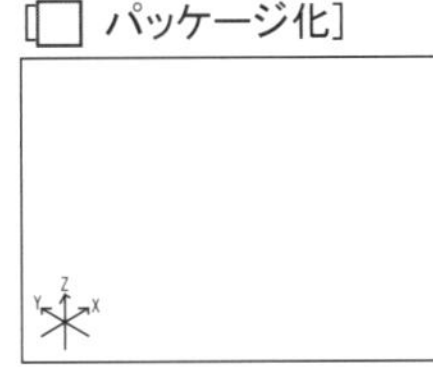

5．4.と同様に、南壁にコンクリートの壁を描きます。

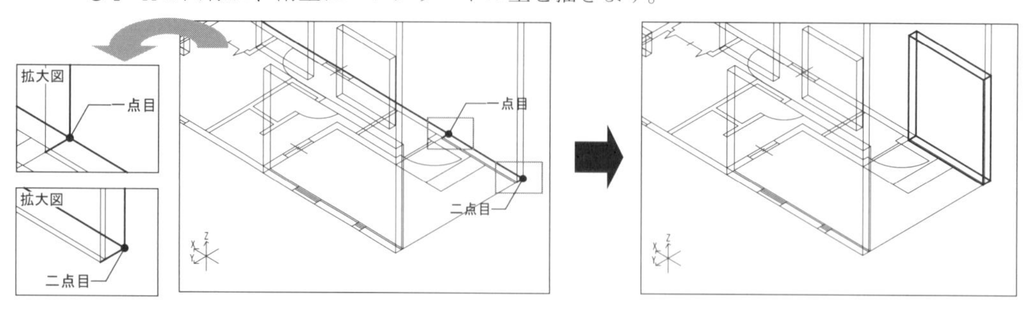

6．【壁】コマンドを解除します。

4 コンクリート壁の開口部を作成する

1．【簡単床】コマンドを実行します。

[作成]メニューから[床]の▼ボタンをクリックし、[簡単床]をクリックします。

2． ダイアログボックスが表示されます。

以下のように設定し、[OK]ボタンをクリックします。

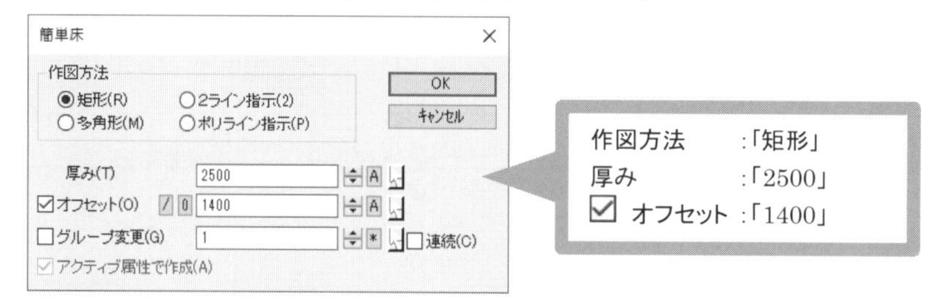

3． コンクリート壁の抜き型を作成します。

(1) **【端点】スナップ**で、１Ｆ平面図の壁の左上端部をクリックします。

(2) 同じスナップのまま、１Ｆ平面図の壁の右下端部をクリックします。

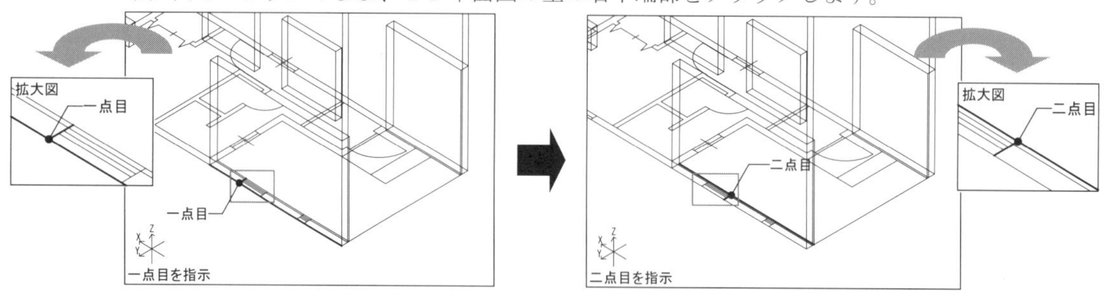

(3) オフセット方向の矢印と確認のマウスが表示されます。

左クリック(YES)すると、コンクリート壁の抜き型が描かれます。

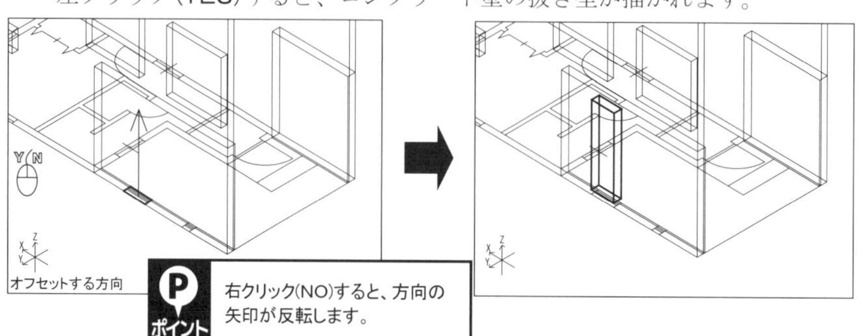

ポイント 右クリック(NO)すると、方向の矢印が反転します。

4．3.と同様に、コンクリート壁の抜き型を描きます。

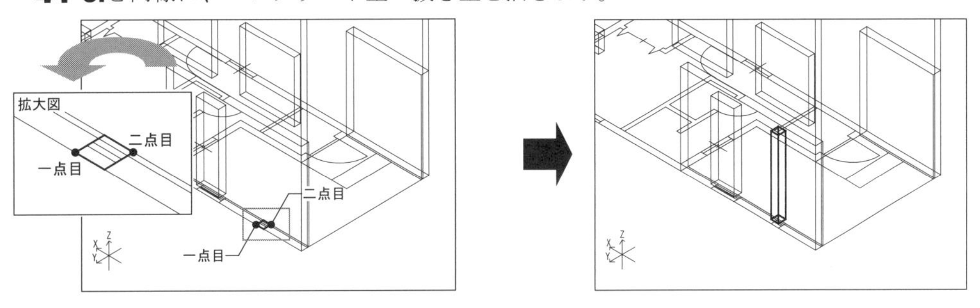

5．【簡単床】コマンドを解除します。

【簡単床】コマンドについて

簡単床は作図方法を選択して厚みを持った図形を作図します。

作図方法：

[矩形]　矩形の対角の2点を指示して床を作図します。
[多角形]　連続してポイントを指示して床を作図します。
[2ライン指示]　2本の線分を指定して床を作図します。
[ポリライン指示]　ポリラインを指定して床を作図します。

[矩形]

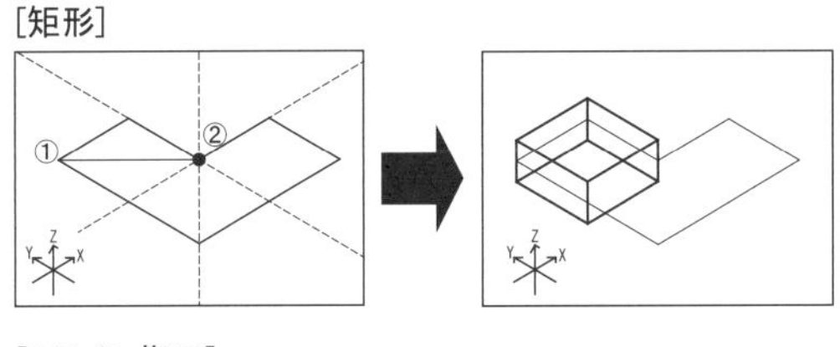

[多角形]

[2ライン指示]

[ポリライン指示]

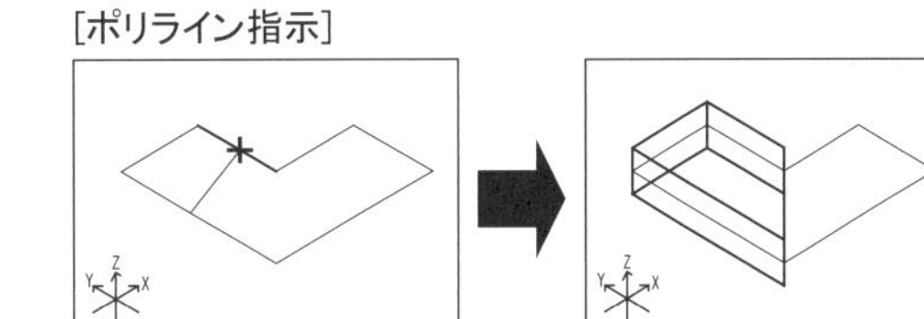

[厚み]　厚み(高さ)を設定します。
[オフセット]　選択した図形を引き伸ばす軌跡を指定した方向に設定した距離だけ離して作図します。
☆**[/]ボタン**をクリックすると、指定した厚みの半分になります。

[厚み]　例：100

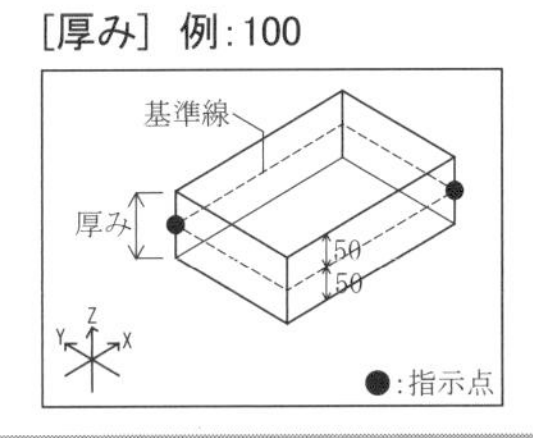

[☑ オフセット]

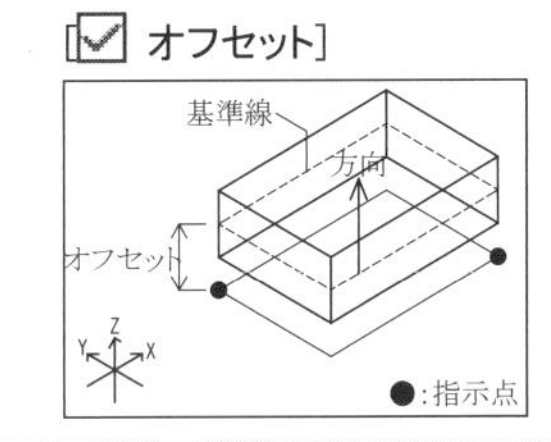

5 壁の一部をコンクリートの壁に変更する

1. **【ブーリアン演算】コマンド**を実行します。
[編集]メニューから**[ブーリアン演算]**をクリックします。

2. ダイアログボックスが表示されます。
以下のように設定し、**[OK]ボタン**をクリックします。

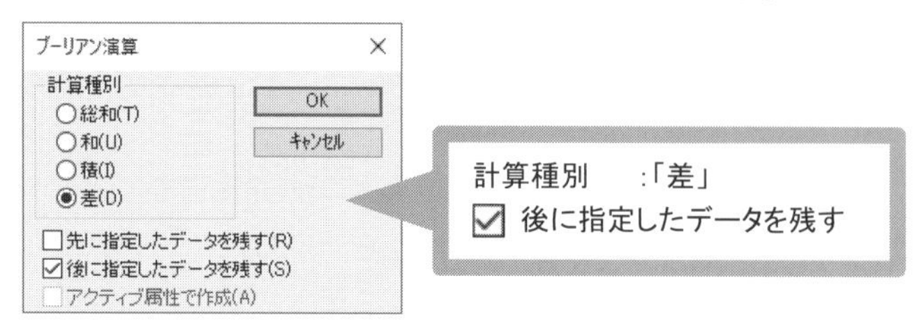

3. 北壁の一部を削除します。
(1) **【標準選択】**で、北壁をクリックして選択します。

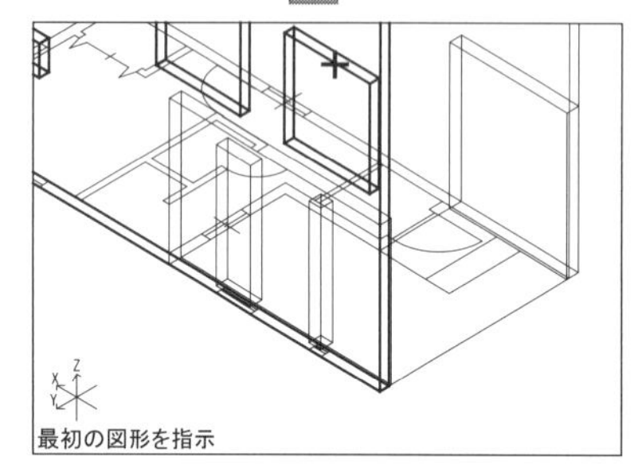

(2) コンクリートの壁をクリックして選択すると、北壁の一部が削除されます。

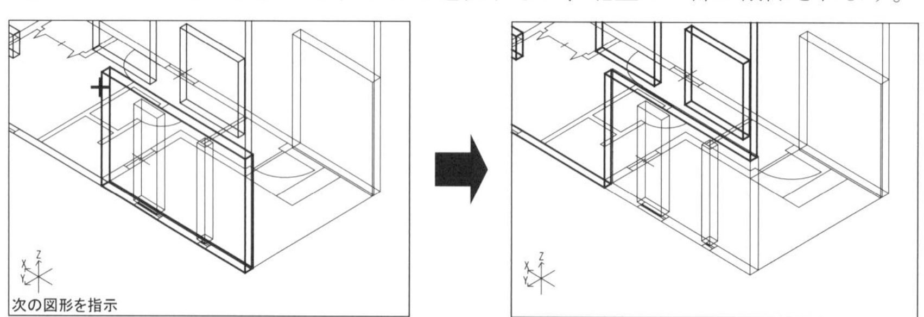

4. **3.**と同様に、南壁の一部を削除します。

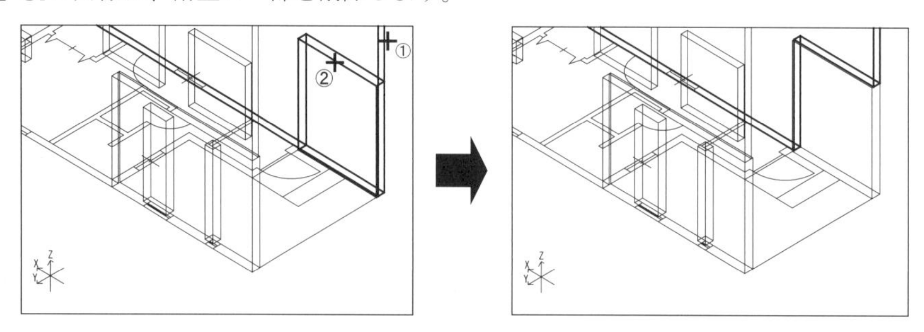

6 コンクリートの壁を開口する

1. 設定を変更します。

右クリックして、ダイアログボックスを表示します。

以下のように設定を変更し、[OK]ボタンをクリックします。

□ 後に指定したデータを残す

2. コンクリートの壁の一部を削除します。

(1) 【標準選択】で、コンクリートの壁をクリックして選択します。

(2) 抜き型をクリックして選択すると、コンクリートの壁の一部が削除されます。

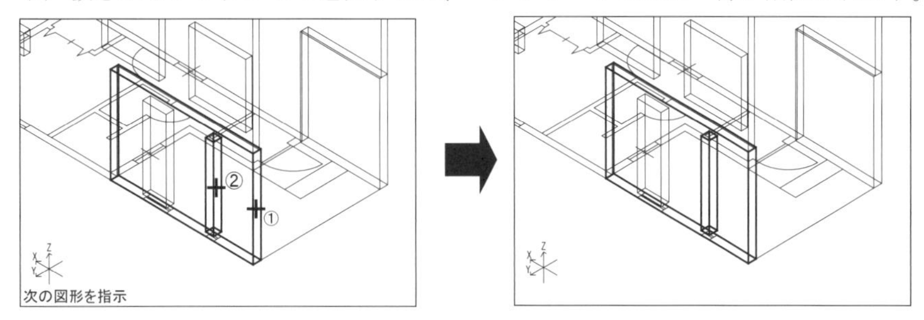

3. **2.**と同様に、コンクリートの壁の一部を削除します。

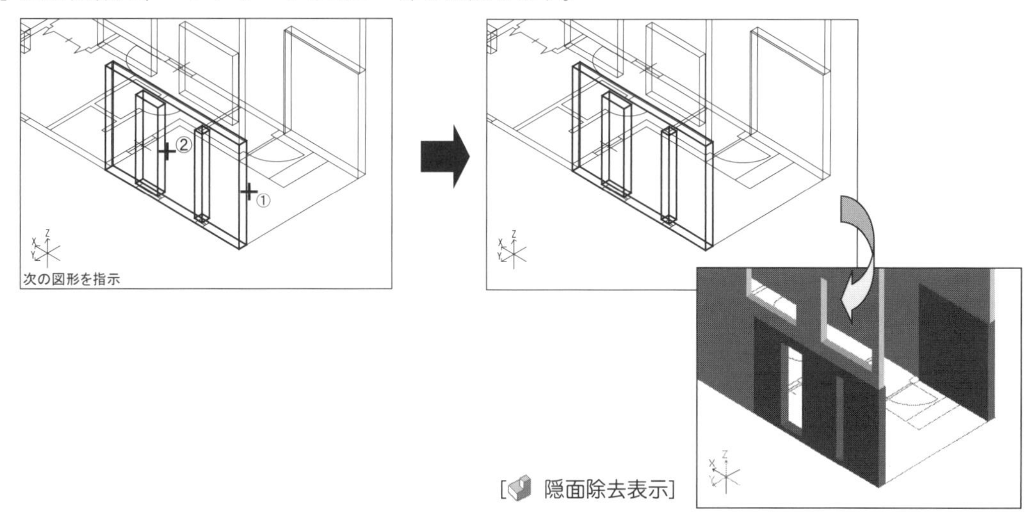

[隠面除去表示]

4. 【ブーリアン演算】コマンドを解除します。

3-2 壁の一部を移動する

【切断】コマンドで西壁を３つの壁に切断し、１Ｆ部分を**【移動(3D)】コマンド**でガレージの奥へ移動します。さらに、西壁の足りない壁を**【柱】コマンド**で作成します。

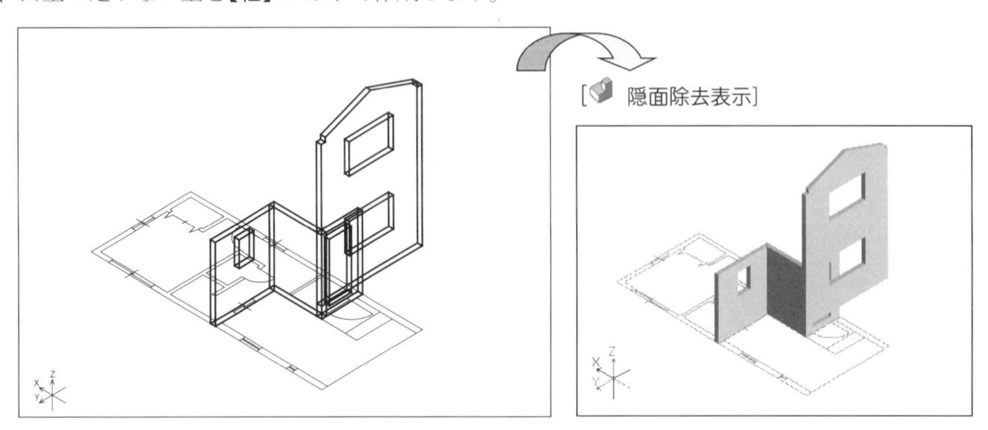

1 必要なレイヤのみ表示する

北、南壁とコンクリートの壁のレイヤを非表示にし、西壁と補助線のレイヤを表示します。

1. **【非表示レイヤキー入力】コマンド**を実行します。
[**レイヤ**]**メニュー**から[**非表示レイヤキー入力**]をクリックします。

2. ダイアログボックスが表示されます。
キーボードから“100,102,130,-50,-101 ↵”と入力します。

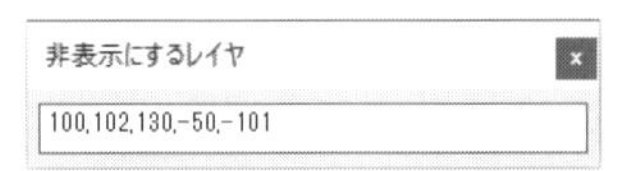

北、南壁とコンクリートの壁のレイヤが非表示になり、西壁と補助線のレイヤが表示されます。

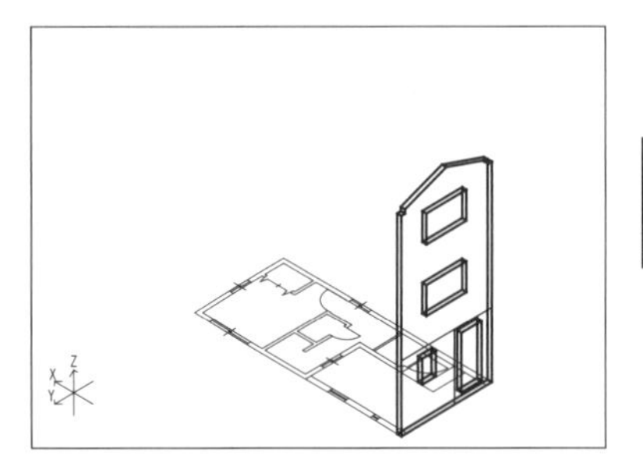

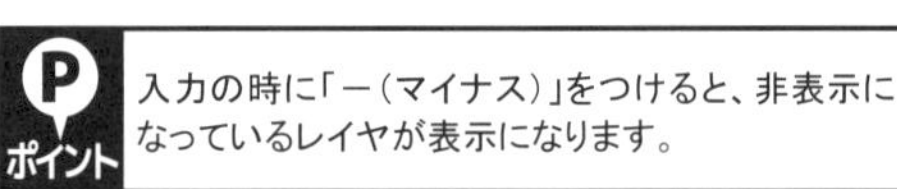

3. **【非表示レイヤキー入力】コマンド**を解除します。

2 西壁を切断する

1. **【切断】コマンド**を実行します。
[**編集**]**メニュー**から[**切断**]をクリックします。

2. ダイアログボックスが表示されます。
以下のように設定し、[**OK**]**ボタン**をクリックします。

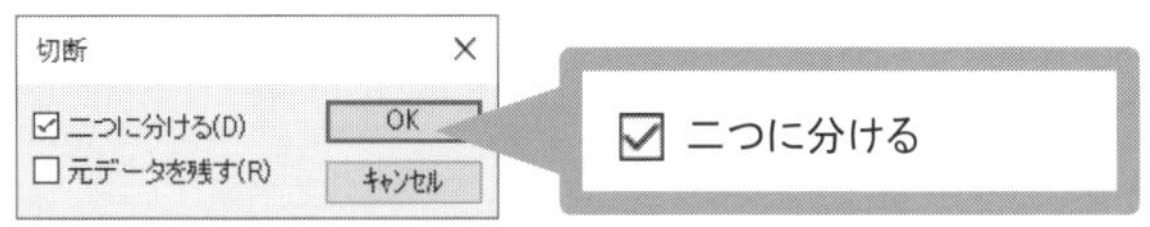

3. 西壁を切断します。

(1) **【標準選択】**で、西壁をクリックして選択します。

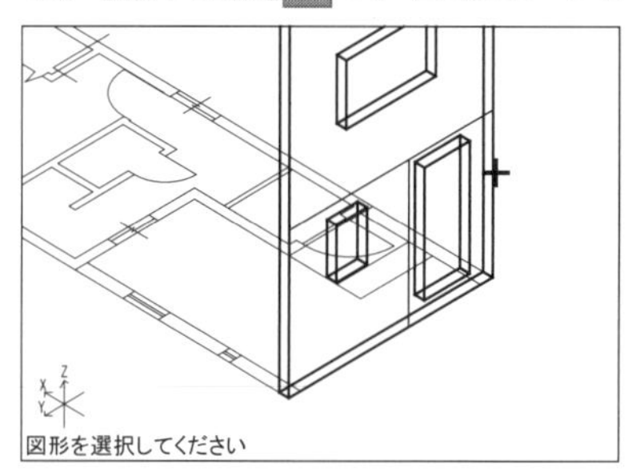

(2) **【端点】スナップ**で、補助線の右端部をクリックします。

(3) 同じスナップのまま、補助線の左端部をクリックします。

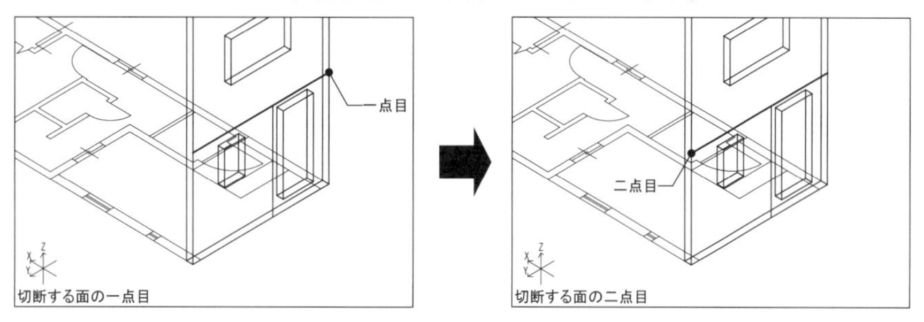

(4) **【垂直点】スナップ**にして、西壁の後ろの線をクリックすると、西壁が切断されます。

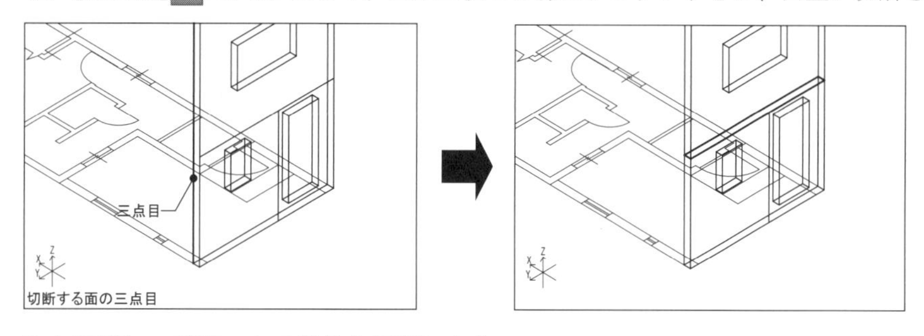

4. **3.**と同様に、西壁の１Ｆ部分を切断します。

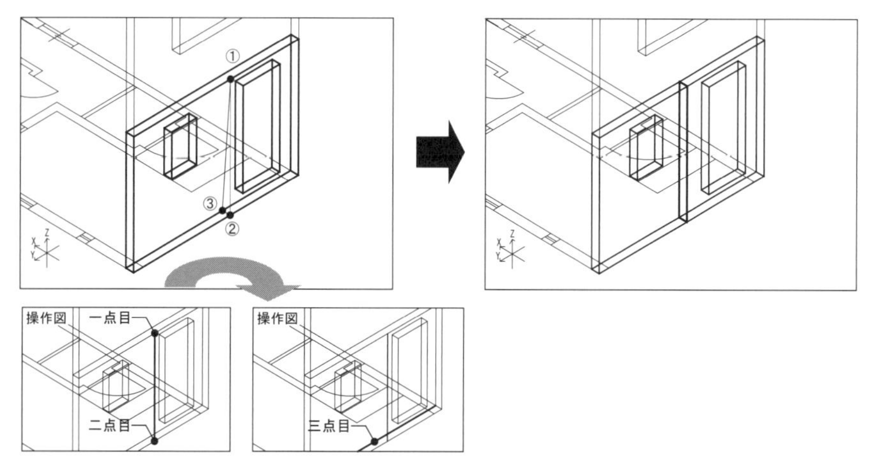

5. **【切断】コマンド**を解除します。

3 1Fの西壁を移動する

1. 【移動(3D)】コマンドを実行します。

[編集]メニューから[移動]をクリックします。

2. ダイアログボックスが表示されます。

以下のように設定し、[OK]ボタンをクリックします。

3. 切断した左の壁を移動します。

(1) 【標準選択】で、切断した左の壁をクリックして選択します。

(2) 【端点】スナップで、左の壁の左下端部をクリックします。

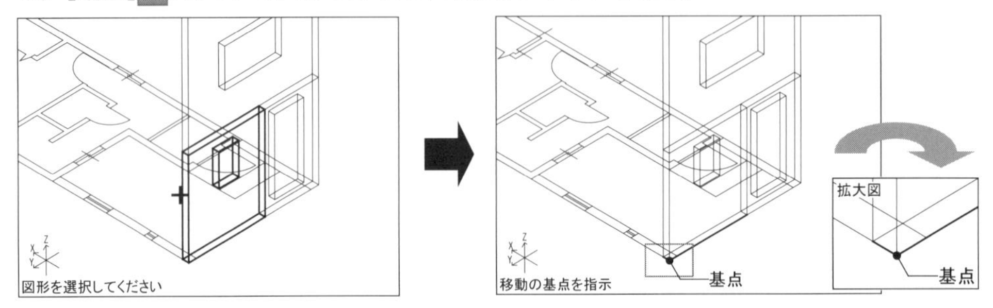

(3) 同じスナップのまま、1F平面図の壁の左下端部をクリックすると、切断した左の壁が移動します。

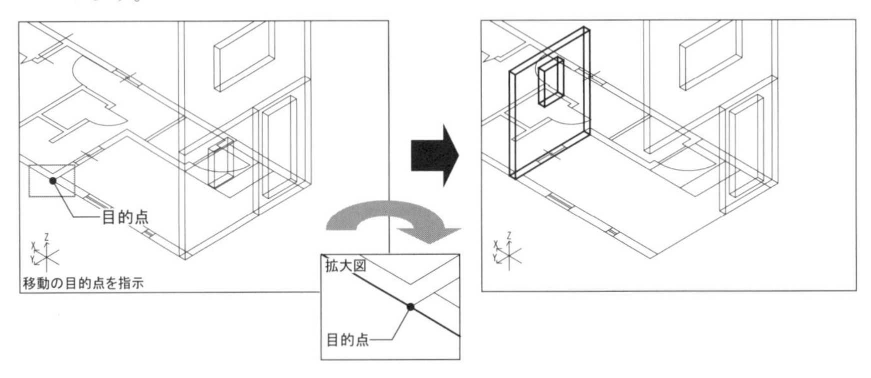

4. **3.**と同様に、切断した右の壁を移動します。

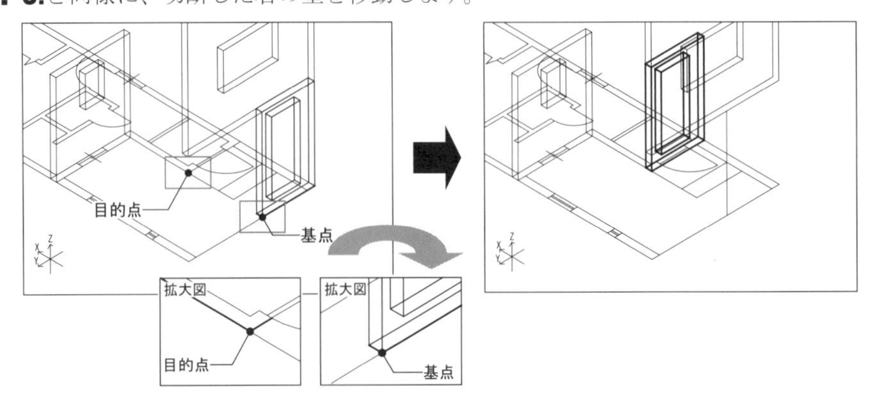

5. 【移動(3D)】コマンドを解除します。

4 補助線を削除する

1. **【削除】コマンド**を実行します。

[**編集**]**メニュー**から[**削除**]をクリックします。

2. **【カラー選択】**で、補助線(赤の線)をクリックすると、補助線が削除されます。

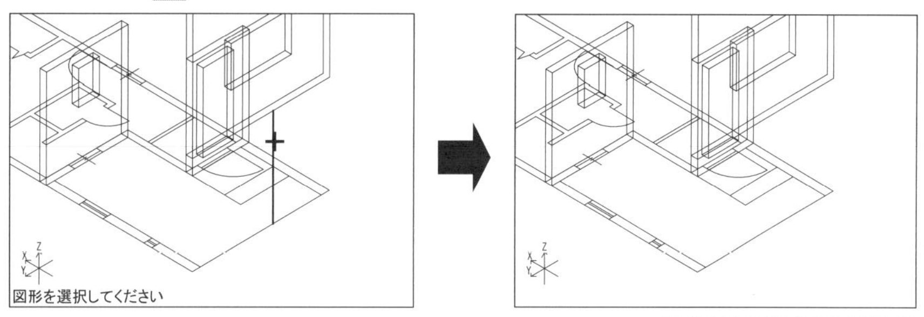

3. **【削除】コマンド**を解除します。

誤操作を防ぐため、使い終わったら、【標準選択】にします。

壁の線が消えたように見えますが、【再表示】(青)コマンドを実行すると、表示されます。

5 属性を参照する

作図されている西壁を参照して、西壁の属性を設定します。

1. **【属性参照】コマンド**を実行します。

[**ホーム**]**メニュー**から[**属性リスト**]の▼**ボタン**をクリックし、[**属性参照**]をクリックします。

2. 参照する線分(西壁)をクリックします。

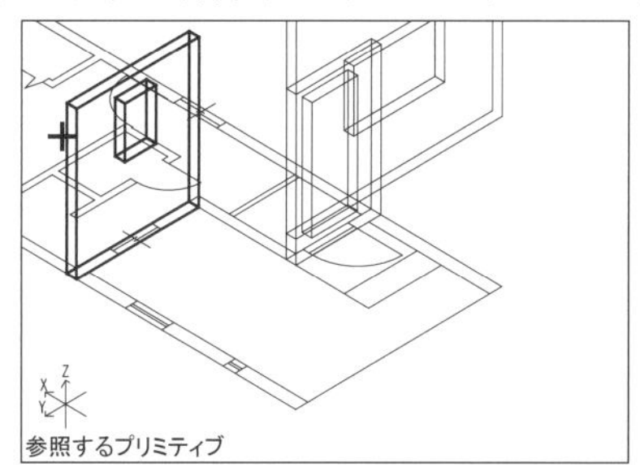

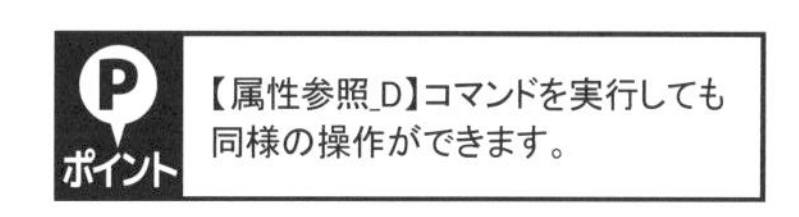

3. ダイアログボックスに西壁の属性が表示されます。

属性を確認し、[**OK**]**ボタン**をクリックします。

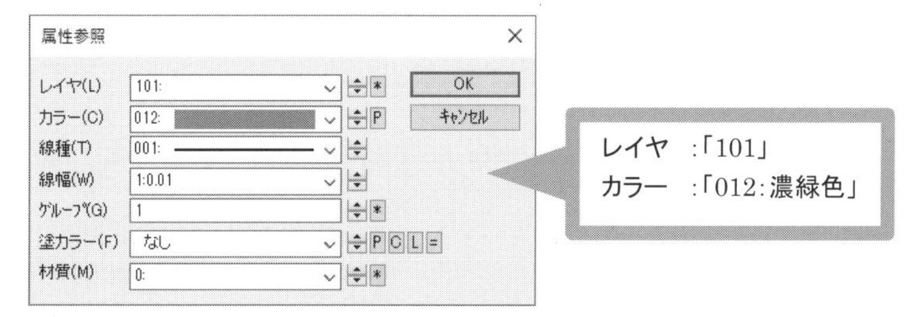

属性が設定され、**【属性参照】コマンド**は解除されます。

〔**属性**〕**パネル**またはステータスバーにレイヤ番号(101)とカラー(012:濃緑色)が表示されます。

これ以降は属性参照の設定方法を省略します。

6 西壁を作成する

1．【柱】コマンドを実行します。

[作成]メニューから[柱]をクリックします。

2．ダイアログボックスが表示されます。

高さなどを設定し、[OK]ボタンをクリックします。

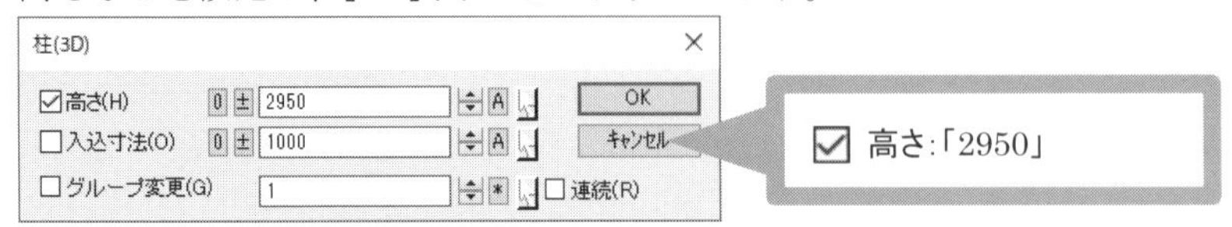

3．西壁を作成します。

(1)【端点】スナップで、１Ｆ平面図の壁の右上端部をクリックします。

(2) 同じスナップのまま、１Ｆ平面図の壁の右下端部をクリックします。

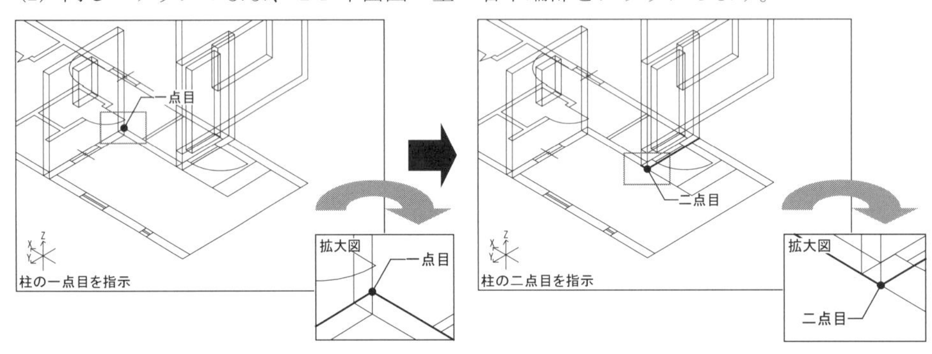

西壁が描かれます。

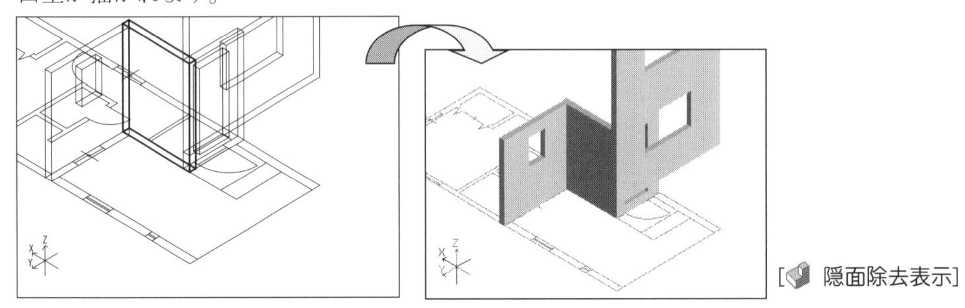

[隠面除去表示]

4．【柱】コマンドを解除します。

④ バルコニーを作成する

バルコニーを２Ｆ平面図、バルコニーの屋根・軒を３Ｆ平面図に作成し、北壁に配置します。

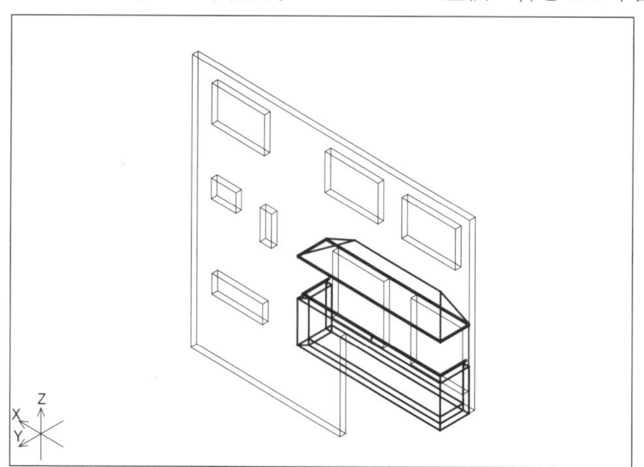

4-1 バルコニーの床・壁を作成する

２Ｆ平面図に**【柱】コマンド**でバルコニーの床、**【壁】コマンド**でバルコニーの壁を作成します。

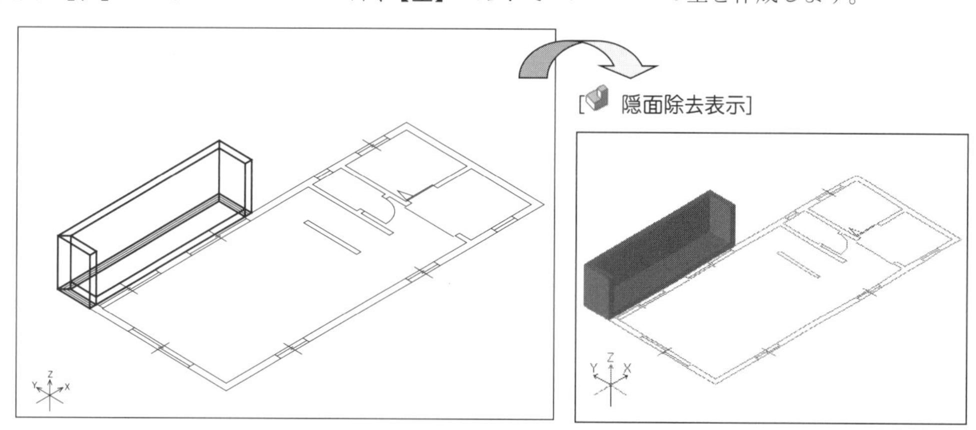

1 必要なレイヤのみを表示する

２Ｆ・３Ｆ平面図のレイヤとバルコニーの壁・床・手すり・屋根・軒のレイヤを表示します。

1. **【全レイヤ非表示】コマンド**を実行します。
[レイヤ]メニューから[**全レイヤ非表示**]をクリックします。
すべてのレイヤが非表示になり、**【全レイヤ非表示】コマンド**は解除されます。

2. **【表示レイヤキー入力】コマンド**を実行します。
[レイヤ]メニューから[**表示レイヤキー入力**]をクリックします。

3. ダイアログボックスが表示されます。
キーボードから“2, 3, 120-124 ↵”と入力します。

表示するレイヤ

2,3,120-124

２Ｆ・３Ｆ平面図のレイヤが表示され、バルコニーの壁・床・手すり・屋根・軒のレイヤが表示されるようになります。

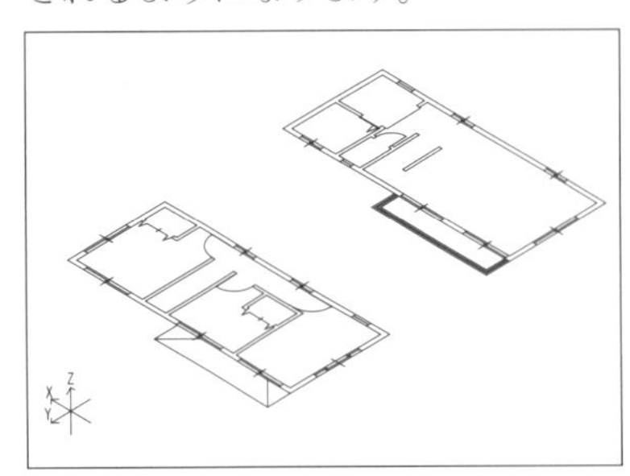

4. **【表示レイヤキー入力】コマンド**を解除します。

2 属性を設定する

1. **【属性リスト設定】コマンド**（F12キー）を実行します。

11 番**「バルコニーの床」**の属性を選択します。

11:「バルコニーの床」	レイヤ	:「120」
	カラー	:「255:銀灰色」

属性が設定され、**【属性リスト設定】コマンド**は解除されます。

〔属性〕パネルまたはステータスバーにレイヤ番号（120）とカラー（255：銀灰色）が表示されます。

3 バルコニーの床を作成する

1. **【南西アクソメ図】**を表示します。

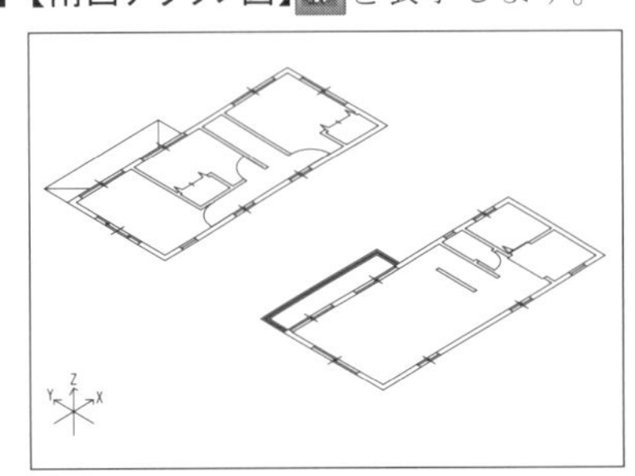

2. **【柱】コマンド**を実行します。

[作成]メニューから**[柱]**をクリックします。

3. ダイアログボックスが表示されます。

高さを設定し、**[OK]ボタン**をクリックします。

☑ 高さ:「200」

4. バルコニーの床を作成します。

【端点】スナップで、２Ｆ平面図のバルコニーの壁の端部をクリックすると、バルコニーの床が作図されます。

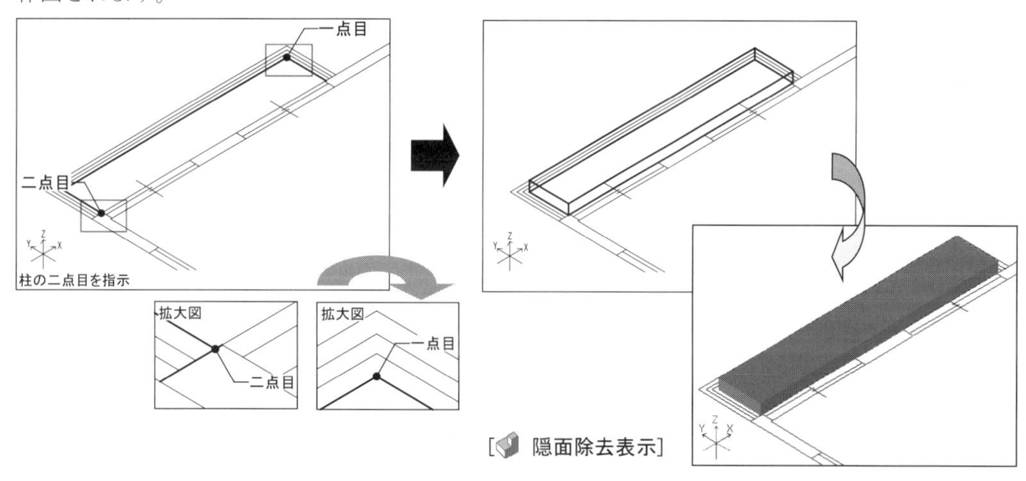

5. **【柱】コマンド**を解除します。

4 属性を設定する

1. **【属性リスト設定】コマンド**（F12キー）を実行します。

12番「バルコニーの壁」の属性を選択します。

12:「バルコニーの壁」	レイヤ	:「121」
	カラー	:「214:明灰緑色」

属性が設定され、**【属性リスト設定】コマンド**は解除されます。

〔属性〕パネルまたはステータスバーにレイヤ番号(121)とカラー(214:明灰緑色)が表示されます。

5 バルコニーの壁を作成する

1. **【壁】コマンド**を実行します。

[作成]メニューから**[壁]**をクリックします。

2. ダイアログボックスが表示されます。

作図方法などを設定し、**[OK]ボタン**をクリックします。

作図方法	:「連続」
☑ 高さ	:「1385」
幅	:「200」
☑ オフセット	:「100」
☑ 要素ごとのパッケージ作成	

3. バルコニーの壁を作成します。

(1) **【端点】**スナップで、２Ｆ平面図のバルコニーの右下端部をクリックします。

(2) 同じスナップのまま、第２点～第４点の端部をクリックします。

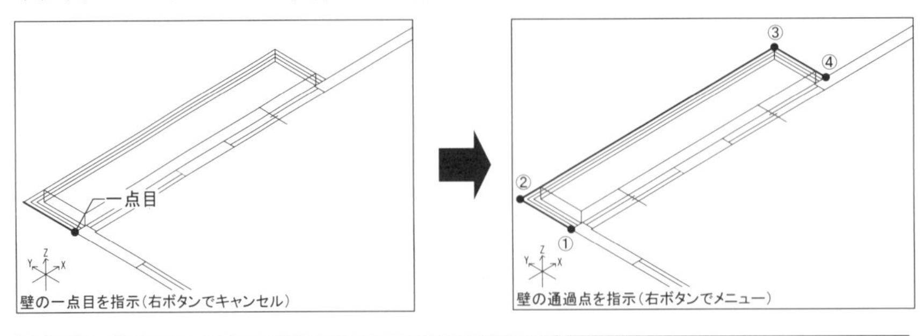

ポイント 床と2F平面図が重なって端部がわかりづらい場合は、Ctrl キーを押しながら矢印キーを押すと、視線を変更することができます。

(3) 第４点まで取り終えたら、右クリックし、編集メニューを表示します。
[**作図終了**]を指定します。

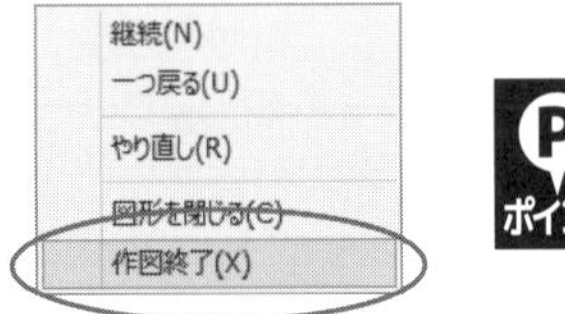

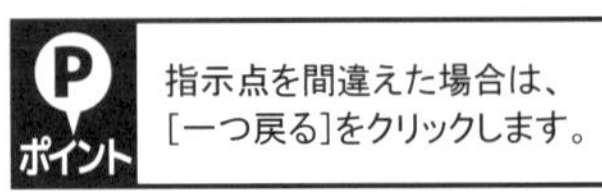

(4) オフセット方向の矢印と確認のマウスが表示されます。
左クリック（**YES**）すると、連続した壁が描かれます。

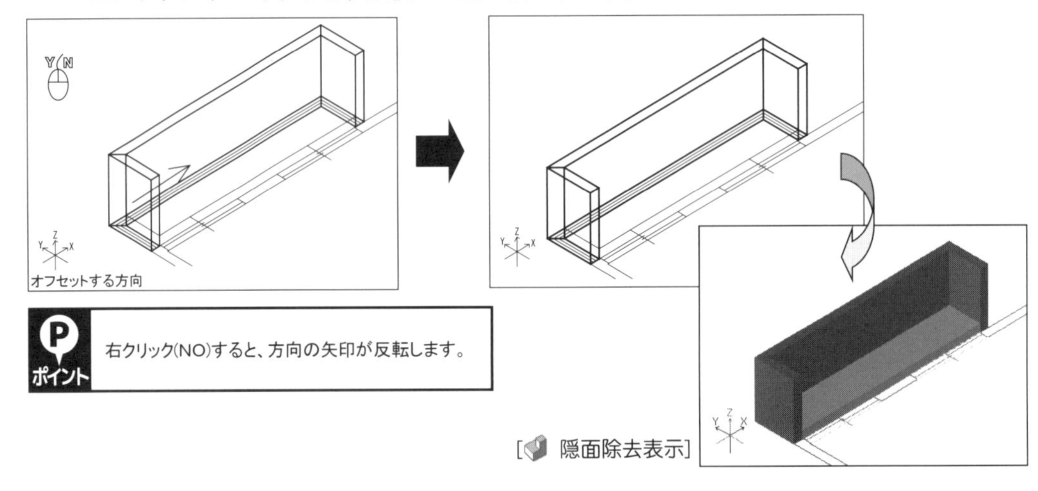

4. **【壁】コマンド**を解除します。

4-2 バルコニーの手すりを作成する

バルコニーの手すり子を【簡単柱】コマンドで１つ作成し、残りは【複写（3D）】コマンドで複写します。
手すりは【簡単梁】コマンドで作成します。

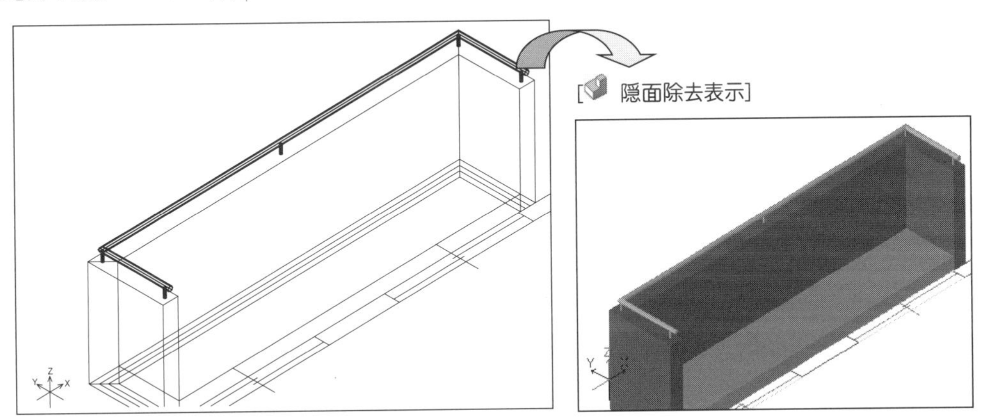

1 属性を設定する

1. 【属性リスト設定】コマンド（F12キー）を実行します。
13番「バルコニーの手すり」を選択します。

13:「バルコニーの手すり」レイヤ　:「122」
カラー　:「003:紫」

属性が設定され、【属性リスト設定】コマンドは解除されます。
〔属性〕パネルまたはステータスバーにレイヤ番号(122)とカラー(003：紫)が表示されます。

2 バルコニーの手すりを作成する

1. 【簡単柱】コマンドを実行します。
[作成]メニューから[柱]の▼ボタンをクリックし、[簡単柱]をクリックします。

2. ダイアログボックスが表示されます。
(1) [詳細設定]ボタンをクリックし、ダイアログボックスを追加表示します。
(2) 〔多角形〕タブでサイズなどを設定し、[OK]ボタンをクリックします。

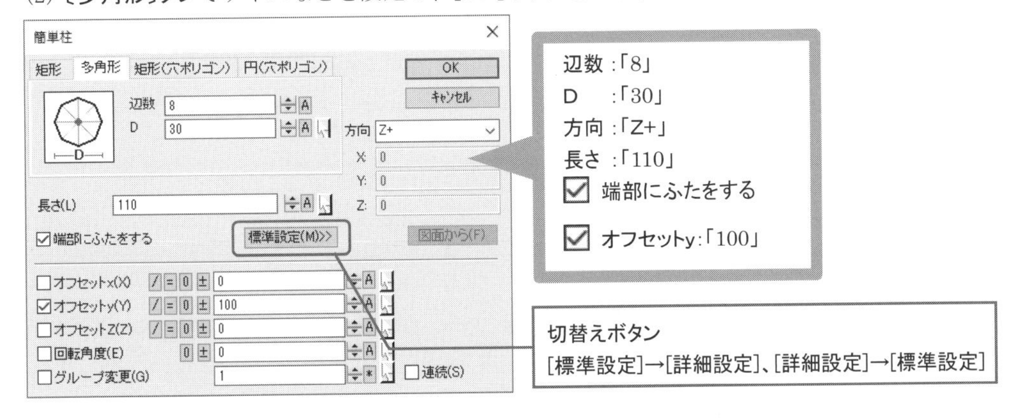

【簡単柱】コマンドについて

断面のタイプ(矩形・多角形・円)を選択し、高さを与える方向を決めて、柱のような図形を座標値・座標軸を基準に作図します。

[矩形]

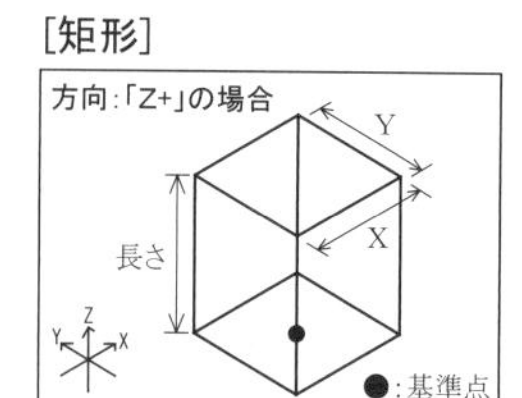

[多角形]

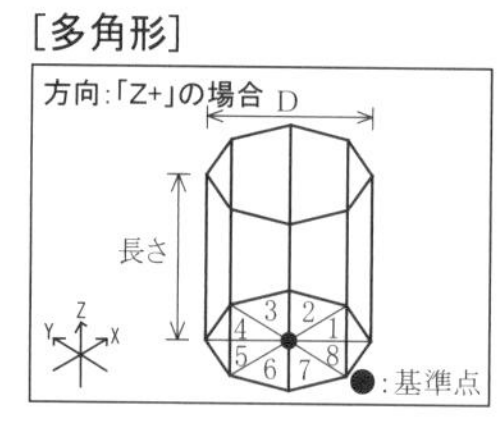

[矩形(穴ポリゴン)]

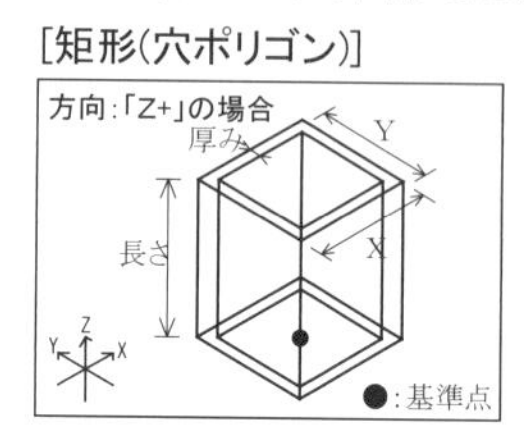

[多角形(穴ポリゴン)]

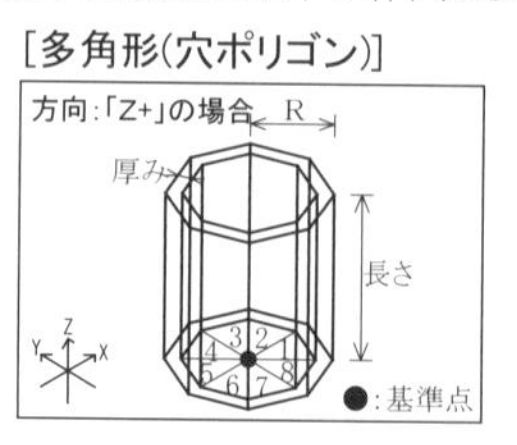

[端部にふた] 図形の端部に面を作成します。

[☑ 端部にふた]

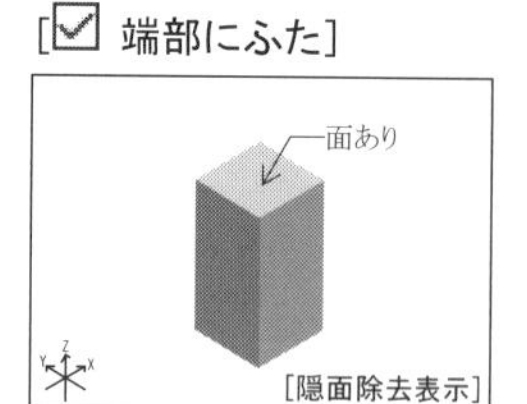

[☐ 端部にふた]

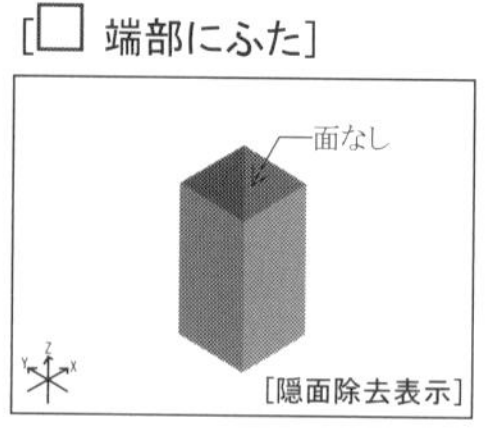

[方向] 作図する方向を選択します。

[X+][X−]

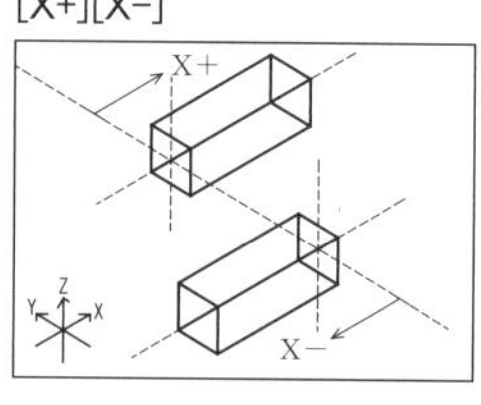

[Y+][Y−]

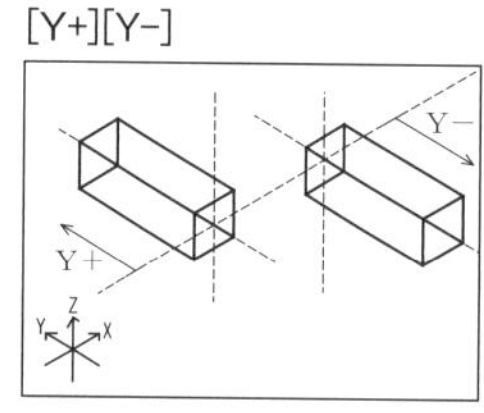

[Z+][Z−]

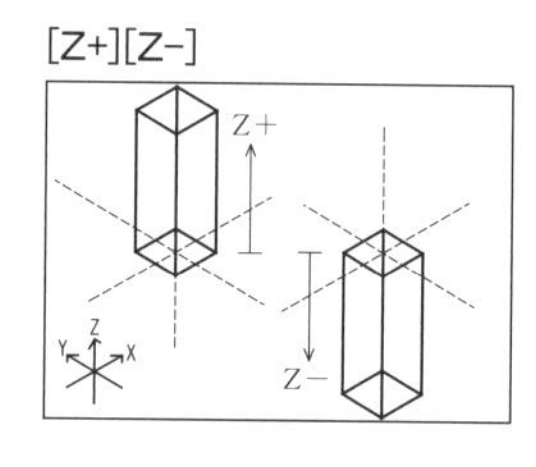

[自由]

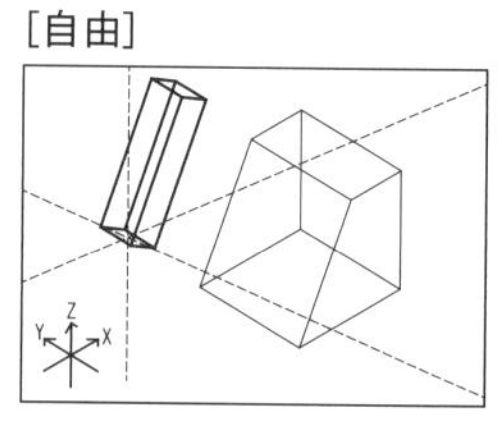

[オフセット] カーソルから配置する時の基準点を離して作図する場合に✔し、その距離を設定します。

☆[/]ボタンをクリックすると、指定したサイズ(厚み、長さなど)の半分になります。

例:[矩形/Z+]:[オフセットx]

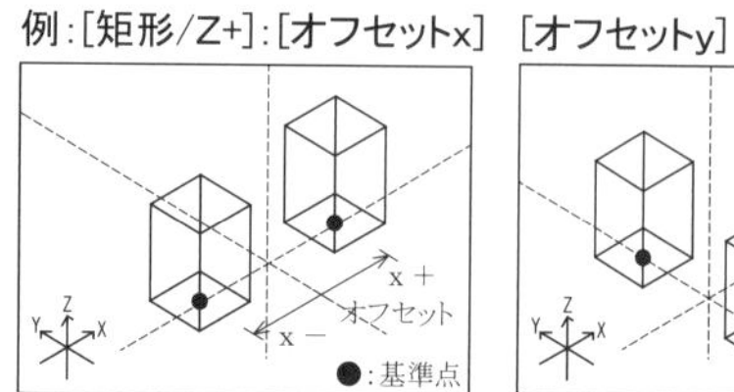

[オフセットy]

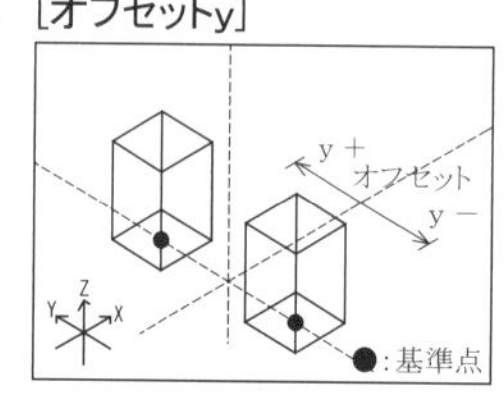

例:100

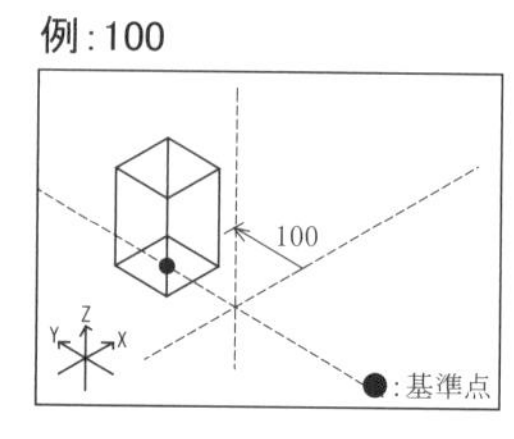

[オフセットZ]

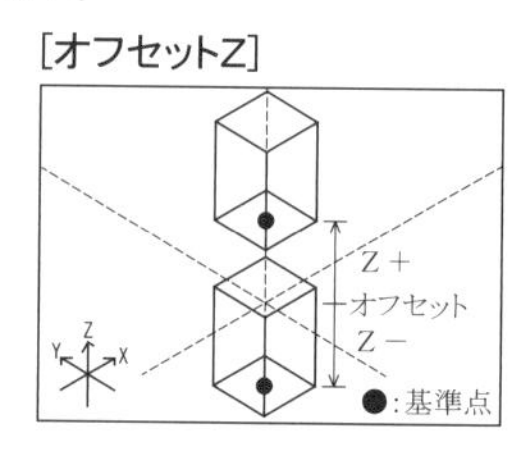

[回転角度] 柱を回転して作図する場合に✔し、その角度を設定します。

[X+][X−]

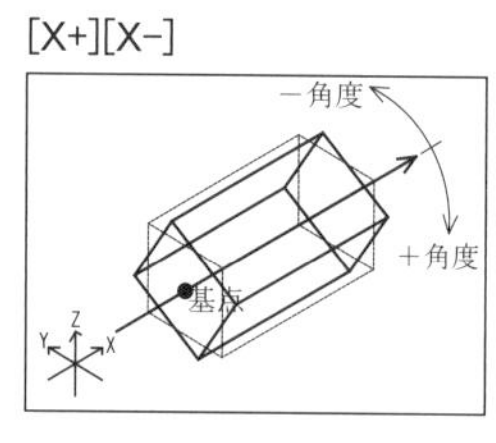

[Y+][Y−]

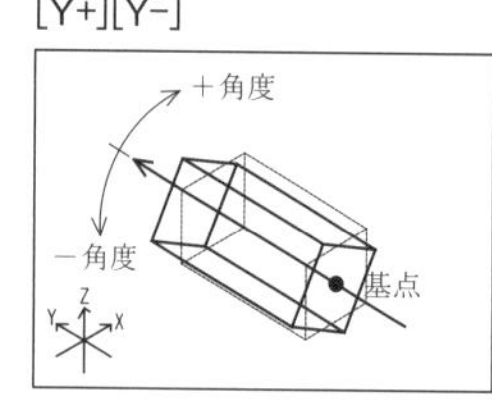

[Z+][Z−]

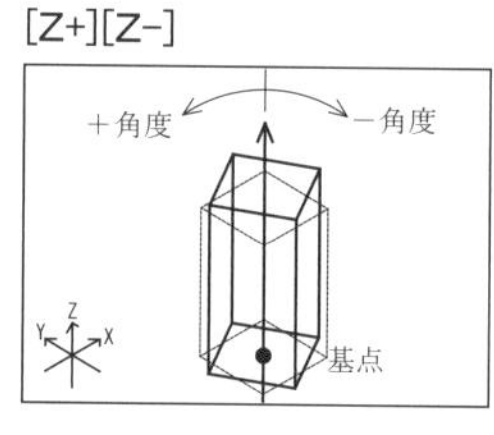

3. バルコニーの手すり子を作成します。

カーソルに手すり子がついています。

【中点】 **スナップ**で、バルコニーの壁の線分をクリックすると、バルコニーの手すり子が作図されます。

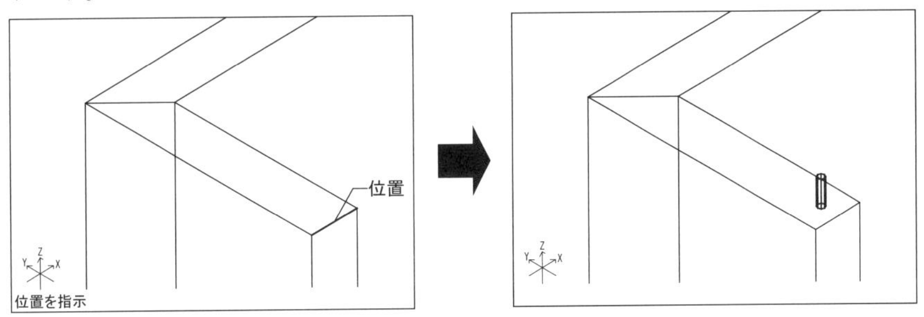

4. **【簡単柱】コマンド**を解除します。

3 バルコニーの手すり子を複写する

1. **【複写(3D)】コマンド**を実行します。

[編集]メニューから[**複写**]をクリックします。

2. ダイアログボックスが表示されます。

〔配列〕タブで間隔などを設定し、**[OK]ボタン**をクリックします。

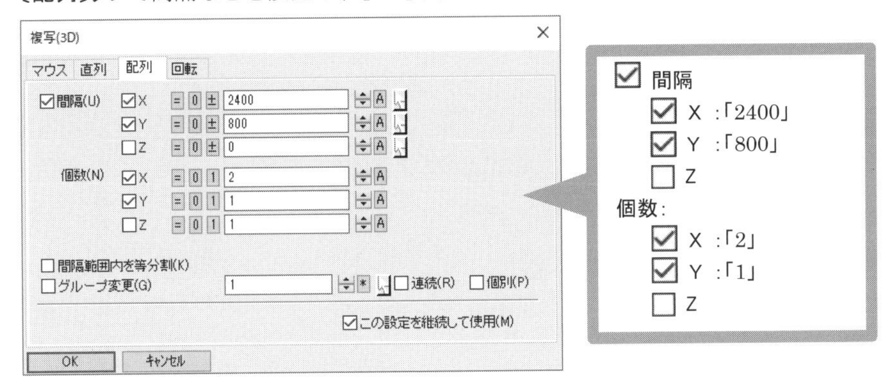

3. バルコニーの手すり子を複写します。

【標準選択】で、手すり子をクリックして選択すると、手すり子が複写されます。

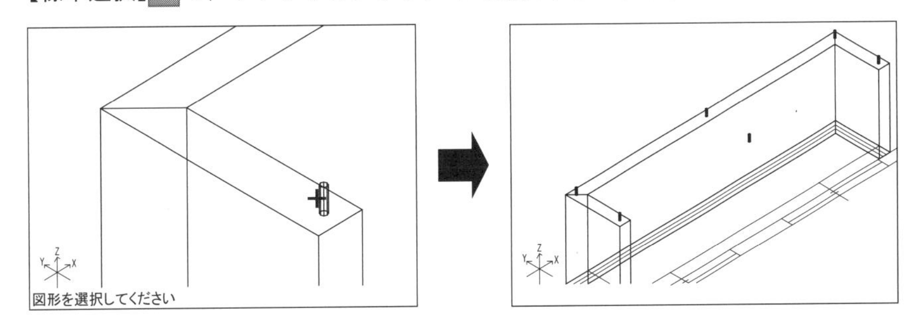

4. **【複写(3D)】コマンド**を解除します。

4 不要な手すり子を削除する

1. **【削除】コマンド**を実行します。

[編集]**メニュー**から[削除]をクリックします。

2. 不要な手すり子を削除します。

【標準選択】で、不要な手すり子をクリックすると、指定した手すり子が削除されます。

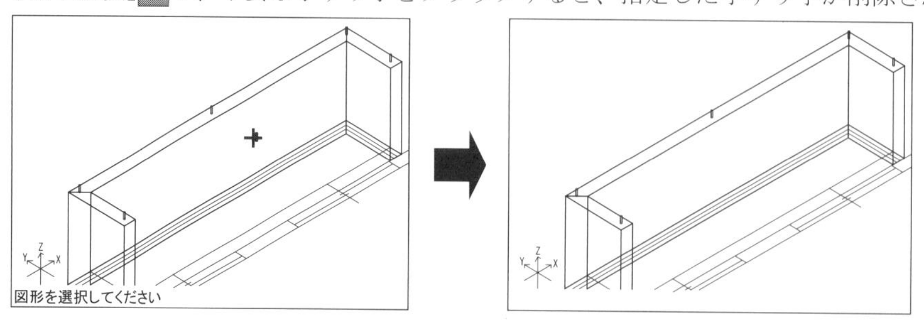

3. **【削除】コマンド**を解除します。

5 バルコニーの手すりを作成する

1. **【簡単梁】コマンド**を実行します。

[作成]**メニュー**から[簡単梁]をクリックします。

2. ダイアログボックスが表示されます。

(1) **[詳細設定]ボタン**をクリックし、ダイアログボックスを追加表示します。

(2) **〔多角形〕タブ**でサイズなどを設定し、**[OK]ボタン**をクリックします。

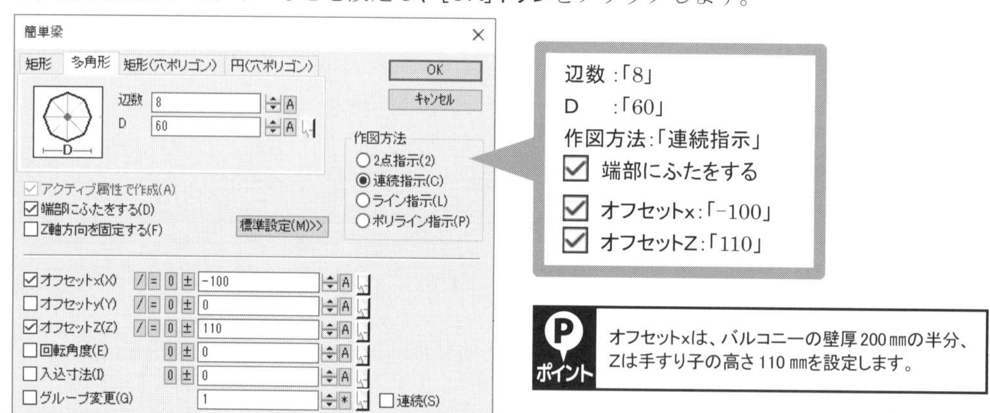

ポイント オフセットxは、バルコニーの壁厚200㎜の半分、Zは手すり子の高さ110㎜を設定します。

3. バルコニーの手すりを作成します。

(1) **【端点】スナップ**で、バルコニーの壁の内側の左下端部をクリックします。

(2) 同じスナップのまま、第２点～第４点の端部をクリックします。

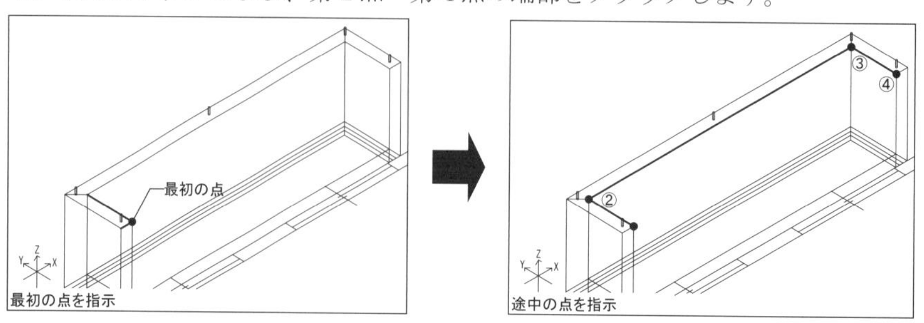

【簡単梁】コマンドについて

図形のタイプ(矩形・多角形・円)を選択し、軌跡となる線分などを指示して、梁のように図形を引き伸ばして作図します。

[矩形]

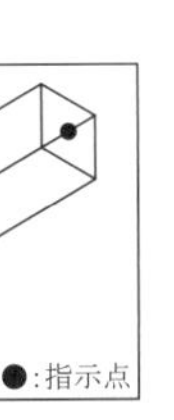

[多角形]

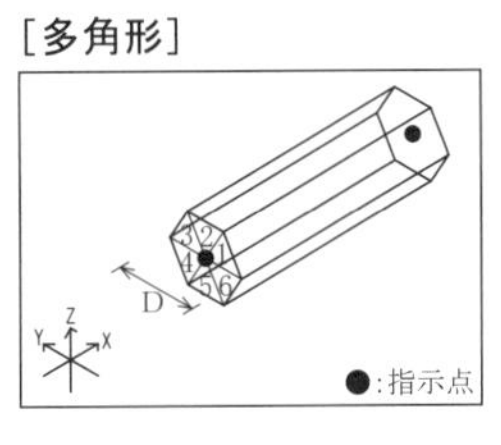

[矩形(穴ポリゴン)]

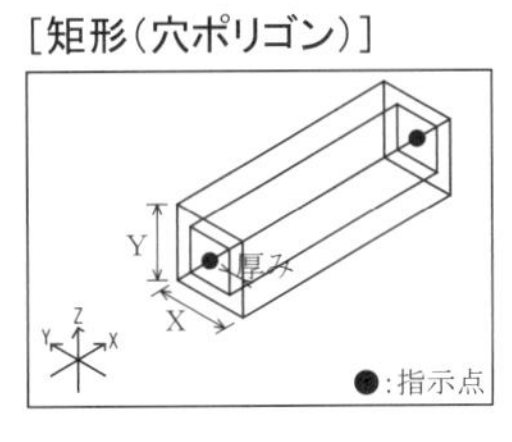

[円(穴ポリゴン)]

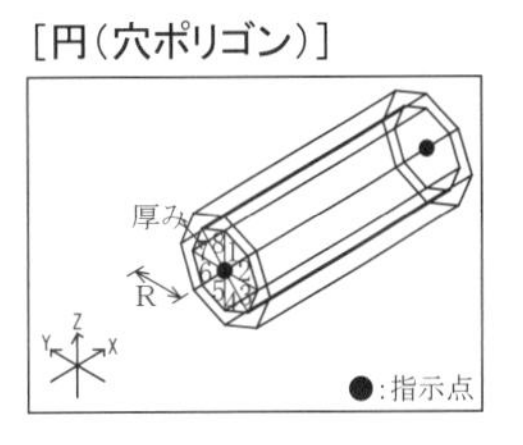

作図方法:

[2点指示]	2点を指示してその点を結んだ線分の長さの梁を作図します。
[連続指示]	連続してポイントを指示して梁を作図します。
[ライン指示]	線分を指定して梁を作図します。
[ポリライン指示]	ポリラインを指定して梁を作図します。

[2点指示]

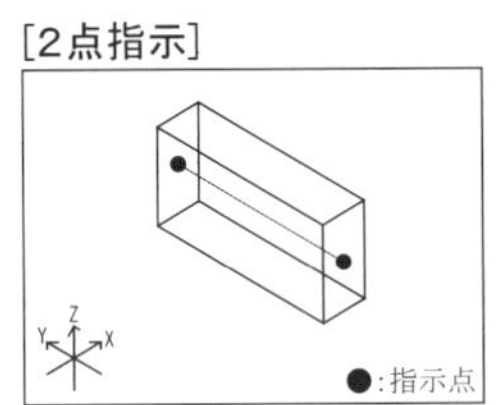

[連続指示]

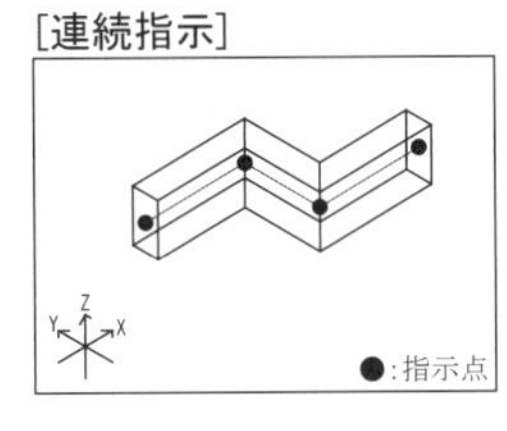

[ライン指示/ポリライン指示]

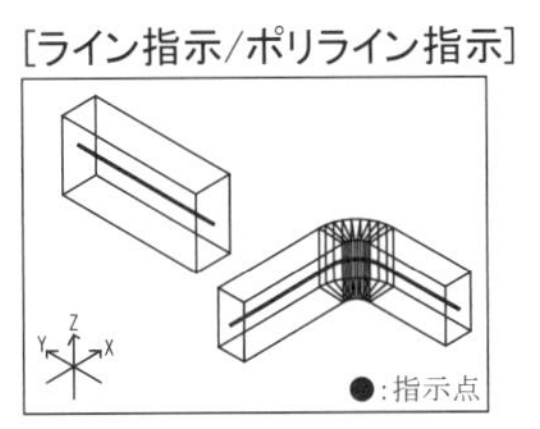

[端部にふた]　閉じたポリラインの場合に、回転した図形の両端部に面を作成します。

[Z軸方向を固定]　選択した図形の上側が常にZ軸方向を向くように引き伸ばしたい場合(雨樋やウォータースライダーなど)に、設定します。
三角形に側面を分割しながら、選択した図形の向きをZ軸方向に固定しながら引き伸ばします。

[☑ 端部にふた]

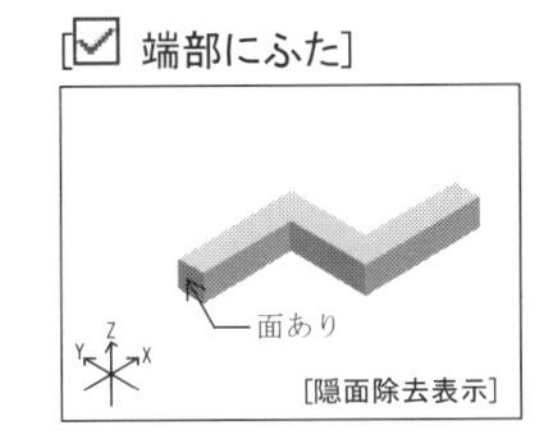

[☐ 端部にふた]

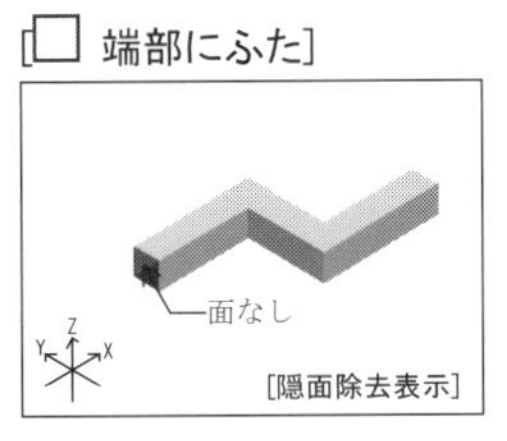

[☐ Z軸方向を固定]

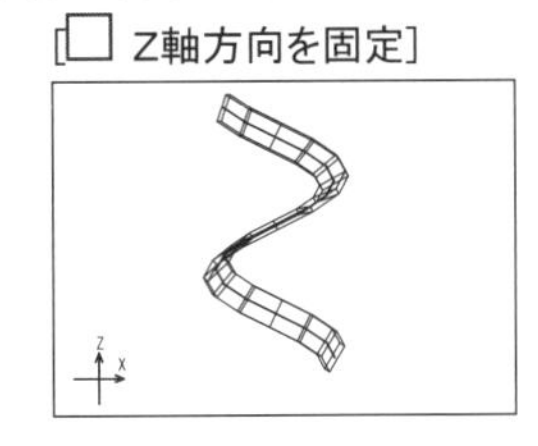

[☑ Z軸方向を固定]

[オフセット]　指示点から基準点を設定した距離だけ離して作図します。
☆[/]**ボタン**をクリックすると、指定したサイズ(厚み、長さなど)の半分になります。

[オフセットx]

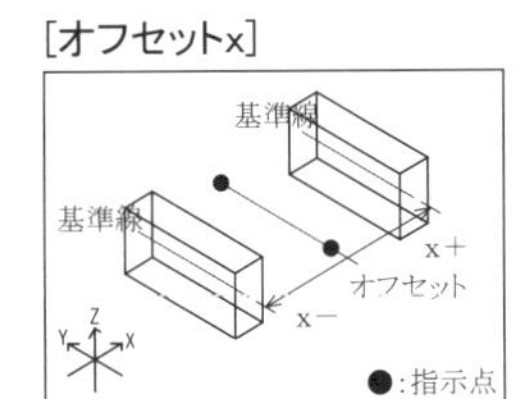

[オフセットy]

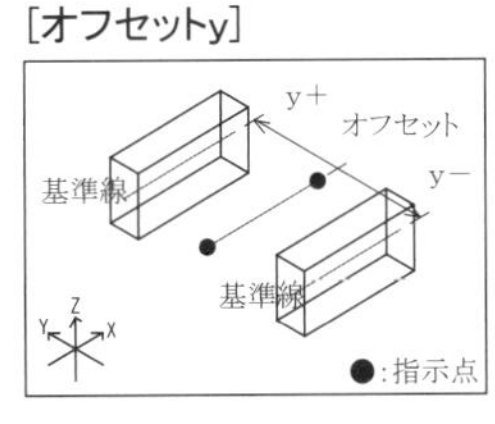

[オフセットZ]

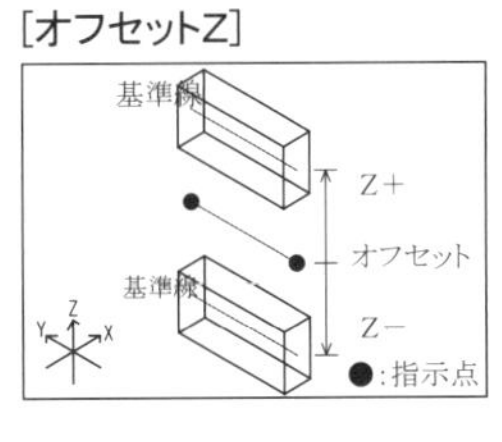

例:x=−100、Z=110

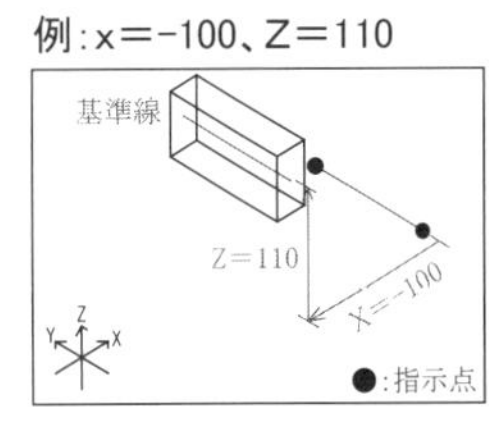

[回転角度]　図形を回転して作図する場合に✔し、その角度を設定します。

[入込寸法]　指示点から内側または外側に作図する場合に✔し、その距離を設定します。

[回転角度]

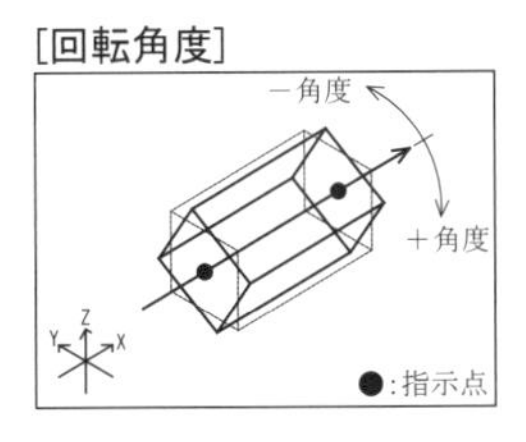

[入込寸法] 例:200

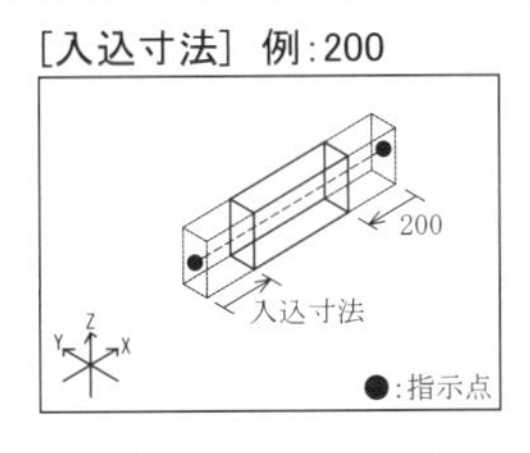

例:-200

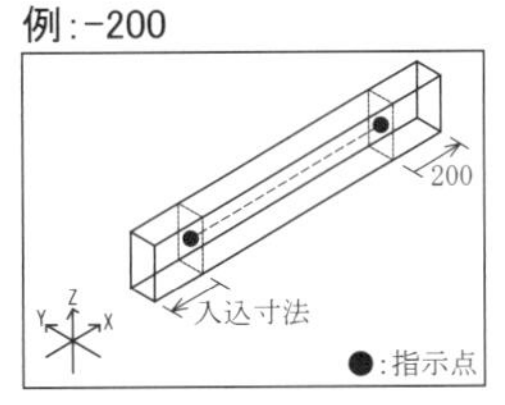

(3) 第４点まで取り終えたら、右クリックし、編集メニューを表示します。

(4) **[作図終了]**を指定すると、手すりが描かれます。

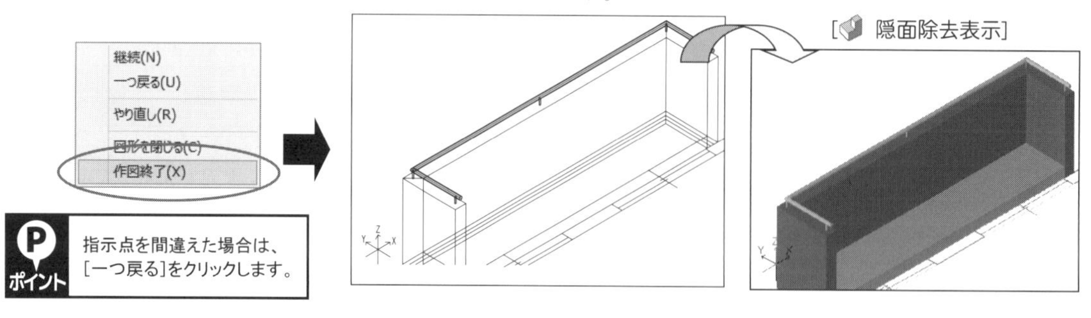

4. **【簡単梁】コマンド**を解除します。

簡単コマンドについて

【多角柱】、**【多角錐】**、**【球】**、**【床】**、**【壁】**、**【柱】** **コマンド**などの伸びる方向や上方向は、作業平面の向きで決まります。それに対して簡単コマンドは作業平面に関係なく、作図方法や方向によって作図することができます。

例:多角柱 [作業平面/平面]

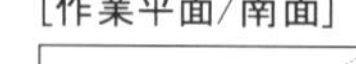

例:[簡単柱] 方向:-Y

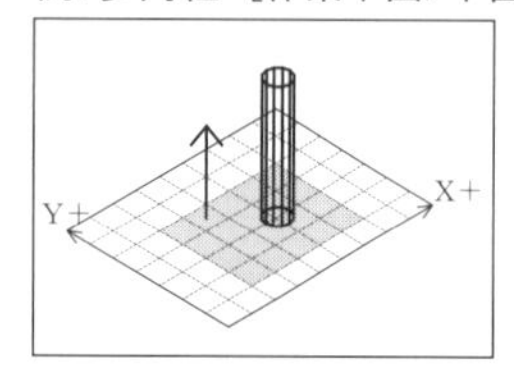

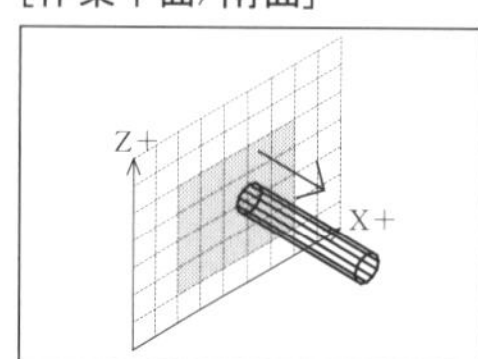

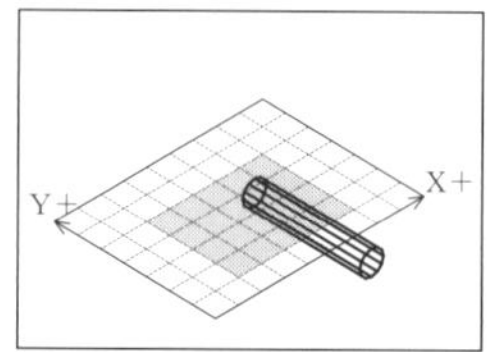

また、矩形・多角形以外にいろいろな断面形状をファイルに登録しておくと、**【カスタム柱】**、**【カスタム梁】** **コマンド**で**【簡単柱】**、**【簡単梁】** **コマンド**と同様に作業平面に関係なく、作図方法や方向によって作図することができます。

4-3 バルコニーの屋根を作成する

３Ｆ平面図にバルコニーの屋根面を【3Dポリライン】コマンドで３つ作成し、【ストレッチ(3D)】コマンドで高さを設定します。
バルコニーの軒は【柱】コマンドで作成します。

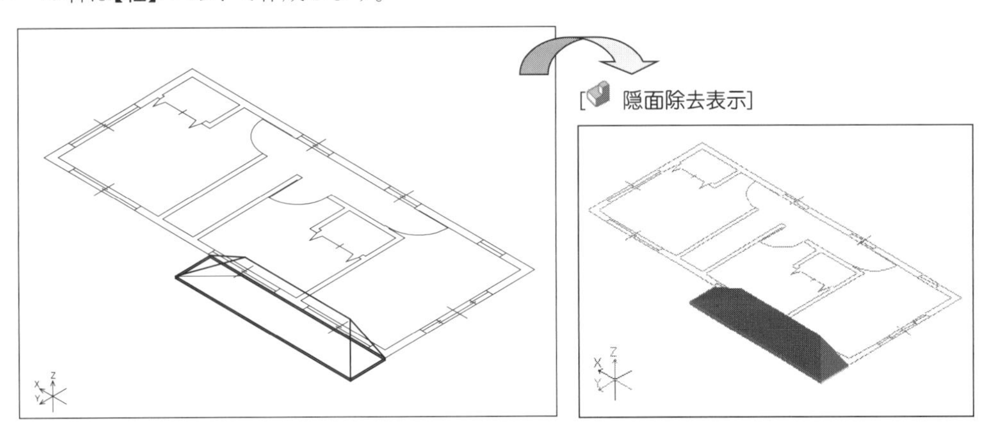

1 属性を設定する

1. 【属性リスト設定】コマンド(F12キー)を実行します。
14番「バルコニーの屋根」を選択します。

14:「バルコニーの屋根」 レイヤ :「123」
カラー :「249:黒灰色」

属性が設定され、【属性リスト設定】コマンドは解除されます。
〔属性〕パネルまたはステータスバーにレイヤ番号(123)とカラー(249：黒灰色)が表示されます。

2 バルコニーの屋根面を作成する

1. 【北西アクソメ図】を表示します。

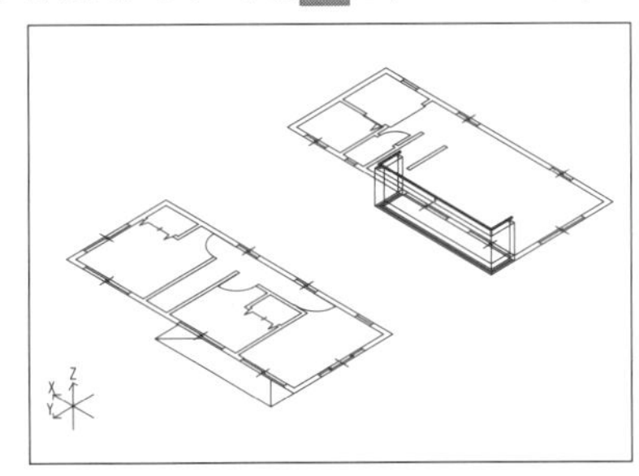

2. 【3Dポリライン】コマンドを実行します。
[作成]メニューから[3Dポリライン]をクリックします。

３． 屋根面を作成します。

(1) **【端点】** **スナップ**で、３Ｆ平面図の屋根の左上端部をクリックします。

(2) 同じスナップのまま、反時計回りに第２点～第３点の端部をクリックします。

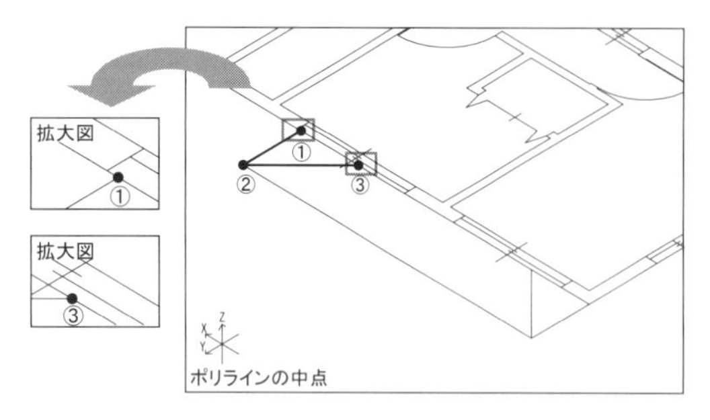

(3) 第３点まで取り終えたら、右クリックし、編集メニューを表示します。

(4) **[図形を閉じる]**を指定すると、屋根面が描かれます。

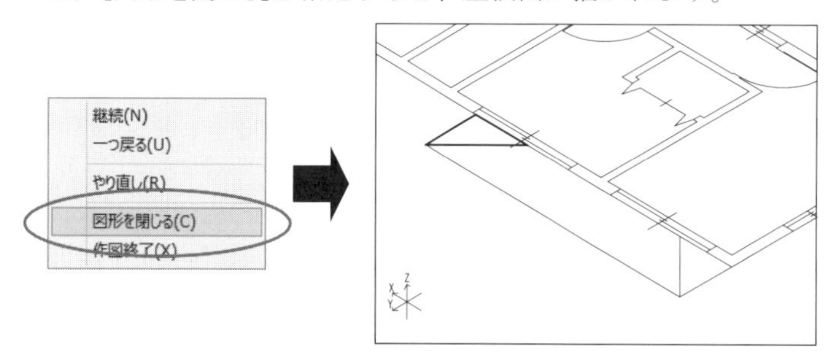

４． **３.**と同様に、屋根面を描きます。

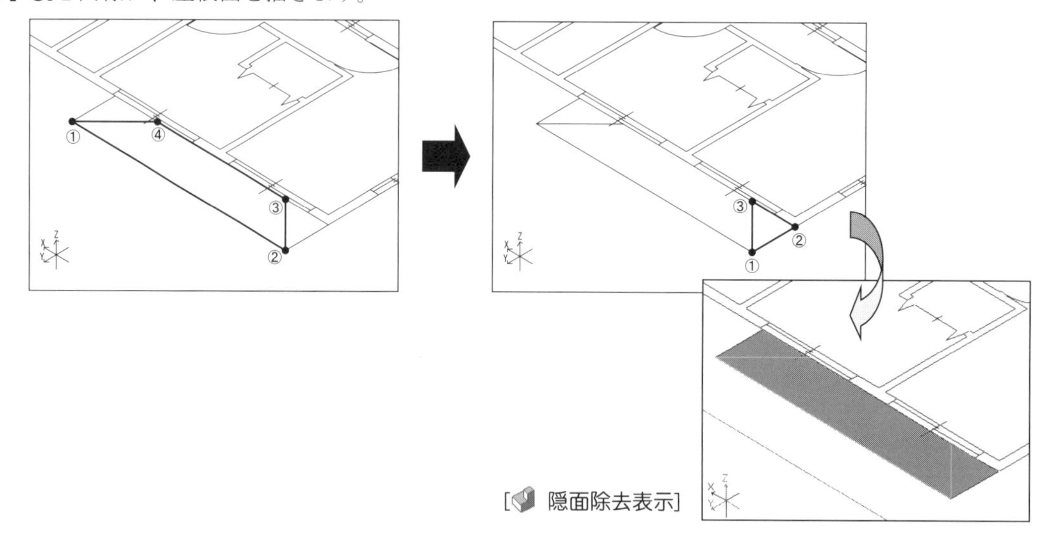

５． **【3Dポリライン】コマンド**を解除します。

3 屋根の高さを設定する

1. **【ストレッチ(3D)】コマンド**を実行します。
[編集]メニューから**[ストレッチ]**をクリックします。

2. ダイアログボックスが表示されます。
以下のように設定し、**[OK]ボタン**をクリックします。

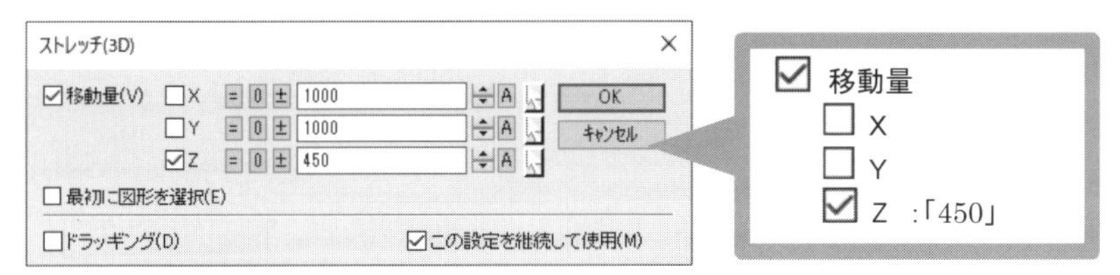

3. 屋根の高さを設定します。
(1) 始点をクリックします。
(2) 屋根面の端部が選択されるように対角にカーソルを移動し、枠を広げ終点をクリックすると、屋根面の頂点がZ方向にストレッチされます。

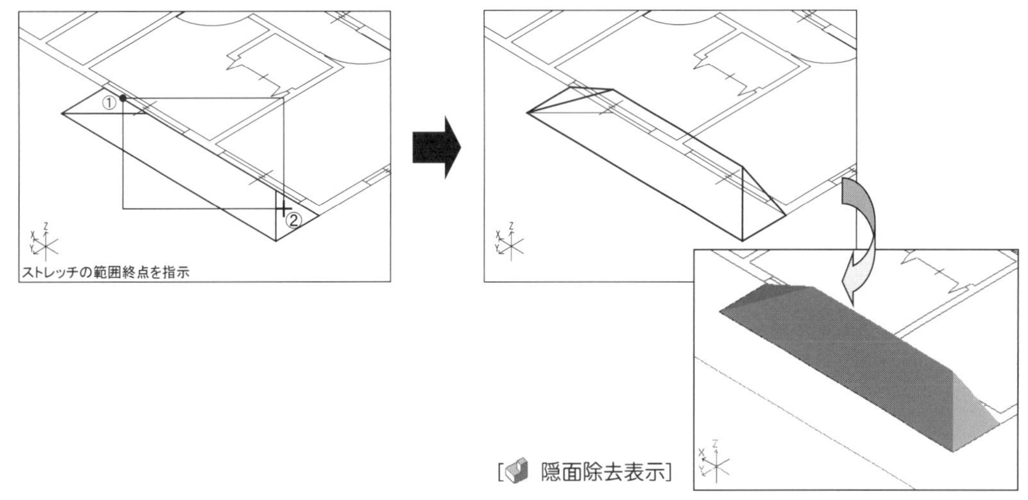

[隠面除去表示]

4. **【ストレッチ(3D)】コマンド**を解除します。

4 属性を設定する

1. **【属性リスト設定】コマンド**(**F12** **キー**)を実行します。
15 番「バルコニーの軒」の属性を選択します。

15:「バルコニーの軒」	レイヤ	:「124」
	カラー	:「156:淡黄色」

属性が設定され、**【属性リスト設定】コマンド**は解除されます。
〔属性〕パネルまたはステータスバーにレイヤ番号(124)とカラー(156：淡黄色)が表示されます。

5 バルコニーの軒を作成する

1. **【柱】コマンド**を実行します。

[作成]メニューから[**簡単柱**]の**▼ボタン**をクリックし、[**柱**]をクリックします。

2. ダイアログボックスが表示されます。

高さなどを設定し、**[OK]ボタン**をクリックします。

☑ 高さ:「-50」

3. 軒を作成します。

【端点】 **スナップ**で、屋根の左上端部、右下端部をクリックすると、軒が描かれます。

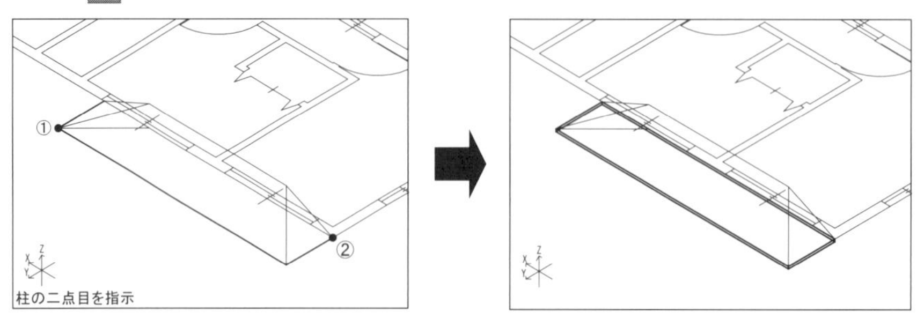

4. **【柱】コマンド**を解除します。

4-4 バルコニーを配置する

作成したバルコニー・屋根を**【移動(3D)】コマンド**で北壁に配置します。

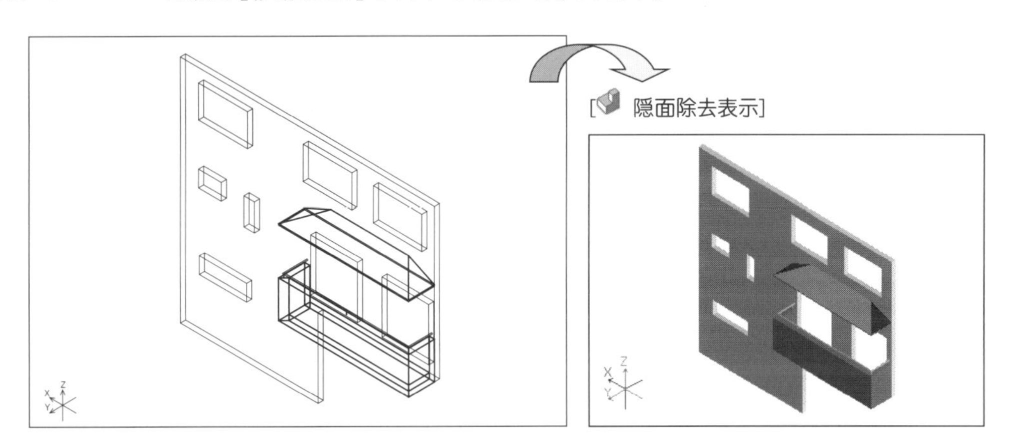

1 北壁のレイヤを表示する

1. **【表示レイヤキー入力】コマンド**を実行します。
[レイヤ]メニューから[**表示レイヤキー入力**]をクリックします。

2. ダイアログボックスが表示されます。
キーボードから“102 ↵”と入力します。

表示するレイヤ
102

北壁のレイヤが表示されます。

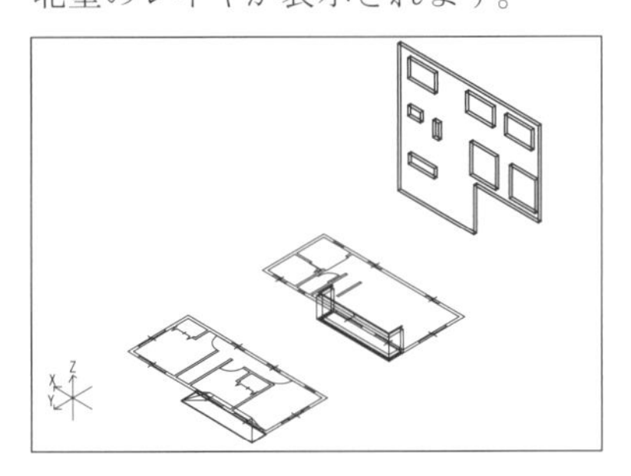

3. **【表示レイヤキー入力】コマンド**を解除します。

2 バルコニーを配置する

1. **【移動(3D)】コマンド**を実行します。
[編集]メニューから[**移動**]をクリックします。

2. ダイアログボックスが表示されます。
以下のように設定し、**[OK]ボタン**をクリックします。

☑ 移動量
☐ X
☐ Y
☑ Z :「2950」

3. バルコニーを移動します。

【標準選択】でバルコニーを上からドラッグ(ウィンドウ選択)して選択すると、バルコニーが移動します。

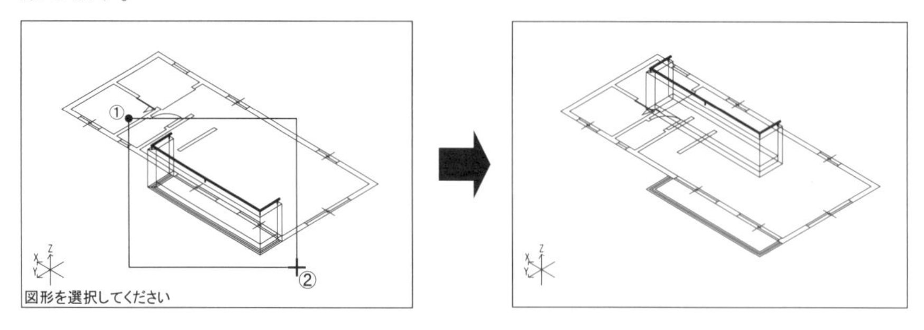

4. 移動量を変更します。

右クリックして、ダイアログボックスを表示します。

以下のように設定を変更し、**[OK]ボタン**をクリックします。

5. **3.**と同様に、屋根を移動します。

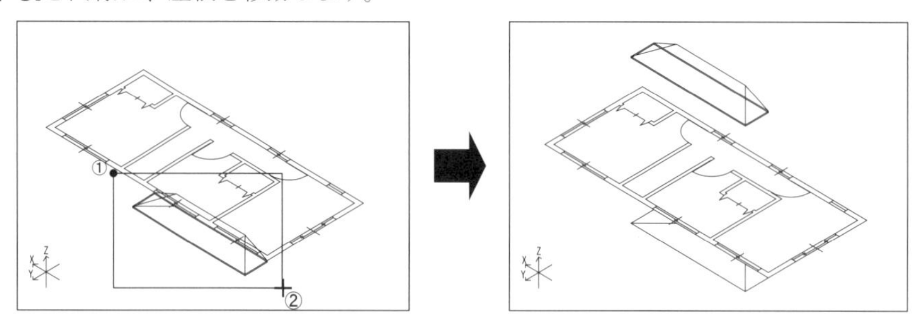

6. 設定を変更します。

右クリックして、ダイアログボックスを表示します。

以下のように設定を変更し、**[OK]ボタン**をクリックします。

☐ 移動量
☑ ドラッギング

7. バルコニーを北壁に配置します。

(1) **【標準選択】**で、バルコニーを上からドラッグ(ウィンドウ選択)して選択します。

(2) **【端点】スナップ**で、2F平面図の左上端部をクリックします。

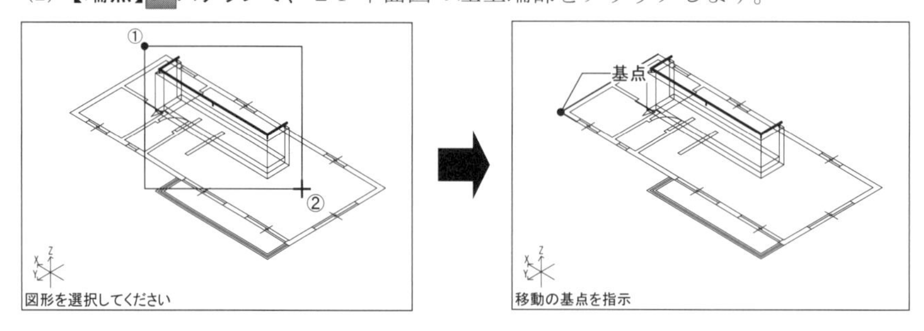

(3) 同じスナップのまま、北壁の左下端部をクリックすると、バルコニーが配置されます。

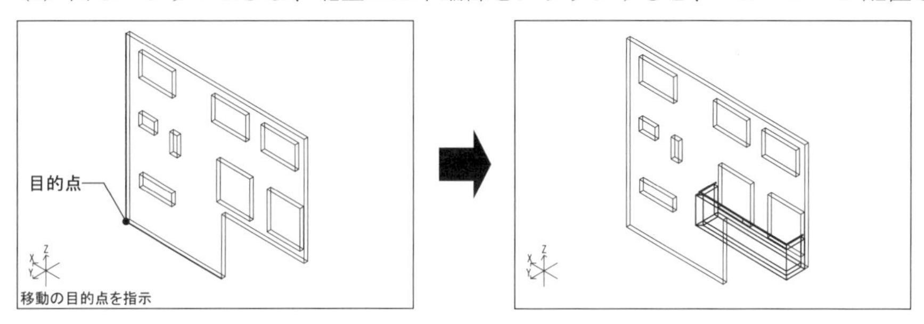

8. 7.と同様に、屋根を配置します。

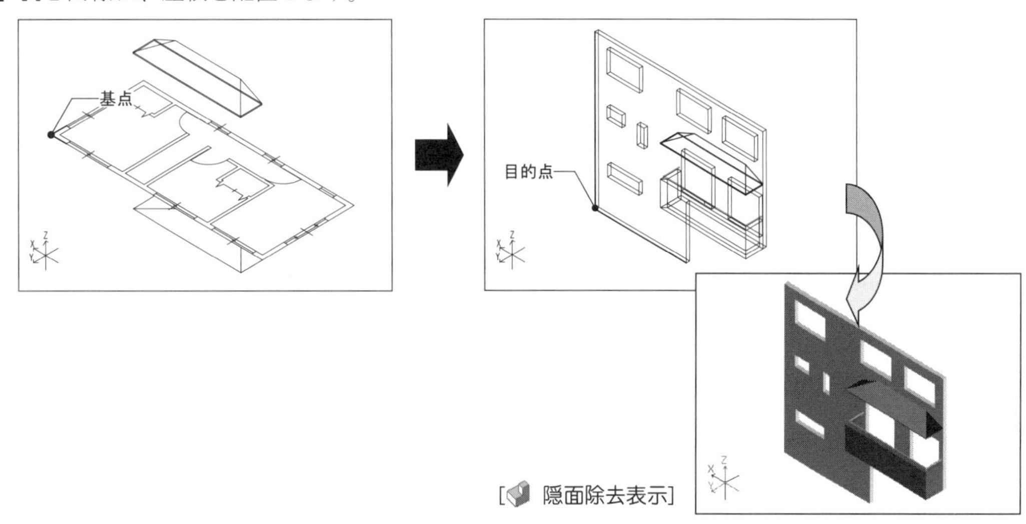

[隠面除去表示]

9.【移動(3D)】コマンドを解除します。

５ 建具を配置する

壁面の開口部分に、「こんなに簡単! DRA-CAD18 3次元編 練習用データ」に登録されている窓やドアなどのデータを配置し、コンクリート壁の開口部分にガラスを作成します。

5-1 壁に建具を配置する

建具(窓やドアなど)は「部品」フォルダに、部品として登録されていますので、【シンボル挿入】コマンドでそれぞれの壁に配置します。

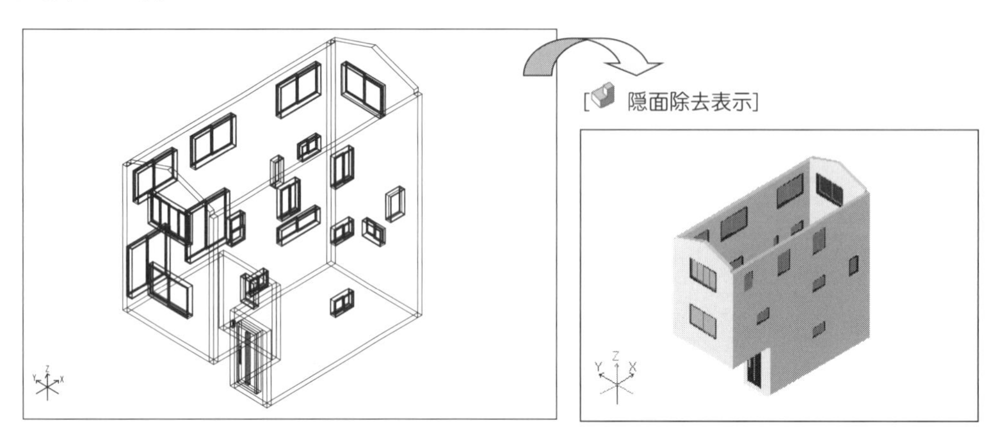

1 北壁のレイヤを表示する

北壁に建具を配置しますので、北壁と北壁の建具のレイヤを表示します。

1. 【全レイヤ非表示】コマンドを実行します。
[レイヤ]メニューから[全レイヤ非表示]をクリックします。
すべてのレイヤが非表示になり、【全レイヤ非表示】コマンドは解除されます。

2. 【表示レイヤキー入力】コマンドを実行します。
[レイヤ]メニューから[表示レイヤキー入力]をクリックします。

3. ダイアログボックスが表示されます。
キーボードから“102,112 ↵” と入力します。

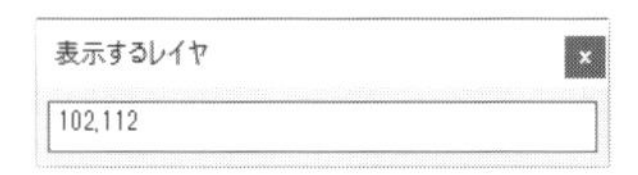

北壁のレイヤが表示され、北壁用の建具のレイヤが表示されるようになります。

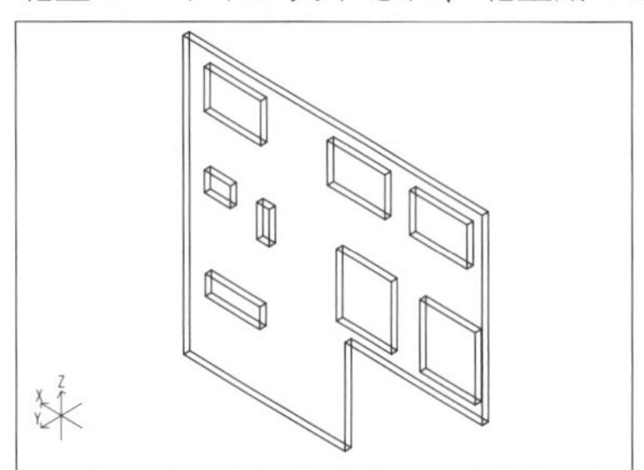

4. 【表示レイヤキー入力】コマンドを解除します。

2 属性を設定する

1. **【属性リスト設定】コマンド**（F12キー）を実行します。
9番**「北建具」**を選択します。

9:「北建具」レイヤ　:「112」
　　　　　　カラー　:「008:灰色」

属性が設定され、**【属性リスト設定】コマンド**は解除されます。
〔属性〕パネルまたはステータスバーにレイヤ番号(112)とカラー(008：灰色)が表示されます。

3 北壁に配置する

1. **【シンボル挿入】コマンド**を実行します。
[部品]メニューから**[シンボル挿入]**をクリックします。

2. ダイアログボックスが表示されます。
(1) **[参照(1)]ボタン**をクリックし、**「フォルダ参照」**を指定します。

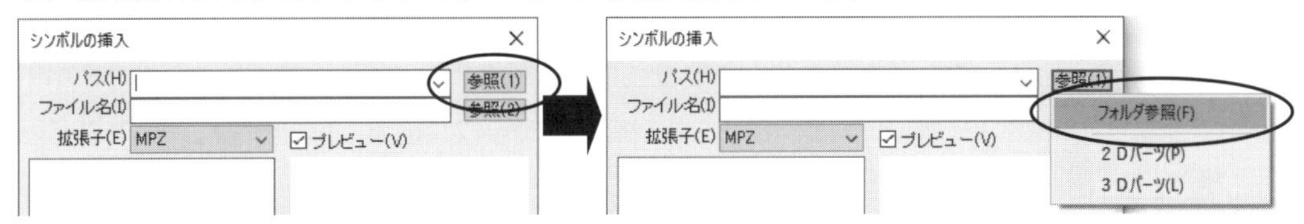

(2) フォルダの参照ダイアログボックスが表示されます。
「こんなに簡単! DRA-CAD18 3次元編 練習用データ」フォルダの**「部品」**フォルダを指定し、**[OK]ボタン**をクリックします。

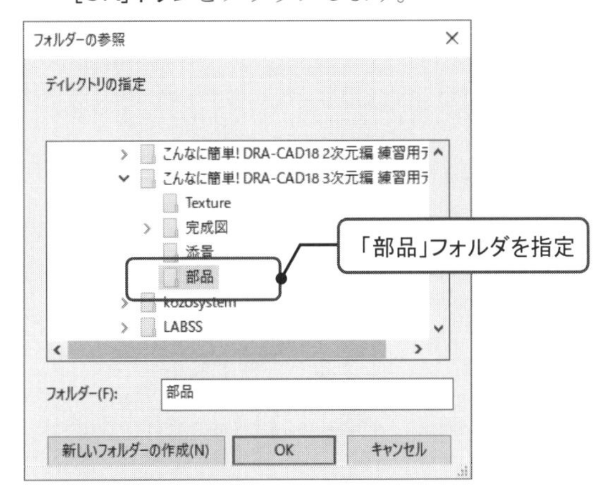

(3) シンボルの挿入ダイアログボックスに戻ります。
「北ー窓1」を選択し、**[OK]ボタン**をクリックします。

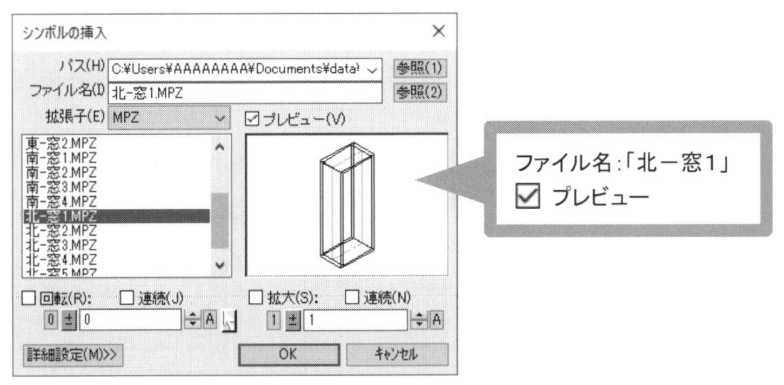

3. 配置する場所を指定します。

カーソルの交差部に**「北－窓1」**がついています。

【端点】スナップで、開口部の左下端部をクリックすると、**「北－窓1」**の建具が配置されます。

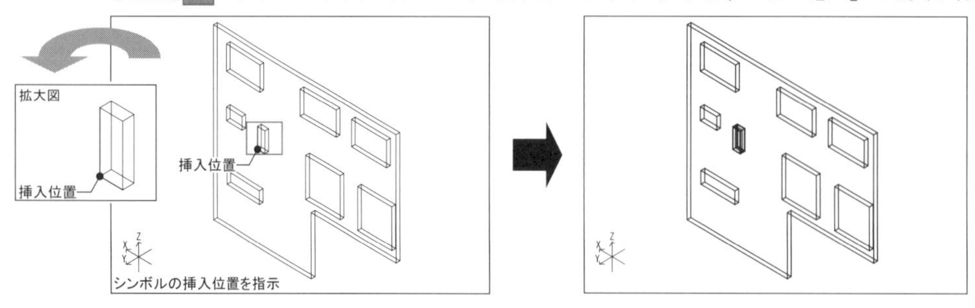

4. 建具を変更します。

右クリックして、ダイアログボックスを表示します。

「北－窓2」を選択し、**[OK]ボタン**をクリックします。

ファイル名:「北－窓2」

5. **3.**と同様に、**「北－窓2」**の建具を２カ所に配置します。

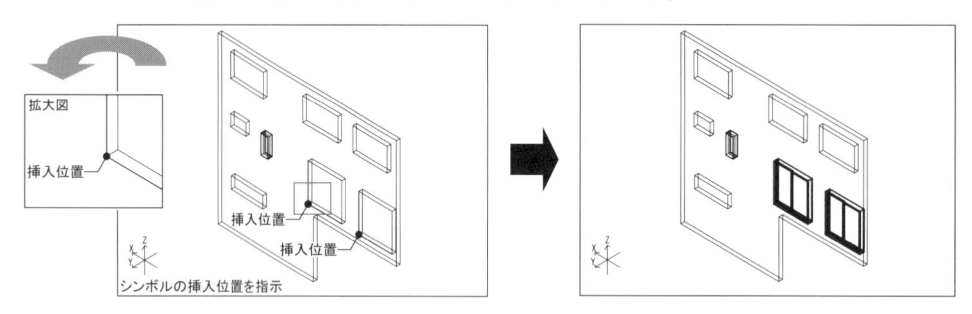

6. **「北－窓3」～「北－窓5」**の建具を配置します。

右クリックして、ダイアログボックスを表示します。

「北－窓2」と同様に、**「北－窓3」～「北－窓5」**の建具を配置します。

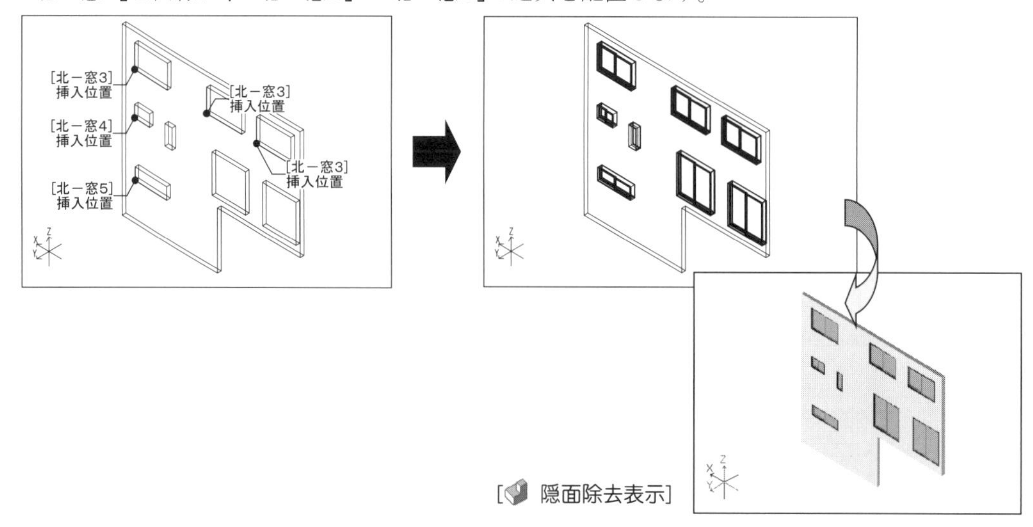

4 東壁のレイヤを表示する

東壁に建具を配置しますので、東壁と東壁の建具のレイヤを表示します。

1. **【全レイヤ非表示】コマンド**を実行します。
[レイヤ]メニューから[**全レイヤ非表示**]をクリックします。
すべてのレイヤが非表示になり、**【全レイヤ非表示】コマンド**は解除されます。

2. **【表示レイヤキー入力】コマンド**を実行します。
[レイヤ]メニューから[**表示レイヤキー入力**]をクリックします。

3. ダイアログボックスが表示されます。
キーボードから"103,113 ↵"と入力します。

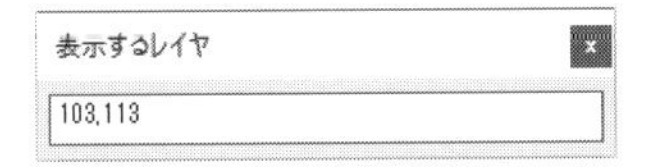

東壁のレイヤが表示され、東壁の建具のレイヤが表示されるようになります。

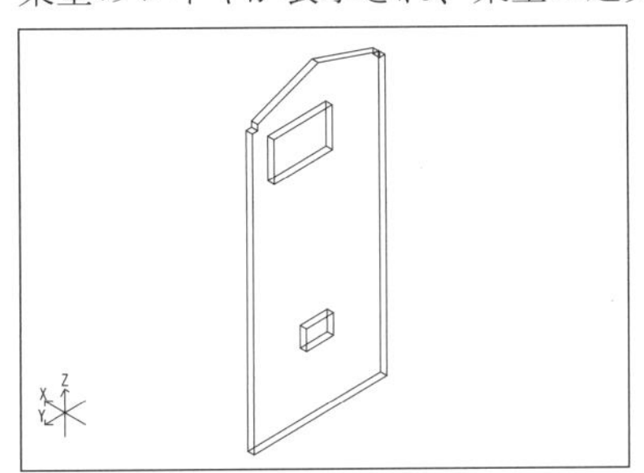

4. **【表示レイヤキー入力】コマンド**を解除します。

5 属性を設定する

1. **【属性リスト設定】コマンド**（F12 キー）を実行します。
10番「**東建具**」の属性を選択し、**[OK]ボタン**をクリックします。

10:「東建具」レイヤ　:「113」
　　　　　　カラー　:「008:灰色」

属性が設定され、**【属性リスト設定】コマンド**は解除されます。
〔**属性**〕**パネル**またはステータスバーにレイヤ番号(113)とカラー(008：灰色)が表示されます。

6 東壁に配置する

1. **【南東アクソメ図】**を表示します。

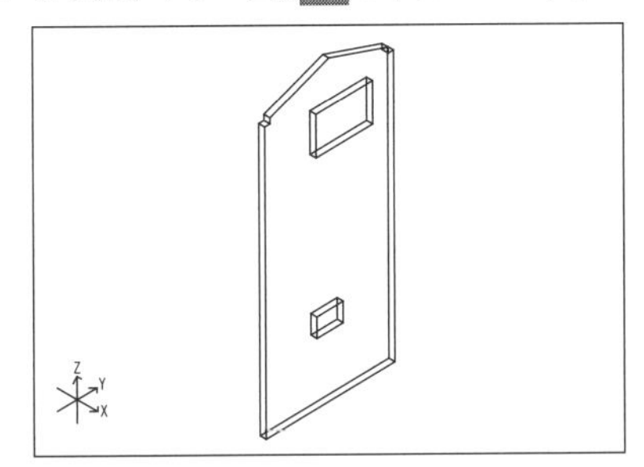

2. 「**東－窓1**」、「**東－窓2**」の建具を配置します。
右クリックして、ダイアログボックスを表示します。
北壁と同様に、「**東－窓1**」、「**東－窓2**」の建具を配置します。

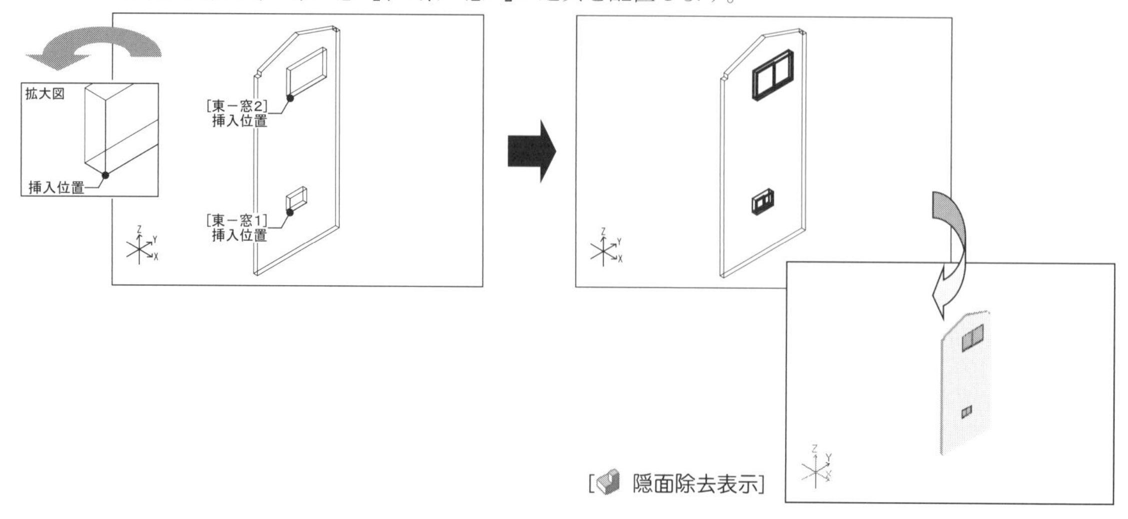

7 南壁のレイヤを表示する

南壁に建具を配置しますので、南壁と南壁の建具のレイヤを表示します。

1. **【全レイヤ非表示】コマンド**を実行します。
[レイヤ]メニューから[**全レイヤ非表示**]をクリックします。
すべてのレイヤが非表示になり、**【全レイヤ非表示】コマンド**は解除されます。

2. **【表示レイヤキー入力】コマンド**を実行します。
[レイヤ]メニューから[**表示レイヤキー入力**]をクリックします。

3. ダイアログボックスが表示されます。
キーボードから“100,110 ↵”と入力します。

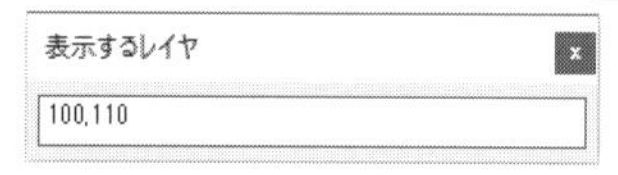

南壁のレイヤが表示され、南壁用の建具のレイヤが表示されるようになります。

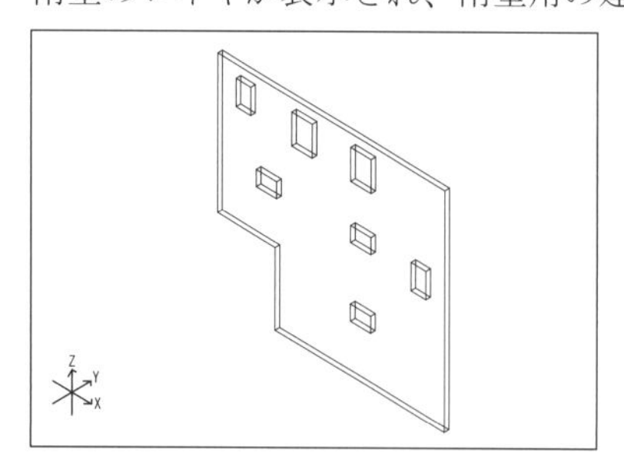

4. **【表示レイヤキー入力】コマンド**を解除します。

8 属性を設定する

1.【属性リスト設定】コマンド（F12キー）を実行します。
7番「南建具」を選択します。

7:「南建具」レイヤ :「110」
カラー :「008:灰色」

属性が設定され、【属性リスト設定】コマンドは解除されます。
〔属性〕パネルまたはステータスバーにレイヤ番号(110)とカラー(008：灰色)が表示されます。

9 南壁に配置する

1.【南西アクソメ図】を表示します。

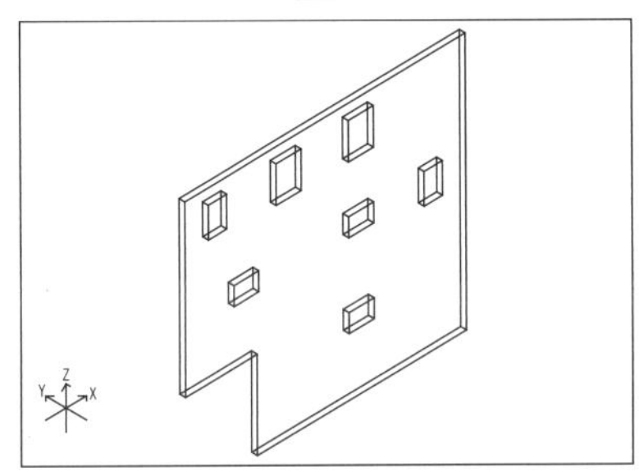

2.「南－窓1」～「南－窓4」の建具を配置します。
右クリックして、ダイアログボックスを表示します。
北壁と同様に、「南－窓1」～「南－窓4」の建具を配置します。

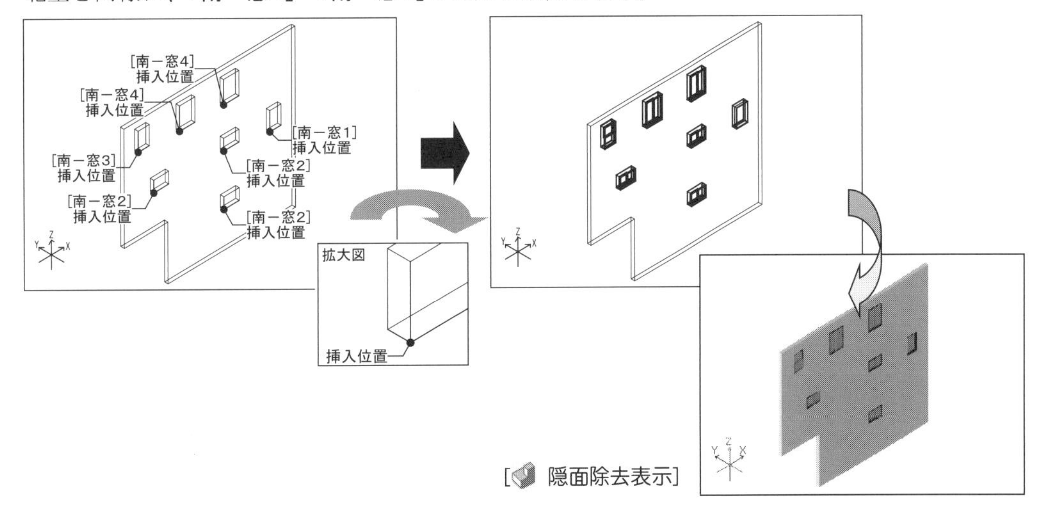

10 西壁のレイヤを表示する

西壁に建具を配置しますので、西壁と西壁の建具のレイヤを表示します。

1. **【全レイヤ非表示】コマンド**を実行します。
[レイヤ]メニューから[**全レイヤ非表示**]をクリックします。
すべてのレイヤが非表示になり、**【全レイヤ非表示】コマンド**は解除されます。

2. **【表示レイヤキー入力】コマンド**を実行します。
[レイヤ]メニューから[**表示レイヤキー入力**]をクリックします。

3. ダイアログボックスが表示されます。
キーボードから"101,111 (Enter)"と入力します。

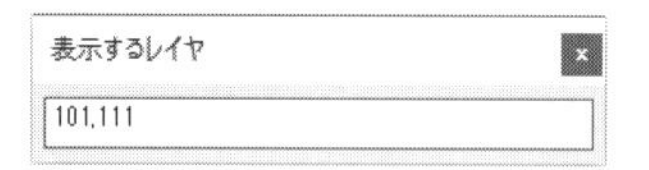

西壁のレイヤが表示され、西壁用の建具のレイヤが表示されるようになります。

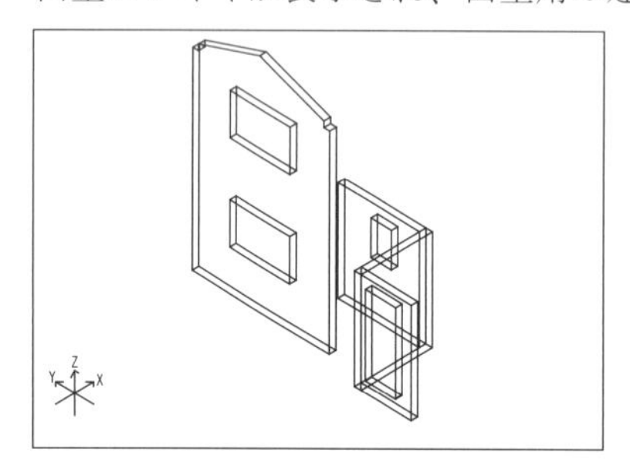

4. **【表示レイヤキー入力】コマンド**を解除します。

11 属性を設定する

1. **【属性リスト設定】コマンド**（F12キー）を実行します。
8番「西建具」を選択します。

> 8:「西建具」レイヤ :「111」
> カラー :「008:灰色」

属性が設定され、**【属性リスト設定】コマンド**は解除されます。
〔属性〕パネルまたはステータスバーにレイヤ番号(111)とカラー(008：灰色)が表示されます。

シンボルについて

シンボルは、ファイルごとに独立して材質番号、材質設定リストを保持することができるので、シンボルを配置するだけで、設定した情報に基づくレンダリングが可能になります。また同時にライトの設定も取り込むことができるので、照明器具などの部品を作成することもできます。

例えば、部品の形状と材質をセットで作成しておき、部品ライブラリのように利用する、またはチームで共有することができます。シンボルとして配置されたデータは、表示/印刷/スナップすることが可能で、一度作成した部品を別ファイルにしておき、配置するような使い方ができます。

また、シンボルとして配置されたデータは、**【シンボル分解】**または**【分解】コマンド**で、簡単に図形データにしたり、**【シンボル編集】コマンド**で、シンボルファイルを開いて編集することができます。

⑫ 西壁に配置する

1. **「西－窓1」～「西－窓3」、「玄関 01」、「玄関灯」**の建具を配置します。

右クリックして、ダイアログボックスを表示します。

北壁と同様に、**「西－窓1」～「西－窓3」、「玄関 01」、「玄関灯」**の建具を配置します。

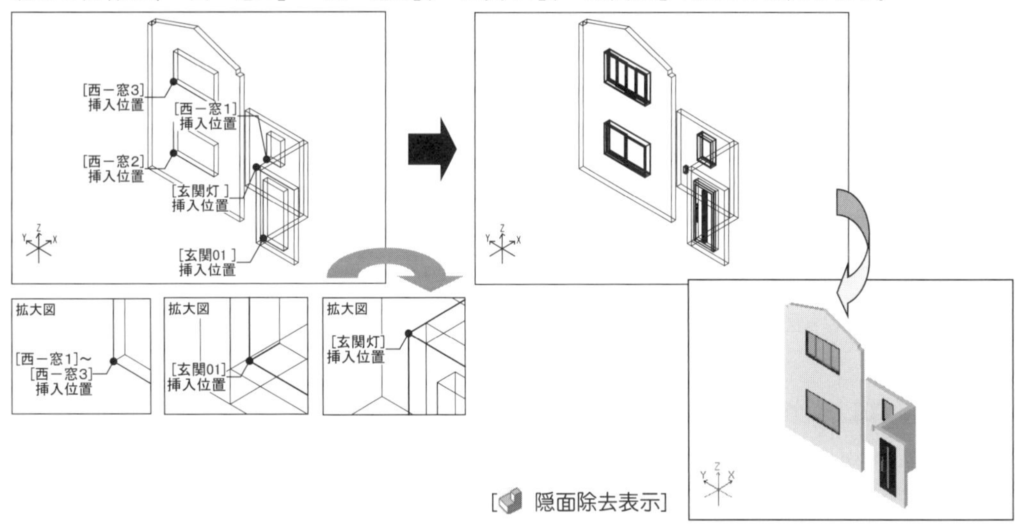

2. **【シンボル挿入】コマンド**を解除します。

⑬ 玄関灯を移動する

1. **【移動(3D)】コマンド**を実行します。

[編集]メニューから**[移動]**をクリックします。

2. ダイアログボックスが表示されます。

以下のように設定し、**[OK]ボタン**をクリックします。

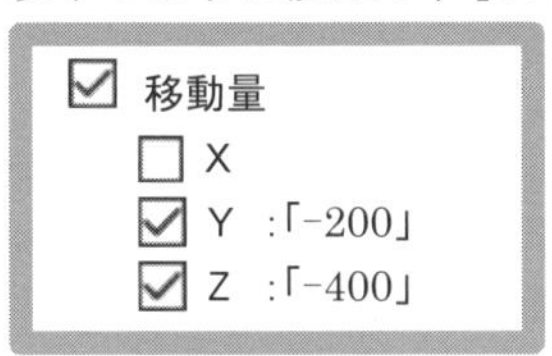

3. 玄関灯を移動します。

【標準選択】で玄関灯をクリックして選択すると、玄関灯が移動されます。

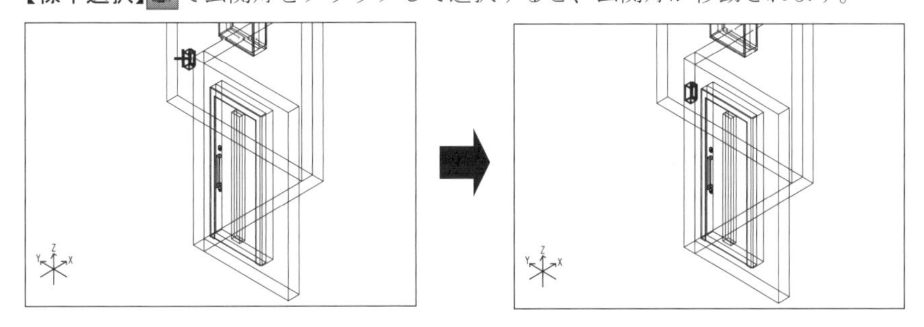

4. **【移動(3D)】コマンド**を解除します。

5-2 コンクリート壁にガラスを配置する

コンクリート壁の開口部に【簡単床】コマンドでガラスを作成します。

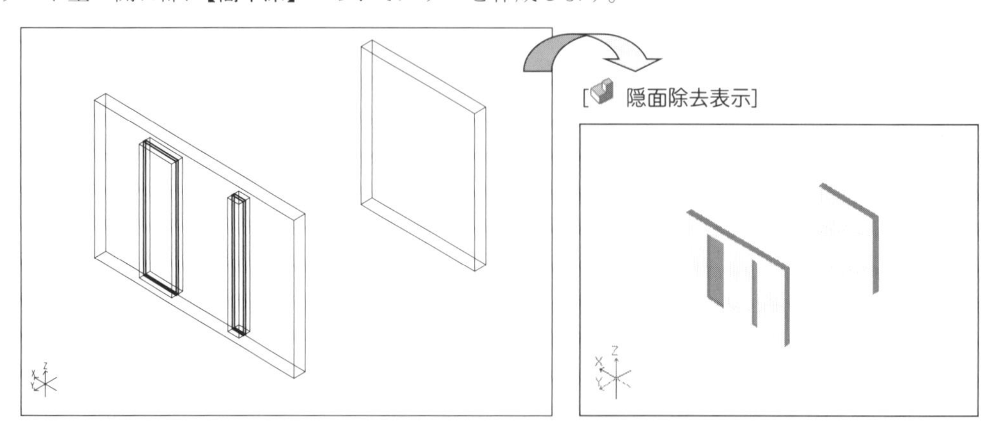

1 必要なレイヤを表示する

1. 【全レイヤ非表示】コマンドを実行します。

[レイヤ]メニューから[全レイヤ非表示]をクリックします。

すべてのレイヤが非表示になり、【全レイヤ非表示】コマンドは解除されます。

2. 【表示レイヤキー入力】コマンドを実行します。

[レイヤ]メニューから[表示レイヤキー入力]をクリックします。

3. ダイアログボックスが表示されます。

キーボードから“130,131 ↵”と入力します。

コンクリート壁のレイヤが表示され、ガラスのレイヤが表示されるようになります。

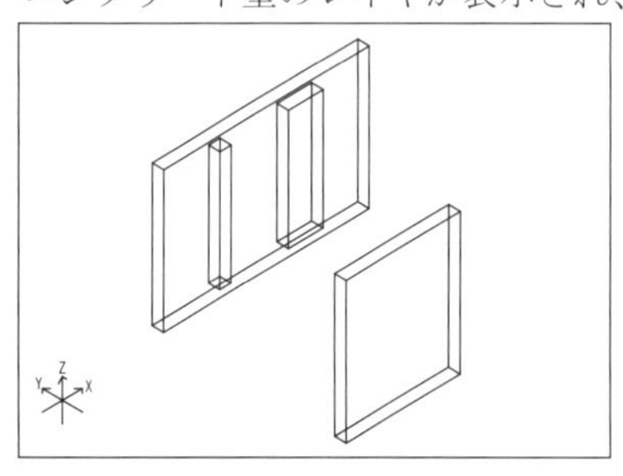

4. 【表示レイヤキー入力】コマンドを解除します。

2 属性を設定する

1.【属性リスト設定】コマンド(F12キー)を実行します。
17番「すりガラス」を選択します。

17:「すりガラス」	レイヤ	:「131」
	カラー	:「013:濃水色」

属性が設定され、【属性リスト設定】コマンドは解除されます。
〔属性〕パネルまたはステータスバーにレイヤ番号(131)とカラー(013:濃水色)が表示されます。

3 ガラスを作成する

1.【北西アクソメ図】を表示します。

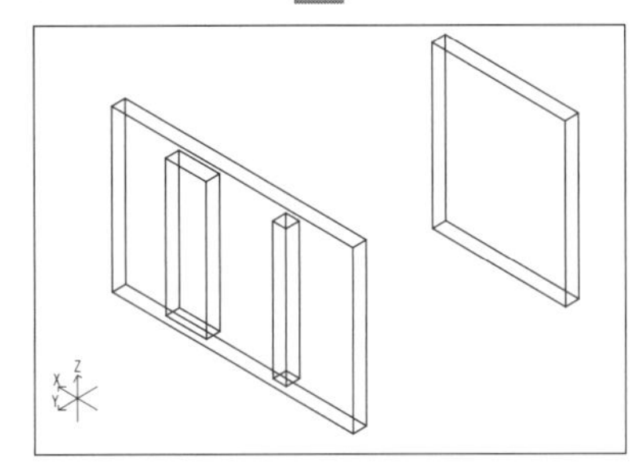

2.【簡単床】コマンドを実行します。
[作成]メニューから[簡単床]をクリックします。

3. ダイアログボックスが表示されます。
以下のように設定し、[OK]ボタンをクリックします。

作図方法 :「矩形」
厚み :「50」
☐ オフセット

4. ガラスを作成します。
(1)【中点】スナップで、コンクリート壁の左側の開口部の左下線分をクリックします。

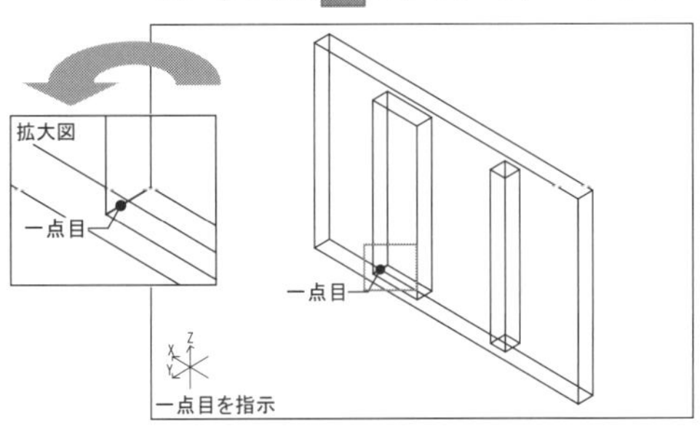

(2) 同じスナップのまま、開口部の右上線分をクリックすると、ガラスが作図されます。

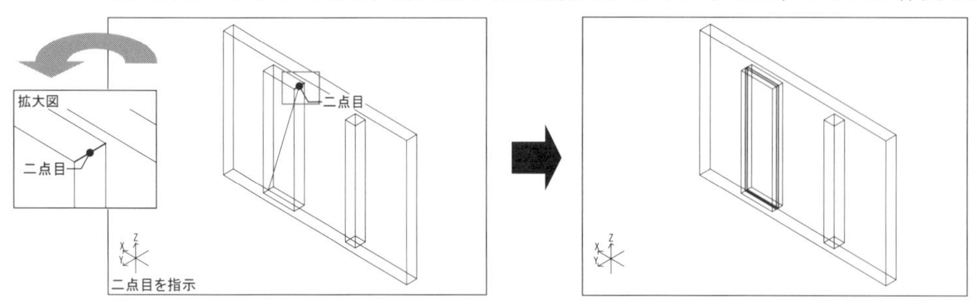

5． **4.**と同様に、右側の開口部にガラスを作成します。

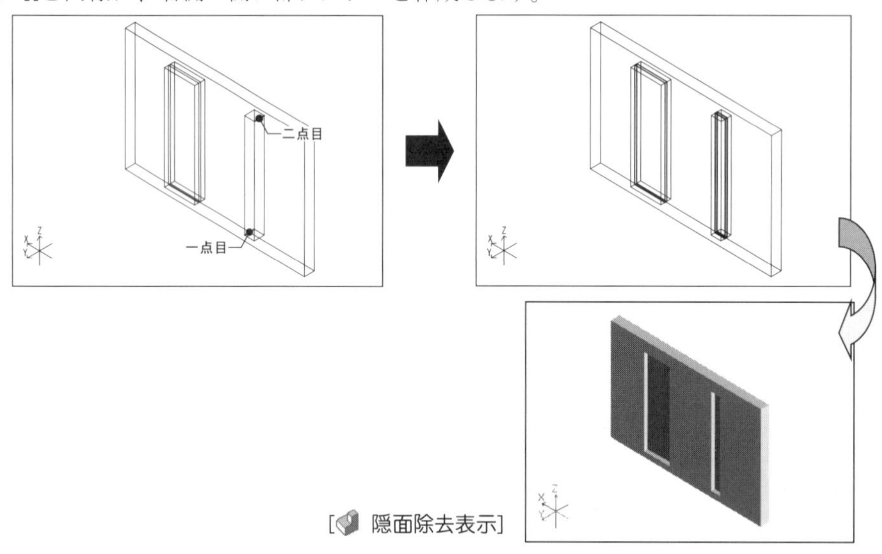

[隠面除去表示]

6．【簡単床】コマンドを解除します。

アドバイス　ドアを配置する

DRA-CAD には、建具を配置する【ドア】、【窓】コマンドがあります。
【ドア】、【窓】コマンドは、配置する壁に穴をあけ、設定した建具を配置するコマンドです。
ここでは、【ドア】コマンドで壁にドアを配置する方法を説明します。

［操作手順］

1. 【属性リスト設定】コマンド（F12キー）を実行します。
8番「西建具」を選択します。

> 8:「西建具」レイヤ　:「111」
> 　　　　　　カラー　:「008:灰色」

2. 【ドア】コマンドを実行します。
［作成］メニューから［ドア］をクリックします。

3. ダイアログボックスが表示されます。
以下のように設定し、［OK］ボタンをクリックします。

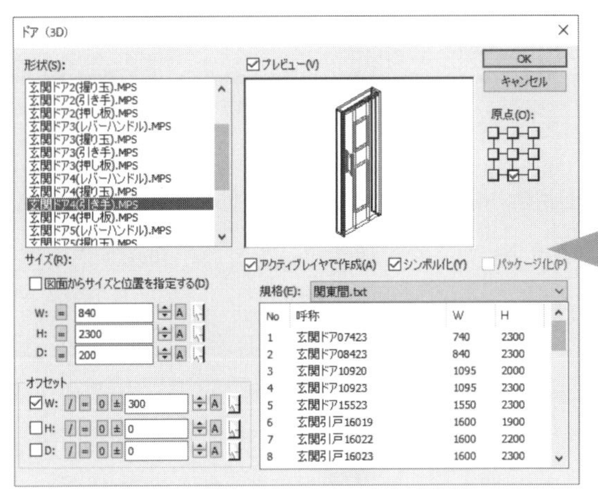

形状:「玄関ドア 4(引き手).MPS」
サイズ:W:「840」
　　　　H:「2300」
　　　　D:「200」
オフセット:H:「300」
原点:「中央下」

☆【ドア】コマンドについては『PDF マニュアル』を参照してください。

4. ドアを配置します。
(1)　ドアを取り付ける壁の線をクリックします。
(2)　ドアを付ける壁のもう一か所の線をクリックします。

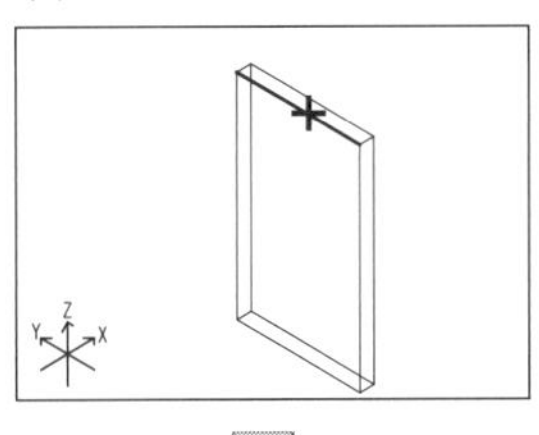

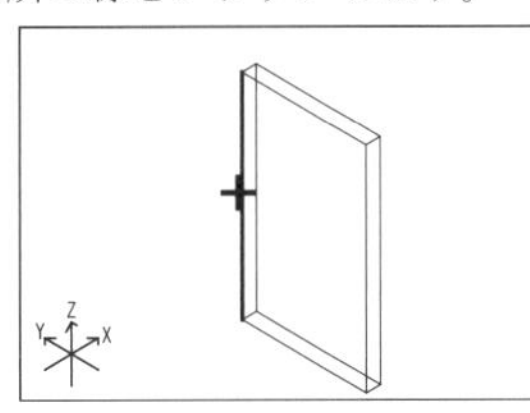

☆指定した面の表面を外側にしてドアを配置するので、必ず建物の外側になる壁の線をクリックします。

(3)　【中点】スナップで、建具の中心となる壁線をクリックします。
ドアが配置されます。

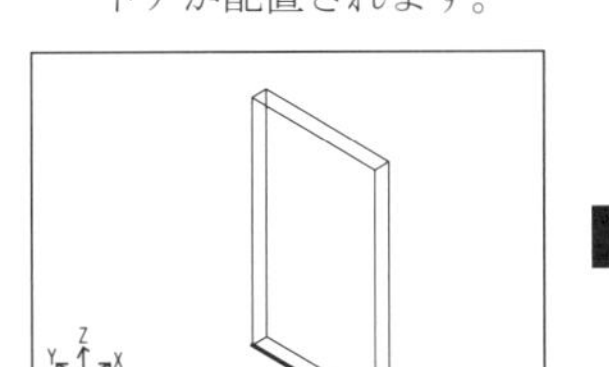

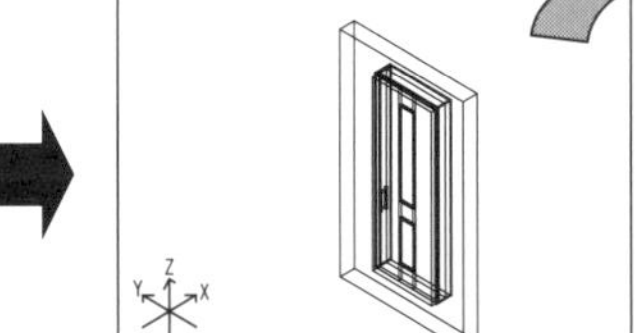

［隠面除去表示］

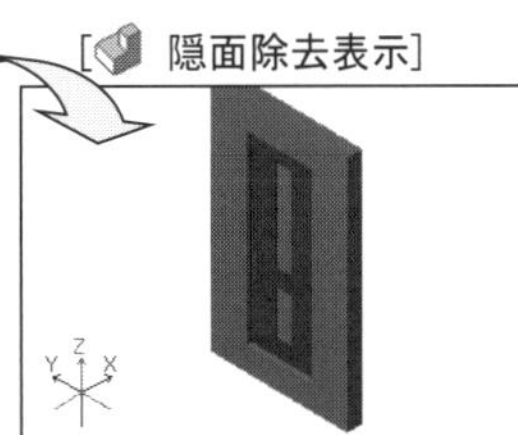

アドバイス 部品として窓を作成する

今まで使ったコマンドを組み合わせて、2次元の立面図から窓を作成します。

[操作手順]

1. ファイルを開きます。

(1) **【開く】**コマンドで**「こんなに簡単! DRA-CAD18 3次元編 練習用データ」**フォルダから「建具の立面図」ファイルを開きます。

(2) **【2次元/3次元切替】**コマンドで3次元編集モードにします。

(3) **【ロックレイヤ指定】**コマンドでレイヤをロックします。

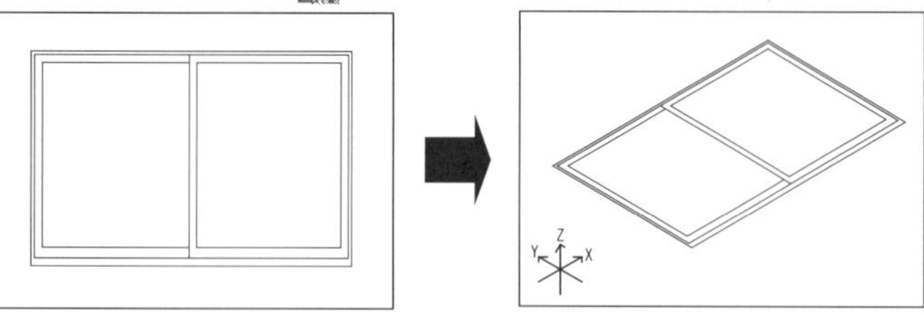

2. 窓枠を作成します。

(1) **【属性設定】**コマンドで属性を設定します。

> レイヤ:「15」
> カラー:「226:茶色」

(2) **【柱】**コマンドで2カ所に**【端点】**スナップで、作成します。

> 高さ:「250」

窓枠の外枠端部と内枠端部をクリックします。

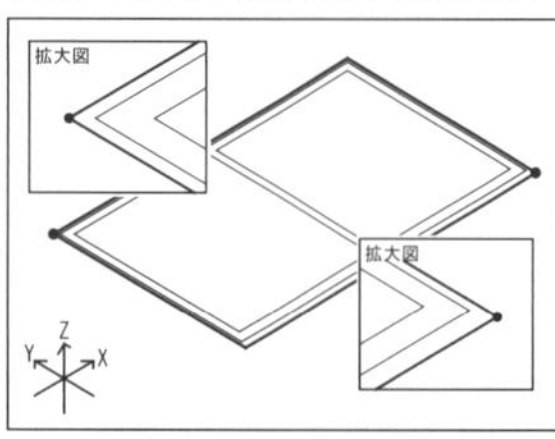

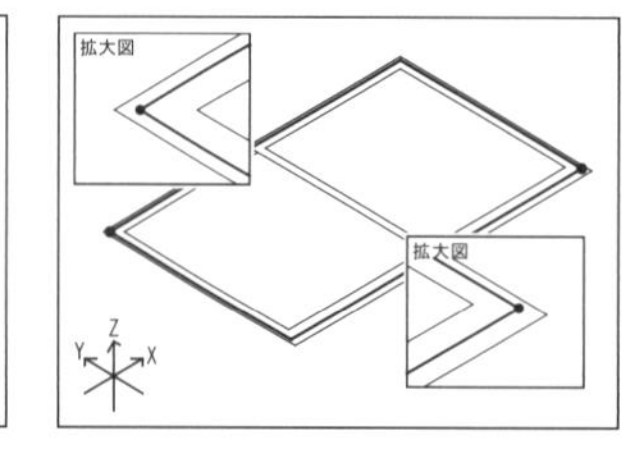

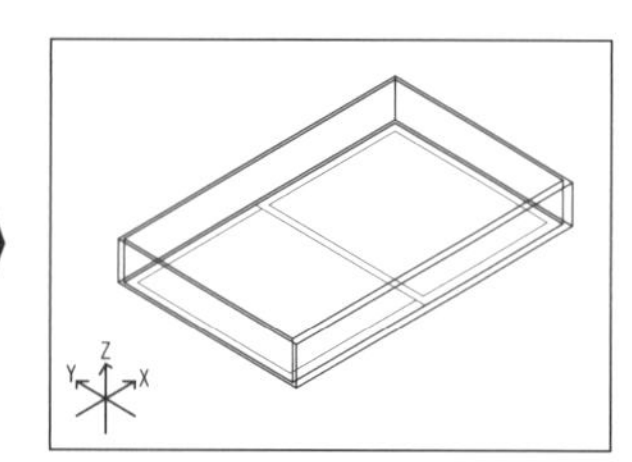

3. サッシを作成します。

(1) **【属性設定】**コマンドで属性を設定します。

> レイヤ:「16」
> カラー:「251:灰色」

(2) **【簡単床】**コマンドで2カ所に**【端点】**スナップで、作成します。

> 作図方法　:「矩形」
> 厚み　:「40」
> ☑ オフセット　:「165」

サッシの外枠端部と内枠端部をクリックします。

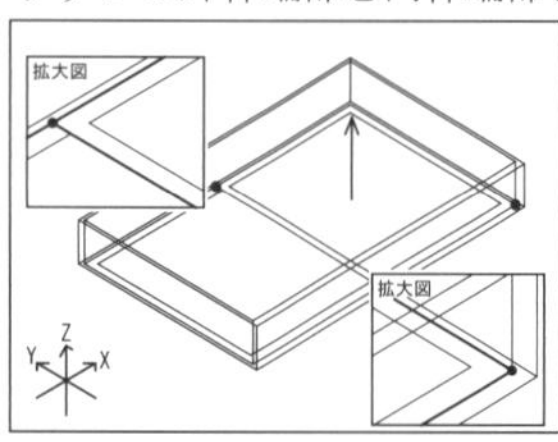

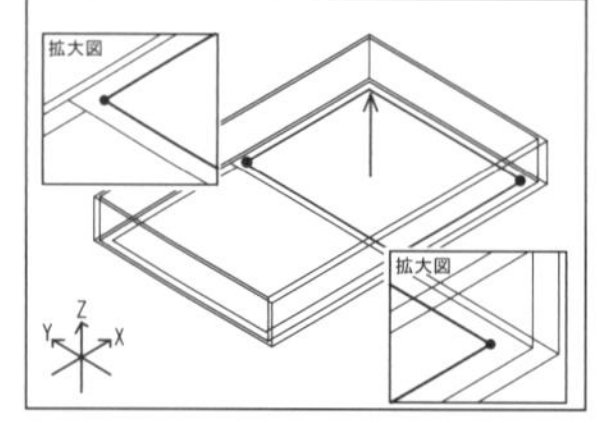

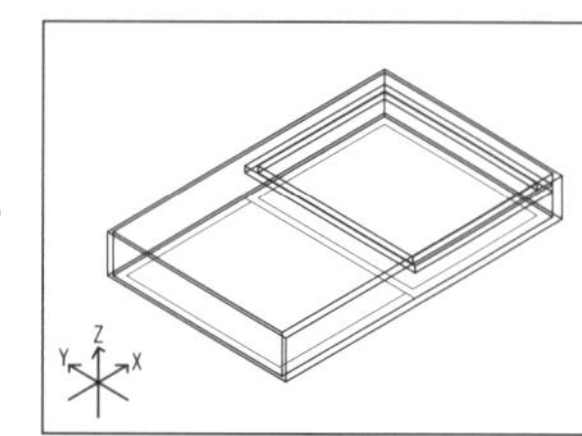

4. 開口します。

(1) **【ブーリアン演算】コマンド**で窓枠とサッシを開口します。

計算種別:「差」

それぞれの外枠と内枠をクリックします。

(2) **【隠面除去表示】コマンド**で確認します。

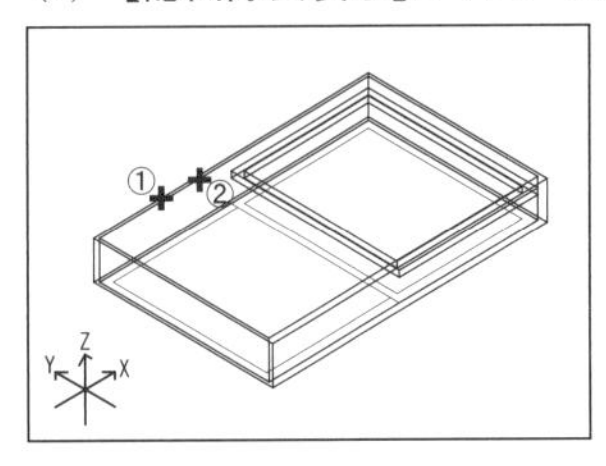

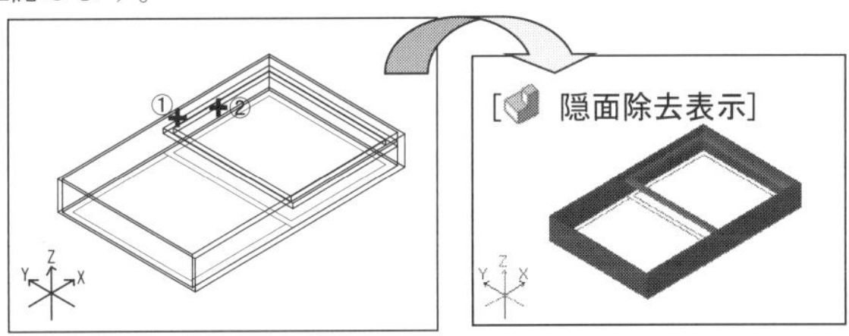

5. ガラスを作成します。

(1) **【属性設定】コマンド**で属性を設定します。

レイヤ:「17」
カラー:「167:水色」

(2) **【3D矩形】コマンド**でサッシの真ん中に**【中点】スナップ**で、作成します。

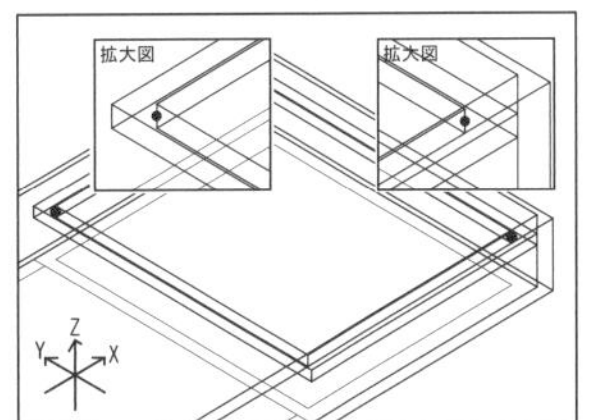

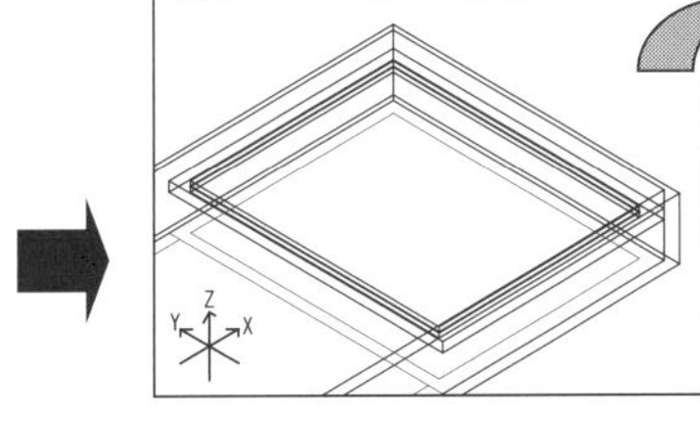

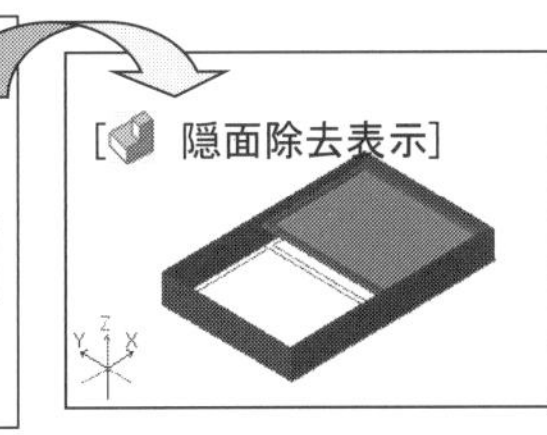

6. サッシとガラスを複写します。

【複写(3D)】コマンドの**〔直列〕タブ**でサッシとガラスを複写します。

☑ 間隔
　☑ X :「-892.5」
　☐ Y
　☑ Z :「-40」
個数:「1」

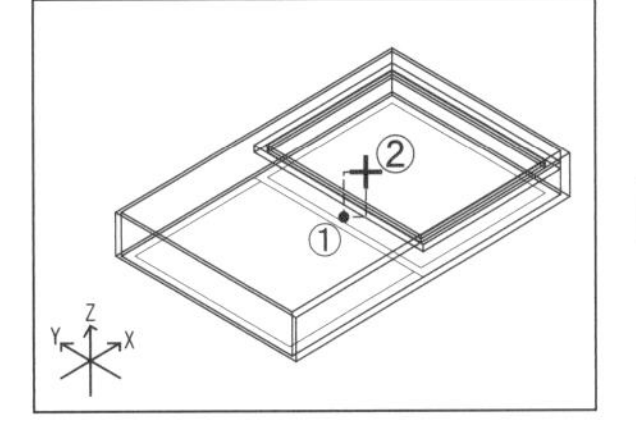

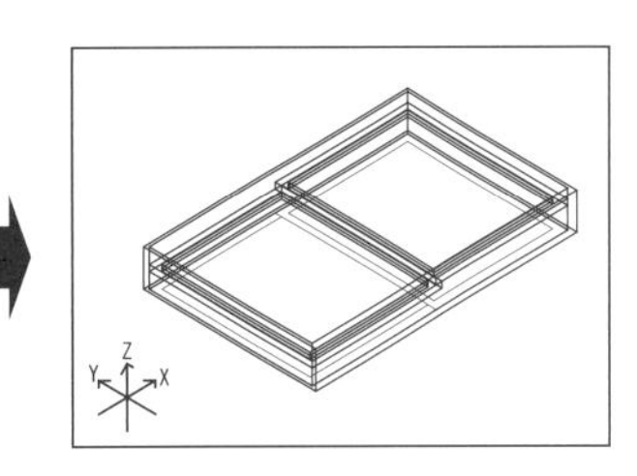

7. 建具を立て起こします。

【立て起こし】コマンドで建具を**【端点】スナップ**で、立て起こします。

方向:「南立面」

建具の左下端部をクリックすると、建具が完成します。

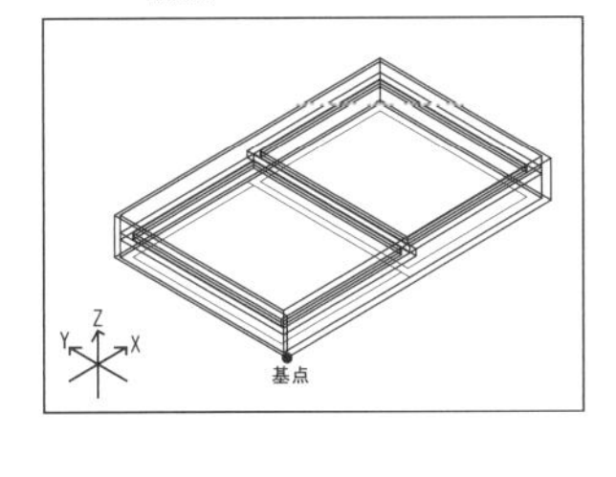

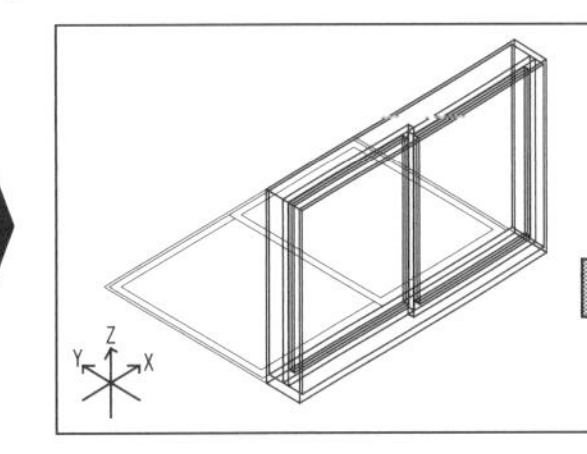

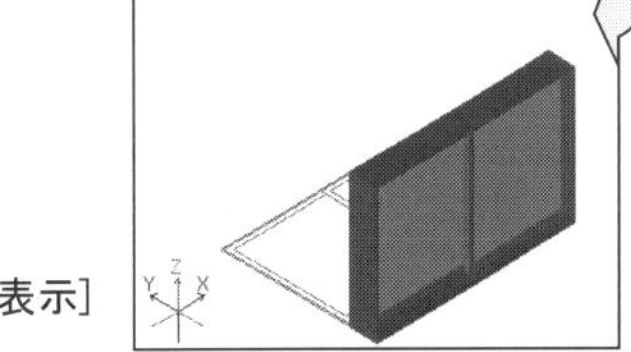

6 その他の部材を作成する

床、ポーチ・ガレージを作成し、住宅モデルを完成します。

6-1 ポーチ・ガレージの床を作成する

１Ｆ平面図に【柱】コマンドでポーチ、【床】コマンドでガレージの床を作成します。

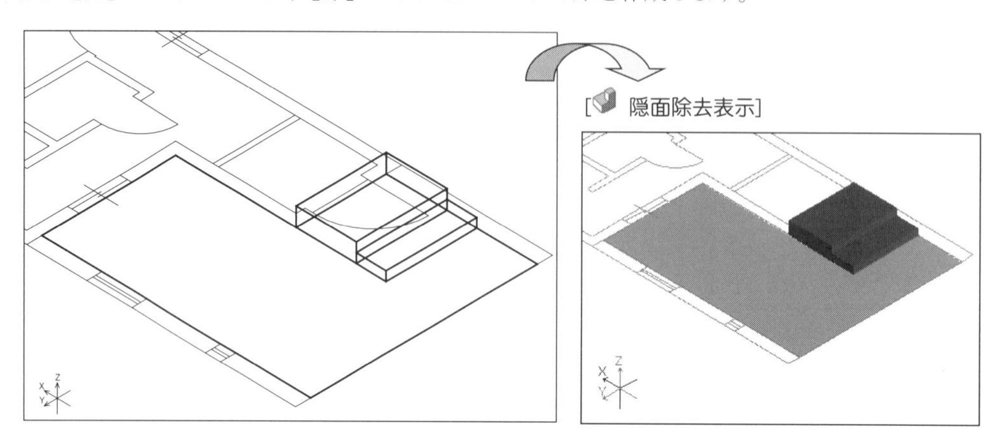

1 必要なレイヤを表示する

1. 【全レイヤ非表示】コマンドを実行します。
[レイヤ]メニューから[全レイヤ非表示]をクリックします。
すべてのレイヤが非表示になり、【全レイヤ非表示】コマンドは解除されます。

2. 【表示レイヤキー入力】コマンドを実行します。
[レイヤ]メニューから[表示レイヤキー入力]をクリックします。

3. ダイアログボックスが表示されます。
キーボードから“1, 2, 140-143 ↵”と入力します。

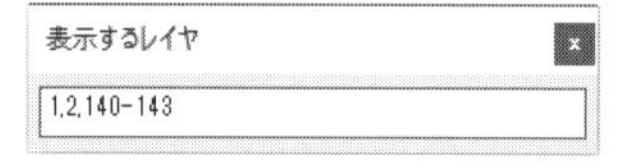

１Ｆ・２Ｆ平面図のレイヤが表示され、床・ポーチ・ガレージのレイヤが表示されるようになります。

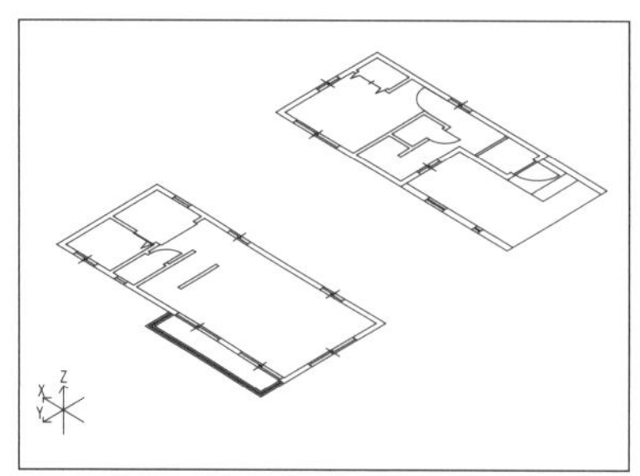

4. 【表示レイヤキー入力】コマンドを解除します。

2 属性を設定する

1. **【属性リスト設定】コマンド**（F12 キー）を実行します。

19番「**ポーチ**」を選択します。

19:「ポーチ」 レイヤ　:「141」
　　　　　　 カラー　:「010:濃赤」

属性が設定され、**【属性リスト設定】コマンド**は解除されます。

〔**属性**〕**パネル**またはステータスバーにレイヤ番号(141)とカラー(010：濃赤)が表示されます。

3 ポーチを作成する

1. **【柱】コマンド**を実行します。

[作成]メニューから[柱]をクリックします。

2. ダイアログボックスが表示されます。

高さなどを設定し、**[OK]ボタン**をクリックします。

☑ 高さ:「300」

3. ポーチを作成します。

【端点】スナップで、１Ｆ平面図のポーチの端部をクリックすると、ポーチが作図されます。

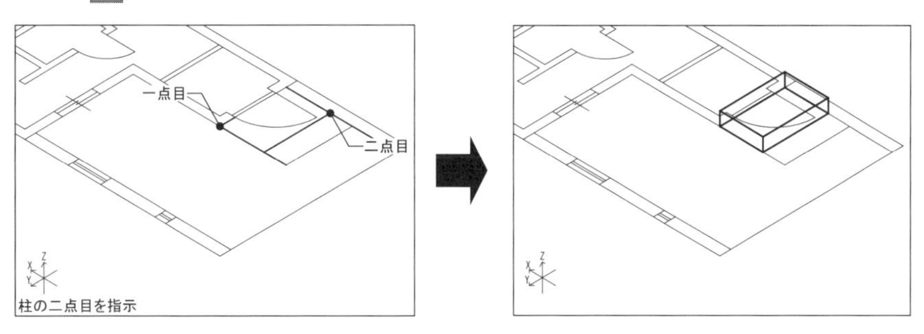

4. ダイアログを変更します。

右クリックして、ダイアログボックスを表示します。

以下のように高さを変更し、**[OK]ボタン**をクリックします。

☑ 高さ:「150」

5. **3.**と同様に、ポーチを作成します。

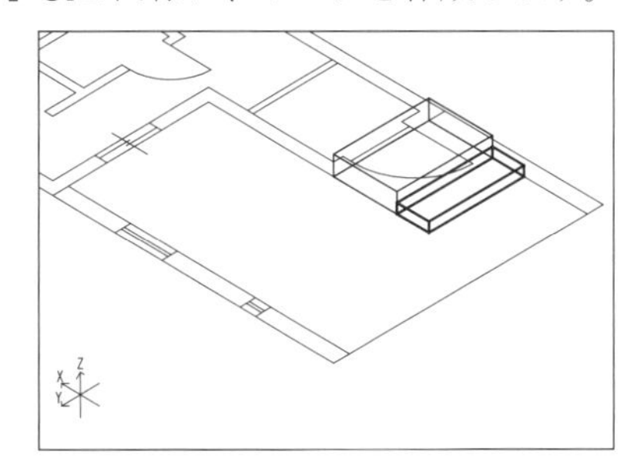

6. **【柱】コマンド**を解除します。

4 属性を設定する

1. **【属性リスト設定】コマンド**（F12 キー）を実行します。
20番「ガレージの床」を選択します。

20:「ガレージの床」	レイヤ	:「142」
	カラー	:「256:薄灰色」

属性が設定され、**【属性リスト設定】コマンド**は解除されます。
〔属性〕パネルまたはステータスバーにレイヤ番号(142)とカラー(256：薄灰色)が表示されます。

5 ガレージの床を作成する

1. **【床】コマンド**を実行します。
[作成]メニューから[**簡単床**]の**▼ボタン**をクリックし、[**床**]をクリックします。

2. ダイアログボックスが表示されます。
厚みなどを設定し、**[OK]ボタン**をクリックします。

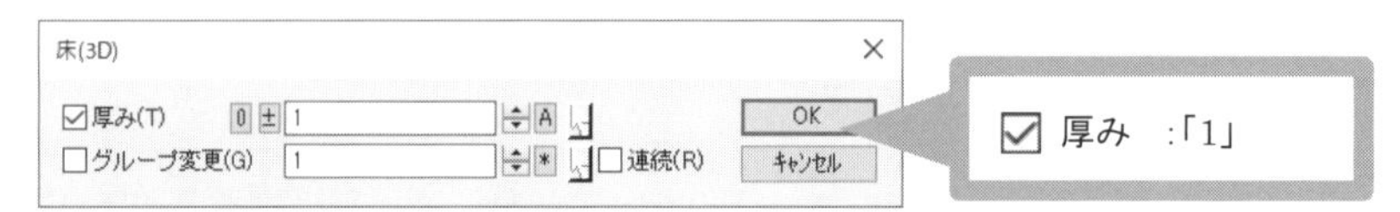

3. ガレージの床を作成します。
(1) **【端点】** **スナップ**で、１Ｆ平面図のガレージの左下端部をクリックします。
(2) 同じスナップのまま、第２点～第６点の端部をクリックします。

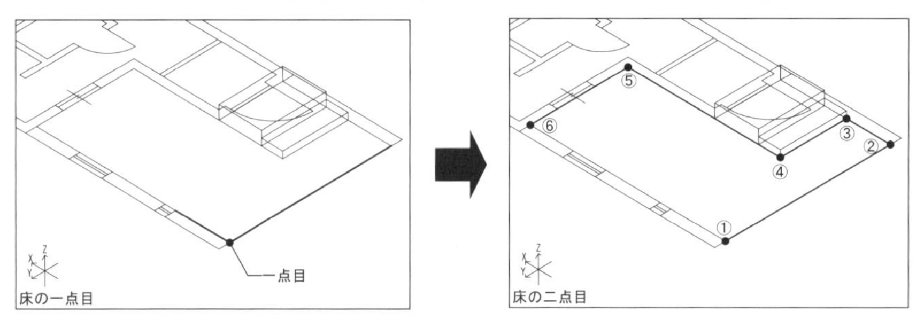

(3) 第６点まで取り終えたら、右クリックし、編集メニューを表示します。
(4) **[作図終了]**を指定すると、ガレージの床が描かれます。

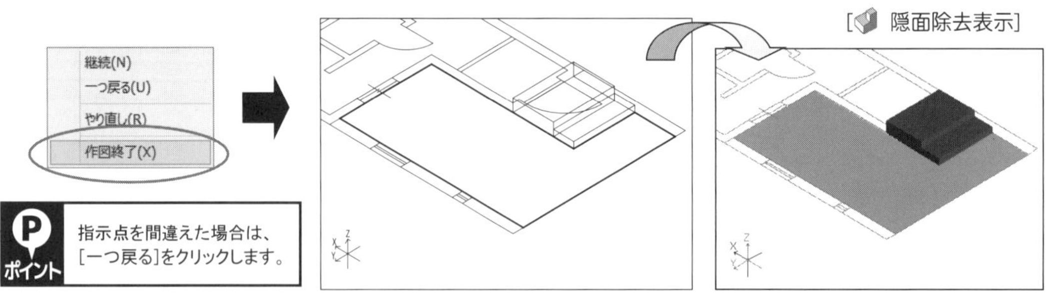

6-2 床を作成する

１Ｆ床は、１Ｆ平面図で**【床】コマンド**で作成します。２Ｆ床は、作業平面を２Ｆの高さに設定し、作業平面上に**【柱】コマンド**で**【作業平面拘束】**を「**ON**」にして作成し、１Ｆ平面図へ**【移動(3D)】コマンド**で移動します。３Ｆ床は、２Ｆ床を複写して作成します。

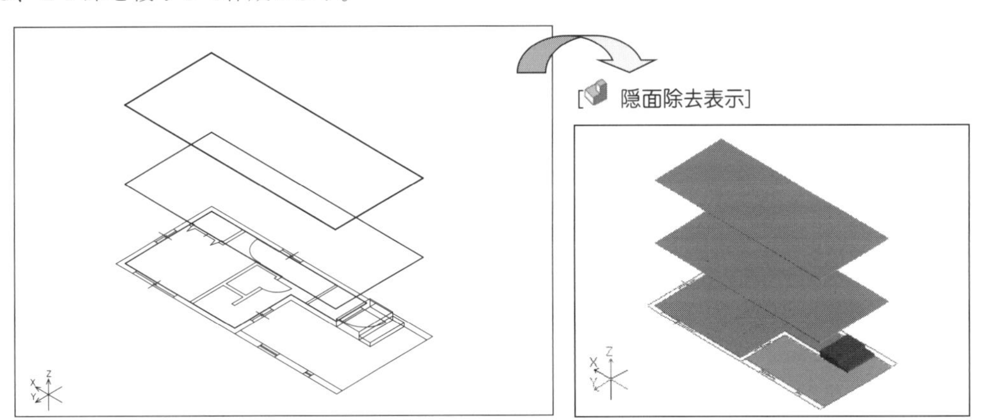

1 属性を設定する

1. **【属性リスト設定】コマンド**（F12キー）を実行します。
18番「床」を選択します。

18:「床」	レイヤ	:「140」
	カラー	:「014:濃黄色」

属性が設定され、**【属性リスト設定】コマンド**は解除されます。
〔属性〕パネルまたはステータスバーにレイヤ番号(140)とカラー(014：濃黄色)が表示されます。

2 １Ｆ床を作成する

1. 設定を変更します。
右クリックして、ダイアログボックスを表示します。
以下のように厚みを変更し、**[OK]ボタン**をクリックします。

☑ 厚み:「20」

2. １Ｆ床を作成します。
(1) **【端点】スナップ**で、１Ｆ平面図の壁の端部をクリックします。
(2) 同じスナップのまま、第２点～第６点の端部をクリックします。

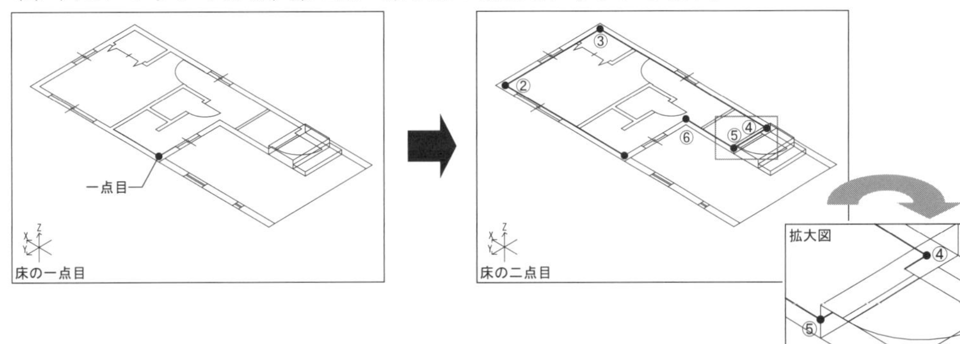

(3) 第６点まで取り終えたら、右クリックし、編集メニューを表示します。

(4) **[作図終了]**を指定すると、床が描かれます。

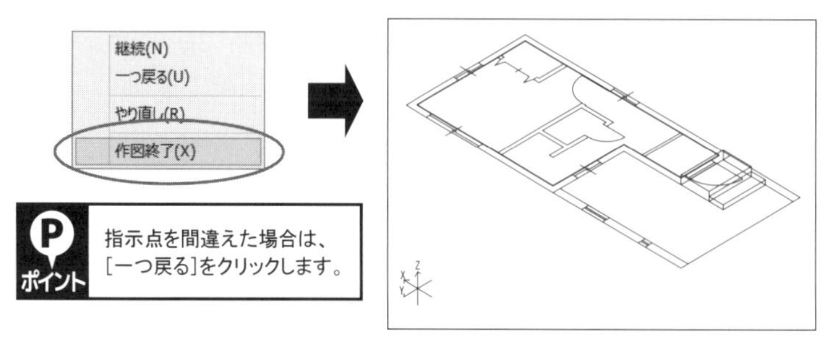

３.【床】コマンドを解除します。

３ 作業平面を設定する

２Ｆ床を作成するために作業平面を２Ｆの高さに設定します。

１.【作業平面の設定】コマンドを実行します。

[表示]メニューから**〔作業平面〕パネル**のをクリックします。

２. ダイアログボックスが表示されます。

以下のように設定し、**[OK]ボタン**をクリックします。

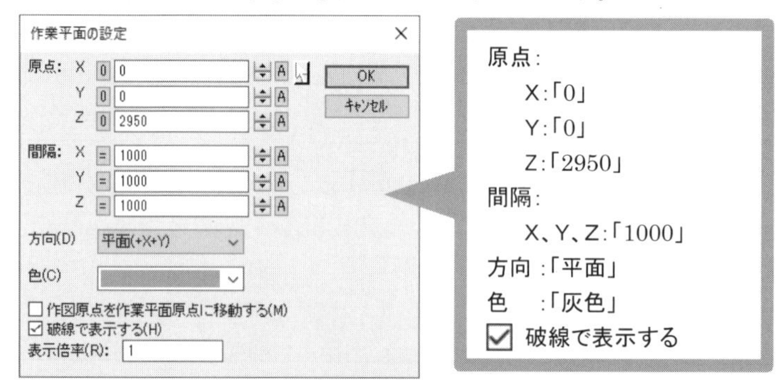

作業平面が表示され、**【作業平面の設定】コマンド**は解除されます。

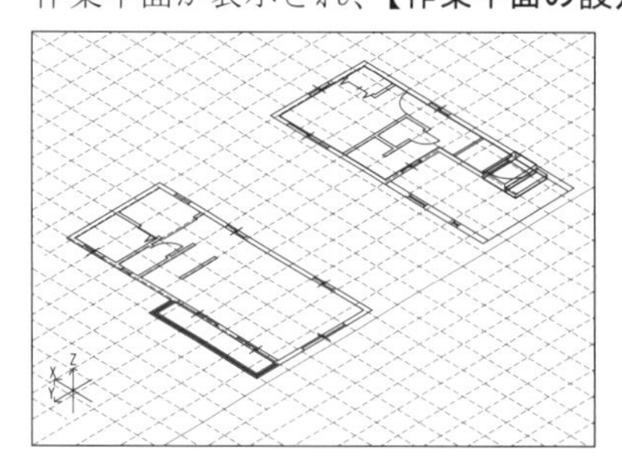

4 2F床を作成する

1.【柱】コマンドを実行します。

[作成]メニューから[柱]をクリックします。

2. ダイアログボックスが表示されます。

高さなどを設定し、**[OK]ボタン**をクリックします。

3. 2F床を作成します。

(1) **【作業平面拘束】**をクリックし、「ON」にします。

(2) **【端点】スナップ**で、2F平面図の左上端部・右下端部をクリックすると、2F床が作図されます。

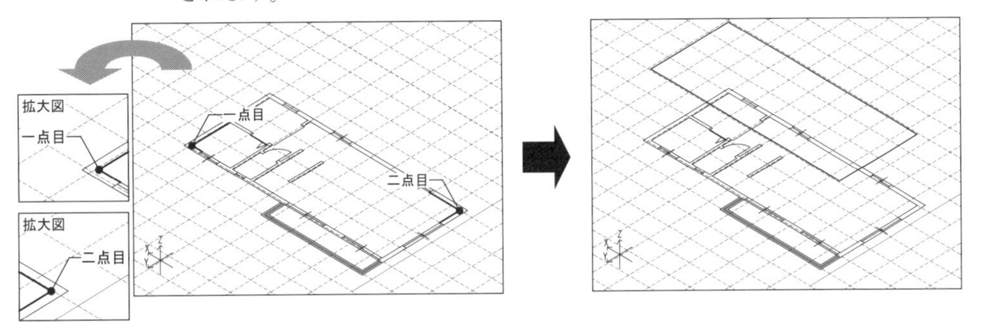

(3) **【作業平面拘束】**をクリックし、「OFF」にします。

4.【柱】コマンドを解除します。

5 作業平面の高さを変更する

1.【作業平面の設定】コマンドを実行します。

[表示]メニューから〔**作業平面**〕**パネル**のをクリックします。

2. ダイアログボックスが表示されます。

以下のように高さを変更し、**[OK]ボタン**をクリックします。

原点　Z:「0」

作業平面の高さが変更され、**【作業平面の設定】コマンド**は解除されます。

3.【グリッド表示】コマンドを解除します。

[表示]メニューから[**グリッド**]をクリックします。

作業平面が非表示になり、**【グリッド表示】コマンド**は解除されます。

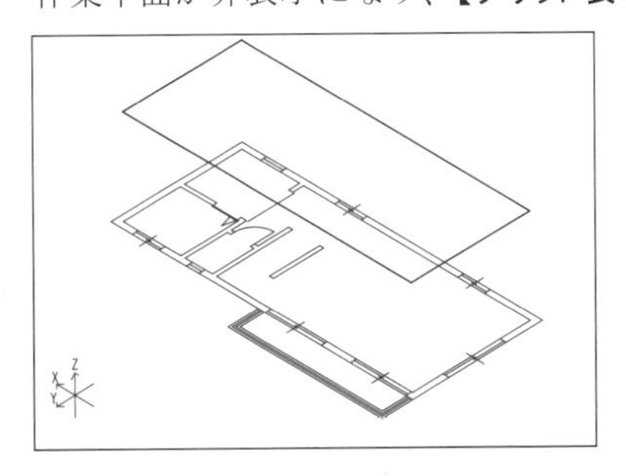

6 ２Ｆ床を移動する

1. **【移動(3D)】コマンド**を実行します。

[編集]メニューから[移動]をクリックします。

2. ダイアログボックスが表示されます。

以下のように設定し、[OK]ボタンをクリックします。

3. ２Ｆ床を１Ｆ平面図に移動します。

(1) **【標準選択】**で、２Ｆ床をクリックして選択します。

(2) **【端点】スナップ**で、２Ｆ平面図の左上端部をクリックします。

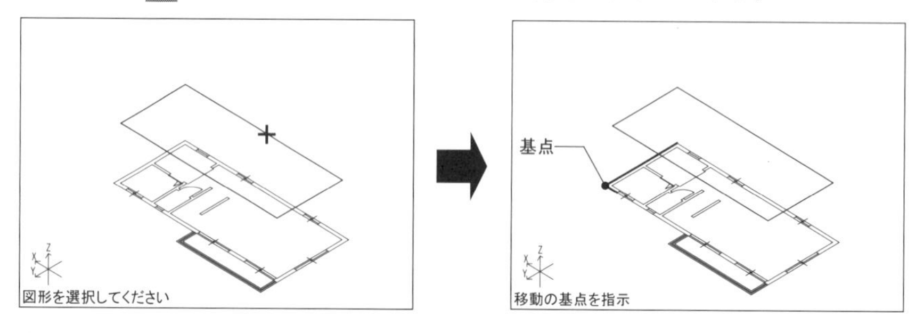

(3) 同じスナップのまま、１Ｆ平面図の左上端部をクリックすると、２Ｆ床が移動します。

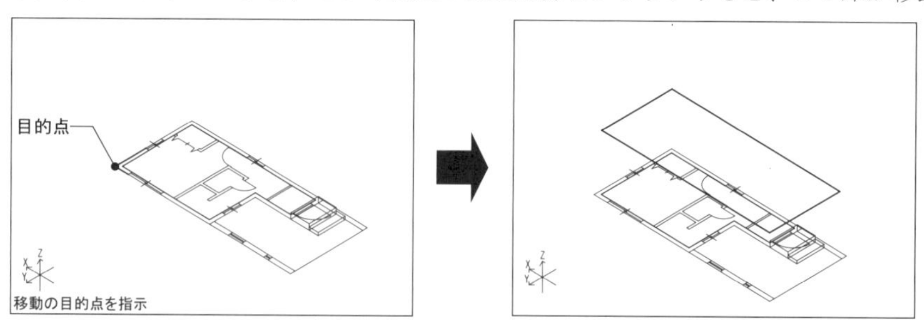

4. **【移動(3D)】コマンド**を解除します。

7 3F床を作成する

2F床を【複写(3D)】コマンドで複写して、3F床を作成します。

1. 【複写(3D)】コマンドを実行します。
[編集]メニューから[複写]をクリックします。

2. ダイアログボックスが表示されます。
〔直列〕タブで間隔などを設定し、[OK]ボタンをクリックします。

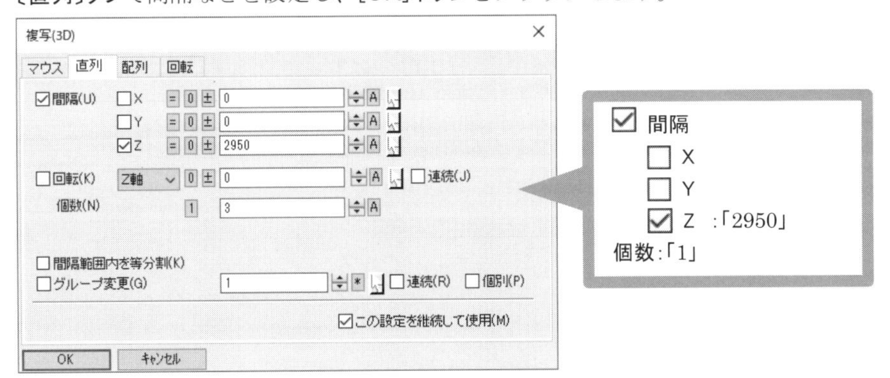

3. 2F床を複写します。
【標準選択】で、2F床をクリックして選択すると、3F床が複写されます。

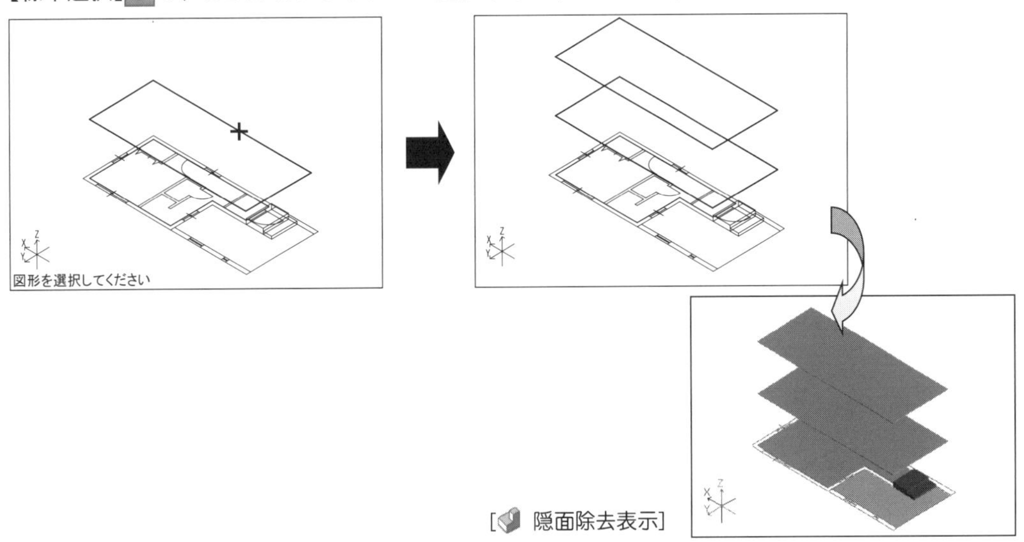

4. 【複写(3D)】コマンドを解除します。

6-3 住宅モデルを完成する

作図が終了しましたので、必要なレイヤを表示して住宅モデルを完成します。

1 必要なレイヤを表示する

３次元データのレイヤをすべて表示し、平面図・立面図のレイヤを非表示にします。

1. **【全レイヤ表示】コマンド**を実行します。
[**レイヤ**]**メニュー**から[**全レイヤ表示**]をクリックします。
すべてのレイヤが表示され、**【全レイヤ表示】コマンド**は解除されます。

2. **【非表示レイヤキー入力】コマンド**を実行します。
[**レイヤ**]**メニュー**から[**非表示レイヤキー入力**]をクリックします。

3. ダイアログボックスが表示されます。
キーボードから“1-9 ↵”と入力します。

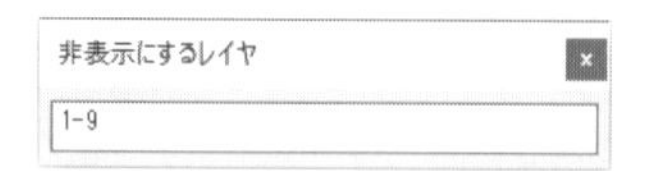

平面図・立面図のレイヤが非表示になります。

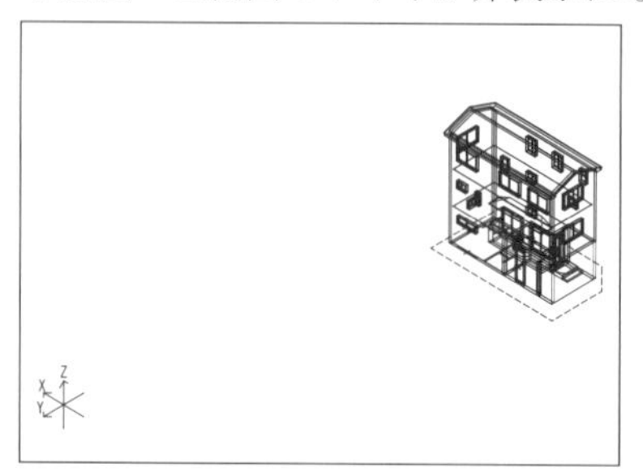

4. **【非表示レイヤキー入力】コマンド**を解除します。

2 モデルを確認する

作成した住宅モデルを**【隠面除去表示】コマンド**で確認します。

1. **【隠面除去表示】コマンド**を実行します。
[**表示**]**メニュー**から[**隠面除去表示**]をクリックします。
作成した住宅モデルが隠面除去表示され、**【隠面除去表示】コマンド**は解除されます。

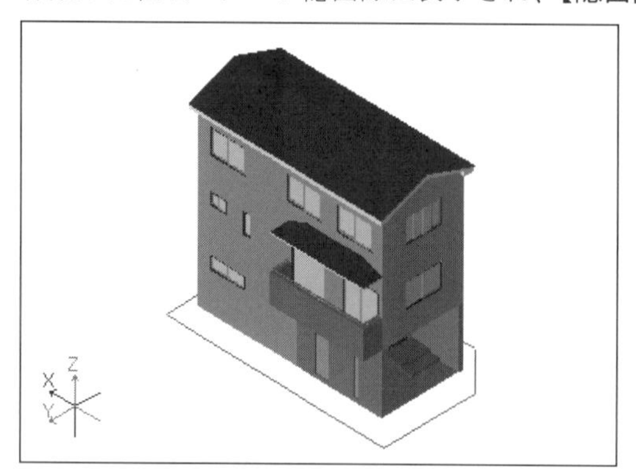

2. もう一度、**【隠面除去表示】コマンド**を実行すると、ワイヤーフレーム表示に戻ります。

7 敷地を作成する

7-1 住宅モデルを配置する

作成した住宅モデルに敷地のデータを**【オーバーレイ挿入】コマンド**で表示し、住宅モデルを**【移動(3D)】コマンド**で敷地内に移動します。

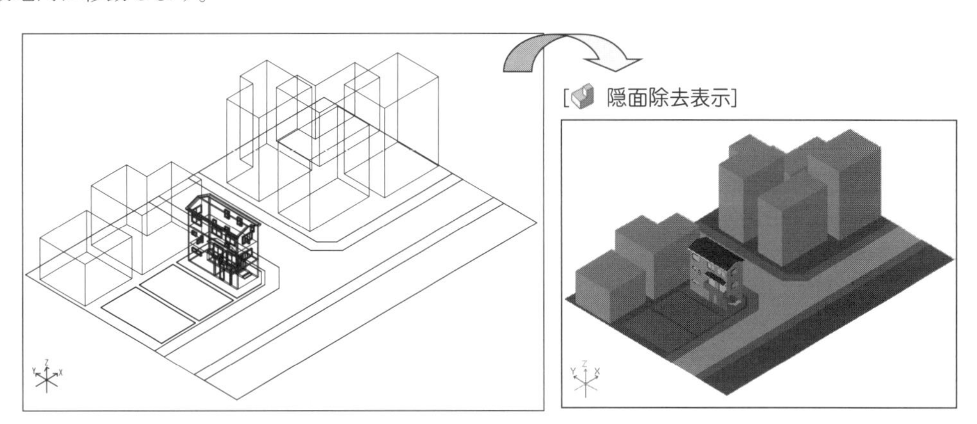

1 モデルファイルに敷地ファイルを表示する

1. **【オーバーレイ挿入】コマンド**を実行します。
[図面]メニューから[オーバーレイ挿入]をクリックします。

2. ダイアログボックスが表示されます。
以下のように設定し、**[開く]ボタン**をクリックします。

ファイルの場所	:「こんなに簡単! DRA-CAD18 3次元編 練習用データ」
ファイル名	:「敷地」
ファイルの種類	:「DRACAD ファイル」

「敷地」ファイルがオーバーレイファイルとして表示され、**【オーバーレイ挿入】コマンド**は解除されます。

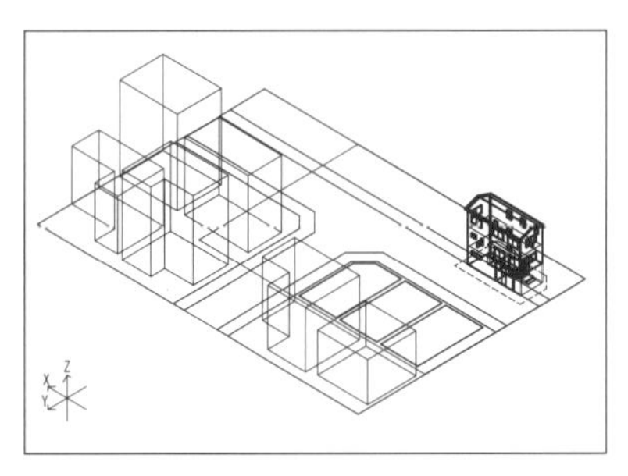

2 住宅モデルを配置する

1. 【南西アクソメ図】を表示します。

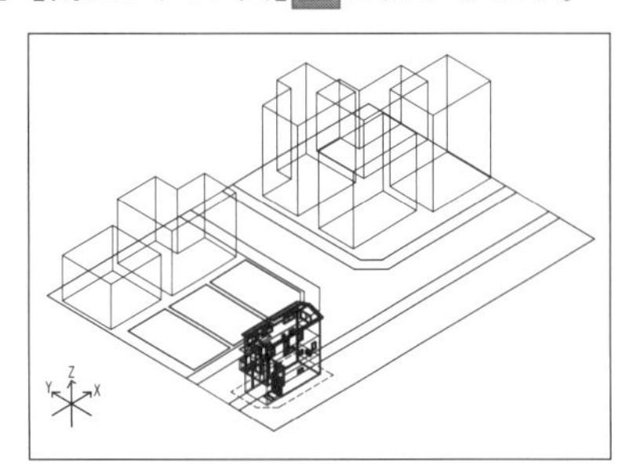

2. 【移動(3D)】コマンドを実行します。
[編集]メニューから[移動]をクリックします。

3. ダイアログボックスが表示されます。
以下のように設定し、[OK]ボタンをクリックします。

- ☐ 移動量
- ☑ 回転角 Z軸:「90」
- ☑ ドラッギング

オーバーレイ機能について

大きなモデルを作成する場合、1つのデータファイルでモデルを作成すると描画や編集、選択に時間がかかることがあります。このような場合に周辺街区、建物、外構などに分けてファイルに登録しておき、それを合成することで1つのモデル全体とすることができます。

オーバーレイ機能はDRA-CADの図面ファイルを重ね合わせて表示でき、下地とする図面ファイルの図形にはスナップできますが、編集することはできません。印刷時には、オーバーレイされている状態で印刷できるため、複数ファイルを合成する手間が必要ありません。

【オーバーレイ管理】コマンドでは、以下のダイアログを表示し、ファイルの追加や削除、表示/非表示などを一括で行うことができます。

また、以下のコマンドで個々に行うこともできます。

【オーバーレイ削除】、【全オーバーレイ表示】、【非表示オーバーレイ指定】、【オーバーレイのレイヤ設定】、【オーバーレイ移動】、【オーバーレイ複写】、【オーバーレイ回転】、【オーバーレイ拡大・縮小】、【オーバーレイ範囲指定】、【オーバーレイファイル編集】

【オーバーレイ分解】コマンドで現在表示されている図面の図形として分解します。

4. モデルを移動します。

(1) **【標準選択】**で、モデルを上からドラッグ(ウィンドウ選択)して選択します。

(2) **【端点】スナップ**で、敷地の右下端部をクリックします。

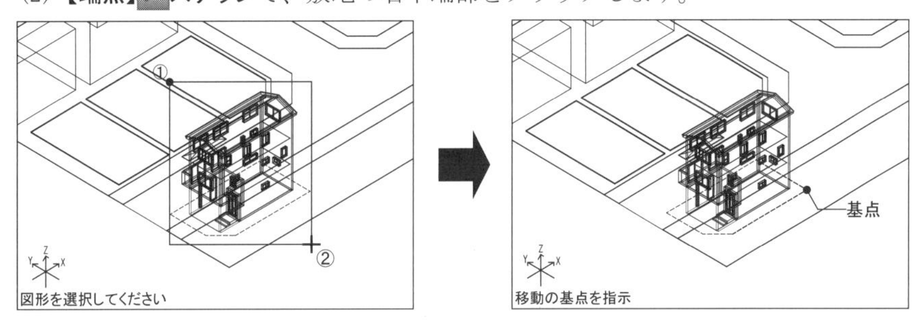

(3) 同じスナップのまま、敷地の右上端部をクリックすると、モデルが移動します。

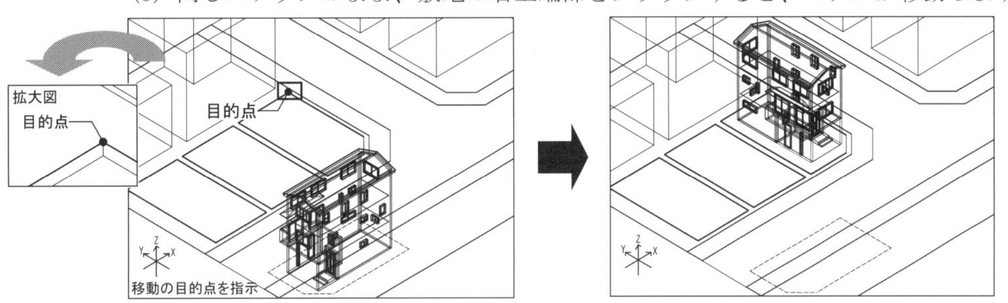

5. **【移動(3D)】コマンド**を解除します。

3 不要なレイヤを非表示にする

1. **【非表示レイヤキー入力】コマンド**を実行します。

[レイヤ]メニューから**[非表示レイヤキー入力]**をクリックします。

2. ダイアログボックスが表示されます。

キーボードから“10 ↵”と入力します。

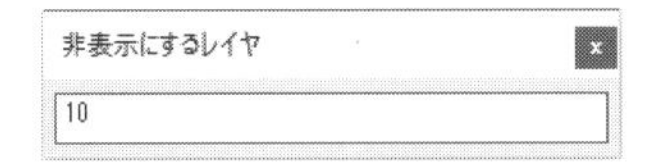

敷地のレイヤが非表示になります。

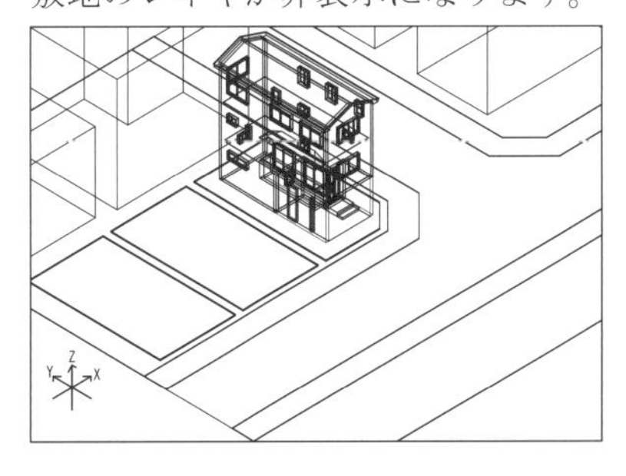

3. **【非表示レイヤキー入力】コマンド**を解除します。

4 住宅モデルを確認する

作成した住宅モデルを【隠面除去表示】コマンドで確認します。

1. 【隠面除去表示】コマンドを実行します。
[表示]メニューから[隠面除去表示]をクリックします。
作成した住宅モデルが隠面除去表示され、【隠面除去表示】コマンドは解除されます。

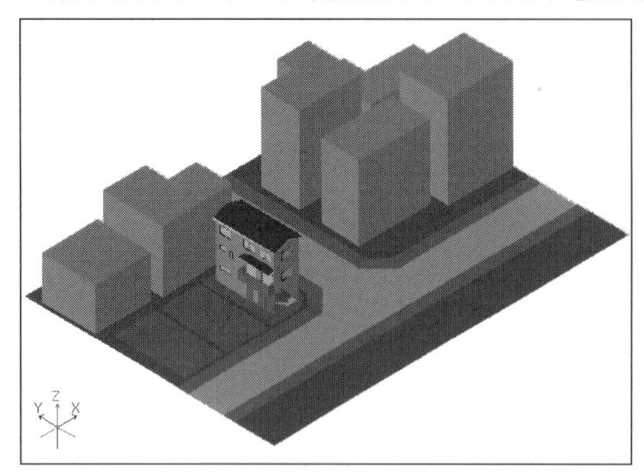

2. もう一度、【隠面除去表示】コマンドを実行すると、ワイヤーフレーム表示に戻ります。

5 ファイルを上書き保存する

作成したすべてのデータを上書き保存します。

1. 【上書き保存】コマンドを実行します。
メニューから[上書き保存]をクリックします。
モデルが上書き保存されて、作図画面に戻ります。

これで住宅モデルの完成です。

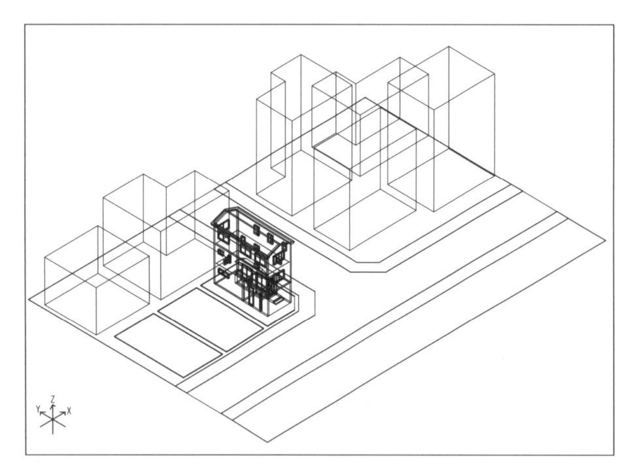

4 レンダリング

1 レンダリングの基本操作

モデリングした3次元図形の表面に質感を設定したり、ライトや影の設定をして、モデルをよりリアルに表現する作業のことをレンダリングと言います。

☆練習用データ「練習4.mps」を開いて練習してみましょう(**「本書の使い方 練習用データのダウンロード」**を参照)。

1-1 レンダリングについて

DRA-CAD では**「レイトレーシング法」**によりレンダリングを行います。対象となるのは、3次元図形(ポリゴン)のみになりますので、3次元線分や閉じていない3Dポリラインはレンダリングされません。

☆「レイトレーシング法」とは、光源からの光線(レイ)を視点側から追跡(トレース)して最終的なイメージを計算する方法で、光の反射や透過・影などを表現することができます。

1 レンダリングする

(1) **【開始】コマンド**を実行します。

[レンダリング]メニューから[**レンダリング開始**]をクリックします。

新規にレンダリングウィンドウが開いてレンダリングを行い、**【開始】コマンド**は解除されます。

☆モデルウィンドウが最大表示の場合は**【重ねて表示】コマンド**を実行し、2つのウィンドウを重ねて表示してください。

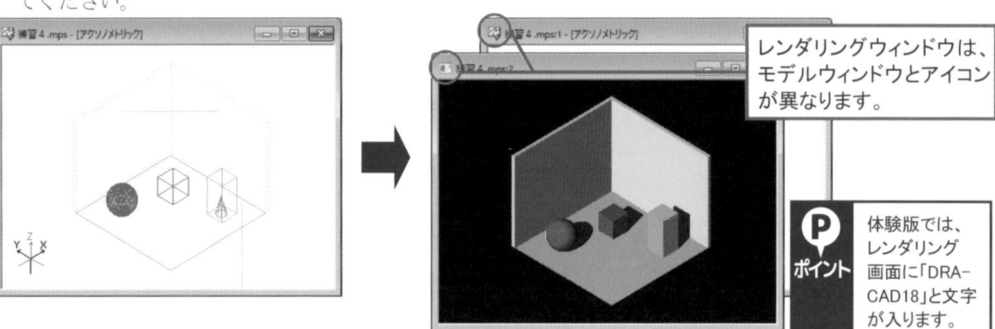

P ポイント
体験版では、レンダリング画面に「DRA-CAD18」と文字が入ります。

【開始】コマンドは、新規にレンダリングウィンドウを開き、アクティブなモデリングウィンドウと同じスクリーンサイズ・視点・注視点位置で、レンダリングを行います。

☆ライトが設定されていない場合は、平行光を1つ自動的に設定します。

また、レンダリングを停止したい場合は**【停止】コマンド**または Esc キーを押します。レンダリングを停止後、レンダリングを再開する場合は**【再開】コマンド**で、レンダリングを再開します。

☆レンダリングを停止後、図面データに修正などを加えると再開した部分から新しい図面データを反映してしまいます。修正を加えた場合は**【開始】コマンド**を使用します。

(2) レンダリングウィンドウを閉じます。

レンダリングウィンドウの**ボタン**をクリックすると、メッセージダイアログが表示されます。

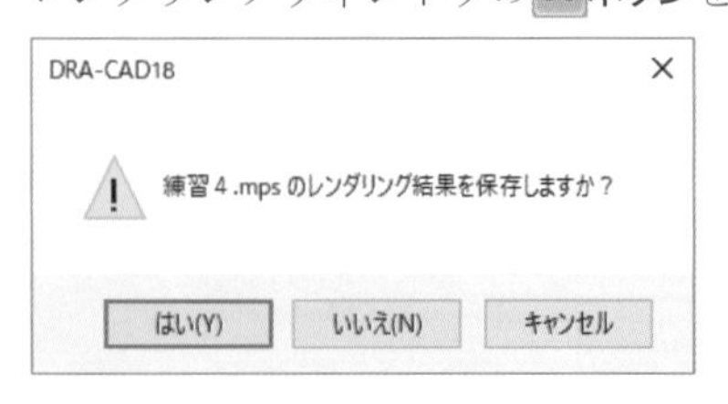

P ポイント
[はい]ボタンをクリックすると、ダイアログが開き、レンダリング結果を保存します。
[キャンセル]ボタンをクリックすると、レンダリングウィンドウを閉じません。

(3) **[いいえ]ボタン**をクリックすると、レンダリングウィンドウを閉じて、3次元モデルが表示されます。

アドバイス

【リハーサル】　**コマンド**を実行すると、レンダリングのリハーサルを行うことができます。
【レンダリングの設定】　**コマンド**で設定したウィンドウサイズで、レンダリングを行います。レンダリングウィンドウの大きさを小さくすることで、**【開始】**　**コマンド**よりも計算時間を短くすることができます。

☆初期値では、最大ウィンドウサイズの1/4の大きさでレンダリングを行います。

【連続レンダリング】　**コマンド**を実行すると、**【カメラ】**　または**【アニメーション】**　**コマンド**で設定した複数のカメラ位置または**【サブウィンドウパレット】**　や**【表示範囲の記憶】**　**コマンド**で登録した画面表示を連続的にレンダリングすることができます。レンダリングが終了すると、「保存するフォルダ」で設定したフォルダに「カメラの名前.bmp」で保存されます。

【分散レンダリング】　**コマンド**を実行すると、ネットワーク上に存在する複数台のパソコンで、手分けをしてレンダリングを行うことができます。台数が多いほど早くレンダリングが行え、社内にあるパソコンを有効活用することができます。

☆体験版では動作しません。

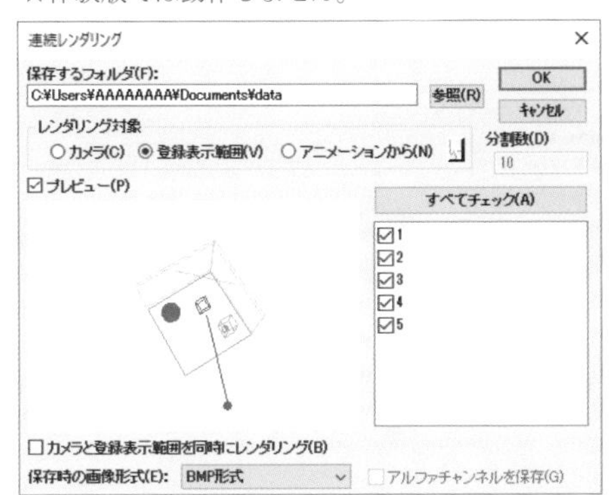

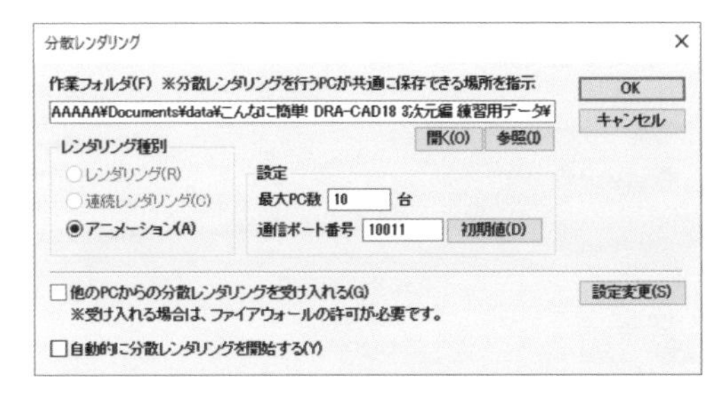

【部分レンダリング】　**コマンド**を実行すると、範囲指定した部分のみのレンダリングを行うことができます。
レンダリングする範囲を指定すると、レンダリングウィンドウを開き、範囲指定した部分のみレンダリングします。

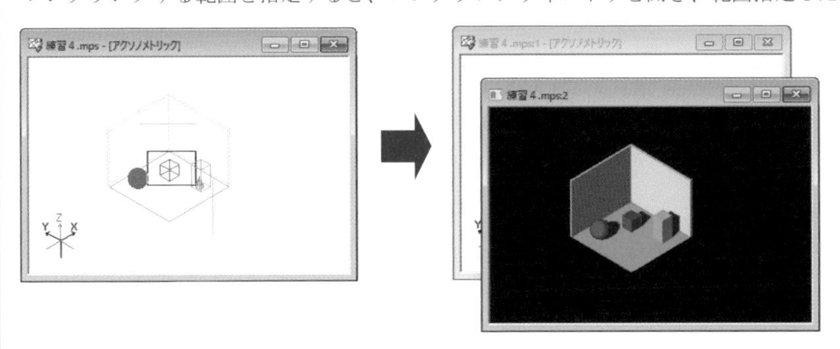

また、範囲指定する時に右クリックすると、ダイアログボックスが表示され、レンダリングする領域、ウィンドウサイズを設定することができます。

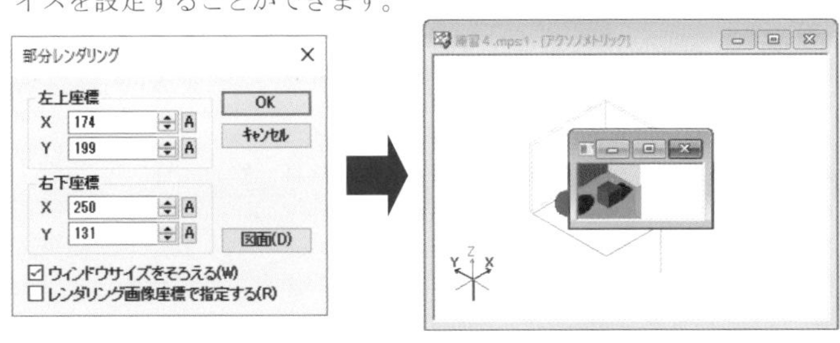

2 レンダリングの設定

レンダリングについての設定を【レンダリングの設定】コマンドで行います。この内容を変更することにより、多様な操作をすることができます(詳細は『PDF マニュアル』を参照)。
本書では、以下の設定内容で操作します。

(1) 【レンダリングの設定】コマンドを実行します。
[レンダリング]メニューから〔レンダリング〕パネルの をクリックします。

(2) ダイアログボックスが表示されます。
〔レンダリング関連〕、〔ファイル関連〕タブともに、初期設定のままで操作します。

〔レンダリング関連〕タブ　　レンダリングに関する設定を行います。

明るさの計算　　: 物体の明るさを決める方法を設定します。

［フォトンマップを使う］　フォトンマップを使いレンダリングを行う場合に✔します。
✔すると物体の明るさを計算し、柔らかい光と影が表現できます。面光源、線光源による照明器具の表現が可能になり、直接光の当たらない場所も間接光で明るく表現することができます。

[□ フォトンマップを使う]

[☑ フォトンマップを使う]

レンダリングサイズ　: レンダリングするウィンドウのサイズを設定します。どちらも✔しない場合は、アクティブなウィンドウのサイズになります。

［指定サイズ］　設定した幅と高さのウィンドウでレンダリングする場合に✔し、幅と高さ(ピクセル単位)を設定します。

［ウィンドウの倍率］　アクティブなウィンドウに対する倍率でウィンドウのサイズを設定する場合に✔し、倍率を設定します。

レンダリング対象　: レンダリングする図形(3次元図形のみ、すべての図形)を設定します。

［裏面ポリゴンを表示］　裏面にあるポリゴンを表示する場合に✔します。ただし、レンダリングの時間は長くなります。

リハーサルレンダリング：
リハーサルレンダリング時のウィンドウのサイズを指定します。例えば[1/4]の場合、通常のレンダリングウィンドウの 1/4 の大きさでリハーサルレンダリングを行います。

アンチエイリアス　：物体の境界になる斜めの部分がギザギザで表示されるのを滑らかにする処理方法です。

[なし]　アンチエイリアス処理を行いません。

[レイの数]　**[なし]**の場合よりも、レイの本数倍(初期設定の場合は 3×3=9 倍)時間はかかりますが、1番きれいに表示されます。

[隣のピクセルと混色]　**[レイの数を増やす]**の場合よりも、時間はかかりませんが、隣のピクセルの色との平均を出してそのピクセルの色としますので、かなり輪郭がぼやけます。

[なし]

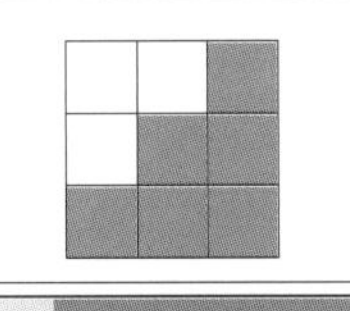

[レイの数]

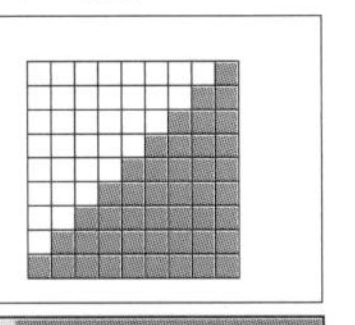

[隣のピクセルと混色]

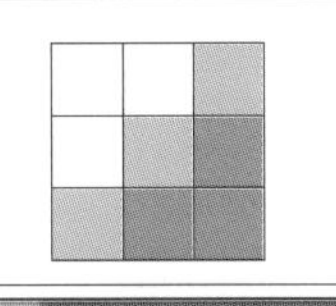

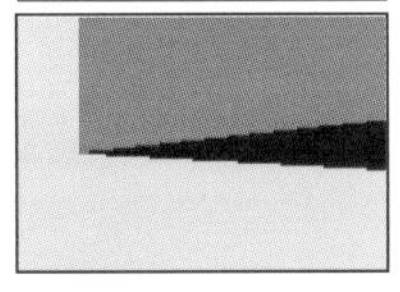

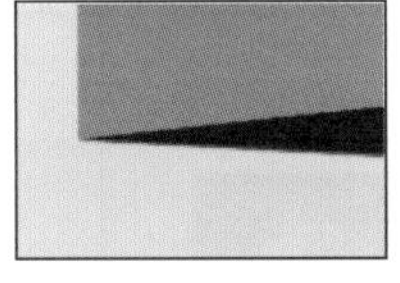

反射回数　：光の反射を繰り返す回数のことで、初期値は「3」です。特に鏡を向かい合わせたような反射を設定した図形が正対する間では回数の数値を増減させる必要があります。

[反射回数　1]

[反射回数　3]

〔ファイル関連〕タブ　レンダリングに関するパスの設定を行います。

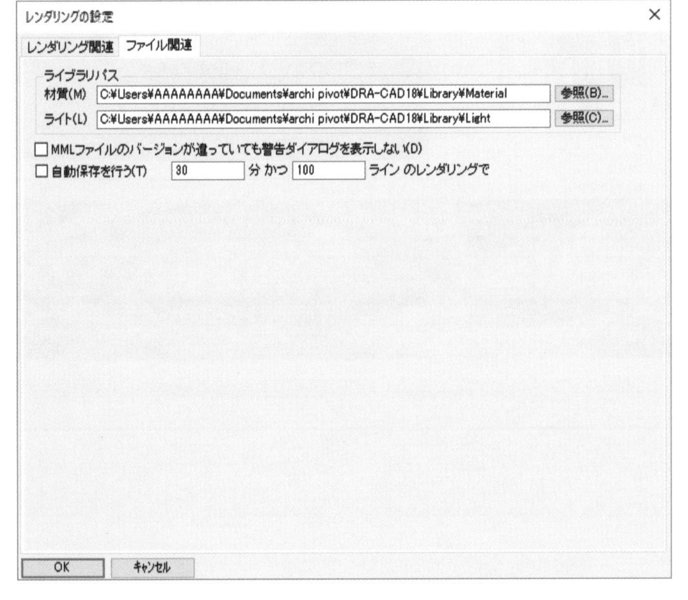

(3) **[OK]ボタン**をクリックし、設定します。

アドバイス

【ステレオレンダリング】 **コマンド**を実行すると、レンダリングウィンドウに立体視のためのメガネ（左目が赤色、右目が青色）で見たときに立体視できるCGを作成します。

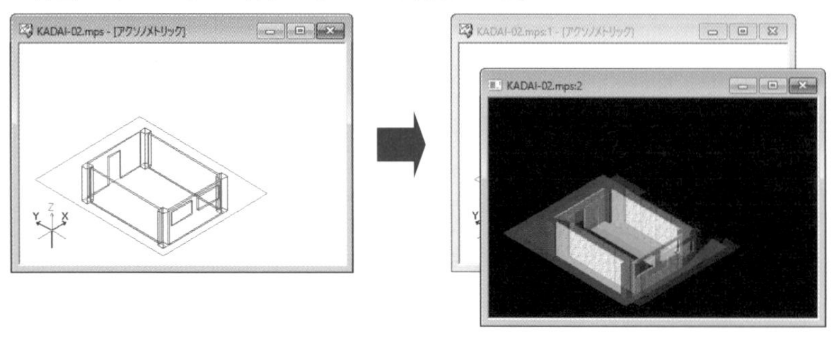

さらに、左目用の画像と右目用の画像を左右に配した交差法と平行法の図面をそれぞれ新しく作成します。こちらは裸眼で左右の眼の焦点を寄り目のように調整することで立体視が行えます。

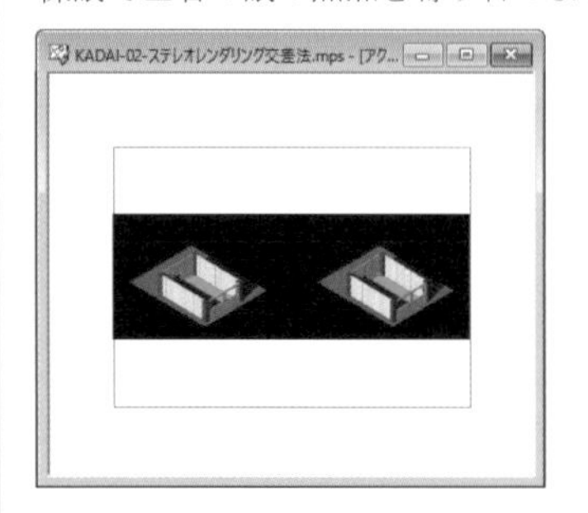

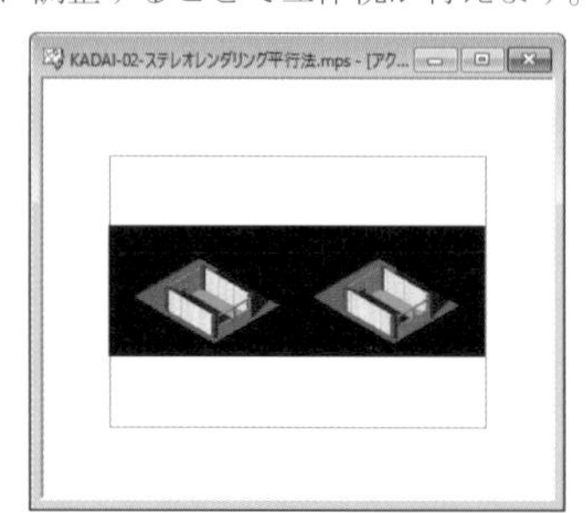

【パノラマレンダリング】 **コマンド**を実行すると、水平方向に360度の全景を連続的に表示するパノラマ画像を作成します。

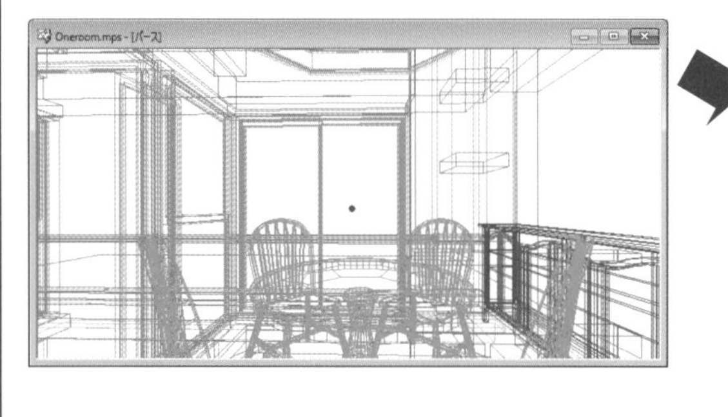

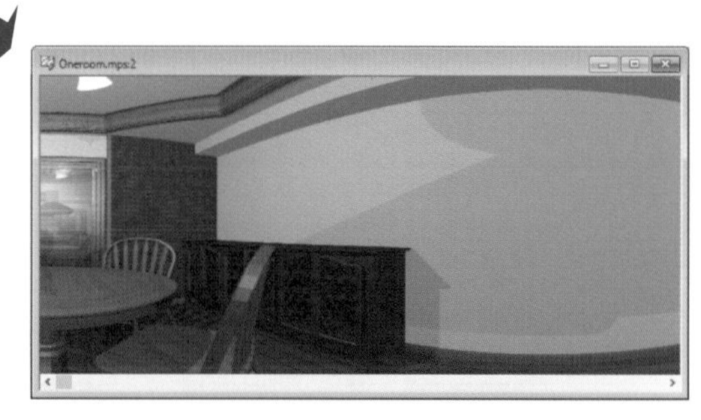

[全体画像]

また、作成した画像は、スマートフォンやタブレットの写真アプリなどで表示させることができます。

3 レンダリングデータの保存

レンダリングしたデータは、**【名前をつけて保存】コマンド**で画像ファイル(BMP、JPEG、TIFF、PNG)として保存することができます。

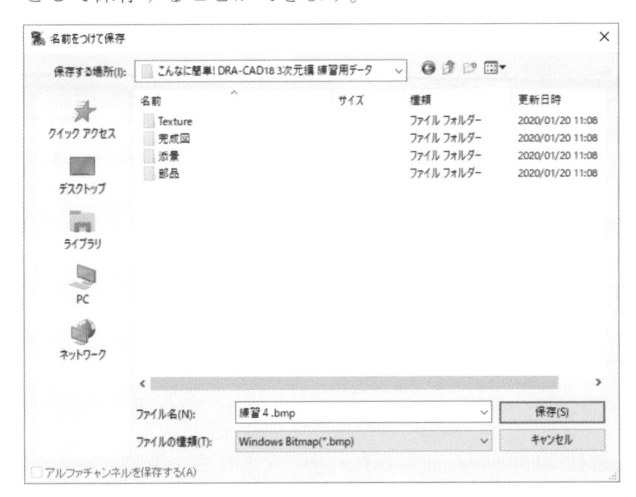

TIFF/PNG 形式で保存する場合は、3次元モデル以外の背景部分・透過している部分をアルファチャンネルとして透過属性をつけて保存することができます。(DRA-CAD7 以上)

4 レンダリングデータの編集

レンダリングウィンドウでは、**[レンダリング]メニュー**に**【画像編集】コマンド**が表示されます。
【画像編集】コマンドを実行すると、レンダリングデータを画像保存し、Draster2 が起動します。
Draster2 で、明るさを調整したり、文字や画像を追加・編集することができます。
☆画像編集ウィンドウ(Draster)についての詳細は『**PDF マニュアル**』を参照してください。

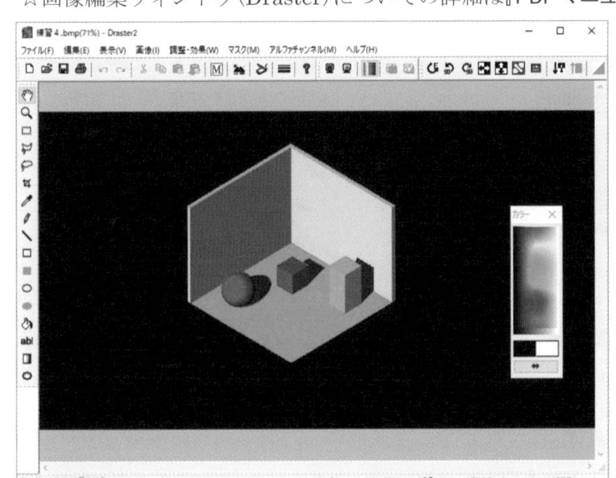

【画像編集】コマンドを実行すると、名前をつけて保存ダイアログが表示されます。パスおよびファイル名を入力して、[保存]ボタンをクリックし、レンダリング結果を保存します。

レンダリングのデータについて

【図面設定】コマンドの「MML・材質ファイルを MPZ/MPX/MPS 内に保存する」が✔されている場合、レンダリングで設定したライト、材質などの設定が MPZ、MPX、MPS ファイル内に保存されます。

✔されていない場合、レンダリングで設定したライト、材質などの設定が MML ファイルとしてモデリングファイルと同じファイル名で、同じフォルダに自動的に保存されます。

MML ファイルは、**【MML 書き込み】コマンド**でファイル名を変えて保存したり、違うフォルダに保存したりすることができます。また、現在編集中の図面ファイルと違うファイル名や違うフォルダの MML ファイルを**【MML 読み込み】コマンド**を使って読込むことができます。

☆ファイル名を変更する際に図面ファイル(MPZ、MPX)だけの名前を変更し、MML のファイル名を変更していない場合やファイルの移動や複写などで、MML ファイルが同じフォルダ内に存在していない場合は正しくレンダリングされません。

1-2 ライトについて

【レンダリングの設定】コマンドで、**[フォトンマップを使う]**を✔すると物体の明るさを計算し、柔らかい光と影が表現できます。
✔しない場合は、ライトを設定することで、よりリアルな表現、あるいはドラマティックな表現ができます。

1 ライトの種類

ライトとして3つの光源が用意されています。

[平行光源] 光線の方向から平行に照射する光線です。光源からの距離による減衰はありません。太陽光線を表現したり、**[点光源]**、**[スポット光源]**に比べレンダリング時間を短くしたいときなどに使用します。

[点光源] 光源の位置から、放射状に光線を発散します。距離による減衰を設定でき、室内灯などに利用できます。

☆本来、太陽光も**[点光源]**ですが、地球から太陽までの距離がレンダリング範囲よりも遙かに大きいため、レンダリング範囲では太陽光の向きがほぼ一定と見なせるように、通常は**[平行光源]**にします。

[スポット光源] 光源を頂点として円錐形に照射する光源です。傘の大きさと、距離による減衰を設定できます。ある特定の部分だけに照明を当てたいときに使用します。舞台などで使用されるスポットライトを表現します。

[平行光源]

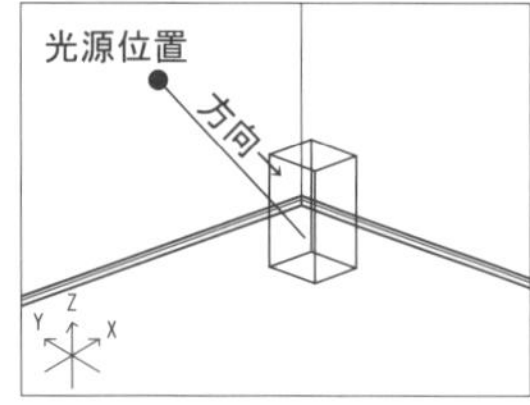

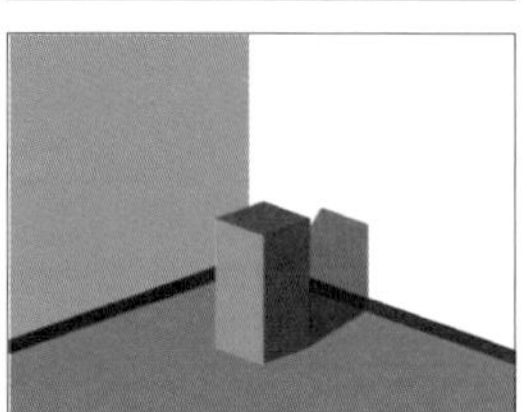

[点光源]

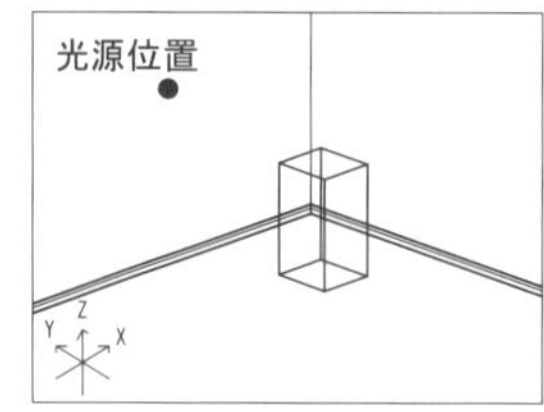

[スポット光源]

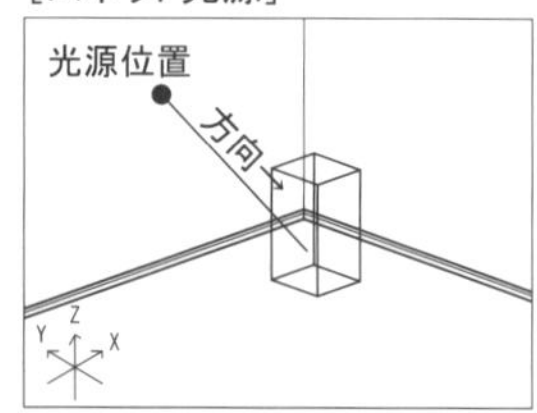

アドバイス

【レンダリングの設定】コマンドで、**[フォトンマップを使う]**を✔しないでライトを1つも設定せずにレンダリングを実行した場合は、以下のようなライトの設定でレンダリングされます。

ライトの種類	平行光源
影	生成
影係数	1.0
拡散光	白(R255、G255、B255)
強度	1.0
減衰	しない

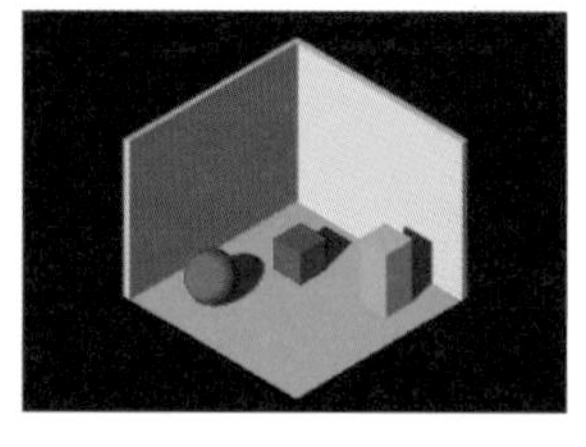

XY座標に関しては、現在の注視点位置を中心にXY平面上で視点位置を30度時計回りに回転した位置に光源を置き、注視点位置を照射します。
Z座標に関しては、視点位置のZ座標をそのまま使用しますが、Z＜0の場合、正負を反転させます(必ず上から照射されることになります)。

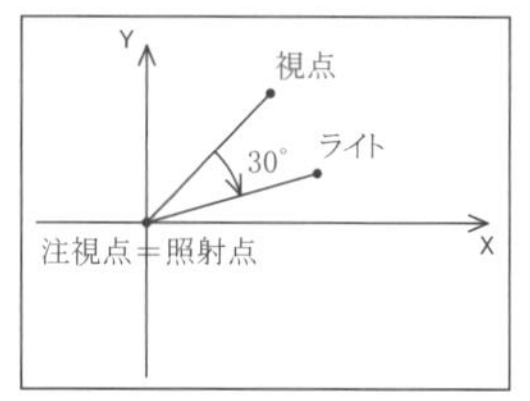

上から見て30度時計回りに回転させる

2 ライトを設定する

【ライト作成】コマンドは、[**平行光源**]、[**点光源**]、[**スポット光源**]の３種類のライトを全部で 200 個まで設定、それぞれ強さ、色、影などを設定することができます。ライトを追加、複製などしながら適切なライトを配置していきます。
それぞれの操作でライトを配置した後、**【元に戻す】** **コマンド**で前のライトの設定を取り消してから次の練習に進みます。
☆図解ではクロスヘアカーソルを点線にて表示しています。
　また、操作後は、**【リハーサル】** **コマンド**で確認します。

◉平行光源を設定する

(1) **【ライト作成】コマンド**を実行します。
　[レンダリング]メニューから[**ライト作成**]をクリックします。

(2) ダイアログボックスが表示されます。
　〔種類と色〕タブでライト番号１番を選択し、[**ライトの種類**]に「**平行光源**」を設定して[OK]**ボタン**をクリックします。

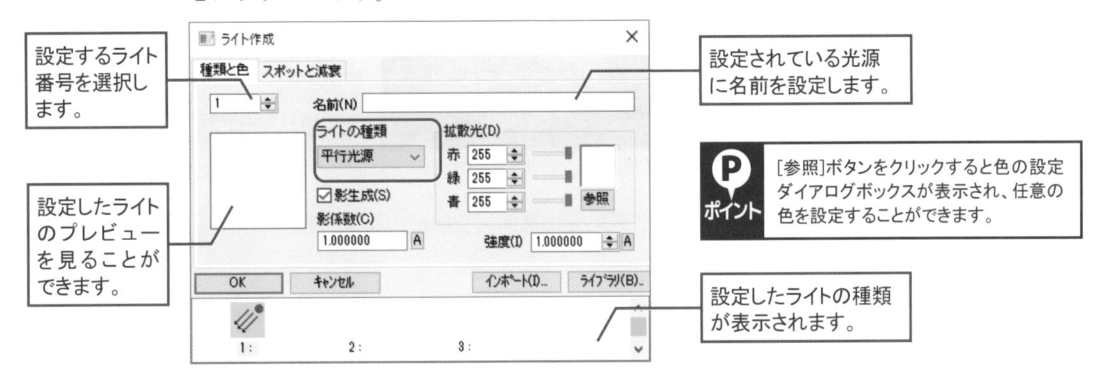

影生成：影を作成する場合に✔します。
　[影係数] ０以上の数値を設定します。１に近いと濃い影が、０に近いと薄い影が生成されます。また、０の場合は影を生成しません。

[影係数 1]

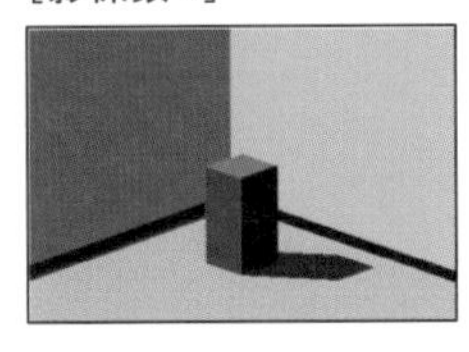

[影係数 0.3]

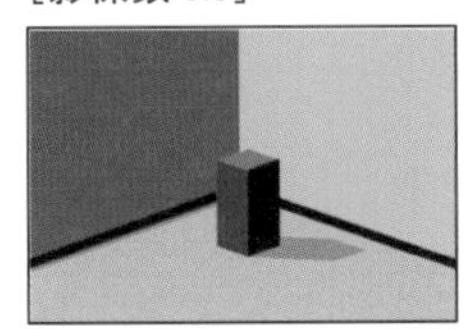

拡散光：光の色を設定します。「赤」「緑」「青」の RGB 値で設定します。
強度：光の強さを０以上の数値で設定します。１以上の数値にすると光が強くなり、0.5 にすると、設定されている光が半分の明るさとなります。また、０の場合は消灯となります。

[強度 1]

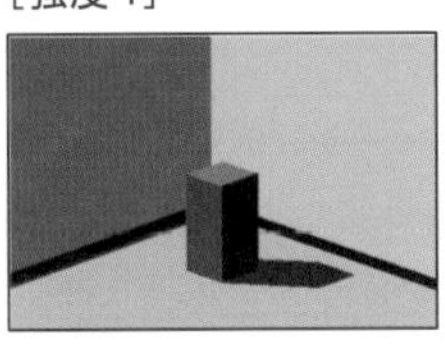

[強度 0.5]

インポート：ライトのインポートダイアログボックスを表示し、他図面のライトの設定を読込むことができます(「**2-4 ライトを設定する 【ライト作成】コマンドについて**」(P225)。
ライブラリ：ライトライブラリダイアログボックスを表示し、ライトの設定を登録したり、読込むことができます(「**2-4 ライトを設定する 【ライト作成】コマンドについて**」(P225)。

(3) **「光源を置く位置を指定」**とメッセージが表示されます。
【端点】スナップで補助線の上端部をクリックします。

(4) 光源位置からラバーバンドが表示され、**「光源の方向を指定」**とメッセージが表示されます。
【任意点】スナップに変更してカーソルを床面の任意な位置に移動させ、クリックします。

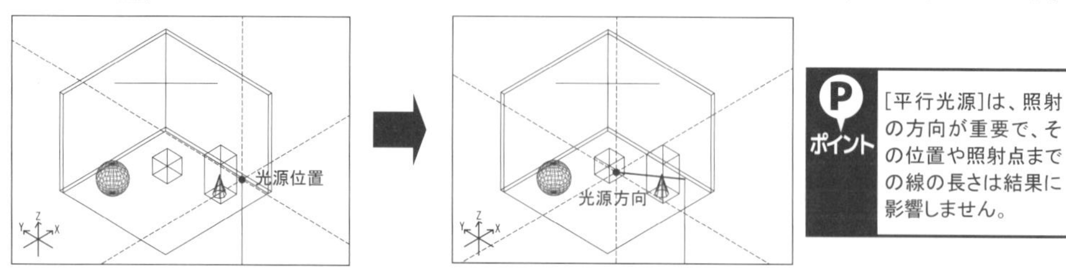

ライトが配置されます。

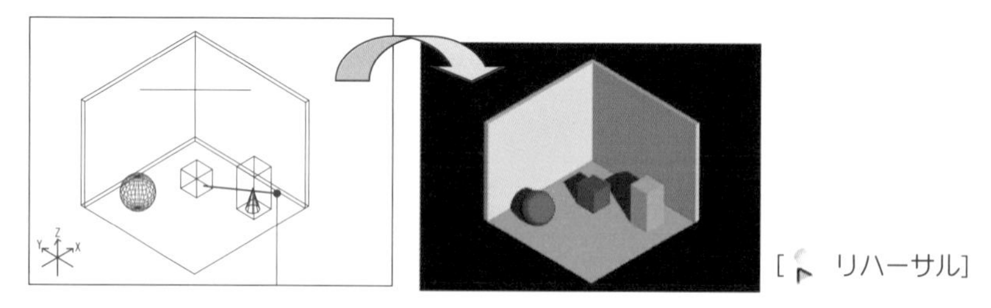

(5) **【元に戻す】コマンド**を実行します。
クィックアクセスツールバーから[**元に戻す**]をクリックします。

メモ

ライトを編集するコマンド

【ライト変更】コマンド
：設定したライトのプロパティを表示し、すでに設定したライトの種類、色などを表示・変更します。

【ライト一覧】コマンド
：設定したライトの一覧を表示し、設定・変更します。

【ライトライブラリ】コマンド
：設定したライトを登録または、登録されているライトを読込みます。

また、光源の位置を変更する場合は、**【移動(3D)】・【ストレッチ(3D)】・【ピンセット】コマンド**を使用し、光源を削除する場合は、**【削除】コマンド**で編集することができます。

◉点光源を設定する

(1) 右クリックすると、ダイアログボックスが表示されます。
〔種類と色〕タブでライト番号２番を選択し、[ライトの種類]に「点光源」を設定します。

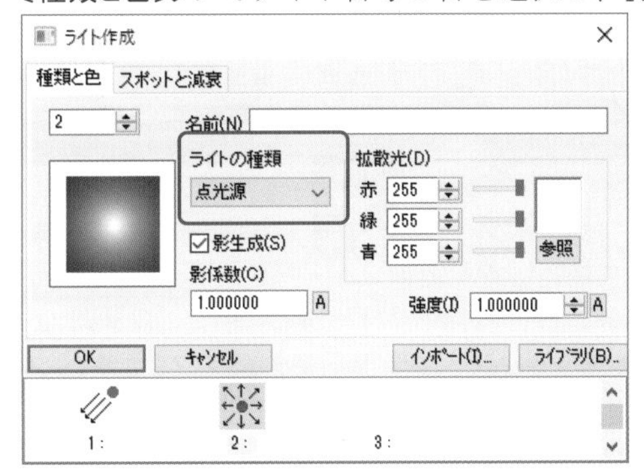

(2) 〔スポットと減衰〕タブを表示し、[減衰]の[参照]ボタンをクリックします。

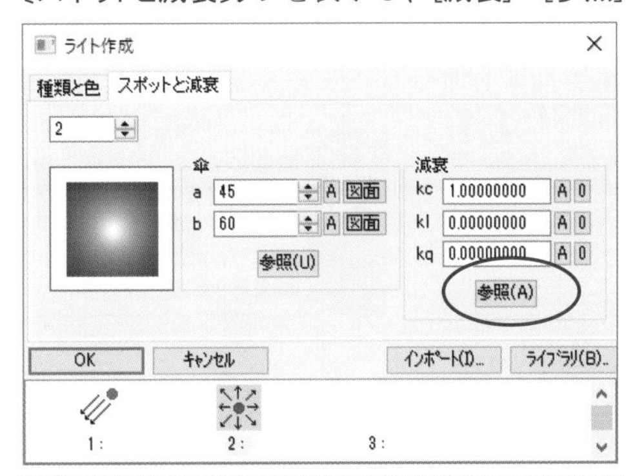

減衰：[点光源]、[スポット光源]の場合のみ設定します。
光源位置からの光の強さを距離で設定します。0.0 を光源位置として、距離に対して減衰する比率を設定します。1.0 では設定されている光の強さが 100%の強さで照射します。例えば、0.5 にすると、設定されている光の強さが 50%の強さとなります。

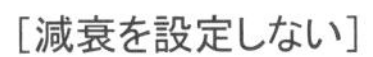

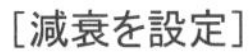

【太陽光】コマンドは、ダイアログで日付や緯度、経度を設定し、ライトを設定することができます(詳細は『PDF マニュアル』を参照)。

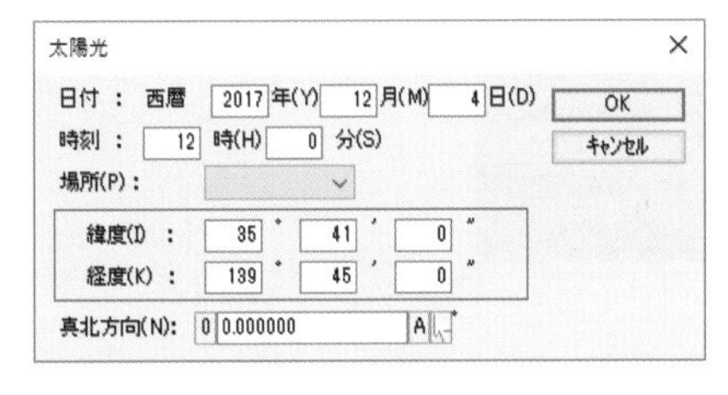

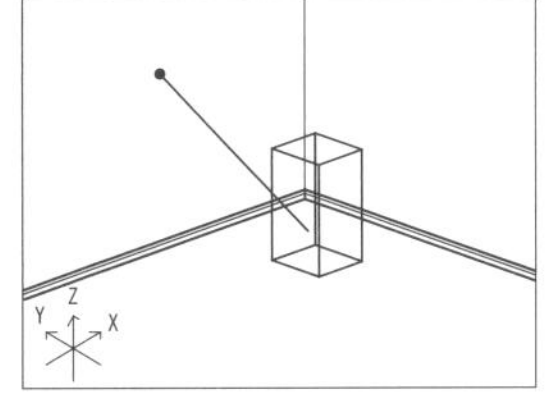

(3) 減衰設定ダイアログボックスが表示されます。
グラフを右クリックして最大値設定ダイアログボックスを表示します。
[距離の最大値]を「3000」と設定し、**[OK]ボタン**をクリックします。

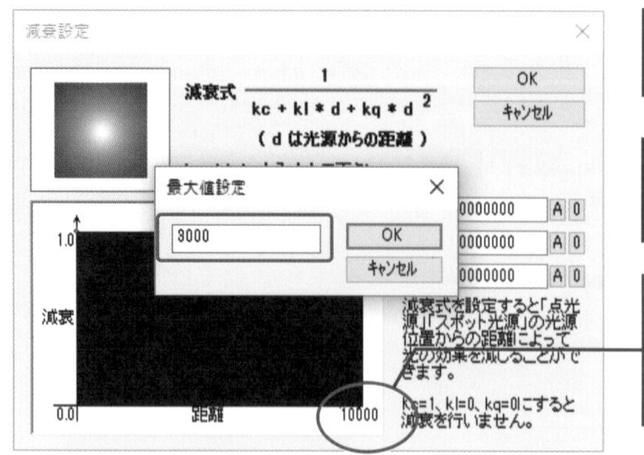

縦軸：減衰する比率
横軸：光源からの距離

光源から3000㎜の面の明るさが半分になるように設定します。

グラフを右クリックすると、最大値設定ダイアログを表示し、グラフに表示する距離（㎜）の最大値を設定することができます。

(4) 赤い点をドラッグして、明るさが半分になるように設定し、**[OK]ボタン**をクリックします。

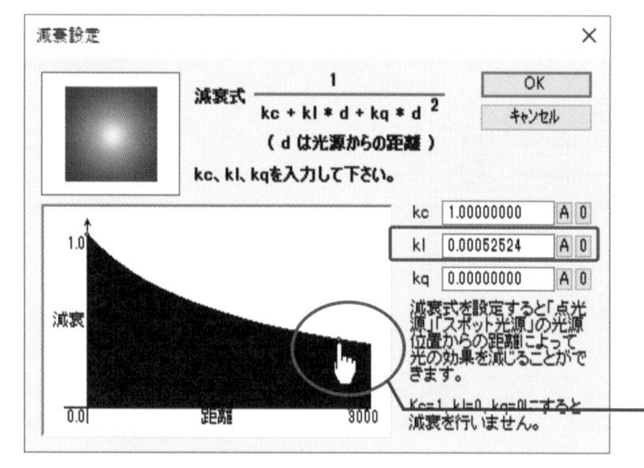

ポイント
右側の赤い点が表示されない場合は、減衰設定ダイアログボックスを[キャンセル]ボタンで閉じてから、もう1度減衰設定ダイアログボックスを表示すると、赤い点が表示されます。

赤い点をドラッグすると、直接グラフを設定することができます。

(5) ライト作成ダイアログボックスに戻ります。
ダイアログボックスの設定がすべて終わりましたら、**[OK]ボタン**をクリックします。

(6) **「光源を置く位置を指定」**とメッセージが表示され、クロスカーソルに変わります。
【線上点】スナップで、補助線をクリックします。

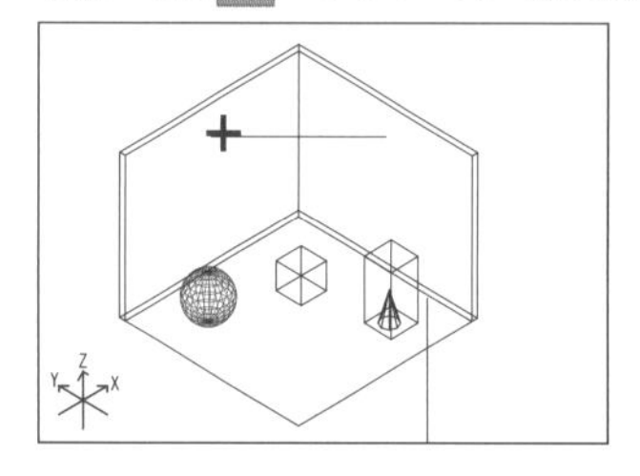

ライトが配置されます。

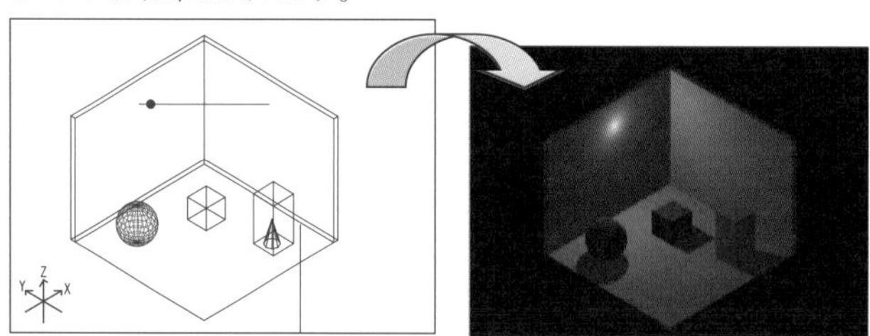

[リハーサル]

(7) **【元に戻す】コマンド**を実行します。
クイックアクセスツールバーから[**元に戻す**]をクリックします。

◉スポット光源を設定する

(1) 右クリックすると、ダイアログボックスが表示されます。
〔種類と色〕タブでライト番号3番を選択し、[ライトの種類]に「スポット光源」を設定します。

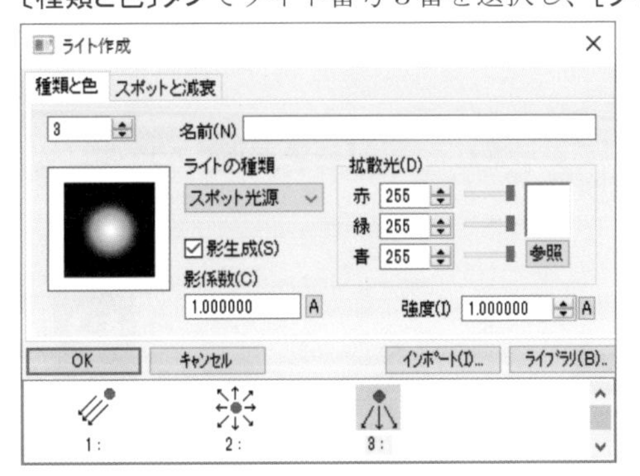

(2) 〔スポットと減衰〕タブをクリックして表示します。
[傘]の[参照]ボタンをクリックします。

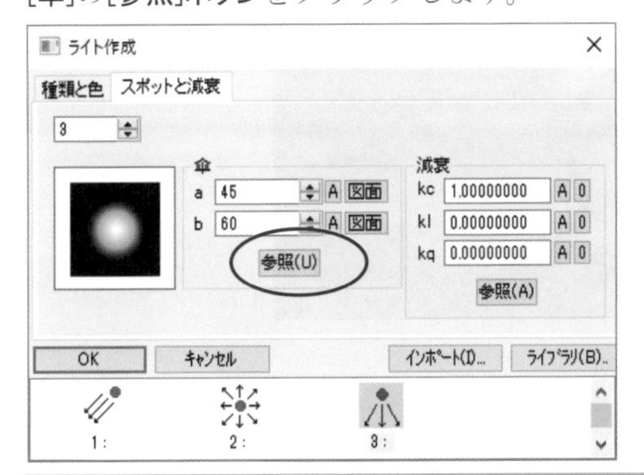

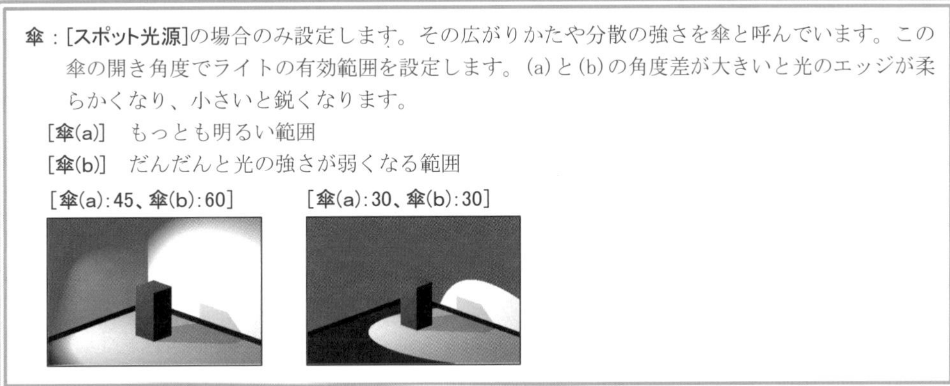

傘：[スポット光源]の場合のみ設定します。その広がりかたや分散の強さを傘と呼んでいます。この傘の開き角度でライトの有効範囲を設定します。(a)と(b)の角度差が大きいと光のエッジが柔らかくなり、小さいと鋭くなります。

[傘(a)]　もっとも明るい範囲
[傘(b)]　だんだんと光の強さが弱くなる範囲

[傘(a):45、傘(b):60]　[傘(a):30、傘(b):30]

(3) スポット光設定ダイアログボックスが表示されます。
傘をドラッグして、傘の角度・範囲を設定し、[OK]ボタンをクリックします。

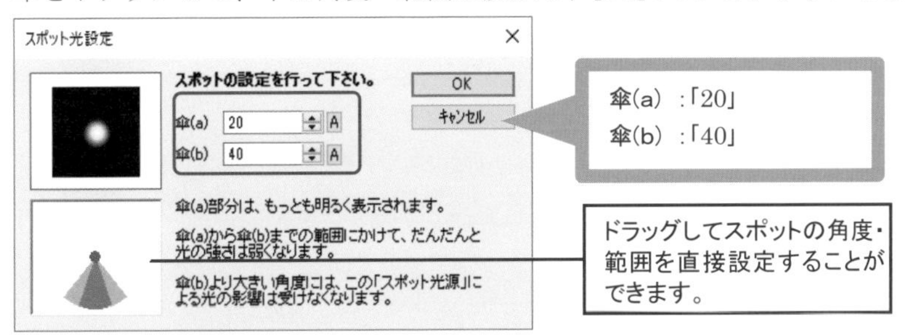

(4) ライト作成ダイアログボックスに戻ります。
ダイアログボックスの設定がすべて終わりましたら、[OK]**ボタン**をクリックします。

(5) **「光源を置く位置を指定」**とメッセージが表示されます。
【線上点】スナップで、補助線をクリックします。

(6) 光源位置からラバーバンドが表示されます。
「光源の方向を指定」とメッセージが表示されたら、**【任意点】スナップ**に変更してカーソルを床面の任意な位置に移動させ、クリックします。

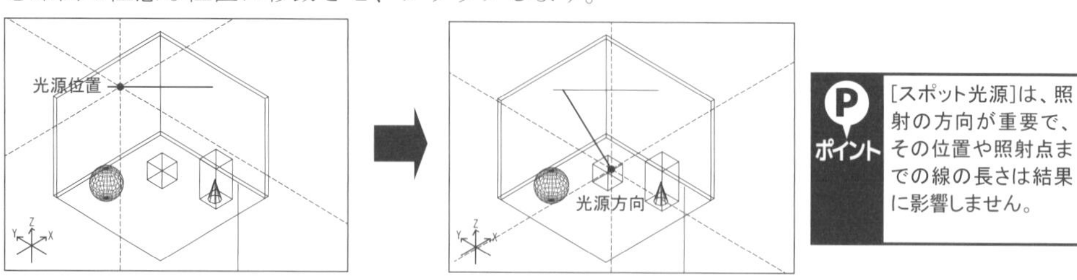

ライトが配置されます。

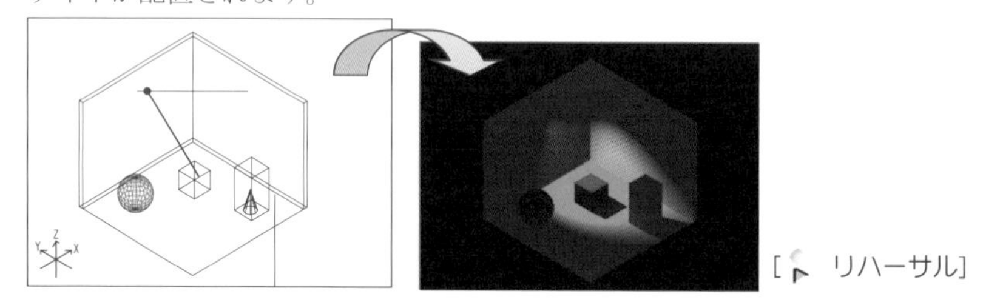

[リハーサル]

(7) **【元に戻す】コマンド**を実行します。
クイックアクセスツールバーから[元に戻す]をクリックします。

(8) **【ライト作成】コマンド**を解除します。

1-3 材質について

材質はそれぞれの材質番号ごとに材質の特性(色、模様、反射、透明感など)を設定していき、同じ材質番号は同じ質感のものを表します。

1 材質の設定

図形の持っている材質番号を**【属性設定】コマンド**で設定します。材質番号０番で図形を作成し、**【材質変更】コマンド**で材質番号を変更し設定することもできます。

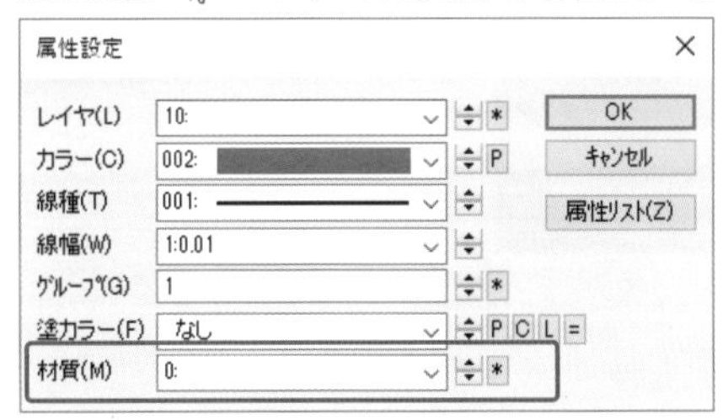

材質は、１図面につき０から 200 番まで 201 個設定することができ、ユーザーオリジナルの材質を作ることもできます。ただし、自由に設定できるのは、１から 200 番までになります。０番は３次元図形の線の色を拡散反射係数とする特殊な材質で、環境光、影生成のみ設定できます。

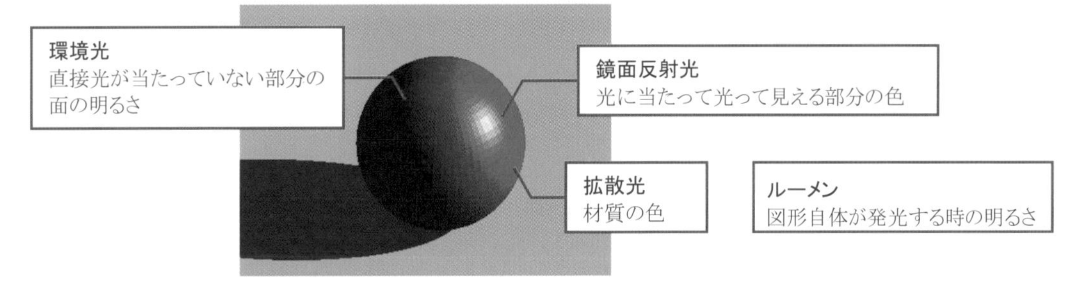

面(ポリゴン)に材質の設定をするには大きく分けて３つの方法があります。

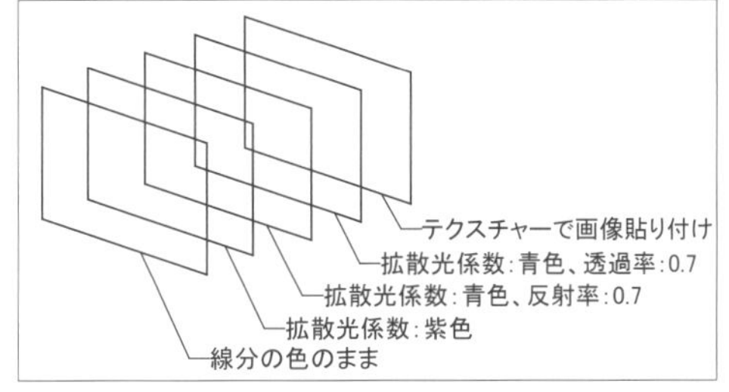

方法1） モデリングした時の線の色とは違う色でレンダリングする。

材質番号を選んで、材質の色を指定します。必要に応じて影を生成するなどの設定ができます。また反射や透過なども設定できます。

方法2） 画像を貼り付けてレンダリングする。

材質番号を選んで、あらかじめ用意した質感を表現するための画像ファイルを指定します。単色で塗りつぶすのではなく、模様をつけるなど、さまざまな表現を与えることができます。

方法3） フォトンマッピングでレンダリングする。

蛍光灯などの円柱をフォトンマッピングによるレンダリングをする場合に、ルーメンを材質設定することで円柱自体をライトアップします。

2 材質を変更する

【材質変更】コマンドは、材質を変更したい図形を選択し、設定されている材質の種類、色などを変更することができます。

☆図解ではクロスヘアカーソルを点線にて表示しています。
　また、操作後は、**【リハーサル】**　**コマンド**で確認します。

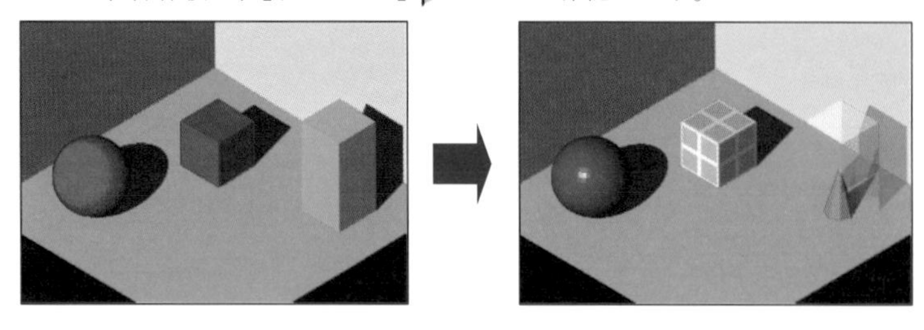

◉ツルツルした材質に変更する

(1) **【材質変更】コマンド**を実行します。
[レンダリング]メニューから**[　材質変更]**をクリックします。

(2) **「図形を選択してください」**とメッセージが表示され、クロスカーソルに変わります。
【標準選択】　で、球をクリックします。

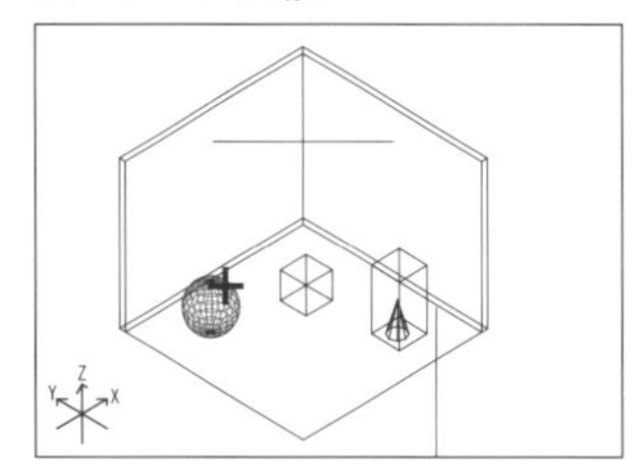

(3) ダイアログボックスに指定した図形の材質が表示されます。
〔材質と色〕タブで材質番号１番を選択し、**[拡散光係数]**などを設定して**[OK]ボタン**をクリックします。

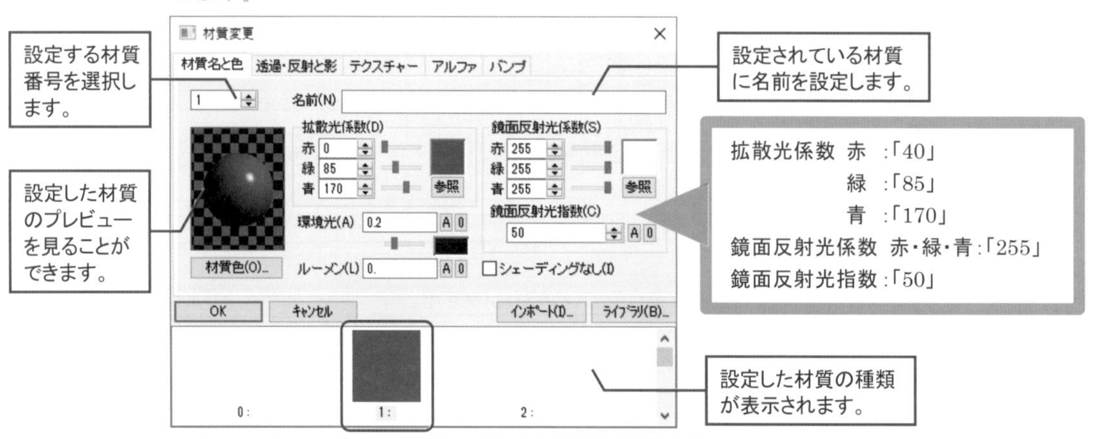

ポイント
[参照]ボタンをクリックすると色の設定ダイアログボックスが表示され、任意の色を設定することができます。

拡散光係数　：材質の色を設定します。「赤」「緑」「青」の RGB 値で設定します。
環境光　　　：面に直接光が当たっていない部分の面の明るさを設定します。材質の色として認識される拡散光の何割を環境光とするかを設定します。
光が直接当たっていない所が「１」に近いと明るくなり、「０」に近いと暗くなります。

鏡面反射光係数：光に当たって光って見える部分の色を設定します。「赤」「緑」「青」のRGBで指定します。「0」に近いとマットな質感になり、「255」に近いと金属やガラスなどの滑らかな質感になります。

鏡面反射光指数：光に当たって光って見える部分の面積を制御します。この指数が大きいと面積が狭くなり集束した反射光になり、小さいと面積が広くなりぼやけた反射光となります(通常は10～200位)。

[環境光 0.1]

[環境光 1.0]

鏡面反射係数:255（白色）

[鏡面反射指数 2]

[鏡面反射指数 50]

鏡面反射係数:0（黒色）

ルーメン：**【レンダリングの設定】** コマンドで、**[フォトンマップを使う]**を✔した場合に照明などの光っている物体(発光体)を表現するときに設定します。
明るさはルーメン数値で設定します。ルーメンの値は、照明機器に一般的に記載されている数値で、例えば30形蛍光灯では約2,000ルーメンとなります。

シェーディングなし
：✔すると、ライトの影響による陰影の計算をしません。照明などの光っている物体(発光体)を表現するときに利用できます。

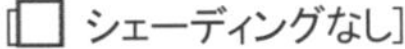

[☑ シェーディングなし]

インポート：材質のインポートダイアログボックスを表示し、他図面の材質の設定を読込むことができます。

ライブラリ：材質ライブラリダイアログボックスを表示し、材質の設定を登録したり、読込むことができます。

材質色：材質色と係数ダイアログが表示し、材質色と拡散光係数、鏡面反射光係数より拡散光と鏡面反射を設定します。拡散反射(kd)と鏡面反射(ks)がkd+ks=1.0という関係になるように入力すると、自然な表現になります。

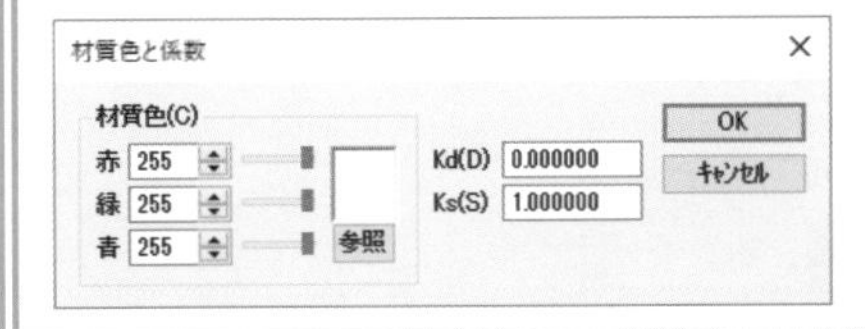

指定した図形が設定した材質に変更されます。

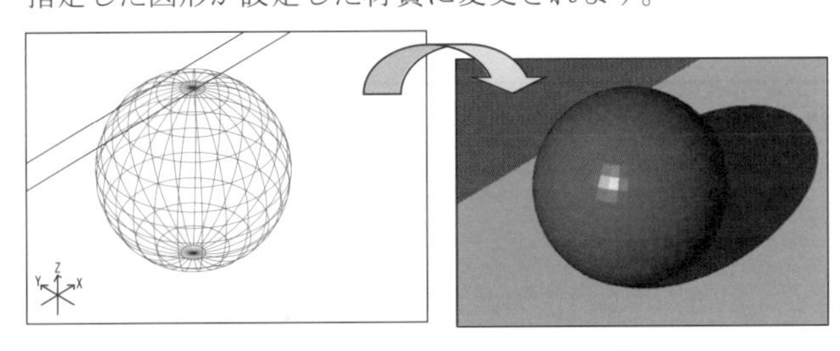

[リハーサル]

◎透明な材質に変更する

(1) **「図形を選択してください」**とメッセージが表示され、クロスカーソルに変わります。
【標準選択】で、直方体をクリックします。

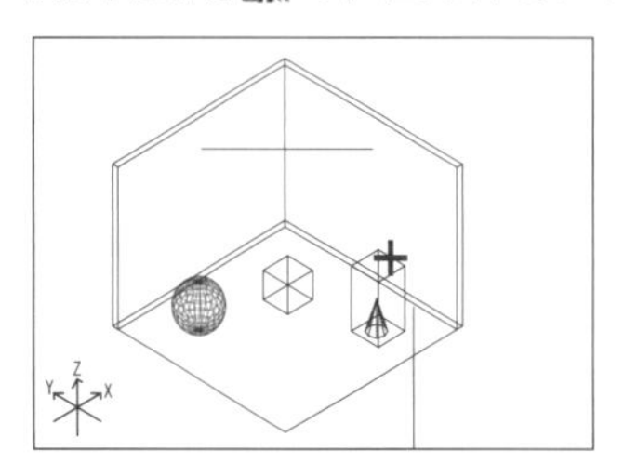

(2) ダイアログボックスに指定した図形の材質が表示されます。
〔材質と色〕タブで材質番号２番を選択し、**[拡散光係数]**などを設定します。

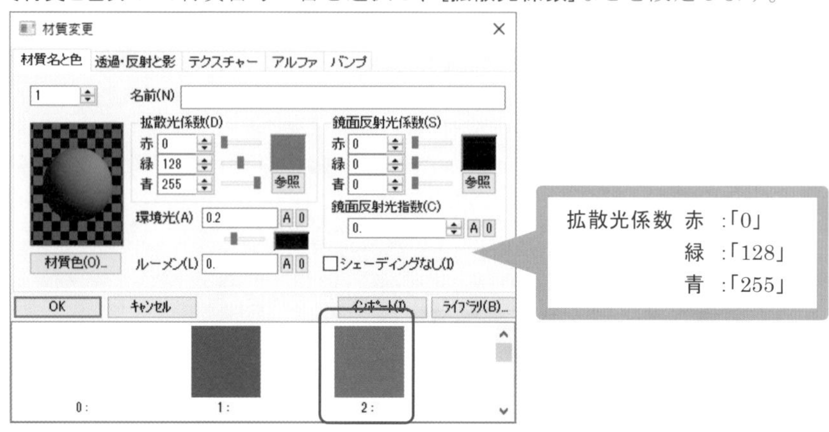

(3) **〔透過・反射と影〕タブ**をクリックして表示します。
[反射率]などを設定し、**[OK]ボタン**をクリックします。

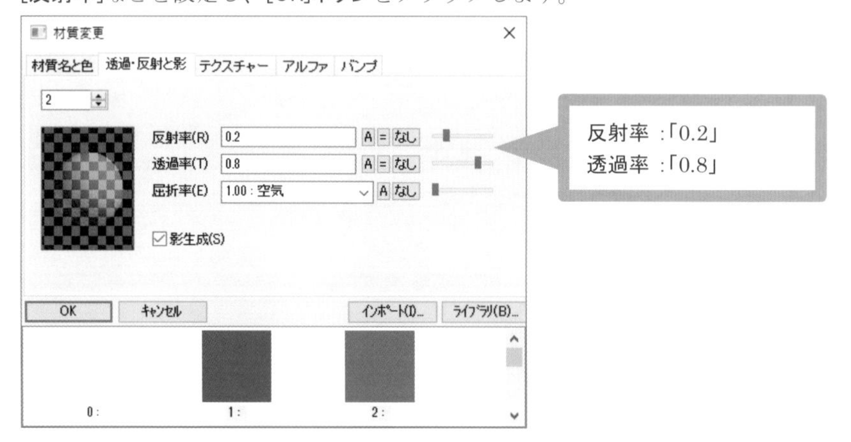

材質を編集するコマンド

【材質一覧】コマンド
：設定した材質の一覧を表示し、設定・変更します。
【材質ライブラリ】コマンド
：設定した材質を登録または、登録さを読込みます。
また、**【属性変更】・【図形のプロパティ】コマンド**で材質を変更することができます。

反射率 ：鏡やガラスなどを表現するときに、周囲が映り込む率(０以上１未満)を指定します。「０」の場合はまったく反射しない物質となり、「１」になると周りの物体が鏡のように完全に映り込みます。例えば、紙や木は「０」の値、プラスチックやガラスは「１」に近い値で設定します。

［反射率 0.0］

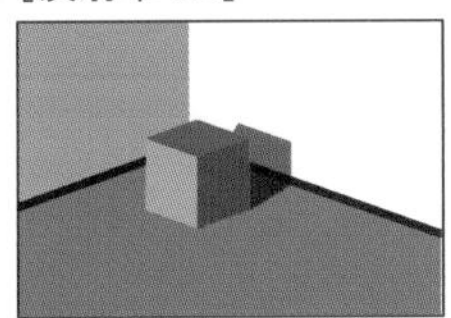

［反射率 0.5］

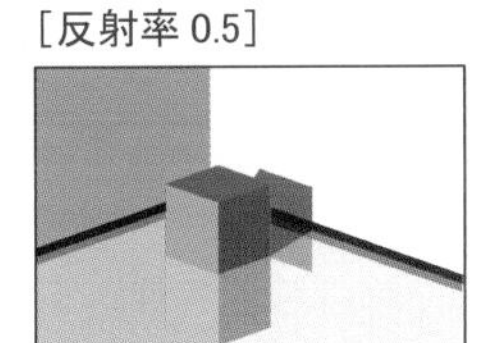

透過率 ：材質の透明度を設定します。「０」の場合は不透明、「０」より大きく「１」未満までが半透明、「１」になると、色が設定されていても透明になり、何も表示されません。

［透過率 0］

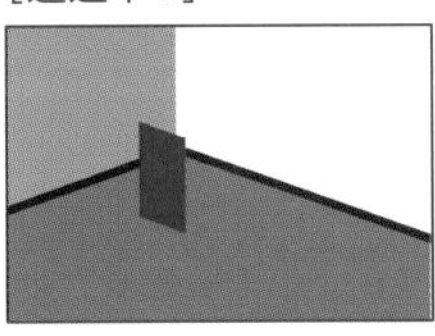

［透過率 0.8］

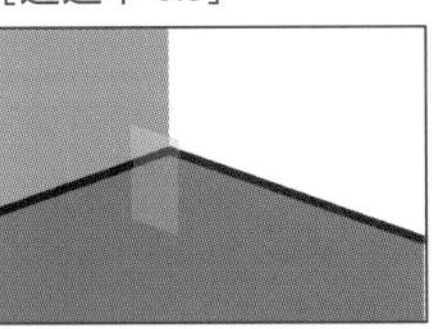

屈折率 ：光が真空から物質内へと入射する場合の屈折率(空気に対する相対屈折率：０より大きな値)を設定します。水面、ガラスなどの透過度が設定されている物質で効果が得られます。**[空気]ボタン**をクリックすると、空気の屈折率(=1.00)が設定されます。

［屈折率 1.00(空気)］

［屈折率 2.44（ダイアモンド)］

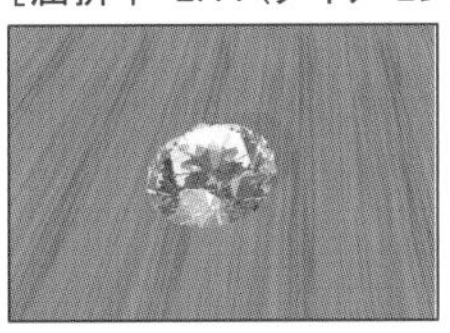

影生成 ：この材質が他のポリゴンに対して影をおとす場合にします。**【ライトの設定】コマンド**の**[影生成]**とこの**[影生成]**のどちらも✔されていないと他のポリゴンに対して影を生成しません。

指定した図形が設定した材質に変更されます。

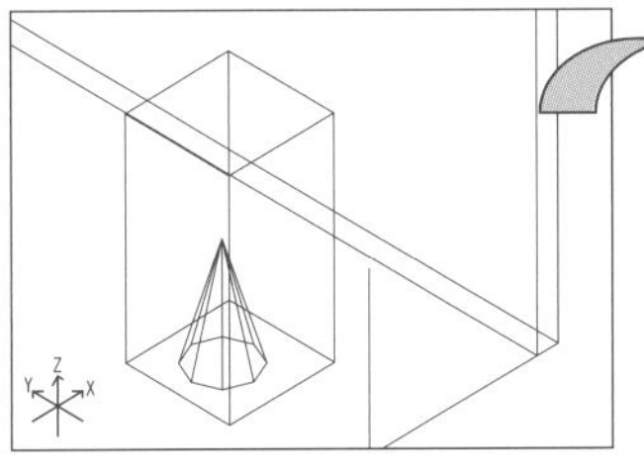

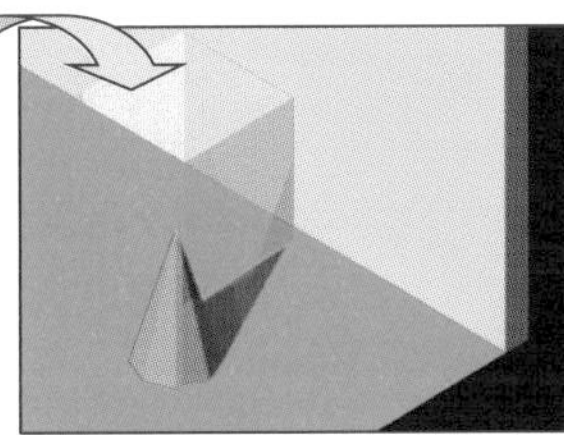

［ リハーサル］

◉模様のある材質に変更する

あらかじめ用意した質感を表現するための画像ファイルを指定することで、単色で塗りつぶすのではなく、模様をつけるなどさまざまな表現を与えることができます。

(1) **「図形を選択してください」**とメッセージが表示され、クロスカーソルに変わります。
【標準選択】で、濃紫の直方体をクリックします。

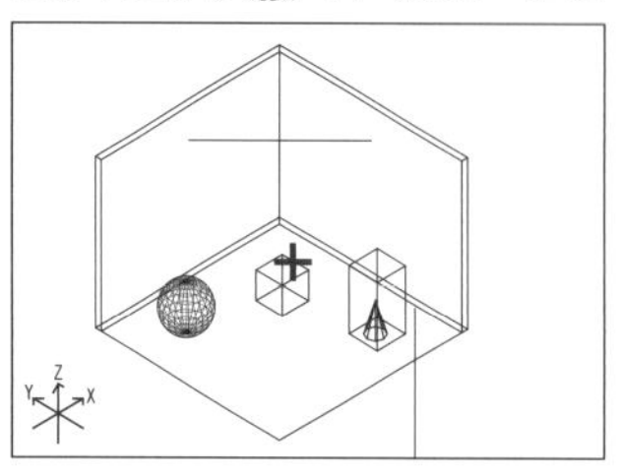

(2) ダイアログボックスに指定した図形の材質が表示されます。
〔テクスチャー〕タブをクリックして表示します。

(3) 材質番号３番を選択し、**[参照]ボタン**をクリックします。

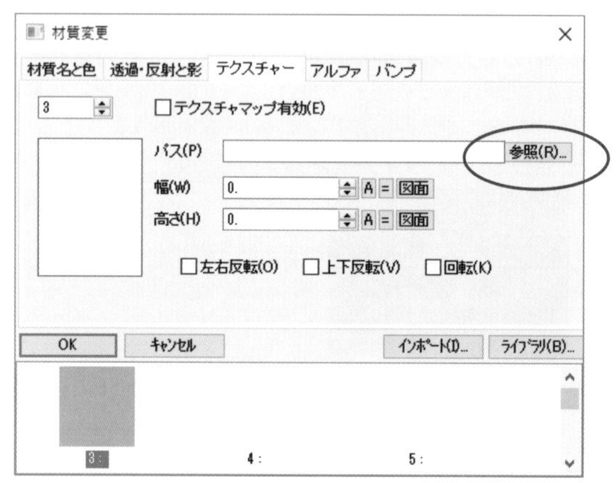

(4) ファイルを開くダイアログボックスが表示されます。
「こんなに簡単! DRA-CAD18 3次元編 練習用データ」－「Texture」フォルダから**「Tile01.bmp」**ファイルを指定し、**[開く]ボタン**をクリックします。

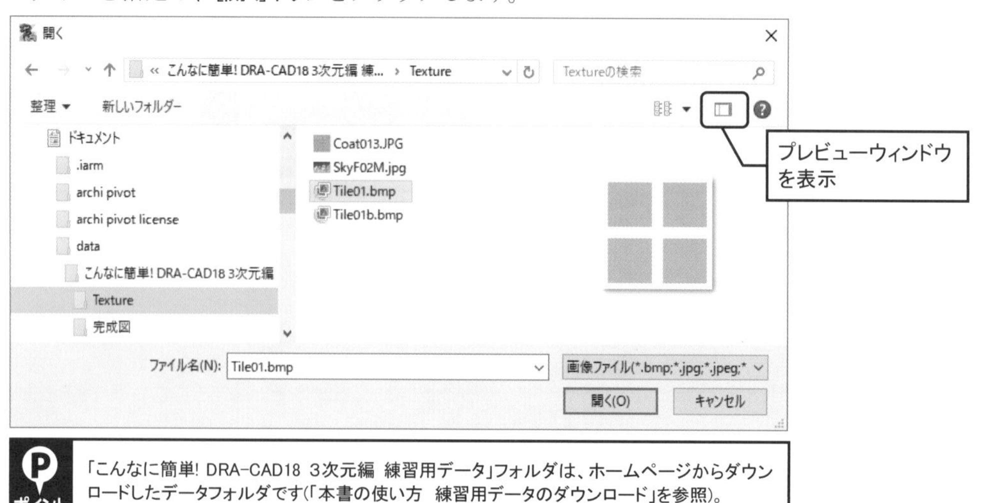

ポイント 「こんなに簡単! DRA-CAD18 3次元編 練習用データ」フォルダは、ホームページからダウンロードしたデータフォルダです(「本書の使い方 練習用データのダウンロード」を参照)。

(5) 材質のプロパティダイアログボックスに戻ります。
[幅]・[高さ]を設定し、[OK]ボタンをクリックします。

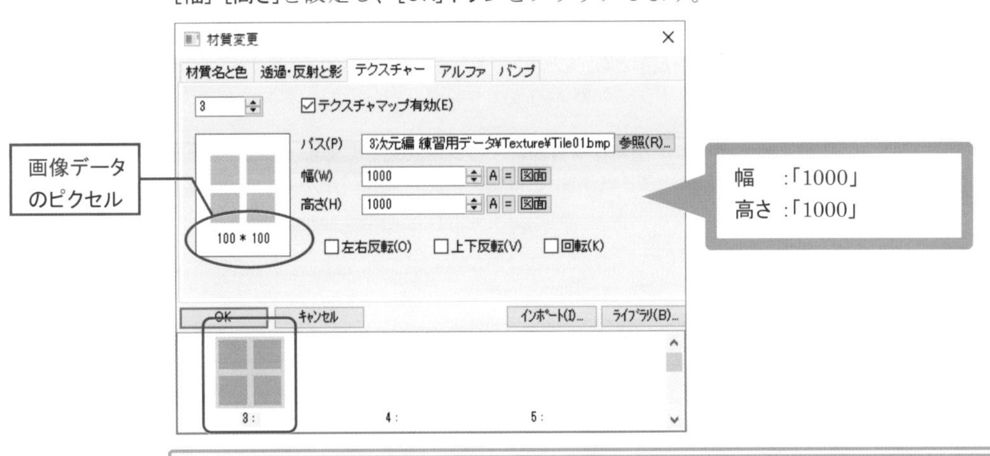

テクスチャマップ有効 : モデルの表面に画像を貼り付ける場合に✔します。
パス : 画像のあるフォルダ、ファイルを設定します。

☆テクスチャーのサンプルは、ドキュメントフォルダ内の「archi pivot¥DRA-CAD18¥LIBRARY ¥TEXTURE」フォルダにあります。

幅・高さ : 画像1枚の大きさを「高さ」と「幅」で設定します。「高さ」と「幅」が「0」の場合は貼り付けられません。高さと幅の設定により、ポリゴンに貼り付ける枚数が決まります。

[高さ/幅 1000 mm]

[高さ/幅 500 mm]

[左右反転]　画像を左右反転してポリゴンに貼り付けます。
[上下反転]　画像を上下反転してポリゴンに貼り付けます。
[回転]　画像を反時計回りに 90 度回転してポリゴンに貼り付けます。

☆画像の向きはポリゴンの始点と第1辺の方向によって決まります。向きを変更する場合に✔します。

指定した図形が設定した材質に変更されます。

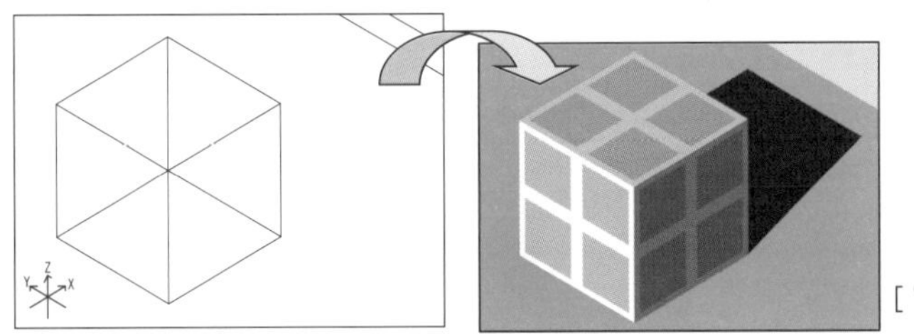

[リハーサル]

(6) 【材質変更】コマンドを解除します。

【材質変更】コマンドについて

〔アルファ〕タブ

ポリゴン内部の透過率を設定します。**〔透過・反射と影〕タブ**の中でも、透過率を設定できますが、この場合は面(ポリゴン)内に均一の透過率しか設定できません。ポリゴン内部の透過率が違う場合にアルファテクスチャーを使用して透過率を設定します。

画像ファイルの黒色部分に相当する位置では不透明(**〔材質名と色〕タブ**で設定した拡散光係数、または**〔テクスチャー〕タブ**で設定したテクスチャー画像でレンダリングされます)、白色の部分は完全に透明として、後ろの物体が透けて見えるようにレンダリングされます。

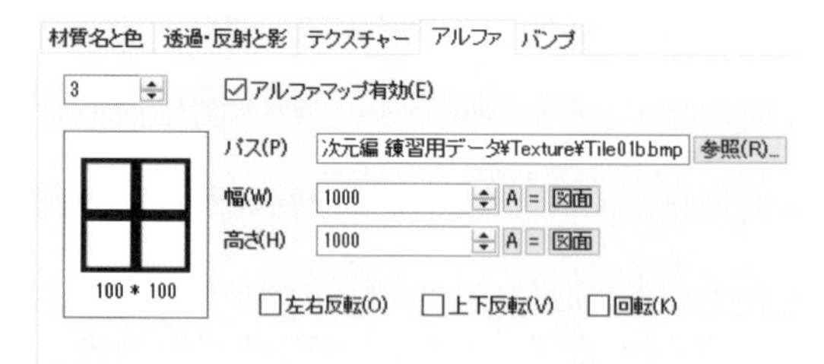

[☑ テクスチャー]

[☑テクスチャー＋☑ アルファ]

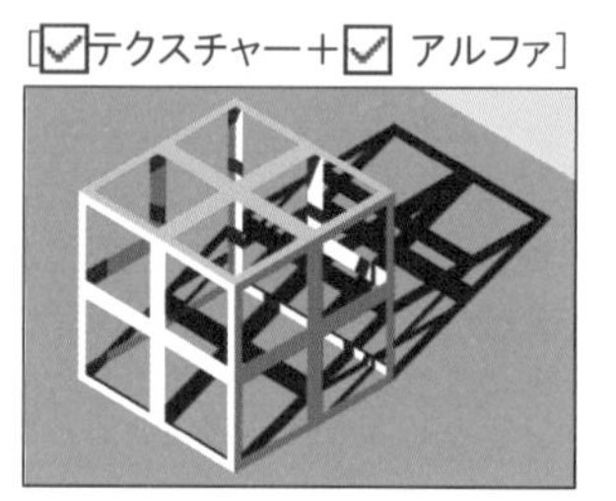

〔バンプ〕タブ

通常、モデリングで凸凹の形状を作成してレンダリング結果も凸凹にすることができますが、バンプマッピングを設定すると、指定した画像の明暗によって面の法線ベクトル(面に垂直なベクトルでこれによって面の明るさや色が変わる)が変化し、平らなポリゴン1つでも凸凹を表現することができます。材質表面のざらつき感やタイルなどの目地などの表現ができます。

画像ファイルの黒色から白色部分に変化するとき、法線ベクトルが変化するようにレンダリングされます。

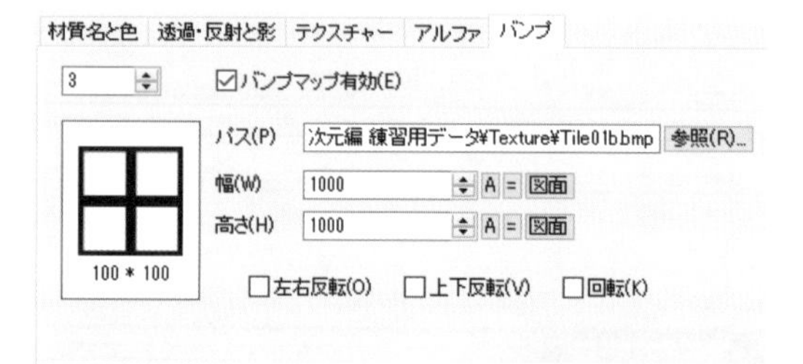

[☑ テクスチャー]

[☑ テクスチャー＋☑ バンプ]

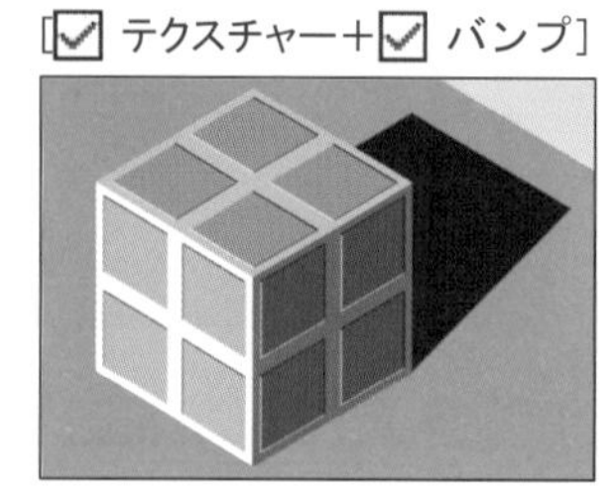

② 住宅モデルのレンダリング

Part３で作成した住宅モデルをライト・材質を設定してレンダリングします。

☆作図の前にPart３の「1 作図上の注意」を必ずお読みください。

完成図

2-1 ファイルを開く

1 モデルファイルを開く

1. 【開く】コマンドを実行します。
メニューから[開く]をクリックします。

2. ダイアログボックスが表示されます。
以下のように設定し、[開く]ボタンをクリックします。

ファイルの場所 :「こんなに簡単! DRA-CAD18 3次元編 練習用データ」
ファイル名 :「KADAI-01」
ファイルの種類 :「DRACAD ファイル」

「KADAI-01」ファイルが表示され、【開く】コマンドは解除されます。

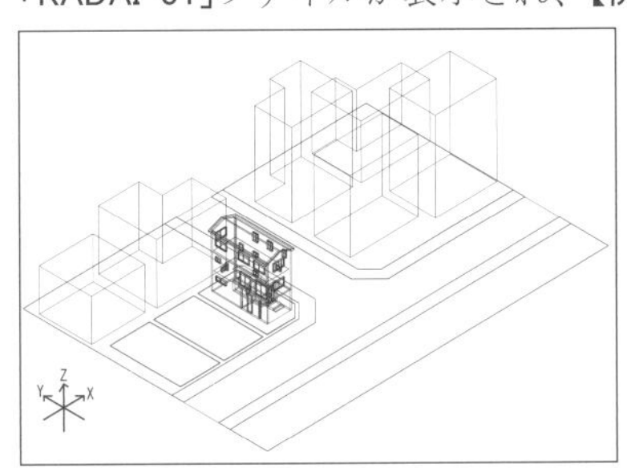

Part３の操作をしていない方は、完成図フォルダにある「完成図 1」ファイルを開いてください。

2 ファイルに保存する

レンダリング用データとして新しく名前をつけて保存します。

1. **【名前をつけて保存】コマンド**を実行します。
メニューから[**名前をつけて保存**]をクリックします。

2. ダイアログボックスが表示されます。
以下のように設定し、[**保存**]**ボタン**をクリックします。

ファイルの場所 :「こんなに簡単! DRA-CAD18 3次元編 練習用データ」
ファイル名 :「KADAI-02」
ファイルの種類 :「セキュリティファイル DRA-CAD18/17(*.mps)」

保存と同時に**【名前をつけて保存】コマンド**は解除され、作図画面に戻ります。

これ以降は作業の終わりごとに、**【上書き保存】****コマンド**をクリックし、ファイルを上書き保存してください。

3 住宅モデルを確認する

ライト・材質など何も設定せずに**【リハーサル】コマンド**で、レンダリングします。
☆現在表示されている範囲がレンダリングされますので、あらかじめ拡大表示しておきます。

1. **【リハーサル】コマンド**を実行します。
[**レンダリング**]**メニュー**から[**レンダリング開始**]の▼**ボタン**をクリックし、[**リハーサルレンダリング**]をクリックします。
レンダリングウィンドウが開いて住宅モデルをレンダリングし、**【リハーサル】コマンド**は解除されます。

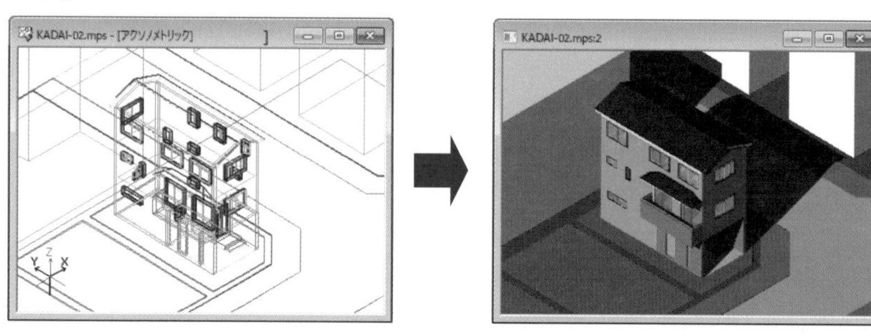

【レンダリングの設定】**コマンド**で、[**フォトンマップを使う**]を✔しないで光源が１つもない時は、平行光源を自動的に１つ置いてレンダリングします。敷地や建具などは設定されている材質でレンダリングし、設定されていない壁や屋根などはポリゴンの色を材質として、レンダリングします。

2. レンダリングウィンドウを閉じます。
(1) レンダリングウィンドウの**×ボタン**をクリックします。
(2) メッセージダイアログが表示されます。
[**いいえ**]**ボタン**をクリックすると、レンダリングウィンドウを閉じて、３次元モデルが表示されます。

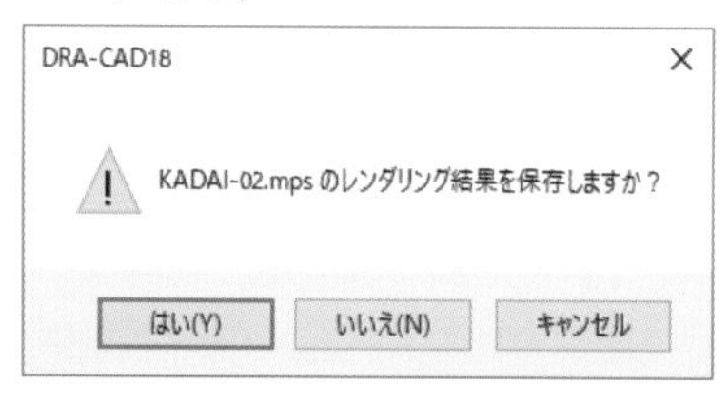

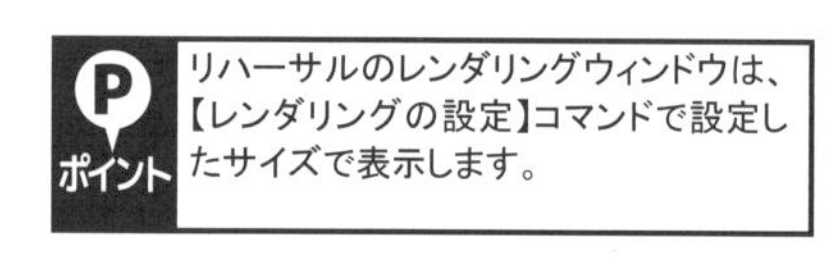

リハーサルのレンダリングウィンドウは、【レンダリングの設定】コマンドで設定したサイズで表示します。

2-2 材質を変更する

シンボルで配置した建具以外は材質番号が0番(モデリングした時の色)になっています。
レンダリングの表現力を高めるために壁・ポーチ・ガラスの材質を**【材質のプロパティ】コマンド**、バルコニーの材質は壁と同じなので、**【属性変更】コマンド**でそれぞれ材質番号を変更します。
また、部材ごとにカラーを分けて作成していますので、ここでは**【カラー選択】**で選択します。

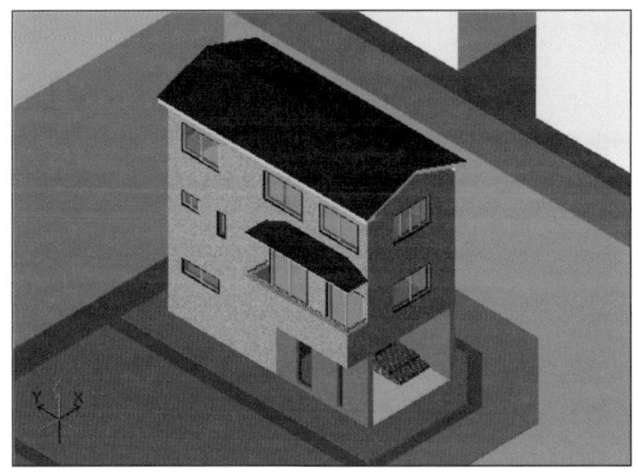

[隠面除去表示]

1 隠面除去表示の設定を変更する

設定した材質を**【隠面除去表示】コマンド**で確認できるように、**【隠面除去表示設定】コマンド**の設定を変更します。

1. 【隠面除去表示設定】**コマンド**を実行します。
[表示]**メニュー**から〔隠面除去〕**パネル**のをクリックします。

2. ダイアログボックスが表示されます。
以下のように設定し、[OK]**ボタン**をクリックします。

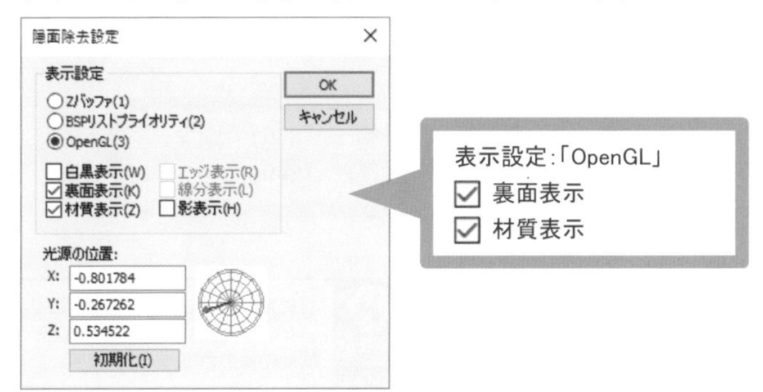

隠面除去表示が設定され、**【隠面除去表示設定】コマンド**は解除されます。

2 壁面の材質を変更する

1. 【材質変更】コマンドを実行します。

[レンダリング]メニューから[材質変更]をクリックします。

2. 壁面の材質を変更します。

【カラー選択】 で、壁面(緑の線)をクリックして選択します。

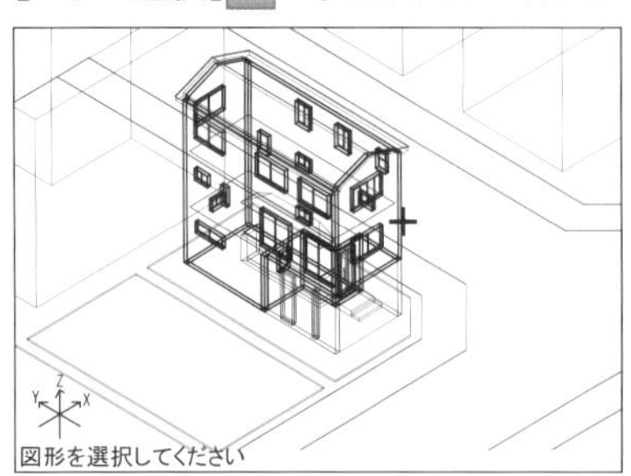

3. ダイアログボックスに壁面の材質が表示されます。

(1) 〔テクスチャー〕タブで材質番号1番を選択し、[参照]ボタンをクリックします。

(2) ファイルを開くダイアログボックスが表示されます。
以下のように設定し、[開く]ボタンをクリックします。

ファイルの場所 :「こんなに簡単! DRA-CAD18 3次元編 練習用データ」-「Texture」
ファイル名 :「Coat013.jpg」
ファイルの種類 :「画像ファイル」

(3) 材質のプロパティダイアログボックスに戻ります。
幅などを設定し、[OK]ボタンをクリックします。

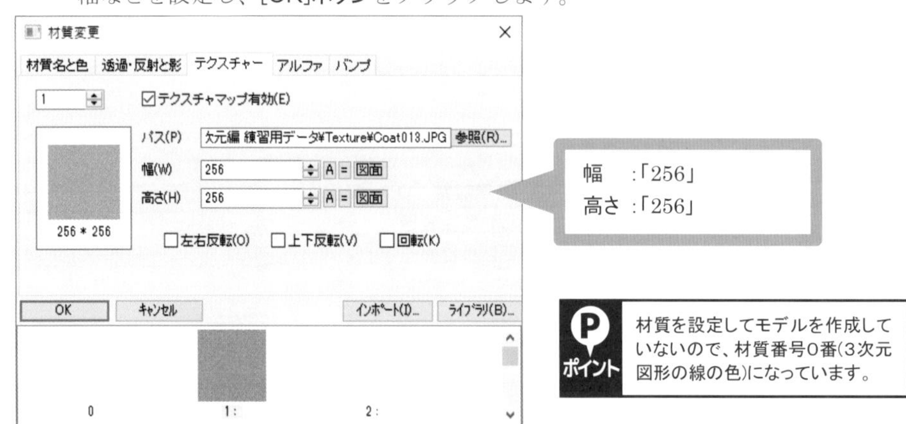

壁面が設定した材質に変更されます。

3 材質を確認する

材質が設定されているかを**【隠面除去表示】コマンド**で確認します。

【材質変更】コマンドを実行中ですが、**【隠面除去表示】コマンド**を割り込んで実行します。

1. **【隠面除去表示】コマンド**を実行します。
[表示]メニューから[**隠面除去表示**]をクリックします。
図形が隠面除去表示され、**【隠面除去表示】コマンド**は解除されます。

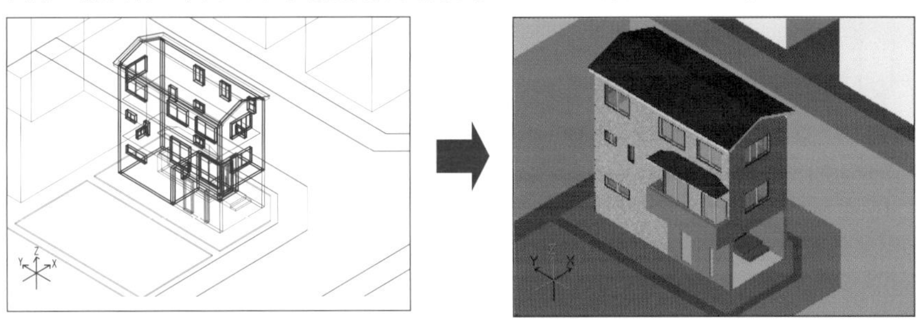

2. もう一度、**【隠面除去表示】コマンド**を実行すると、ワイヤーフレーム表示に戻ります。

これ以降は作業の終わりごとに、**【隠面除去表示】コマンド**を実行し、図形を確認してください。

アドバイス　壁の内側と外側に別の材質を設定する

3次元コマンドで作成した図形の各面に違う材質を設定します。

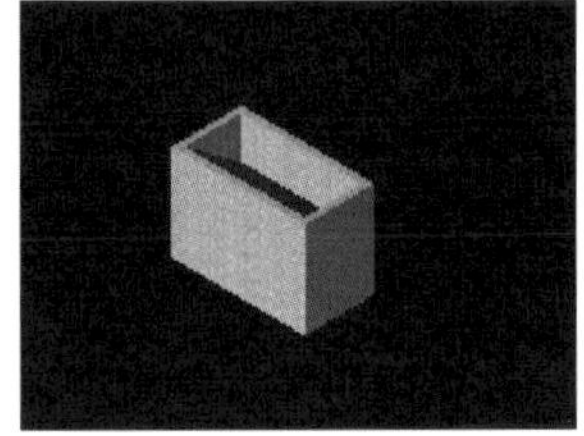

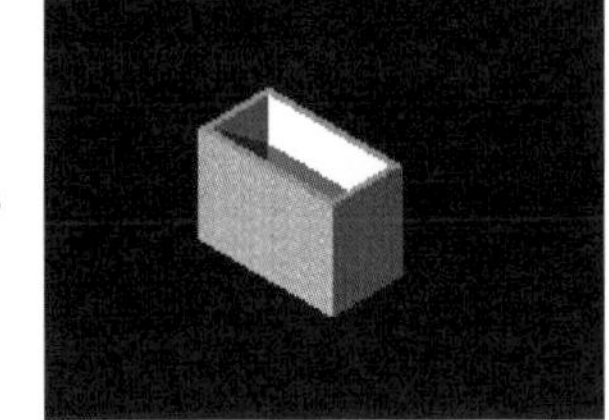

[操作手順]

1. **【面の材質変更】コマンド**を実行します。
[レンダリング]メニューから[**面の材質変更**]をクリックします。

2. 変更する内側の面を選択します。
(1)　変更する内側の面の線をクリックします。
(2)　変更する内側の面のもう一か所の線をクリックします。

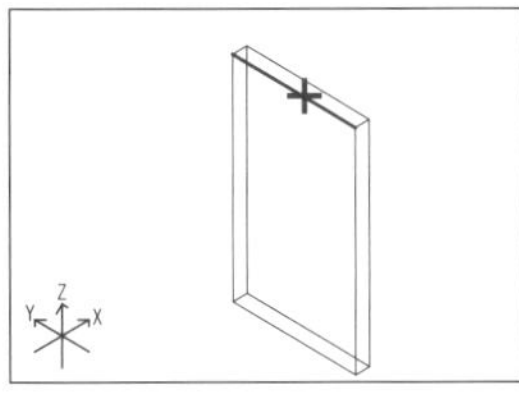
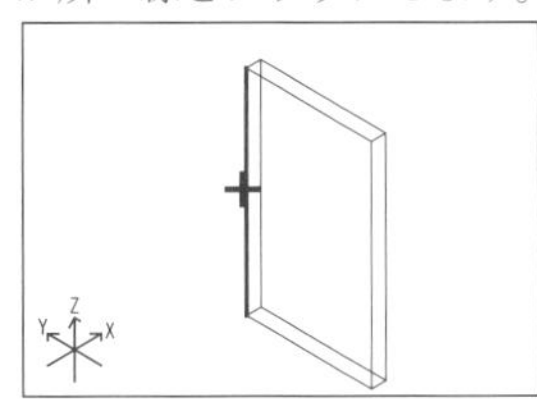

3. ダイアログボックスが表示されます。
材質を設定し、変更します。

拡散光係数 赤 :「255」
　　　　　 緑 :「250」
　　　　　 青 :「240」
環境光:「0.4」

4 すりガラスの材質を変更する

1. すりガラスの材質を変更します。

【カラー選択】で、すりガラス(濃水色の線)をクリックして選択します。

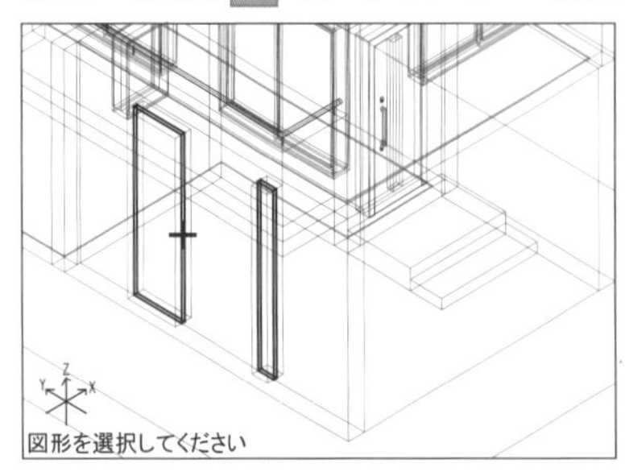

2. ダイアログボックスにすりガラスの材質が表示されます。

(1)〔**材質と色**〕**タブ**で材質番号2番を選択し、[**拡散光係数**]などを設定します。

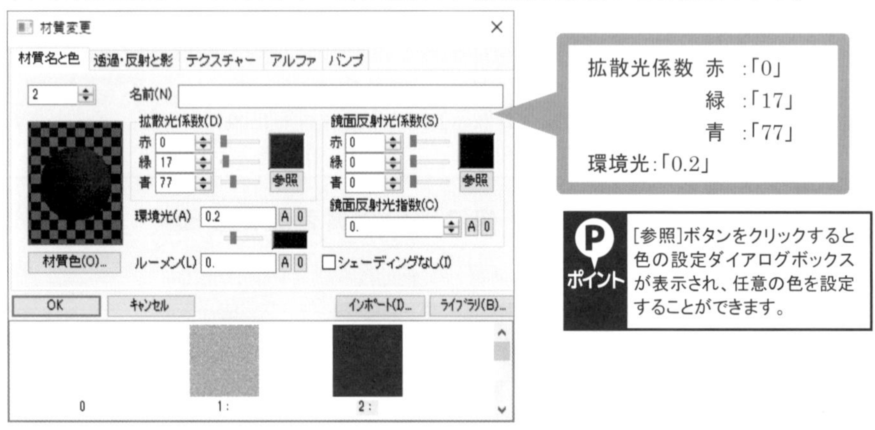

ポイント [参照]ボタンをクリックすると色の設定ダイアログボックスが表示され、任意の色を設定することができます。

(2)〔**透過・反射と影**〕**タブ**で[**反射率**]などを設定し、[**OK**]**ボタン**をクリックします。

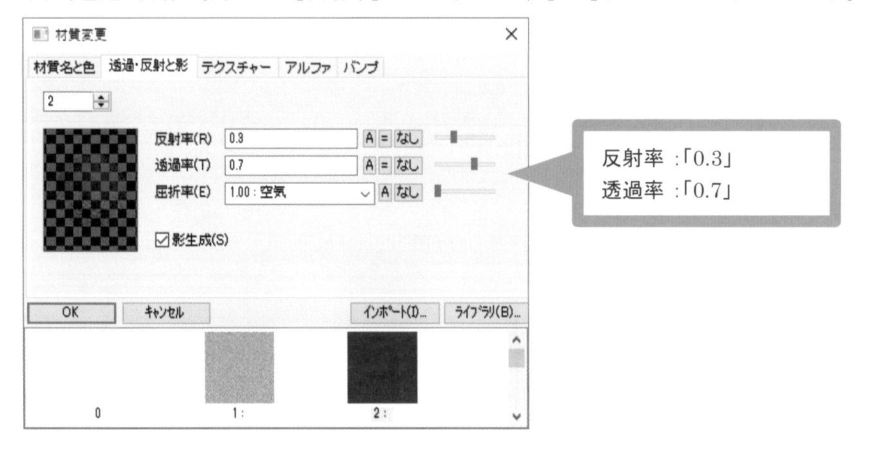

すりガラスが設定した材質に変更されます。

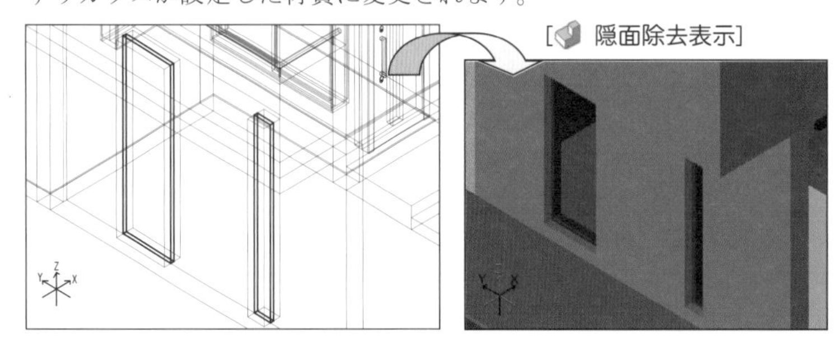

5 ポーチの材質を変更する

1. ポーチの材質を変更します。

【カラー選択】で、ポーチ(濃赤の線)をクリックして選択します。

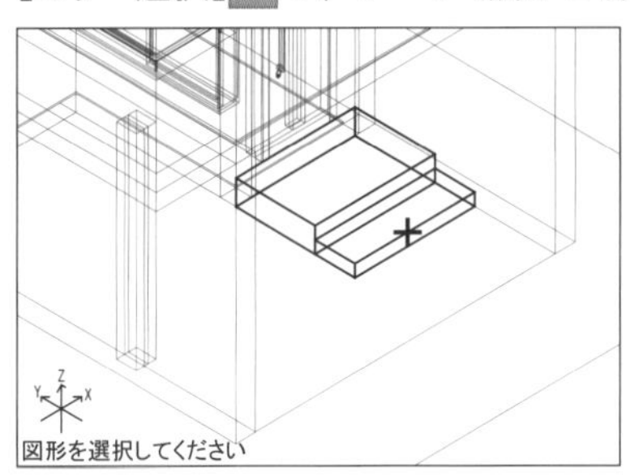

2. ダイアログボックスにポーチの材質が表示されます。

(1) **〔テクスチャー〕タブ**で材質番号３番を選択し、**[ライブラリ]ボタン**をクリックします。

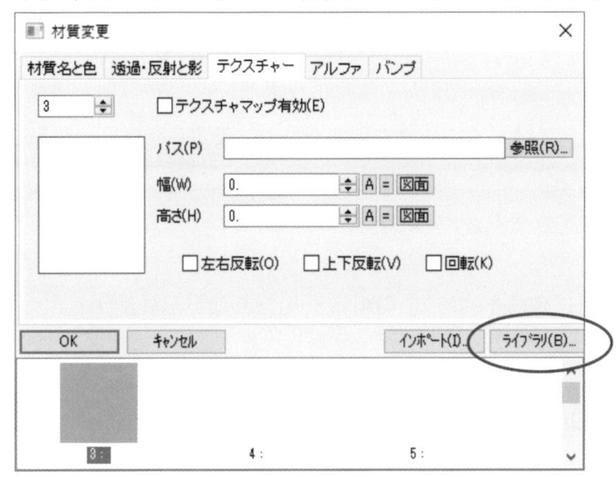

(2) 材質ライブラリダイアログボックスが表示されます。
「レンガ２」を選択し、**[材質設定]ボタン**をクリックします。

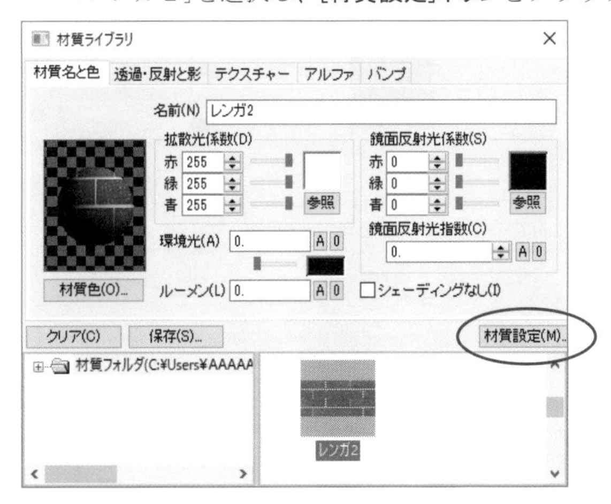

(3) 材質ライブラリダイアログボックスの**[×]ボタン**をクリックし、ダイアログボックスを閉じます。

(4) 幅などを設定し、[OK]ボタンをクリックします。

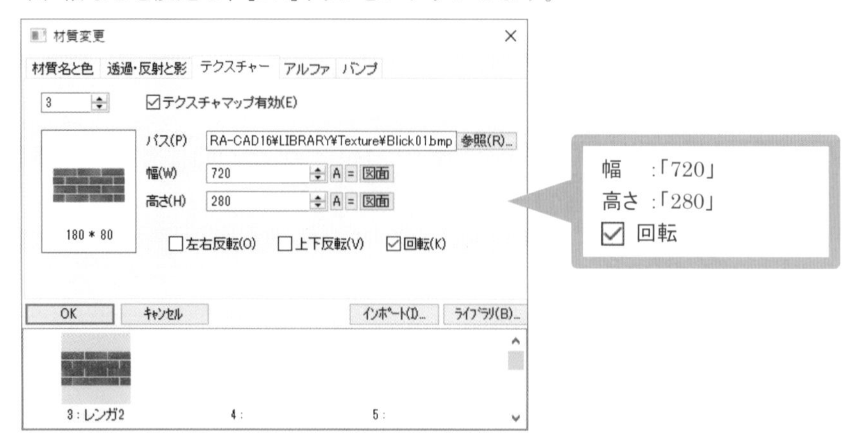

【材質変更】コマンドについて

[ライブラリ]ボタンをクリックすると、材質ライブラリダイアログボックスが表示され、設定した材質の登録や他の図面に利用または他の図面で登録した材質を利用することができます。

☆【材質ライブラリ】コマンドを実行しても、同様のダイアログボックスが表示されます。

[登録手順]

(1) 材質変更ダイアログボックスで設定した材質に名前をつけて Ctrl キーを押しながら材質ライブラリダイアログボックスにドラッグします。

(2) [保存]ボタンをクリックすると、登録されます。

☆保存先はドキュメントフォルダ内の「archi pivot¥DRA-CAD18¥LIBRARY¥Material」フォルダに保存されます。

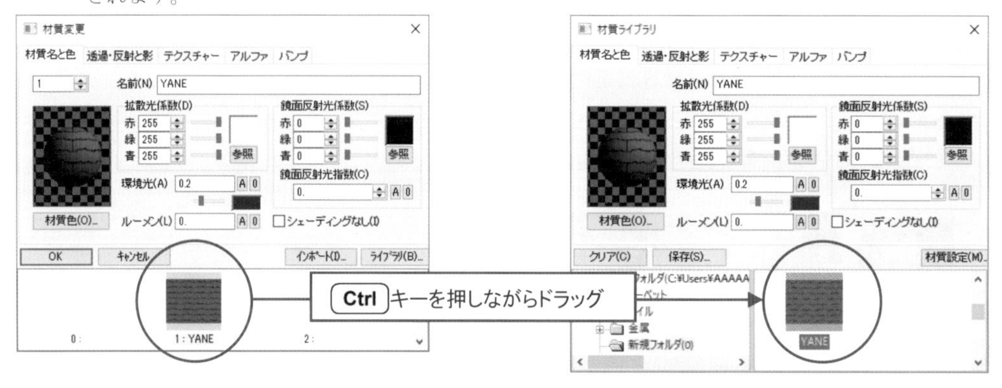

また、[インポート]ボタンをクリックすると、材質のインポートダイアログボックスが表示され、他図面の材質の設定を読込むことができます。

[操作手順]

(1) [参照]ボタンをクリックしてインポートするファイルを選択します。

(2) インポートしたい材質を選択し、[>>]ボタンをクリックすると材質がインポートされます。

(3) [OK]ボタンをクリックすると、インポートした材質が材質変更ダイアログボックスに設定されます。

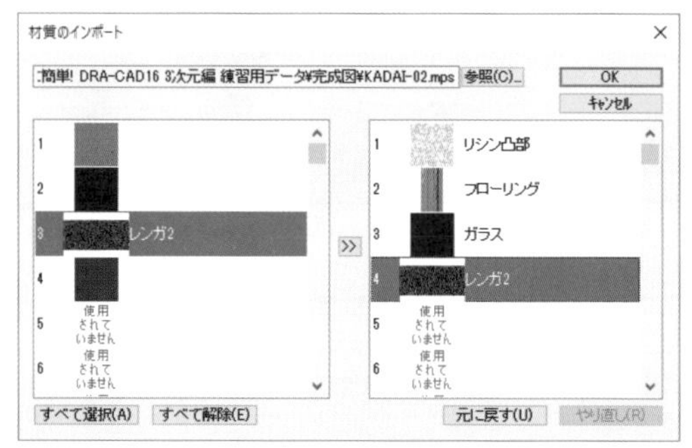

ポーチが設定した材質に変更されます。

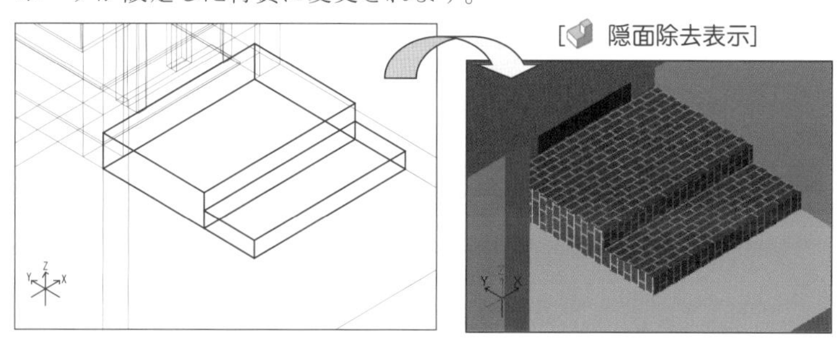

6 手すりの材質を変更する

1. 手すりの材質を変更します。
【カラー選択】で、手すり（紫の線）をクリックして選択します。

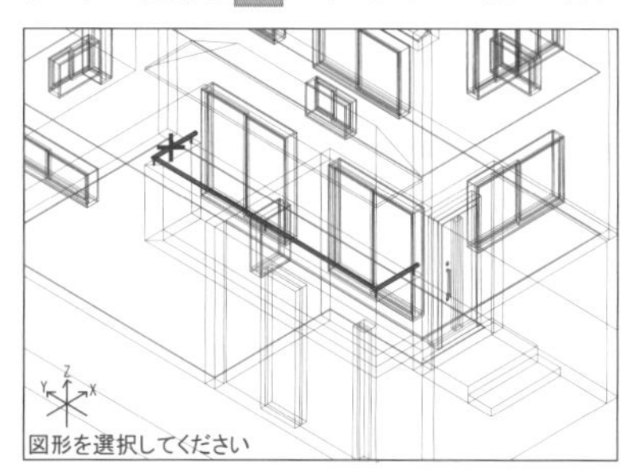

2. ダイアログボックスに手すりの材質が表示されます。
〔材質と色〕タブで材質番号4番を選択し、[拡散光係数]などを設定して[OK]ボタンをクリックします。

拡散光係数赤・緑・青　:「60」
鏡面反射光係数 赤・緑・青:「200」
鏡面反射光指数:「4」
環境光　:「0.3」

画像の向きについて

ポリゴンは1点目が原点となり、テクスチャーは左下部分が原点となります。したがって、ポリゴンの方向が同じでも始点位置によって同じ画像を貼りつけても結果は以下の画像のように変わります。
画像の縦・横の方向を変える場合は、「回転」「左右反転」「上下反転」で設定できます。また、ポリゴンの始点を変える場合は【ポリライン編集】コマンドの[ポリライン始点変更]で変更してください。

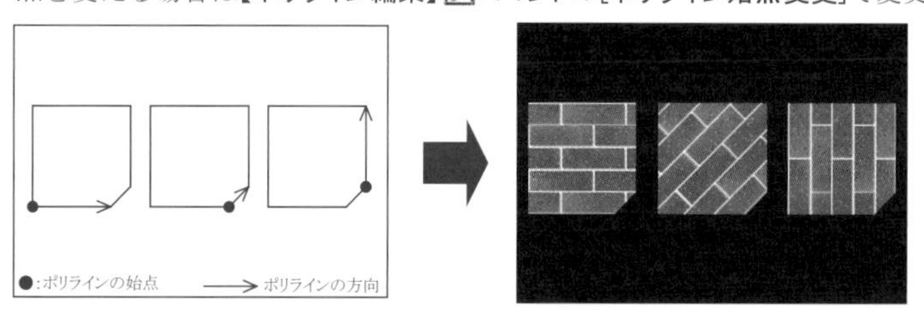

手すりが設定した材質に変更されます。

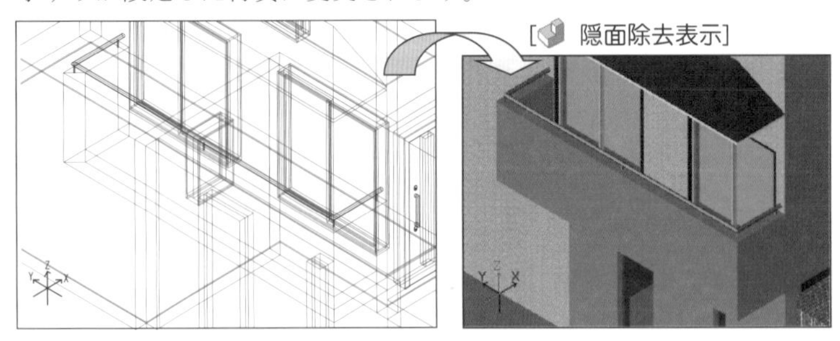

3. **【材質変更】コマンド**を解除します。

アドバイス　樹木を配置する

樹木を配置する場合、モデリングで作成するとデータ数が増えてしまいます。そこで**〔アルファ〕タブ**を利用した樹木の配置します。

[操作例]

(1) **【壁】コマンド**で厚さ０㎜の壁を作成します。

(2) **【材質変更】コマンド**の**〔テクスチャ〕タブ**で樹木の画像データを設定し、**〔アルファ〕タブ**で白黒の同じ樹木の画像データを設定します。

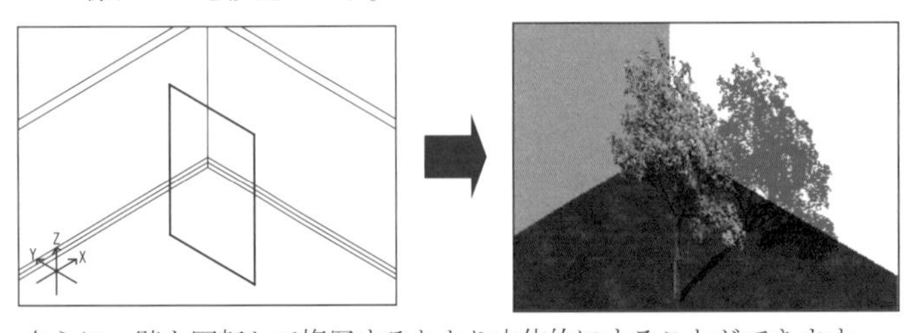

さらに、壁を回転して複写するとより立体的にすることができます。

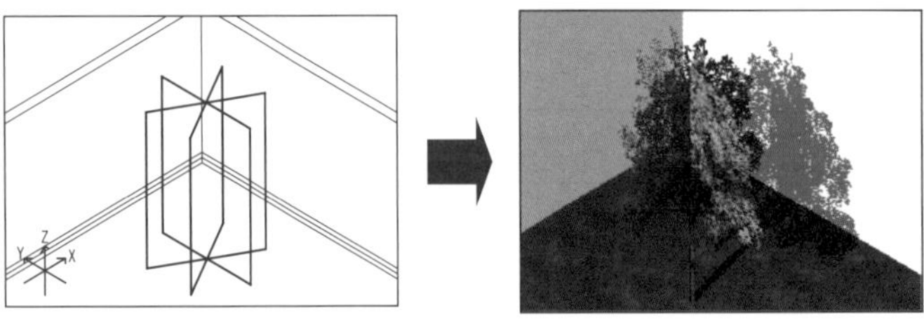

7 バルコニーの材質を変更する

1. 【属性変更】コマンドを実行します。
[ホーム]メニューから[属性参照]の▼ボタンをクリックし、[属性変更]をクリックします。

2. ダイアログボックスが表示されます。
以下のように設定し、[OK]ボタンをクリックします。

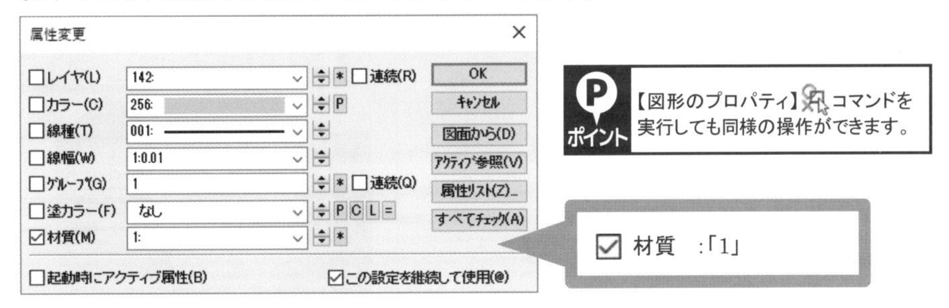

3. バルコニーの材質を[1]に変更します。
【カラー選択】 で、バルコニーをクリックして選択すると、材質が[1]に変わります。

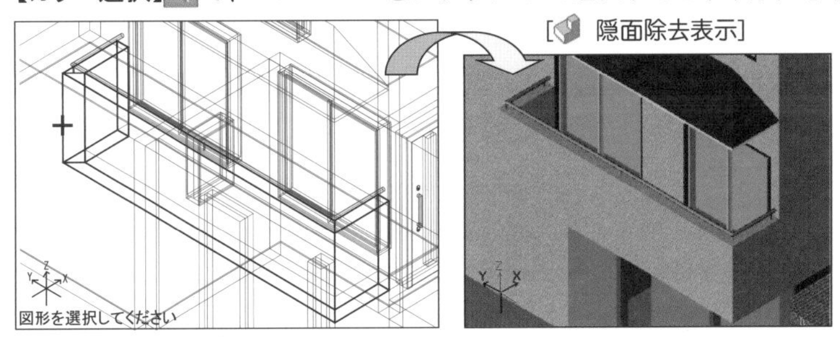

4. 【属性変更】コマンドを解除します。

アドバイス 部品として街灯や車を配置する

街灯や車などを配置すると、外観パースをより高めることができます。
街灯、車のデータは、「こんなに簡単！ DRA-CAD18 3次元編 練習用データ」-「添景」フォルダに街灯や車が部品として登録されています。

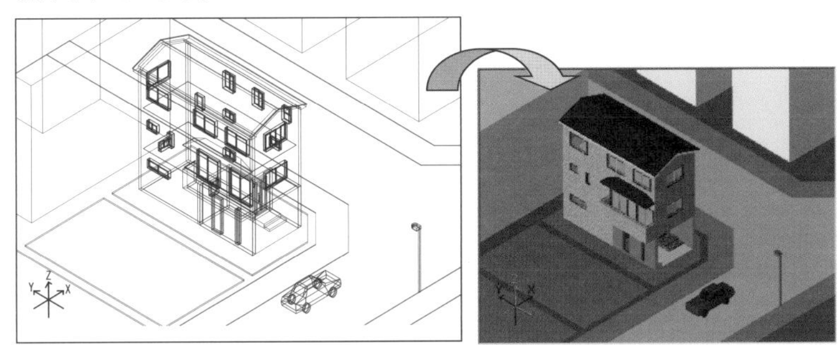

[隠面除去表示]

2-3 外観パースを設定する

通常の[**平面図**][**正投影図**][**アクソメ図**]でも、レンダリングできますが、[**パース**]でのレンダリングを行います。
投影法による見え方により、ライトの設定や材質の表示が変わってきます。
【カメラ】コマンドで外観パースを設定します。

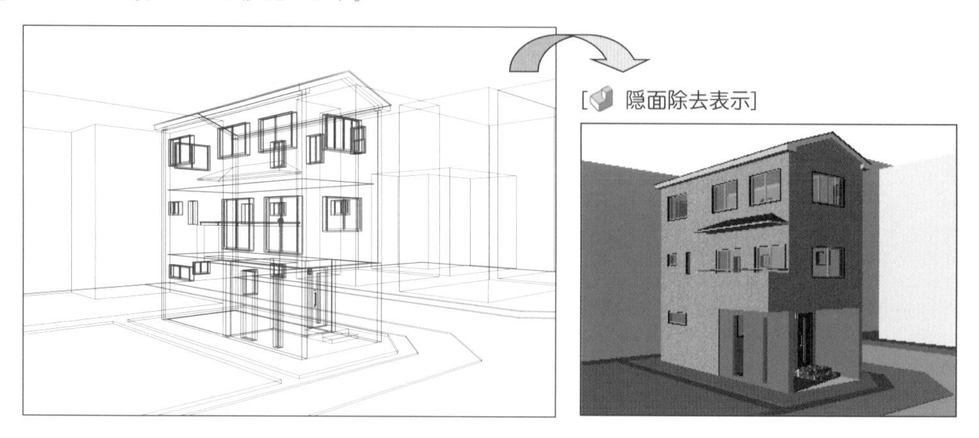

1 属性を設定する

1.【属性リスト設定】コマンド（F12キー）を実行します。

22番「**カメラ**」を選択します。

22:「カメラ」 レイヤ :「200」

カメラはレイヤのみ設定した番号になります。

属性が設定され、**【属性リスト設定】コマンド**は解除されます。
〔**属性**〕**パネル**またはステータスバーにレイヤ番号(200)が表示されます。

キー割付・属性リストはPart3と同じキー・属性リストを使用します。Part3から引き続き操作をしていない場合は、「Part3 住宅モデルの作成 **0-2 属性を設定する**」(P108)、「Part3 住宅モデルの作成 **0-3 コマンドをキーに割り付ける**」(P109)を参照してください。

2 外観パースを設定する

カメラを配置しやすいように上空図を表示して、外観パースを設定します。

1.【上空図】を表示します。

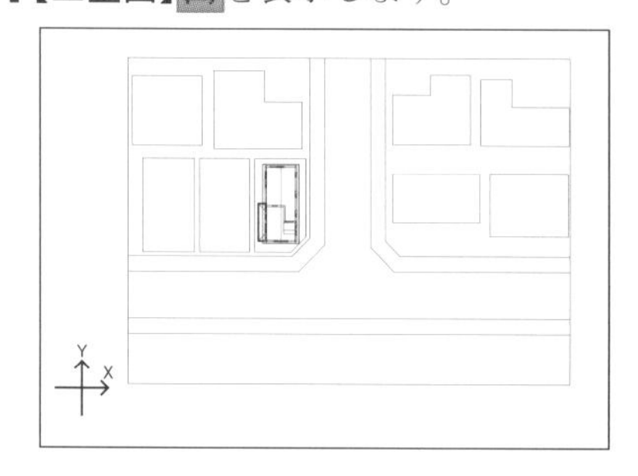

2. **【カメラ】コマンド**を実行します。

[レンダリング]メニューから[**カメラ]**をクリックします。

3. ダイアログボックスが表示されます。

(1) 追加の**[指定]ボタン**をクリックします。

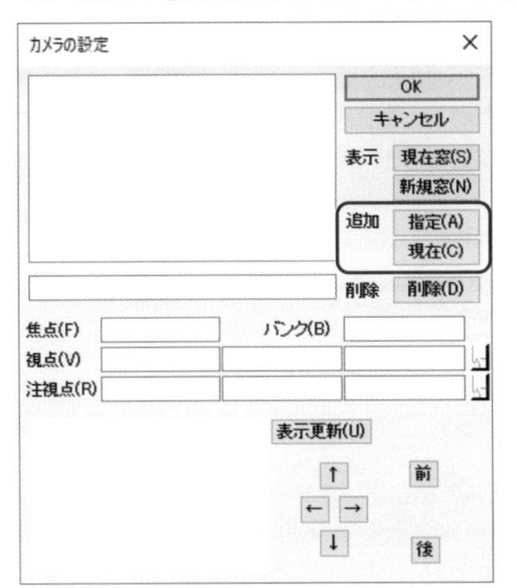

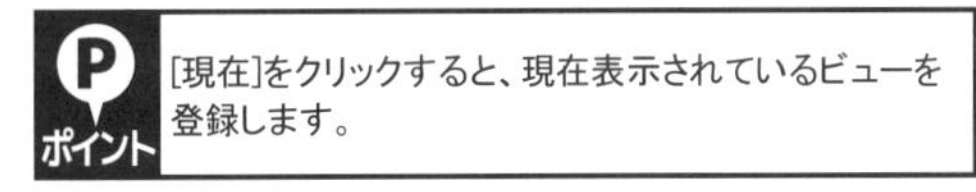

(2) **【任意点】** **スナップ**で、敷地左下の任意な位置をクリックします。

(3) 設定した視点からラバーバンドが表示されます。

同じスナップのまま、住宅モデルの中の任意な位置をクリックします。

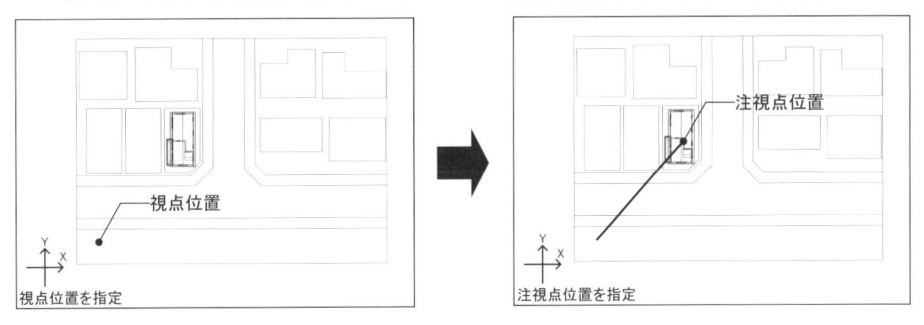

(4) ダイアログボックスに視点・注視点の座標値が表示されます。

視点の高さなどを設定し、表示の**[現在窓]ボタン**をクリックします。

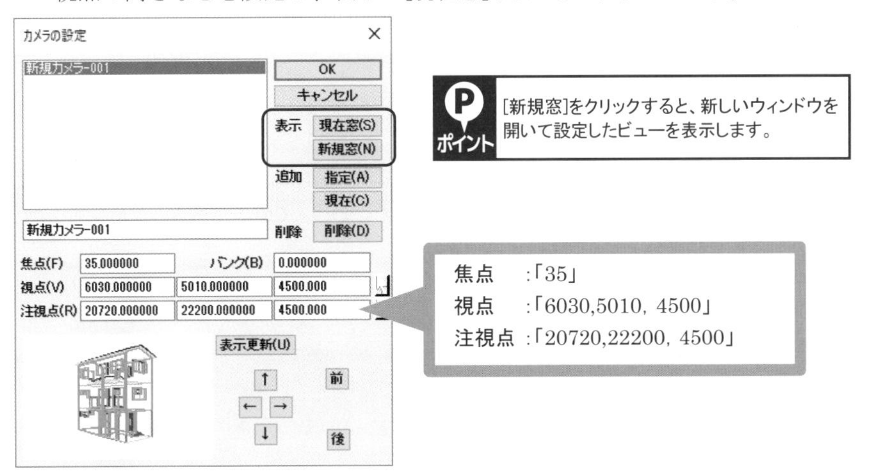

設定したビューが表示され、**【カメラ】コマンド**は解除されます。

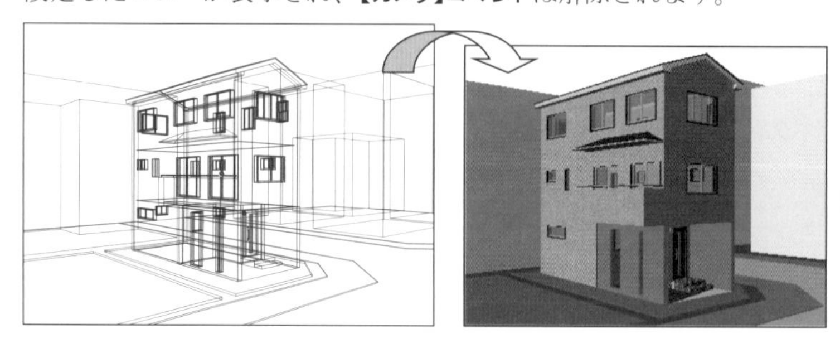

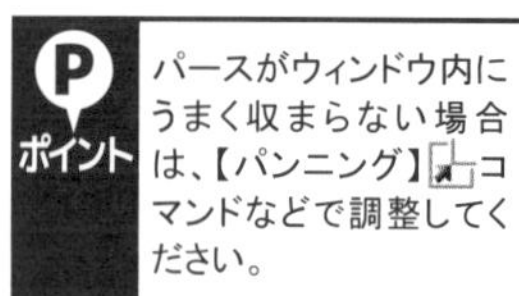

[隠面除去表示]

【カメラ】コマンドについて

視点・注視点の座標入力や焦点距離の変更ができ、設定した複数のビューを記憶しておくことができますので、一度ビューを変更した後でも同じビューを簡単に再現できます。
そして気に入ったビューを複数登録しておけば、**【連続レンダリング】****コマンド**で、連続的にレンダリングすることもできます。
視点・注視点の設定により、一点透視・二点透視・三点透視、ふ瞰図・鳥瞰図などができます。

[焦点]　見る範囲(カメラの焦点距離と同じ)を表示、または設定します。初期値は「35」です。小さい値を入力すると広角、大きい値を入力すると望遠になります。

35mm

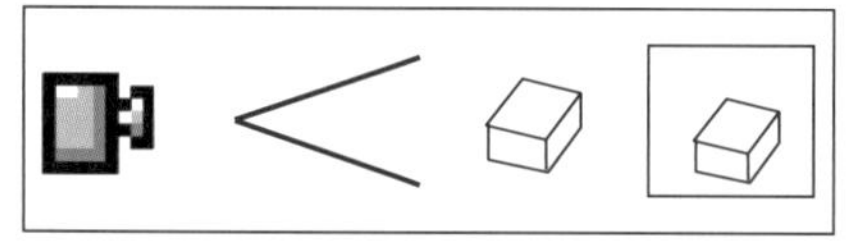

100mm

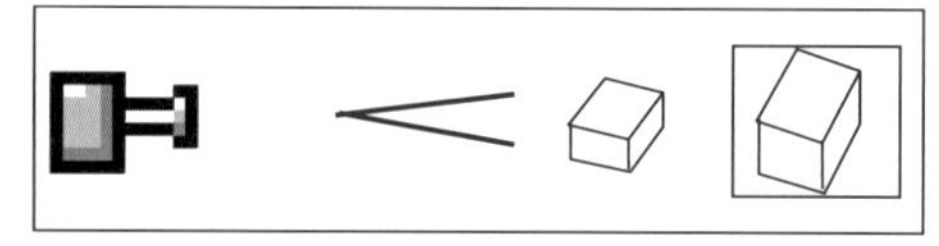

[バンク]　カメラの視線方向の傾き角度を設定します。正の値を入力すると、カメラを左に傾けた感じになります。負の値は右に傾けた感じになります。
[視点]　見ている位置、つまり自分がいると仮定した場所のXYZ座標を表示、または設定します。一般的には 1500 ㎜前後を設定します。
[注視点]　見ている方向、これは視点からの位置で示しますが、そのXYZ座標を表示、または設定します。

[視点]

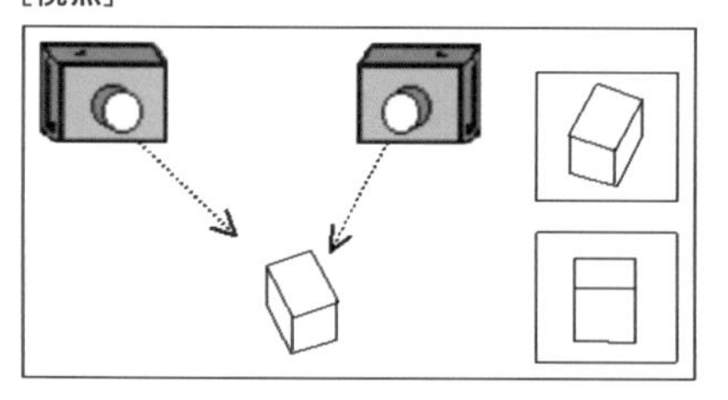

[注視点]

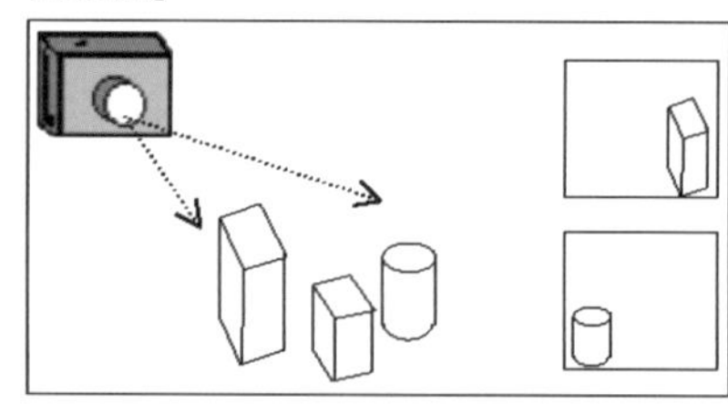

また、パースがうまく表示されない場合は上下左右に視点を回転して表示します(**Ctrl** キーを押しながらクリックすると、注視点が回転します)。
視点位置を見ている方向に向かって、**[前進]**または**[後退]**させます。
高さなどを変更し、**[表示更新]ボタン**をクリックすると、変更したビューをカメラリストの設定に更新し、プレビュー画面で表示状態を確認することができます。

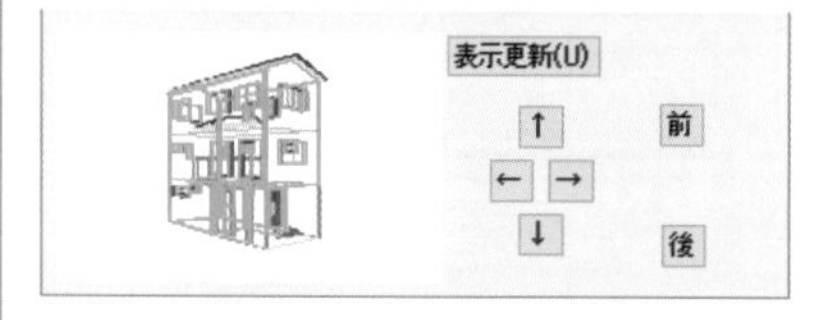

アドバイス　その他のモデル表示コマンド

【アニメーション】コマンドを実行すると、OpenGLによるアニメーションを作成・表示することができます。

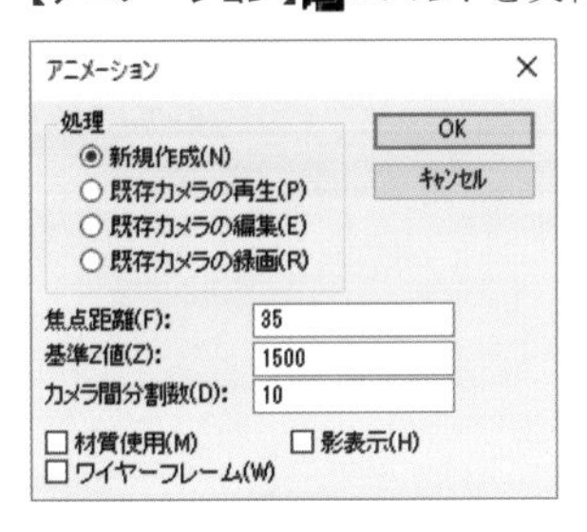

基準Z値：[新規作成]で指定するカメラの視点と注視点の高さを設定します。

カメラ間分割数：
アニメーション実行時に、指定したカメラとカメラの間を何コマで表示するかを指定します。

[アニメーションの作成]

(1) **[新規作成]**を指定します。
焦点距離・基準Z値などを設定し、**[OK]ボタン**をクリックします。

(2) 平面図で表示されます。視点、注視点を指示します。

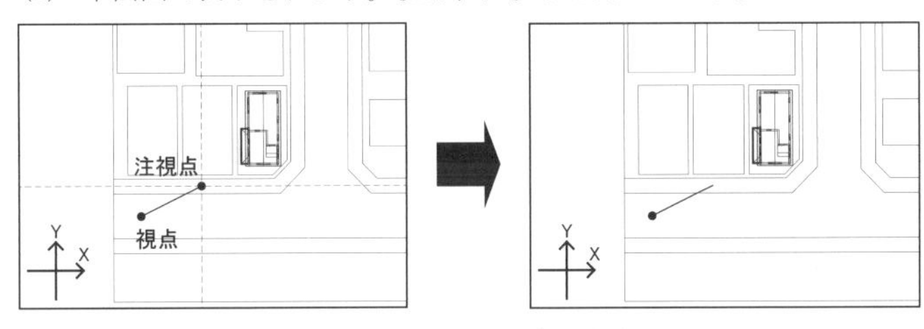

(3) (2)の操作を繰り返し、カメラを設定します。

(4) 右クリックすると、**「アニメーションを再生しますか？」**とメッセージが表示され、確認のマウスが表示されます。
左クリック(YES)し、アニメーションを再生します。

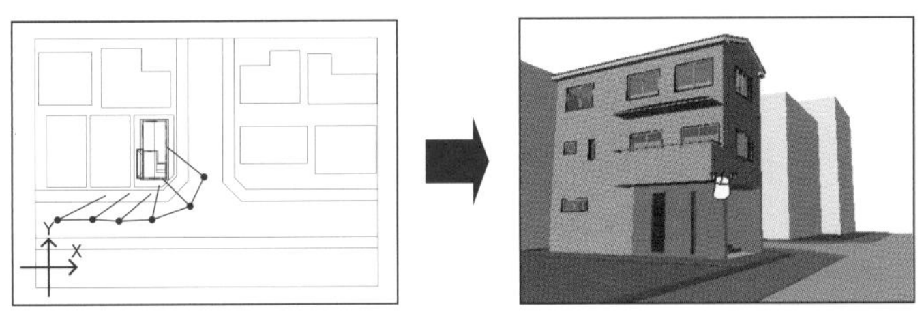

(5) クリックまたは右クリックするとアニメーションを中止し、パース表示になります。

[アニメーションの再生]

[既存カメラの再生]を指定し、カメラを選択すると、アニメーションが再生されます。

[アニメーションの録画]

(1) **[既存カメラの録画]**を指定し、作成されたカメラを選択すると、アニメーションの録画ダイアログボックスが表示されます。
カメラ分割数などを設定し、**[OK]ボタン**をクリックします。

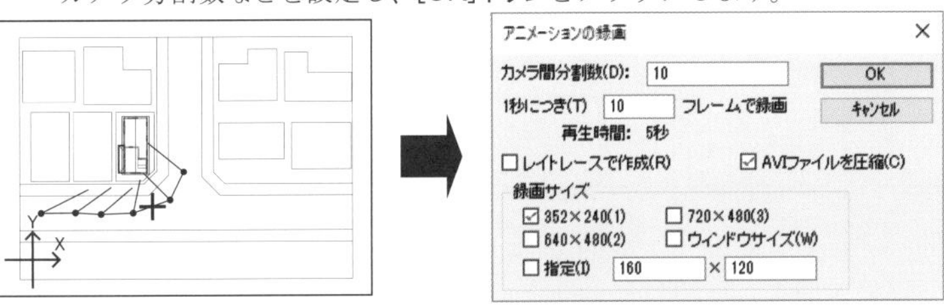

(3) 名前をつけて保存ダイアログボックスが表示されます。
ファイル名を設定すると、AVIファイルで保存することができます。

(4) アニメーションが再生され、録画されます。

☆途中でキャンセルすると、キャンセル時点で録画終了となります。

【ウォークスルー】 **コマンド**を実行すると、マウスを上下/左右にドラッグすることにより、OpenGLで建物の内部を移動したり、建物の周りを回転することができます。

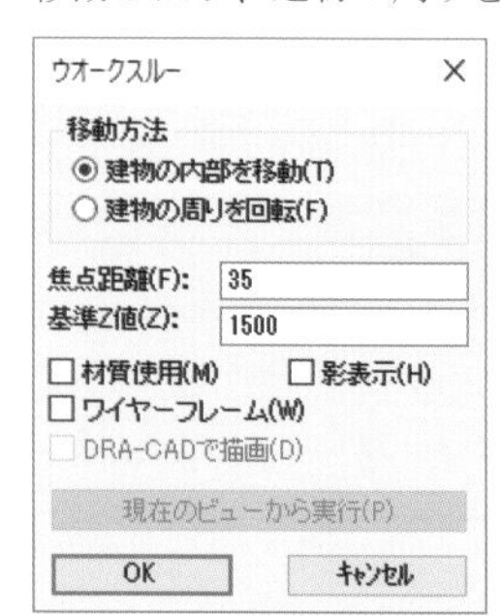

例:[建物の内部を移動]

☆右クリックするとウォークスルーを中止し、パース表示になります。

	[建物の内部を移動]	[建物の周りを回転]
上下方向	視点の高さ一定で前進・後退	注視点を中心に視点が上下に回転
左右方向	視点を中心に注視点が左右に回転	注視点を中心に視点が左右に回転
＋上下方向	注視点方向に前進・後退	注視点方向に前進・後退
＋左右方向	視点を中心に注視点が左右回転	視点を中心に注視点が左右に回転
＋上下(左右)方向	視点・注視点ともに上下(左右)に平行移動	
＋　＋上下(左右)方向	視点を中心に注視点が上下(左右)に回転	
ホイール回転	視点を中心に注視点が上下に回転	視点を中心に注視点が上下に回転

【フライスルー】 **コマンド**を実行すると、視点と注視点がカメラ座標で左右、前後に平行移動したり、視点がカメラ座標で上下に移動します。

2-4 ライトを設定する

太陽とする「平行光源」と玄関灯に「点光源」を**【ライトの設定】コマンド**で配置し、「平行光源」の高さを**【図形のプロパティ】コマンド**で設定します。

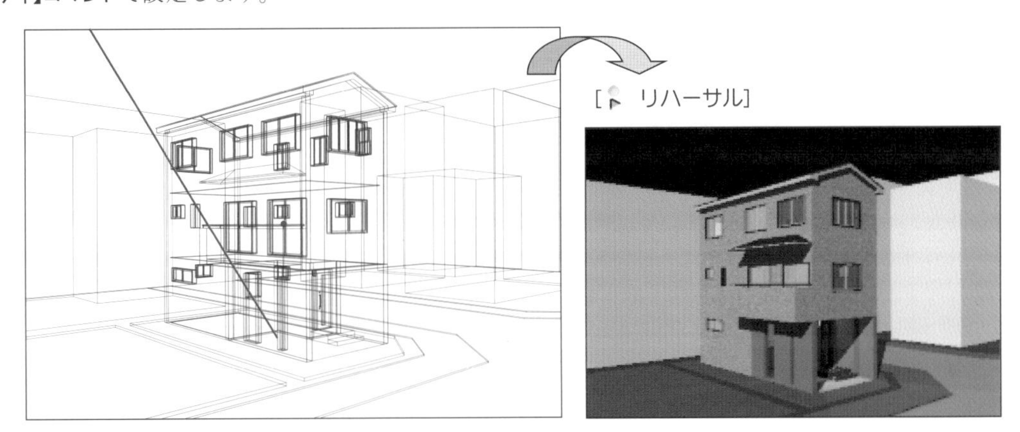

1 属性を設定する

1. **【属性リスト設定】コマンド**（F12キー）を実行します。

23番**「ライト」**を選択します。

23:「ライト」	レイヤ	:「201」
	カラー	:「001:青」

属性が設定され、**【属性リスト設定】コマンド**は解除されます。

〔属性〕パネルまたはステータスバーにレイヤ番号(201)とカラー(001：青)が表示されます。

2 平行光源を設定する

ライトを配置しやすいように上空図を表示して、平行光源を設定します。

1. **【上空図】**を表示します。

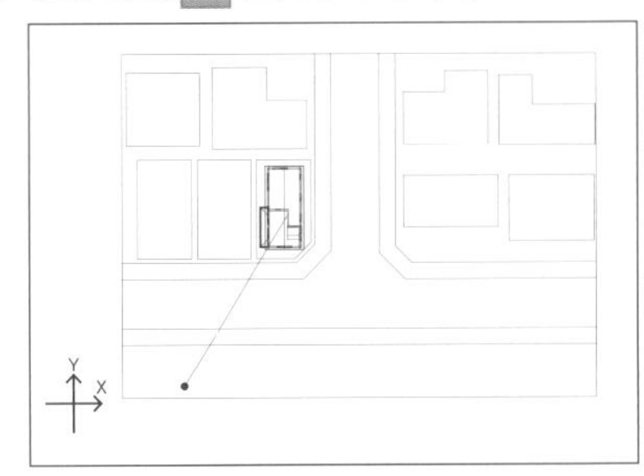

2. **【ライト作成】コマンド**を実行します。

[レンダリング]メニューから**[ライト作成]**をクリックします。

3. ダイアログボックスが表示されます。
〔**種類と色**〕**タブ**でライト番号１番を選択し、ライトの種類などを設定して[**OK**]**ボタン**をクリックします。

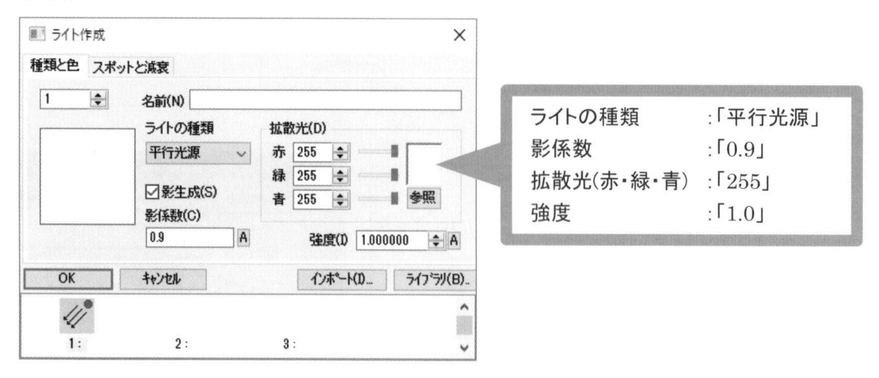

4. ライトを配置します。
(1) **【任意点】**スナップで、敷地左下の任意な位置をクリックします。
(2) 設定した視点からラバーバンドが表示されます。
同じスナップのまま、住宅モデルの任意な位置をクリックします。

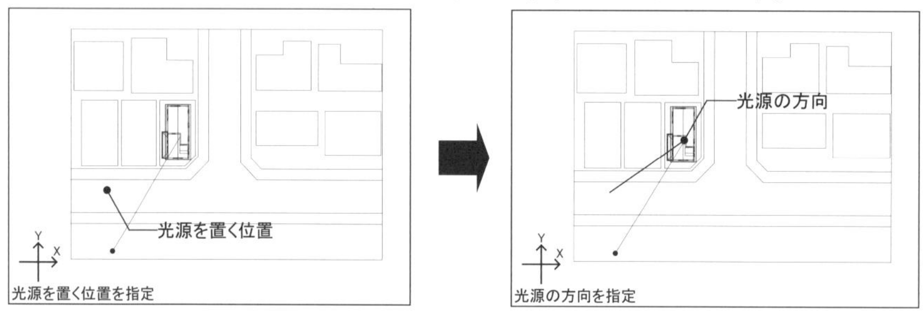

ライトが設定されます。

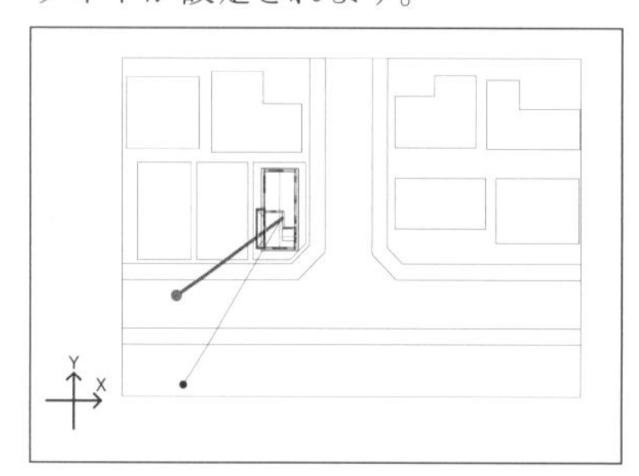

5. **【前画面】コマンド**を実行します。
[**表示**]**メニュー**から[**パンニング**]の▼**ボタン**をクリックし、[**前画面**]をクリックします。
外観パースで表示され、**【前画面】コマンド**は解除されます。

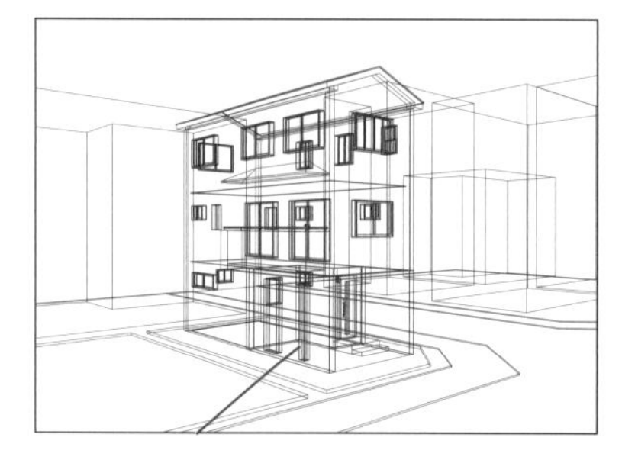

3 点光源を設定する

1. ライトの種類を変更します。

(1) 右クリックして、ダイアログボックスを表示します。
〔種類と色〕タブでライト番号２番を選択し、ライトの種類などを変更します。

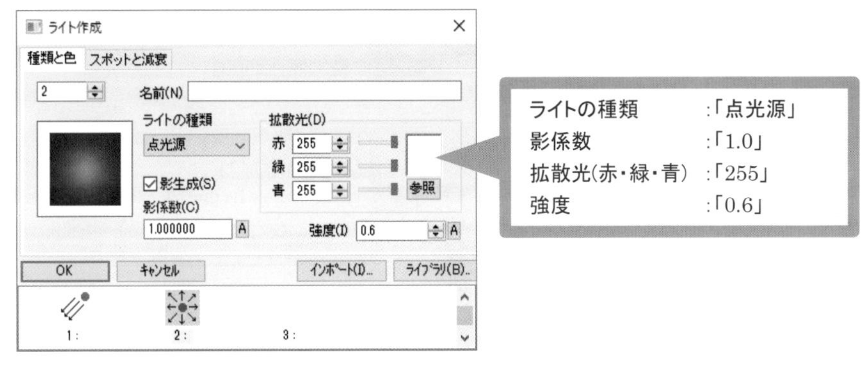

(2) **〔スポットと減衰〕タブ**で**[減衰]**の**[参照]ボタン**をクリックします。

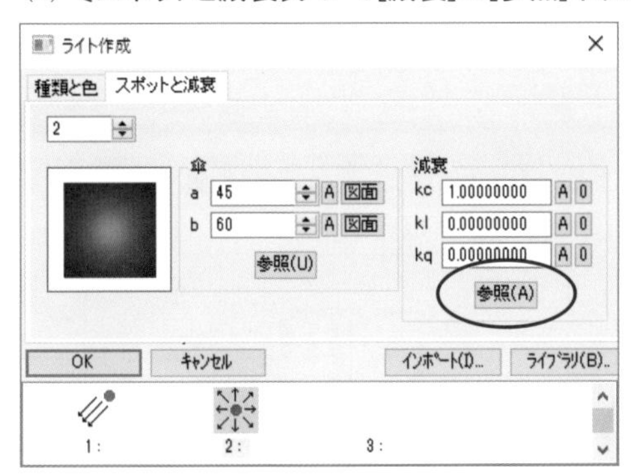

【ライト作成】コマンドについて

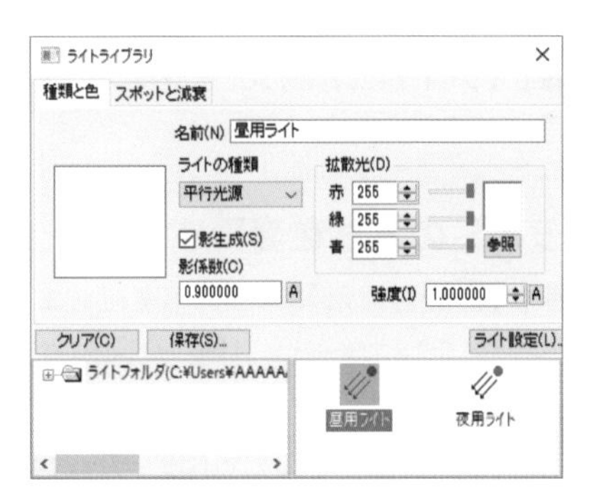

[ライブラリ]ボタンをクリックすると、ライトライブラリダイアログボックスが表示されます。設定したライトの登録や他の図面に利用または他の図面で登録したライトを利用することができます(登録手順は「**2-2　材質を変更する　【材質変更】コマンドについて**」(P214)を参照)。

☆保存先はドキュメントフォルダ内の「archipivot¥DRA-CAD18¥LIBRARY¥Light」フォルダに保存されます。

☆**【ライトライブラリ】**コマンドを実行しても、同様のダイアログボックスが表示されます。

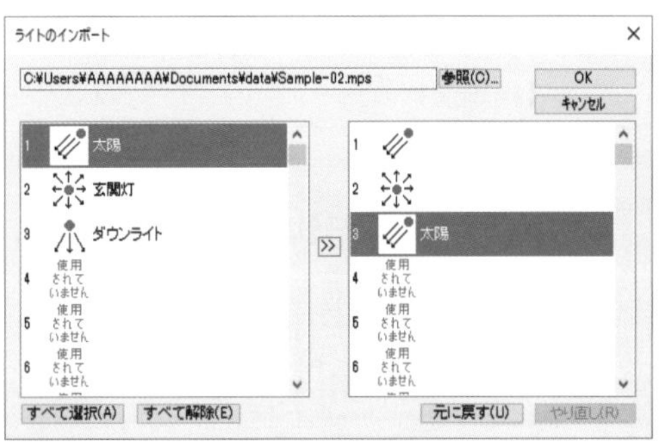

[インポート]ボタンをクリックすると、ライトのインポートダイアログボックスが表示されます。他図面のライトの設定を読込むことができます(操作手順は「**2-2　材質を変更する　【材質変更】コマンドについて**」(P214)を参照)。

(3) 減衰設定ダイアログボックスが表示されます。
グラフを右クリックして、最大値設定ダイアログボックスを表示します。
[距離の最大値]を設定し、**[OK]ボタン**をクリックします。

(4) 減衰を設定し、**[OK]ボタン**をクリックします。

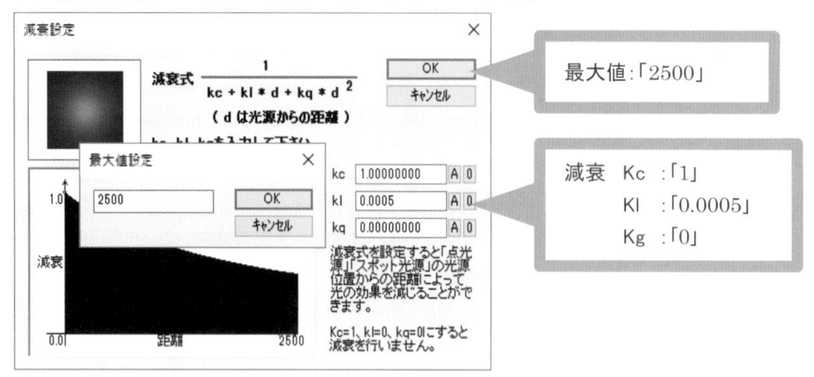

(5) ライト作成ダイアログボックスに戻ります。
ダイアログボックスの設定がすべて終わりましたら、**[OK]ボタン**をクリックします。

2. ライトを配置します。
【中点】スナップで、玄関の照明のライトの位置(赤の線)をクリックすると、ライトが設定されます。

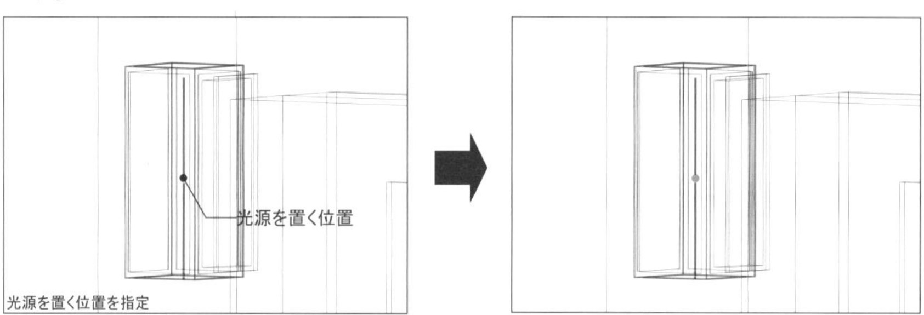

3. **【ライト作成】コマンド**を解除します。

4 ライトの高さを変更する

1. **【全図形表示】コマンド**を実行します。
[表示]メニューから**[全図形表示]**をクリックします。

2. **【図形のプロパティ】コマンド**を実行します。
[ホーム]メニューから**[プロパティ]**をクリックします。

3. ライトを指定します。
【標準選択】で、「平行光源」のライトをクリックして選択します。

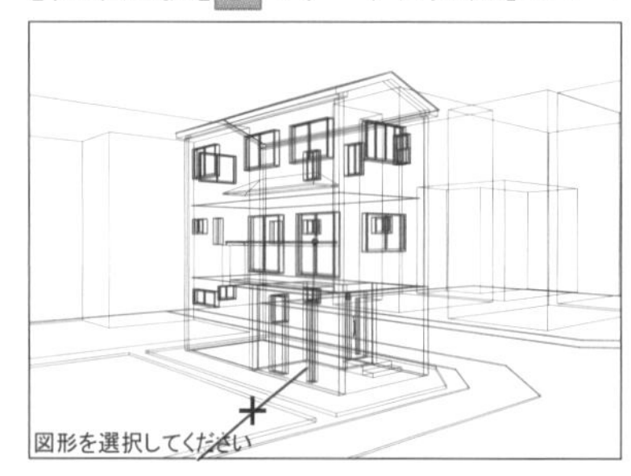

3. ダイアログボックスの〔**ライト**〕**タブ**にライトの座標値が表示されます。
位置の高さを設定し、[OK]**ボタン**をクリックします。

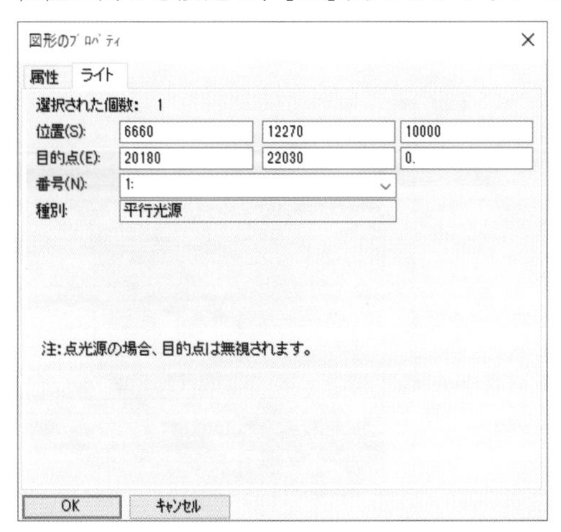

位置　:「6660,12270,10000」
目的点 :「20180,22030,0」

光源の高さが変更されます。

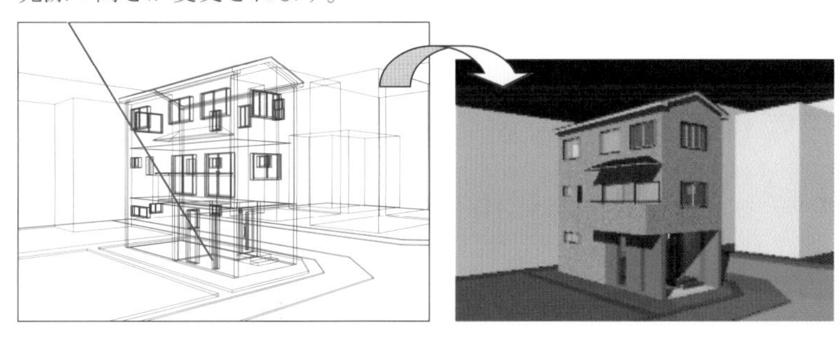

[リハーサル]

4.【**図形のプロパティ**】**コマンド**を解除します。

アドバイス　夜景を設定する

街灯に「スポット光源」を設定し、夜景を作成します。

[操作手順]

(1) 【**削除**】**コマンド**で平行光源を削除します。

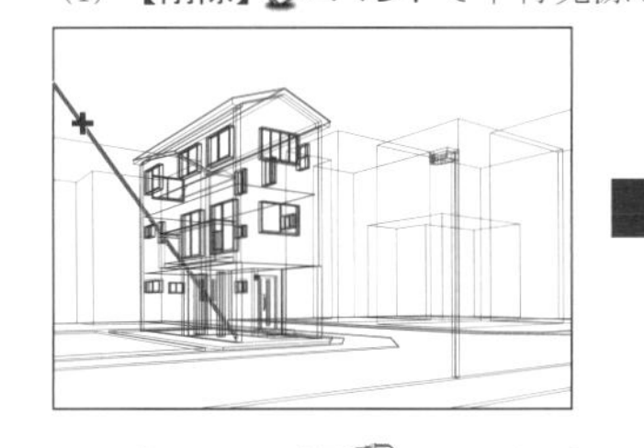

[点光源]のみ

(2) 【**ライト作成**】**コマンド**で「スポット光源」を設定し、街灯に配置します。

[点光源] + [スポット光源]

2-5 背景を設定する

昼景にするために**【背景】コマンド**で、空の画像データを設定します。

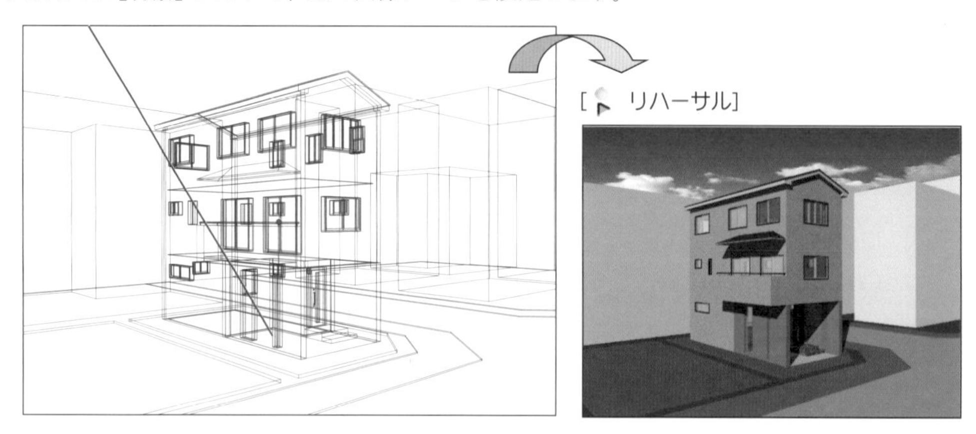

1. **【背景】コマンド**を実行します。
[レンダリング]メニューから**[背景]**をクリックします。

2. ダイアログボックスが表示されます。
(1) **〔背景色〕タブ**で、**「画像」**を指定して、**[参照]ボタン**をクリックします。

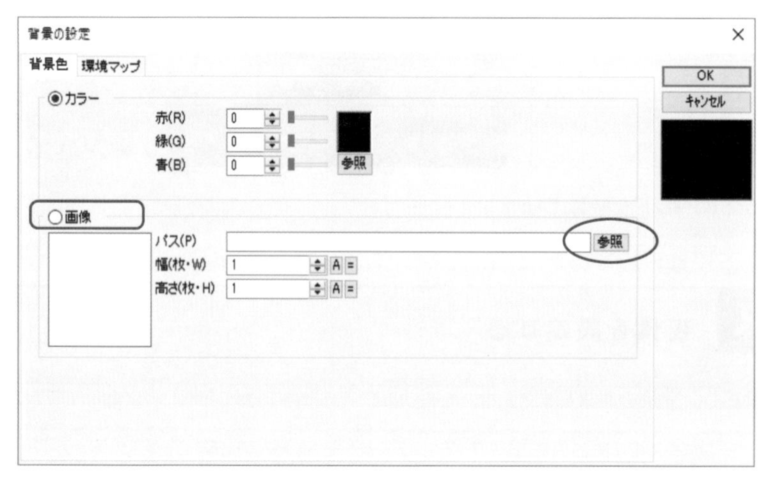

(2) ファイルを開くダイアログボックスが表示されます。
以下のように設定し、**[開く]ボタン**をクリックします。

ファイルの場所 :「こんなに簡単! DRA-CAD18 3次元編 練習用データ」-「Texture」
ファイル名 :「SkyF02M.jpg」
ファイルの種類 :「画像ファイル」

(3) 幅などを設定し、**[OK]ボタン**をクリックします。

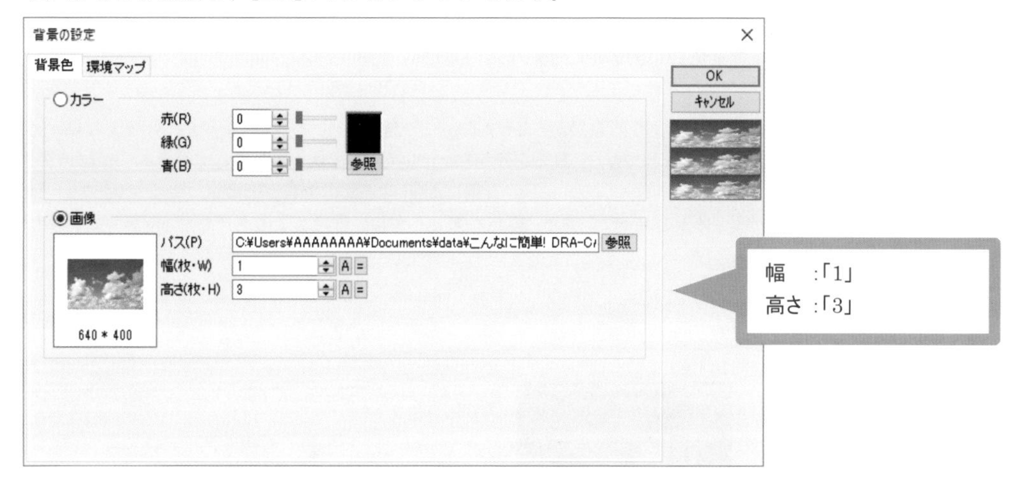

背景が設定され、**【背景】コマンド**は解除されます。

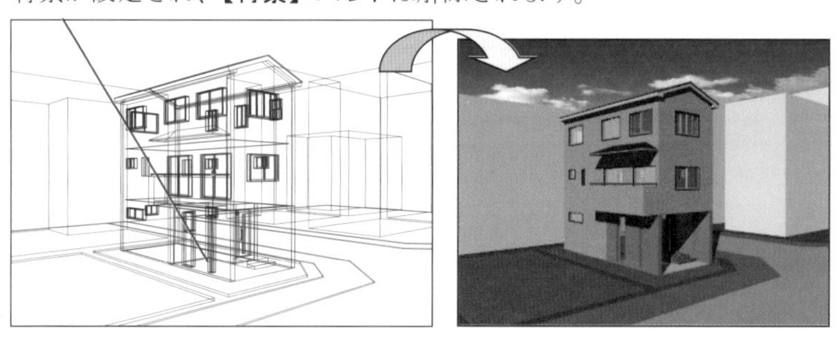

[リハーサル]

アドバイス

外観パースを作る場合に**【背景】コマンド**のほかに**【フォグ設定】**コマンドでフォグを設定することができます。

実世界では遠くの街並みや山並みは、遠くなるほど霞んで見えます。フォグを設定することで、この感じを外観パースに付加することができます。その結果として、レンダリング結果をよりリアルな表現に近づけることができます。

フォグの色合いは通常グレーや紫などを用いることが多いようです。色合いによって季節感を表現したり、一日の中でも夕景・朝景など、時間帯の表現をしたりするのにも役立ちます(フォグだけでなく太陽光の差す角度や、強さも関連します)。
フォグは色合いと距離によるブレンド係数で表現します。
距離のスタート地点は視点で、視点から離れるほどフォグの色合いが濃くなります。

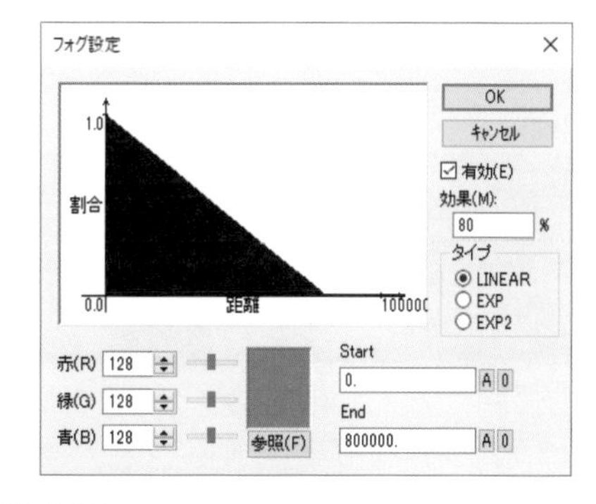

[有効]

[有効] 効果 80%

効果 100%

【背景】コマンドについて

外観パースを作る場合に、〔背景色〕、〔環境マップ〕タブのどちらかで設定します。

〔背景色〕タブ

モデルの後ろに設定したカラーか画像の衝立があるようなイメージで設定します。視点を変えても画像の見え方は変わりませんし、モデルに反射率が設定してあっても、反射率を設定したポリゴンに背景が映り込んで見えることはありません。

外観モデルを見上げる場合は、空の画像を「画像」として背景にセットするだけでも、それなりのレンダリングができます。

画像は平面上に貼られるので、ゆがみません。また、視点を変更しても背景は変わりませんが、反射率のある材質でも映り込みがありません。

[カラー]　背景をRGB(赤・緑・青)で設定し、塗りつぶします。
[画像]　背景に画像を貼り付けて、設定します。

[カラー]

[画像]

〔環境マップ〕タブ

モデルの周りに鳥かごをかぶせるようなイメージで設定します。同じモデルでもビューによって背景としてどの環境マップの形状を使用したら効果的かは違ってきます。

環境マップの形状には球・円柱・平面・立方体がありますが、どれを選択しても画像につなぎ目が生じます。ビューと、画像の枚数を調整することで、画像のつなぎ目が見えないように工夫します。モデルの大きさにもよりますが、モデルから数キロメートル以上離れた位置に設定します。

外観モデルを見下ろす場合は、地面や近隣の建物もモデリングし、背景も「環境マップ」を使用して、大きなガラス窓などに雲が映りこむような表現を使うとよりリアルになります。

[球]　原点を中心にした球を環境マップとして使用します。全方向から映り込みをしますが、緯度が高くなるほどゆがんでしまいます。

[円柱]　緯度のゆがみがなくなりますが、一部の位置で画像のつながりがおかしくなります。
[パス]・[幅]・[高さ]・[位置]の設定がそれぞれ2つずつ表示され、上部には、円柱の側面に関する設定、下部には、円柱のふた部分の設定を行います。

[平面]　X-Y平面を環境マップとして使用します。**[球]**とは違い、ゆがみがなくなります。しかし、全方向からの映り込みができなくなります。

[立方体]　**[球]**と**[平面]**の利点を組み合わせたもので、**[球]**のように全方向から映り込みをし、**[平面]**のようにゆがみがありませんが、一部の位置で画像のつながりがおかしくなります。
[パス]・[幅]・[高さ]・[位置]の設定がそれぞれ2つずつ表示されます。上部には、立方体の側面に関する設定、下部には、立方体のふた部分の設定を行います。

[球]

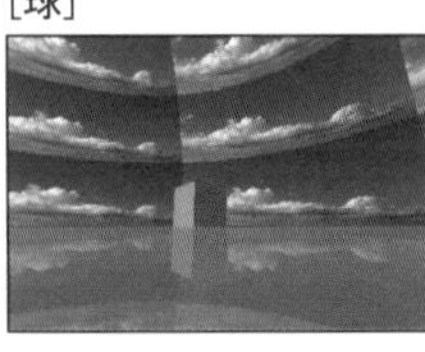

[円柱]

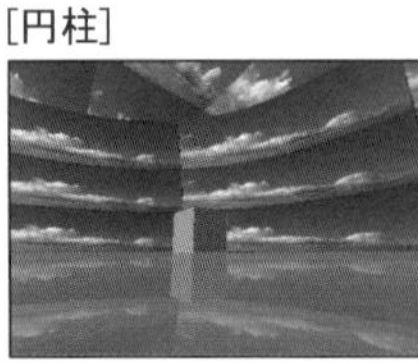

[平面]

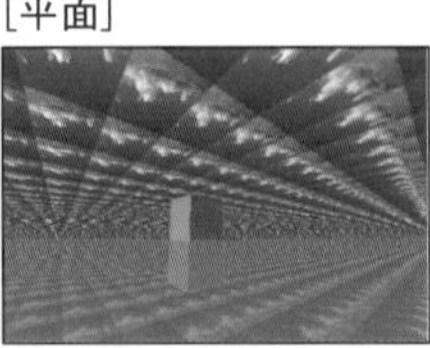

[立方体]

[カラー]　**〔背景色〕タブ**で設定した背景色とは違い、ポリゴンの透過・反射にも影響します。
[グラデーション]　背景の一部にグラデーションをかけます。上部の赤・緑・青には、空に近い部分、下部の赤・緑・青には、地上に近い部分のカラーを指定します。設定方法は**[球]**と同様です。

[〔背景色〕タブ/カラー]

[〔環境マップ〕タブ/カラー]

[グラデーション]

2-6 外観パースをレンダリングする

【レンダリング設定】コマンドで、レンダリングの設定をしてからレンダリングします。
また、レンダリングしたデータを画像ファイルとして保存します。

1 レンダリングの設定をする

1. **【レンダリングの設定】コマンド**を実行します。
[レンダリング]メニューから**〔レンダリング〕パネル**のをクリックします。

2. ダイアログボックスが表示されます。
以下のように設定し、**[OK]ボタン**をクリックします。

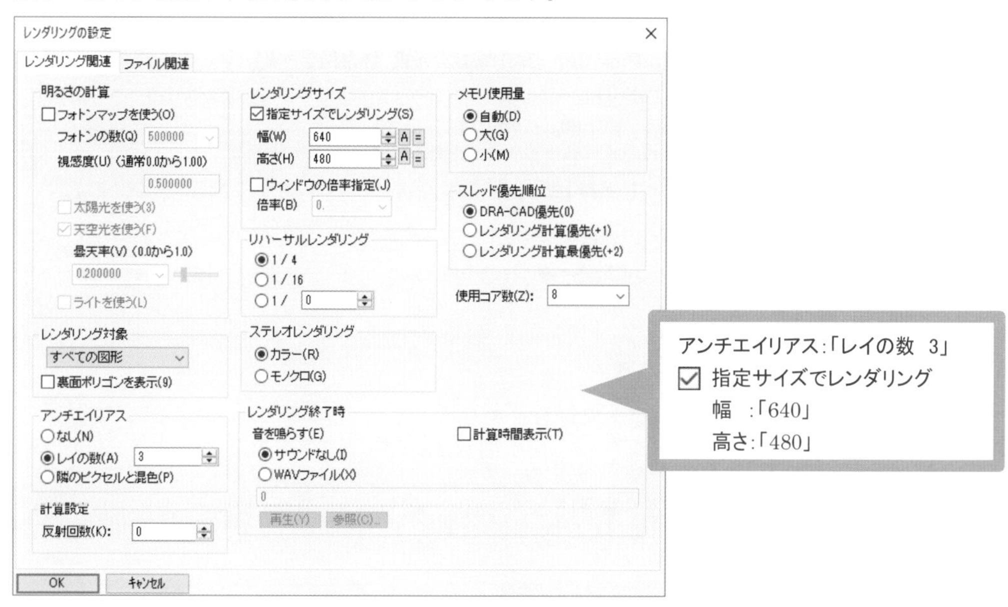

レンダリング関連が設定され、**【レンダリングの設定】コマンド**は解除されます。

レンダリングサイズについて

レンダリングの出力サイズは以下の方法で計算した値で幅と高さ(ピクセル単位)を設定します。
①出力サイズ(例：A4)をインチ(1インチ＝25.4)に換算します。　210÷25.4＝8.268･･･　297÷25.4＝11.693･･･
②プリンタの解像度(例：150dpi)をかけます。　8.268･･･×150≒1240　11.693･･･×150≒1800
③最後の結果 1240、1800 を設定します。

2 レンダリングする

1. 【開始】コマンドを実行します。
[レンダリング]メニューから[レンダリング開始]をクリックします。
レンダリングウィンドウが開いて住宅モデルをレンダリングし、【開始】コマンドは解除されます。

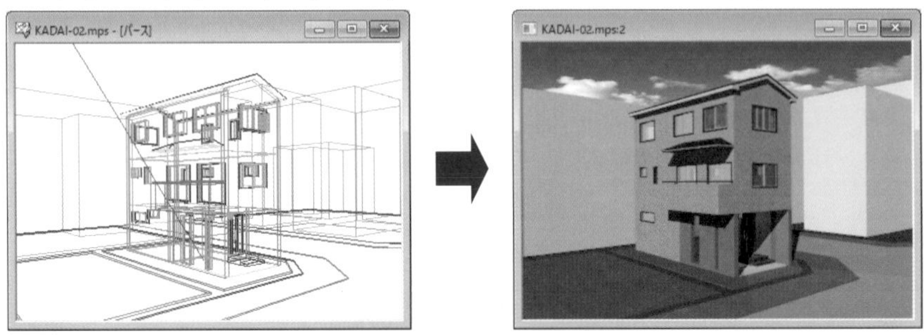

表示が異なる場合は、【カメラ】コマンドで設定したビューを表示し直してください。

3 画像ファイルとして保存する

1. 【名前をつけて保存】コマンドを実行します。
メニューから[名前をつけて保存]をクリックします。

2. ダイアログボックスが表示されます。
以下のように設定し、[保存]ボタンをクリックします。

ファイルの場所 :「こんなに簡単! DRA-CAD18 3次元編 練習用データ」
ファイル名 :「RENDER-01」
ファイルの種類 :「Windows Bitmap(*. bmp)」

保存と同時に【名前をつけて保存】コマンドは解除され、ウィンドウ画面に戻ります。

3. レンダリングウィンドウを閉じます。
レンダリングウィンドウの ボタンをクリックすると、ウィンドウが閉じます。

4 ファイルを上書き保存する

作成したすべてのデータを上書き保存します。

1. 【上書き保存】コマンドを実行します。
メニューから[上書き保存]をクリックします。
住宅モデルが上書き保存されて、ウィンドウ画面に戻ります。

5 日影図の作成

0 日影図を作成する前に

Part5では、日影図を作成します。

DRA-CAD では、２次元図面に３次元図形(高さ情報を持ったもの･･･直方体や多角柱など)を配置すれば時刻日影図、等時間日影図を作成することができます。

☆作図の前にPart3の「1 作図上の注意」を必ずお読みください。

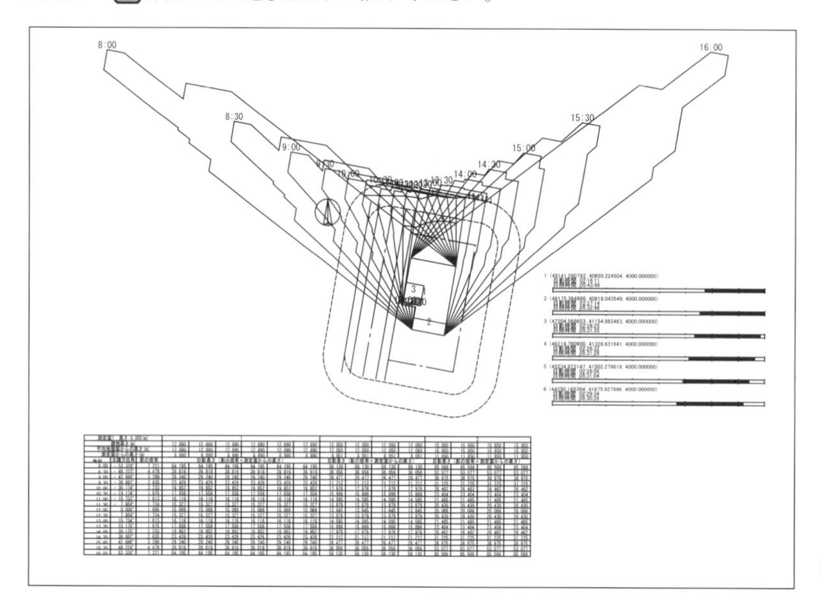

完成図

【敷地概要】

真北方向：-10°

敷地　　：東西方向に 15m

　　　　　南北方向に 28.5m

道路　　：西側に 10m道路

計画建物：高さ 12.89m（陸屋根）

用途地域：第１種住居地域

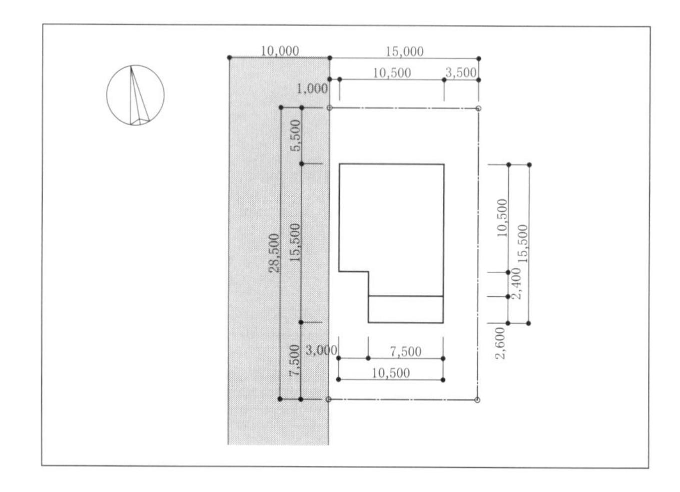

0-1 日影図について

1 日影規制

計画建築物が建つと、計画建築物は周辺の敷地などに影を落とします。つまり日照を阻害し環境を悪化させます。しかし、この問題は相身互いです。そこで居住環境を重視した用途地域（住居系用途地域）では、日照の確保に関しても一定の規制が設けられています。これを日影規制といいます。

☆基準法では、日影となる時間（日影時間）を規制することで日照を確保しています。

建築基準法の日影規制では、計画建築物の敷地の境界線から一定の距離だけ離れた地点の日影時間を何時間未満にしなければならないかを定めています。

☆下記は建築基準法第 56 条の２を要約したものです。実際に適用する場合には、建築基準法施行令 135 条の 12、13 に規定する緩和に関する条項を考慮する必要があります。

日影時間

計画建築物の敷地の周囲のある地点が計画建築物によって、一日(規制対象時間帯)の内どれくらいの時間日影になるかを、計画建築物によるその地点での日影時間といいます。

規制対象建築物

地盤面からの高さが 10mを超える建築物(第１種、第２種低層住居専用地域においては、軒高が７ｍを超える建築物または地階を除いた階数が３階以上の建築物)が日影規制の対象となります。

規制対象時間帯

日影規制では、真太陽時(一部の地域では中央標準時)の冬至日における８時～16 時(一部の地域では９時～15 時)の間を対象時間帯としています。日影時間は、この時間帯内で日差しが遮られている時間の総時間数ですから、最大でも８時間(６時間)ということになります。

日影規制時間

計画建築物がある敷地の境界線からの水平距離が、５ｍ以上 10ｍ未満の範囲と 10ｍ以上の範囲について、それぞれ日影時間を何時間未満にしなければならないのかが、用途地域の種類やその地域の実状に応じて定められています。この日影時間の制限のことを日影規制時間と呼びます。

測定線

計画建築物がある敷地の境界線からの水平距離が、５ｍ、10ｍとなる点を結んだ連続線のことを測定線と呼びます。日影規制時間が設定されている領域の境界を示します(異なる日影規制の地域が隣接している場合、その境界線も測定線として扱われます)。

測定面

日影規制では、日影時間を当該建物の敷地の平均地盤からの高さが 1.5m(１階の窓中央を想定)、４ｍ(２階の窓中央を想定)、6.5m(３階の窓中央を想定)、いずれかの水平面で測定します。この水平面のことを測定面と呼びます。

当該建物の敷地と周辺の敷地に高低差がある場合、平均地盤面からの高さではないこともあります。

2 確認方法

本来日影規制の対象地域は面の広がりを持っています。しかし計画建築物の敷地周辺のすべての地点について日影規制を確認するのは大変です。
現在の確認申請では、計画建築物が日影規制に適合しているかの確認は測定線と計画建築物による等時間日影線の関係をチェックすることで行ないます。

建築基準法施行規則第一条の三で指定されている表二の(三十)で定めてある「法第五十六条の二の規定(日影規制)が適用される建築物」に必要な申請図書は次の通りです。

①付近見取図
②配置図
③日影図（①、②とまとめている場合が多い）
④日影形状算定表
⑤二面以上の断面図
⑥平均地盤面算定表

他に必要な場合があるものとして、

⑦指定した点での日影時間（一般に測定線上）

地方公共団体が定める条例、指導要項に基づく申請用図書がある場合もあります。それらにつきましては当該機関にお問い合わせください。

◉日影図

計画建築物が、冬至日の日差しによって測定面に作り出す時刻ごとの影の形状を描き表した図です。

[使用目的]

計画建築物の特定時刻の影の形状を確認できます。
それにより、「計算に使われた影の倍率や方向が妥当か」や「影の形状が正しく作図されているか」といった補助的なチェックが可能です。

[注意]

日影図で直接、日影規制に適合しているかどうかを確認することはできません。
なぜならば、現行の日影規制は「敷地の近隣に一定時間以上の影を落とさないようにする」総量規制だからです。「ある特定の時間に影が落ちるかどうか」は、問題にされていません。何時の影が近隣に落ちても、その総和が一定時間以下なら良いということになります。
日影図では、「ある地点が何時に日影になるか」については傾向を掴むことができますが、「ある地点が何時間の間、日影になるか」、「一定時間日影になるのはどの範囲か」といった、量的なチェックはできません。

◉等時間日影図

測定面上における当該建物の影の影響によって描かれる等時間線を表した図です。確認申請用の等時間日影図の場合、等時間線の時間は日影規制時間を使います。

[等時間線]

計画建築物がその周辺に及ぼす日影の影響のうち、日影時間が等しい地点をつないだ曲線。
等時間線は地図の等高線、それも単独の山の周囲の等高線と大変よく似ています。山の周囲の等高線は、標高の低いものから高いものへと頂上に向かって順番に並んでいます。それぞれの等高線は閉じた曲線になっており、普通ある高さの等高線の外側にはその高さ以上の標高の地点はありません。
等時間線もまた、建物に近づくにつれて日影時間が短いものから長いものへと順序よく並んでいます。等高線と同様に、ある時間の等時間線の外側にはその時間以上の日影時間を持つ地点はありません。

[使用目的]

当該建物が日影規制に適合しているかを確認できます。等時間線図に描かれた等時間線は当該建物の周囲の日影時間の分布を直接表現しているからです。

実際には以下のような手順で確認します。
例えば、日影規制時間が「５ｍ以上 10m未満の範囲で５時間」、「10m以上の範囲で３時間」なら５時間と３時間の等時間線を作成します。そして、

- ５時間の等時間線が５ｍの測定線の内側(当該建物に近い側)に完全に入っている。
- ３時間の等時間線が 10mの測定線の内側(当該建物に近い側)に完全に入っている。

の二点を満たしていれば日影規制を満足しているということになります。

[**等時間線**]の項目で記したように、５時間の等時間線の外側には日影時間が５時間以上の地点は存在しないからです。

[注意]

等時間線の位置や時間には必ず誤差が含まれていますので、それらを考慮して日影規制の確認をする必要があります。

◉指定した点での日影時間（日影チャート）

等時間日影図だけでは、日影規制を満足しているかどうかの判断が難しい場合に使います。
等時間線の計算には必ず誤差が含まれていますので、等時間線と測定線が接近している場合は、上記の判断は難しくなります。
一方、特定の点の日影時間の計算は、ほぼパソコンの計算誤差程度で日影時間を求めることができますので、等時間線と測定線が接近している場合、接近している部分の測定線上の日影時間を計算して確認することで上記の判断を下すことができます。

0-2 ファイルを開く

「こんなに簡単! DRA-CAD18 3 次元編 練習用データ」フォルダに収録されている２次元線分データ「配置図」を【開く】コマンドで表示します。

1 ファイルを開く

1. 【開く】コマンドを実行します。
メニューから[開く]をクリックします。

2. ダイアログボックスが表示されます。
以下のように設定し、[開く]ボタンをクリックします。

ファイルの場所 :「こんなに簡単! DRA-CAD18 3次元編 練習用データ」
ファイル名 :「配置図」
ファイルの種類 :「DRACAD ファイル」

「配置図」ファイルが表示され、【開く】コマンドは解除されます。

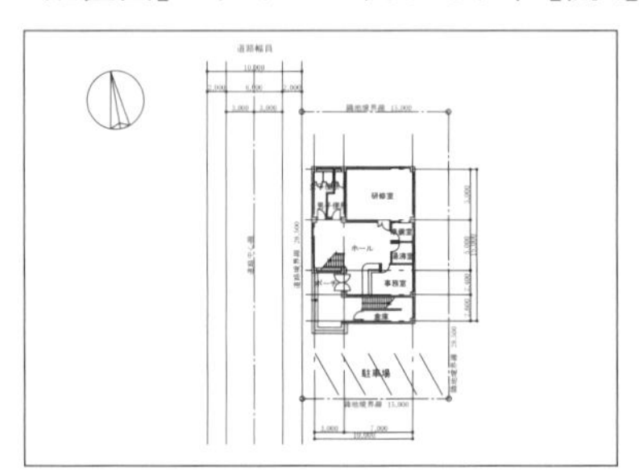

2 3次元編集に切り替える

1. 【2次元/3次元切替】コマンドを実行します。
クイックアクセスツールバーから[2次元/3次元切替]をクリックします。
３次元編集モードに変わり、【2次元/3次元切替】コマンドは解除されます。

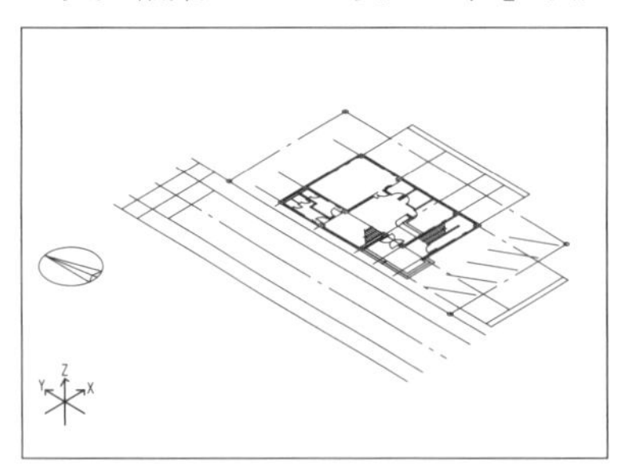

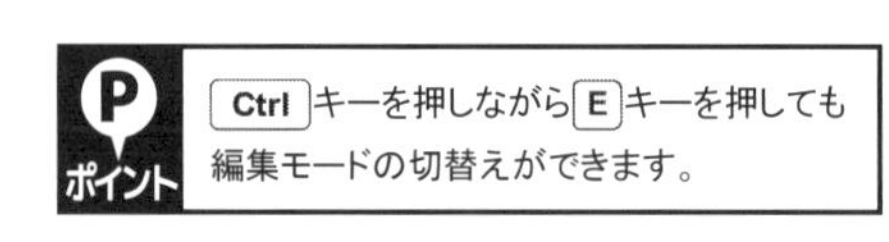

0-3 属性を設定する

書き込む図形に対して属性（レイヤ、カラー、線種、線幅、グループ）を**【属性リスト設定】コマンド**で設定します。ただし、グループは随時設定します。

1. **【属性リスト設定】コマンド**を実行します。
[ホーム]メニューから[**属性参照**]の**▼ボタン**をクリックし、[**属性リスト**]をクリックします。

2. ダイアログボックスが表示されます。
(1) 作成済みの属性リストを使用しますので、**[読込]ボタン**をクリックします。
(2) 開くダイアログボックスが表示されます。
　以下のように設定し、**[開く]ボタン**をクリックします。

> ファイルの場所 :「こんなに簡単! DRA-CAD18 3次元編 練習用データ」
> ファイル名 :「課題属性リスト 2」
> ファイルの種類 :「テキストファイル(*.txt)」

(3) 読み込まれた属性リストが表示されます。**[OK]ボタン**をクリックします。

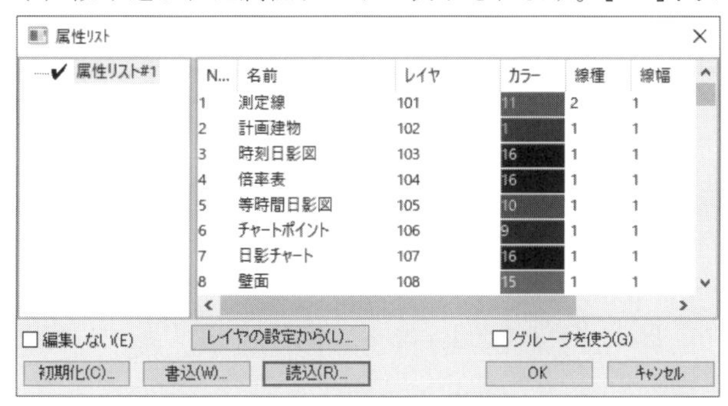

属性リストが設定され、**【属性リスト設定】コマンド**は解除されます。

属性管理表

下記のように項目別に属性管理表（レイヤ・カラー・線種など）を設定します。この表を属性リストに設定すると、属性の設定が便利です。また、特定のレイヤ（画層）を画面に表示/非表示することで修正、編集・出力などの作業が効率よくできます。

項目	レイヤ	カラー	線種	項目	レイヤ	カラー	線種
測定線	101	011 濃紫	002 破線	壁面時刻日影図	109	056 茶色	001 実線
計画建物	102	001 青	001 実線	壁面等時間日影図	110	014 濃黄色	001 実線
時刻日影図	103	016 黒	001 実線	補助線	150	002 赤	002 破線
倍率表	104	016 黒	001 実線	適合建物	200	011 濃紫	001 実線
等時間日影図	105	010 濃赤	001 実線	算定点	201	010 濃赤	001 実線
チャートポイント	106	009 濃青	001 実線	天空図:文字	205	016 黒	001 実線
日影チャート	107	016 黒	001 実線	天空図:建物	206	001 青	001 実線
壁面	108	015 濃灰色	001 実線	天空図:天球の背景	207	005 水色	001 実線

☆線幅はすべて「1 0.01」とします。

1 測定データを作成する

測定データを作成して日影図作成の準備をします。

1-1 計画建物を作成する

【床】コマンドで建物、**【柱】コマンド**で階段室、**【直方体】コマンド**でペントハウスを描きます。

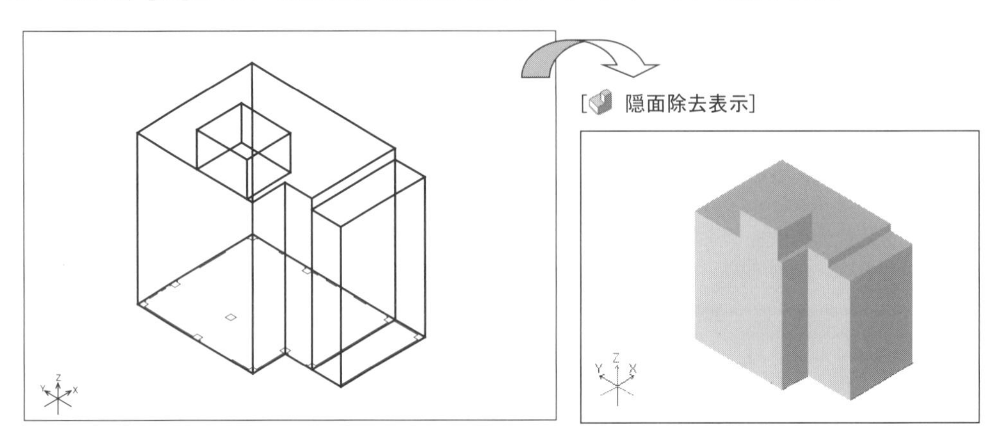

1 必要なレイヤのみを表示する

1. **【全レイヤ非表示】コマンド**を実行します。
[**レイヤ**]**メニュー**から[**全レイヤ非表示**]をクリックします。
すべてのレイヤが非表示になり、**【全レイヤ非表示】コマンド**は解除されます。

2. **【表示レイヤキー入力】コマンド**を実行します。
[**レイヤ**]**メニュー**から[**表示レイヤ指定**]の**▼ボタン**をクリックし、[**表示レイヤキー入力**]をクリックします。

3. ダイアログボックスが表示されます。
キーボードから"3,4,102 ↵"と入力します。

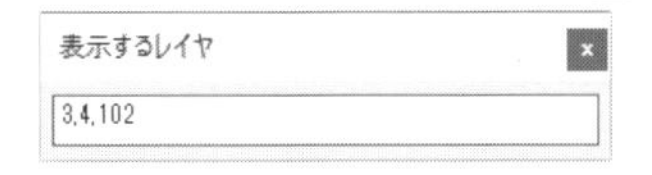

柱・壁のレイヤが表示され、計画建物のレイヤが表示されるようになります。

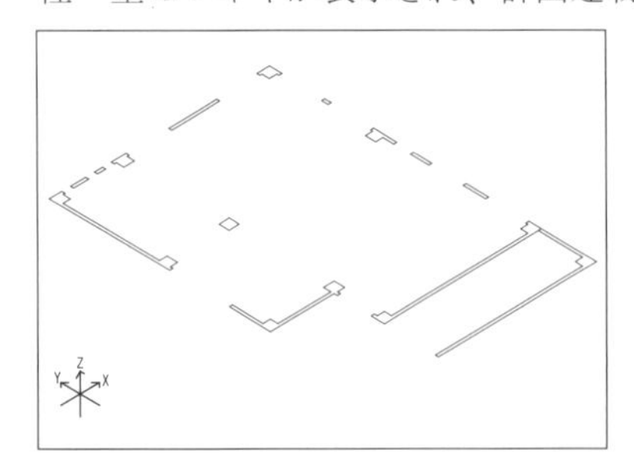

4. **【表示レイヤキー入力】コマンド**を解除します。

2 属性を設定する

1. **【属性リスト設定】コマンド**（F12キー）を実行します。

2番「計画建物」を選択します。

2:「計画建物」	レイヤ	:「102」
	カラー	:「001:青」

属性が設定され、**【属性リスト設定】コマンド**は解除されます。

〔属性〕パネルまたはステータスバーにレイヤ番号(102)とカラー(001:青)が表示されます。

> キー割付はPart3と同じキーを使用します。Part3から引き続き操作をしていない場合は、「Part3 住宅モデルの作成 **0-3 コマンドをキーに割り付ける**」(P109)を参照してください。

3 計画建物を作成する

1. **【床】コマンド**を実行します。

[**作成**]**メニュー**から[床]をクリックします。

2. ダイアログボックスが表示されます。

厚みなどを設定し、[**OK**]**ボタン**をクリックします。

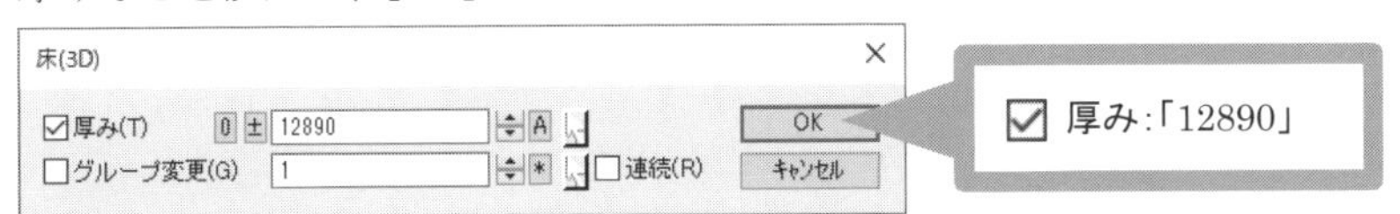

3. 建物を作成します。

(1) **【端点】スナップ**で、平面図の柱の端部をクリックします。

(2) 同じスナップのまま、第2点～第6点の端部をクリックします。

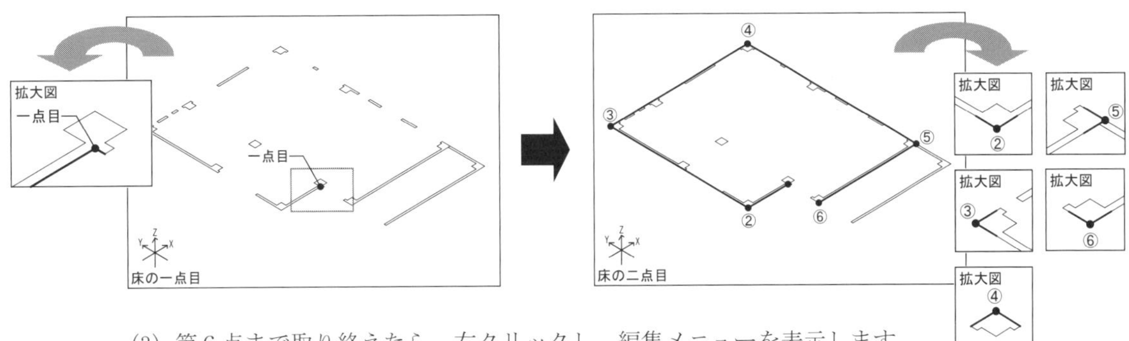

(3) 第6点まで取り終えたら、右クリックし、編集メニューを表示します。

(4) [**作図終了**]を指定すると、建物が描かれます。

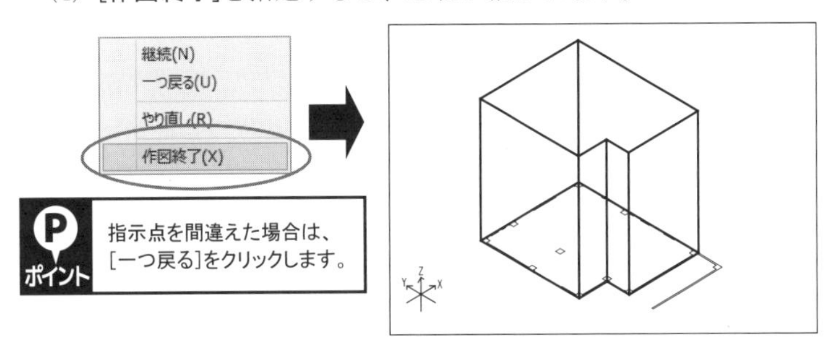

4. **【床】コマンド**を解除します。

4 階段室を作成する

1. **【柱】コマンド**を実行します。
[作成]メニューから[**柱**]をクリックします。

2. ダイアログボックスが表示されます。
高さなどを設定し、**[OK]ボタン**をクリックします。

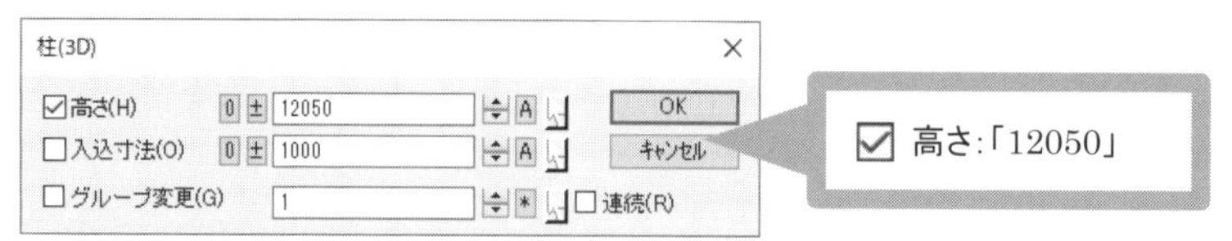

3. 階段室を作成します。
(1) **【端点】スナップ**で、階段室の左下端部をクリックします。
(2) 同じスナップのまま、階段室の壁の右上端部をクリックします。

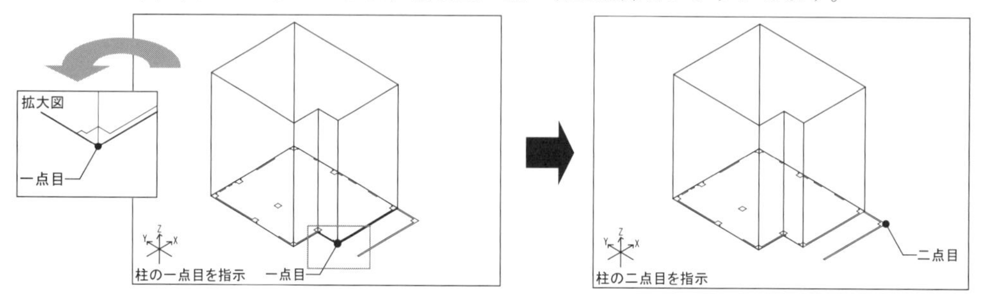

階段室が描かれます。

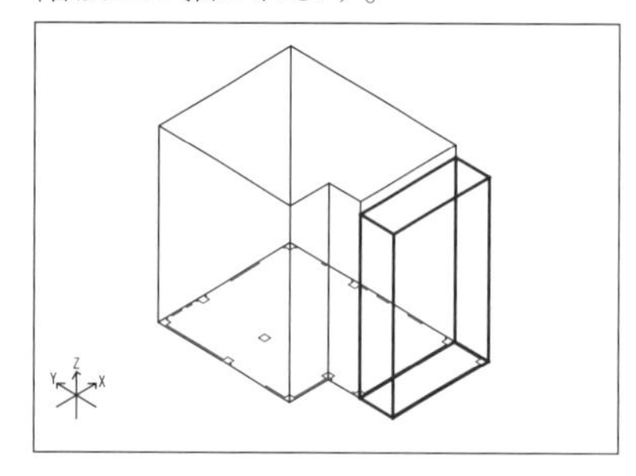

4. **【柱】コマンド**を解除します。

5 ペントハウスを作成する

1. **【直方体】コマンド**を実行します。
[作成]メニューから[**直方体**]をクリックします。

2. ダイアログボックスが表示されます。
サイズなどを設定し、**[OK]ボタン**をクリックします。

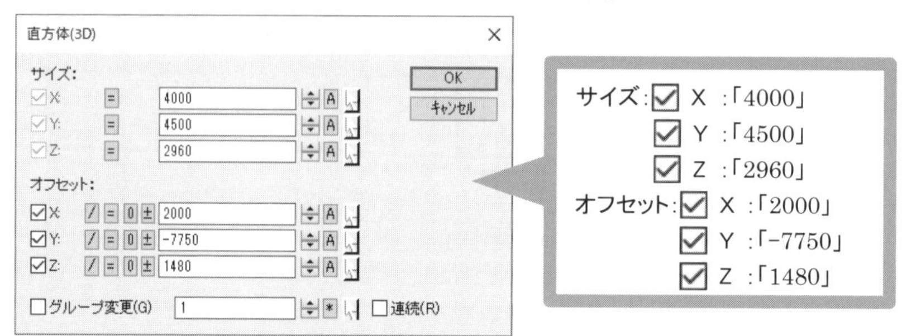

3. ペントハウスを作図します。

カーソルに直方体がついています。

【端点】 **スナップ**で、建物の左上部角をクリックすると、ペントハウスが描かれます。

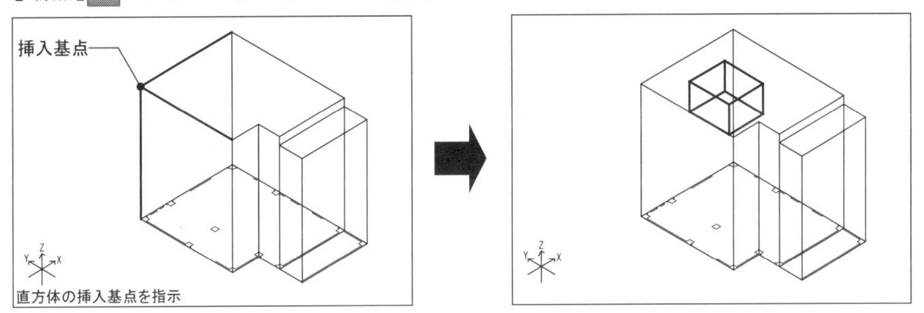

4. **【直方体】コマンド**を解除します。

6 計画建物を確認する

計画建物が作成されているかを**【隠面除去表示】コマンド**で確認します。

1. **【隠面除去表示】コマンド**を実行します。

[**表示**]**メニュー**から[**隠面除去**]をクリックします。

図形が隠面除去表示され、**【隠面除去表示】コマンド**は解除されます。

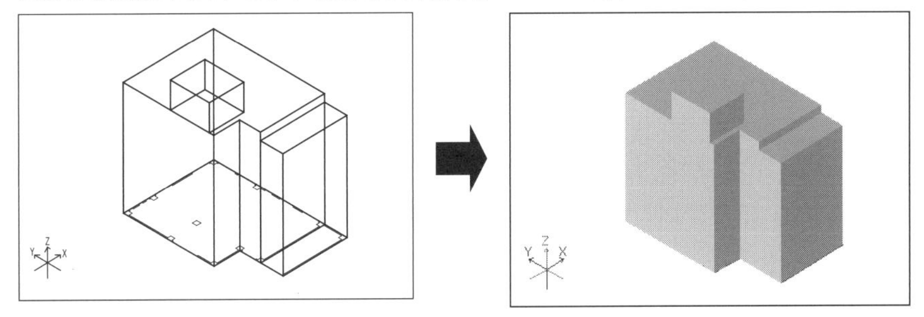

2. もう一度、**【隠面除去表示】コマンド**を実行すると、ワイヤーフレーム表示に戻ります。

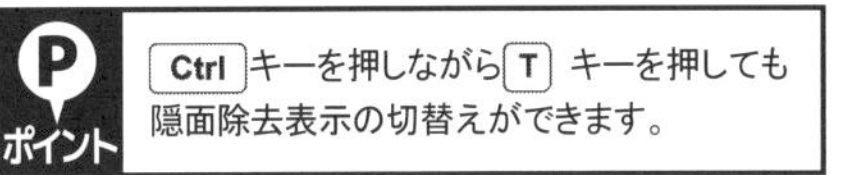

7 ファイルに保存する

作成した計画建物のデータを**【名前をつけて保存】コマンド**で保存します。

1. **【名前をつけて保存】コマンド**を実行します。

メニューから[**名前をつけて保存**]をクリックします。

2. ダイアログボックスが表示されます。

以下のように設定し、[**保存**]**ボタン**をクリックします。

ファイルの場所 :「こんなに簡単! DRA-CAD18 3次元編 練習用データ」
ファイル名 :「KADAI-03」
ファイルの種類 :「セキュリティファイル DRA-CAD18/17(*.mps)」

保存と同時に**【名前をつけて保存】コマンド**は解除され、作図画面に戻ります。

これ以降は作業の終わりごとに、**【上書き保存】** **コマンド**をクリックし、ファイルを上書き保存してください。

1-2 測定線を作成する

道路幅が10m以下なので、道路幅の1/2を敷地境界線とし、敷地と道路中心線の点をつないだ図形をみなし敷地として、**【内外法線】コマンド**でみなし敷地から外側に5m、10mの測定線を作成します。
☆道路幅が10m以上の場合は、道路の反対側から5m敷地側に平行複写した位置が敷地境界線となります。

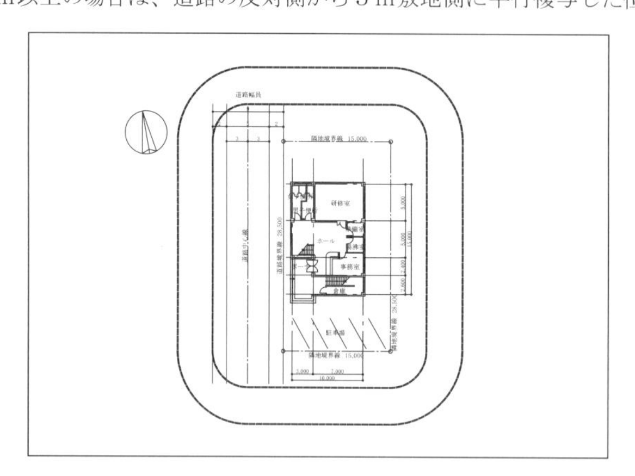

1 2次元編集に切り替える

1.【2次元/3次元切替】コマンドを実行します。
クィックアクセスツールバーから[**2次元/3次元切替**]をクリックします。
2次元編集モードに変わり、**【2次元/3次元切替】コマンド**は解除されます。

2.【全レイヤ表示】コマンドを実行します。
[**レイヤ**]**メニュー**から[**全レイヤ表示**]をクリックします。
すべてのレイヤが表示され、**【全レイヤ表示】コマンド**は解除されます。

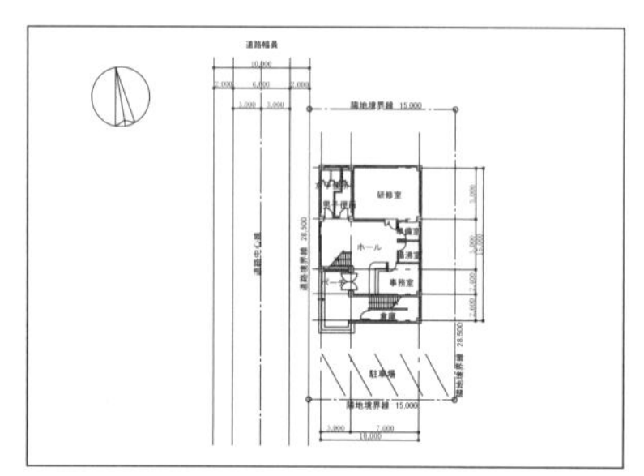

2 属性を設定する

1.【属性リスト設定】コマンド(**F12キー**)を実行します。
1番「測定線」の属性を選択します。

1:「測定線」	レイヤ	:「101」
	カラー	:「011:濃紫」
	線種	:「002:破線」

属性が設定され、**【属性リスト設定】コマンド**は解除されます。
〔**属性**〕**パネル**またはステータスバーにレイヤ番号(101)とカラー(011:濃紫)が表示されます。

3 測定線を作成する

1. 【内外法線】コマンドを実行します。
[編集]メニューから[内外法線]をクリックします。

2. ダイアログボックスが表示されます。
以下のように設定し、[OK]ボタンをクリックします。

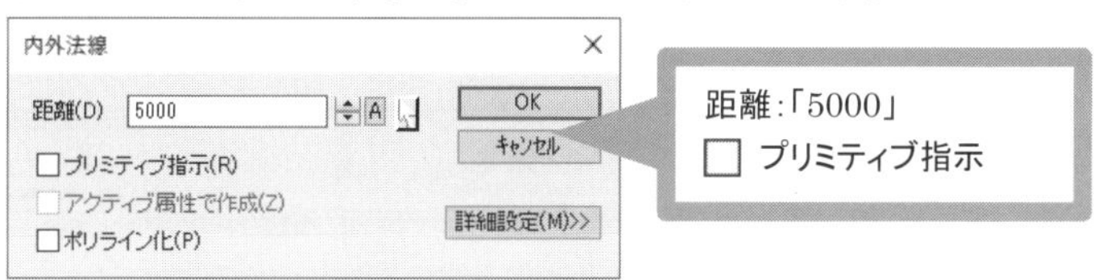

3. 5mラインの測定線を描きます。

(1) 【円中心】スナップで、隣地境界線の円をクリックします。

(2) 【垂直点】スナップにして、向かい側の道路中心線をクリックします。

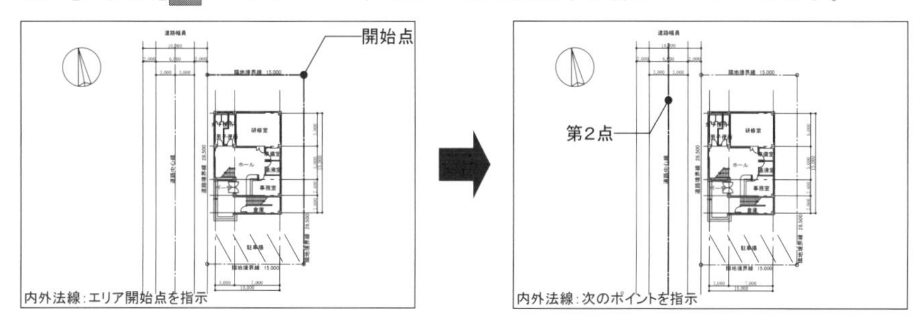

(3) 同じスナップのまま、第3点〜第5点をクリックします。

(4) 第5点まで取り終えたら、右クリックします。
編集メニューを表示し、[作図終了]を指定します。

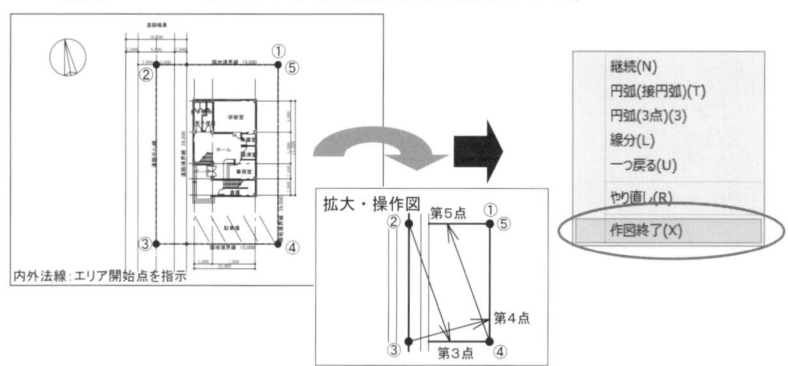

(5) カーソルを上方向に移動してクリックすると、5mラインの測定線が描かれます。

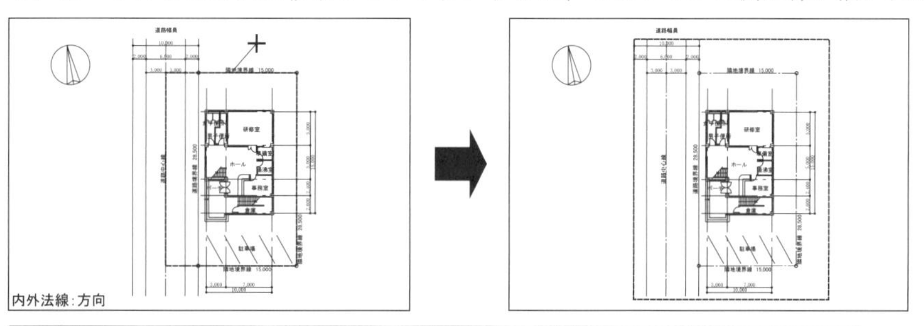

連続して点を指定していくと、測定線の描画後に隣地境界線などが消えたように見えますが、【再表示】(青)コマンドを実行すると、表示されます。

4. 設定を変更します。

(1) 右クリックして、ダイアログボックスを表示します。
[詳細設定]ボタンをクリックし、ダイアログボックスを追加表示します。

(2) 以下のように設定を変更し、**[OK]ボタン**をクリックします。

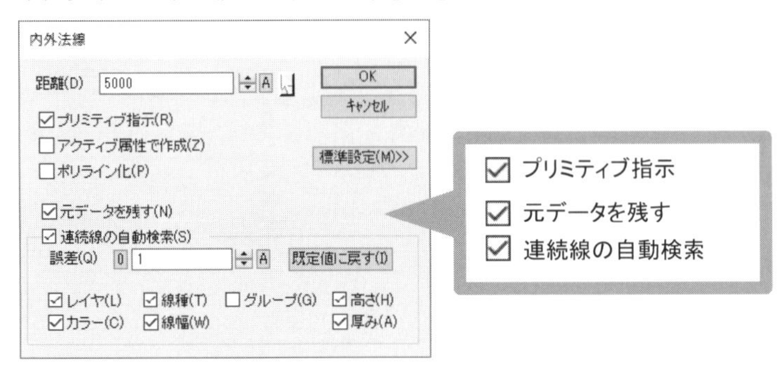

5. 10mラインの測定線を描きます。

(1) 5mラインの測定線にカーソルを合わせ、クリックします。

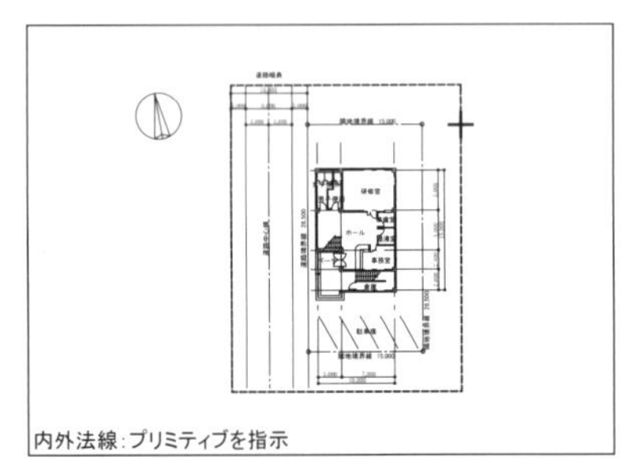

(2) カーソルを外側に移動してクリックすると、10mラインの測定線が描かれます。

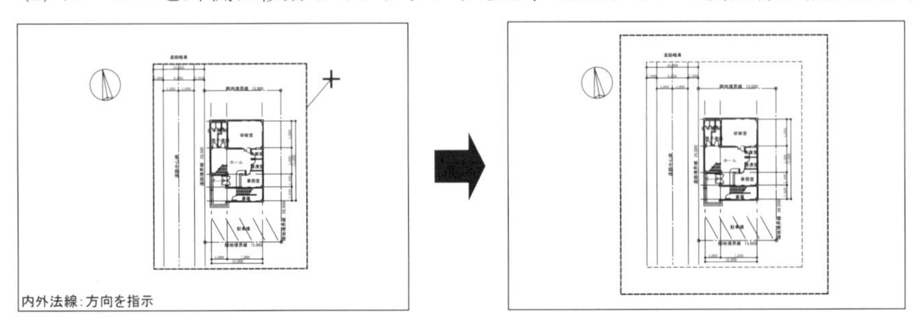

6.【内外法線】コマンドを解除します。

4 測定線を編集する

【面取り】コマンドで、測定線を面取りします。

1. **【面取り】コマンド**を実行します。

[編集]メニューから[**線分連結**]の**▼ボタン**をクリックし、[**面取り**]をクリックします。

2. ダイアログボックスが表示されます。

以下のように設定し、**[OK]ボタン**をクリックします。

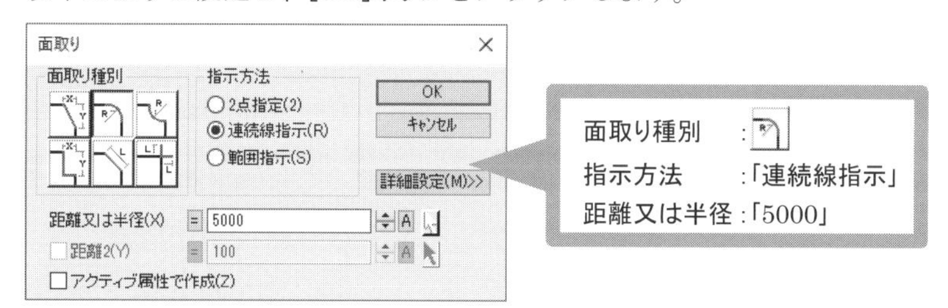

3. 測定線の角を面取りします。

５m測定線の線分上にカーソルを合わせ、クリックすると、面取りされます。

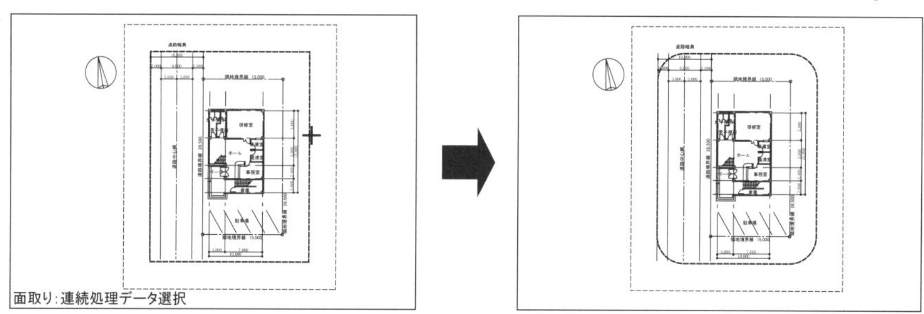

4. 距離を変更します。

右クリックして、ダイアログボックスを表示します。

下のように設定を変更し、**[OK]ボタン**をクリックします。

距離又は半径 :「10000」

5. **3.**と同様に、10m測定線を面取りします。

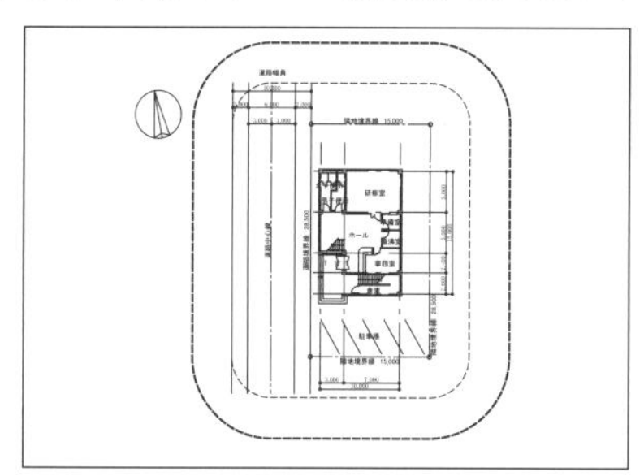

6. **【面取り】コマンド**を解除します。

1-3 測定データを編集する

真北がＹ軸となるように**【回転】コマンド**で測定データを回転し、３次元編集画面に切り替えて、測定線を**【移動(3D)】コマンド**でＺ軸方向に４ｍ移動します。
また、日影図などの計算を速くするために、必要のないデータを**【削除】コマンド**で削除します。
☆敷地・建物などを回転しなくても、**【時刻日影図】コマンド**などで真北方向を角度で設定することもできます。

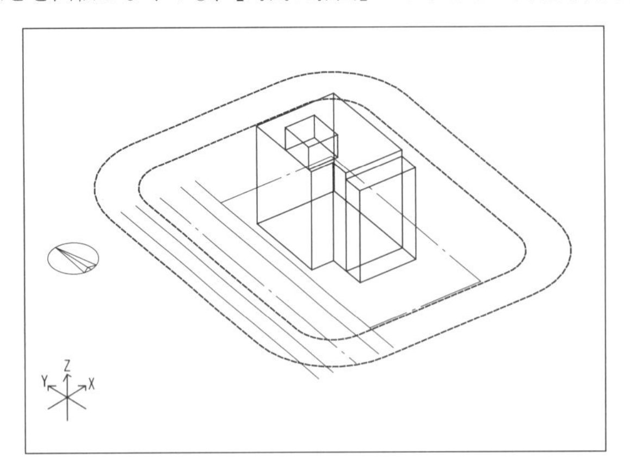

1 データを回転する

1. **【回転】コマンド**を実行します。
[編集]メニューから[**回転]**をクリックします。

2. ダイアログボックスが表示されます。
以下のように設定し、**[OK]ボタン**をクリックします。

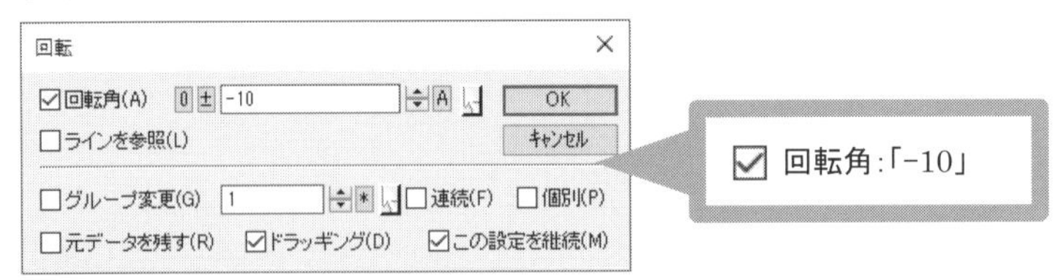

3. 測定データを回転します。
(1) **【標準選択】**で、上から下にドラッグ(ウィンドウ選択)してすべてのデータを選択します。
(2) **【円中心】スナップ**で、敷地境界線の左下の円をクリックします。

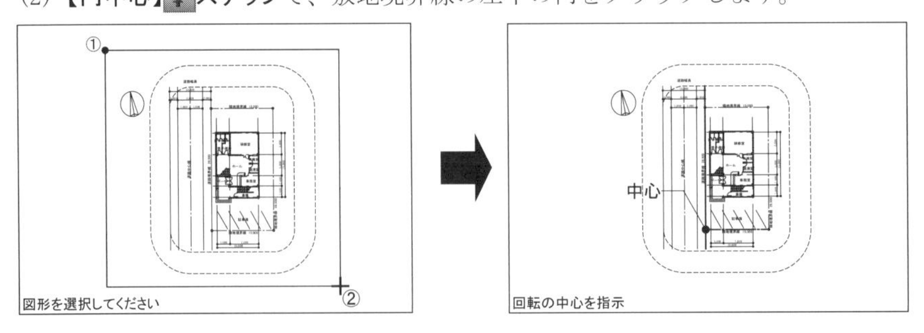

真北がＹ軸方向に回転します。

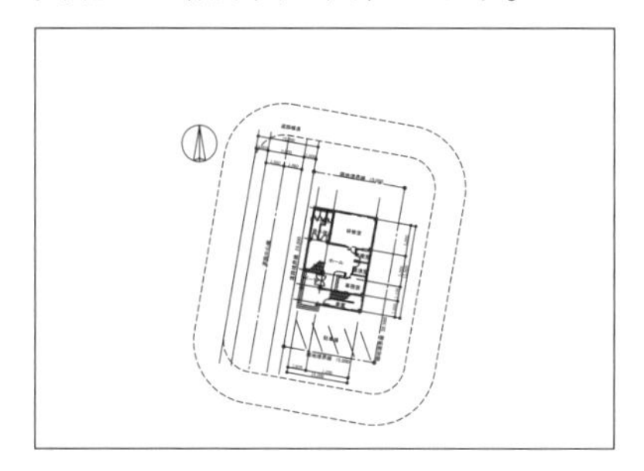

4. **【回転】コマンド**を解除します。

2 不要なレイヤのみを表示する

1. **【非表示レイヤキー入力】コマンド**を実行します。

[**レイヤ**]**メニュー**から[**非表示レイヤ指定**]の▼**ボタン**をクリックし、[**非表示レイヤキー入力**]をクリックします。

2. ダイアログボックスが表示されます。

キーボードから“13-102 ↵”と入力します。

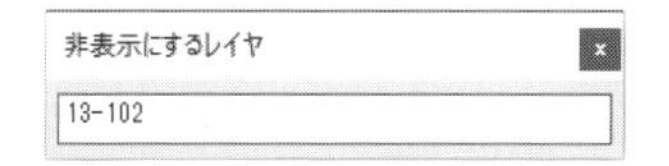

方位、道路、計画建物、測定線などのレイヤが非表示になります。

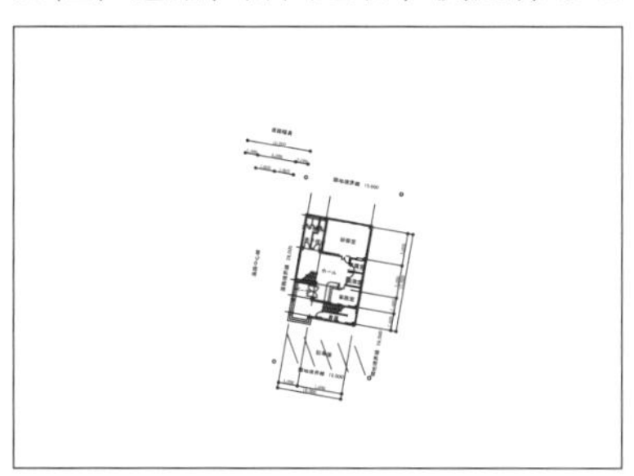

3. **【非表示レイヤキー入力】コマンド**を解除します。

3 不要なデータを削除する

1. **【削除】コマンド**を実行します。

[**編集**]**メニュー**から[**削除**]をクリックします。

2. 不要なデータを削除します。

【標準選択】で、上から下にドラッグ（ウィンドウ選択）して、不要なデータを削除します。

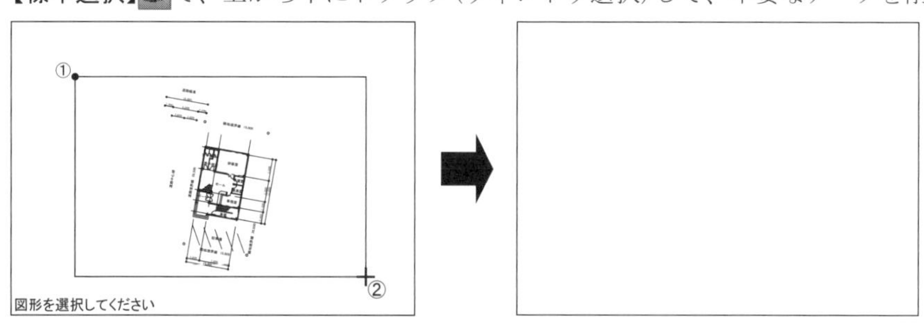

3. **【削除】コマンド**を解除します。

4 3次元編集に切り替える

1. **【全レイヤ表示】コマンド**を実行します。
[レイヤ]メニューから[全レイヤ表示]をクリックします。
すべてのレイヤが表示され、**【全レイヤ表示】コマンド**は解除されます。

2. **【2次元/3次元切替】コマンド**を実行します。
クィックアクセスツールバーから[2次元/3次元切替]をクリックします。
3次元編集モードに変わり、**【2次元/3次元切替】コマンド**は解除されます。

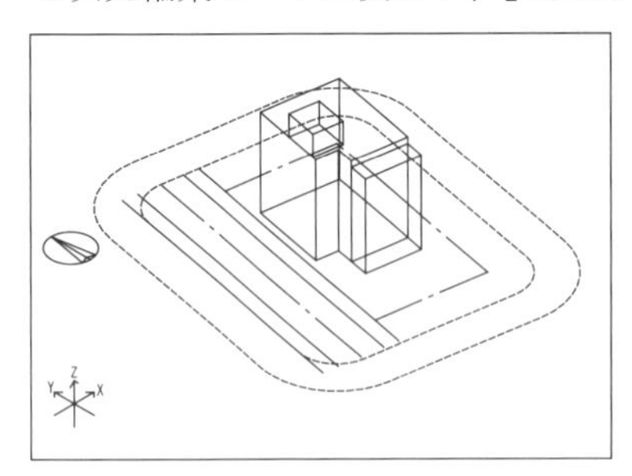

5 測定線を移動する

1. **【移動(3D)】コマンド**を実行します。
[編集]メニューから[移動]をクリックします。

2. ダイアログボックスが表示されます。
移動量を設定し、[OK]ボタンをクリックします。

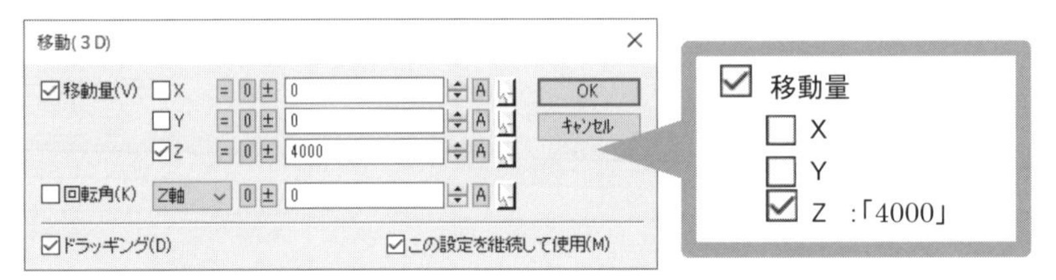

3. 測定線を移動します。
【レイヤ選択】 で、測定線をクリックして選択すると、4m上方向へ移動します。

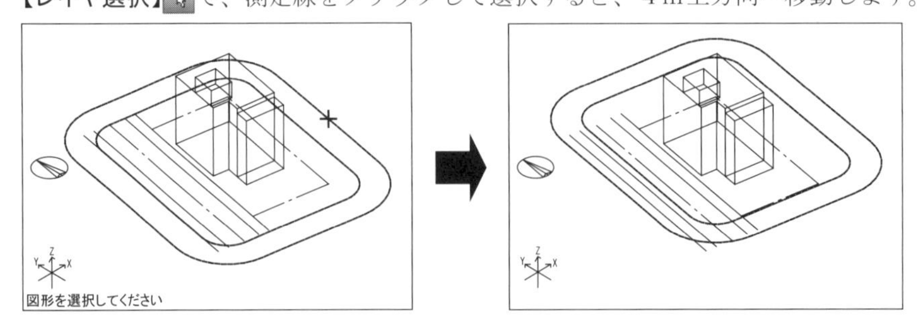

4. **【移動(3D)】コマンド**を解除します。

2 日影図を作成する

日影計算し、時刻日影図と等時間日影図を作成します。

2-1 時刻日影図を作成する

【時刻日影図】コマンドで、時刻日影図を作成します。

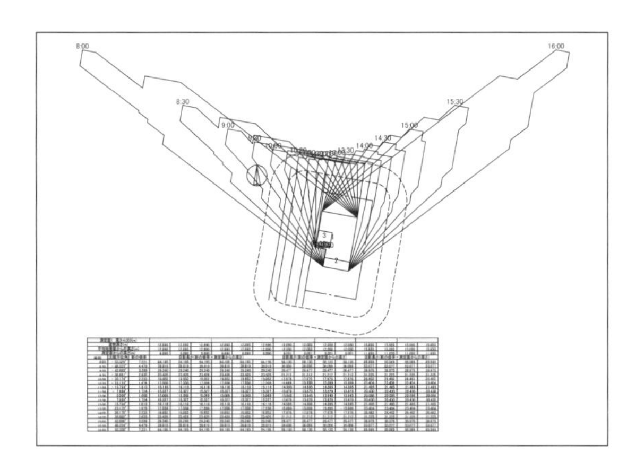

1 ファイルを別名で保存する

作成した測定データを「Part6　天空図の作成」でも使用するデータとして別名で保存します。

1. **【別名で保存】コマンド**を実行します。
　メニューから[**別名で保存**]をクリックします。

2. ダイアログボックスが表示されます。
　以下のように設定し、**[保存]ボタン**をクリックします。

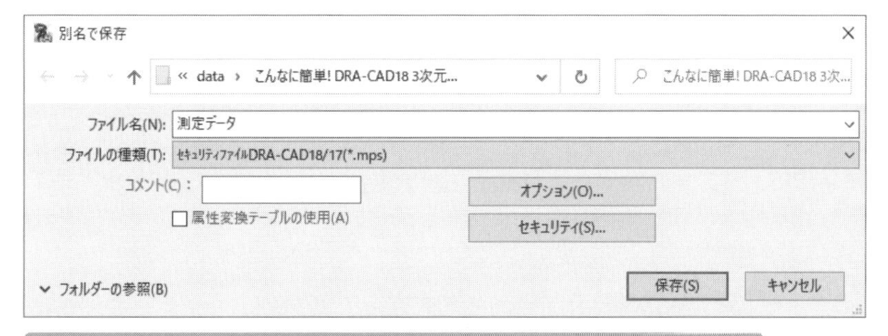

ファイルの場所 :「こんなに簡単! DRA-CAD18 3次元編 練習用データ」
ファイル名 :「測定データ」
ファイルの種類 :「セキュリティファイル DRA-CAD18/17(*.mps)」

保存と同時に**【別名で保存】コマンド**は解除され、作図画面に戻ります。

☆作成したデータは「測定データ」ファイルとして保存されますが、作図画面は「KADAI-03」ファイルのままです。

2 属性を設定する

1. **【属性リスト設定】コマンド**（F12キー）を実行します。
3番「時刻日影図」を選択します。

3:「時刻日影図」	レイヤ	:「103」
	カラー	:「016:黒」
	線種	:「001:実線」

属性が設定され、**【属性リスト設定】コマンド**は解除されます。
〔属性〕パネルまたはステータスバーにレイヤ番号（103）とカラー（016：黒）と線種（001：実線）が表示されます。

3 時刻日影図を作成する

1. **【時刻日影図】コマンド**を実行します。
[法規]メニューから[時刻日影]をクリックします。

2. ダイアログボックスが表示されます。
(1) 測定面の高さなどを設定し、**[文字サイズ]ボタン**をクリックします。

(2) 文字サイズ設定ダイアログボックスが表示されます。
以下のように設定し、**[OK]ボタン**をクリックします。

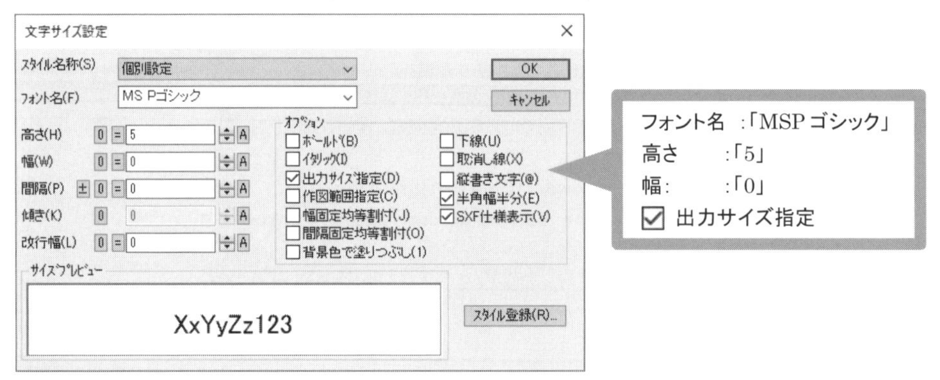

ポイント

初期設定で[出力サイズ指定]に ✔ がついています。ついていない場合は、✔ してから、高さ・幅を設定してください。
DRA-CAD フォントの場合は「間隔」を幅の1割程度をマイナスで設定すると、文字と文字の間隔が狭くなり見映えがよくなります。

(3) 時刻日影図ダイアログボックスに戻ります。
ダイアログボックスの設定がすべて終わりましたら、**[OK]ボタン**をクリックします。
計算が始まり、日影図が作成されます。

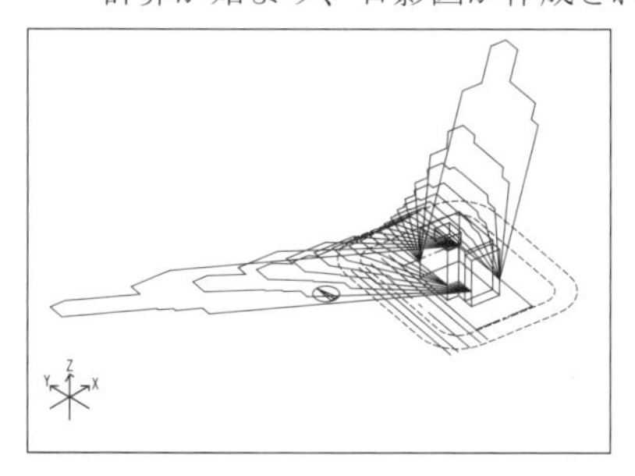

3. 日影形状算定表を配置します。
カーソルの交差部に日影形状算定表がついています。
【任意点】スナップで、図面の任意な場所をクリックすると、日影形状算定表が配置されます。

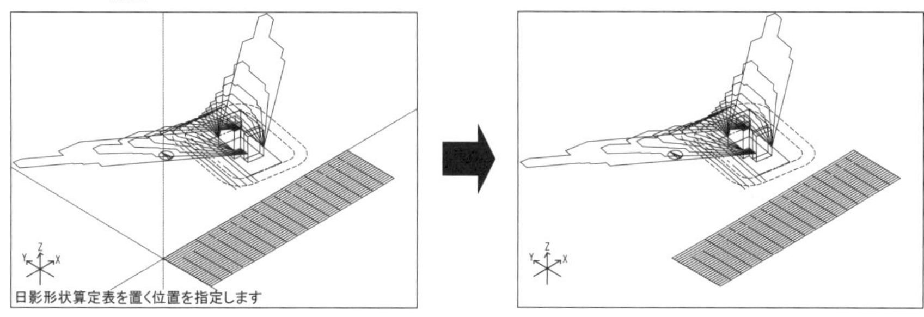

【時刻日影図】コマンドが解除されます。

再計算する場合は、作成された日影線をすべて削除してからおこなってください。
建物形状、高さが同じ場合、日影線が同じ所に重なって描かれてしまいます。

真北方向について

敷地・建物などを回転しなくても、**【時刻日影図】コマンド**などで、真北方向を角度で設定することができます。

[真北方向] 敷地のY軸に対する角度を度または度分秒で設定します。ダイアログボックスに表示される方位表示は、ダイアログボックスの上向きを図面のY軸正の向きとして表示しています。

☆Y軸正の向きを0度として、左回りにプラスの角度、右回りにマイナスの角度として、計算時に真北方向を解釈します。

(例) 10 度の場合　　　10
　　-10 度 30 分 00 秒の場合　　　-10.5 または -10:30:0

ボタンをクリックすると、図面から角度を指定することができます。

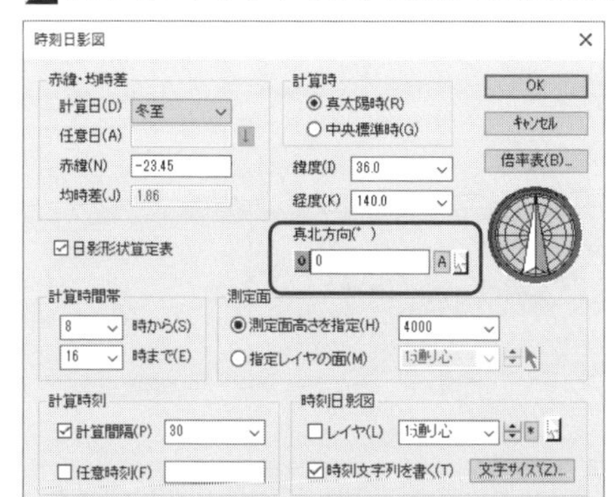

[操作手順]

(1) 真北方向の**ボタン**をクリックします。

(2) 真北方向の南側の点→北側の点の順にクリックします。

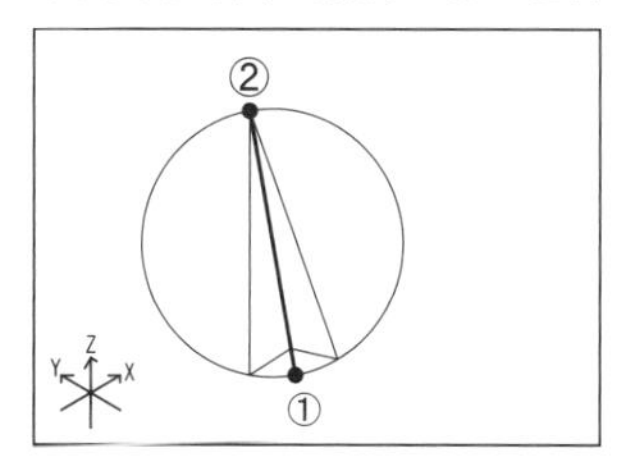

【時刻日影図】コマンドについて

[計算時] [赤緯・均時差] [緯度] [経度] [真北方向]は、**【等時間日影図】**、**【日影チャート】コマンド**で共通に利用されます。

計算時　:計算時(真太陽時または中央標準時)を指定します。
赤緯・均時差:赤緯、均時差を設定します。

[計算日]　冬至／立冬／秋分／立秋／夏至／立夏／春分／立春／任意日から選択します。
「任意日」を選択した場合は、計算する日付を任意日欄に入力します。
☆入力書式は「西暦(4桁)/月/日」となります。
(例) 2000年3月3日の場合　2000/03/03 または 2000/3/3

[赤緯]　計算日が「任意日」の場合に度または度分秒で設定し、「任意日」以外の場合は自動的に設定されます。
(例) -20度30分45秒の場合　-20.5125　または　-20/30/45

[均時差]　計算時が「中央標準時」の場合に分または時分秒で入力し、「真太陽時」の場合は自動的に設定されます。
(例) 10度38.4秒の場合　10.64　または　10/38.4

☆**↓ボタン**をクリックすると、**[赤緯] [均時差]**は自動的に設定されます。

[緯度] [経度]　度または度分秒で設定します。
☆度分秒は「:」または「/」で区切って入力します。
(例) 36度30分45秒の場合　36.5125　または　36/30/45 または 36:30:45

日影形状算定表:建物の各部の高さおよび日影の形状を算定するための算式の表を作成する場合に✔します。

計算時間帯　:計算時間帯を設定します。
(例) 8時30分45秒の場合　8.5125　または　8:30:45

計算時刻　:計算時刻を設定します。

[計算間隔]　指定したピッチで時刻日影図を計算する場合に✔し、計算ピッチを入力します。
[任意時刻]　指定した時刻の日影図を計算する場合に✔します。複数設定したい場合はカンマで区切ります。
(例) 12時30分45秒の場合　12.5125　または　12:30:45
9時と9時30分の場合　9,9.5　または　9,9:30

測定面:

[測定面高さ]　測定面の高さを設定します(単位:mm)。
[指定レイヤの面]　測定面の図形のレイヤを指定します。指定したレイヤの2Dポリライン(高さと厚みを考慮)と閉じた3Dポリラインが測定面になります。

[倍率表]ボタンをクリックすると、方位角・倍率一覧シートダイアログボックスが表示されます。
時刻日影図ダイアログボックスの設定の値が反映するようになっています。

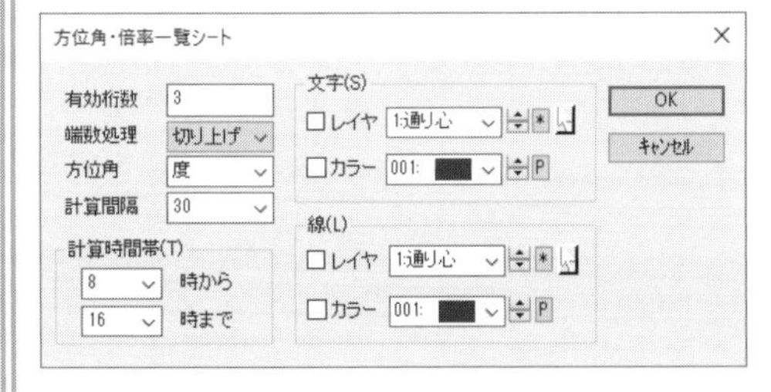

作図位置を指示すると、倍率・方位角の表が配置されます。

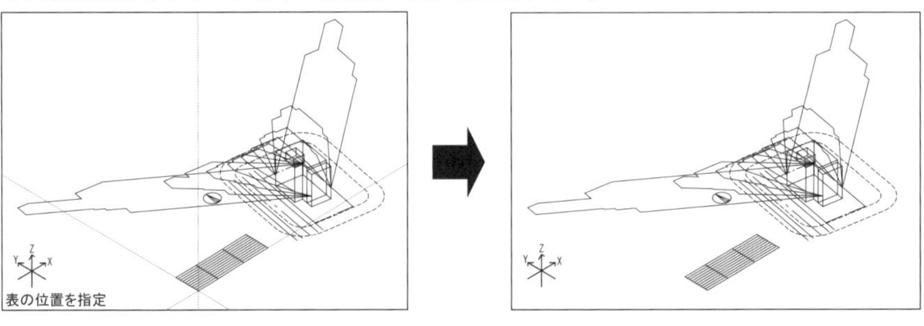

4 時刻日影図を確認する

2次元編集に切り替えて、時刻日影図を確認します。

1. **【2次元/3次元切替】コマンド**を実行します。

クィックアクセスツールバーから[**2次元/3次元切替**]をクリックします。

2次元編集モードに変わり、**【2次元/3次元切替】コマンド**は解除されます。

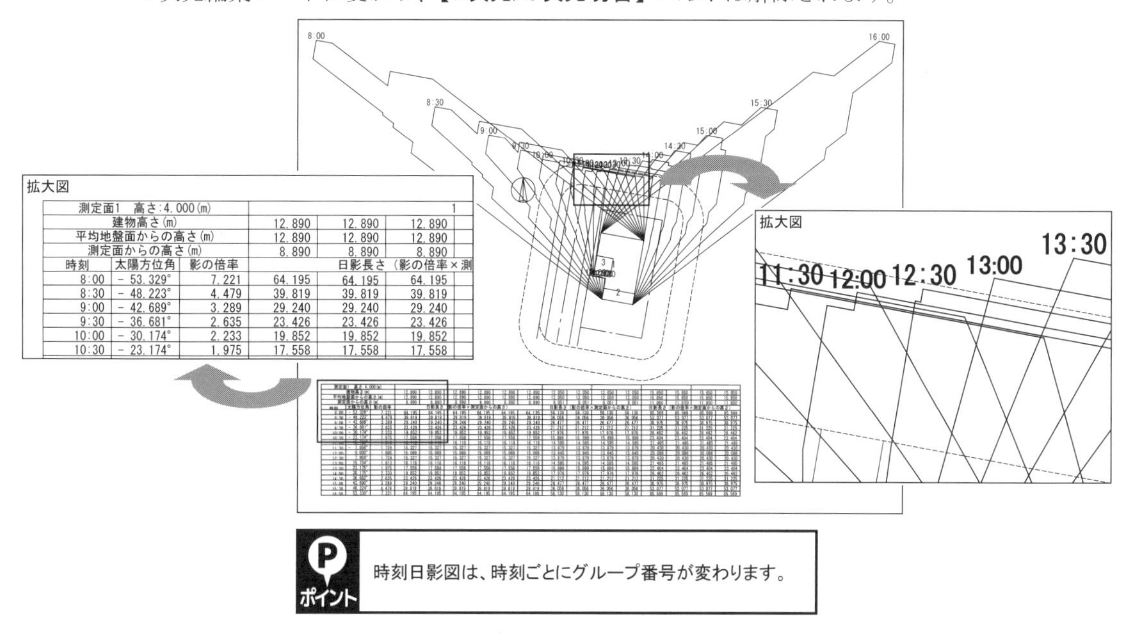

ポイント 時刻日影図は、時刻ごとにグループ番号が変わります。

2. もう一度、**【2次元/3次元切替】コマンド**を実行すると、3次元編集モードに戻ります。

アドバイス 日影アニメーションを作成する

【日影アニメーション】コマンドで時間に応じた太陽の軌道を計算して影を表示し、簡単シミュレーションを行うことができます。

[操作手順]

1. 影を受ける面を作成します。

(1) **【2次元/3次元切替】コマンド**で3次元編集モードにします。

(2) **【属性設定】コマンド**で影を受ける面の属性を設定します。

レイヤ:「250」
カラー:「156:(薄茶色)」

(3) **【柱】コマンド**で**【端点】スナップ**で、作成します。

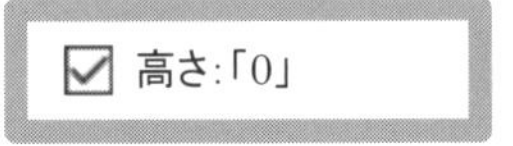

用紙枠の2カ所をクリックします。

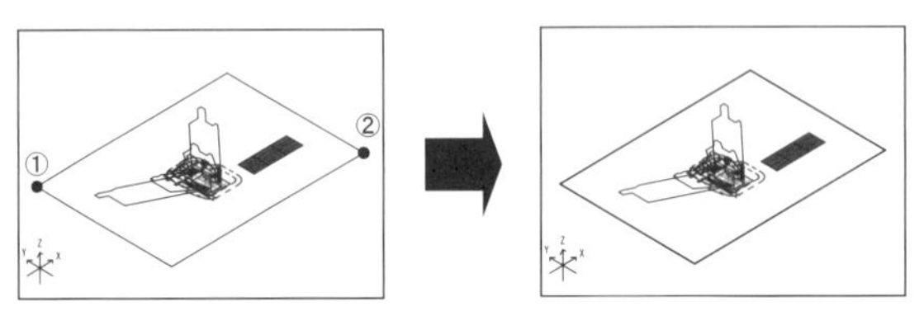

2. **【日影アニメーション】コマンド**を実行します。
[法規]メニューから[日影アニメーション]をクリックします。

3. ダイアログボックスが表示されます。

(1) **[設定]ボタン**でアニメーションの種類、時刻、速度などを設定します。

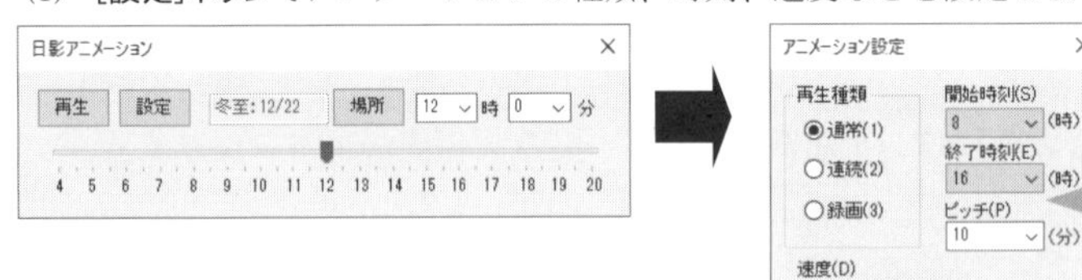

再生種類 :「通常」
開始時刻 :「8時」
終了時刻 :「16時」
・その他は初期設定のまま

(2) **[場所]ボタン**で緯度・経度、真北方向、計算日などの情報を設定します。

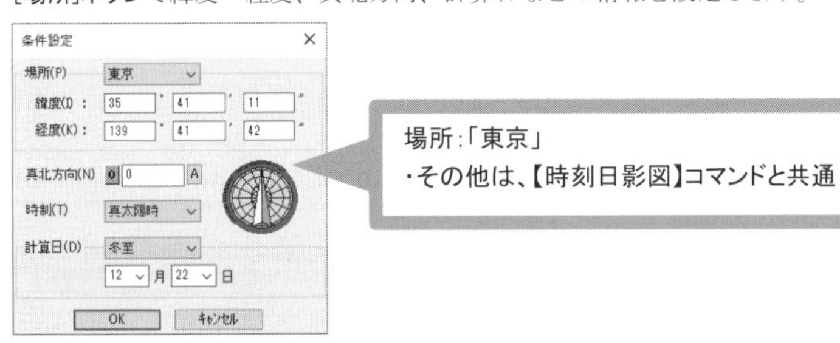

(3) **[再生]ボタン**をクリックすると、影のアニメーションを再生します。

☆再生している間は、**[停止]ボタン**が表示され、クリックすると停止します。

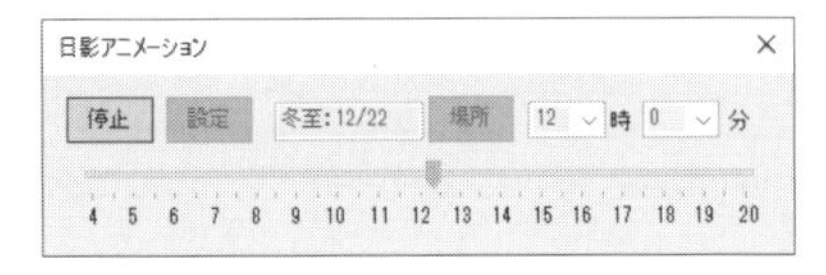

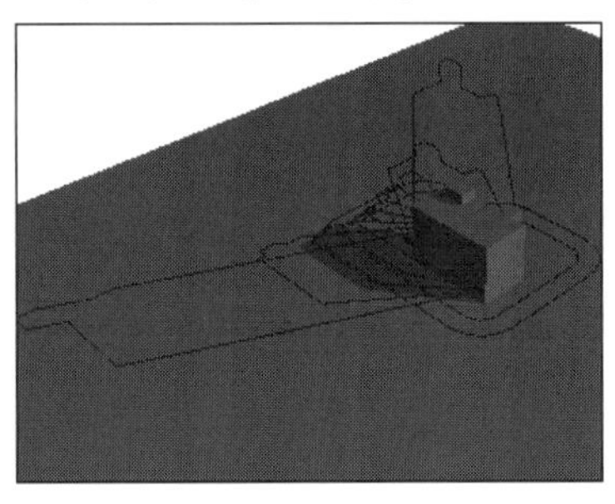

2-2 等時間日影図を作成する

時刻日影図のレイヤを非表示にし、**【等時間日影図】コマンド**で、等時間日影図を作成します。

☆計算させたい図形だけを表示させ、実行した方が高速に計算されます。

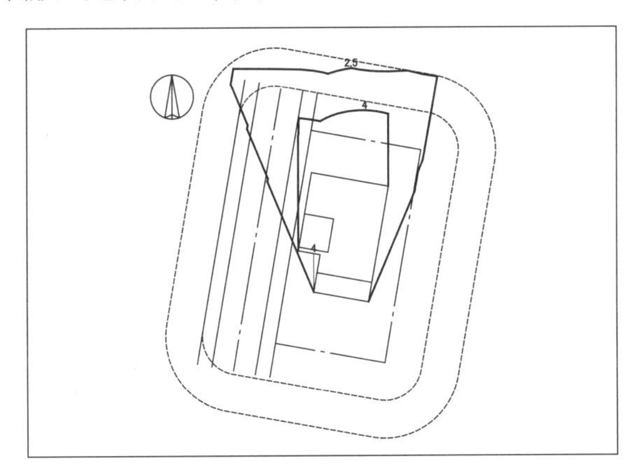

1 不要なレイヤを非表示にする

1. **【非表示レイヤキー入力】コマンド**を実行します。

[レイヤ]メニューから[**非表示レイヤキー入力**]をクリックします。

2. ダイアログボックスが表示されます。

キーボードから“103 ↵”と入力します。

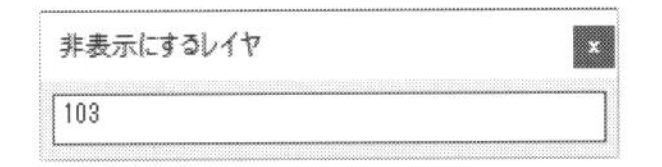

時刻日影図のレイヤが非表示になります。

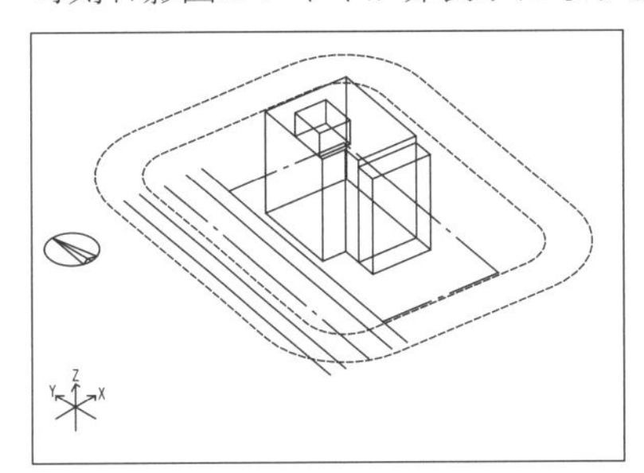

3. **【非表示レイヤキー入力】コマンド**を解除します。

2 属性を設定する

1. **【属性リスト設定】コマンド**(F12 キー)を実行します。

5番「等時間日影図」を選択します。

5:「等時間日影図」 レイヤ :「105」
カラー :「010:濃赤」

属性が設定され、**【属性リスト設定】コマンド**は解除されます。

〔属性〕パネルまたはステータスバーにレイヤ番号(105)とカラー(010：濃赤)が表示されます。

3 等時間日影図を作成する

1.【等時間日影図】コマンドを実行します。

[法規]メニューから[等時間日影図]をクリックします。

2. ダイアログボックスが表示されます。

計算時間を設定し、[OK]ボタンをクリックします。

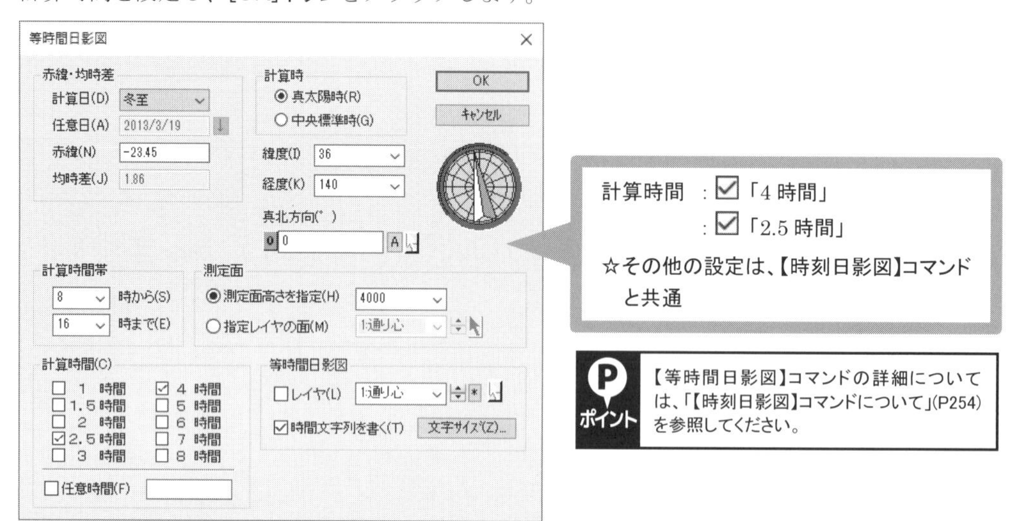

ポイント 【等時間日影図】コマンドの詳細については、「【時刻日影図】コマンドについて」(P254)を参照してください。

等時間日影図が作成され、**【等時間日影図】コマンド**は解除されます。

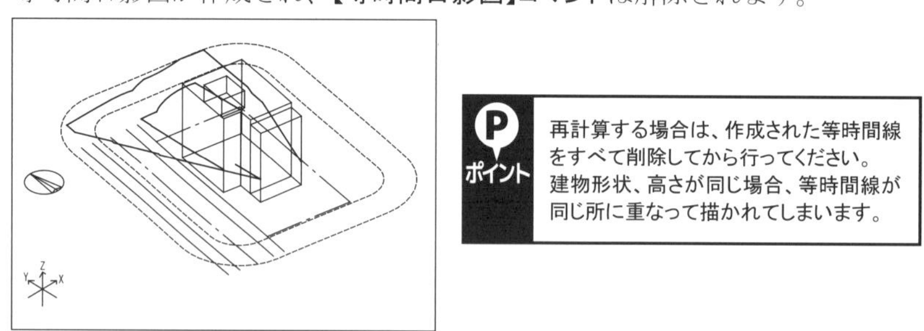

ポイント 再計算する場合は、作成された等時間線をすべて削除してから行ってください。建物形状、高さが同じ場合、等時間線が同じ所に重なって描かれてしまいます。

4 等時間日影図を確認する

２次元編集に切り替えて、等時間日影図を確認します。

1.【2次元/3次元切替】コマンドを実行します。

クイックアクセスツールバーから[**2次元/3次元切替**]をクリックします。

２次元編集モードに変わり、**【2次元/3次元切替】コマンド**は解除されます。

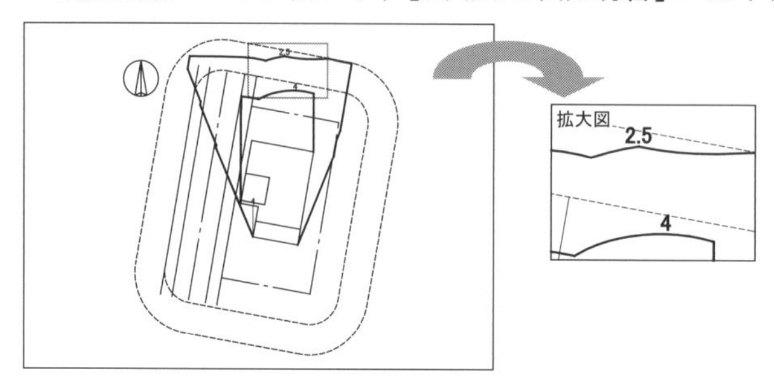

2. もう一度、**【2次元/3次元切替】コマンド**を実行すると、３次元編集モードに戻ります。

③ 日影チャートを作成する

チャートポイントを作成し、日影チャートを作成します。

3-1 日影チャートポイントを作成する

【3Dポリライン】コマンドでポリラインの補助線を描き、**【等分割(3D)】コマンド**で日影チャートポイントを作成します。

☆点、2Dポリラインの頂点(厚みは無視)、3Dポリラインの頂点が日影チャートポイントになります。

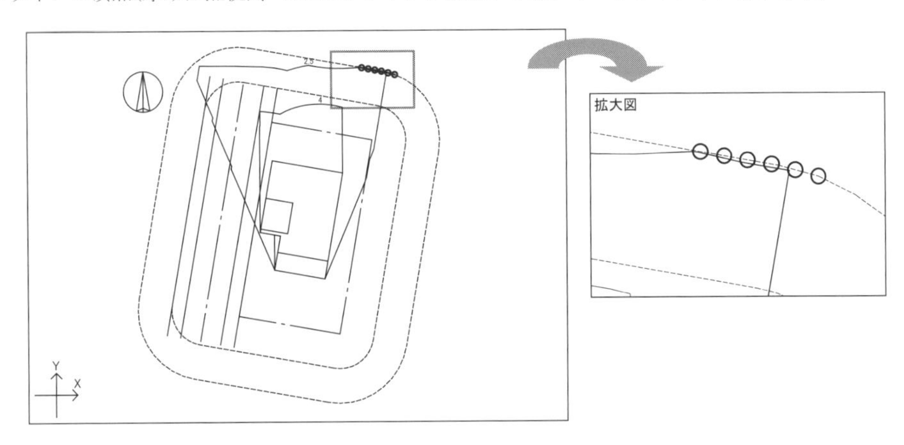

1 属性を設定する

1. **【属性リスト設定】コマンド**(F12キー)を実行します。

11番**「補助線」**を選択します。

11:「補助線」	レイヤ	:「150」
	カラー	:「002:赤」

属性が設定され、**【属性リスト設定】コマンド**は解除されます。

〔属性〕パネルまたはステータスバーにレイヤ番号(150)とカラー(002:赤)が表示されます。

2 補助線を描く

1. **【上空図】**を表示します。

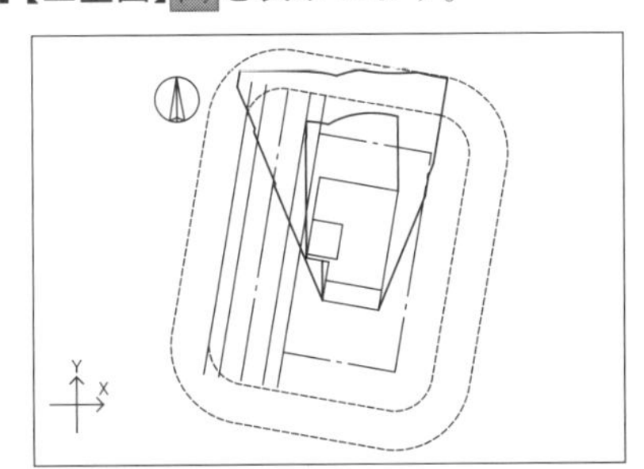

2. **【3Dポリライン】コマンド**を実行します。

[作成]メニューから**[3Dポリライン]**をクリックします。

3. 補助線を作成します。

(1) **【端点】**スナップで、測定線の端部をクリックします。

(2) 同じスナップのまま、第2点をクリックし、**【線上点】**スナップで、測定線上の任意な位置を第3点としてクリックします。

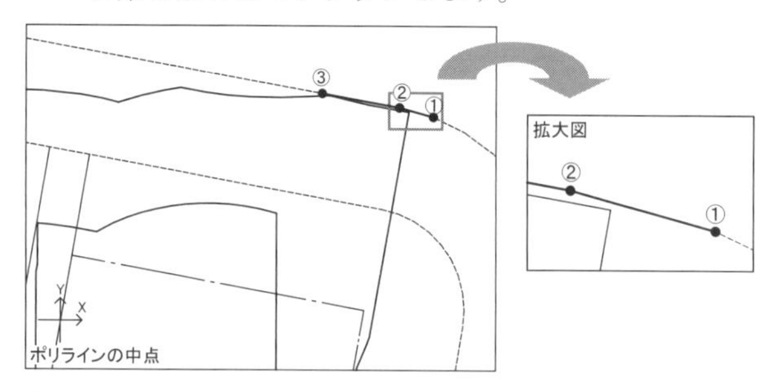

(3) 第3点まで取り終えたら、右クリックし、編集メニューを表示します。

(4) [**作図終了**]を指定すると、ポリラインの補助線が描かれます。

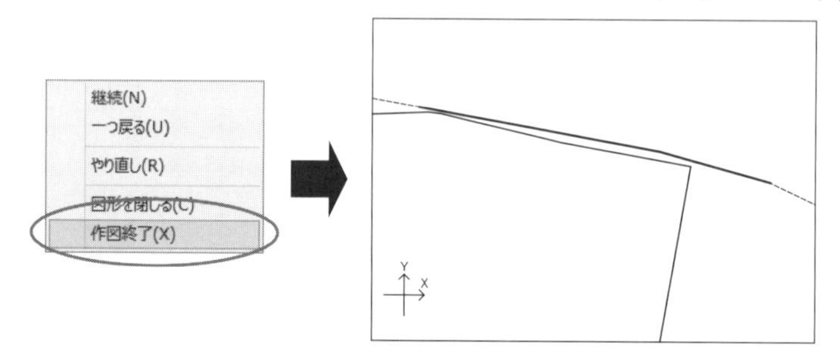

4. **【3Dポリライン】コマンド**を解除します。

3 属性を設定する

1. **【属性リスト設定】コマンド**（**F12** **キー**）を実行します。
6番「チャートポイント」を選択します。

6:「チャートポイント」	レイヤ	:「106」
	カラー	:「009:濃青」

属性が設定され、**【属性リスト設定】コマンド**は解除されます。
〔**属性**〕**パネル**またはステータスバーにレイヤ番号(106)とカラー(009：濃青)が表示されます。

点について

基準となる位置などを、点で描くことができます。点の作図は、座標や日影計算のポイントをとるときに有効です。

【環境設定】コマンドの〔**印刷**〕**タブ**で、点の形状や印刷時のサイズを変更することができ、〔**表示**〕**タブ**で「点を印刷サイズで表示」に✔すると、〔**印刷**〕**タブ**で設定したサイズやタイプで表示することができます。

また、**【印刷の設定】コマンド**の「点を印刷」に✔しないと、点を印刷しませんので、作図の目安として利用することもできます。

4 日影チャートポイントを作成する

1. **【等分割(3D)】コマンド**を実行します。
[編集]メニューから[平行複写]の**▼ボタン**をクリックし、[等分割]をクリックします。

2. ダイアログボックスが表示されます。
(1) **[詳細設定]ボタン**をクリックし、ダイアログボックスを追加表示します。
(2) 以下のように設定し、**[OK]ボタン**をクリックします。

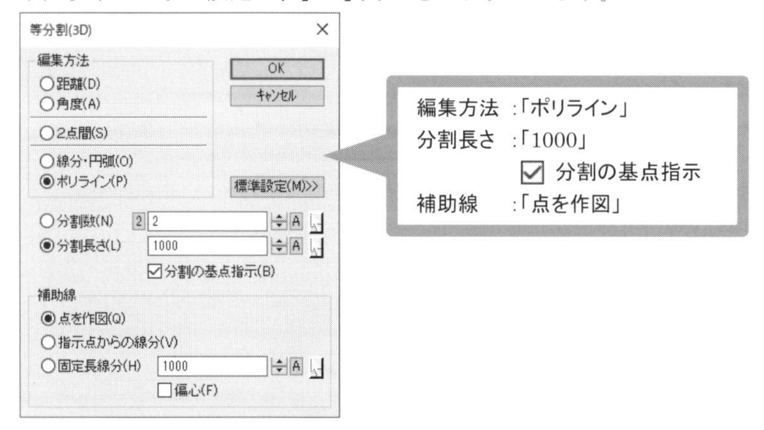

3. チャートポイントを描きます。
【端点】 スナップで、補助線の右端部をクリックすると、分割長さ1000mmの点が描かれます。

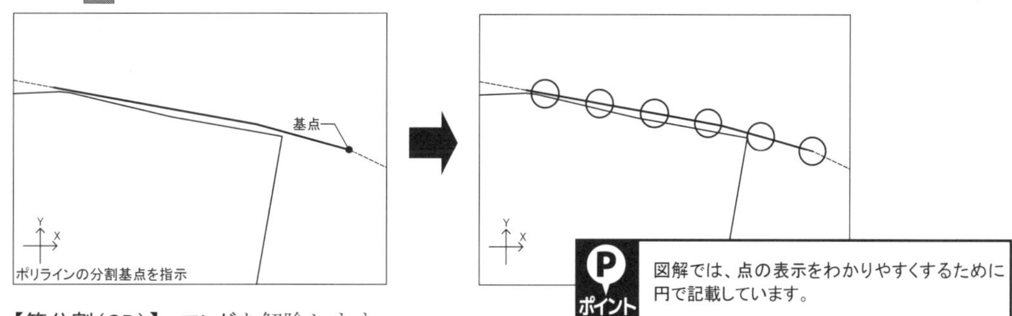

4. **【等分割(3D)】コマンド**を解除します。

【等分割(3D)】コマンドについて

編集方法:

[距離]　指定した2本の線分間の距離を等分割します。
[角度]　指定した2本の線分間の角度を等分割します。
[2点間]　任意2点を指示してその間の距離を等分割します。
[線分・円弧]　1つの線分(円弧)を指定してその線分(円弧)上の距離を等分割します。
[ポリライン]　1つのポリラインを指定してそのポリライン上の距離を等分割します。

[分割数]　分割数で設定します。
[分割長さ]　分割長さで設定します。
[分割の基点指示]　[線分・円弧] [ポリライン]を指定した場合に、指示した点を基準として等分割します。✔しない場合は、始点を基準として等分割します。

補助線:　[2点間] [線分・円弧] [ポリライン]を指定した場合に、分割位置に補助線を作図します。
[点を作図]　分割位置に点を作図します。
[指示点からの線分]　分割位置に補助線の基点位置から線分を作図します。
[固定長線分]　分割位置に垂直な線分を作図します。
[偏心]　分割点を基準にしてどちらか一方だけに分割線を作図することができます。

☆詳細については『PDF マニュアル』を参照してください。

3-2 日影チャートを作成する

【日影チャート】コマンドで日影チャートの計算をし、日影チャートの計算結果を配置します。

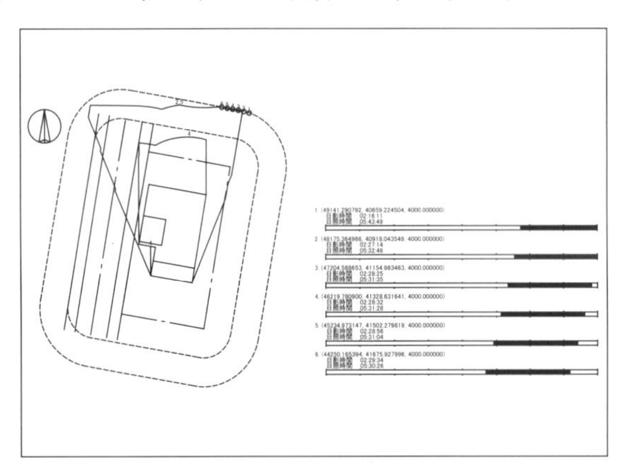

1 日影チャートを計算する

1. **【日影チャート】コマンド**を実行します。

[法規]メニューから**[日影チャート]**をクリックします。

2. ダイアログボックスが表示されます。

測定点を設定し、**[OK]ボタン**をクリックします。

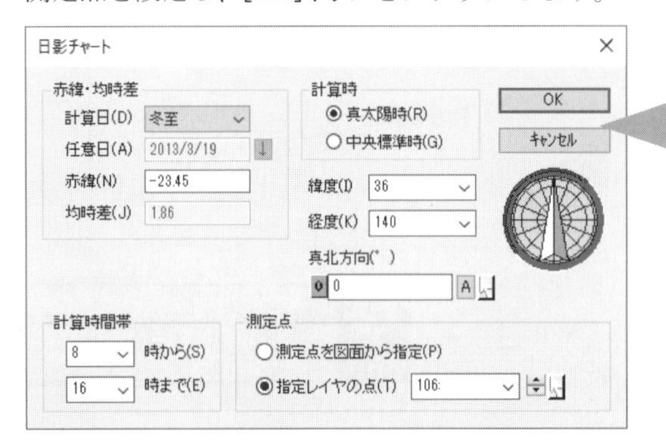

測定点：「指定レイヤの点 106」
☆その他の設定は、【時刻日影図】コマンドと共通

ポイント 【日影チャート】コマンドの詳細については、「【時刻日影図】コマンドについて」(P254)を参照してください。

3. 日影チャートが計算され、ダイアログボックスに計算結果が表示されます。

(1) 日影チャートを書き込むレイヤなどを設定し、**[文字サイズ]ボタン**をクリックします。

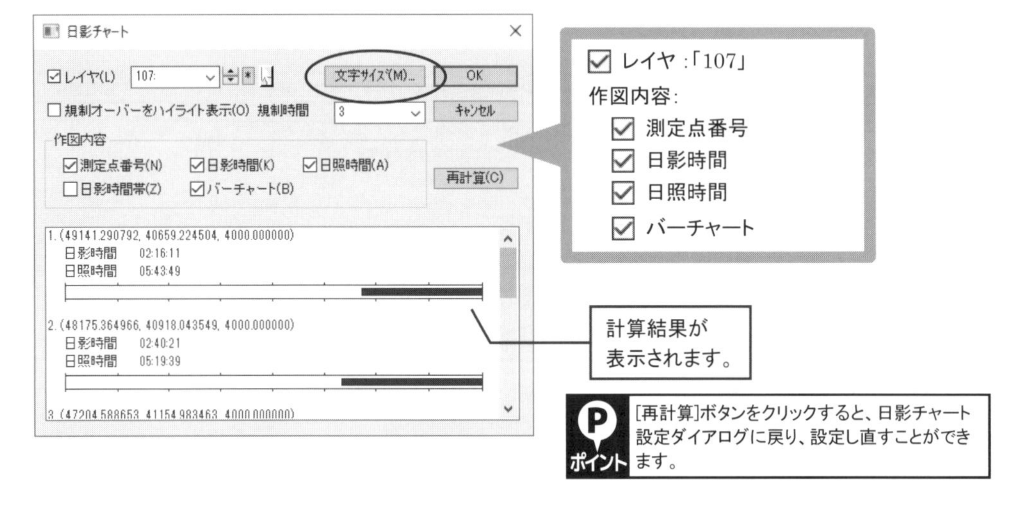

(2) 文字サイズ設定ダイアログボックスが表示されます。
以下のように設定し、[OK]ボタンをクリックします。

フォント名 :「MSP ゴシック」
高さ :「5」
幅: :「0」
☑ 出力サイズ指定

(3) 日影チャートダイアログボックスに戻ります。
ダイアログボックスの設定がすべて終わりましたら、[OK]ボタンをクリックします。

4. 日影チャートを配置します。
カーソルの交差部に日影チャートがついています。
【任意点】スナップで、図面の任意な場所をクリックすると、日影チャートが配置されます。

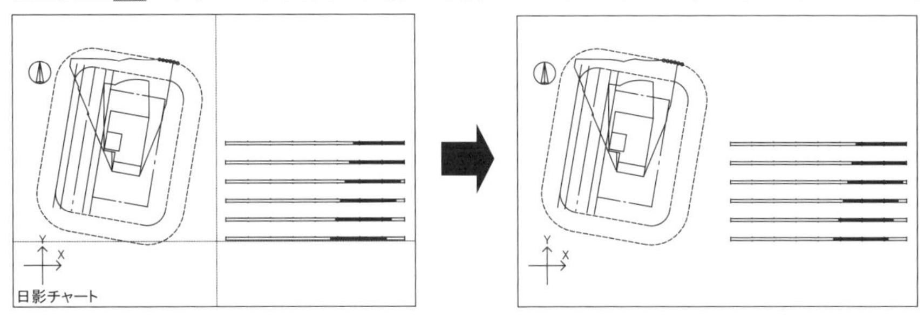

5. 日影チャートダイアログボックスに戻ります。
【日影チャート】コマンドを解除します。

アドバイス チャートポイントを1点ずつ取り計算する

チャートポイントをあらかじめ作成しないで、画面から直接クリックして設定します。

[操作手順]

(1) **【日影チャート】コマンド**を実行します。

測定点:「測定点を図面から指定」

(2) **「測定点」**とメッセージが表示されたら、**【線上点】**スナップで計算したい測定点をクリックします。

(3) 点が作図され、ステータスバーに測定値が表示されます。

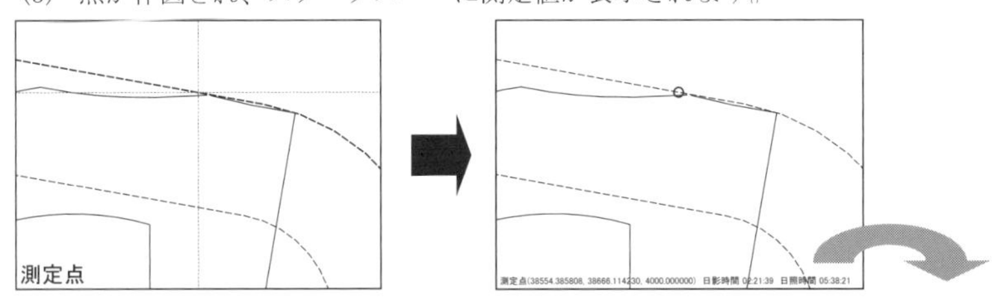

[測定点(38554.385808, 38666.114230, 4000.000000) 日影時間 02:21:39 日照時間 05:38:21]

(4) 続けて計算したい測定点をクリックし、右クリックすると、計算結果がダイアログボックスに表示されます。

2 日影チャートを確認する

２次元編集に切り替えて、日影チャートを確認します。

1. 【2次元/3次元切替】コマンドを実行します。
クィックアクセスツールバーから[2次元/3次元切替]をクリックします。
２次元編集モードに変わり、【2次元/3次元切替】コマンドは解除されます。

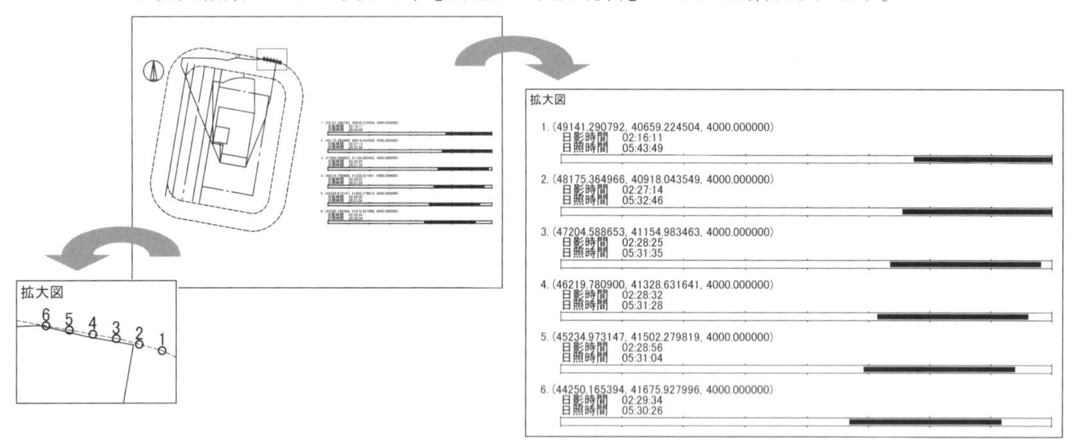

2. もう一度、【2次元/3次元切替】コマンドを実行すると、３次元編集モードに戻ります。

3 補助線を削除する

1. 【削除】コマンドを実行します。
[編集]メニューから[削除]をクリックします。

2. 【標準選択】 で、補助線をクリックすると、削除されます。

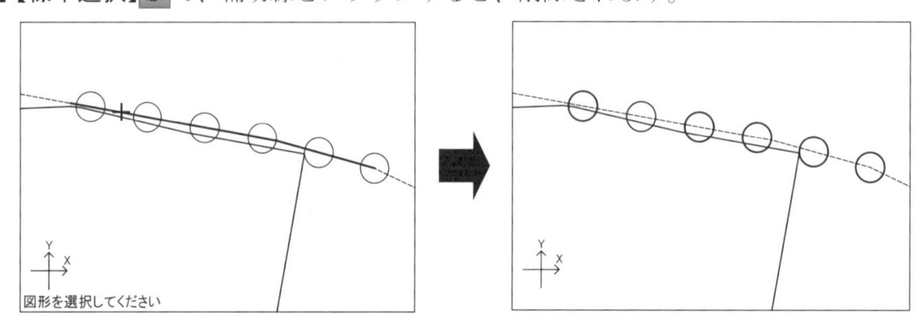

Alt キーを押しながら線分を指定すると、確認マウスが表示され、線分を確認することができます。
右クリックすると、次の面を確認します。 Esc キーを押すと指定をキャンセルします。
また、測定線が削除された場合は、【元に戻す】 コマンドで測定線を復活し、もう1度補助線をクリックしてください。

3. 【削除】コマンドを解除します。

④ 壁面日影図を作成する

壁面に対する時刻日影図を作成します。

4-1 壁面を作成する

敷地境界線から 6 m離れた位置に、【壁】コマンドで厚みのない壁面を作成し、【反転】コマンドで作成した壁面の表/裏を確認します。

☆計算時は、厚みのない壁の表面に対して影を描きます。

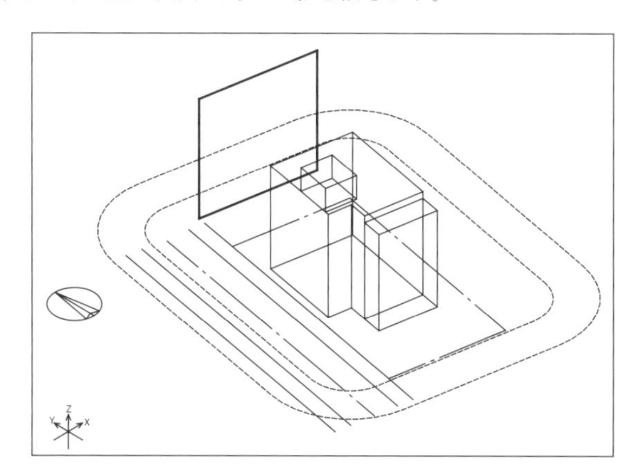

1 不要なレイヤを非表示にする

1. 【非表示レイヤキー入力】コマンドを実行します。
[レイヤ]メニューから [非表示レイヤキー入力]をクリックします。

2. ダイアログボックスが表示されます。
キーボードから“105-107 ↵”と入力します。

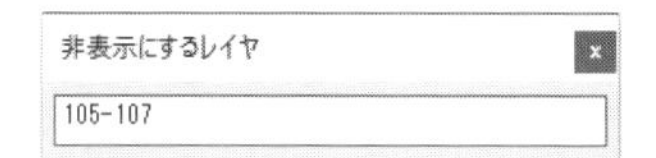

等時間線、日影チャートポイント、日影チャートのレイヤが非表示になります。

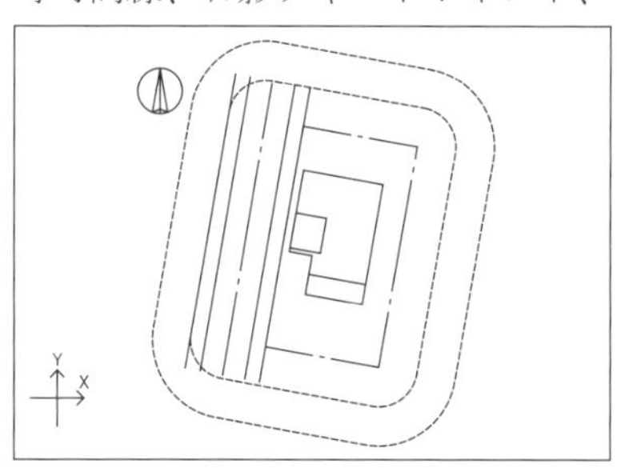

3. 【非表示レイヤキー入力】コマンドを解除します。

2 属性を設定する

1. **【属性リスト設定】コマンド**（F12 キー）を実行します。

8番「壁面」の属性を選択します。

> 8:「壁面」　レイヤ　:「108」
> 　　　　　　カラー　:「015:濃灰色」

属性が設定され、**【属性リスト設定】コマンド**は解除されます。

〔属性〕パネルまたはステータスバーにレイヤ番号(108)とカラー(015：濃灰色)が表示されます。

3 壁面を作成する

1. **【南西アクソメ図】**を表示します。

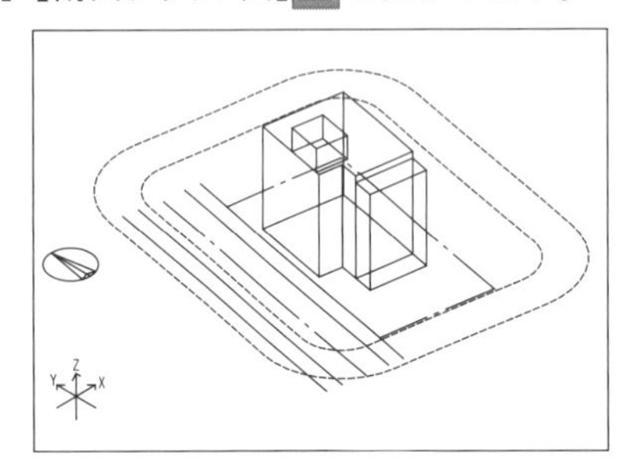

2. **【壁】コマンド**を実行します。

[作成]メニューから[壁]をクリックします。

3. ダイアログボックスが表示されます。

高さなどを設定し、**[OK]ボタン**をクリックします。

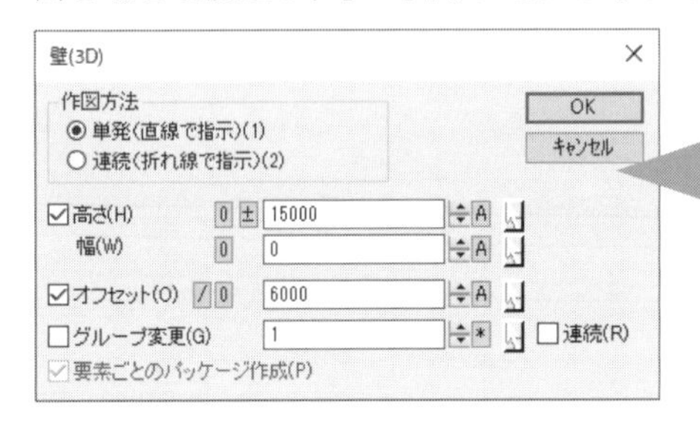

> 作図方法　:「単発」
> ☑ 高さ　:「15000」
> 　幅　:「0」
> ☑ オフセット　:「6000」

ポイント：壁の幅を0mmに設定すると、厚みのない壁を作成することができます。

4. 壁を作成します。

(1) **【端点】スナップ**で、北側敷地境界線の右下端部をクリックします。

(2) 同じスナップのまま、北側敷地境界線の左下端部をクリックします。

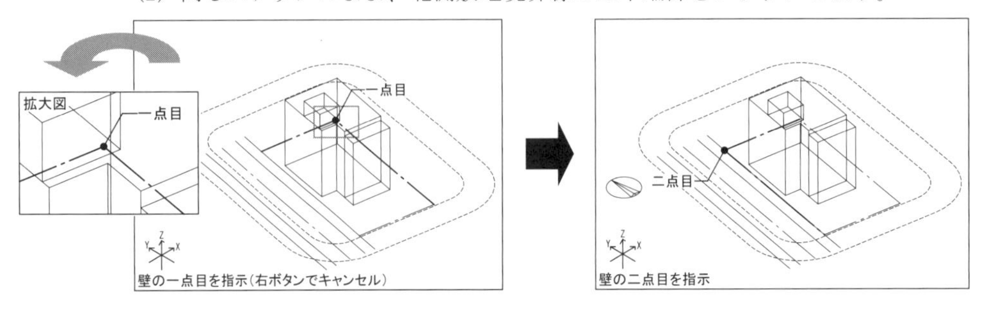

(3) オフセット方向の矢印と確認のマウスが表示されたら、左クリック(YES)すると、壁が描かれます。

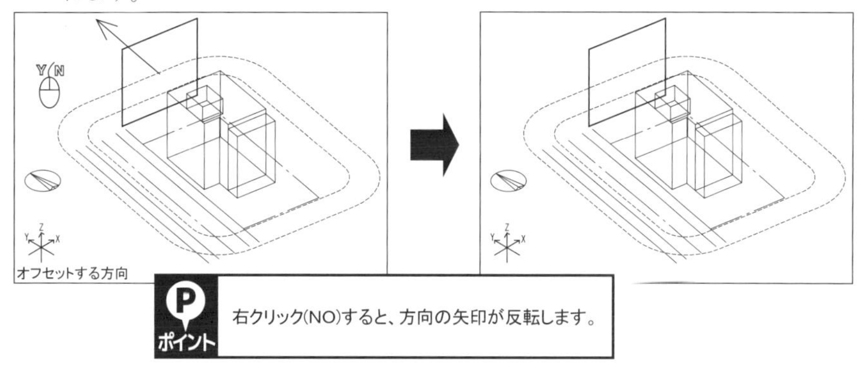

5. 【壁】コマンドを解除します。

4 面の表/裏を確認する

1. 【反転】コマンドを実行します。

[編集]メニューから[反転]をクリックします。

2. ダイアログボックスが表示されます。

以下のように設定し、[OK]ボタンをクリックします。

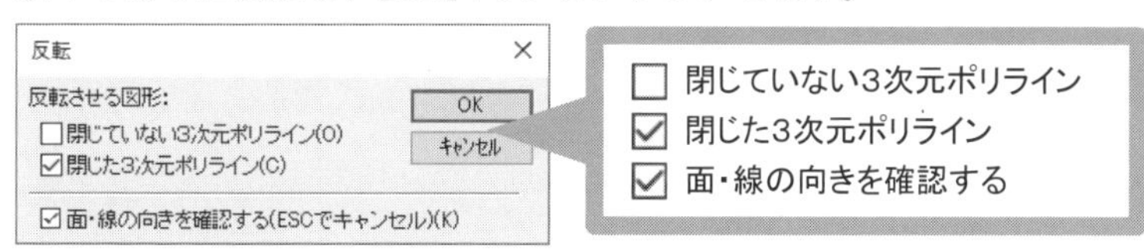

3. 壁面の表/裏を確認します。

(1) 【標準選択】で、壁面をクリックして選択します。

(2) 反転の方向の矢印と確認のマウスが表示されます。
矢印の方向が建物側と反対を向いていますので、右クリック(NO)します。

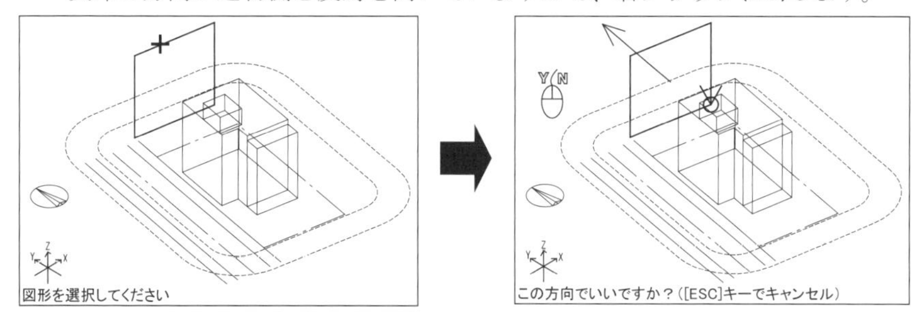

(3) 矢印の方向が建物側に向いているのを確認して左クリック(YES)します。

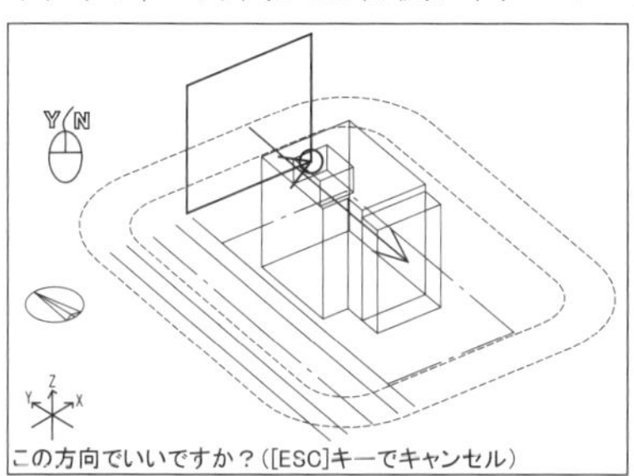

4. 【反転】コマンドを解除します。

4-2 壁面時刻日影図を作成する

【時刻日影図】コマンドで、壁面に時刻日影図を作成します。

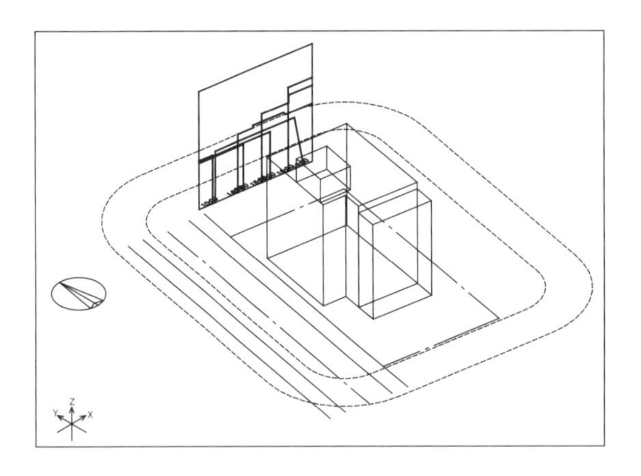

1 属性を設定する

1. **【属性リスト設定】コマンド**（F12キー）を実行します。
9番「壁面時刻日影図」を選択します。

9:「壁面時刻日影図」 レイヤ :「109」
カラー :「056:茶色」

属性が設定され、**【属性リスト設定】コマンド**は解除されます。
〔属性〕パネルまたはステータスバーにレイヤ番号(109)とカラー(056：茶色)が表示されます。

2 壁面時刻日影図を作成する

1. **【時刻日影図】コマンド**を実行します。
[法規]メニューから[時刻日影]をクリックします。

2. ダイアログボックスが表示されます。
以下のように設定し、**[OK]ボタン**をクリックします。

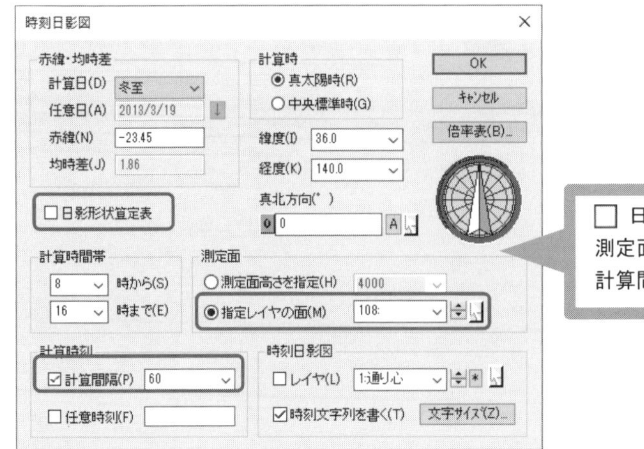

□ 日影形状算定表
測定面 :「指定レイヤの面 108」
計算間隔 :「60」

壁面に時刻日影図が作成され、**【時刻日影図】コマンド**は解除されます。

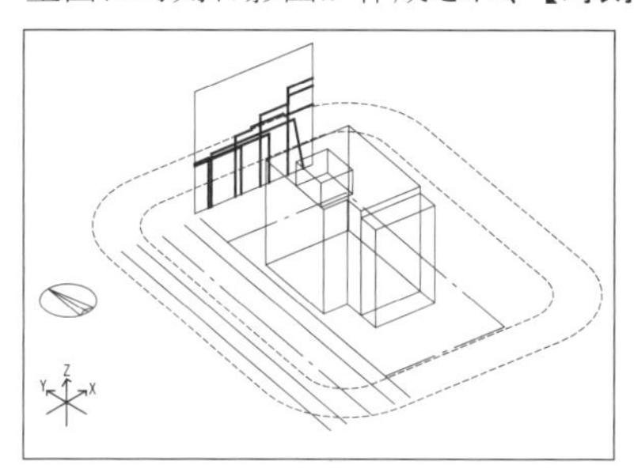

3 壁面時刻日影図を確認する

２次元編集に切り替えて、壁面時刻日影図を確認します。

1. **【2次元/3次元切替】コマンド**を実行します。
クィックアクセスツールバーから[**2次元/3次元切替**]をクリックします。
２次元編集モードに変わり、**【2次元/3次元切替】コマンド**は解除されます。

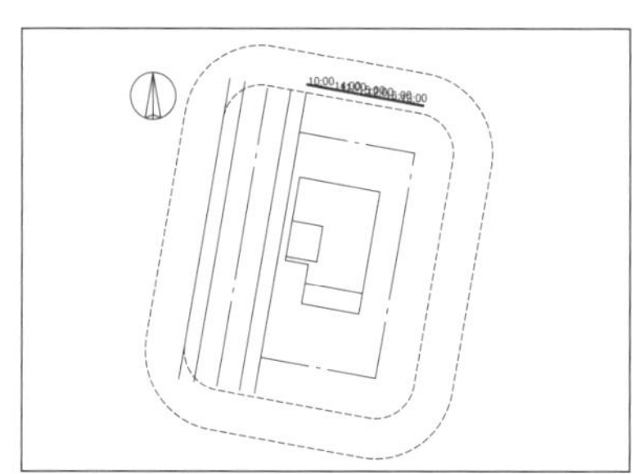

2. もう一度、**【2次元/3次元切替】コマンド**を実行すると、３次元編集モードに戻ります。

アドバイス　壁面に等時間日影図を作成する

壁面に時刻日影図と同様に等時間日影図を作成します。

［操作手順］

(1) **【等時間日影図】** **コマンド**を実行します。

測定面	:「指定レイヤの面　108」
計算時間	: ☑「2.5 時間」

等時間日影図が作成され、コマンドは解除されます。

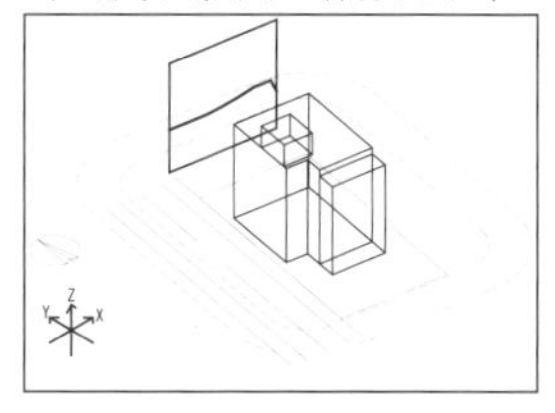

4-3 壁面時刻日影図を編集する

２次元投影図を作成し、編集して壁面時刻日影図を作成します。

※説明をわかりやすくするために、ここでは図解でも、３次元編集画面で文字を記載します。

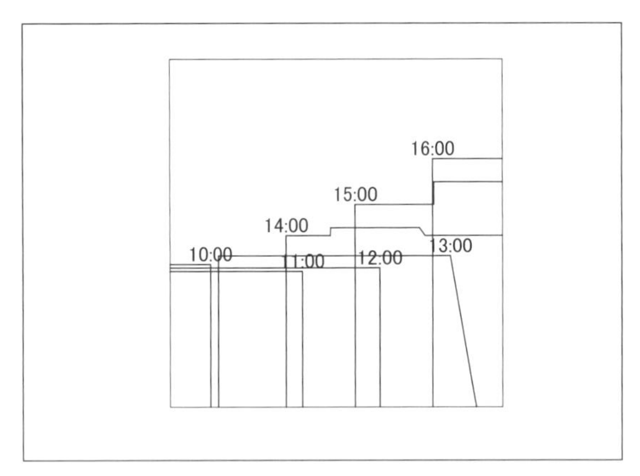

1 必要なレイヤのみを表示する

1．【全レイヤ非表示】コマンドを実行します。

[レイヤ]メニューから[**全レイヤ非表示**]をクリックします。

すべてのレイヤが非表示になり、**【全レイヤ非表示】コマンド**は解除されます。

2．【表示レイヤキー入力】コマンドを実行します。

[レイヤ]メニューから[**表示レイヤキー入力**]をクリックします。

3．ダイアログボックスが表示されます。

キーボードから“108,109 ↵”と入力します。

壁面と壁面時刻日影図のレイヤが表示されます。

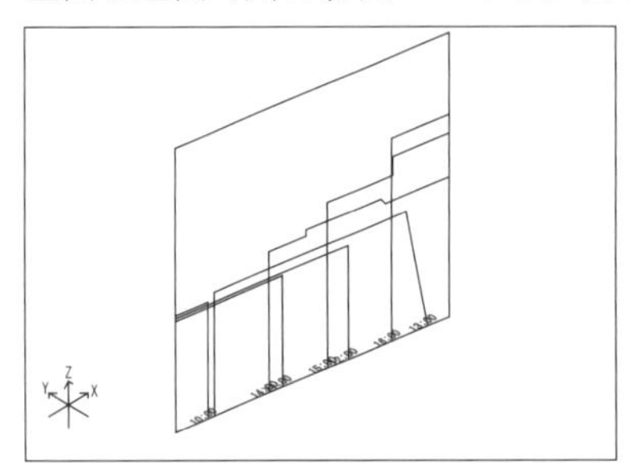

4．【表示レイヤキー入力】コマンドを解除します。

2 時刻日影線の色を変更する

時刻日影線をわかりやすくするために時間ごとに**【属性変更】コマンド**で色を変更します。

1. **【属性変更】コマンド**を実行します。
[ホーム]メニューから[属性リスト]の▼ボタンをクリックし、[属性変更]をクリックします。

2. ダイアログボックスが表示されます。
以下のように設定し、[OK]ボタンをクリックします。

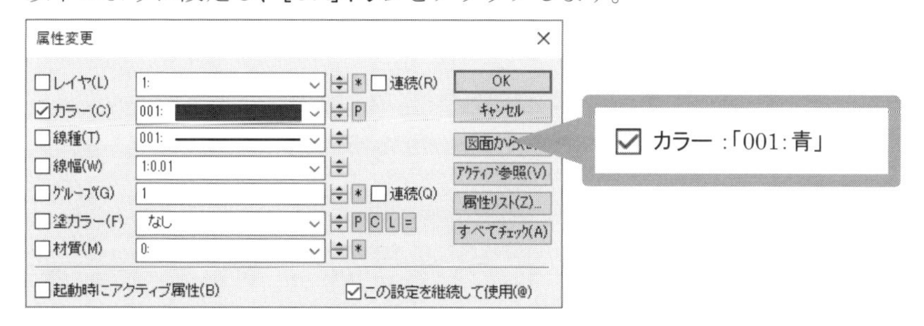

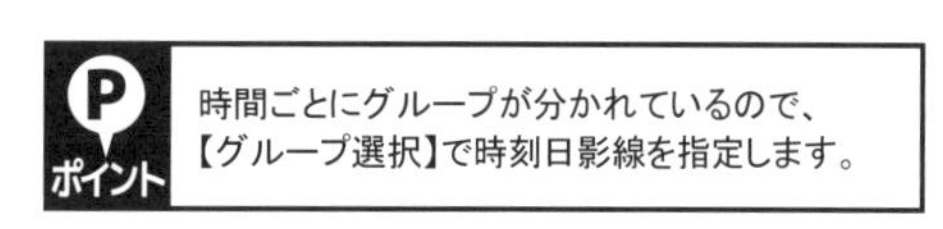

3. 時刻日影線の色を[001:青]に変更します。
【グループ選択】で、時刻日影線をクリックして選択し、「10:00」の色を[001:青]に変更します。

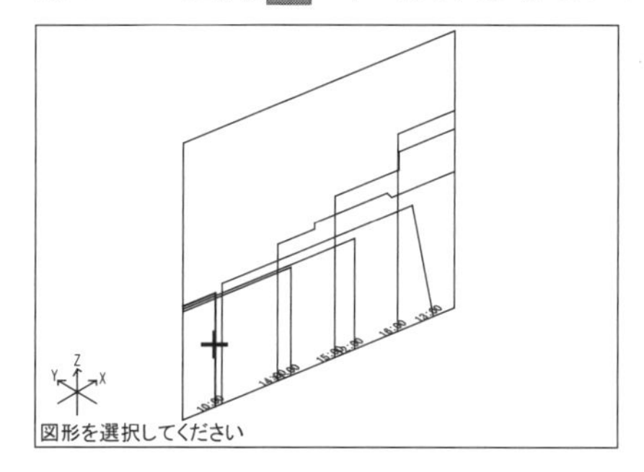

ポイント 時間ごとにグループが分かれているので、【グループ選択】で時刻日影線を指定します。

4. 色を変更します。
(1) 右クリックして、ダイアログボックスを表示します。
以下のように色を変更し、[OK]ボタンをクリックします。

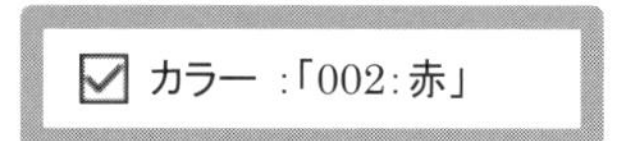

(2) **3.**と同様に、「11:00」の色を[002:赤]に変更します。

5. **4.**と同様に、「12:00」〜「15:00」の色を[003:紫]〜[006:黄色]に変更します。

6. **【標準選択】**に戻します。

7. **【属性変更】コマンド**を解除します。

3 2次元投影図を作成する

1.【全図形表示】コマンドを実行します。

[表示]メニューから[全図形表示]をクリックします。

図形が画面一杯に表示され、【全図形表示】コマンドは解除されます。

2.【南立面図】を表示します。

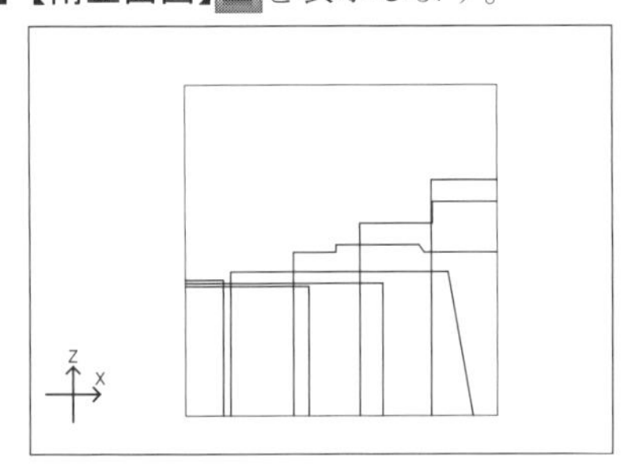

3.【2次元投影図】コマンドを実行します。

[図面]メニューから[投影図]をクリックします。

２次元投影図が作成され、【2次元投影図】コマンドは解除されます。

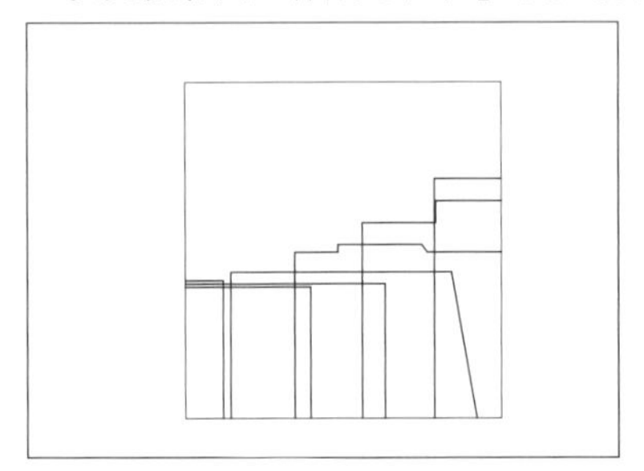

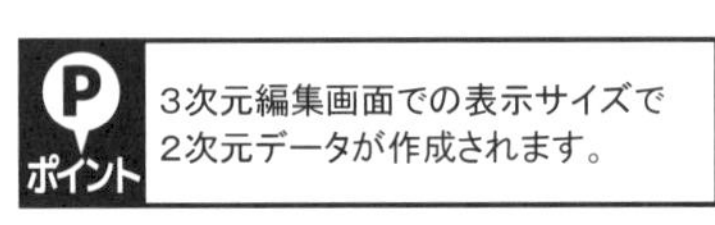

4 2次元編集に切り替える

1.「KADAI-03」ファイルのタブをクリックして表示します。

2.【2次元/3次元切替】コマンドを実行します。

クィックアクセスツールバーから[2次元/3次元切替]をクリックします。

２次元編集モードに変わり、【2次元/3次元切替】コマンドは解除されます。

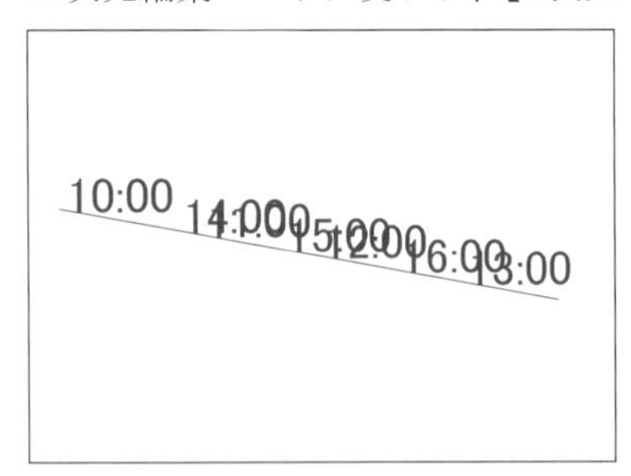

5 文字を配置する

1. 【複写】コマンドを実行します。
[編集]メニューから[複写]をクリックします。

2. ダイアログボックスが表示されます。
〔マウス〕タブで以下のように設定し、[OK]ボタンをクリックします。

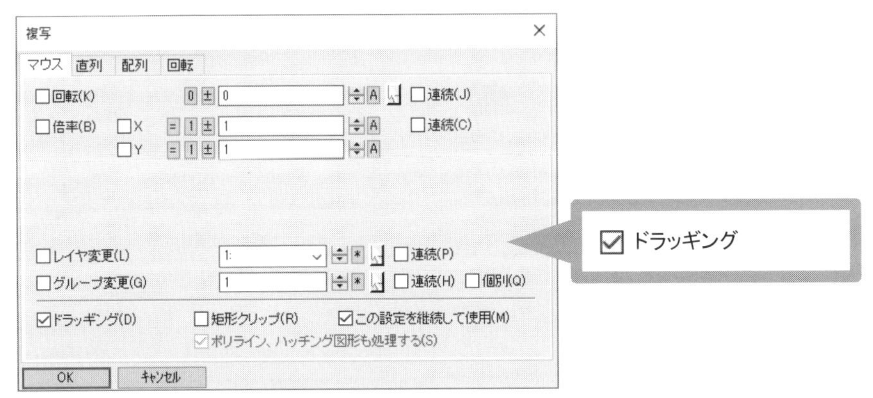

3. 文字(10:00)を複写します。
(1) 【標準選択】で、文字をクリックして選択します。
(2) 【端点】スナップで、文字の原点(中央下)をクリックします。

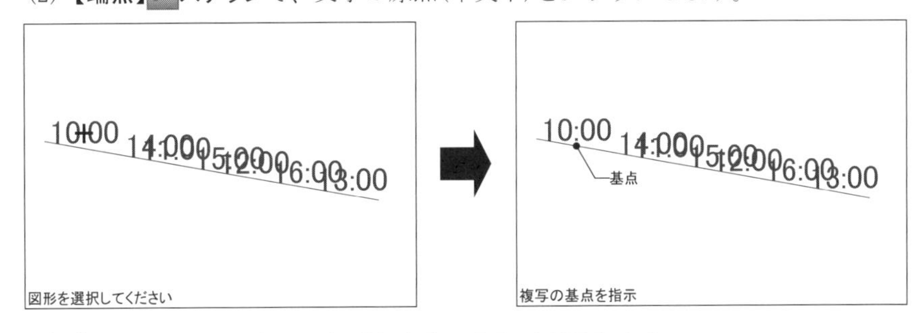

(3) 「DRAWIN1」ファイルのタブをクリックして表示します。
(4) カーソルの交差部に文字がついています。
同じスナップのまま、同じ色の時刻日影線の端部をクリックすると、文字が配置されます。

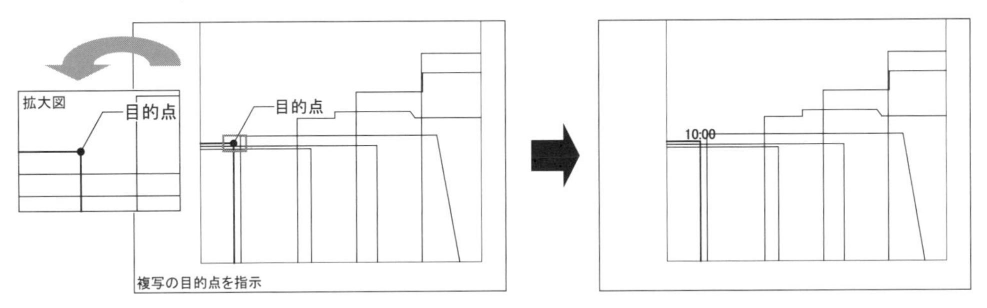

4. 文字(11:00)を配置します。

(1) 「KADAI-03」ファイルのタブをクリックして表示します。

(2) 2回右クリックして、文字を選択します。

(3) **3.**と同様に、文字を配置します。

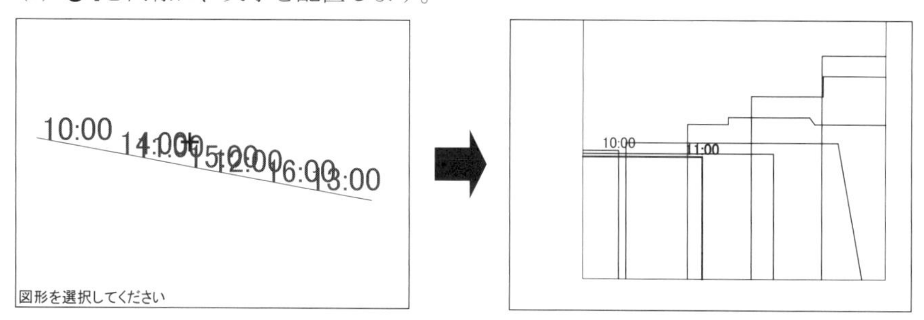

5. 同様に、その他の文字も配置します。

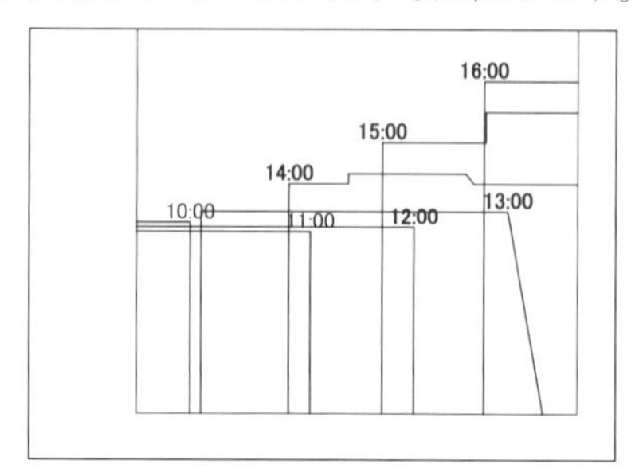

6. 【複写】コマンドを解除します。

6 時刻日影線の色を変更する

1. 【属性変更】コマンドを実行します。

[ホーム]メニューから[属性変更]をクリックします。

2. ダイアログボックスが表示されます。

以下のように設定し、[OK]ボタンをクリックします。

☑ カラー :「056:濃茶色」

3. 時刻日影線の色を[056:濃茶色]に変更します。

【標準選択】で、時刻日影線を上からドラッグ(ウィンドウ選択)して選択し、色を[056:濃茶色]に変更します。

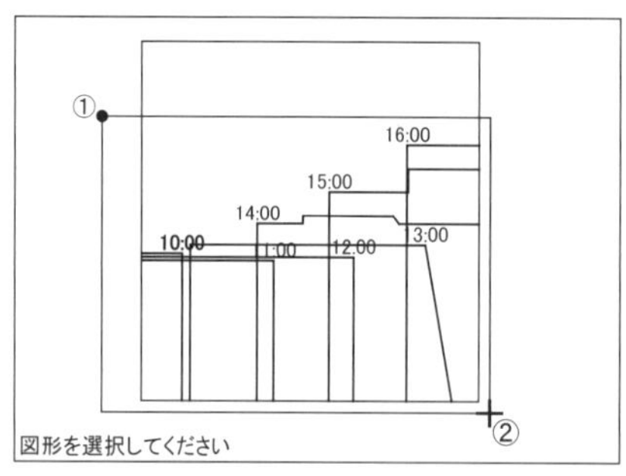

4. 【属性変更】コマンドを解除します。

7 ウィンドウを閉じる

作成した壁面日影図のデータを保存し、ファイルを閉じます。

1. ウィンドウを閉じます。

(1) 「DRAWIN1」ファイルのタブをクリックして表示します。

(2) 作業ウィンドウの×ボタンをクリックすると、メッセージダイアログが表示されます。

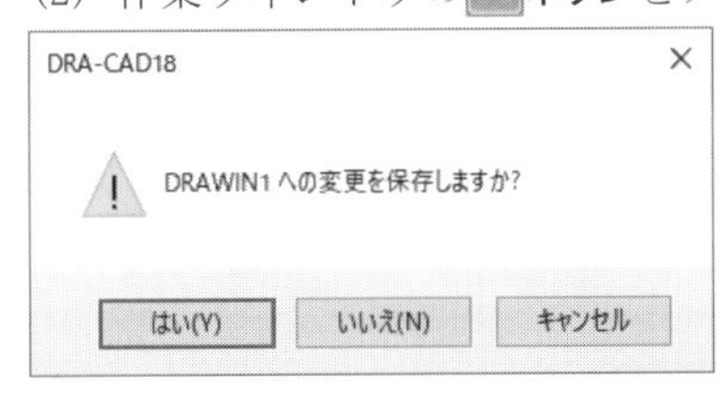

(3) [はい]ボタンをクリックすると、ダイアログボックスが表示されます。
以下のように設定し、[保存]ボタンをクリックします。

ファイルの場所 :「こんなに簡単! DRA-CAD18 3次元編 練習用データ」
ファイル名 :「KADAI-04」
ファイルの種類 :「セキュリティファイル DRA-CAD18/17(*.mps)」

保存と同時にウィンドウが閉じます。

4-4 日影図を完成する

作図が終了しましたので、必要なレイヤを表示して日影図を完成します。

1 日影図のレイヤを表示する

1.【表示レイヤ反転】コマンドを実行します。

[**レイヤ**]**メニュー**から[**表示レイヤ反転**]をクリックします。

壁面日影図以外のすべてのレイヤが表示され、**【表示レイヤ反転】コマンド**は解除されます。

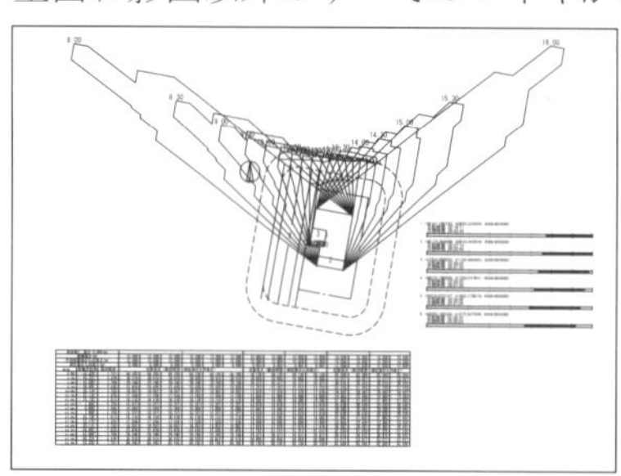

Ctrl キーを押しながら Q キーを押しても非表示になっている裏画面と表示している表画面が切り替わります。

2 ファイルを上書き保存する

作成したすべてのデータを上書き保存します。

1.【上書き保存】コマンドを実行します。

メニューから[**上書き保存**]をクリックします。

日影図が上書き保存されて、作図画面に戻ります。

これで日影図の完成です。

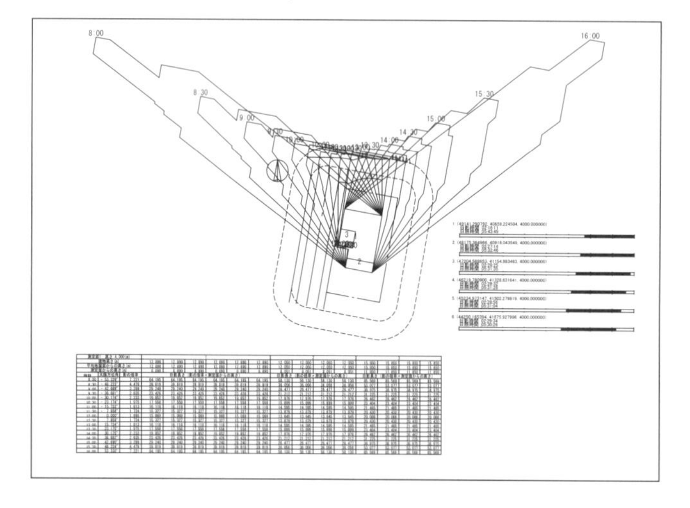

6 天空図の作成

0 天空図を作成する前に

Part6では、Part5で作成した計画建物について道路高さ制限による天空図を作成します。
DRA-CAD では、すでに描かれている2次元の図面を利用し、天空図作成に必要な測定データを3次元編集で追加し、天空図を作成します。

☆作図の前にPart3の「1 作図上の注意」を必ずお読みください。

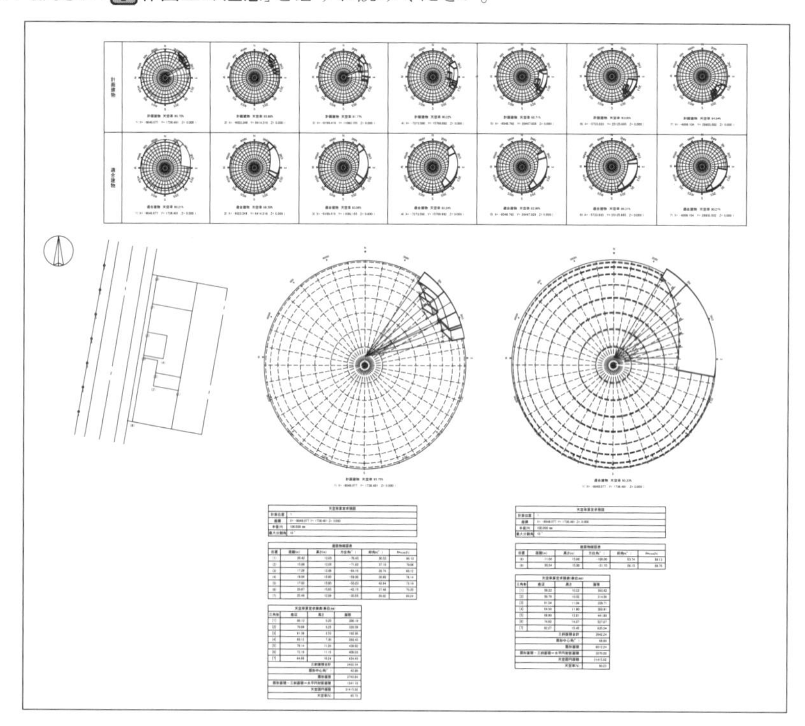

完成図

【敷地概要】

真北方向：-10°
敷地　：東西方向に 15m
　　　　南北方向に 28.5m
道路　：西側に 10m道路
計画建物：高さ 12.89m（陸屋根）
用途地域：第1種住居地区
　　　　道路高さ制限適用範囲 20m

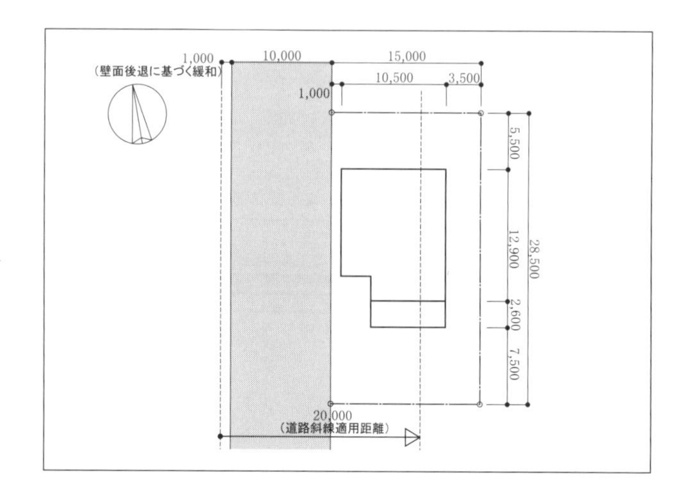

0-1 天空図について

1 高さ制限の緩和制度

平成 14 年 11 月 13 日に建築基準法の一部を改正する政令が公布され、平成 15 年 1 月 1 日に施行されました。この改正の目的は、仕様規定であったそれまでの斜線制限に性能規定を付与することにあります。

性能規定を付与するためには、該当する法規が新しく建てる建築物(以下、計画建築物と呼称)の何に関する性能を規定しているかを明確にする必要があります。
そのため、まず高さ制限の目的を「周辺環境の採光、通風等を確保するため」と位置付けました。そして、計画建築物が建つ敷地周辺のある位置(以下、算定点と呼称)において、高さ制限を満足している建築物(以下、適合建築物と呼称)によって確保される採光、通風などと同程度以上の採光、通風などが得られれば、現行の高さ制限を適用しなくても構わないとしました(建築基準法 56 条の 7)。
そして基準法では「周辺環境で確保される採光、通風などの程度の指標」として［**天空率**］を導入しました(建築基準法施行令 135 条の 5)。
算定点(建築基準法施行令 135 条の 9 、10、11 で規定)において、計画建築物を建てた場合の天空率(以下、計画天空率と呼称)と、適合建物が建った場合の天空率(以下、適合天空率と呼称)を計算し、計画天空率が適合天空率以上であればいいことになります(建築基準法施行令 135 条の 6 、7 、8)。
天空率による形態制限は、建築物の特定部分の高さを制限するのではなく、建築物全体として所定の天空率が確保されていれば制限を満足していると考えますから、建築物の形状に対する制限が大幅に緩やかになったことになります。
また高さ制限による規定と天空率による規定は高さ制限の種類ごとにどちらに規定を適用させるか選ぶことができます。

2 天空率

ある観測点から見ることのできる天空(空)の内、建物などに遮られることなく実際に見ることのできる範囲の割合を示します。視界を遮る物が何一つない状態を天空率 100%とします。
実際の算定方法は次のとおりです。

① 算定点を中心とした半径Aの半球を(天球といいます)を想定します。
② 次に算定点から見える計算対象となる建築物について、その算定点から見た輪郭を底とし、算定点を頂点とする錐体を考えます。
③ その錐体の半球面による断面の水平面に対する正射影図を描きます。この正射影図を天空図といいます(半球の底面の円(空全体の正射影)を含めた呼称です)。
④ ③の建築物の正射影図の面積をSとすると、天空率Uは、$U=(A^2\pi-S)/(A^2\pi)\times100$［%］で算出できます。

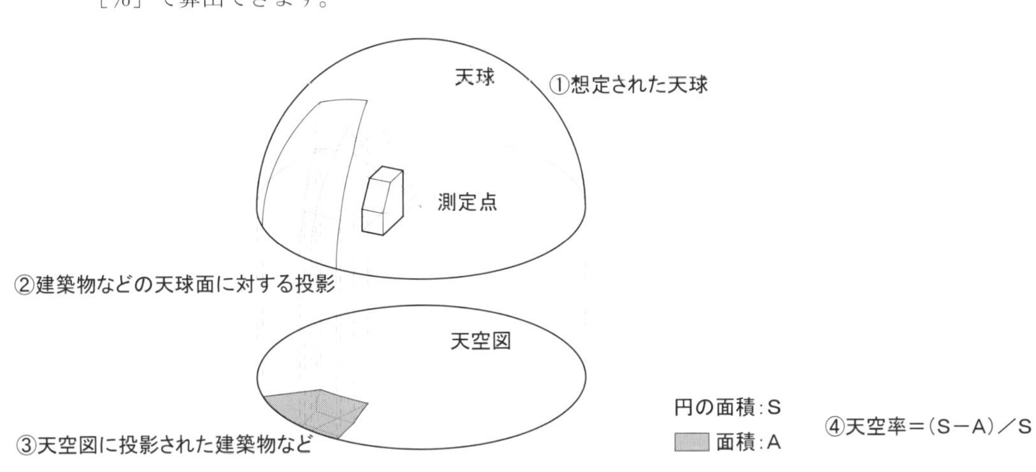

各高さ制限の適合建築物、算定点の位置の定義を以下に記します。
いずれの高さ制限の場合も計算対象となる計画建築物は、計画建築物の水平面への正射影図が、適合建物の水平面への正射影図に含まれる部分だけを計算対象とします。

道路斜線制限

適合建築物：敷地の内、道路斜線の適用範囲に含まれる部分(前面道路が複数ある場合、それぞれの道路が接する敷地境界線ごとに適合建物、算定点を設定する)。

算定点の位置：前面道路の反対側の境界線上を道路幅の1/2以下の間隔で等分割した分割点。高さは路面の中心の高さ(両端点含む)。—(政令135条の9)

隣地斜線制限

適合建築物：敷地の内、隣地斜線の適用範囲に含まれる部分(隣地に接する敷地境界線が複数ある場合、その境界線ごとに適合建物、算定点を設定する)。

算定点の位置：商業地域では、隣地境界線からの水平距離が12.4m外側の線上を6.2m以下の間隔で等分割した分割点(両端点含む)。
それ以外の地域では、隣地境界線からの水平距離が16m外側の線上を8m以下の間隔で等分割した分割点(両端点含む)。—(政令135条の10)

北側斜線制限

適合建築物：敷地の内、北側斜線だけの適用範囲に含まれる部分(北側を向いた敷地境界線が複数ある場合、その境界線ごとに適合建物、算定点を設定する。北側を向いた敷地境界線が連続してある場合はそれらの境界線はまとめて適合建物、算定点を設定する)。

算定点の位置：低層住居専用地域では、隣地境界線から北側に向かっての水平距離が4m外側の線上を1m以下の間隔で等分割した分割点(両端点含む)。
中高層住居専用地域では、隣地境界線から北側に向かっての水平距離が8m外側の線上を2m以下の間隔で等分割した分割点(両端点含む)。—(政令135条の11)

[注意]

いずれの形態制限も建築基準法、建築基準法施行令による様々の緩和規定があります。また各地方自治体の条例、通達による追加規定、緩和規定、法文解釈、申請書類の書式等の諸条件があるので、確認申請先への確認が必要です。

3 高さ制限の緩和および天空率の算定位置

下図のような敷地に建物を計画する場合、例えば、東側の敷地境界線について改正後の法規を適用してみます。この敷地境界線は隣地に面していますから隣地高さ制限が適用されます。

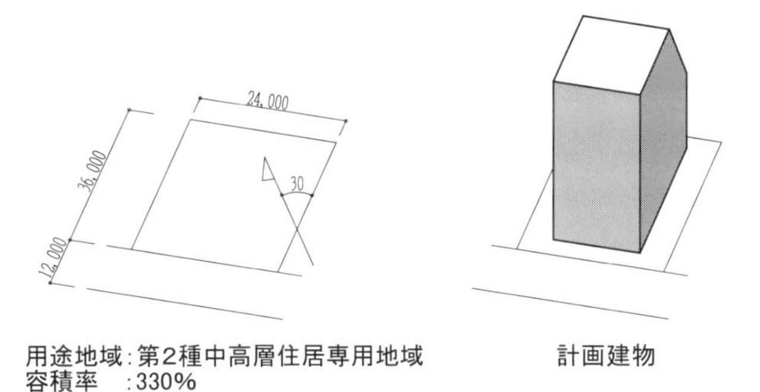

用途地域：第2種中高層住居専用地域
容積率　：330%

計画建物

「隣地高さ制限適合建物」は隣地高さ制限の形状を建物とみなした形状で、この敷地境界線の隣地高さ制限だけを受けている建物です。
「計画建物」は「隣地高さ制限適合建物」の範囲からはみ出しています。つまり現行の高さ制限には適合していないことになります。

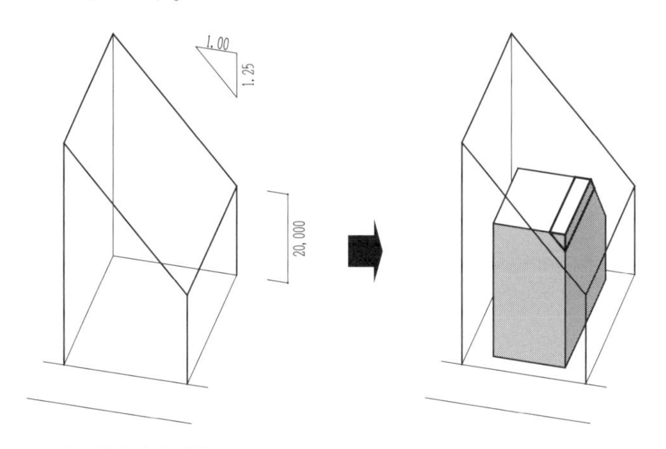

隣地高さ適合建物

改正後の法規に沿って敷地境界線で天空率によるチェックを行ってみると、敷地境界線における天空率の算定位置と適合建物および高さ制限適合建物と対をなす計画建物、それぞれの天空率は下図のようになり、計画建物の天空率の方が大きくなっています。つまりこの建物は敷地境界線に関しては高さ制限の緩和条件を満たしていることになります。

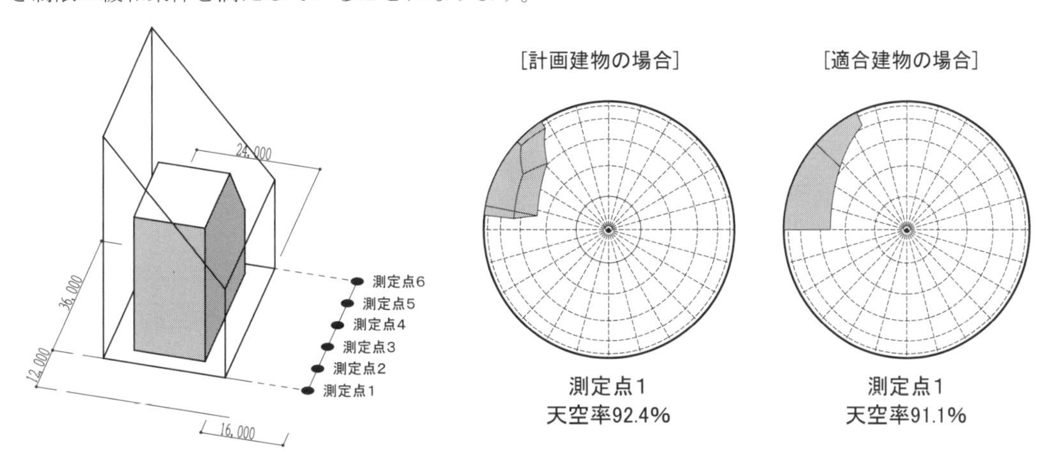

1 測定データを作成する

Part5で作成した測定データを元に天空図の測定データを作成して天空図作成の準備をします。

1-1 不要なデータを削除する

Part5で作成した「測定データ」を【開く】コマンドで表示します。天空図では測定線は必要ないので、【削除】コマンドで削除します。

1 ファイルを開く

1. 【開く】コマンドを実行します。
メニューから[開く]をクリックします。

2. ダイアログボックスが表示されます。
以下のように設定し、[開く]ボタンをクリックします。

ファイルの場所	:「こんなに簡単! DRA-CAD18 3次元編 練習用データ」
ファイル名	:「測定データ」
ファイルの種類	:「DRACAD ファイル」

「測定データ」ファイルが表示され、【開く】コマンドは解除されます。

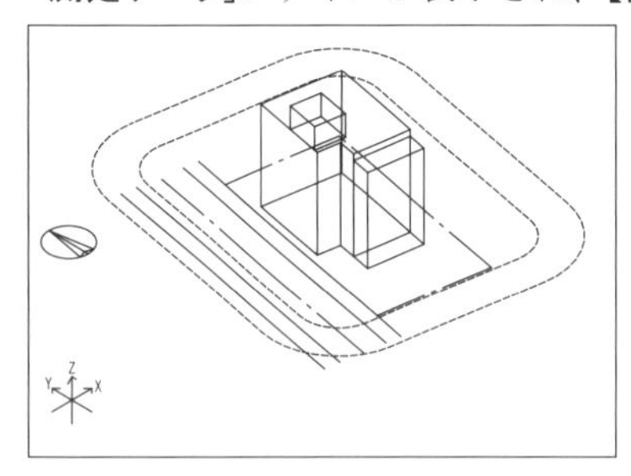

ポイント
Part5の操作をしていない方は、完成図フォルダにある「測定データ」ファイルを開いてください。

2 測定線を削除する

1. 【削除】コマンドを実行します。
[編集]メニューから[削除]をクリックします。

2. 不要なデータを削除します。
【レイヤ選択】で、測定線をクリックして選択すると、測定線が削除されます。

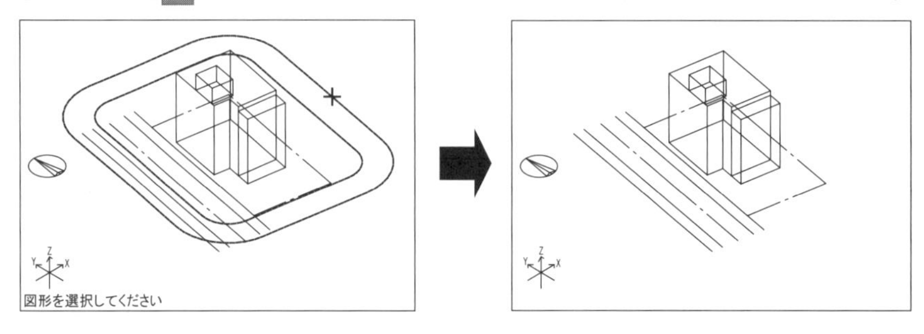

3. 【削除】コマンドを解除します。

1-2 補助線を描く

今回は、道路斜線での天空図を作成するので、高さ制限適合建物のカットや天空率算定位置を求めるために**【平行複写】コマンド**などで補助線を作図します。

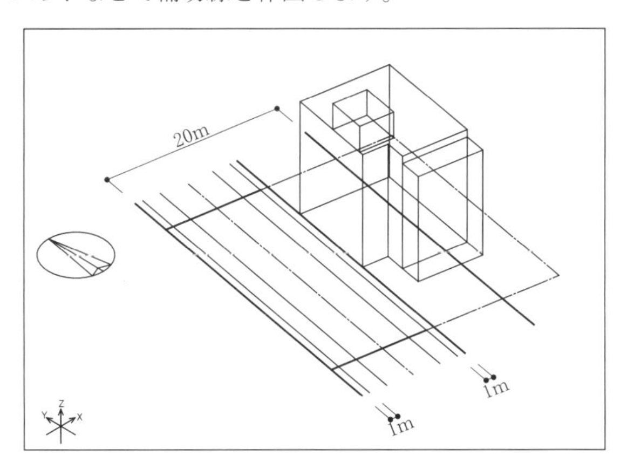

1 属性を設定する

1. **【属性リスト設定】コマンド**（F12キー）を実行します。

11番**「補助線」**を選択します。

11:「補助線」	レイヤ	:「150」
	カラー	:「002:赤」
	線種	:「001:実線」

属性が設定され、**【属性リスト設定】コマンド**は解除されます。
〔属性〕パネルまたはステータスバーにレイヤ番号(150)とカラー(002:赤)と線種(001:実線)が表示されます。

> キー割付は Part3と同じキー・属性リストは Part5と属性リストを使用します。Part5から引き続き操作をしていない場合、キー割付は「Part３ 住宅モデルの作成 **0-3 コマンドをキーに割り付ける**」(P109)、属性リストは「Part５ 日影図の作成 **0-3 属性を設定する**」(P239)を参照してください。

2 補助線を描く（1）

1. **【平行複写（3D）】コマンド**を実行します。

[**編集**]**メニュー**から[|→| **平行複写**]をクリックします。

2. ダイアログボックスが表示されます。

(1) **[詳細設定]ボタン**をクリックし、ダイアログボックスを追加表示します。

(2) 以下のように設定し、**[OK]ボタン**をクリックします。

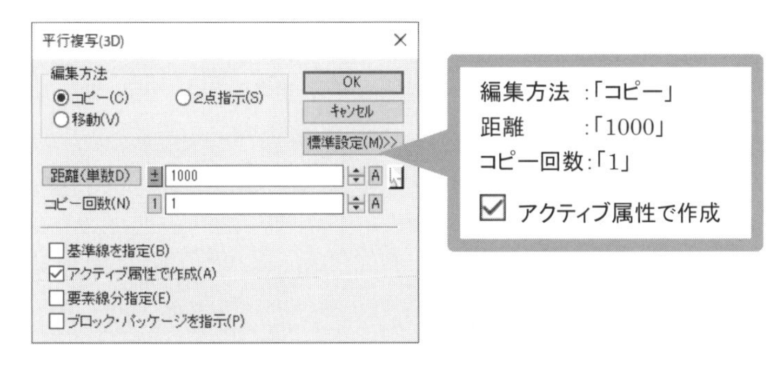

3. 壁面後退緩和の補助線を描きます。

(1) 道路境界線の線分をクリックします。

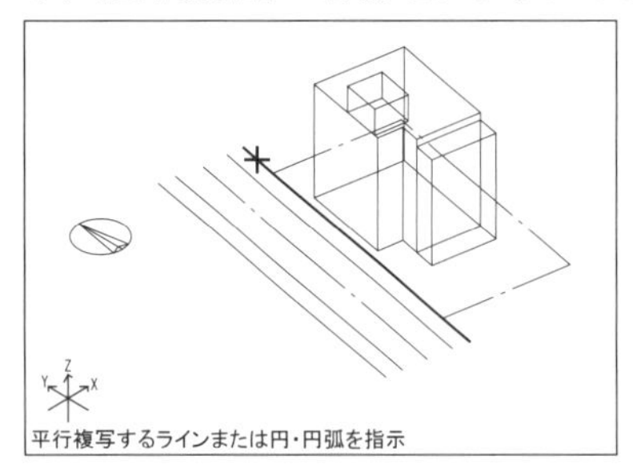

(2) **【任意点】スナップ**で、上方向をクリックすると、壁面後退緩和の補助線が描かれます。

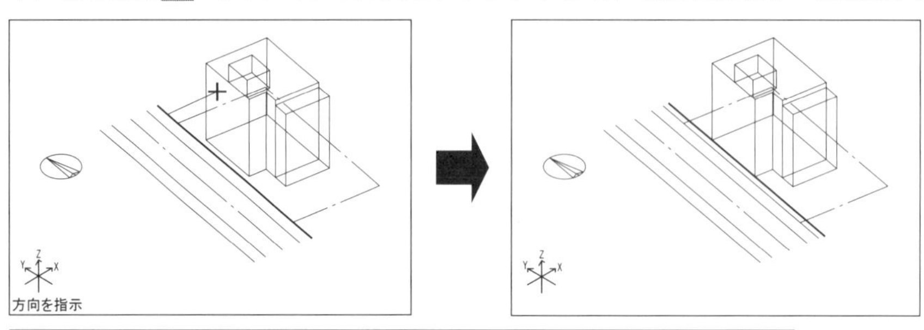

【平行複写（3D）】コマンドでは、スナップを指定してから、方向を指定してください。

(3) 同様に、道路境界線の線分を下方向に複写します。

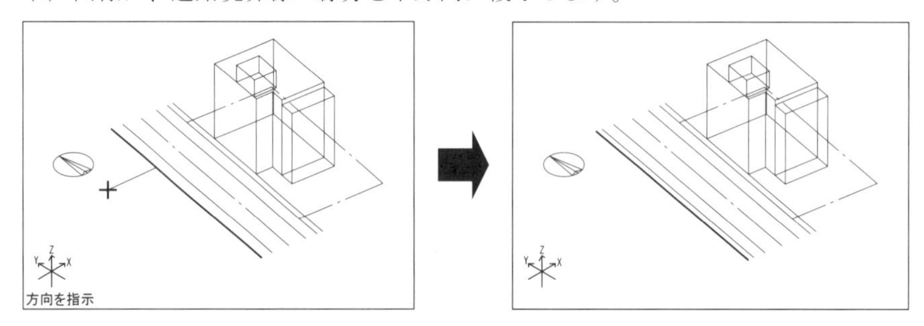

4. 道路高さ制限適用範囲の補助線を描きます。

(1) 右クリックして、ダイアログボックスを表示します。
以下のように設定を変更し、**[OK]ボタン**をクリックします。

距離:「20000」

(2) **3.**と同様に、壁面後退緩和の補助線を上方向に複写します。

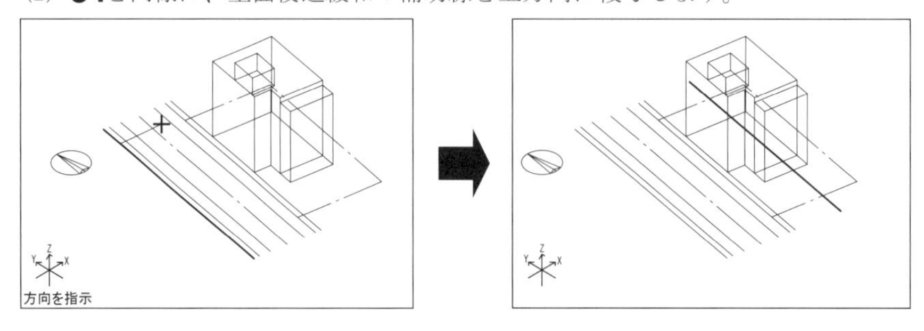

5. **【平行複写（3D）】コマンド**を解除します。

3 補助線を描く(2)

1. **【単線モード】コマンド**を実行します。

[作成]メニューから[━ 単線]をクリックします。

2. 線分を描きます。

(1) **【端点】** スナップで、敷地境界線の左上端部をクリックします。

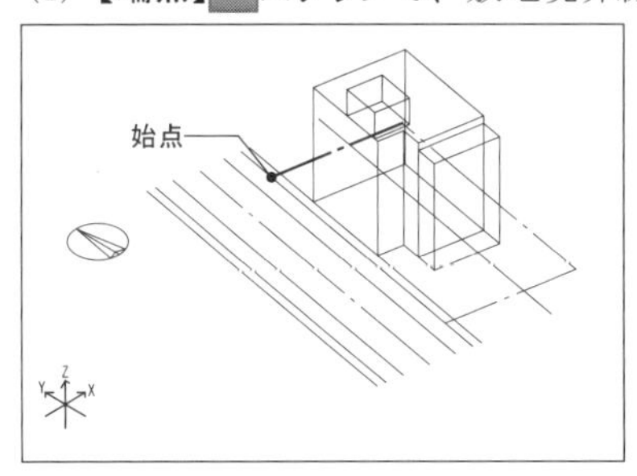

(2) **【垂直点】** スナップにして、壁面後退緩和の補助線をクリックすると、補助線が描けます。

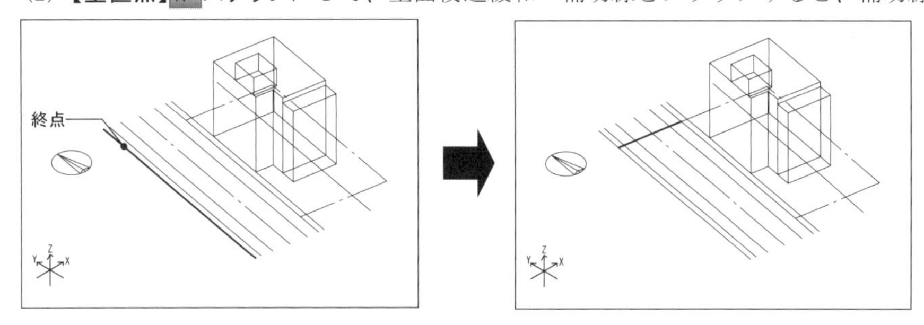

【平行複写(3D)】コマンドについて

編集方法：

[コピー]/[移動] 指定した方向に平行に複写/移動します。

[2点指示] 2点を指示してその点を結んだ線分を指定した方向に平行に複写します。

[コピー]:単数距離

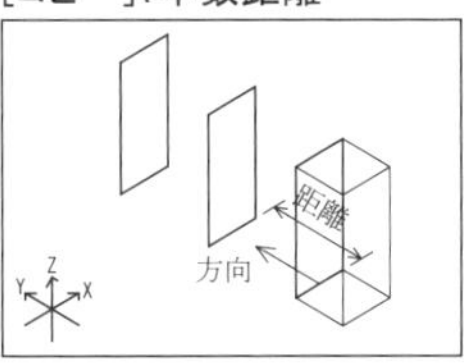

:複数距離

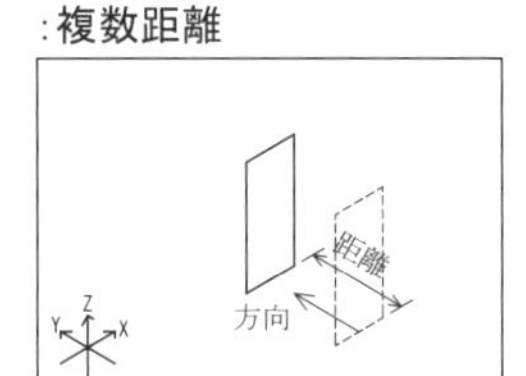

[移動]

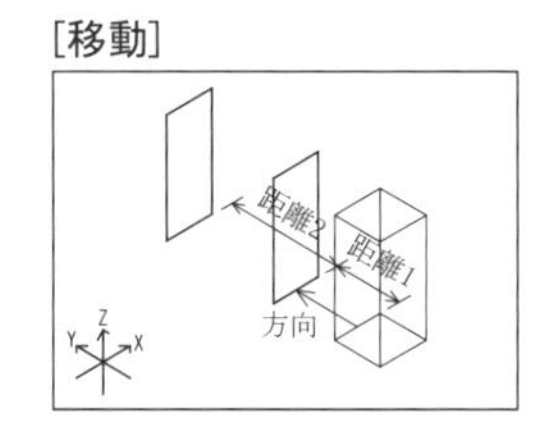

[2点指示]

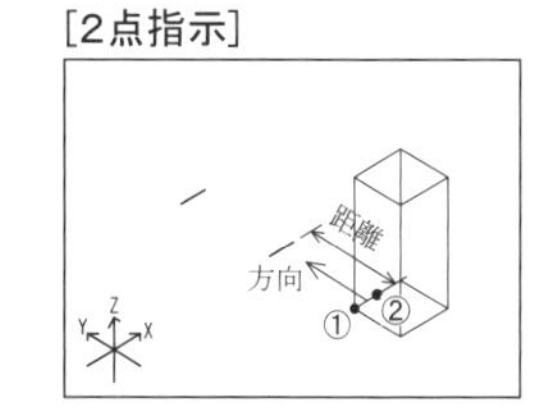

[基準線を指定] 基準線とした別のプリミティブに対して直角方向に、対象プリミティブを平行に移動/複写します。✔しない場合は、対象プリミティブと平行に移動/複写します。

[要素線分指定] [コピー]を指定した場合に、ポリラインの1つのプリミティブを平行に複写します。✔しない場合は、ポリラインを平行に複写します。

[ブロック・パッケージを指示]

[コピー][移動]を指定した場合に、ブロック・パッケージなどの複合的な図形を1つとして平行に移動/複写します。✔しない場合は、ブロック・パッケージ内の1つのプリミティブを平行に移動/複写します。

[基準線指定]

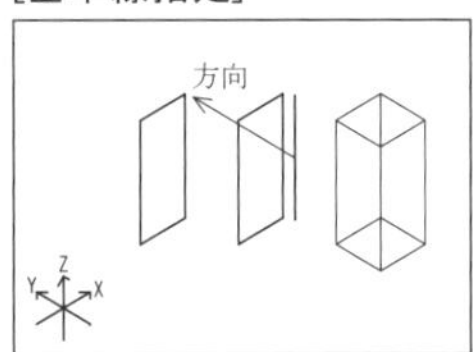

[要素線分指定]

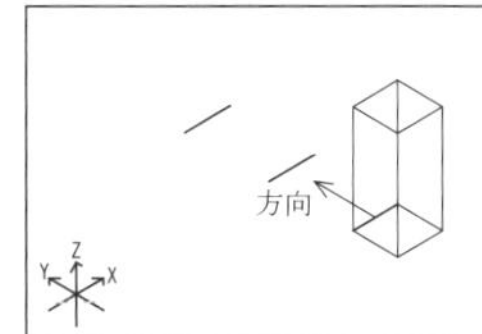

[ブロック・パッケージを指示]

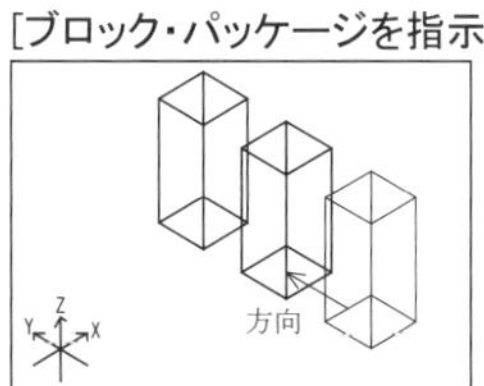

(3) 同様に、反対側に補助線を描きます。

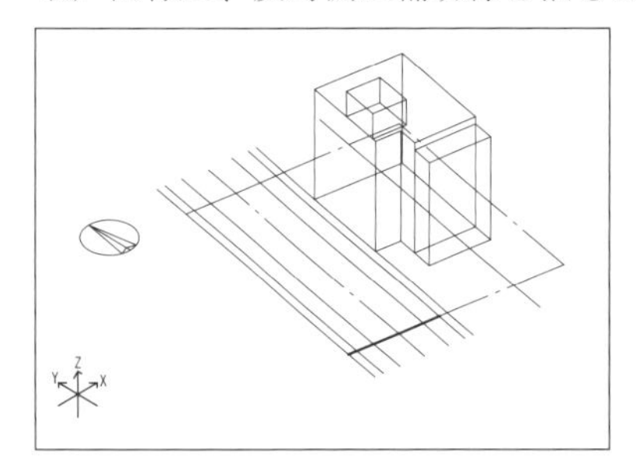

3. **【単線モード】コマンド**を解除します。

4 ファイルに保存する

作成した補助線のデータを**【名前をつけて保存】コマンド**で保存します。

1. **【名前をつけて保存】コマンド**を実行します。
メニューから[**名前をつけて保存**]をクリックします。

2. ダイアログボックスが表示されます。
以下のように設定し、[**保存**]**ボタン**をクリックします。

ファイルの場所 :「こんなに簡単! DRA-CAD18 3次元編 練習用データ」
ファイル名 :「KADAI-05」
ファイルの種類 :「セキュリティファイル DRA-CAD18/17(*.mps)」

保存と同時に**【名前をつけて保存】コマンド**は解除され、作図画面に戻ります。

これ以降は作業の終わりごとに、**【上書き保存】** **コマンド**をクリックし、ファイルを上書き保存してください。

1-3 西側計画建物を作成する

緩和された道路境界線より 20mの範囲を天空図用の西側計画建物とするため、**【切断】コマンド**で、計画建物(建物と階段室)を切断します。

☆２辺以上の道路がある場合は、１辺目の建物を切断する際に元データを残して切断すると、２辺目の建物も、元データを利用して切断ができます。

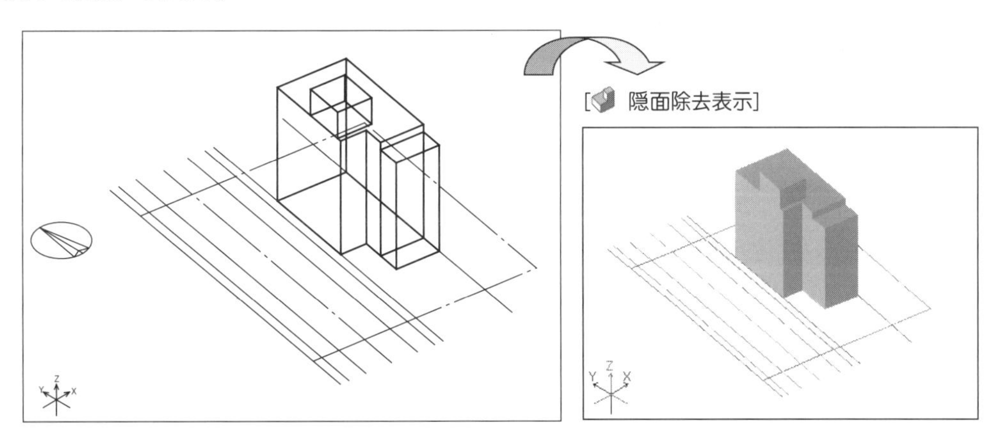

1 西側計画建物を作成する

1. **【切断】コマンド**を実行します。

[編集]メニューから[切断]をクリックします。

2. ダイアログボックスが表示されます。

✔がはずれていることを確認して、**[OK]ボタン**をクリックします。

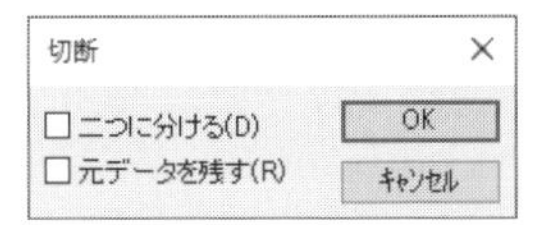

3. 建物と階段室を切断します。

(1) **【レイヤ選択】**で、計画建物をクリックして選択します。

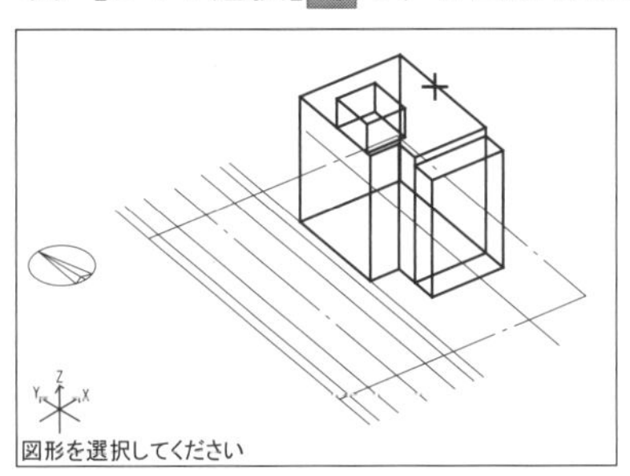

(2) **【交点】**スナップで、階段室の下の線と補助線の交差部をクリックします。

(3) 同じスナップのまま、建物の下の線と補助線の交差部をクリックします。

(4) **【垂直点】**スナップにして、建物の上の線をクリックします。

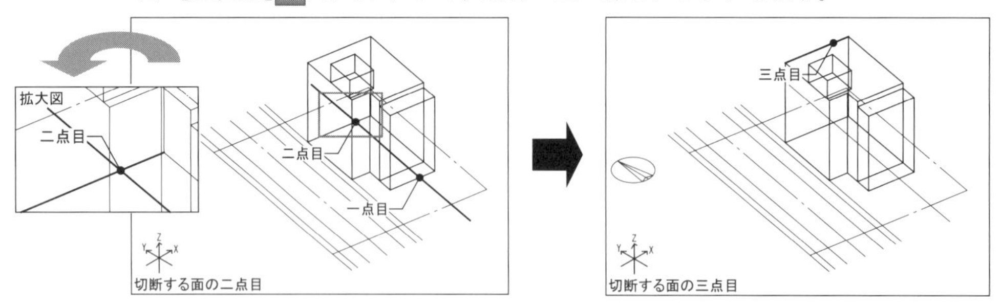

(5) 削除する方向の矢印と確認のマウスが表示されたら、左クリック(YES)すると、建物と階段室が切断されます。

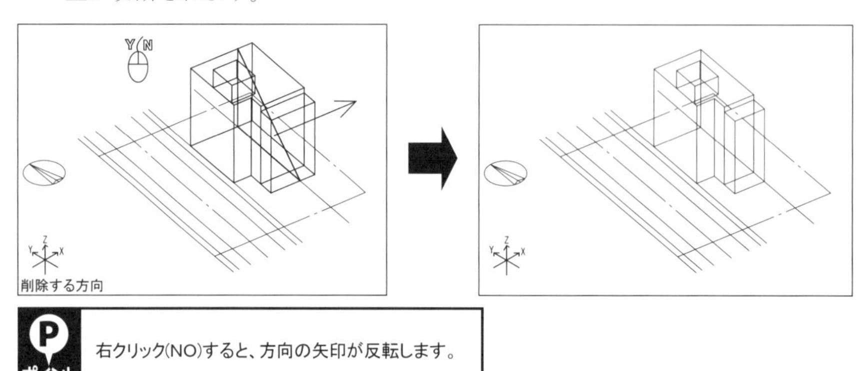

ポイント 右クリック(NO)すると、方向の矢印が反転します。

4. **【切断】コマンド**を解除します。

2 西側計画建物を確認する

道路の線などが表示されるように**【隠面除去表示設定】コマンド**の設定を変更し、西側計画建物が作成されているかを**【隠面除去表示】コマンド**で確認します。

1. **【隠面除去表示設定】コマンド**を実行します。
[表示]メニューから**〔隠面除去〕パネル**のをクリックします。

2. ダイアログボックスが表示されます。
以下のように設定し、**[OK]ボタン**をクリックします。

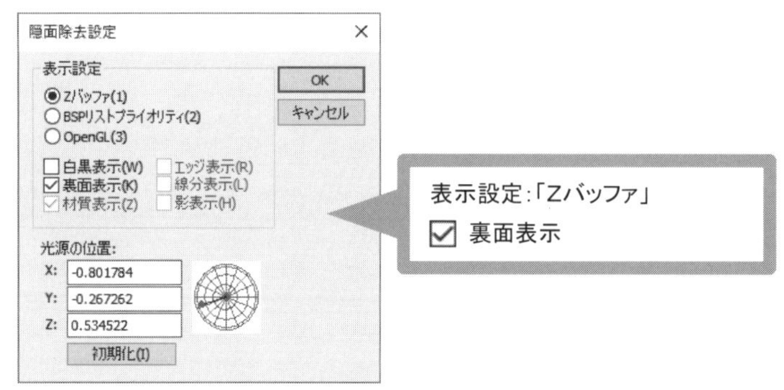

隠面除去表示が設定され、**【隠面除去表示設定】コマンド**は解除されます。

3. **【隠面除去表示】コマンド**を実行します。

[表示]**メニュー**から[**隠面除去**]をクリックします。

図形が隠面除去表示され、**【隠面除去表示】コマンド**は解除されます。

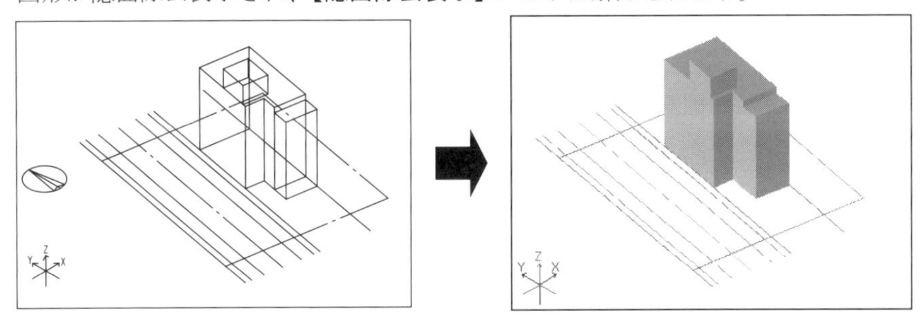

4. もう一度、**【隠面除去表示】コマンド**を実行すると、ワイヤーフレーム表示に戻ります。

1-4 適合建物を作成する

緩和された道路境界線より 20mの範囲を天空図用の道路高さ制限による適合建物として**【床】コマンド**で、作成し、**【斜線カット】コマンド**で道路斜線の適合建物形状になるように建物をカットします。

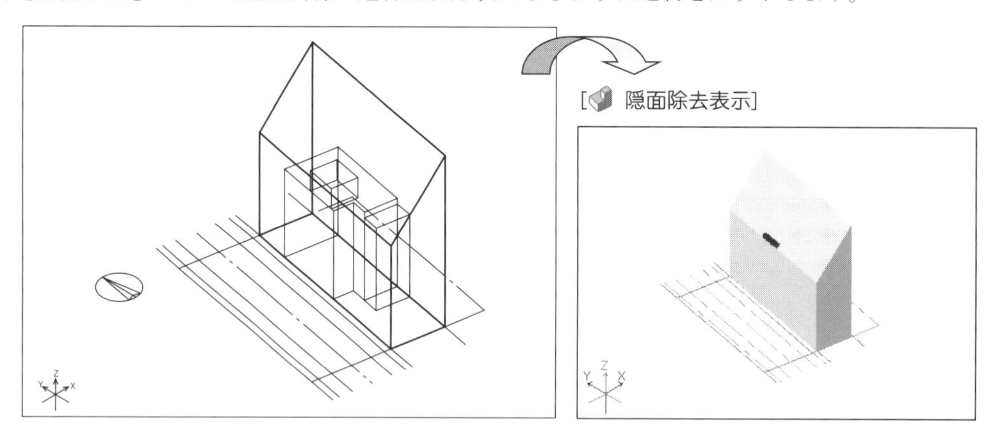

1 属性を設定する

1. **【属性リスト設定】コマンド**(F12 キー)を実行します。
12 番「適合建物」を選択します。

12:「適合建物」	レイヤ	:「200」
	カラー	:「011:濃紫」

属性が設定され、**【属性リスト設定】コマンド**は解除されます。
〔属性〕パネルまたはステータスバーにレイヤ番号(200)とカラー(011：濃紫)が表示されます。

2 適合建物を作成する

1. **【床】コマンド**を実行します。
[作成]メニューから[床]をクリックします。

2. ダイアログボックスが表示されます。
厚みなどを設定し、**[OK]ボタン**をクリックします。

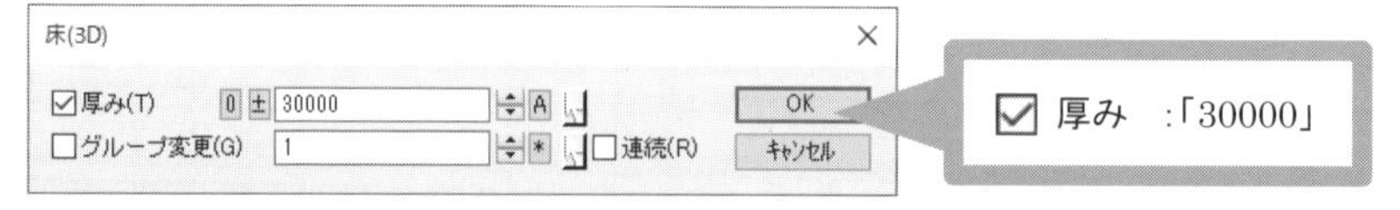

3. 適合建物を作成します。
(1) **【交点】スナップ**で、敷地境界線と補助線の交差部をクリックします。
(2) 同じスナップのまま、第2点～第4点をクリックします。

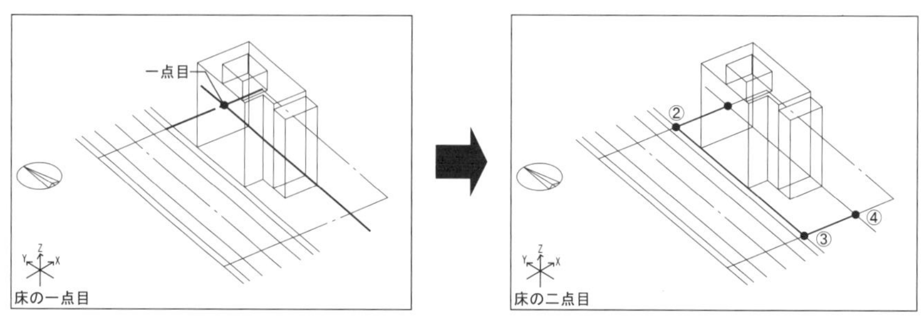

(3) 第4点まで取り終えたら、右クリックし、編集メニューを表示します。

(4) [作図終了]を指定すると、適合建物が描かれます。

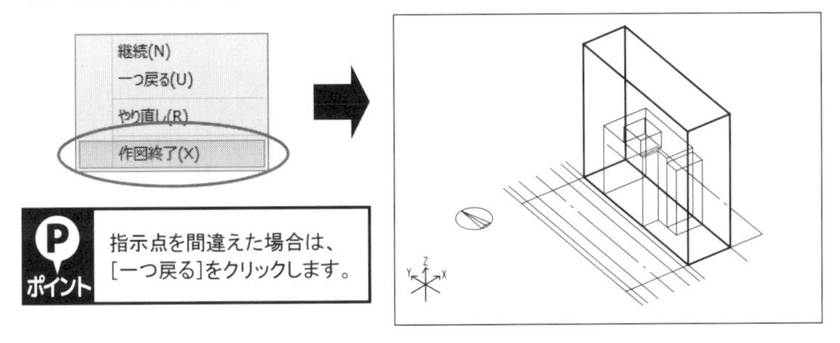

ポイント 指示点を間違えた場合は、[一つ戻る]をクリックします。

4. 【床】コマンドを解除します。

3 適合建物をカットする

1. 【斜線カット】コマンドを実行します。
[法規]メニューから[斜線カット]をクリックします。

2. ダイアログボックスが表示されます。
以下のように設定し、[OK]ボタンをクリックします。

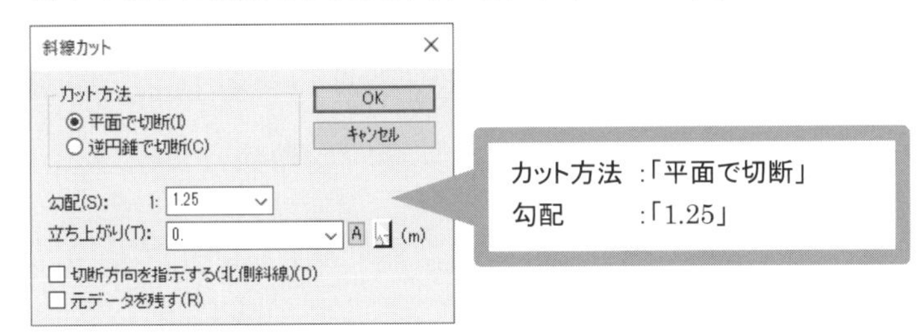

3. 適合建物をカットします。

(1) 【標準選択】で、適合建物の線をクリックして選択します。

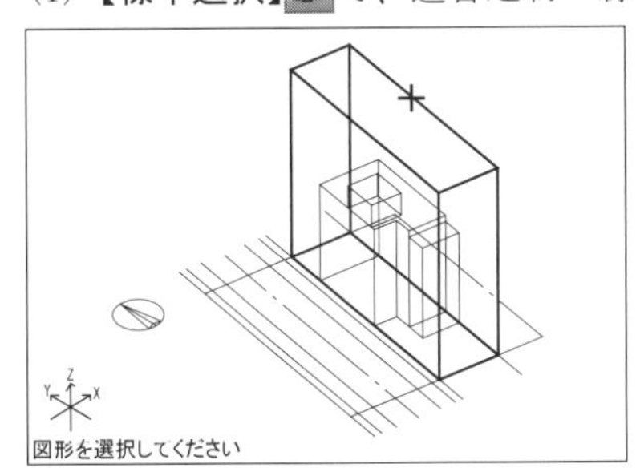

(2) 【端点】スナップで、補助線の左上端部をクリックします。

(3) 同じスナップのまま、反対側の補助線の左下端部をクリックします。

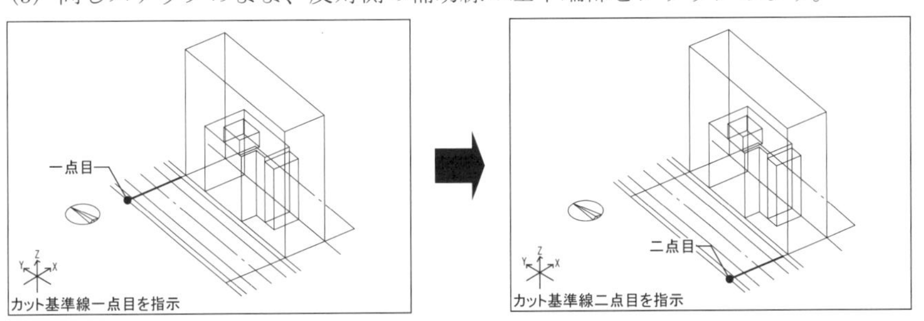

(4) 【任意点】スナップにして、右側をクリックすると、適合建物がカットされます。

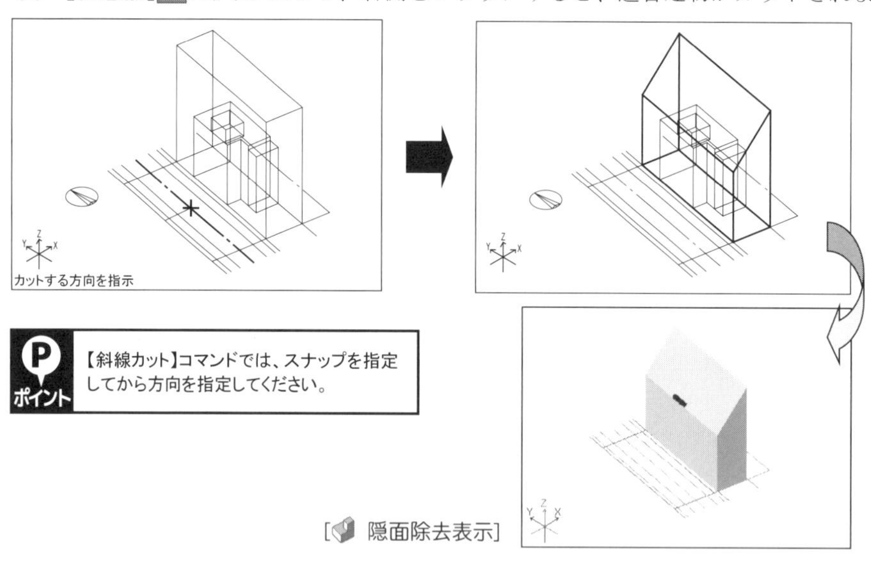

4. 【斜線カット】コマンドを解除します。

【斜線カット】コマンドについて

カット方法:

[平面で切断]　指定した建物(立体)を平面で切断します。

[逆円錐で切断]　入り隅の敷地に適合建物を作成する場合に、指定した建物(立体)を逆円錐で切断します。

[平面で切断]

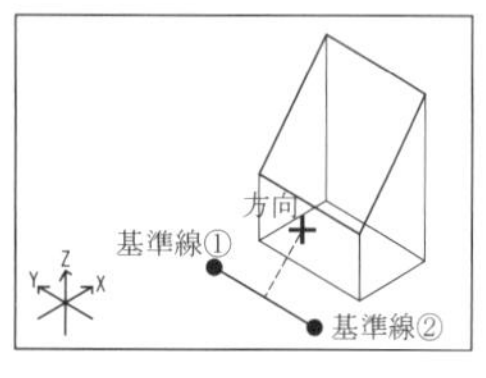

[逆円錐]

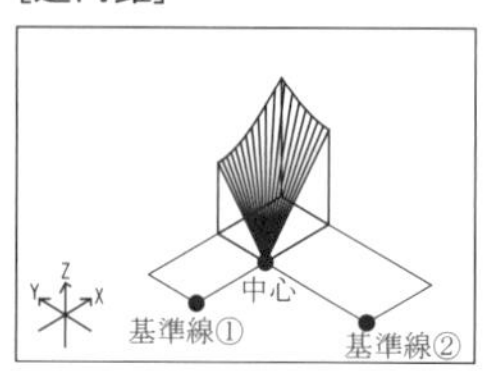

[勾配]　高さ制限の勾配を設定します。

[立ち上がり]　高さ制限の勾配を設定する高さを設定します。

[平面で切断]

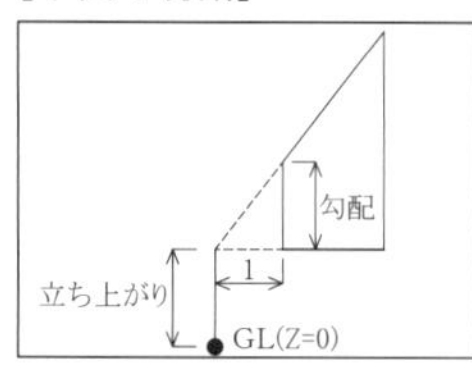

[逆円錐で切断]

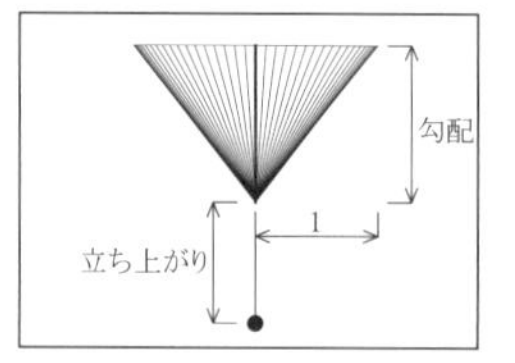

[切断方向を指示する]

北側斜線のように真北方向にカットする場合に、指示した方向へ勾配を設定します。✔しない場合は基準線に対して垂直な方向へ勾配が設定されます。

1-5 算定点を描く

天空率算定位置は、道路の反対側境界線上に道路幅員の 1/ 2以下のピッチになるように、**【算定点作成】コマンド**で作成します。

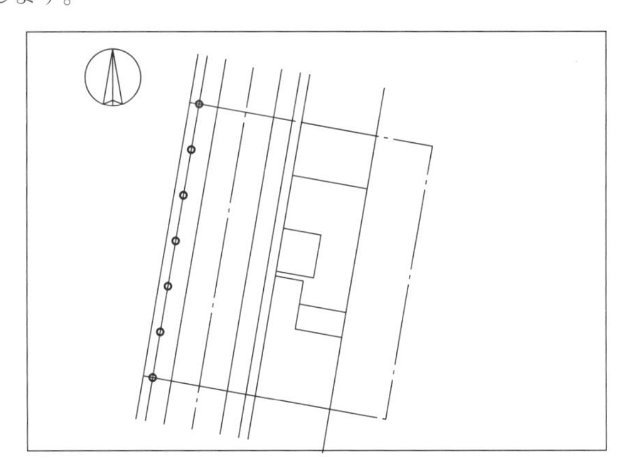

1 属性を設定する

1. **【属性リスト設定】コマンド**(F12 キー)を実行します。
13 番「算定点」を選択します。

13:「算定点」	レイヤ	:「201」
	カラー	:「010:濃赤」

属性が設定され、**【属性リスト設定】コマンド**は解除されます。
〔属性〕**パネル**またはステータスバーにレイヤ番号(201)とカラー(010 : 濃赤)が表示されます。

2 算定点を描く

1. **【算定点作成】コマンド**を実行します。
[法規]メニューから**[算定点作成]**をクリックします。

2. ダイアログボックスが表示されます。
間隔などを設定し、**[OK]ボタン**をクリックします。

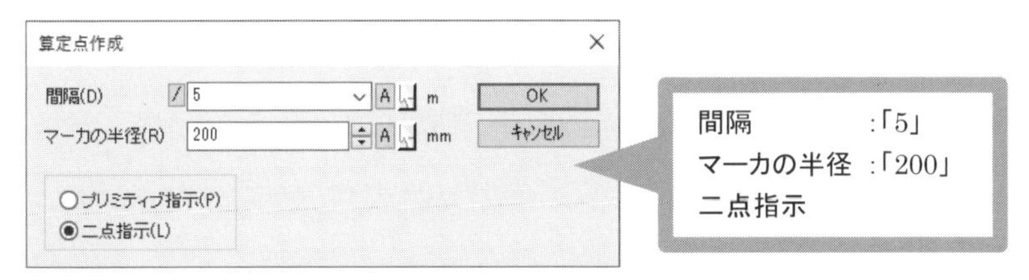

道路斜線の場合、算定点は道路幅の半分を間隔に入力します。
単位はmなので注意してください。

3. 算定点を作成します。

(1) **【交点】** **スナップ**で、道路境界線と補助線の交差部をクリックします。

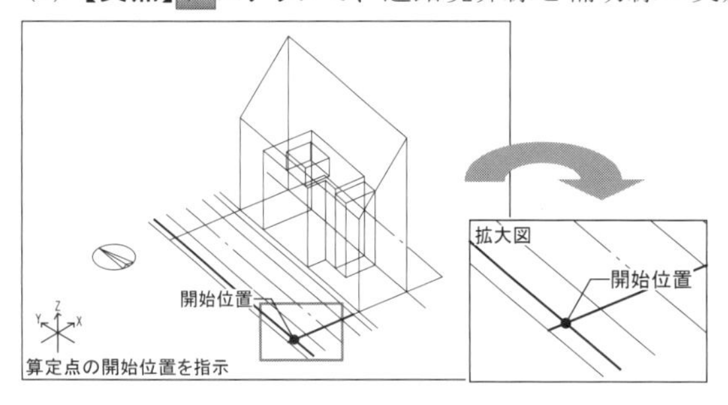

(2) 同じスナップのまま、反対側の補助線と道路境界線の交差部をクリックすると、算定点が作図されます。

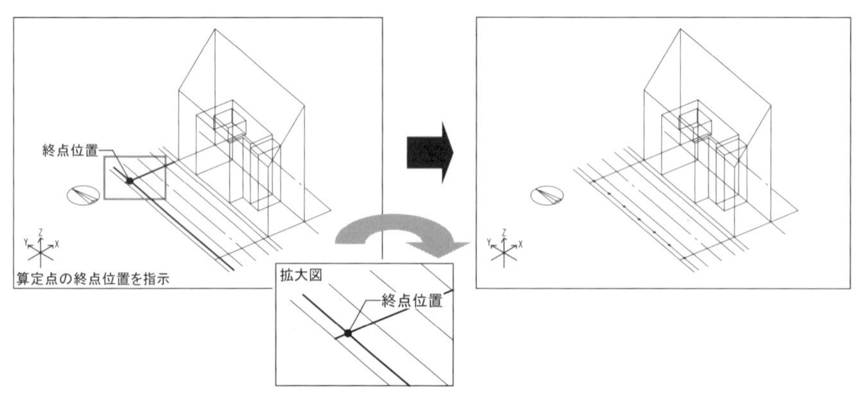

4. **【算定点作成】コマンド**を解除します。

【算定点作成】コマンドについて

[間隔] 算定点の間隔を設定します(法規で決められている間隔を入力します)。
☆入力した数値以下の間隔で等間隔に算定位置を配置します。

[マーカの半径] 作図する算定点の円の半径を設定します。

作図方法:

[プリミティブ指示] プリミティブを指定してそのプリミティブ上に設定した間隔以下になるように等間隔で分割し、算定位置を配置します。

[二点指示] 2点を指示して設定した間隔以下になるように等間隔で分割し、算定位置を配置します。

[プリミティブ指示]

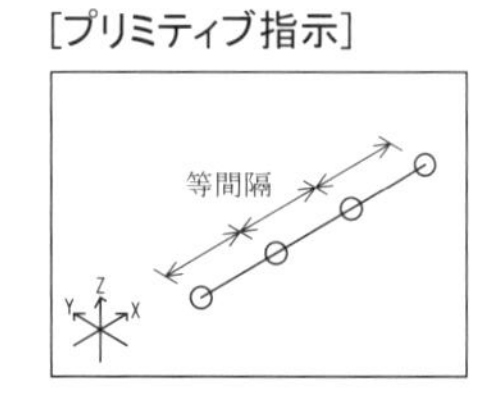

[二点指示]

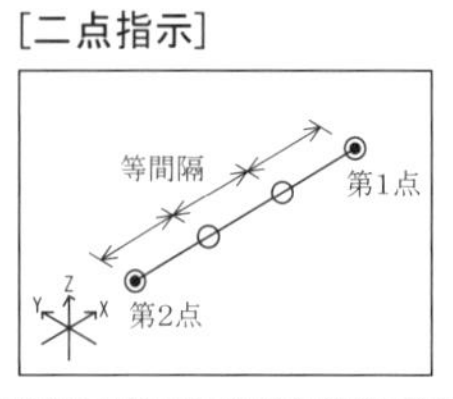

② 天空図を作成する

2-1 補助線を作成する

天空図を配置する補助線を作成します。

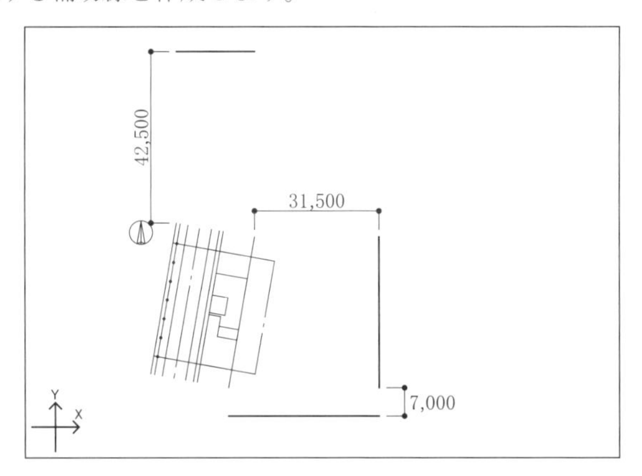

1 属性を設定する

1. 【属性参照】コマンドを実行します。
[ホーム]メニューから[属性参照]をクリックします。

2. 参照する線分(補助線)をクリックします。

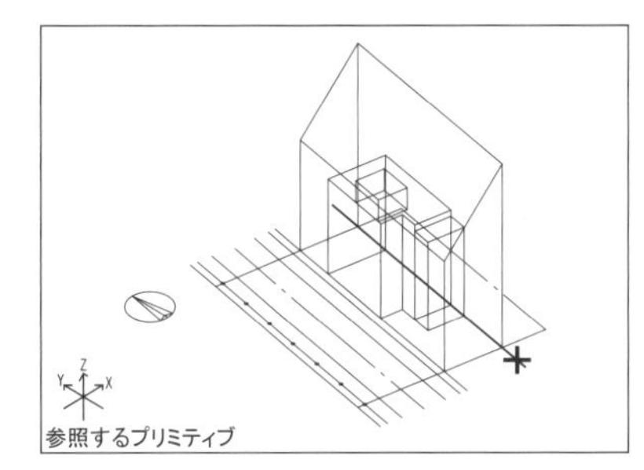

3. ダイアログボックスに補助線の属性が表示されます。
属性を確認し、[OK]ボタンをクリックします。

レイヤ　:「150」
カラー　:「002:赤」

属性が設定され、【属性参照】コマンドは解除されます。
〔属性〕パネルまたはステータスバーにレイヤ番号(150)とカラー(002：赤)が表示されます。

2 補助線を描く

1. 【上空図】を表示します。

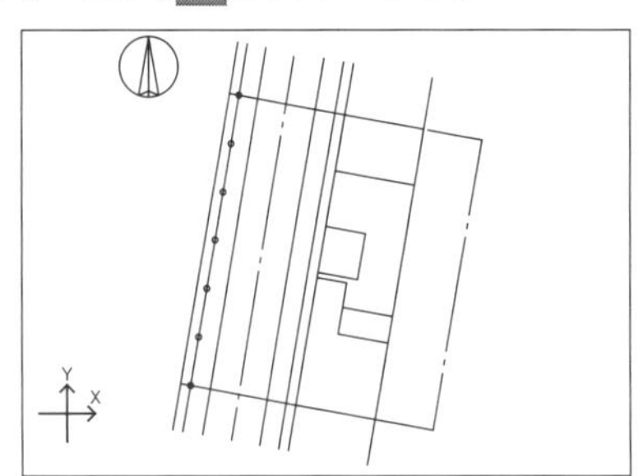

2. 【平行複写(3D)】コマンドを実行します。
[編集]メニューから[|→| 平行複写]をクリックします。

3. ダイアログボックスが表示されます。
以下のように設定し、[OK]ボタンをクリックします。

編集方法 :「2点指示」
距離　　 :「42500」
コピー回数:「1」

ダイアログボックスが追加表示されている場合は、[標準設定]ボタンをクリックすると、標準ダイアログに切り替わります。

4. 天空図一覧表の補助線を描きます。

(1) 【端点】スナップで、補助線の端部をクリックします。

(2) 【X軸方向拘束】をクリックし、「ON」にします。

(3) 同じスナップのまま、補助線の端部をクリックします。

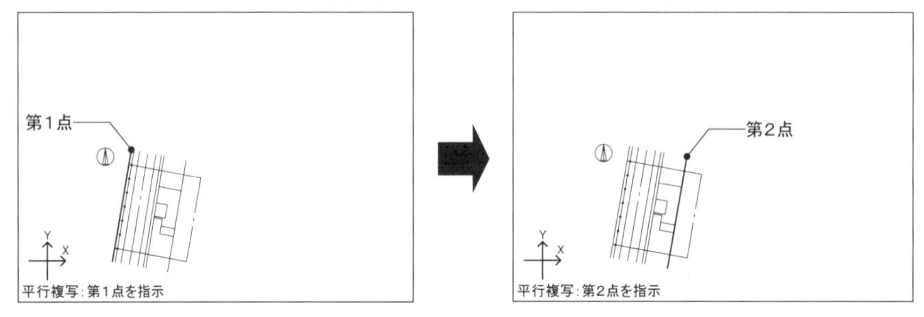

(4) 【X軸方向拘束】をクリックし、「OFF」にします。

【X軸方向拘束】を「ON」にすると指定した点に対してX軸方向に平行な位置にスナップします。
誤操作を防ぐため、使い終わったら、このモードは解除してください。
このモードのままだと、X軸方向にしかスナップしません。

(5) 【任意点】スナップにして、上方向をクリックすると、天空図一覧表の補助線が描かれます。

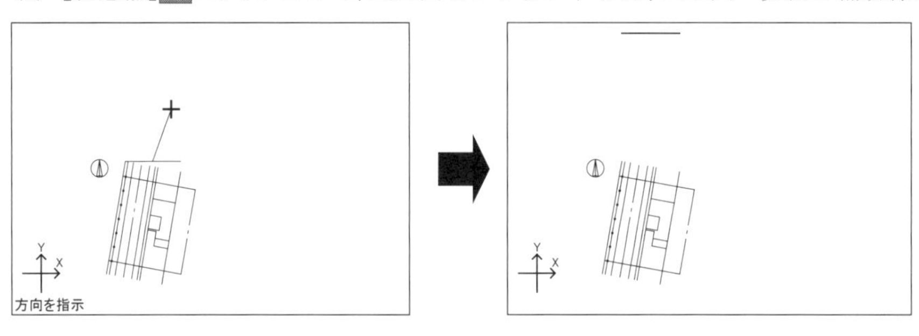

5. 三斜算定求積図の補助線を描きます。

(1) 右クリックして、ダイアログボックスを表示します。
以下のように設定を変更し、**[OK]ボタン**をクリックします。

距離:「31500」

(2) **【端点】** **スナップ**で、補助線の端部をクリックします。

(3) **【Y軸方向拘束】** をクリックし、「ON」にします。

(4) 同じスナップのまま、補助線の端部をクリックします。

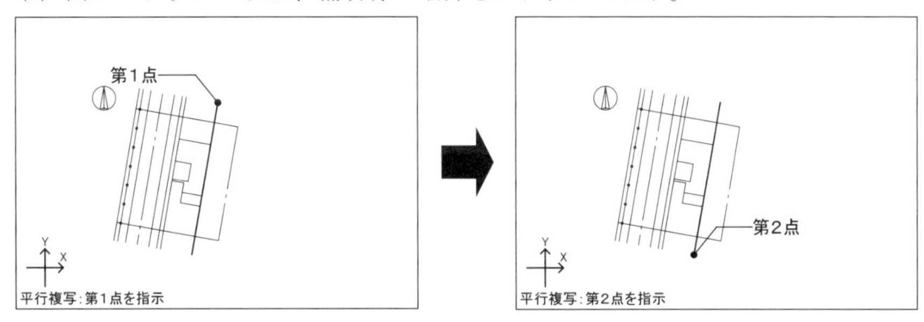

(5) **【Y軸方向拘束】** をクリックし、「OFF」にします。

(6) **【任意点】** **スナップ**にして、右方向をクリックすると、三斜算定求積図の補助線が描かれます。

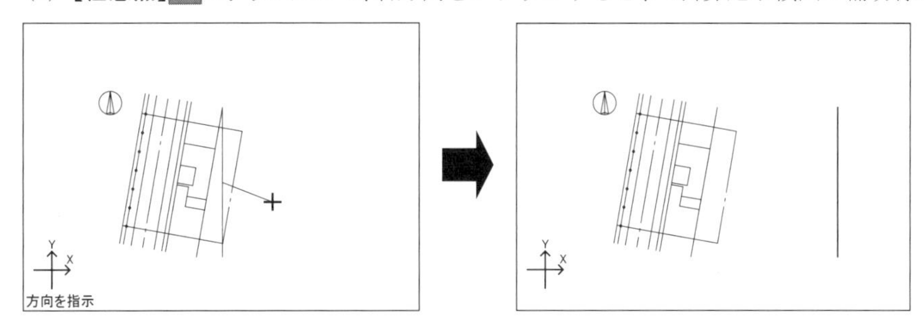

6. 三斜算定求積図一覧表の補助線を描きます。

(1) 右クリックして、ダイアログボックスを表示します。
以下のように設定を変更し、**[OK]ボタン**をクリックします。

距離:「7000」

(2) **【端点】** **スナップ**で、補助線の端部2点をクリックします。

(3) **【任意点】** **スナップ**にして、下方向をクリックすると、三斜算定求積図一覧表の補助線が描かれます。

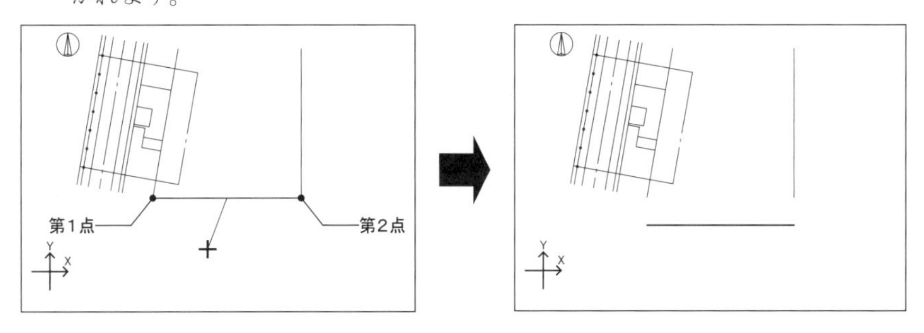

7. **【平行複写(3D)】コマンド**を解除します。

2-2 天空図を作成する

【図面設定】コマンドで算定位置の座標を設定し、**【天空図】コマンド**で計画建物、高さ制限適合建物の天空率を計算し、天空図を作成します。

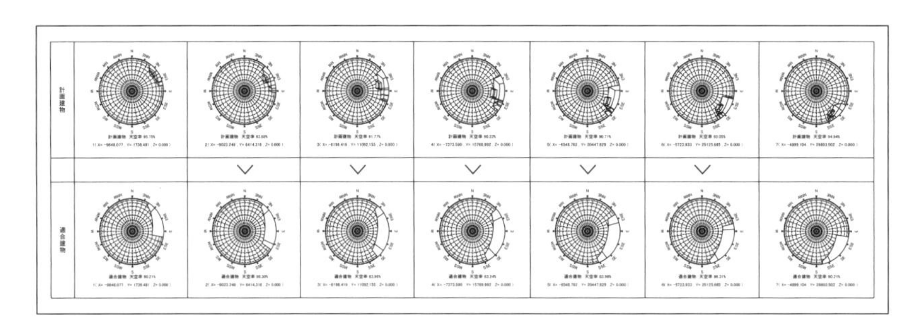

1 座標の原点を設定する

1. **【図面設定】コマンド**を実行します。
メニューから[設定]→[図面設定]をクリックします。

2. ダイアログボックスが表示されます。

(1) 〔**原点と色、枠**〕**タブ**で、[図面]**ボタン**をクリックします。

(2) **【端点】** **スナップ**で、敷地左下の端部をクリックします。

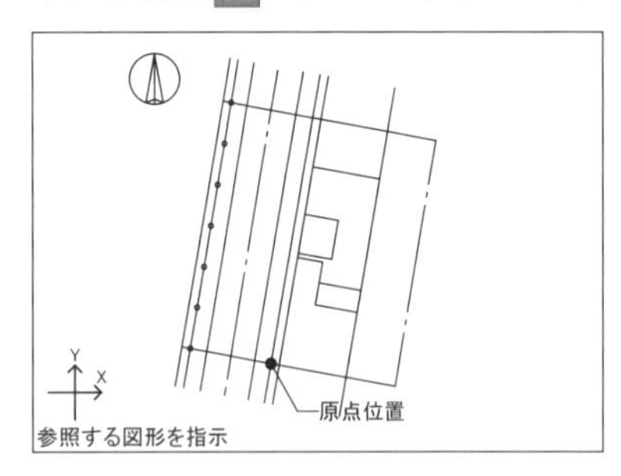

(3) ダイアログボックスに指定した位置が原点の座標値として表示されます。
原点を確認し、[OK]**ボタン**をクリックします。

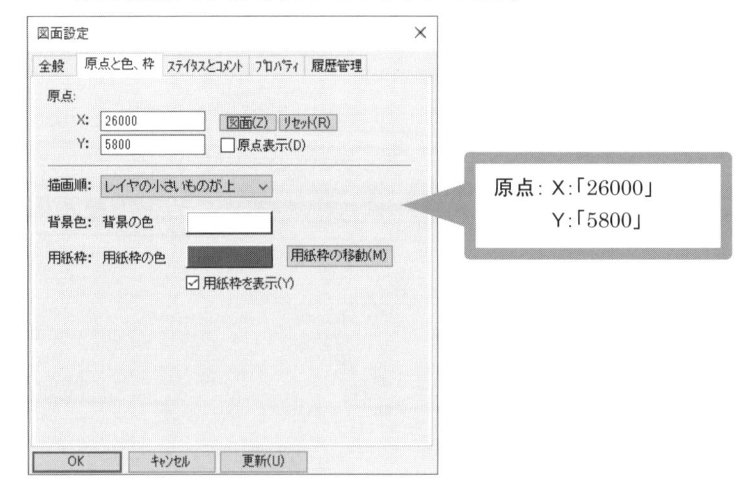

原点位置が変更され、**【図面設定】コマンド**は解除されます。

2 天空図を作成する

1. 【天空図】コマンドを実行します。
[法規]メニューから[天空図]をクリックします。

2. ダイアログボックスが表示されます。
(1) 天空図の半径などを設定し、[文字サイズ]ボタンをクリックします。

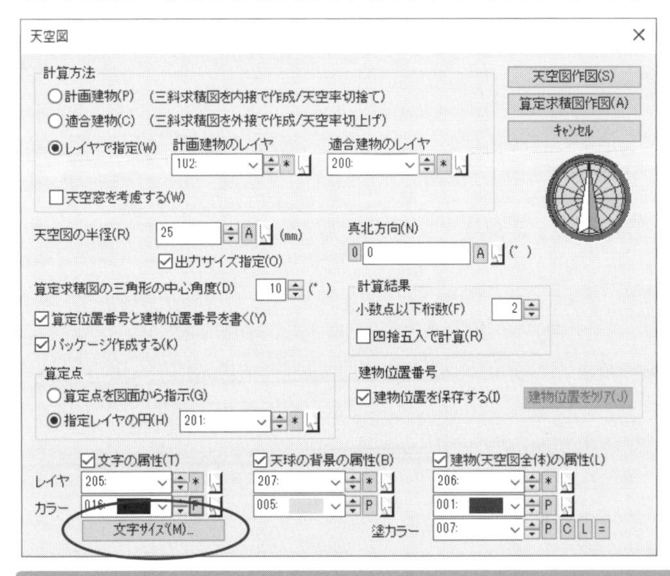

ポイント 計算方法が、「計画建物」「適合建物」で天空図を作成する場合は、画面上で表示されている3次元図形を計算対象としますので、不要なレイヤを非表示にしてから、【天空図】コマンドを実行してください。

計算方法　:「レイヤで指定」
　計画建物のレイヤ:「102」　適合建物のレイヤ:「200」
天空図の半径　:「25」
　☑ 出力サイズ指定
真北方向　:「0」
小数点以下桁数:「2」
☑ 算定位置番号と建物位置番号を書く
☑ パッケージ作成する
算定点 :「指定レイヤの円　201」
☑ 建物位置を保存する
☑ 文字の属性　:レイヤ:「205」　カラー:「016:黒」
☑ 天球の背景の属性　:レイヤ:「207」　カラー:「005 水色」
☑ 建物の属性　:レイヤ:「206」　カラー:「001:青」　塗カラー:「007:白」

(2) 文字サイズ設定ダイアログボックスが表示されます。
以下のように設定し、[OK]ボタンをクリックします。

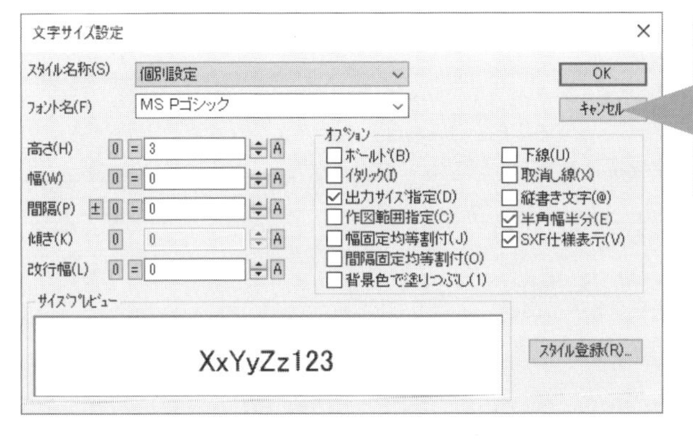

フォント名 :「MSP ゴシック」
高さ　:「3」
幅:　:「0」
☑ 出力サイズ指定

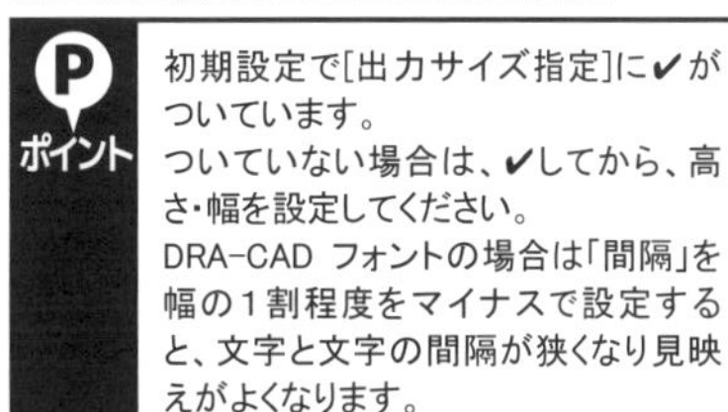

ポイント 初期設定で[出力サイズ指定]に✔がついています。
ついていない場合は、✔してから、高さ・幅を設定してください。
DRA-CAD フォントの場合は「間隔」を幅の1割程度をマイナスで設定すると、文字と文字の間隔が狭くなり見映えがよくなります。

(3) 天空図ダイアログボックスに戻ります。
ダイアログボックスの設定がすべて終わりましたら、**[天空図作図]ボタン**をクリックします。

【天空図】コマンドについて

計算方法：計算方法を指定します。

[計画建物] 現在画面に表示されている3次元図形を計算対象として計画建物の天空率を計算します。

[適合建物] 現在画面に表示されている3次元図形を計算対象として適合建物の天空率を計算します。

[レイヤで指定] 設定したレイヤの3次元図形を計算対象として計画建物、適合建物の天空率をそれぞれ計算します。

[天空窓] 複雑な形状の敷地に対して「窓」を考慮して天空率を計算する場合に ✔ します。✔ しない場合は天空窓を考慮しないで計算されます。

☆天空窓によって計画建物、適合建物の側面を計算対象からはずすことができます。

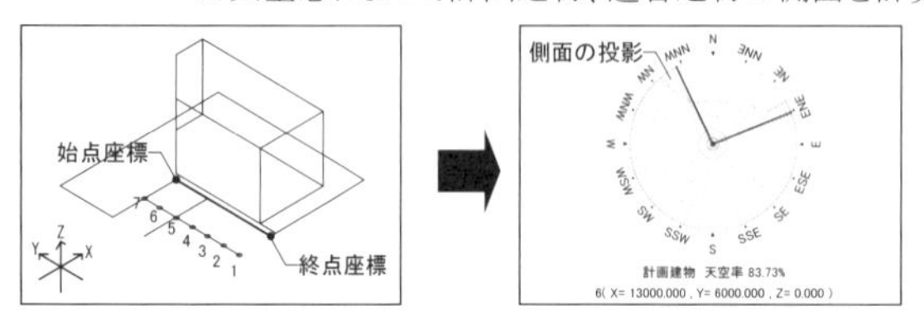

[天空図の半径] 作成される天空図の半径を設定します。

[真北方向] 敷地のY軸に対する角度を度または度分秒で設定します。

☆**[真北方向]**は、**【時刻日影図】**、**【等時間日影図】**、**【日影チャート】コマンド**で共通に利用されます。

[算定求積図の三角形の中心角度]
三斜求積図を作成する場合に、作成される三角形の最大分割角度を設定します。

[算定位置番号と建物位置番号を書く]
算定位置より[文字サイズ]で設定している文字高さの半分下の位置を原点にして、算定位置番号を作成します。算定点で[指定レイヤの円]を✔した場合は、指定したレイヤの算定位置にある円の半径の 1.5 倍の下の端部を原点にします。
計算対象となった建物の各頂点には、頂点位置より[文字サイズ]で設定している文字高さの半分下の位置を原点にして、建物位置番号を作成します。

☆建物位置番号は、**[建物位置を保存する]**を✔した場合に、図面情報として保存されている同じ番号の文字列が、同じ位置にすでにある場合は作成しません。

[パッケージ化する] 天球、文字、天球に描かれる建物などを、1つの固まりとします。

算定点：算定点の指定方法を指定します。

[算定点を図面から指示] 算定点を図面から直接指定します。算定位置番号は、0番で作図されます。

[指定レイヤの円] 指定したレイヤで描かれている円の中心を算定点として計算し、複数の円がある場合は、すべての円に対して一括計算を行い、一覧表を作成します。

☆円の半径の3倍の範囲にある文字は算定位置番号と判断します。算定位置番号がない場合は、データの並び順に連続した算定位置番号になります。

建物位置番号：建物の計算対象となった頂点位置に書かれる番号を、図面のプロパティに保存します。
✔しない場合は、建物位置番号は、計算する度に必ず1番から連番で書かれます。

[建物位置をクリア] 図面に保存されている建物位置番号をクリアにします。

3. 天空図を配置します。

カーソルの交差部に天空図一覧表がついています。

【端点】スナップで、補助線の端部をクリックすると、天空図が配置されます。

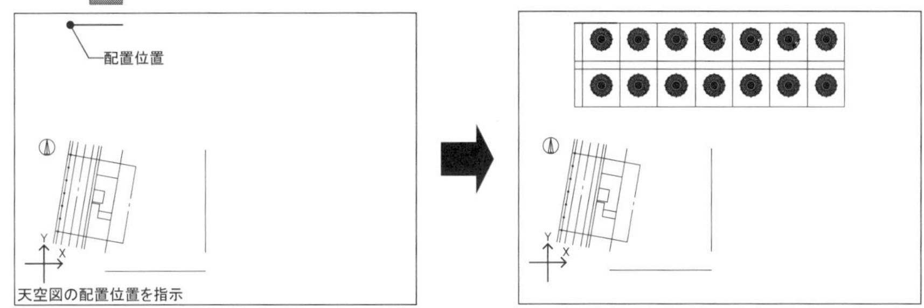

4.【天空図】コマンドを解除します。

3 天空図を確認する

続けて三斜算定求積図を作図することもできますが、ここでは**【天空図】コマンド**を解除し、2次元編集に切り替えて、天空図を確認します。

1.【2次元/3次元切替】コマンドを実行します。

クィックアクセスツールバーから[2次元/3次元切替]をクリックします。

2次元編集モードに変わり、**【2次元/3次元切替】コマンド**は解除されます。

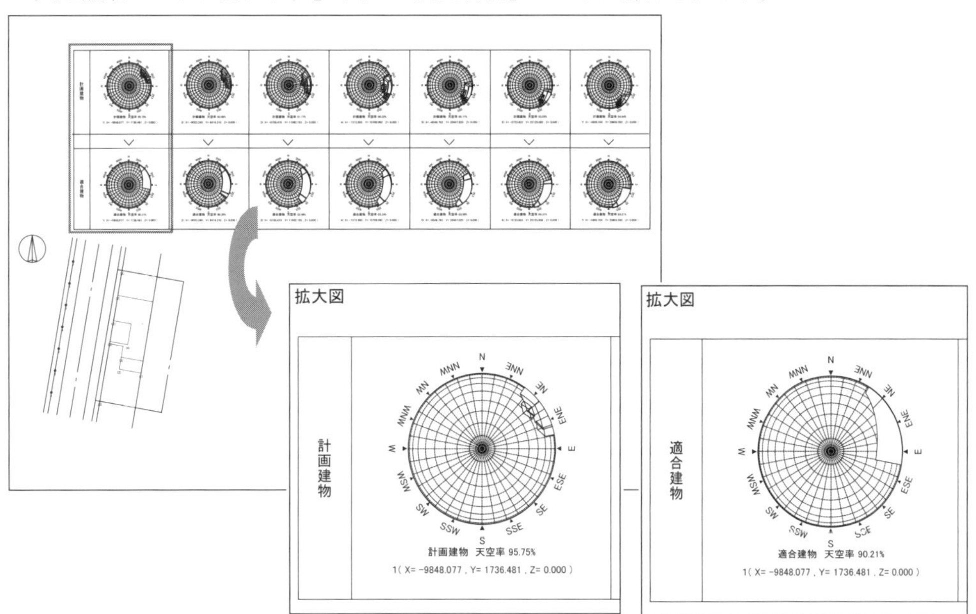

2. もう一度、**【2次元/3次元切替】コマンド**を実行すると、3次元編集モードに戻ります。

アドバイス 算定点について

「算定点を図面から指示」を選択すると天空図を描く時に、算定点の円のそばにある文字列を、番号とみなして自動的に天空図の下に座標値と一緒に書き込みます。文字列がないと番号は0番になります。
そこであらかじめ算定点のそばに算定点番号を**【文字記入】コマンド**などで配置しておきます。
☆円の半径の3倍の範囲にある文字は算定位置番号と判断します。

[操作手順]

1. 算定点番号を描きます。
(1) **【2次元/3次元切替】コマンド**で2次元編集モードにします。
(2) **【文字記入】コマンド**で「算定点1」を入力します。

フォント名 :「MSPゴシック」
高さ :「3」
幅 :「0」
原点 :「右中」
☑ 出力サイズ指定

(3) **【円中心】スナップ**で、算定点の円をクリックし、配置します。
(4) 同様に「算定点2」〜「算定点7」を配置します。

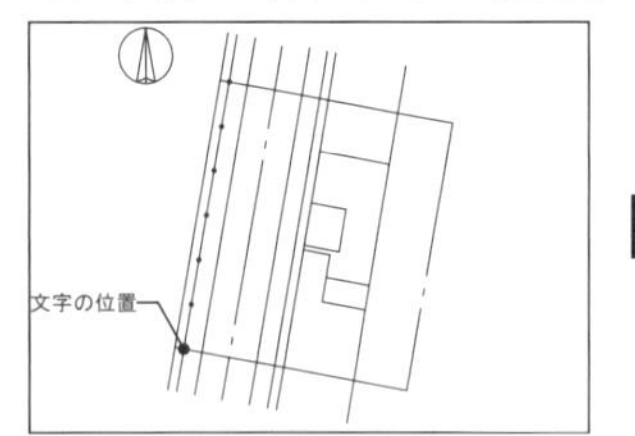

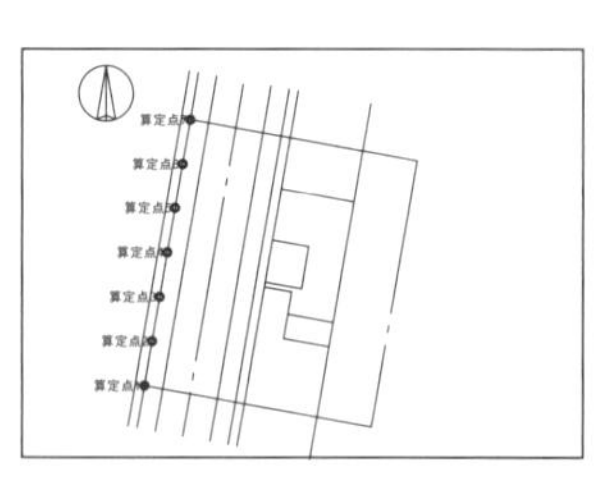

2. 天空図を作成します。
(1) **【2次元/3次元切替】コマンド**で3次元編集モードにします。
(2) **【天空図】コマンド**で半径サイズなどを設定し、「算定点を図面から指示」を選択します。

算定点:「図面から指定」

(3) **【円中心】スナップ**で、算定点の円をクリックします。
(4) カーソルの交差部に指定した算定点の天空図がついています。
【任意点】スナップで、図面の任意な場所をクリックすると、天空図が配置されます。
(5) **【2次元/3次元切替】コマンド**で2次元編集モードにし、天空図を確認します。
指定した算定点の番号が天空図の下に座標値と一緒に書き込まれています。

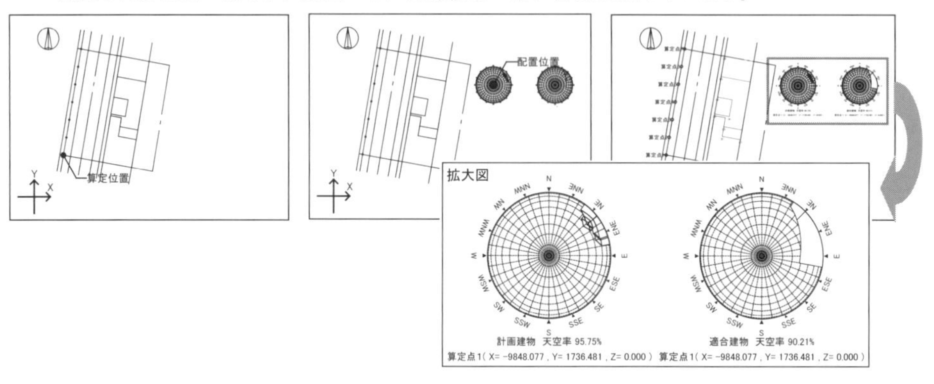

2-3 三斜算定求積図を作成する

天空図のほかに提出書類として、三斜算定求積図を求められる場合があります。その場合、三斜算定求積図を作成し提出します。
ここでは、**【天空図】コマンド**で「算定点１」の三斜算定求積図を作成します。

☆「計画建物」は内接する三角形の面積を、「高さ制限適合建物」は外接する三角形の面積を計算し、指定された算定位置での正射影位置確認表と求積表を作成します。

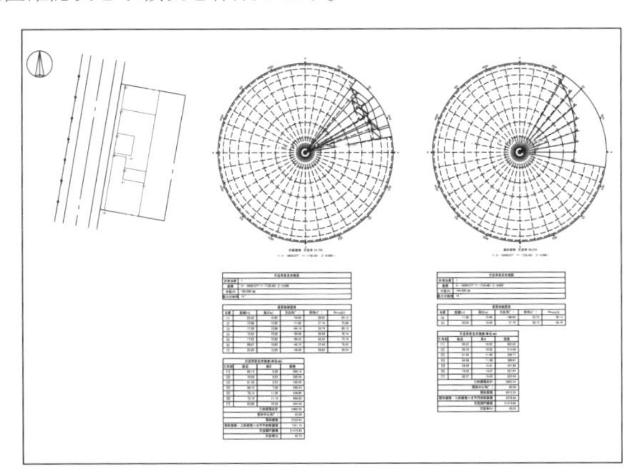

1 三斜算定求積図を作成する

1. **【天空図】コマンド**を実行します。
[法規]メニューから**[天空図]**をクリックします。

2. ダイアログボックスが表示されます。
天空図の半径などを設定し、**[算定求積図作図]ボタン**をクリックします。

> **天空図の半径**：「100」
> **算定点**　　　：「算定点を図面から指示」
> **☆その他の設定は、『天空図の作成』と同じ**

3. 算定求積図を配置します。
(1) **【円中心】** **スナップ**で、算定点１の円をクリックします。

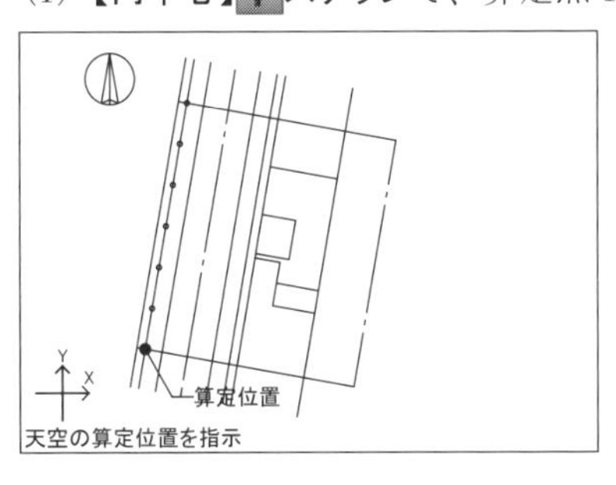

(2) カーソルの交差部に天空図がついています。
【中点】 **スナップ**で、補助線をクリックすると、算定求積図が配置されます。

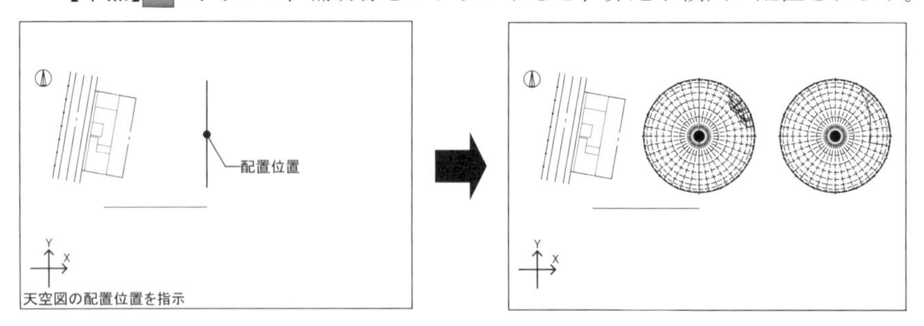

(3) 続けてカーソルの交差部に算定求積図がついています。
同じスナップのまま、補助線をクリックすると、算定求積図一覧表が配置されます。

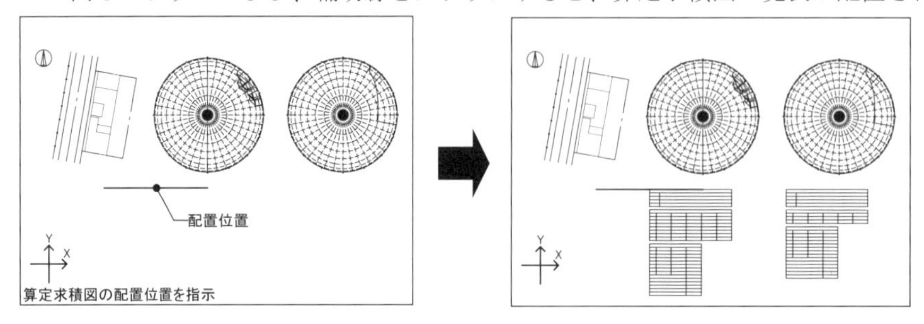

4. **【天空図】コマンド**を解除します。

2 三斜算定求積図を確認する

２次元編集に切り替えて、三斜算定求積図を確認します。

1.【2次元/3次元切替】コマンドを実行します。

クィックアクセスツールバーから[2d/3d 2次元/3次元切替]をクリックします。

２次元編集モードに変わり、**【2次元/3次元切替】コマンド**は解除されます。

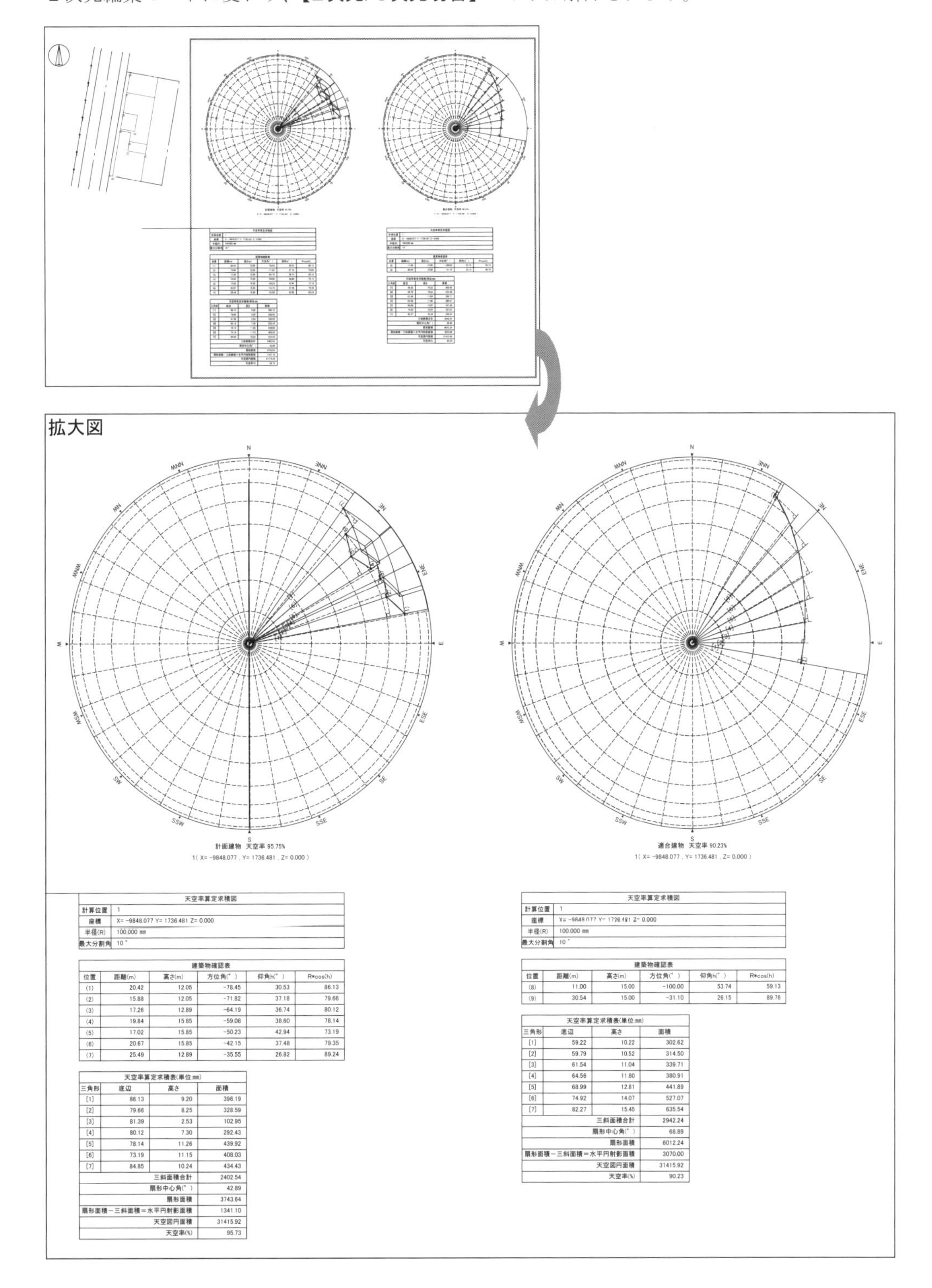

天空率算定求積図	
計算位置	1
座標	X= -9848.077 Y= 1736.481 Z= 0.000
半径(R)	100.000 mm
最大分割角	10 °

建築物確認表

位置	距離(m)	高さ(m)	方位角(°)	仰角h(°)	R*cos(h)
(1)	20.42	12.05	-78.45	30.53	86.13
(2)	15.88	12.05	-71.82	37.18	79.66
(3)	17.26	12.89	-64.19	36.74	80.12
(4)	19.84	15.85	-59.08	38.60	78.14
(5)	17.02	15.85	-50.23	42.94	73.19
(6)	20.67	15.85	-42.15	37.48	79.35
(7)	25.49	12.89	-35.55	26.82	89.24

天空率算定求積表(単位:mm)

三角形	底辺	高さ	面積
[1]	86.13	9.20	396.19
[2]	79.66	8.25	328.59
[3]	81.39	2.53	102.95
[4]	80.12	7.30	292.43
[5]	78.14	11.26	439.92
[6]	73.19	11.15	408.03
[7]	84.85	10.24	434.43
		三斜面積合計	2402.54
		扇形中心角(°)	42.89
		扇形面積	3743.64
		扇形面積－三斜面積＝水平円射影面積	1341.10
		天空図円面積	31415.92
		天空率(%)	95.73

天空率算定求積図	
計算位置	1
座標	X= -9848.077 Y= 1736.481 Z= 0.000
半径(R)	100.000 mm
最大分割角	10 °

建築物確認表

位置	距離(m)	高さ(m)	方位角(°)	仰角h(°)	R*cos(h)
(8)	11.00	15.00	-100.00	53.74	59.13
(9)	30.54	15.00	-31.10	26.15	89.76

天空率算定求積表(単位:mm)

三角形	底辺	高さ	面積
[1]	59.22	10.22	302.62
[2]	59.79	10.52	314.50
[3]	61.54	11.04	339.71
[4]	64.56	11.80	380.91
[5]	68.99	12.81	441.89
[6]	74.92	14.07	527.07
[7]	82.27	15.45	635.54
		三斜面積合計	2942.24
		扇形中心角(°)	68.89
		扇形面積	6012.24
		扇形面積－三斜面積＝水平円射影面積	3070.00
		天空図円面積	31415.92
		天空率(%)	90.23

2-4 天空図を完成する

作図が終了しましたので、補助線を非表示にして天空図を完成します。

1 不要なレイヤを非表示にする

1. **【非表示レイヤキー入力】コマンド**を実行します。
[レイヤ]メニューから[**非表示レイヤキー入力**]をクリックします。

2. ダイアログボックスが表示されます。
キーボードから“150 ↵”と入力します。

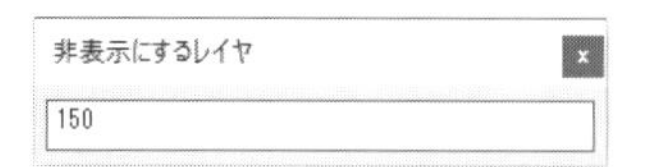

補助線のレイヤが非表示になります。

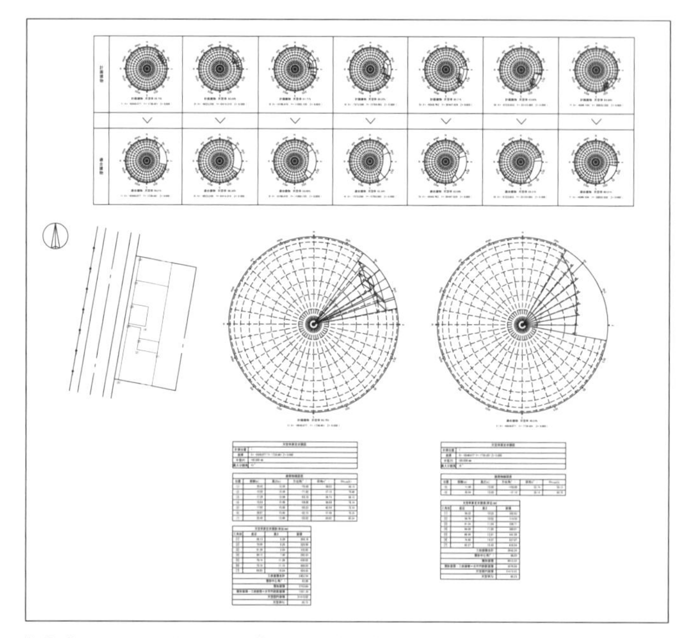

3. **【非表示レイヤキー入力】コマンド**を解除します。

2 ファイルを上書き保存する

作成したすべてのデータを上書き保存します。

1. **【上書き保存】コマンド**を実行します。
メニューから[**上書き保存**]をクリックします。
上書き保存されて、作図画面に戻ります。

> 体験版を使用している場合は、不要な線分をすべて削除し、線本数を3000本以内としてから上書き保存してください。
> 誤って上書き保存すると、3000本を超えた分の図形が削除されるので、注意してください。

これで天空図の完成です。

付録
とびら別紙

1 DRA-CAD18体験版について

ここではDRA-CAD18体験版の仕様、インストール方法について説明します。

1-1 体験版の仕様

DRA-CAD18体験版は、次のURLに本書で練習に使用するデータや体験版のダウンロードについての説明があります。

https://support.kozo.co.jp/download/file_view.php?p3=2361

1 制限事項

DRA-CAD18体験版には、下記のような制限があります。

☆その他の制限事項については、「DRA-CAD18体験版リリースノート」をご参照ください。

制限1） データ数制限

1000本：ファイルの保存・印刷・クリップボードへのコピー

150本　：時刻日影図・等時間日影図・日影チャート・天空図の計算

体験版を起動後、本書でデータを作成するために、下記の操作を行ってください。

(1) 【体験版制限変更】コマンドを実行します。
[ヘルプ]メニューから[体験版制限変更]をクリックします。

(2) ダイアログボックスが表示されます。
「解除コード」を入力し、[変更]ボタンをクリックします。

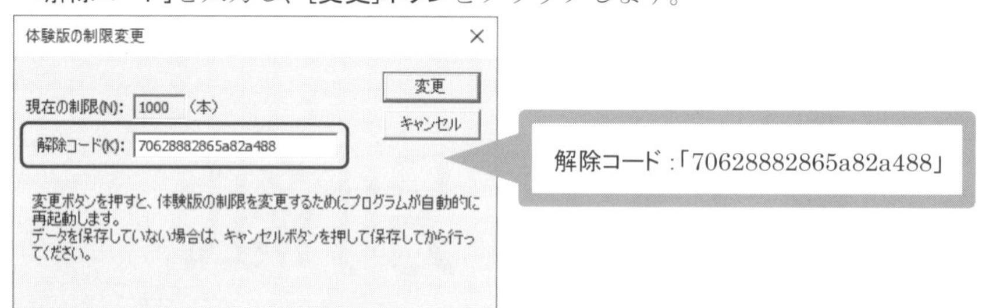

(3) 再起動のメッセージが表示されます。
[はい]ボタンをクリックし、再起動すると制限本数が3,000本になります。

制限2） ご利用いただけない機能

一括変換・PDF書き出し・インターネットアップデート・サムネイル表示・分散レンダリング・クラウドから開く・クラウドへ保存

また、セキュリティがかけられているMPSファイルの読み込みと保存時のセキュリティ設定はできません。

制限3） 印刷について

印刷時にはフッターに「DRA-CAD18体験版」という文字が入ります。

制限4） レンダリングについて

レンダリング機能は利用できますが、画像にはすべて「DRA-CAD18」という文字が入ります。

制限4） マニュアルについて

製品版を体験していただくために製品同等のPDFマニュアルおよびオンラインヘルプを用意してあります。ただし、体験版固有の事項(制限制限など)については記述されていません。

制限5） サポートについて

この体験版に関しましては、EメールやFAXなどによるによるサポートは受けられませんので、あらかじめご了承ください。

1-2 インストール方法

DRA-CAD18 を使用するための条件を確認してから、インストール作業の準備をしてください。

※「管理者（Administrators)」の権限を持つユーザーでログオンし、DRA-CAD をインストールする必要があります。

1 動作環境

［対応OS］

Windows 10※1/8.1※2（64bit/32bit）

※1　Windows 10 Mobile/Windows 10 S は除きます。

※2　Windows RT は除きます。

.NET Framework3.5、4.0

［推奨機器構成］

HD 容量　：インストール時に約 1GB 以上の空き容量が必要

2 DRA-CAD18 体験版のインストール

1. ダウンロード先のフォルダから「DRA-CAD18 Trial」の実行ファイルをダブルクリックします。

2. セットアップ画面にしたがって、DRA-CAD18 体験版をインストールします。

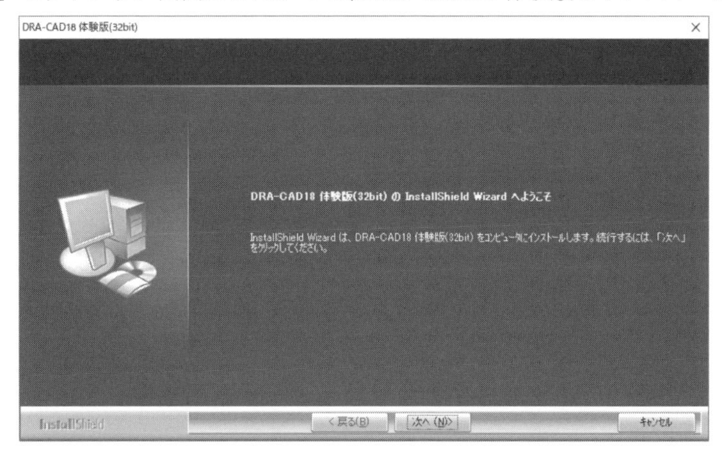

(1) インストールする前に使用許諾契約の内容を確認してください。
確認後、「使用許諾契約の全条項に同意します」を選択し、**[次へ]ボタン**をクリックしてください。

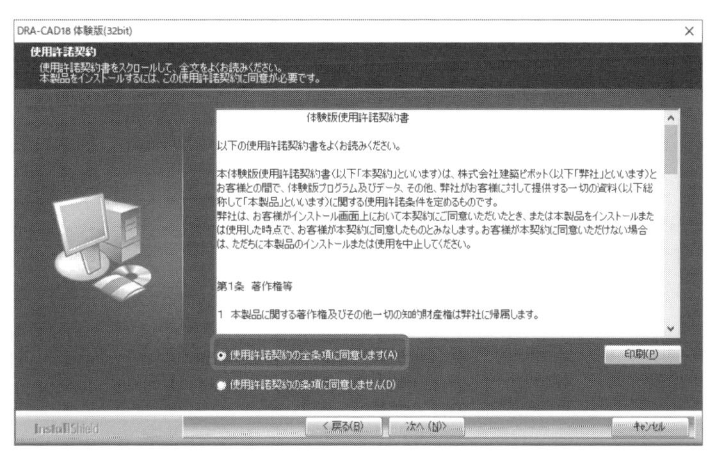

(2) メニュー形式の選択画面では、「リボンメニュー」を指定し、↵キーまたは[**次へ**]**ボタン**をクリックしてください。

(3) 操作方法の選択画面では、「図形選択優先」を指定し、↵キーまたは[**次へ**]**ボタン**をクリックしてください。

(4) DRA-CAD18 の描画方法の選択画面では、「GDI による描画」を指定し、[**次へ**]**ボタン**をクリックしてください。

☆[メニュー形式]、[操作方法]、[描画方法]は、後から**【環境設定】コマンド**で変更することができます。

(5) インストール先の指定では、そのまま(推奨)の時は[**次へ**]**ボタン**をクリックします。

☆インストール先を変更する時は[**変更**]**ボタン**をクリックして、フォルダの選択を行ってください。

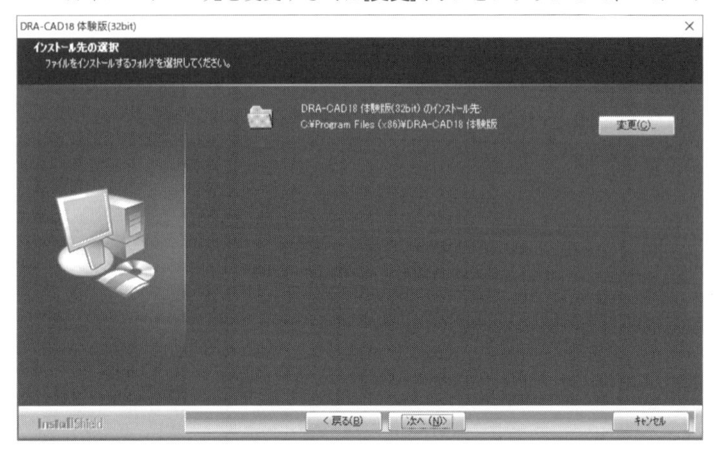

3. IFCsvr ActiveX Component のセットアップのメッセージダイアログが表示されます。
[**はい**]**ボタン**をクリックし、インストールします。

☆**【IFC形式の読み込み】コマンド**の実行に必要なソフトです。

4. インストールが開始されます。
インストールの進行画面が表示され、プログレスバーで進行状況を確認することができます。

5. メッセージダイアログが表示されます。
内容を確認し、[**OK**]**ボタン**をクリックします。

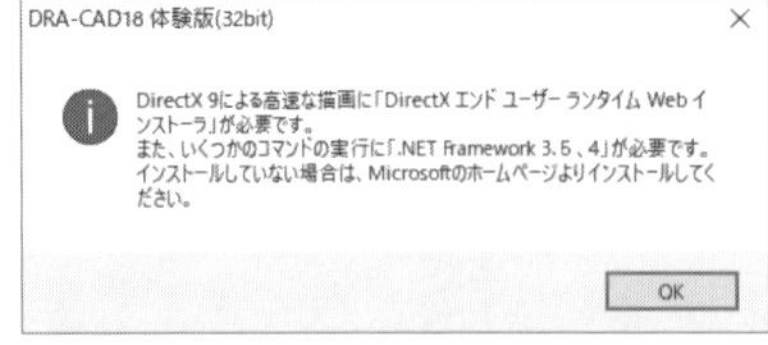

DRA-CAD では、DirectX による高速な描画が行えます。
大規模データのドラッギング時も、思考を妨げられずに製図・モデリング作業が行えます。
【環境設定】コマンドの〔**表示**〕**タブ**または**【表示設定】コマンド**で GDI と DirectX の描画方法を切り替えることができます。

☆GDI は Windows の標準的な描画方法(DRA-CAD10 までの描画方法)です。
DirectX または.NET Framework3.5、4.0 がインストールされていない場合は、Microsoft のホームページよりインストールしてください。
また、DirectX9 の機能をサポートできるビデオカードとドライバが必要になります。

6. インストールが終了するとセットアップの完了ダイアログボックスが表示されます。**[完了]ボタン**をクリックします。
スタートメニューのすべてのアプリの中に「DRA-CAD18」のグループとアイコンが登録されます。

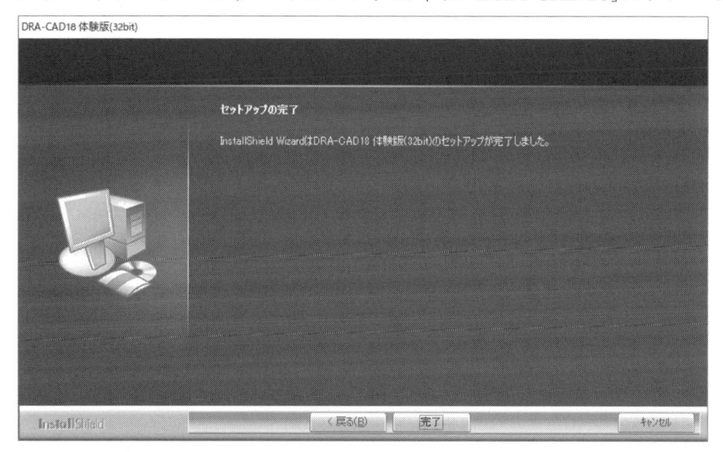

インストール作業により、次のようなファイルなどが指定されたフォルダ以下に作成されます。

・DRA-CAD18 体験版のプログラムファイル
・サンプルデータ
・PDF マニュアル、オンラインヘルプ
・DRA-CAD 実行に必要なファイル(文字列テンプレート/テンプレートファイル/建具姿図、建具記号サンプルリスト/建具記号集計の色分け表示のカラーリストファイル/構造図用サンプルリストなど)

また、DRA-CAD の初回起動時に、以下のメッセージダイアログが表示されます。
[OK]ボタンをクリックすると、DRA-CAD の実行に必要なファイルが、マイドキュメントフォルダ内の archi pivot¥DRA-CAD18 にコピーされます。

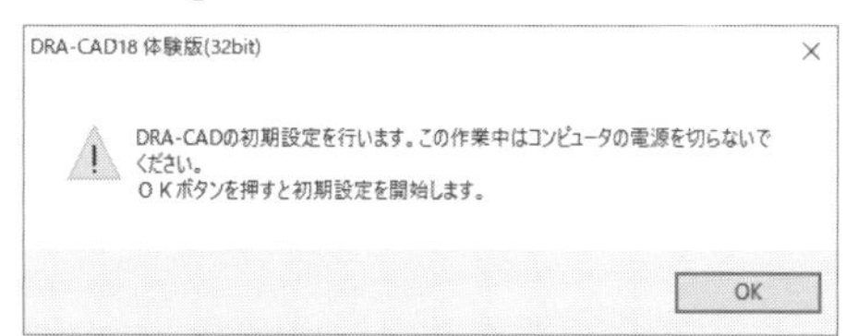

3 DRA-CAD18 体験版のアンインストール

DRA-CAD を再インストールする場合や違うドライブに DRA-CAD を移し替える場合には、アンインストールを行ってください。

☆ここでは、Windows10 でのアンインストール方法について以下説明しています。それ以外の環境の場合は、それぞれの Windows のマニュアルを参照してください。

1. デスクトップ画面を表示します。

2. Windows の⊞**(スタート)ボタン**を右クリックし、メニューを表示します。
[アプリと機能](または**[プログラムと機能]**)をクリックします。

3. アプリと機能ダイアログが開きます。
「DRA-CAD18 体験版」を選択し、**[アンインストール]ボタン**をクリックすると、アンインストールを開始します。

4. アンインストール終了後、**[×]ボタン**をクリックしてアプリと機能ダイアログを閉じます。

2 マニュアル・ヘルプについて

DRA-CAD では、画面上に表示して参照することができる PDF 形式のマニュアルと操作中に参照できるヘルプファイルがあります。

2-1 マニュアルについて

DRA-CAD を起動し、[ヘルプ]メニューから【ユーザーズマニュアル】、【コマンドリファレンス】、【チュートリアル】コマンドをそれぞれ実行すると、Adobe Reader が起動し、PDF 文書を表示します。
PDF 文書は、文書を画面上に表示して参照することやプリンタで印刷することができます。

☆Windows の(スタート)ボタンをクリックし、すべてのアプリの中から[DRA-CAD18]→[ユーザーズマニュアル]、[リファレンスマニュアル]、[チュートリアル]をそれぞれクリックして起動することもできます。

DRA-CAD で用意しているマニュアルは、以下のものがあります。目的に合わせてご利用ください。

チュートリアル(d18tuto.pdf)
はじめて DRA-CAD18 を操作する方を対象とし、簡単な平面図の描き方、3次元モデルの作り方などを、例題を通して説明しています。

ユーザーズマニュアル(d18user.pdf)
DRA-CAD18 の機能の概要と基本的な操作方法について説明しています。

コマンドリファレンス(d18ref.pdf)
各コマンドの操作方法や概要などについて説明しています。

また、以下の PDF 形式の補足資料があります。
レイアウト補足資料、日影・天空率計算補足資料、木造壁量計算補足資料

PDF 形式のマニュアルを表示するためには、Adobe Reader などが必要になります。
Adobe Reader がインストールされていない場合は、下記アドレスを入力して Adobe Reader のホームページからダウンロードしてください。

http://get.adobe.com/jp/reader/

すでに Adobe Reader がインストールされている場合、または PDF 形式ファイルが開ける状態の場合には、インストールする必要はありません。

1 PDFマニュアルの使用方法

左側に表示される「しおり(目次)」の中の目的とする項目をクリックすると右側に解説を表示します。

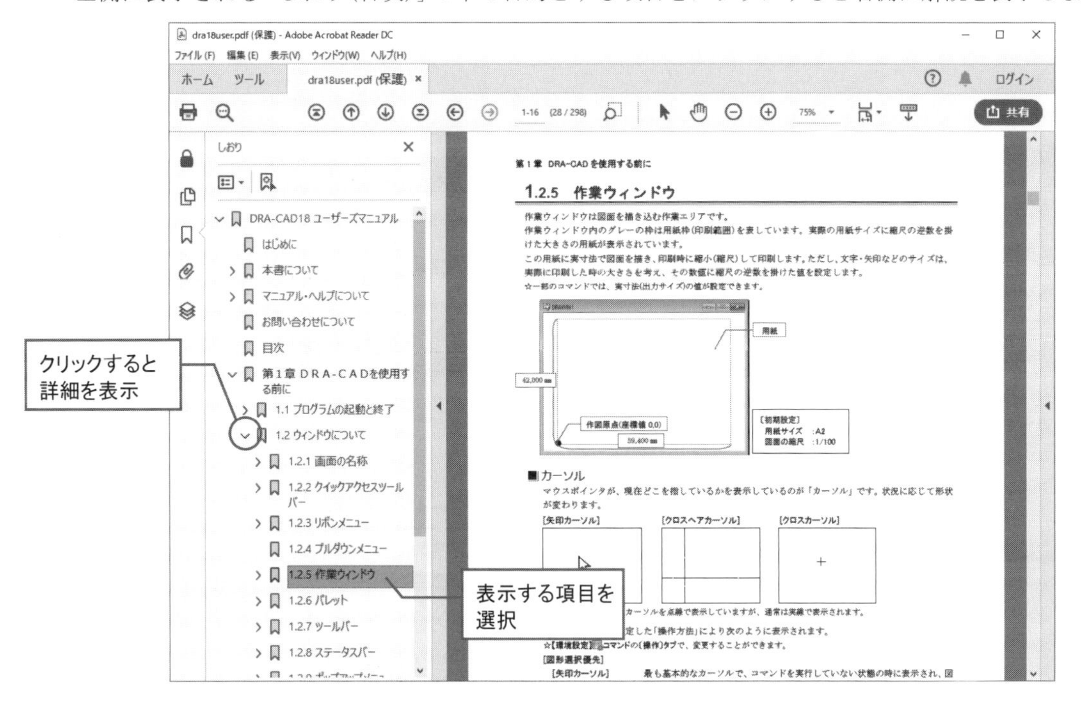

[文字列の検索]

[編集]メニューの**[検索]コマンド**で検索したい文字列を入力し、**[検索]ボタン**をクリックすると検索を実行します。該当する文字列が見つかった場合には、そのページまでジャンプし該当する文字列をハイライト表示します。

[PDF マニュアルの印刷]

[ファイル]メニューの**[印刷]コマンド**を実行すると、画面に表示されているイメージでプリンタへ出力することができます。
ただし、プリンタあるいはプリンタドライバによってはフォントなどが正しく表示できない、またはうまく印刷できない場合には、Adobe の WWW サイトで情報を入手するか、直接 アドビシステムズ株式会社へお問い合わせください。

☆その他の Adobe Reader の使用方法に関しては、**[ヘルプ]→[Reader のヘルプ]**を参照してください。

2-2 ヘルプについて

[ヘルプ]メニューから**【ヘルプの目次】**コマンドを実行すると、ヘルプウィンドウが開き、オンラインヘルプが表示されます。
DRA-CAD のコマンドの機能や操作方法などについて参照することができます。

1 ヘルプの使用方法

左側の「目次」から表示する項目をクリックすると右側に解説を表示します。

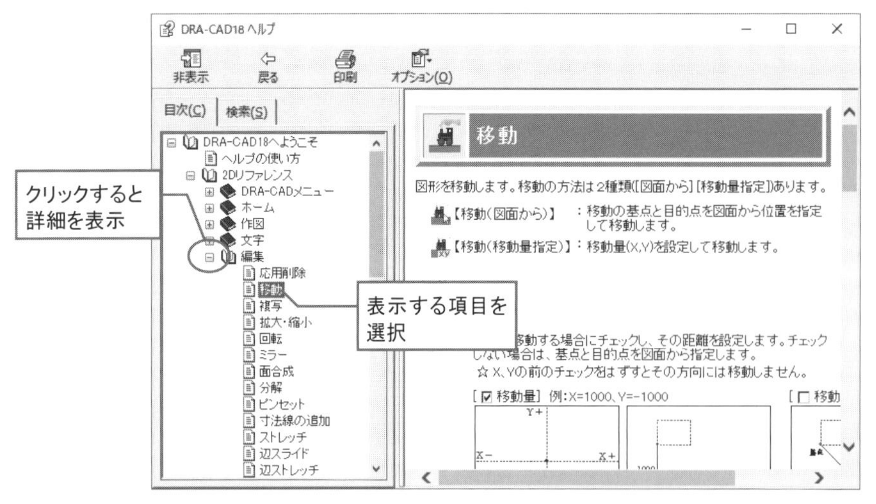

[文字列の検索]

左側の「検索」で検索したい文字列を入力し、**[検索開始]ボタン**をクリックすると検索を実行します。
表示する項目を選択し、**[表示]ボタン**をクリックするとそのページまでジャンプし該当する文字列をハイライト表示します。

[ヘルプの印刷]

右側に表示された解説は、**[印刷]コマンド**を実行すると、プリンタへ出力することができます。

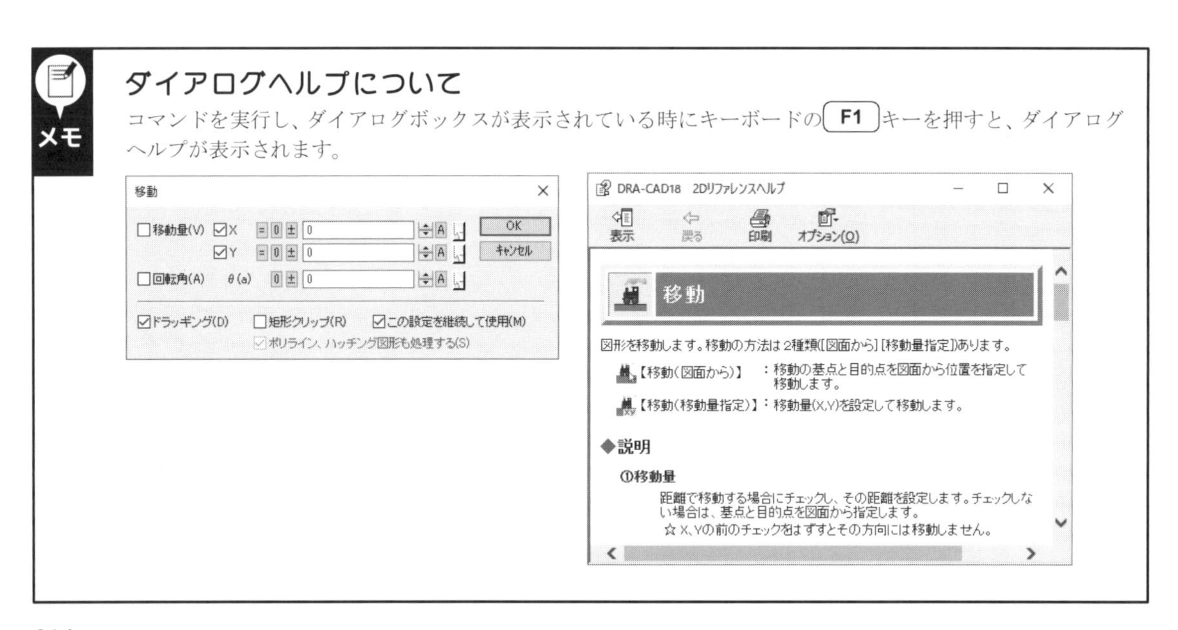

メモ

ダイアログヘルプについて

コマンドを実行し、ダイアログボックスが表示されている時にキーボードの F1 キーを押すと、ダイアログヘルプが表示されます。

3 ホームページのご案内

3-1 DRA-CAD オフィシャルサイト

[ヘルプ]メニューから【DRA-CAD オフィシャルサイト】コマンドを実行すると、DRA-CAD オフィシャルサイトを表示します。製品情報の公開やお知らせなど DRA-CAD に関する様々なコンテンツを提供しています。

☆2020 年 2 月現在の URL です。
予告なく変更する場合がありますので、その場合は http://www.pivot.co.jp/（建築ピボットホームページ）または http://www.kozo.co.jp/（構造システムホームページ）よりリンク先をご確認ください。

アドバイス

DRA-CAD では、以下のコマンドでインターネット上の弊社が運営・管理する構造システムグループオンラインサービスの各ページへアクセスすることができます。

【お問い合わせ】コマンド※
：オンラインサポートセンターを表示し、DRA-CAD に関する問い合わせをすることができます。（Web フォームによるお問い合わせは、オンラインサービスへの登録が必要です。）

【ダウンロードセンター】コマンド
：オンラインダウンロードセンターが表示され、プログラムの最新版や補足資料などを簡単にダウンロードすることができます。

【インターネットアップデート】コマンド※
：インターネットへアクセスして、現在のバージョンよりも新しいバージョンがあるかどうか確認できます。新しいバージョンがある場合は、更新履歴が表示され、最新版を利用している場合は、更新の必要がないメッセージを表示します。

☆体験版では、利用できません。

3-2 オンラインサポートセンター

[ヘルプ]メニューから【DRA-CAD Q&A】コマンドを実行すると、オンラインサポートセンターを表示します。オンラインサポートセンターでは、プログラムサポートに寄せられた質問と回答をQ&A形式にまとめたものを提供しています。

☆体験版では、利用できません。

Q&A検索の入力ボックスに検索したいキーワードを入力し、をクリックすると、入力したキーワードによりQ&Aを検索することができます。

[サポート]

DRA-CADに関するサポート情報やQ＆Aのデータベースをご覧になれます。

[ダウンロード]

建築ピボット、構造システムが提供するソフトウェアの体験版、アップデート版をダウンロードすることができます。

索引

● 英数字 ●

● あ行 ●

● か行 ●

● さ行 ●

材質選択([補助]メニューから[標準選択]→[材質選択]をクリック)
指定プリミティブと同じ材質のプリミティブを選択する。 81

材質変更([レンダリング]メニューから[材質変更]をクリック)
材質のプロパティを表示・設定する。 200～206・210

材質ライブラリ([レンダリング]メニューから[材質ライブラリ]をクリック)
材質ライブラリの編集をする。 202・213・214

再表示([表示]メニューから[再表示]をクリック)
現在表示している画面を再表示する。 24

作業平面拘束([補助]メニューから[作業平面拘束]をクリック)
スナップ点を作業平面へ投影した点に拘束する。 50・77・177

作業平面の設定([表示]メニューから[作業平面]パネルの をクリック)
作業平面の向き、グリッドピッチなどを設定する。 73～77・176

削除([編集]メニューから[削除]をクリック)
図形を削除する。 82・139

サブウィンドウパレット([パレット]メニューから[サブウィンドウパレット]をクリック)
現在の表示範囲をサブウィンドウパレットで表示する。 7・27・187

参照点の変更([ヘルプ]メニューから[互換メニュー]→[補助]→[スナップ]→[参照点の変更]をクリック)
スナップした最後の点を変更する。 49

算定点作成([法規)]メニューから[算定点作成]をクリック)
天空図の算定点を計算して配置する。 293・294

次画面([表示]メニューから[パンニング]→[次画面]をクリック)
画面表示を１つ先の画面を表示する。 24

時刻日影図([法規]メニューから[時刻日影図]をクリック)
時刻日影図を作成する。 252～254

絞込選択([補助]メニューから[絞込選択]をクリック)
すでに選択されている図形を絞り込んで選択する。 81

斜線カット([法規]メニューから[斜線カット]をクリック)
建物を法規斜線で切断する。 291・292

終了([DRA-CAD メニュー]から[終了]をクリック)
プログラムを終了する。 3

上空図([表示]メニューから[2D平面図]→[上空図]をクリック)
３次元での平面図表示を行う。 65・111

除外選択([補助]メニューから[除外選択]をクリック)
すでに選択されている図形を選択から外す。 81

新規図面([DRA-CAD メニュー]から[新規図面]をクリック)
新しい図面を作成する。 19

シンボル挿入([部品]メニューから[シンボル挿入]をクリック)
保存してあるファイルを読み込んでシンボルとして図面へ配置する。 21・159

シンボル分解([部品]メニューから[シンボル分解]をクリック)
図面に配置したシンボルを分解する。 164

シンボル編集([部品]メニューから[シンボル編集]をクリック)
配置されているシンボルデータを編集する。 164

垂直点スナップ([補助]メニューから[任意点]→[垂直点]をクリック)
指定した位置に対して、垂直に下ろした点にスナップする。 49

ズームアップ([表示]メニューから[パンニング]→[ズームアップ]をクリック)
指定した位置を中心に、表示範囲を一定比率で拡大する。 24・25

ズームダウン([表示]メニューから[パンニング]→[ズームダウン]をクリック)
指定した位置を中心に、表示範囲を一定比率で縮小する。 24・25

図形種別選択([補助]メニューから[標準選択]→[図形種別]をクリック)
指定プリミティブと同じ種類のプリミティブを選択する。 81

図形のプロパティ([ホーム]メニューから[プロパティ]をクリック)
図形の属性や線分の座標、円・円弧の中心座標、角度などを表示・変更する。 31・226

ステレオレンダリング([レンダリング]メニューから[レンダリング開始]→[ステレオレンダリング]をクリック)
ステレオレンダリングをする。 190

● た行 ●

● な行 ●

● は行 ●

● ま行 ●

● や行 ●

● ら行 ●

● わ行 ●

本書の内容に関するご質問は、株式会社建築ピボット
「こんなに簡単！DRA-CAD18　3次元編」質問係まで、
FAX(03-5978-6215)にてお願い致します。
なお、本書の範囲を超える質問に関しては応じられません
ので、ご了承ください。

「こんなに簡単！DRA-CAD18」3次元編
—モデリング/レンダリングから日影図/天空図まで—

2020年 4月　初版第1刷発行

編　者　　株式会社　構造システム
発行者　　加藤 准一
発行所　　株式会社　構造システム
〒112-0014　東京都文京区関口 2-3-3 目白坂ＳＴビル
［TEL］　03-6821-1211（代）

販売元　　株式会社　建築ピボット
〒112-0014　東京都文京区関口 2-3-3　目白坂ＳＴビル
［TEL］　03-6821-1641（代）

落丁・乱丁本はお取り替えいたします。

住宅モデル完成図

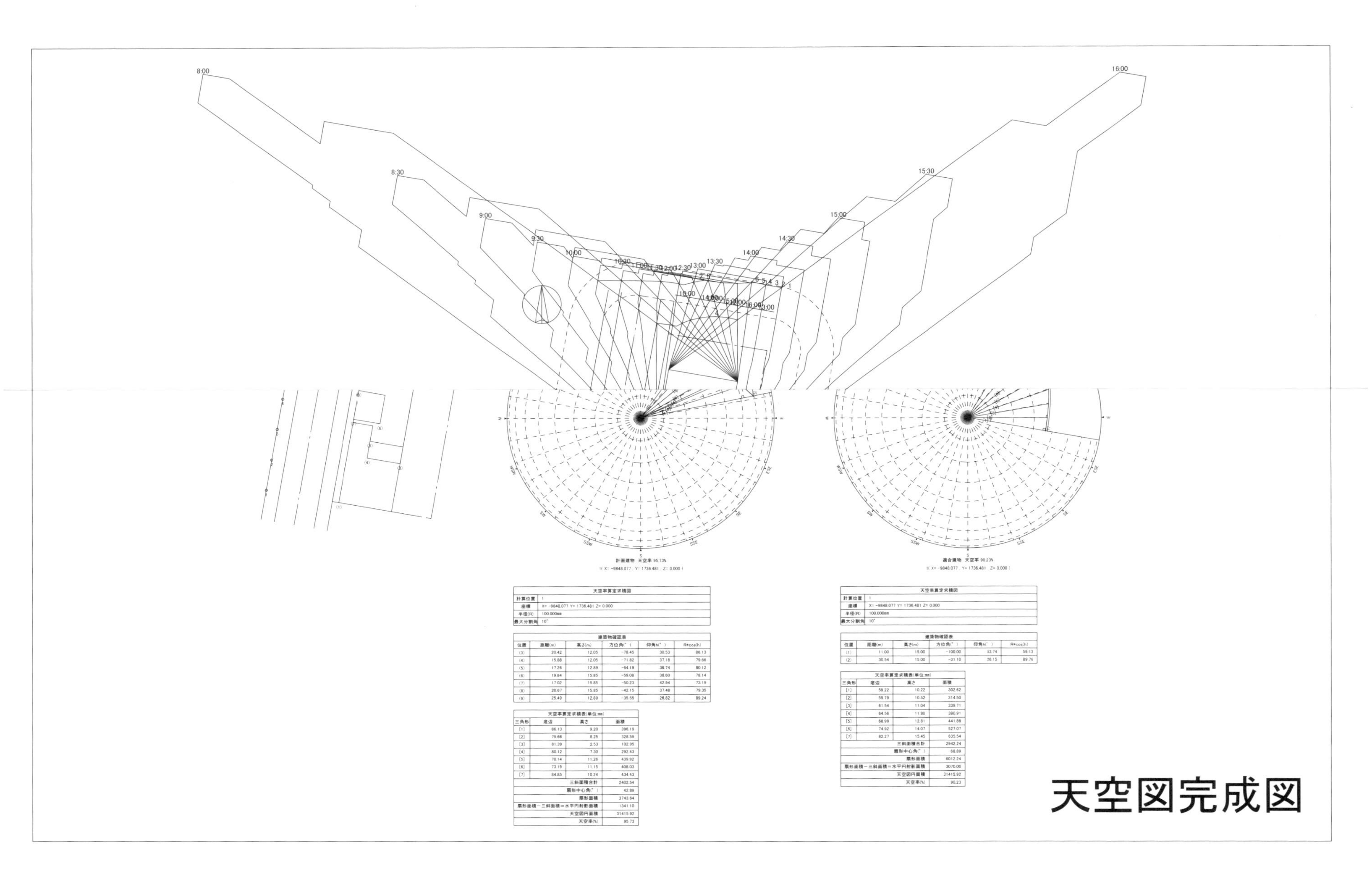

計画建物

天空率算定求積図	
計算位置	1
座標	X= -9848.077 Y= 1736.481 Z= 0.000
半径(R)	100.000mm
最大分割角	10°

建築物確認表

位置	距離(m)	高さ(m)	方位角(°)	仰角h(°)	R*cos(h)
(3)	20.42	12.05	-78.45	30.53	86.13
(4)	15.88	12.05	-71.82	37.18	79.66
(5)	17.26	12.89	-64.19	36.74	80.12
(6)	19.84	15.85	-59.08	38.60	78.14
(7)	17.02	15.85	-50.23	42.94	73.19
(8)	20.67	15.85	-42.15	37.48	79.35
(9)	25.49	12.89	-35.55	26.82	89.24

天空率算定求積表(単位:mm)

三角形	底辺	高さ	面積
[1]	86.13	9.20	396.19
[2]	79.66	8.25	328.59
[3]	81.39	2.53	102.95
[4]	80.12	7.30	292.43
[5]	78.14	11.26	439.92
[6]	73.19	11.15	408.03
[7]	84.85	10.24	434.43
		三斜面積合計	2402.54
		扇形中心角(°)	42.89
		扇形面積	3743.64
		扇形面積－三斜面積＝水平円射影面積	1341.10
		天空図円面積	31415.92
		天空率(%)	95.73

適合建物

天空率算定求積図	
計算位置	1
座標	X= -9848.077 Y= 1736.481 Z= 0.000
半径(R)	100.000mm
最大分割角	10°

建築物確認表

位置	距離(m)	高さ(m)	方位角(°)	仰角h(°)	R*cos(h)
(1)	11.00	15.00	-100.00	53.74	59.13
(2)	30.54	15.00	-31.10	26.15	89.76

天空率算定求積表(単位:mm)

三角形	底辺	高さ	面積
[1]	59.22	10.22	302.62
[2]	59.79	10.52	314.50
[3]	61.54	11.04	339.71
[4]	64.56	11.80	380.91
[5]	68.99	12.81	441.89
[6]	74.92	14.07	527.07
[7]	82.27	15.45	635.54
		三斜面積合計	2942.24
		扇形中心角(°)	68.89
		扇形面積	6012.24
		扇形面積－三斜面積＝水平円射影面積	3070.00
		天空図円面積	31415.92
		天空率(%)	90.23

天空図完成図